PREMIERS ÉLÉMENTS

DE CHIMIE

PARIS. — IMP. SIMON RAÇON ET COMP., 1, RUE D'ERFURTH.

PREMIERS ÉLÉMENTS

DE CHIMIE

PAR

M. V. REGNAULT

INGÉNIEUR EN CHEF DES MINES, DIRECTEUR DE LA MANUFACTURE IMPÉRIALE DE SÈVRES
PROFESSEUR AU COLLÉGE DE FRANCE ET A L'ÉCOLE POLYTECHNIQUE
MEMBRE DE L'ACADÉMIE DES SCIENCES, DE LA SOCIÉTÉ ROYALE DE LONDRES ET D'ÉDIMBOURG
DES ACADÉMIES DE BERLIN, DE SAINT-PÉTERSBOURG, DE MADRID, DE STOCKHOLM
DE COPENHAGUE, DE GOTTINGUE, DE TURIN, D'UPSAL, D'AMSTERDAM
DE PHILADELPHIE, DE LA SOCIÉTÉ ITALIENNE, ETC.

QUATRIÈME ÉDITION

PARIS

<table>
<tr><td>VICTOR MASSON
17, PLACE DE L'ÉCOLE-DE-MÉDECINE</td><td>GARNIER FRÈRES
RUE DES SAINTS-PÈRES, 6</td></tr>
</table>

1861

PREMIERS ÉLÉMENTS

DE CHIMIE

INTRODUCTION

§ 1. Il est toujours difficile de donner à des commençants une définition à la fois précise et intelligible de la science qu'ils vont étudier ; une définition rigoureuse exige, en général, la connaissance d'une partie des phénomènes dont cette science s'occupe. Aussi nous chercherons plutôt à donner une idée des phénomènes chimiques, en citant quelques exemples de ces phénomènes, choisis parmi ceux qui se présentent le plus communément à nous ou qui peuvent être le plus facilement réalisés.

Lorsqu'on amène au contact les divers corps de la nature, on observe des phénomènes très-variés : les uns sont produits par des propriétés passagères que les corps acquièrent sans modifier leurs apparences physiques ni leur poids ; les autres résultent, au contraire, d'une modification profonde qui s'opère dans la nature des corps en présence, et par suite de laquelle on obtient de nouveaux corps complétement différents des premiers par leur aspect et leurs propriétés. Les premiers phénomènes sont principalement du ressort de la *physique* ; nous en citerons quelques exemples : une tige de verre, un bâton de soufre ou de cire à cacheter, frottés contre du drap, *s'électrisent* et acquièrent la propriété d'attirer momentanément les corps légers, tels que des barbes de plume ou de petits fragments de papier. Un

1

barreau de fer, placé au contact ou à une petite distance d'un aimant, prend des propriétés semblables à celles de l'aimant et attire les objets en fer; cette propriété s'évanouit aussitôt que le barreau de fer est retiré du voisinage de l'aimant. Un barreau d'acier, frotté contre un aimant, devient lui-même un aimant et attire les objets en fer même hors de la présence de l'aimant qui lui a communiqué cette propriété. Dans ces diverses circonstances, les corps ont acquis des propriétés nouvelles plus ou moins durables, mais qui n'ont changé en rien leurs caractères spécifiques.

Si l'on mêle intimement de la limaille de cuivre avec du soufre, on ne constate aucun phénomène particulier; les particules des deux corps restent simplement mélangées, et, quel que soit leur degré de ténuité, on peut toujours, avec la loupe ou le microscope, les distinguer les unes des autres; mais, si l'on chauffe ce mélange dans un petit ballon de verre, il se manifeste bientôt un phénomène remarquable : la masse devient incandescente, l'excès du soufre distille, et, si l'on examine ensuite la masse au microscope, on ne parvient plus à y distinguer de parcelles de soufre ni de cuivre, même après que la matière a été réduite en poudre impalpable. Le cuivre et le soufre se sont unis intimement, suivant certaines proportions; ils se sont *combinés*, et le produit de cette *combinaison* est un nouveau corps, le *sulfure de cuivre*, complétement différent, par son aspect et ses caractères spécifiques, du cuivre et du soufre qui lui ont donné naissance. Ce dernier phénomène fait essentiellement partie du domaine de la chimie.

Un morceau de fer, abandonné à l'air humide, se recouvre d'une matière jaune, la *rouille*, et, si l'exposition est suffisamment prolongée, il se transforme complétement en cette matière. C'est encore un phénomène chimique, une *combinaison*, qui a produit cette altération; mais les corps qui interviennent sont moins apparents que dans le précédent exemple. Le fer s'est combiné successivement avec un des principes de l'air atmosphérique, avec l'oxygène; il s'est transformé en une nouvelle substance, le *sesquioxyde de fer*, qui s'est combinée, à son tour, à mesure qu'elle se formait, avec l'eau répandue à l'état de vapeur dans l'atmosphère ou qui mouillait le corps; il en est résulté une troisième substance, l'*hydrate de sesquioxyde de fer*, qui constitue le produit définitif, la *rouille*.

On peut donc définir la Chimie, *la partie des sciences naturelles qui traite des phénomènes qui se passent au contact des corps, en tant que ces phénomènes amènent un changement complet dans la constitution de ces corps.* Les combinaisons et décompositions des corps que la chimie étudie sont toujours accompagnées de phénomènes qui sont ordinairement classés dans le domaine de la physique, tels que des dégagements de chaleur et d'électricité, et le chimiste profite habilement des agents physiques pour diriger les réactions chimiques qu'il cherche à opérer. On conçoit, d'après cela, que ces deux sciences travaillent constamment sur le même terrain, et que leur étude doit avoir lieu simultanément.

Comme il est essentiel que les corps que l'on fait réagir les uns sur les autres soient définis préalablement d'une manière nette, et que les propriétés générales qui les caractérisent soient d'abord parfaitement connues, la science chimique doit se composer nécessairement d'une partie descriptive, dans laquelle on donne, pour ainsi dire, le *signalement* de chaque corps, signalement d'après lequel il est possible de le reconnaître ensuite dans toutes les circonstances.

§ 2. Distinction des corps en corps simples et en corps composés. — Les chimistes divisent les corps en *corps simples* et en *corps composés*. Les corps composés sont ceux desquels on peut extraire plusieurs substances, différentes entre elles par leurs propriétés, et différentes de la substance primitive. Ainsi notre sel de cuisine peut être décomposé en deux substances : le chlore et le sodium ; le nitre ou salpêtre peut être décomposé en potasse et en acide azotique. Ces deux dernières substances sont elles-mêmes des corps composés ; car de la potasse on peut extraire du potassium et de l'oxygène, et de l'acide azotique on retire de l'oxygène et de l'azote. Au contraire, le chlore, le sodium, le potassium, l'oxygène et l'azote, soumis à toutes les réactions qu'il a été possible de réaliser jusqu'ici dans les laboratoires, n'ont jamais été décomposés en d'autres principes ; c'est ce qui a déterminé les chimistes à les considérer comme des corps simples.

Ainsi on donne le nom de *corps simples* aux substances qui, soumises aux diverses réactions que nous pouvons produire aujourd'hui dans nos laboratoires, n'ont pas été résolues en d'autres substances. Nous ne voulons pas affirmer par là que ces corps soient réellement simples ; il est très-possible que les progrès futurs de la science nous permettent, par la suite, d'opérer des décompositions qui ont résisté à nos moyens actuels, et qu'alors un certain nombre des corps que nous regardons aujourd'hui comme simples, peut-être même tous ces corps, soient considérés comme des corps composés.

§ 3. Divisibilité de la matière. — L'expérience journalière nous montre que les corps peuvent être réduits en particules très-petites ; celles-ci, examinées avec un microscope d'un grossissement convenable, nous apparaissent comme des fragments grossiers, dont on peut encore concevoir la division en un grand nombre de parties.

Les chimistes ne regardent cependant pas la divisibilité de la matière comme indéfinie ; ils admettent que les corps sont formés, en dernière analyse, de particules excessivement petites et indivisibles par les moyens mécaniques ; ils donnent à ces particules le nom de *molécules* ou d'*atomes*. Les molécules des corps simples sont nécessairement simples elles-mêmes. Les molécules des corps composés sont, au contraire, complexes ; mais toutes ces molécules complexes sont semblables entre elles et constituées de la même manière.

§ 4. **Différents états des corps.** — Les corps se présentent à nous sous trois états différents : l'*état solide*, l'*état liquide* et l'*état gazeux*. Quelques corps peuvent être obtenus facilement sous ces trois états ; ainsi l'eau, qui est liquide à la température ordinaire de nos climats, se présente à l'état solide, sous forme de glace, pendant nos grands froids d'hiver, tandis qu'en la soumettant à l'action de la chaleur, on lui fait prendre facilement l'état de fluide aériforme, ou de vapeur. Un grand nombre de corps peuvent être observés sous deux états : l'état solide et l'état liquide ; tels sont la plupart des métaux : le plomb, l'étain, le cuivre, l'argent, l'or, etc. Mais quelques-uns, comme le fer, le platine, exigent, pour passer de l'état solide à l'état liquide, les plus hautes températures que nous puissions produire dans nos fourneaux. On obtient, au moyen de la pile, des températures encore plus élevées, et ces températures ont suffi pour gazéifier plusieurs métaux, notamment l'or, l'argent, le cuivre, etc.

La plupart des substances qui sont gazeuses à la température ordinaire passent à l'état liquide lorsqu'on les soumet en même temps à une forte compression et à une température très-basse. Les gaz hydrogène, azote et oxygène sont les seuls qui aient résisté jusqu'ici à la liquéfaction ; mais on ne peut guère douter que ces gaz eux-mêmes ne se liquéfient quand on emploiera des moyens de compression plus énergiques et un froid plus considérable.

La plupart des gaz qui ont été liquéfiés ont été amenés à l'état solide par un grand refroidissement. Il a suffi de supprimer successivement la pression qui maintenait le gaz liquéfié ; celui-ci tend alors à reprendre l'état gazeux ; mais, comme il faut pour cela qu'il absorbe une certaine quantité de chaleur latente, que le gaz qui se forme enlève à la partie restée liquide, la température de celle-ci s'abaisse souvent assez pour que le liquide se congèle.

On peut conclure de là que tous les corps de la nature seraient susceptibles de prendre les trois états si on les mettait dans des conditions favorables de température et de pression. Nous remarquerons cependant qu'un grand nombre de corps solides ne peuvent pas être liquéfiés, parce qu'ils se décomposent lorsqu'on les soumet à l'action de la chaleur. Ainsi le carbonate de chaux se décompose à la chaleur rouge, en laissant dégager un de ses principes constituants, le gaz acide carbonique; et, à cette température, il n'a pas éprouvé la fusion. Mais on peut empêcher ce dégagement de l'acide carbonique en renfermant le carbonate de chaux dans un canon de fusil hermétiquement fermé : il subit alors la fusion à une température qui n'est pas beaucoup supérieure à celle qui produisait sa décomposition lorsqu'il se trouvait sous la pression de l'atmosphère.

§ 5. Force d'agrégation ou de cohésion. — La force qui réunit les molécules similaires d'un corps simple ou d'un corps composé porte le nom de *force d'agrégation* ou de *cohésion*. Cette force est très-grande dans les corps solides ; elle est presque insensible dans les corps liquides, et complétement nulle dans les fluides élastiques. Dans ces derniers, les particules se repoussent, au contraire, et ne sont maintenues à leurs distances actuelles que par les pressions qui s'exercent sur les parois de l'enceinte qui renferme le fluide.

§ 6. Affinité chimique. — La force qui réunit les molécules simples constituant une molécule d'un corps composé porte le nom d'*affinité chimique*. C'est en vertu de cette force que les molécules des corps simples se combinent pour former les corps composés. L'affinité chimique varie beaucoup, suivant les circonstances dans lesquelles les corps se trouvent placés ; elle ne s'exerce pas facilement entre des corps solides, parce que le contact des molécules ne peut pas devenir assez parfait. Pour que l'affinité chimique puisse s'exercer librement, il faut que les corps soient désagrégés, et, cette désagrégation ne s'obtenant que d'une manière incomplète par la pulvérisation mécanique, il faut les amener à l'état liquide ou à l'état gazeux. Les anciens chimistes exprimaient ce fait en disant : *Corpora non agunt, nisi soluta.* Dans beaucoup de cas, il suffit que l'un des corps soit amené à l'état liquide ou gazeux.

L'affinité chimique entre deux corps varie beaucoup selon la température. Ainsi la chaux et l'acide carbonique se combinent facilement à la température ordinaire pour former du carbonate de chaux, et le carbonate de chaux se décompose à la chaleur rouge en laissant dégager son acide carbonique. A la température ordinaire, l'affinité chimique entre la chaux et l'acide carbonique est considérable ; tandis que, à la température de la chaleur rouge, cette affinité est nulle.

§ 7. Loi des proportions multiples [1]. — Lorsque deux corps simples A et B se combinent, 1 molécule de A se combine avec 1, 2,

---

[1] Cette loi a été énoncée, pour la première fois, en 1807, par Dalton.

3, 4,... molécules de B ; ou bien, 2 molécules de A se combineront avec 1, 2, 3, 4, 5, 7,... molécules de B ; ou enfin, 3 molécules de A pourront se combiner avec 5, 7,... molécules de B ; et ainsi de suite. Il est évident, d'après cela, que *dans les diverses combinaisons qu'une substance* B *peut former avec le même poids d'une substance* A, *les quantités pondérales de la substance* B *seront entre elles dans des rapports rationnels et commensurables*. Ce fait, qui a été parfaitement démontré par l'expérience, est la principale preuve que les chimistes invoquent pour établir la divisibilité limitée de la matière et l'existence des molécules indivisibles. L'expérience montre même que les rapports les plus simples sont ceux qui se présentent le plus fréquemment ; ainsi on rencontre ordinairement dans les corps composés les rapports de 1 : 2, de 1 : 3, de 1 : 4, de 1 : 5 ou les rapports de 2 : 3, de 2 : 5, de 2 : 7. Cette loi, qui règle les rapports suivant lesquels deux corps se combinent, porte le nom de *loi des proportions multiples*. Nous verrons, par la suite, à mesure que nous étudierons les corps composés, les faits qui établissent cette loi d'une manière incontestable.

§ 8. Des différents caractères physiques et organoleptiques qui servent à spécifier les corps. — Nous employons pour spécifier les corps, pour en établir le signalement, divers caractères qui sont fondés, tantôt sur les apparences ou propriétés physiques des corps, tantôt sur les impressions qu'ils produisent sur nos organes. Les premiers sont appelés *caractères physiques*, les autres ont reçu le nom de *caractères organoleptiques*.

Les principaux caractères physiques auxquels les chimistes ont recours pour spécifier les corps sont les suivants :

1° Les divers états du corps, c'est-à-dire les conditions de température et de pression dans lesquelles le corps présente l'état solide, l'état liquide et l'état gazeux ;

2° Sa couleur dans ces divers états ;

3° La nature de son éclat, quand celui-ci peut être spécifié par comparaison. Ainsi on dit : *éclat métallique, éclat vitreux, éclat résineux,* etc.;

4° Sa dureté plus ou moins grande, si le corps est à l'état solide, ou sa fluidité plus ou moins parfaite, quand il est à l'état liquide;

5° Sa pesanteur spécifique ou densité, c'est-à-dire le poids de l'unité de volume du corps;

6° Les formes régulières ou cristallines que le corps affecte;

7° L'aspect que présente la cassure fraîche du corps, lorsque celui-ci est solide. Ainsi on dit : *cassure vitreuse, cassure cristalline, lamelleuse* ou *à petits cristaux, cassure grenue,* etc.

Les caractères organoleptiques se réduisent aux impressions que le corps exerce sur les organes du goût, de l'odorat et du toucher : ainsi on indique par comparaison la saveur et l'odeur du corps : on dit que le corps est rude au toucher, gras au toucher, etc., etc.

Parmi les caractères physiques que nous venons d'énumérer, il y en a quelques-uns qui sont susceptibles d'une mesure numérique précise, et qui ont, par cette raison, une plus grande valeur pour la définition du corps. Telles sont : la pesanteur spécifique du corps et les températures auxquelles il change d'état. La détermination rigoureuse de sa forme cristalline fournit également un des caractères les plus importants ; l'étude de ces formes cristallines joue un grand rôle dans nos classifications des corps et dans les théories chimiques modernes.

§ 9. **Des formes cristallines.** — Lorsqu'on observe superficiellement les différents corps solides que nous rencontrons dans la nature, on est porté à croire que leur forme extérieure ne présente rien de régulier et qu'elle peut varier à l'infini. Mais, si l'on soumet ces corps à une étude plus attentive, on reconnaît que la plupart sont susceptibles de prendre, dans certaines circonstances, des formes régulières qui sont parfaitement semblables dans les divers individus d'une même substance. Il y a plus : la plupart des substances qui nous apparaissent avec des formes extérieures irrégulières présentent dans leur cassure récente des indices évidents d'une texture régulière ou cristalline ; de sorte que la masse totale du corps n'est qu'une agrégation d'une infinité de petits cristaux enchevêtrés les uns dans les autres. Ces cristaux rudimentaires sont souvent si petits, que nous ne parvenons à les distinguer qu'en observant la cassure à la loupe ou au microscope ; d'où l'on peut inférer qu'il en existe encore de beaucoup plus petits qui échappent à nos moyens d'observation.

La texture cristalline des corps, bien loin d'être un cas exceptionnel, est, au contraire, de beaucoup le cas le plus général.

La plupart des substances que nous préparons dans nos laboratoires sont susceptibles de *cristalliser*, c'est-à-dire de prendre des formes géométriques régulières, et nous observons que, lorsque cette opération se fait dans des *circonstances identiques*, les formes des divers individus cristallins sont parfaitement semblables entre elles, à tel point que ces formes donnent un des caractères les plus certains pour distinguer les unes des autres les substances cristallisées.

Les formes cristallines qu'affectent les différents corps de la nature paraissent, au premier abord, variables à l'infini ; mais une étude attentive de ces diverses formes a fait reconnaître des lois générales auxquelles ces formes obéissent, et qui en limitent considérablement le nombre. L'étude des formes cristallines fait l'objet d'une science spéciale, la *cristallographie*.

§ 10. Toutes les fois qu'un corps désagrégé par la fusion, par la gazéification ou par la dissolution reprend l'état solide sans passer par l'état de liquidité incomplète, c'est-à-dire par l'*état pâteux*, ses molécules s'agrègent suivant des lois de symétrie particulières à chaque corps et se groupent sous forme de cristaux. Lorsque cette agrégation se propage rapidement dans toute la masse, les cristaux sont petits, la cassure du corps agrégé paraît à l'œil nu irrégulière et grenue, et l'on dit qu'elle est *amorphe* (de α, particule privative, et de μορφή, forme, *sans forme*). Cependant, si on l'examine à l'aide du microscope, on reconnaît le plus souvent que la masse se compose d'une infinité de très-petits cristaux enchevêtrés les uns dans les autres.

§ 11. Pour faire cristalliser un corps par voie de fusion, on fond une quantité un peu considérable de ce corps dans un creuset ou dans une terrine de terre, et on l'abandonne à un refroidissement aussi lent que possible et dans un repos complet. Les couches supérieures et celles qui sont au contact des parois du vase se solidifient les premières, et de nouvelles molécules viennent se grouper sur les parties déjà solidifiées, suivant les lois spéciales de symétrie, et forment des cristaux qui se développent au milieu de la partie restée liquide. Lorsque l'on juge qu'une portion assez considérable de la matière s'est solidifiée, on perce la croûte supérieure avec un-fer aigu ou avec un charbon incandescent, et l'on fait écouler rapidement la partie restée liquide. En détachant alors avec précaution la croûte supérieure, on trouve l'intérieur du vase tapissé de cristaux qui sont souvent d'une netteté parfaite. Le soufre et le bismuth cristallisent très-bien de cette manière.

§ 12. Les corps dont la température d'ébullition sous la pression ordinaire de l'atmosphère est inférieure à celle de leur fusion cristallisent facilement en passant directement de l'état gazeux à l'état solide, c'est-à-dire par *voie de sublimation*. On peut faire cristalliser de la même manière les corps dont la température d'ébullition sous la pression ordinaire de l'atmosphère n'est pas très-supérieure à celle à laquelle ils fondent ; il suffit de les chauffer à une température à laquelle ils dégagent déjà des vapeurs abondantes, bien qu'elle soit inférieure à celle de leur fusion.

Ainsi, si l'on met quelques morceaux de camphre dans un grand flacon, et qu'on le pose sur une plaque chauffée seulement à 30°, la température ambiante étant plus basse, les parois supérieures du flacon se recouvrent de cristaux de camphre qui se forment au moyen de la vapeur émise par les fragments placés sur le fond, lesquels, à la température de 50°, donnent déjà des vapeurs très-notables. De même, si l'on chauffe au rouge sombre de l'arsenic contenu dans une cornue de grès, le dôme et le col de la cornue se couvrent de cristaux d'arsenic sublimé.

§ 13. Les corps qui sont solubles dans les liquides prennent des formes cristallines régulières lorsqu'on amène lentement le liquide dissolvant dans des conditions où il ne peut maintenir en dissolution toute la matière qu'il a primitivement dissoute. Le *dissolvant* n'exerce pas un pouvoir dissolvant identique sur la même substance à toutes les températures ; le plus souvent il en dissout une plus grande quantité à chaud qu'à froid, de sorte que si l'on abandonne à un refroidissement lent, et dans un repos absolu, une dissolution saturée à chaud, les particules du corps, qui ne peuvent plus rester en dissolution à mesure que le liquide se refroidit, se séparent et s'agrègent suivant leurs lois spéciales de symétrie. L'azotate de potasse, ou salpêtre, cristallise facilement de cette manière. Si le refroidissement était rapide ou si la liqueur était continuellement agitée, la cristallisation serait *troublée* et il ne se formerait que des grains cristallins très-petits. D'autres fois on fait cristalliser une substance dissoute dans un liquide, en abandonnant la dissolution à l'évaporation ; la masse du dissolvant diminue ainsi graduellement. Bientôt elle n'est plus assez grande pour maintenir en dissolution toute la substance, et celle-ci se dépose successivement sous forme de cristaux ; c'est de cette manière que l'on fait cristalliser le sel marin. Les dissolvants le plus communément employés dans les laboratoires sont l'eau, l'alcool et l'éther ; plus rarement on emploie le sulfure de carbone.

La cristallisation des corps par voie de dissolution est souvent appelée *cristallisation par voie humide*, et l'on nomme *cristallisation par voie sèche* celle qui s'opère par la solidification après fusion ou après gazéification.

§ 14. Nous avons vu que le soufre cristallisait facilement par voie de fusion ; on peut également le faire cristalliser par voie humide : il suffit pour cela de le dissoudre dans le sulfure de carbone et d'abandonner la liqueur à l'évaporation spontanée. Le soufre se dépose alors en beaux cristaux ; mais la forme de ces cristaux est très-différente de celle des cristaux obtenus par voie de fusion, et ces deux espèces de formes présentent des lois de symétrie cristallographique complétement différentes. La même substance peut donc cristalliser dans des formes qui n'obéissent pas aux mêmes lois de symétrie, mais cela n'a lieu que lorsque la cristallisation s'opère dans des circonstances dissemblables, par exemple, à des températures très-diffé-

rentes. Le soufre qui cristallise par fusion obéit aux forces qui le sollicitent à la température de 111°, où il prend l'état solide, tandis que,
lorsqu'il cristallise par l'évaporation spontanée d'une dissolution dans
le sulfure de carbone, ses molécules se groupent suivant les forces
qui les sollicitent à la température ordinaire; et l'on conçoit que ces
forces soient, dans les deux circonstances, assez différentes dans leur
nature et dans leurs intensités pour donner lieu à des polyèdres géométriques présentant des lois de symétrie très-dissemblables.

Les molécules qui se sont groupées à une haute température peuvent
donc souvent se trouver, lorsque le corps est revenu à la température
ordinaire, sous l'influence de forces très-différentes de celles qui ont
présidé à leur cristallisation : et l'on remarque ordinairement alors
que les cristaux formés à une haute température, et qui étaient parfaitement transparents au moment de leur formation, deviennent, au
bout de peu de temps, opaques et pulvérulents. Il y a désagrégation,
parce que les molécules tendent à se grouper différemment, en obéis-
sant aux forces qui les sollicitent aux basses températures ; souvent
même, après cette altération, on peut reconnaitre, à l'aide de la loupe
ou du microscope, que la masse est formée de petits cristaux rudimentaires, ayant la forme que la substance affecte quand elle cristallise à la température ordinaire. Cette transformation est très-apparente
dans les cristaux de soufre obtenus par voie de fusion. Ceux-ci sont
d'abord d'un jaune ambré, parfaitement transparents et un peu
flexibles; mais, à la température ordinaire, ils changent complétement
d'aspect au bout de quelques jours. Ils perdent leur transparence, deviennent friables, et, si l'on examine leur poussière au microscope,
on reconnait qu'elle est formée de petits cristaux semblables à ceux
que forme le soufre lorsqu'il cristallise, à la température ordinaire,
dans une dissolution de sulfure de carbone.

Les corps qui peuvent ainsi cristalliser, dans des circonstances dissemblables, en deux formes cristallines présentant des lois de symétrie différentes sont appelés *corps dimorphes*, et la propriété elle-
même est désignée sous le nom de *dimorphisme*.

§ 15. Nous verrons par la suite que les substances qui présentent
des compositions chimiques semblables affectent des formes cristallines non pas absolument identiques, mais offrant une telle ressemblance extérieure, que l'on ne parvient à les distinguer que par une
mesure très-précise de leurs angles. Ainsi les carbonates de chaux,
de magnésie, de protoxyde de fer, de protoxyde de manganèse,
d'oxyde de zinc, cristallisent tous en rhomboèdres dont les angles ne
diffèrent pas assez pour qu'il soit possible de les distinguer au simple
aspect. Il y a plus, lorsque des substances présentent ainsi des formes

cristallines très-peu différentes, on a remarqué qu'elles se remplaçaient souvent dans dés proportions quelconques quand elles cristallisent ensemble dans le même milieu. On trouve, en effet, dans la nature, des cristaux qui sont formés de deux ou d'un plus grand nombre des carbonates précédents combinés suivant des proportions quelconques. Ces cristaux complexes affectent toujours la forme de rhomboèdres ; les angles de ces rhomboèdres sont intermédiaires entre ceux des rhomboèdres des carbonates simples qui les composent. Ils se rapprochent le plus des angles du rhomboèdre qui appartient au carbonate dont la quantité domine dans le cristal.

Le sulfate de fer et le sulfate de cuivre, dissous dans l'eau, se combinent avec dés quantités semblables d'eau, et cristallisent sous des formes presque identiques si la cristallisation a lieu à des températures convenables. Ces températures *ne sont pas absolument les mêmes* pour les deux sels, mais elle ne diffèrent que d'un petit nombre de degrés. Si l'on place un cristal de sulfate de cuivre dans une dissolution de sulfate de fer, à une température peu différente de celle à laquelle le sulfate de fer cristallise sous la même forme, on voit que le cristal de sulfate de cuivre continue à croître dans cette dissolution, en s'assimilant des molécules de sulfate de fer. Le même cristal, replacé dans la dissolution de sulfate de cuivre, grossit avec des molécules de sulfate de cuivre ; de sorte que l'on peut obtenir un cristal complexe, formé de couches alternatives de sulfate de cuivre et de sulfate de fer. On distingue facilement ces couches à leurs nuances différentes dans une cassure du cristal.

Si l'on mélange les dissolutions des sulfates de fer et de cuivre, et que l'on abandonne la liqueur à une évaporation lente, on obtient des cristaux qui renferment à la fois du sulfate de cuivre et du sulfate de fer. Ces cristaux affectent des formes semblables à celles du sulfate de cuivre, avec quelques légères différences dans les angles. Les proportions des deux sulfates peuvent d'ailleurs varier à l'infini, suivant les quantités que l'on a mélangées dans la dissolution primitive.

Les substances qui jouissent de la propriété de cristalliser ainsi sous des formes presque identiques ne présentant que de légères différences dans les valeurs absolues de leurs angles, et qui, de plus, *sont susceptibles de se remplacer dans des proportions quelconques*, en formant toujours des cristaux semblables, ont reçu le nom de *substances isomorphes ;* le phénomène est appelé *isomorphisme.*

La considération de l'isomorphisme est de la plus haute importance pour la chimie ; les chimistes en font un fréquent usage pour établir la constitution des corps composés.

NOMENCLATURE CHIMIQUE.

§ 16. Le nombre des différents corps que nous trouvons dans la nature et que nous produisons dans nos laboratoires est aujourd'hui tellement considérable, qu'il faudrait la mémoire la plus heureuse pour retenir les noms de toutes ces substances et les appliquer convenablement, si chacune portait un nom particulier donné au hasard. Aussi les chimistes ont-ils senti la nécessité de se créer une nomenclature systématique, qui permît de former les noms des corps composés par la combinaison des noms des corps simples qui les constituent : c'est un moyen facile de reconnaître, jusqu'à un certain point, d'après son nom seul, la nature du corps composé et même quelques-unes de ses propriétés les plus essentielles. Les corps simples sont aujourd'hui les seuls dont le nom soit indépendant de toute régle et abandonné au caprice de l'auteur qui en a fait la découverte ou qui, le premier, en a décrit les propriétés.

Les corps simples aujourd'hui connus sont au nombre de soixante et un; nous donnons ici leurs noms avec les signes abrégés par lesquels on est convenu de les représenter :

1. Oxygène. . . . . O
2. Hydrogène. . . . . H
3. Azote. . . . . Az ou N (de *Nitrogène*).
4. Soufre. . . . . S
5. Sélénium . . . . Se
6. Tellure. . . . . Te
7. Chlore. Cl
8. Brôme. . . . . Br
9. Iode. . . . . Io
10. Fluor. . . . . Fl
11. Phosphore . . . . . . Ph
12. Arsenic. . . . . . . As
13. Carbone. C
14. Bore. . . . . Bo
15. Silicium. . . . . . . Si
16. Potassium. . . . . . K (du latin *Kalium*).
17. Sodium. . . . . . . Na (du latin *Natrium*).
18. Lithium. Li
19. Baryum. . . . . . . Ba
20. Strontium. . . . . . Sr
21. Calcium. . . . . . . Ca
22. Magnésium. . . . . . Mg

23. Glucinium. . . . .   Gl
*24. Aluminium. . . . .   Al
25. Zirconium. . . . .   Zr
26. Thorium. . . . .   To
27. Yttrium. . . . .   Yt
28. Cérium. . . . .   Ce
29. Lantane. . . . .   La
30. Didyme. . . . .   Di
31. Erbium. . . . .   Er
32. Terbium. . . . .   Tr
*33. Manganèse. . . . .   Mn
*34. Chrôme. . . . .   Cr
35. Tungstène . . . .   Tg ou W (de l'allemand *Wolfram*.)
36. Molybdène. . . . .   Mo
37. Vanadium. . . . .   Vd
*38. Fer. . . . .   Fe
*39. Cobalt. . . . .   Co
*40. Nickel. . . . .   Ni
*41. Zinc. . . . .   Zn
*42. Cadmium. . . . .   Cd
*43. Cuivre. . . . .   Cu
*44. Plomb. . . . .   Pb
*45. Bismuth. . . . .   Bi
*46. Mercure. . . . .   Hg (du latin *Hydrargyrum*).
*47. Étain. . . . .   Sn (du latin *Stannum*).
48. Titane. . . . .   Ti
49. Tantale ou Columbium.   Ta
50. Niobium. . . . .   Nb
51. Pélopium. . . . .   Pp
*52. Antimoine. . . . . . .   Sb (du latin *Stibium*).
53. Uranium. . . . .   U
*54. Argent. . . . .   Ag
*55. Or. . . . .   Au (du latin *Aurum*).
*56. Platine. . . . .   Pt
57. Palladium. . . . . . .   Pd
58. Rhodium. . . . .   Rh
59. Iridium. . . . .   Ir
60. Ruthénium. . . . . . .   Ru
61. Osmium. . . . .   Os

Nous avons marqué d'un astérisque (*) les noms des corps simples que nous étudierons. Nous ne nous occuperons pas des autres; la plupart ne sont connus encore que d'une manière in-complète; ils sont d'ailleurs fort rares, et n'ont reçu aucune appli-cation.

§ 17. Les chimistes s'accordent généralement à diviser les corps simples en deux grandes classes, les *métalloïdes* et les *métaux*. Nous indiquerons bientôt les caractères d'après lesquels on a établi cette division.

La classe des métalloïdes comprend les quinze premiers corps simples inscrits sur notre liste générale; celle des métaux renferme tous les autres.

§ 18. Avant d'exposer les règles qui président à la nomenclature des corps composés, il est nécessaire de définir quelques termes généraux que l'on applique à ces corps.

On distingue dans les corps composés des *acides*, des *bases* et des *sels*.

Les sels résultent de la combinaison des acides avec les bases. Lorsque l'on soumet un sel à l'action d'une pile voltaïque, la combinaison se défait. Si la pile est très-énergique, le composé est entièrement détruit et se résout en ses éléments simples. Si la pile est plus faible, l'acide se sépare seulement de la base; l'acide se rend au *pôle positif* de la pile, et la base au *pôle négatif*. Les électricités de même nom se repoussent, celles de nom contraire s'attirent. On a supposé que les molécules des corps étaient ou électriques par elles-mêmes, ou entourées d'atmosphères électriques. Si l'on accepte cette hypothèse, il est clair que la molécule qui se rend au pôle positif doit posséder l'*électricité négative*, et que la molécule qui gagne le pôle négatif doit avoir l'*électricité positive*. On admet donc qu'au moment où un sel se décompose sous l'influence de la pile la molécule acide prend l'électricité négative, et la molécule basique l'électricité positive; et l'on dit que l'acide est l'*élément électronégatif*, et la base l'*élément électropositif* du sel.

La manière dont un sel se décompose sous l'influence de la pile suffit donc pour caractériser l'*élément acide* et l'*élément basique*. L'élément acide, ou électronégatif est celui qui se rend au pôle positif de la pile; l'élément basique, ou électropositif, est celui qui va au pôle négatif.

Lorsque l'acide et la base sont solubles dans l'eau, ils se distinguent par d'autres propriétés qu'il est très-facile de constater. Un grand nombre de matières colorantes organiques sont altérées de manières très-différentes par les acides et par les bases. La teinture de tournesol, telle qu'on la trouve dans le commerce, a une couleur d'un bleu violacé. Si l'on verse un acide dans cette teinture, la couleur bleue est immédiatement remplacée par une couleur rouge clair. *Les acides rougissent donc la teinture bleue du tournesol.*

Si l'on verse la dissolution d'une base dans la même teinture, la couleur bleue n'est pas altérée ; mais, si l'on ajoute une quantité suffisante d'une dissolution basique dans la teinture du tournesol préalablement rougie par un acide, la couleur rouge redevient bleue. *Les bases solubles ramènent donc au bleu la teinture du tournesol rougie par un acide.*

La teinture jaune du curcuma *n'est pas altérée* par les dissolutions acides ; *elle est rougie* par les dissolutions basiques.

La teinture violette du sirop de violette est *rougie* par les acides, et *verdie* par les bases.

Il est clair que ces caractères ne peuvent servir que pour les acides et les bases solubles. Lorsque ces corps sont insolubles, on ne peut les caractériser que par la manière dont ils se comportent sous l'influence de la pile, ou d'après la manière dont ils se combinent avec les corps acides ou basiques sur la nature desquels il n'y a pas d'incertitude.

§ 19. Beaucoup de corps solubles n'exercent aucune action sur les couleurs des réactifs colorés ; ils ne rougissent pas la teinture bleue du tournesol, et ils ne ramènent pas au bleu cette teinture préalablement rougie par une petite quantité d'acide. On les appelle *indifférents* ou *neutres aux réactifs colorés.* Un grand nombre de sels présentent cette propriété ; dans ces sels, les réactions que l'acide et la base qui les constituent exercent sur les matières colorantes végétales se sont neutralisées d'une manière parfaite : on les appelle *sels neutres aux réactifs colorés.* Cet état de neutralité dépend des forces relatives des acides et des bases. Une base très-forte ne peut jamais être complétement neutralisée par un acide faible, sous le rapport de son action sur les réactifs colorés. De même, une base faible ne peut pas détruire complétement la réaction qu'un acide très-énergique exerce sur ces réactifs. On conçoit aussi qu'un sel qui se comporte comme neutre avec un certain réactif coloré puisse présenter une réaction acide ou basique avec un réactif plus sensible.

Il existe des corps qui jouent le rôle d'acides par rapport aux bases très-fortes, et le rôle de bases par rapport aux acides énergiques. On conçoit, d'après cela, que la définition des acides et des bases n'a rien d'absolu, puisque le même corps peut se comporter, suivant les circonstances, à la manière des acides ou des bases.

§ 20. L'oxygène est, de tous les corps simples, celui qui est le plus répandu dans la nature, et qui forme le plus grand nombre de combinaisons importantes. Ses composés ont été les premiers étudiés avec soin par les chimistes ; nous commencerons donc par exposer les règles de leur nomenclature.

Les combinaisons que l'oxygène forme avec les autres corps simples sont acides, basiques ou indifférentes. On a donné le nom d'*oxydes* aux combinaisons basiques et indifférentes, et le nom d'*oxacides*, ou simplement d'*acides*, aux combinaisons acides.

Le fer, le cuivre, le plomb, forment, avec l'oxygène, des combinaisons basiques ; on leur donne le nom d'*oxyde de fer*, d'*oxyde de cuivre* et d'*oxyde de plomb*.

Le carbone forme avec l'oxygène une combinaison indifférente que l'on appelle *oxyde de carbone*.

§ 21. A l'époque où l'on a fixé les règles de notre nomenclature, on croyait qu'un même corps, en se combinant avec l'oxygène, ne pouvait former plus de *deux* combinaisons acides. Pour les nommer, on faisait suivre le mot *acide* du nom de la seconde substance que l'on terminait en *eux*, pour la combinaison la moins oxygénée, et en *ique* pour celle qui contenait le plus d'oxygène. Ainsi on connaissait deux acides résultant de la combinaison du soufre avec l'oxygène ; on donnait à la combinaison la moins oxygénée le nom d'*acide sulfureux*, et à la plus oxygénée celui d'*acide sulfurique*.

Plus tard, on découvrit deux nouveaux acides résultant de la combinaison du soufre avec l'oxygène : l'une de ces combinaisons renfermait moins d'oxygène que l'acide sulfureux ; la seconde se plaçait entre l'acide sulfureux et l'acide sulfurique. Il fallut modifier la règle générale, et l'on convint de former le nom de l'acide moins oxygéné que l'acide sulfureux, en faisant précéder le nom de ce dernier acide du mot *hypo* (ὑπό, au-dessous), et on l'appela *acide hyposulfureux*. Quant à l'acide qui se plaçait entre l'acide sulfureux et l'acide sulfurique, on convint, en suivant la même règle, de lui donner le nom de l'acide sulfurique, en faisant précéder le mot sulfurique de *hypo* ; on le nomma donc *acide hyposulfurique*.

Nous connaissons cinq combinaisons du chlore avec l'oxygène ; quatre d'entre elles ont reçu les noms suivants, d'après les règles de nomenclature que nous venons de développer : *acide hypochloreux*, *acide chloreux*, *acide hypochlorique*, *acide chlorique*.

Une cinquième combinaison, trouvée depuis la découverte de l'acide chlorique, renferme plus d'oxygène que ce dernier. Si l'on adoptait rigoureusement les règles primitives de notre nomenclature, il faudrait donner à cette combinaison le nom d'*acide chlorique* et l'ôter à celle qui l'a porté jusqu'à présent. Or on conçoit combien ces changements de nom auraient d'inconvénients graves ; ils amèneraient nécessairement beaucoup de confusion dans la science, et ils occasionneraient des erreurs nombreuses. On a évité la difficulté, en donnant au nouvel acide le nom d'*acide hyperchlorique* (de ὑπέρ, au-dessus) ou simplement d'*acide perchlorique*. Ainsi les cinq combinaisons du chlore avec l'oxygène, rangées d'après les proportions croissantes d'oxygène, portent les noms suivants :

Acide hypochloreux ;
Acide chloreux ;
Acide hypochlorique ;
Acide chlorique ;
Acide perchlorique.

Telles sont les règles auxquelles les chimistes se sont arrêtés jusqu'ici pour former la nomenclature des oxacides.

§ 22. Un même corps, en se combinant avec l'oxygène, forme souvent plusieurs composés basiques ou indifférents ; ce sont les *oxydes*. L'expérience a montré que, dans ces différents oxydes, les proportions d'oxygène, combinées avec une même quantité du second corps, sont entre elles dans des rapports très-simples, par exemple comme $\frac{1}{2} : 1 : \frac{3}{2} : 2 : 3 : 4$. Des considérations que nous développerons par la suite déterminent le choix de la substance que l'on regarde comme renfermant la proportion 1 d'oxygène ; on lui donne le nom de *protoxyde*. La combinaison qui renferme la proportion d'oxygène $\frac{3}{2}$ prend le nom de *sesquioxyde* ; celle qui renferme la proportion 2 d'oxygène reçoit le nom de *deutoxyde* ou de *bioxyde*. On donne les noms de *tritoxyde*, *quadroxyde* aux combinaisons qui renferment les proportions 3 ou 4 d'oxygène. Enfin, les oxydes qui renferment moins d'oxygène que le protoxyde sont appelés *sous-oxydes* ou *oxydules*.

Ainsi le manganèse forme avec l'oxygène trois combinaisons non acides, ou *oxydes*, dans lesquelles les proportions d'oxygène combinées avec une même quantité de manganèse sont entre elles comme $1 : \frac{3}{2} : 2$. Ces combinaisons s'appelleront donc : *protoxyde de manganèse, sesquioxyde de manganèse, bioxyde de manganèse*.

L'oxyde le plus oxygéné prend souvent le nom de *peroxyde* : ainsi le bioxyde de manganèse est souvent appelé *peroxyde de manganèse*.

Des trois oxydes de manganèse, deux sont des bases, ce sont le protoxyde et le sesquioxyde ; le troisième, le bioxyde ou peroxyde, est un corps indifférent. Quelques auteurs désignent les deux combinaisons basiques autrement que nous ne l'avons fait : ils appellent le protoxyde de manganèse *oxyde manganeux*, et le sesquioxyde *oxyde manganique.*

§ 23. La règle qui préside à la nomenclature des sels est extrêmement simple. On forme les noms des sels en combinant ceux de l'acide et de la base de telle sorte que le nom de l'acide détermine le genre, et le nom de la base détermine l'espèce. Lorsque le nom de l'acide se termine en *ique*, le nom générique du sel se termine en *ate*; ainsi l'acide sulfurique forme des *sulfates*, et l'acide phosphorique des *phosphates*. Lorsque le nom de l'acide se termine en *eux*, la terminaison du nom générique du sel est en *ite*. Ainsi l'acide sulfureux forme des *sulfites*; l'acide hyposulfureux, des *hyposulfites*.

Le nom générique de l'acide est suivi du nom de la base. Ainsi on dit : *sulfate de protoxyde de manganèse, sulfate de sesquioxyde de manganèse*; ou *sulfate d'oxyde manganeux, sulfate d'oxyde manganique*; ou même simplement *sulfate manganeux, sulfate manganique.*

On dit de même *sulfite de protoxyde de manganèse,* ou *sulfite manganeux.*

L'acide et la base se combinent souvent en plusieurs proportions. Ainsi le protoxyde de potassium, communément appelé *potasse,* forme avec l'acide sulfurique deux combinaisons, deux *sulfates.* Le premier est neutre aux réactifs colorés; on lui donne le nom de *sulfate neutre de potasse,* ou simplement de *sulfate de potasse.* Le second exerce, au contraire, une réaction fortement acide sur ces réactifs; il renferme, pour la même quantité de potasse, une proportion double d'acide sulfurique. On lui donne le nom de *sulfate acide de potasse,* ou mieux, de *bisulfate de potasse;* ce dernier nom rappelle immédiatement les rapports de composition qui existent entre ce sulfate et le sulfate neutre.

Quelquefois l'acide et la base forment deux combinaisons dans lesquelles les quantités d'acide, combinées avec la même quantité de base, sont entre elles comme 2 : 3; c'est ce qui arrive pour l'acide carbonique et la soude. La première combinaison prend le nom de *carbonate neutre de soude,* ou simplement de *carbonate de soude;* la seconde prend le nom de *sesquicarbonate de soude.*

Il existe aussi des sels dans lesquels la quantité d'acide est moindre que celle qui existe dans le sel neutre; on les appelle *sous-sels.* Ainsi le protoxyde de fer et le sesquioxyde de fer forment avec l'acide sulfurique des sulfates neutres, ou des sulfates basiques ou sous-sels, que l'on appelle des *sous-sulfates de protoxyde* ou de *sesquioxyde de fer*.

Enfin, deux sels se combinent souvent entre eux et forment des composés plus complexes; on donne à ces composés le nom de *sels doubles*. Le sulfate d'alumine et le sulfate de potasse forment ainsi un *sulfate double*, que l'on appelle *sulfate double d'alumine et de potasse*.

§ 24. L'eau est une substance composée qui joue le rôle d'acide par rapport aux bases fortes, et le rôle de base par rapport aux acides énergiques : dans les deux cas, elle forme de véritables sels. On donne le nom générique d'*hydrates* aux sels dans lesquels l'eau joue le rôle d'acide : ainsi on dit *hydrate de potasse, hydrate de protoxyde de fer* ou *hydrate ferreux*. Quant aux sels dans lesquels l'eau joue le rôle de base, leurs noms devraient se former en ajoutant le nom de la base à celui de l'acide modifié, comme nous l'avons dit (§ 25); ainsi on devrait dire *sulfate d'eau, phosphate d'eau...*; mais on enfreint ici la règle, et l'on appelle ces combinaisons *acide sulfurique hydraté, acide phosphorique hydraté*. La même quantité d'acide se combine souvent avec plusieurs proportions d'eau qui sont toujours entre elles dans des rapports simples; ainsi l'acide sulfurique se combine avec des quantités d'eau qui sont entre elles comme 1 : 2 : 5. Ces combinaisons prennent les noms d'*acide sulfurique protohydraté* ou *monohydraté, d'acide sulfurique bihydraté, d'acide sulfurique trihydraté*.

§ 25. Les combinaisons des métaux entre eux ont reçu le nom d'*alliages*, qu'elles portaient déjà dans les arts. On dit : *alliage de cuivre et de zinc, alliage de plomb et d'étain*. Lorsque le mercure est un des métaux constituants de l'alliage, on donne au composé le nom d'*amalgame* : un alliage d'argent et de mercure s'appelle *amalgame d'argent*.

§ 26. Les combinaisons des corps métalloïdes avec les métaux se désignent en terminant le nom du corps métalloïde en *ure* pour indiquer le genre, et en le faisant suivre du nom du métal. Ainsi la combinaison du chlore avec le manganèse s'appelle *chlorure de manganèse*; celle du soufre avec le fer s'appelle *sulfure de fer*.

Lorsque le corps métalloïde forme avec le corps métallique plusieurs combinaisons, l'expérience montre que les quantités de métalloïde combinées avec le même poids de métal sont entre elles dans des rapports simples. On forme la nomenclature de ces composés d'après la règle adoptée pour les oxydes, et l'on dit : *protochlorure de manganèse, sesquichlorure de manganèse, protosulfure, sesquisulfure* et *bisulfure de fer*. Lorsque ces combinaisons binaires sont soumises à l'action décomposante de la pile, le corps métalloïde se rend toujours au pôle positif, en se comportant comme élément électronégatif; tandis que le corps métallique va au pôle négatif et se comporte comme élément électropositif. Ainsi, dans ces composés de même que dans les sels, *le corps électronégatif détermine le genre, et le corps électropositif définit l'espèce.*

§ 27. Les corps métalloïdes forment entre eux un grand nombre de combinaisons, dont la nomenclature suit les mêmes règles que celle des métalloïdes avec les métaux. Ainsi on dit : *chlorure d'hydrogène, sulfure d'hydrogène, protochlorure de soufre, perchlorure de soufre.* Le nom qui détermine le genre est toujours celui qui se rapporte à l'élément électronégatif de la combinaison.

§ 28. Certaines combinaisons des métalloïdes entre eux sont des acides énergiques qui le cèdent à peine aux oxacides les plus puissants ; tels sont : le chlorure d'hydrogène, le fluorure d'hydrogène, etc., etc. On a malheureusement jugé convenable d'établir, pour ces composés, une règle particulière de nomenclature. On a pensé que l'hydrogène jouait, dans ces nouveaux acides, un rôle analogue à celui de l'oxygène dans les oxacides, et on leur a donné le nom d'*hydracides.* Mais il y a là une erreur grave : dans les oxacides, *l'oxygène est l'élément électronégatif ;* tandis que, dans les hydracides, *l'hydrogène est constamment l'élément électropositif.*

Quoi qu'il en soit, la nomenclature des hydracides est généralement employée. Le chlorure d'hydrogène prend le nom d'*acide chlorhydrique,* le sulfure d'hydrogène prend celui d'*acide sulfhydrique.* On donne souvent à ces mêmes acides les noms d'*acide hydrochlorique,* d'*acide hydrosulfurique ;* mais ces noms sont plus défectueux que les premiers, car ils font infraction à ce principe général d'après lequel on doit toujours commencer le nom du corps composé par le nom de l'élément électronégatif.

§ 29. Lorsque les combinaisons des métalloïdes avec l'hydrogène sont gazeuses, et que leurs réactions sur les réactifs colorés sont nulles ou peu marquées, on leur donne souvent des noms qui sont encore déduits d'une règle exceptionnelle. Ainsi les combinaisons gazeuses du carbone avec l'hydrogène, les carbures d'hydrogène gazeux, sont appelés *hydrogènes carbonés.* Les combinaisons gazeuses du phosphore avec l'hydrogène, ou phosphures d'hydrogène gazeux, sont appelés *hydrogènes phosphorés.* La combinaison gazeuse du soufre avec l'hydrogène, dont l'action acide sur les teintures est bien manifeste, quoique faible, l'acide sulfhydrique, est souvent appelé aussi *hydrogène sulfuré.* Cette nomenclature exceptionnelle est très-fâcheuse ; car, l'état gazeux des corps dépendant de la température et de la pression, il faudra, pour être conséquent, donner deux noms différents au même corps, suivant les circonstances dans lesquelles on le considère

§ 30. Certaines combinaisons du soufre avec les métalloïdes et avec les métaux présentent une analogie complète avec les combinaisons correspondantes de l'oxygène. Cette analogie n'avait pas été reconnue à l'époque où l'on s'occupa des règles de la nomenclature chimique, et on n'y eut pas égard. On distingue des sulfures acides, que l'on est convenu d'appeler *sulfacides*; des sulfures basiques, que l'on appelle *sulfobases*. Ces sulfures acides ou sulfacides se combinent avec les sulfures basiques ou sulfobases, et forment de véritables sels qui portent le nom de *sulfosels*. Ainsi le soufre et le carbone forment une combinaison, le sulfure de carbone, qui correspond par ses propriétés à l'acide carbonique; on lui donne, pour cette raison, le nom d'*acide sulfocarbonique*. De même que l'acide carbonique se combine avec les oxydes basiques pour former des carbonates, de même l'acide sulfocarbonique se combine avec certains sulfures basiques ou sulfobases pour former des sels que l'on appelle des *sulfocarbonates*. Ainsi l'acide sulfocarbonique se combine avec le monosulfure de potassium, et forme un *sulfocarbonate de monosulfure de potassium*, que l'on appelle souvent, mais improprement, *sulfocarbonate de potasse*.

§ 31. Telles sont les principales règles de la nomenclature chimique encore adoptées par le plus grand nombre des chimistes modernes, et que nous suivrons dans tout le cours de cet ouvrage. Nous signalerons, par la suite, quelques exceptions consacrées par l'usage; mais ces exceptions sont heureusement très-rares, et il nous suffira de les indiquer lorsqu'elles se présenteront.

NOTATIONS ET FORMULES CHIMIQUES.

§ 32. Nous avons donné (§ 16) la liste des corps simples actuellement connus, et nous avons inscrit, en regard de chacun d'eux, le signe ou symbole par lequel on est convenu de le représenter. Nous attacherons à ces symboles une idée plus précise; ils nous serviront, non-seulement à rappeler la nature d'un corps, mais ils en indiqueront, de plus, une quantité pondérale déterminée, à laquelle nous donnerons le nom d'*équivalent chimique du corps*. Il nous serait impossible de donner dès à présent une définition nette et compréhensible des équivalents chimiques; nous ne pourrions le faire qu'en nous appuyant sur des notions que nous développerons successivement; ce ne sera qu'à la fin de ce cours que celles-ci seront assez complètes pour que nous puissions essayer d'exposer la *théorie des équivalents chimiques*, et la *théorie atomique*.

Nous nous bornerons, pour le moment, à montrer comment on

peut, à l'aide des signes que nous avons adoptés pour les corps simples, composer des espèces de formules représentant la composition des corps composés. Ces formules, auxquelles on donne le nom de *formules chimiques*, sont très-utiles pour présenter les réactions chimiques sous forme de tableaux; nous aurons soin, à mesure que nous avancerons, d'en préciser la signification mieux que nous ne pouvons le faire maintenant. Nous emploierons le langage des équivalents et les formules chimiques dès le commencement de nos études, parce que, avec leur secours, nous pourrons décrire les réactions chimiques avec une précision qu'il serait impossible d'atteindre autrement.

Les formules chimiques des combinaisons binaires se forment en plaçant à la suite l'un de l'autre les signes de chacun des corps simples qui entrent dans le composé. On est convenu de placer toujours le signe de l'élément électropositif le premier. Lorsqu'un corps électropositif R forme plusieurs combinaisons avec un même corps électronégatif O, l'expérience a montré que, *si l'on calcule la composition de ces diverses combinaisons pour un même poids du corps électropositif, les quantités pondérales du corps électronégatif sont entre elles dans des rapports rationnels extrêmement simples; par exemple, comme les nombres* $1, \frac{3}{2}, 2, \frac{5}{2}, 3, \frac{7}{2}$, etc., etc. On donne à la première combinaison, au protoxyde, la formule RO, et aux autres combinaisons les formules $RO^{\frac{3}{2}}$, RO^2, $RO^{\frac{5}{2}}$, RO^3, $RO^{\frac{7}{2}}$, etc., etc.

Ainsi le manganèse forme avec l'oxygène cinq combinaisons, dont les deux premières sont des oxydes basiques, la troisième est un oxyde indifférent, et les deux dernières, les plus oxygénées, sont des acides. On donne à ces combinaisons les formules suivantes :

Protoxyde de manganèse. . . . . MnO

Sesquioxyde de manganèse. . . . . $MnO^{\frac{3}{2}}$

Bioxyde de manganèse. . . . . MnO^2

Acide manganique. . . . . MnO^3

Acide permanganique. . . . . $MnO^{\frac{7}{2}}$

Dans ces formules, les symboles Mn et O ne définissent pas seulement la nature des deux corps ; ils en indiquent de plus les rapports de poids déterminés et constants. Nous verrons par la suite que, par des raisons qu'il nous est impossible de développer maintenant, les chimistes écrivent les formules du sesquioxyde de manganèse et de l'acide permanganique Mn^2O^3 et Mn^2O^7, qui présentent les mêmes rapports entre les quantités pondérales du manganèse et de l'oxygène que les formules $MnO^{\frac{5}{2}}$ et $MnO^{\frac{7}{2}}$.

Nous étudierons quatre combinaisons du soufre avec l'oxygène. Si l'on rapporte la composition de chacune d'elles à un même poids S de soufre, les quantités pondérales d'oxygène qui entrent dans ces composés seront entre elles comme les nombres $1, 2, \frac{5}{2}, 3$. Nous formulerons donc ces combinaisons de la manière suivante :

Acide hyposulfureux. . . . . SO
Acide sulfureux.. . . . . SO^2
Acide hyposulfurique. . . . . $SO^{\frac{5}{2}}$
Acide sulfurique. . . . . SO^3

Ces formules ne sont cependant pas celles que nous conserverons pour ces corps. Nous les désignerons, dans la suite, par les formules suivantes, qui présentent d'ailleurs les mêmes rapports entre les quantités pondérales de soufre et d'oxygène :

Acide hyposulfureux. . . . . S^2O^2
Acide sulfureux. . . . . SO^2
Acide hyposulfurique. . . . . S^2O^5
Acide sulfurique. . . . . SO^3

Les formules S^2O^2, S^2O^5 se rapportent aux mêmes corps que les formules SO, $SO^{\frac{5}{2}}$; mais les premières représentent des poids doubles de ceux que représentent les secondes.

On écrit la formule d'un sel en faisant suivre le symbole de la base par celui de l'acide et les séparant seulement par un point. Nous écrivons encore ici le symbole du corps électropositif le premier. Ainsi le sulfate de protoxyde de manganèse s'écrit $MnO.SO^3$.

Si le sel renferme plusieurs proportions de l'acide ou de la base, on fait précéder le symbole de la substance qui entre en plusieurs proportions par le chiffre qui représente le nombre de ces proportions, placé en coefficient. Ainsi le poids Mn^2O^3 de sesquioxyde de manganèse forme un sulfate avec un poids d'acide sulfurique représenté par 3 fois SO^3 : la formule du sel s'écrira $Mn^2O^3.3SO^3$.

La formule $PbO.AzO^3$ représente l'azotate neutre de plomb, et la formule $2PbO.AzO^3$ représente un azotate basique de plomb qui renferme, pour le même poids d'acide azotique, un poids double d'oxyde de plomb.

La formule PbO.AzO³ représente un certain poids d'azotate neutre de plomb; si l'on veut indiquer un poids double de cet azotate, on l'écrit 2(PbO.AzO³).

DIVISION DES CORPS SIMPLES EN MÉTALLOÏDES ET EN MÉTAUX.

§ 53. Les chimistes sont généralement d'accord pour diviser les corps simples en *métalloïdes* (μέταλλον, métal, et de εἶδος, forme, ressemblance, *qui ressemble aux métaux*) et en *métaux*. Mais il est devenu très-difficile de préciser les caractères sur lesquels on fonde cette division.

Les métaux sont opaques; ils sont doués d'un éclat particulier appelé *éclat métallique*. Ils sont bons conducteurs de la chaleur et de l'électricité. Les métalloïdes ne présentent pas ces propriétés au même degré.

Ce mode de division est donc fondé sur des propriétés qui ne sont pas absolues, et qui sont plus ou moins développées dans les divers corps simples; aussi est-il très-vague, et laisse-t-il dans l'incertitude à l'égard de certains corps simples, qui peuvent être rangés avec une égale raison parmi les métalloïdes ou parmi les métaux. Ainsi l'arsenic se rapproche, par un grand nombre de ses propriétés chimiques, du phosphore, que tous les chimistes placent parmi les métalloïdes, et cependant il présente un éclat métallique aussi prononcé que beaucoup de métaux. Le carbone affecte des états très-divers : tantôt il ne présente aucun des caractères que nous venons d'assigner aux métaux ; il manque de l'éclat métallique, et il est très-mauvais conducteur de la chaleur et de l'électricité. D'autres fois, au contraire, il présente quelques-uns de ces caractères; ainsi, à l'état de graphite, il possède un éclat métallique très-prononcé, et le charbon de bois fortement calciné conduit assez bien l'électricité.

La propriété d'être bons conducteurs de la chaleur et de l'électricité n'appartient, à un haut degré, qu'aux métaux qui ont été obtenus agrégés, et cela par suite de leur grande fusibilité, de leur ductilité, ou de la facilité avec laquelle ils se laissent agréger par la percussion. Mais beaucoup de métaux n'ont été obtenus jusqu'ici qu'à l'état de matière pulvérulente, et alors leur conductibilité pour la chaleur et pour l'électricité est peu prononcée.

Dans les combinaisons binaires que les métaux forment avec les métalloïdes, *les métalloïdes jouent toujours le rôle de l'élément électronégatif.*

Les métaux et les métalloïdes se combinent avec l'oxygène. Les combinaisons des métaux avec l'oxygène sont le plus souvent des *oxydes électropositifs* qui jouent le rôle de *bases ;* ce sont, en général, celles qui renferment les plus faibles proportions d'oxygène. Quelques combinaisons plus oxygénées se comportent comme des *oxydes indifférents.* Enfin, les combinaisons les plus oxygénées des métaux sont souvent des *acides* qui forment de véritables sels avec les oxydes basiques.

Les métalloïdes, en se combinant avec l'oxygène, forment, en général, des *oxydes indifférents*, ou des *combinaisons acides.* Cependant quelques-unes de ces combinaisons se comportent comme des bases, très-faibles, à la vérité, par rapport aux acides forts. Ces mêmes combinaisons jouent le rôle d'acides faibles avec les bases énergiques.

On voit combien nous avions raison de dire, en commençant, que les caractères sur lesquels on se fonde pour diviser les corps simples en métalloïdes et en métaux sont vagues et incertains ; on conçoit combien il sera souvent difficile de décider si l'on doit ranger certains corps simples parmi les métalloïdes ou parmi les métaux, ces corps se rapprochant des métaux par quelques-uns de leurs caractères, et des métalloïdes par d'autres.

Nous conserverons cependant cette division, parce qu'elle est commode pour l'étude, et qu'elle est à peu près généralement adoptée par les chimistes ; nous regarderons donc comme métalloïdes les quinze corps simples dont les noms suivent :

1.	Oxygène.	O
2.	Hydrogène.	H
3.	Azote.	Az ou N
4.	Soufre.	S
5.	Sélénium.	Se
6.	Tellure.	Te
7.	Chlore.	Cl
8.	Brôme.	Br
9.	Iode.	Io
10.	Fluor.	Fl
11.	Phosphore.	Ph
12.	Arsenic	As
13.	Bore.	Bo
14.	Silicium.	Si
15.	Carbone.	C

ORDRE QUI SERA SUIVI DANS L'ÉTUDE DES CORPS.

§ 34. Nous commencerons l'étude des corps par celle des métalloïdes, en nous bornant à la description de leurs propriétés spécifiques et de leur mode de préparation. Nous étudierons ensuite les
principales combinaisons que les métalloïdes forment entre eux, ne
nous imposant d'autre règle que celle de faire passer l'élève du plus
simple au plus complexe, et de lui faire connaître, le plus promptement possible, les réactifs les plus importants que le chimiste emploie
dans ses expériences. Enfin, nous passerons à l'étude des métaux, et,
à l'occasion de chaque métal, nous étudierons toutes les combinaisons
importantes qu'il forme avec les métalloïdes et avec les métaux précédemment étudiés.

PREMIÈRE PARTIE

DES MÉTALLOÏDES

OXYGÈNE

Équivalent = 100.

§ 35. L'oxygène [1] est un gaz incolore, sans odeur ni saveur. Ce corps est très-répandu dans la nature, mais il ne s'y trouve pas pur et isolé. Mélangé avec le gaz azote, dans la proportion d'environ $\frac{1}{5}$ d'oxygène et $\frac{4}{5}$ d'azote, il constitue l'air atmosphérique. Il se combine avec presque tous les autres corps simples, et produit un très-grand nombre de corps composés.

Pour isoler l'oxygène de l'air atmosphérique, il faudrait absorber le gaz azote; c'est-à-dire, combiner ce dernier gaz avec un corps qui n'eût pas d'action sur le gaz oxygène et qui formât avec le gaz azote un composé, solide ou liquide, facile à enlever. Or nous ne connaissons, jusqu'à présent, aucun corps qui jouisse de ces propriétés; mais nous avons à notre disposition plusieurs corps composés renfermant de l'oxygène, et qui abandonnent facilement ce gaz, en totalité ou en partie, quand on les soumet à une élévation convenable de température.

§ 36. L'oxyde rouge de mercure, composé de mercure et d'oxygène, abandonne son oxygène à la chaleur d'une lampe à alcool. On place la substance dans un tube de verre *ab* (*fig.* 1) fermé à une de ses extrémités; à l'autre extrémité on engage, au moyen d'un bouchon, un tube de verre *cd*, que l'on appelle *tube de dégagement* ou *tube abducteur* et qui présente deux courbures, l'une en *c*, l'autre

---

[1] La découverte de l'oxygène ne remonte pas à plus de soixante-quinze ans. Elle est attribuée ordinairement à Priestley, qui l'annonça en 1774. À peu près vers la même époque, Scheele et Lavoisier, sans connaître les expériences du chimiste anglais, obtinrent ce corps par des procédés différents.

en *d*. L'extrémité recourbée *d* de ce tube plonge dans une cuve V pleine d'eau. On chauffe le tube *ab*, dans la partie qui renferme l'oxyde,

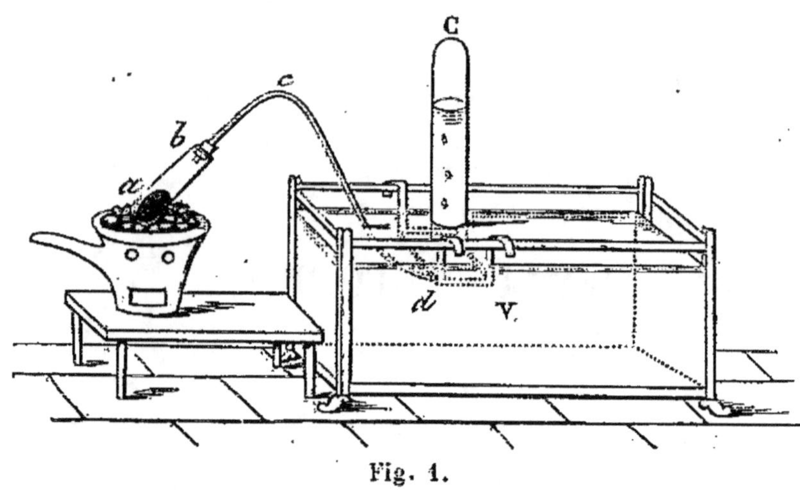

Fig. 1.

avec quelques charbons incandescents disposés dans un petit fourneau. L'air renfermé dans le tube se dilate par la chaleur, augmente de force élastique; une portion s'en échappe, sous forme de bulles, à travers l'eau de la cuve V. Bientôt l'oxyde, atteignant la température à laquelle il se décompose, se sépare en ses deux éléments : le mercure vient se condenser sous forme liquide dans la partie supérieure du tube, l'oxygène se dégage à l'état gazeux et traverse l'eau de la cuve. On ne recueille pas les premières portions du gaz, parce qu'elles sont mélangées avec l'air qui remplissait primitivement les tubes. Au bout de quelques minutes, cet air a été chassé par le gaz oxygène qui se dégage incessamment.

Pour recueillir ce gaz, on prend une cloche en verre C, on la remplit d'eau jusque par-dessus les bords, on applique le plat de la main sur l'ouverture de la cloche, et on la retourne dans l'eau de la cuve. La cloche reste ainsi complétement remplie d'eau, même après que la main a été retirée, par l'effet de la pression atmosphérique qui s'exerce à la surface de l'eau de la cuve. On place la cloche au-dessus du tube de dégagement sur une petite planchette trouée qui se trouve disposée dans la cuve.

Les bulles de gaz oxygène, en vertu de leur plus faible pesanteur spécifique, s'élèvent dans l'eau et vont se rendre dans la partie supérieure de la cloche.

Lorsque la cuve sur laquelle on reçoit les gaz est assez profonde, on remplit d'eau les cloches, en les plongeant simplement dans la cuve, l'extrémité fermée étant tournée vers le bas. L'air s'échappe à travers l'eau, et celle-ci remplit la cloche. Il suffit alors de retourner la cloche, de la soulever et de la placer sur la planchette. C'est le procédé le plus commode quand on se sert de cloches de très-grand diamètre.

§ 37. L'oxyde de mercure est une substance d'un prix trop élevé pour qu'on puisse l'employer quand on veut se procurer une quantité un peu considérable de gaz oxygène. Mais on trouve dans la nature un autre oxyde, le peroxyde de manganèse, qui, soumis à une haute température, abandonne une portion de son oxygène, et se change en un autre oxyde de manganèse moins riche en oxygène que le peroxyde. La décomposition du peroxyde de manganèse demande une température plus élevée que celle de l'oxyde de mercure; elle ne peut être opérée dans des vases en verre, car ils ne résisteraient pas à la chaleur. Le peroxyde de manganèse, réduit en poudre, est placé dans une cornue en grès que l'on dispose dans un fourneau en terre F (*fig.* 2), muni de son *laboratoire* L, et que l'on recouvre ensuite de son *réverbère* R. Au col de cette cornue, on adapte, au moyen d'un bouchon, le tube abducteur *tr*, dont l'extrémité recourbée *r* plonge dans la cuve à eau. On place sur la grille du fourneau quelques charbons allumés, puis on remplit entièrement le fourneau de charbon noir; le feu se propage dans la masse du combustible, mais lentement, condition indispensable sans laquelle on risque de faire fêler la cornue. Le peroxyde de manganèse ne commence à se décomposer qu'à une chaleur rouge intense. On laisse perdre les premières portions de gaz, parce qu'elles

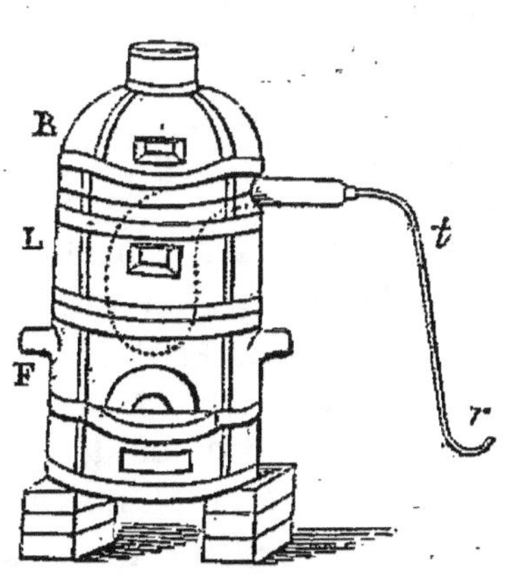

Fig. 2.

renferment l'air atmosphérique qui se trouvait dans la cornue. La décomposition est achevée lorsque le dégagement du gaz s'arrête, bien que le feu soit très-vif dans le fourneau. Dans cette décomposition par la chaleur seule, le peroxyde de manganèse abandonne le $\frac{1}{3}$ de son oxygène.

§ 38. Lorsqu'on a besoin de recueillir un grand volume de gaz, on ne peut plus se servir de cloches de verre, et l'on emploie des vases particuliers que l'on appelle *gazomètres*. La figure 3 représente un de ces appareils. Il se compose d'un vase en cuivre cylindrique A, surmonté d'une cuvette C, supportée, au-dessus du premier vase, par cinq colonnes en cuivre. Deux de ces colonnes, *a* et *b*, sont creuses et munies de robinets. Le tube *a* débouche dans le vase A, immédiatement à la paroi supérieure. Le tube *b* descend, au contraire, jusque tout près du fond. En *c* se trouve une petite tubulure à robinet, et en *d* un bout de tube recourbé, plus large, et que l'on peut boucher hermétiquement avec un bouchon, ou au moyen d'une virole à cuir *k*.

On commence par remplir d'eau cet appareil. A cet effet, le robinet *c* étant fermé, et la tubulure *d* bouchée, on ouvre les robinets *a*

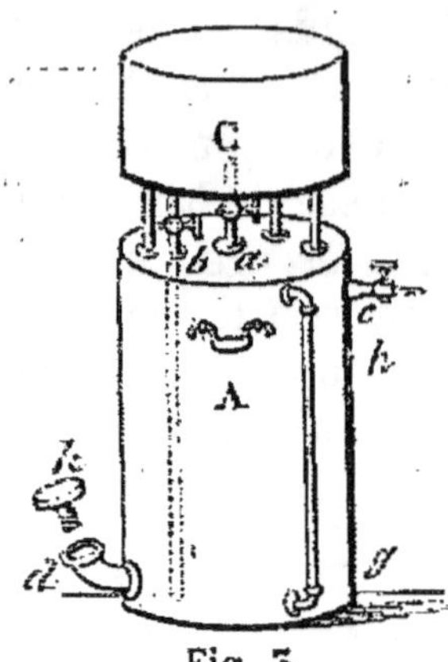

Fig. 5.

et *b*, et l'on verse de l'eau dans la cuvette C. L'eau se rend dans le vase A par le long tube *b*, et l'air du vase s'échappe par le tube *a*; on verse de l'eau dans la cuvette C, jusqu'à ce que le vase A soit entièrement plein. On ferme alors les deux robinets *a* et *b*.

Pour remplir le gazomètre de gaz oxygène, on débouche la tubulure *d*; l'eau ne peut pas s'écouler, parce que la pression de l'atmosphère s'y oppose. On introduit dans cette tubulure le tube de dégagement, de manière que celui-ci pénètre dans l'intérieur du vase.

A mesure que le gaz se dégage, il se rend dans la partie supérieure du vase A, et l'eau déplacée s'écoule par la tubulure *d*.

Le gazomètre doit être placé de manière que cette eau puisse s'écouler naturellement, ou se rendre dans une cuve placée dessous

Le tube de verre *gh*, qui communique en bas et en haut avec le cylindre A, sert comme indicateur du niveau de l'eau dans le vase A, et permet de juger de la quantité de gaz qui a été introduite dans l'appareil. Quand il ne reste plus que très-peu d'eau dans le cylindre, on enlève le tube de dégagement et l'on ferme la tubulure *d*. On peut ensuite conserver le gaz dans l'appareil aussi longtemps que l'on veut.

Si l'on ouvre le robinet *b* tout seul, il entre une portion de l'eau contenue dans la cuvette supérieure, jusqu'à ce que le gaz, comprimé dans un plus petit espace, ait acquis une force élastique égale à la pression de l'atmosphère, qui s'exerce sur le niveau de l'eau dans cette cuvette, augmentée de la pression produite par la colonne d'eau comprise entre le niveau de l'eau dans la cuvette et le niveau de l'eau dans le vase A.

Si l'on veut obtenir une cloche pleine de gaz oxygène, il suffit de remplir cette cloche d'eau, de la renverser sur la cuvette C, et de placer son ouverture au-dessus du tube *a*. Si l'on ouvre alors, à la fois, les robinets *a* et *b*, le gaz s'échappera sous forme de bulles par le tube *a*, et se rendra dans la cloche; il sera remplacé dans le cylindre A par l'eau qui entre par le tube *b*.

§ 59. Nous avons vu le peroxyde de manganèse perdre par la calcination une portion de son oxygène. Le même corps abandonne une portion plus grande de ce gaz lorsqu'on le chauffe avec de l'acide sulfurique concentré. L'acide sulfurique est un des acides les plus énergiques que nous connaissions. Le peroxyde de manganèse se comporte comme un corps indifférent avec les acides. Mais il existe un autre oxyde de manganèse, le protoxyde, qui est une base puissante, et qui a une grande affinité pour l'acide sulfurique. Il résulte de cette affinité que, si l'on chauffe le peroxyde de manganèse en poudre avec de l'acide sulfurique concentré, le peroxyde perd la moitié de son oxygène et se trouve ramené à l'état de protoxyde, lequel se combine avec l'acide sulfurique pour former le sulfate de protoxyde de manganèse.

Fig. 4.

L'appareil que l'on emploie pour cette expérience, se compose d'un ballon en verre (*fig.* 4), dans lequel on place le peroxyde de manganèse bien pulvérisé et l'acide sulfurique concentré. On adapte au col de ce ballon, au moyen d'un bouchon de liège, un tube abducteur qui conduit le gaz sous une cloche placée sur la cuve à eau, ou sur une terrine pleine d'eau. On chauffe le ballon avec quelques charbons incandescents. On remplace souvent la grande cuve à eau de la figure 4 par une terrine sur le fond de laquelle on place une capsule en terre, renversée (*fig.* 5).

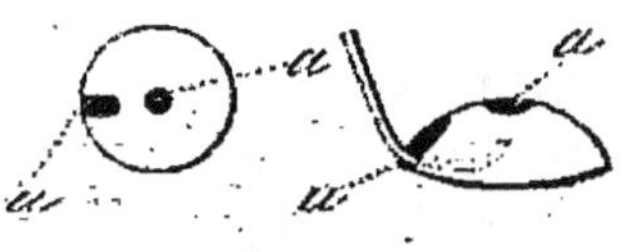

Fig. 5.

Cette capsule porte une échancrure *u* dans laquelle on engage le tube abducteur, et un trou central *a* par lequel les bulles de gaz s'élèvent dans la cloche.

§ 40. On emploie encore, dans les laboratoires, pour se procurer le gaz oxygène pur et en grande quantité, un procédé différent de ceux que nous avons indiqués, et qui se recommande par sa facile exécution. On trouve dans le commerce un sel, le chlorate de potasse, composé d'acide chlorique et de protoxyde de potassium ou potasse. L'acide chlorique est un composé de chlore et d'oxygène. Le chlorate de potasse est peu stable, il se décompose facilement par la chaleur ; tout l'oxygène qui y est renfermé se dégage, et il reste un composé de chlore et de potassium, le chlorure de potassium.

La formule que nous donnons au chlorate de potasse est $KO.ClO^5$, celle du chlorure de potassium est KCl ; nous pourrons donc exprimer la décomposition qui a lieu dans l'expérience présente en posant cette équivalence :

$$KO.ClO^5 = KCl + O^5 + O,$$

ou, comme on le fait plus ordinairement :

$$KO.ClO^3 = KCl + 6O.$$

Lorsqu'on ne veut obtenir qu'une petite quantité d'oxygène, on place le chlorate de potasse dans une petite cornue de verre (*fig.* 6), que l'on

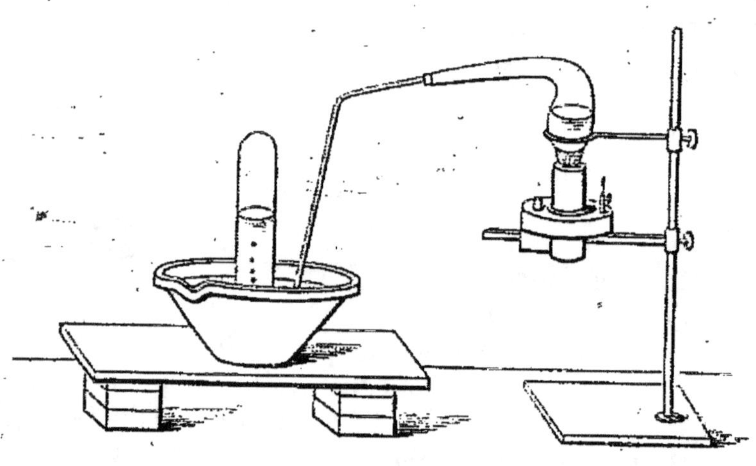

Fig. 6.

chauffe avec quelques charbons ou avec une lampe à alcool ou à gaz. Le chlorate de potasse fond d'abord, et bientôt on voit se dégager des bulles qui annoncent sa décomposition. A mesure que cette décomposition avance, la matière perd sa fluidité ; elle devient de plus en plus pâteuse, et le dégagement de gaz oxygène ne continue que si on élève davantage la température. Vers la fin de l'opération, il faut prendre quelques précautions pour que le fond de la cornue, qui est principalement exposé à l'action de la chaleur, et qui est souvent à nu parce que la matière pâteuse s'en est détachée en se boursouflant, n'atteigne pas la température à laquelle le verre se ramollit : il se ferait alors une soufflure, et l'opération serait perdue.

Le chlorate de potasse se trouve maintenant à bas prix dans le commerce, et on peut l'employer pour préparer le gaz oxygène, même

quand on a besoin d'une grande quantité de ce gaz. Seulement, dans
ce cas, il est bon de mélanger le chlorate de potasse avec environ son
poids de peroxyde de manganèse, car sa décomposition en devient
beaucoup plus facile. Il est bon aussi d'employer des cornues en
verre peu fusible, ou de recouvrir la cornue de verre ordinaire d'un
lut argileux[1] qui lui permette de résister plus facilement à la
chaleur.

§ 41. Après avoir décrit en détail les procédés que l'on emploie
pour se procurer le gaz oxygène, nous allons indiquer ses principales
propriétés.

Le gaz oxygène ne se distingue pas, par son aspect, de l'air atmosphérique. Sa densité est plus grande que celle de l'air. La densité de l'air étant représentée par 1,00000, celle de l'oxygène est
1,10563. Un litre d'air atmosphérique pèse 1^{gr},2952, à la température de 0° et sous une pression équivalente à celle d'une colonne de
mercure de 76 centimètres. Un litre de gaz oxygène pèse, dans les
mêmes circonstances, 1^{gr},4298.

Le gaz oxygène se dissout en très-petite quantité dans l'eau. L'eau
en dissout environ $\frac{46}{1000}$ de son volume à la température ordinaire; en
d'autres termes, 1 litre d'eau dissout 46 centimètres cubes de gaz
oxygène, ou 1 kilogramme d'eau dissout 64^{milligr},4 d'oxygène.

§ 42. Une allumette enflammée continue à brûler dans l'air atmosphérique. Si on la souffle, la partie charbonneuse reste incandescente
pendant quelques instants, mais la flamme ne reparaît pas spontanément. Si l'on plonge, au contraire, l'allumette présentant encore quelques points en ignition dans une cloche pleine de gaz oxygène, elle
s'enflamme instantanément et brûle avec une grande vivacité. Cette
propriété est caractéristique pour le gaz oxygène, on l'utilise continuellement dans les laboratoires pour reconnaître
ce gaz; nous verrons cependant qu'un autre gaz, le
protoxyde d'azote, la possède également.

La combustion des corps est beaucoup plus vive
dans l'oxygène que dans l'air atmosphérique. Ainsi
un charbon incandescent, isolé, s'éteint promptement dans l'air. Si l'on place ce même charbon
dans une petite capsule en porcelaine, fixée elle-
même à l'extrémité d'un fil de fer qui traverse un
bouchon de liége, comme le représente la figure 7,
et qu'on plonge la capsule avec le charbon incandescent dans un

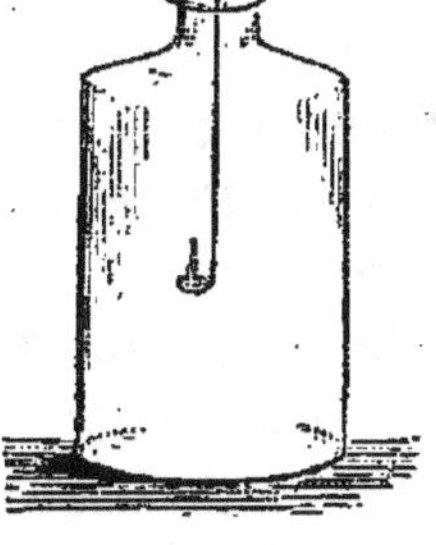

Fig. 7.

---

[1] Ce lut est formé de 1 partie d'argile de potier, délayée dans un peu d'eau,
et de 2 à 3 parties de sable. On y ajoute souvent un peu de foin haché ou de
crottin de cheval, qui rend ce lut plus facile à appliquer sur le verre.

flacon à large ouverture, de deux à trois litres de capacité, rempli de gaz oxygène, la combustion du charbon devient extrêmement active, produit une lumière très-vive, et le charbon se consume rapidement.

La combustion du soufre et du phosphore est aussi beaucoup plus vive dans l'oxygène que dans l'air. On remplace, dans l'expérience précédente, le fragment de charbon par un petit morceau de soufre ou de phosphore que l'on enflamme au moment de le plonger dans le flacon rempli d'oxygène. Le phosphore produit une lumière tellement vive, que l'œil ne peut en supporter l'éclat.

Un fil de fer chauffé au rouge cesse promptement d'être incandescent dans l'air; mais, si on le plonge incandescent dans un flacon plein de gaz oxygène, il brûle en répandant la plus vive clarté et en projetant des étincelles. On dispose l'expérience de la manière suivante : on remplit de gaz oxygène, sur la cuve à eau, un flacon à large ouverture de deux à trois litres de capacité. Au lieu d'un fil de fer, on prend une petite lame mince d'acier, telle que celles que l'on emploie pour les ressorts des montres, et qui présente plus de surface que le fil de fer. On recuit cette lame ; puis, après l'avoir décapée au moyen d'un papier à l'émeri, on la contourne en hélice. Sa

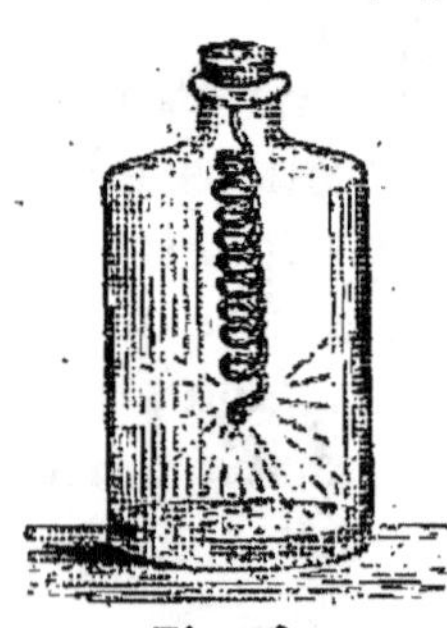

Fig. 8.

partie supérieure est fixée dans un bouchon de liége qui peut recouvrir l'ouverture du flacon (*fig.* 8); à la partie inférieure de la petite lame, on attache un morceau d'amadou que l'on allume au moment de plonger la lame dans le flacon. La combustion de l'amadou devient très-vive et détermine l'incandescence de la lame d'acier à l'endroit du contact. Le fer prend feu à son tour, et brûle successivement jusqu'à l'extrémité voisine du bouchon, en projetant une vive clarté et lançant des globules fondus d'oxyde de fer. Il est bon de laisser au fond du flacon une petite couche d'eau, car les globules d'oxyde incandescents, en tombant immédiatement sur le fond du flacon, le feraient casser infailliblement.

Ces expériences démontrent que la combustion est beaucoup plus vive dans l'oxygène que dans l'air atmosphérique. Nous verrons bientôt, lorsque nous nous occuperons de l'azote, que la combustion n'a lieu, dans l'air atmosphérique, qu'en vertu du gaz oxygène qu'il renferme; l'oxygène est donc le véritable agent de la combustion ordinaire, *l'agent comburant.*

§ 43. La combustion des corps dans l'oxygène pur produit aussi une plus grande élévation de température dans l'endroit de la combustion. Ainsi, par exemple, au moyen d'une lampe à alcool ou d'un jet de gaz brûlant librement à l'air, on ne produit pas une température assez élevée pour fondre un fil de platine. La combustion devient plus active quand on projette au milieu de la flamme un courant d'air rapide, qui produit une combustion plus complète dans un espace plus petit. On emploie, pour cela, un appareil appelé *chalumeau* (*fig.* 9), et qui consiste en un tube recourbé à angle droit et conique à son intérieur. La petite ouverture *b* est placée dans la flamme. L'opérateur souffle dans l'intérieur par l'ouverture plus large *a*. L'air qu'il projette dans le chalumeau ne doit pas avoir passé par la poitrine : il serait trop vicié et n'activerait pas suffisamment la combustion. Par un artifice très-simple et dont on se rend facilement maître avec un peu de pratique, on aspire l'air par le nez, et on le souffle immédiatement dans le chalumeau par le jeu des muscles de la joue. On peut ainsi,

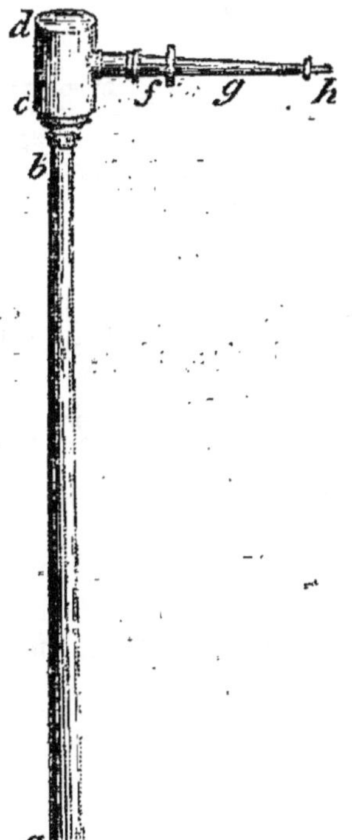

avec un peu d'habitude, entretenir un jet continu d'air dans le chalumeau pendant dix minutes. Le chalumeau se compose ordinairement de plusieurs pièces qui peuvent se séparer. Un tube conique *ab* (*fig.* 10), dont la tubulure *a* est destinée à être mise dans la bouche, ou seulement contre les lèvres. L'extrémité *b*, plus étroite, est engagée dans un réservoir cylindrique *cd*, qui sert à la fois comme réservoir à air et comme récipient de l'humidité envoyée par le souffle. Ce cylindre porte souvent sur son fond *d* une petite ouverture fermée avec un bouchon, pour faire sortir l'eau quand on s'est servi de l'instrument. Sur l'un des côtés de ce cylindre se trouve le petit ajutage *f*, dans lequel s'engage à frottement le tube porte-vent *g*. On monte ordinairement, à l'extrémité de ce tube, de petits ajutages en platine *h*, percés d'un trou plus ou moins grand, suivant la nature du courant d'air que l'on veut produire.

Quand on alimente ainsi une lampe à alcool avec un courant d'air projeté par un chalumeau (*fig.* 11), on obtient à l'extrémité du dard une température assez élevée pour fondre un fil de platine de très-petit diamètre; mais, si l'on remplace le courant d'air par un courant d'oxygène, on obtient une tem-

Fig. 10.

pérature assez élevée pour fondre un fil de platine de $\frac{1}{2}$ millimètre de diamètre. L'expérience se fait très-facilement au moyen du gazomè-

Fig. 11.

tre décrit (§ 58). La tubulure latérale c, munie d'un robinet, est destinée à cet emploi. On adapte à son extrémité un ajutage à petite ouverture que l'on place dans l'intérieur de la flamme de la lampe à alcool et on ouvre les robinets.

Lorsqu'on n'a pas de gazomètre à sa disposition, on peut faire l'expérience avec une vessie remplie de gaz oxygène. A cet effet, on met une vessie tremper dans l'eau pour la rendre très-flexible, et on l'attache par le col sur

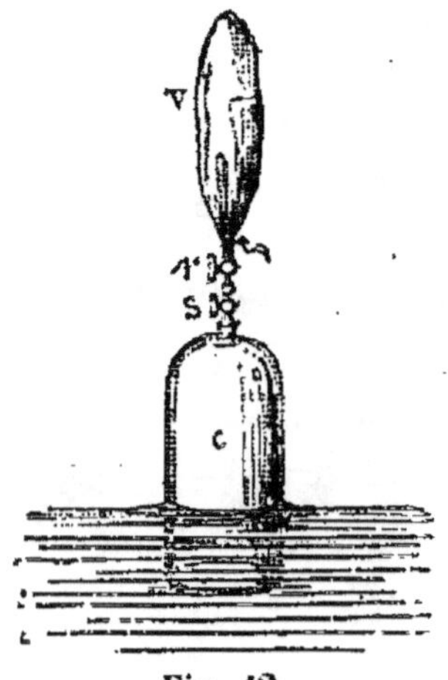

Fig. 12.

la petite pièce métallique r à robinet (*fig.* 12). Pour la remplir de gaz oxygène on la comprime afin d'en chasser l'air; puis on visse la pièce r sur une monture en cuivre portant un robinet s. Cette monture est disposée à la partie supérieure d'une cloche en verre C, qui est placée sur la cuve à eau, et que l'on a préalablement remplie de gaz oxygène. On ouvre les robinets et l'on enfonce la cloche dans l'eau de la cuve. L'oxygène renfermé dans la cloche est nécessairement chassé par l'eau et monte dans la vessie. Si celle-ci n'est pas assez pleine, on ferme de nouveau les robinets, on remplit la cloche de gaz oxy-gène, et on fait passer cette nouvelle quantité de gaz dans la vessie. On dévisse alors la pièce r, on y ajoute une tubulure t (*fig.* 15) que

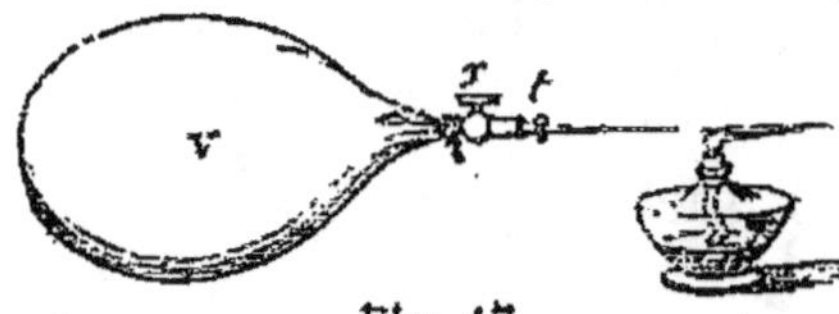

Fig. 15.

l'on introduit dans la flamme, et on détermine le jet d'oxygène en pressant la vessie sous le bras.

§ 44. L'oxygène est aussi l'élément essentiel de la respiration des ani-maux. Un animal périt en quelques instants si on le place dans un air préalablement privé de son oxygène.

HYDROGÈNE

Équivalent = 12,50.

§ 45. L'hydrogène[1] est un gaz qui, comme son nom le rappelle (de ὕδωρ, eau; γεννάω, j'engendre), entre dans la constitution de l'eau.

L'eau est un composé d'oxygène et d'hydrogène. C'est l'eau que l'on emploie toujours dans les laboratoires pour extraire le gaz hydrogène. Nous avons obtenu l'oxygène en décomposant, par la chaleur seule, soit l'oxyde de mercure, soit le peroxyde de manganèse ou le chlorate de potasse. Un procédé analogue ne réussit pas pour l'hydrogène. L'eau ne peut pas être décomposée par la chaleur seule; mais on peut séparer l'hydrogène de l'eau, en traitant ce liquide par des substances qui s'emparent de son oxygène. Plusieurs métaux produisent cette décomposition. Quelques-uns, tels que le potassium et le sodium, l'opèrent même à froid; d'autres, comme le fer, le zinc, ont besoin d'être élevés à une haute température.

Si dans une cloche pleine d'eau on introduit un fragment de potassium ou de sodium, on voit ces corps monter vers le sommet de la cloche, en vertu de leur faible pesanteur spécifique, et une infinité de petites bulles se dégagent à leur surface. Ces bulles sont formées par du gaz hydrogène, qui vient se rendre dans la partie supérieure de la cloche. Le métal disparaît rapidement en se combinant avec l'oxygène de l'eau; il forme un oxyde, qui se dissout et que l'on retrouve en évaporant l'eau de la cloche dans une capsule. Pour faire cette expérience commodément, on remplit une cloche de mercure sur la cuve à mercure. On fait passer un peu d'eau à la partie supérieure de la cloche, puis on introduit le fragment de potassium enveloppé dans du papier joseph pour empêcher sa combinaison avec le mercure; le potassium s'élève rapidement, à travers le mercure, jusque dans l'eau de la cloche.

§ 46. Pour décomposer l'eau au moyen du fer, on dispose un tube de porcelaine dans un fourneau long qu'on appelle *fourneau à réverbère* (*fig.* 14). On place dans ce tube plusieurs petits faisceaux de fils de fer fins. A l'un des bouts *a* du tube, on adapte, au moyen d'un bouchon et d'un tube recourbé, un petit ballon rempli d'eau, et, à l'autre extrémité, un tube abducteur *cd*, qui conduit le gaz sous une

[1] Le gaz hydrogène a été obtenu vers la fin du dix-septième siècle; mais c'est seulement en 1766 que Cavendish, célèbre physicien anglais, fit connaître ses principales propriétés.

cloche placée sur la cuve à eau. On chauffe le tube de porcelaine lentement, afin d'éviter qu'il ne casse par une élévation trop brusque de
la température, et on le porte à la chaleur rouge.

On chauffe ensuite à l'ébullition l'eau renfermée dans le ballon.

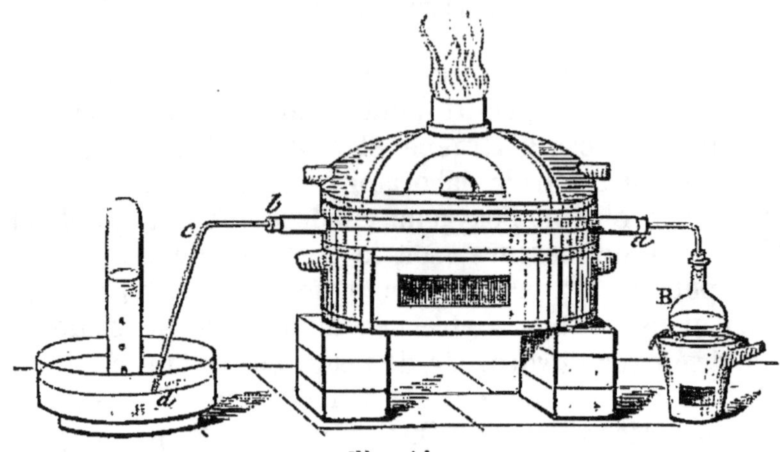

Fig. 14.

La vapeur passe sur le fer incandescent, qui lui enlève son oxygène,
et l'hydrogène devenu libre se rend dans la cloche.

§ 47. Le fer seul ne décompose pas l'eau à froid; il faut qu'il soit
porté à la chaleur rouge. Il n'en est pas de même quand on ajoute à
l'eau un acide très-puissant, comme l'acide sulfurique : la décomposition de l'eau par le fer se fait alors à la température ordinaire. La
cause qui opère ici cette décomposition est analogue à celle en vertu
de laquelle a lieu à froid la décomposition du peroxyde de manganèse
par l'acide sulfurique concentré (§ 39). L'expérience a montré que
*lorsque plusieurs corps sont en présence et que, par l'échange de
leurs éléments, il peut se former de nouveaux composés ayant entre
eux une grande affinité ou jouissant, dans les circonstances où ils se
produisent, d'une grande stabilité, soit à l'état isolé, soit à l'état de
combinaison, ces nouveaux composés se forment presque toujours.*
Nous aurons occasion, par la suite, de citer un grand nombre d'exemples à l'appui de cette proposition. Dans l'expérience qui nous occupe, une circonstance de cette nature se présente. La première
combinaison du fer avec l'oxygène, le protoxyde de fer, est une base
puissante, ayant une grande affinité pour l'acide sulfurique. Le fer
seul ne peut pas décomposer l'eau à froid; mais, en présence de l'a-
cide sulfurique, son affinité pour l'oxygène est exaltée, à cause de
l'affinité de l'acide pour le protoxyde; l'eau est alors décomposée, et
l'oxyde de fer qui en résulte se combine avec l'acide sulfurique pour
former un sel, le *sulfate de protoxyde de fer*.

La formule que nous donnons à l'acide sulfurique est SO^3; celle de l'eau est HO; la réaction peut donc être exprimée par l'équivalence suivante :

$$Fe + SO^3 + HO = FeO.SO^3 + H.$$

Le procédé employé dans les laboratoires pour préparer le gaz hydrogène est fondé sur cette réaction; seulement on remplace ordinairement le fer par le zinc. On emploie le zinc, ou à l'état de métal laminé que l'on trouve dans le commerce et que l'on coupe en petites bandes, ou à l'état de zinc grenaillé. Pour obtenir le zinc sous cette dernière forme, on fond dans un creuset de terre le zinc du commerce, qui est en plaques épaisses, et l'on coule le métal fondu dans une terrine pleine d'eau, où il se résout en un grand nombre de petites grenailles irrégulières, qui présentent une grande surface. On place le zinc dans un flacon A à deux tubulures (*fig.* 15). Dans l'une, *a*

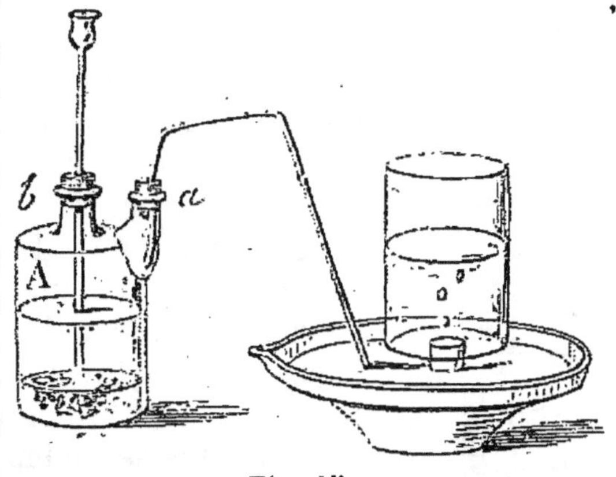

Fig. 15.

on engage un tube abducteur qui conduit le gaz sous une cloche pleine d'eau; dans l'autre, *b*, on adapte un tube surmonté d'un entonnoir, et qui plonge jusque près du fond du flacon. On verse d'abord de l'eau par ce tube, de manière à remplir le flacon jusqu'à moitié environ, puis on ajoute, par le même tube, de petites quantités d'acide sulfurique. La réaction commence aussitôt que l'acide arrive en contact avez le zinc; il y a élévation de température, et le gaz hydrogène se dégage en abondance. Lorsque le dégagement de gaz se ralentit, on verse une nouvelle quantité d'acide sulfurique par l'entonnoir. Le sulfate de protoxyde de zinc formé reste en dissolution dans la liqueur; on peut l'obtenir en soumettant celle-ci à l'évaporation. Lorsqu'un appareil a servi à produire de grandes quantités de gaz hydrogène, il arrive souvent que la liqueur, en refroidissant, abandonne une quantité considérable de ce sulfate à l'état cristallisé.

§ 48. Le gaz hydrogène est incolore; il est aussi sans odeur quand il est parfaitement pur. Celui que l'on prépare par le procédé qui vient d'être indiqué a toujours une odeur nauséabonde désagréable; mais cette odeur provient d'une très-petite quantité de substances étran-

gères mêlées au gaz et dont nous apprendrons bientôt à le débarrasser (§ 97).

Le gaz hydrogène n'a pu être liquéfié, jusqu'à présent, sous aucune pression, aidée des plus basses températures que l'on ait produites. C'est le gaz le plus léger que l'on connaisse : sa densité est
0,0692, celle de l'air étant représentée par 1,0000. Un litre de ce gaz
pèse, dans les circonstances normales de température et de pression, 0gr,0896. Le gaz hydrogène est donc environ 14 fois ½ plus léger
que l'air; son emploi dans les aérostats est fondé sur cette propriété.

Des bulles de savon gonflées avec du gaz hydrogène s'élèvent dans
l'air et prennent feu à l'approche d'une bougie allumée. Pour obtenir ces bulles, on remplit de gaz hydrogène une vessie à robinet, on
adapte à la monture de cette vessie un tube de petit diamètre, on plonge
l'extrémité de ce tube dans de l'eau de savon, on la retire avec la goutte
liquide qui y reste adhérente, on comprime légèrement la vessie,
après avoir ouvert le robinet, et l'on obtient des bulles de savon
qui se détachent d'elles-mêmes lorsqu'elles sont suffisamment
grosses.

§ 49. Le gaz hydrogène est éminemment combustible; il brûle au
contact de l'air avec une flamme très-peu brillante. Si l'on approche

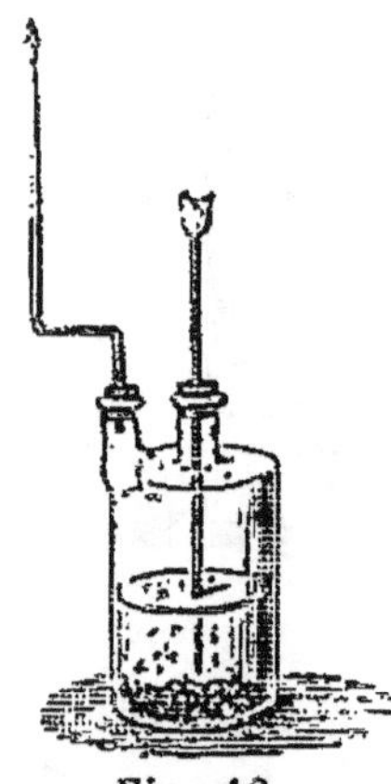
Fig. 16.

au-dessus de cette flamme un corps froid, il s'y dépose de l'eau qui est le produit de la combustion.
Cette expérience se fait, soit en approchant une allumette enflammée de l'ouverture d'une cloche remplie de gaz hydrogène, soit en ajustant un tube recourbé et effilé à la tubulure d'un flacon d'où se
dégage de l'hydrogène (*fig.* 16). On laisse le gaz se
dégager pendant quelque temps, afin d'être sûr qu'il
ne reste plus sensiblement d'air atmosphérique dans
le flacon, puis on approche une allumette enflammée du tube effilé : le gaz hydrogène prend feu et
continue à brûler avec une flamme peu brillante.
Cet appareil est appelé *lampe philosophique.*

Un mélange d'hydrogène et d'air est explosif. L'explosion est la
plus vive possible pour un mélange formé de 2 volumes d'hydrogène et
de 5 volumes d'air. Il ne faut pas perdre de vue cette facile explosion
d'un mélange d'hydrogène et d'air atmosphérique, quand on fait
l'expérience de la lampe philosophique. Si l'on n'attend pas que l'air
soit complétement expulsé du flacon par l'hydrogène, au moment où
l'on allume le gaz le feu se propage jusqu'au mélange explosif renfermé dans le flacon; l'explosion fait voler le flacon en éclats, et l'opérateur court le risque d'être grièvement blessé.

L'explosion d'un mélange de 2 volumes d'hydrogène et de 1 volume d'oxygène est incomparablement plus intense que celle d'un mélange d'hydrogène et d'air atmosphérique.

La flamme du gaz hydrogène est peu brillante, mais elle produit beaucoup de chaleur. La chaleur devient surtout extrêmement intense quand on alimente la combustion avec du gaz oxygène. L'expérience se fait facilement au moyen du gazomètre (*fig.* 5) : il suffit de placer la tubulure *c* dans la flamme du gaz hydrogène, cette flamme devient alors beaucoup plus petite, parce que la combustion du gaz a lieu dans un espace plus restreint. On augmente et l'on diminue à volonté le courant d'oxygène en ouvrant plus ou moins le robinet. C'est lorsque la flamme a les plus petites dimensions possible que la proportion d'oxygène est le plus convenable. La flamme du gaz hydrogène, alimentée par de l'oxygène, produit la plus haute température que l'on ait encore obtenue par la combustion; elle détermine la fusion de corps qui, tels que la chaux, ne subissent pas la moindre altération à la température la plus élevée que nous puissions produire dans nos fourneaux.

§ 50. On a imaginé divers appareils pour produire cette combustion de l'hydrogène par l'oxygène. Dans les uns, on introduit le mélange, à proportions convenables, sous une forte pression, afin d'en avoir une grande quantité sous un petit volume. Tel est le chalumeau de Newmann. Mais ces appareils présentent de grands dangers d'explosion. Dans les autres, et ce sont ceux que l'on emploie généralement aujourd'hui, on conserve les gaz séparés, et on ne les mélange qu'à une petite distance de l'orifice du chalumeau; on se met ainsi à l'abri de tout danger d'explosion. A cet effet, on se sert de deux gazomètres semblables à celui de la figure 5, l'un rempli de gaz hydrogène, et l'autre de gaz oxygène. Deux tubes *r*, *s*, adaptés aux tubulures *c* de ces gazomètres, amènent les deux gaz dans un seul tube en laiton L (*fig.* 17), renfermant un grand nombre de rondelles de toiles métalliques superposées, et sur lequel on visse un bec de chalumeau terminé par un ajutage en platine. On ouvre les robinets *b* des deux gazomètres, de façon qu'il entre dans le gazomètre à gaz hydrogène deux fois plus d'eau que dans le gazomètre à gaz oxygène. Cette disposition des robinets

Fig. 17.

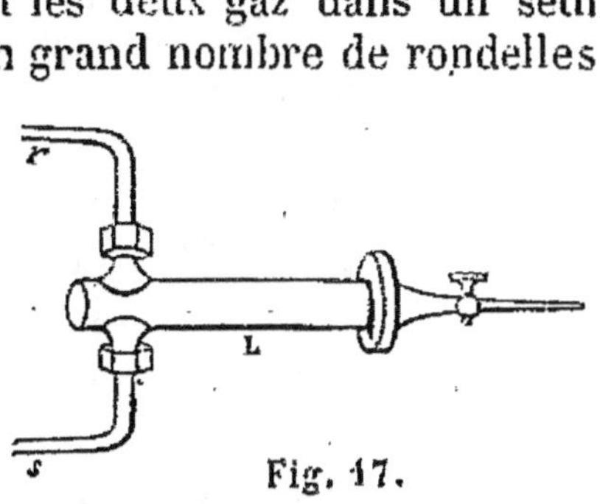

a été déterminée préalablement, lorsque les gazomètres étaient pleins d'air, et cela ne présente aucune difficulté, si les tubes *gh*, indicateurs du niveau de l'eau, sont divisés. Pour retrouver facilement l'ouverture convenable des robinets, on a fixé sur la clef de chaque robinet une aiguille, et au boisseau du robinet un cadran divisé sur lequel se meut l'aiguille. Lorsque la position convenable du robinet a été déterminée une fois pour toutes, il suffit, pour avoir toujours la même vitesse d'écoulement, de tourner le robinet de façon que l'aiguille corresponde à la même division du cadran.

Si l'on dirige le jet enflammé sur un bâton de craie, la chaux devient incandescente et produit une lumière excessivement vive, qui a reçu le nom de *lumière de Drummond.*

§ 51. L'hydrogène, étant lui-même combustible, ne peut pas entretenir la combustion des autres corps combustibles. Pour le démontrer, on ferme, au moyen d'une petite plaque de glace, l'ouverture bien dressée d'une cloche remplie de gaz hydrogène et placée sur la cuve à eau, on enlève la cloche ainsi bouchée sans la retourner; d'un autre côté, on a disposé une petite bougie à l'extrémité d'un fil de fer courbé comme l'indique la figure 18. On découvre partiellement la cloche en tirant la glace, et l'on fait monter rapidement la bougie allumée au milieu de la cloche : la bougie s'éteint immédiatement.

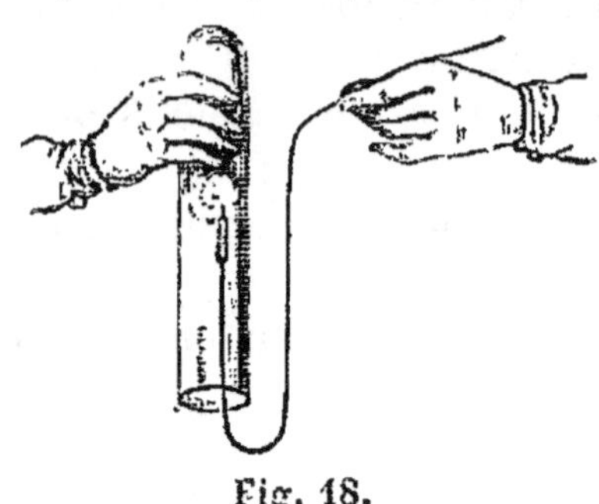

Fig. 18.

On a souvent besoin d'opérer sur des gaz secs. On ne les recueille pas alors sur l'eau, mais sur des cuves à mercure. Ces cuves sont ordinairement taillées dans du marbre on dans une pierre bien compacte; les plus petites sont en porcelaine ou en fonte de fer. On leur

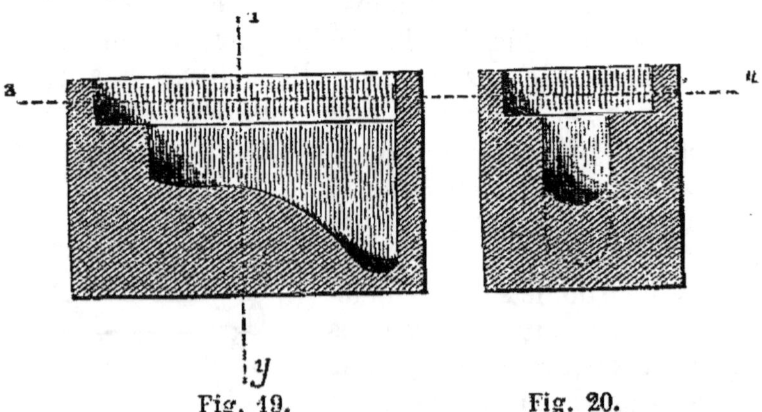

Fig. 19.   Fig. 20.

donne à l'intérieur une forme telle, qu'elles exigent le moins de mercure possible, bien qu'elles présentent, dans certaines parties, la profondeur convenable pour la manipulation. Les figures 19 et 20 représentent deux sections verticales d'une cuve à mercure en marbre; la figure 19 donne la coupe longitudinale, la figure 20 une coupe transversale suivant le plan xy de la figure 19. La ligne zu marque le niveau du mercure.

§ 52. Les cloches dans lesquelles on recueille alors le gaz doivent avoir été préalablement bien séchées. Pour dessécher une cloche ou un flacon, on le chauffe au-dessus de quelques charbons, en le tournant dans tous les sens afin de lui donner une température uniforme; de plus, on souffle continuellement dans l'intérieur avec un soufflet ordinaire, à la buse duquel on a adapté un tube de verre assez long pour pénétrer jusqu'au fond du flacon. On remplit la cloche de mercure, et on la retourne sur la cuve à mercure, absolument comme il a été dit (§ 36) quand on opérait sur la cuve à eau. Pour dessécher le gaz recueilli dans la cloche, on y introduit un fragment d'une substance très-avide d'humidité, un morceau de chlorure de calcium fondu, par exemple, et on laisse agir pendant plusieurs heures.

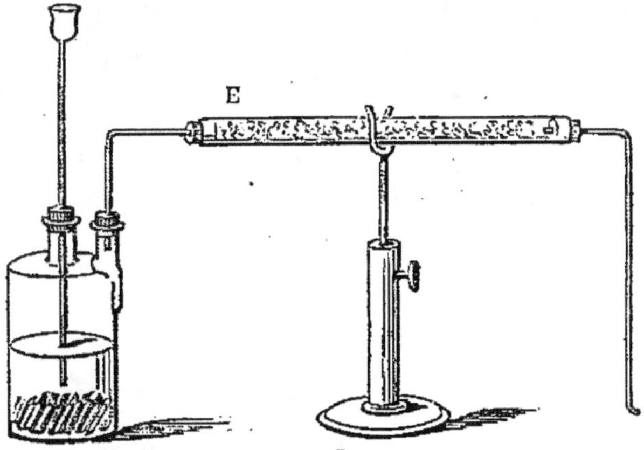

Fig. 21.

D'autres fois, on dessèche le gaz avant de le recueillir dans la cloche; à cet effet, on lui fait traverser, au sortir de l'appareil qui le produit, un long tube E (*fig.* 21) rempli de fragments de chlorure de calcium.

On peut aussi dessécher complétement les gaz au moyen de l'acide sulfurique concentré, corps extrêmement avide d'humidité et qui ne donne pas de vapeur sensible aux températures atmosphériques. La manière la plus commode d'employer ce corps desséchant consiste à en imbiber de la pierre ponce que l'on met dans un tube ayant la forme d'un U (*fig.* 22). La pierre ponce doit subir,

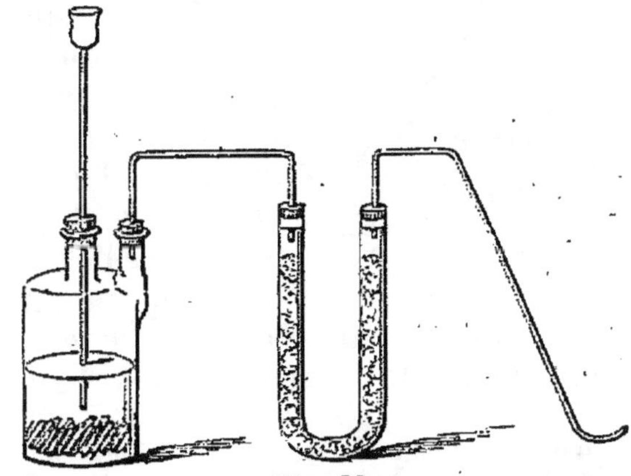

Fig. 22.

dans ce cas, une préparation préliminaire. Comme elle renferme souvent de petites quantités de chlorures qui, au contact de l'acide sulfurique, dégagent de l'acide chlorhydrique qui se mêlerait au gaz, on l'imbibe d'acide sulfurique, et on la soumet à une calcination dans un creuset de terre. Les chlorures sont ainsi complétement décomposés et transformés en sulfates.

§ 53. L'inflammation du mélange explosif des gaz hydrogène et oxygène, ou de l'hydrogène seul au contact de l'air, n'est pas seulement produite par l'approche d'une allumette enflammée ou par le passage d'une étincelle électrique. Cette inflammation a encore lieu, à froid, en présence de certains corps, principalement de la mousse de platine[1]. Si, dans une éprouvette renfermant un mélange de 2 volumes d'hydrogène et de 1 volume d'oxygène, on projette un morceau d'éponge de platine, l'explosion du mélange a lieu aussitôt. Si l'on fait arriver sur de la mousse de platine, au contact de l'air, un jet de gaz hydrogène, la mousse de platine devient incandescente, et le gaz prend feu immédiatement. L'action de la mousse de platine, dans cette circonstance, n'est pas encore bien expliquée; on l'a utilisée pour la construction d'un briquet à gaz hydrogène.

AZOTE OU NITROGÈNE[2]

Équivalent = 175,0.

§ 54. Nous avons dit (§ 42) que l'air atmosphérique n'entretient la combustion des corps que par l'oxygène qu'il renferme. Lorsque l'oxygène de l'air a été absorbé par le corps combustible, il reste un gaz dans lequel les corps en combustion s'éteignent immédiatement. Ce gaz est l'*azote*. On conçoit, d'après cela, que sa préparation est facile. On place sur la surface de l'eau d'une cuve (*fig*. 23), un large bouchon de liége sur lequel on dispose une petite capsule de porcelaine; on introduit dans cette capsule un morceau de phosphore auquel on met le feu avec une allumette, et on recouvre immédiatement la capsule d'une grande cloche que l'on enfonce de quelques

Fig. 23.

[1] On donne le nom de *mousse* ou d'*éponge de platine* à la masse spongieuse de platine métallique que l'on obtient en décomposant certaines combinaisons de platine par la chaleur.

[2] Le nom de *nitrogène* (qui engendre le nitre) a été donné à ce gaz, parce qu'il

centimètres dans l'eau. La combustion continue dans le volume limité
d'air, jusqu'à ce que l'oxygène ait entièrement disparu par suite de
sa combinaison avec le phosphore. De cette combinaison résulte de
l'acide phosphorique qui se dissout dans l'eau. Lorsque le gaz s'est
refroidi, après l'extinction du phosphore, on reconnaît que son volume
a notablement diminué, et qu'il s'est réduit aux $\frac{4}{5}$ environ.

Si l'on n'a besoin que d'une petite quantité de gaz azote, on peut
priver l'air de son oxygène au moyen du phosphore à la température
ordinaire. Il suffit de laisser séjourner, pendant vingt-quatre heures,
un bâton de phosphore dans une cloche pleine d'air placée sur la cuve
à eau.

§ 55. Le cuivre, chauffé au rouge, prive aussi très-exactement l'air
de son oxygène. On obtient facilement un courant de gaz azote pur,
quand on a à sa disposition un gazomètre semblable à celui qui a été
décrit § 38. On met dans un tube de verre peu fusible *ef* (*fig.* 24)

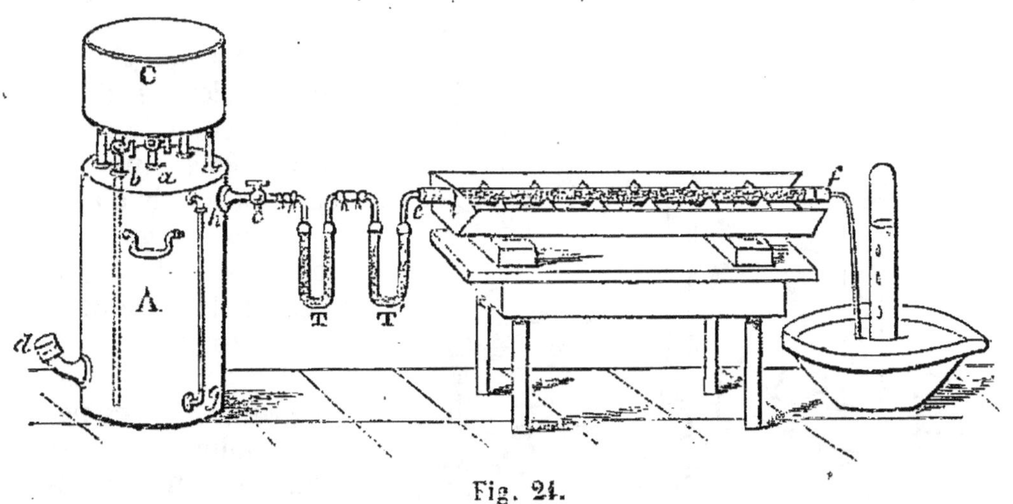

Fig. 24.

de la tournure de cuivre, c'est-à-dire les rognures qui se détachent
du métal quand on le travaille au tour ou qu'on le plane ; l'une des
extrémités *e* de ce tube est mise en communication avec la tubulure *c*
du gazomètre, et, à l'autre extrémité *f*, on adapte un tube abducteur
qui permet de recueillir le gaz. Comme l'air atmosphérique renferme
toujours une petite quantité d'acide carbonique, et que, de plus, il
est saturé d'eau dans le gazomètre, si l'on veut obtenir le gaz azote
à l'état de pureté parfaite, il est nécessaire de lui faire traverser,

forme avec l'oxygène un acide, l'acide azotique, appelé aussi *acide nitrique*, qui,
en se combinant avec la potasse, forme l'azotate de potasse, appelé communément *nitre* ou salpêtre.

avant son arrivée dans le tube rempli de tournure de cuivre, un premier tube **T** renfermant de la ponce imbibée de potasse caustique qui absorbe l'acide carbonique, et un second tube **T'** plein de ponce imbibée d'acide sulfurique concentré qui absorbe l'eau. Le tube de verre *ef*, contenant le cuivre, est disposé sur un petit fourneau long en tôle qui permet de le porter à une chaleur rouge : on enveloppe ce tube d'une feuille de clinquant pour l'empêcher de se déformer.

§ 56. On prépare souvent l'azote, dans les laboratoires, par un autre procédé qui permet de l'obtenir également très-pur : c'est en décomposant l'ammoniaque par le chlore. L'ammoniaque est un composé d'hydrogène et d'azote ; une partie de l'ammoniaque est décomposée par le chlore ; le chlore se combine avec l'hydrogène pour former de l'acide chlorhydrique, lequel, à son tour, se combine avec l'ammoniaque non décomposée, et forme du chlorhydrate d'ammoniaque qui reste en dissolution dans l'eau. Le gaz azote, devenu libre, se dégage.

Le ballon (*fig.* 25) renferme un mélange de peroxyde de manga-

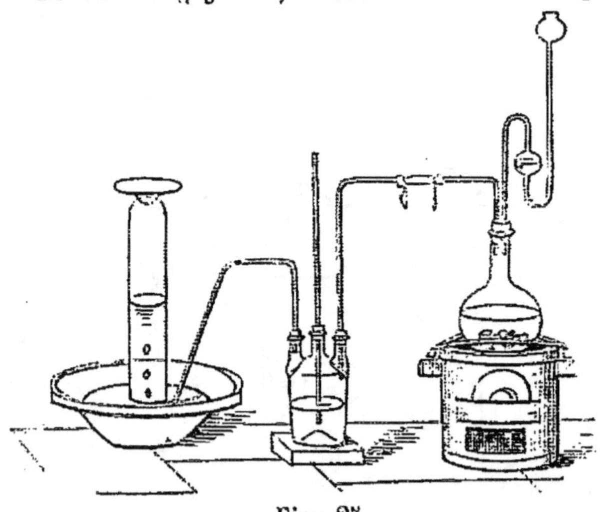

nèse et d'acide chlorhydrique ; le gaz chlore qui se dégage dans cette réaction se rend dans un flacon tubulé, rempli à moitié d'une dissolution de gaz ammoniac dans l'eau ; il y perd instantanément sa couleur jaune, et il se dégage de la liqueur une foule de petites bulles de gaz azote que l'on peut recueillir quand l'air at-

Fig. 25.

mosphérique a été entièrement chassé de l'appareil.

Cette expérience ne présente aucun danger tant que la dissolution ammoniacale conserve un excès d'ammoniaque ; mais, si l'on continue le dégagement de chlore après que l'ammoniaque a été entièrement changée en chlorhydrate, le chlore agit sur le chlorhydrate d'ammoniaque, et donne naissance à un composé extrêmement dangereux, que nous étudierons plus tard sous le nom de *chlorure d'azote*. Ce corps se présente sous l'apparence de gouttelettes huileuses, jaunes ; il faut en éviter avec soin la formation, car c'est un des corps les plus fulminants que l'on connaisse.

On peut obtenir également du gaz azote très-pur et en grande quantité, en soumettant à l'ébullition, dans un ballon, une dissolution concentrée d'azotite d'ammoniaque; ce sel se décompose alors en eau et en azote. La composition de l'azotite d'ammoniaque est représentée par la formule $AzH^3HO.AzO^5$; elle renferme les éléments de 4 équivalents d'eau et de 2 équivalents d'azote. On a en effet :

$$AzH^3HO.AzO^5 = 4HO + 2Az.$$

§ 57. L'azote est un gaz incolore, sans odeur ni saveur. Il n'a pu être liquéfié, jusqu'à présent, sous aucune pression. Sa densité est 0,9713, c'est-à dire un peu plus faible que celle de l'air. Une bougie enflammée s'éteint instantanément dans ce gaz (*fig.* 26).

Les animaux ne peuvent pas vivre dans le gaz azote; ils y périssent à cause du manque d'oxygène, gaz absolument nécessaire à leur respiration; c'est cette propriété qui a fait donner à l'azote son nom (de α, particule privative, et ζωή, vie). Cependant ce gaz n'exerce évidemment aucune action délétère sur

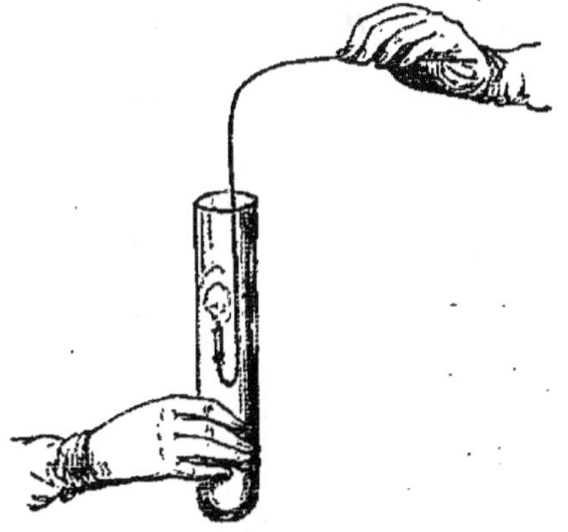

Fig. 26.

leurs organes, puisque les $\frac{4}{5}$ de l'air atmosphérique en sont formés.

L'eau dissout une très-petite quantité d'azote, environ les $\frac{25}{1000}$ de son volume; en d'autres termes, 1 litre d'eau dissout 25 centimètres cubes de gaz azote, ou 1 kilogramme d'eau dissout $0^{gr},031$ d'azote.

Air atmosphérique.

§ 58. L'air atmosphérique [1] consiste essentiellement en un mélange d'oxygène et d'azote, dans des proportions que l'on trouve sensiblement les mêmes sur tous les points du globe. Il renferme, de plus, une très-petite quantité de gaz acide carbonique et une quantité variable de vapeur d'eau. L'air contient, en outre, mais en quan-

[1] L'air était considéré par les anciens comme un des quatre éléments de la nature. Cette opinion erronée régna sans contestation jusque vers la fin du dixhuitième siècle. Lavoisier a prouvé le premier, d'une manière incontestable, que l'air était un mélange de deux gaz doués de propriétés différentes, et il est parvenu à déterminer à peu près leurs proportions.

tités à peine appréciables, quelques autres gaz ou vapeurs provenant de la décomposition des matières végétales et animales.

Nous allons décrire diverses méthodes par lesquelles on peut déterminer la composition de l'air atmosphérique. Cette analyse se compose toujours de deux opérations que l'on exécute à part. La première a pour but de déterminer l'acide carbonique et la vapeur d'eau; par la seconde, on détermine la composition, en oxygène et en azote, de l'air débarrassé de son acide carbonique et de sa vapeur aqueuse.

La figure 27 représente l'appareil à l'aide duquel on détermine très-exactement la quantité d'acide carbonique et de vapeur d'eau qui existe dans l'atmosphère.

Un vase cylindrique V, en tôle galvanisée, de 50 à 100 litres de

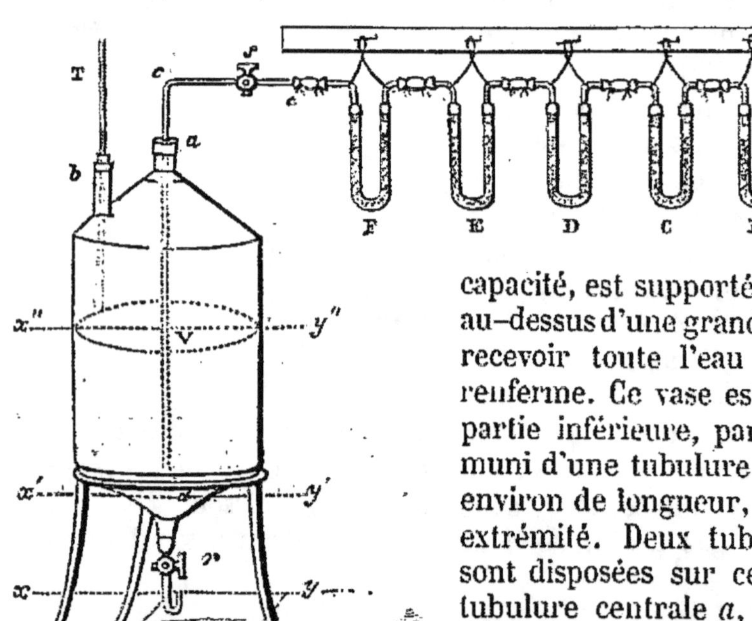

Fig. 27.

capacité, est supporté sur un trépied au-dessus d'une grande cuve qui peut recevoir toute l'eau que le vase V renferme. Ce vase est terminé, à sa partie inférieure, par un robinet r, muni d'une tubulure de 1 décimètre environ de longueur, et relevé à son extrémité. Deux tubulures a et b sont disposées sur ce vase. Dans la tubulure centrale a, on fixe hermétiquement, au moyen d'un bouchon métallique et de cire molle, un tube métallique ad ouvert aux deux bouts; ce tube se recourbe en c et porte un robinet s. Dans la tubulure latérale b on maintient avec un bouchon recouvert de cire molle un thermomètre T dont le réservoir doit descendre vers le milieu du vase V.

On détermine préalablement la capacité du vase V par un jaugeage. On remplit d'eau ce vase, et l'on attache à la tubulure c une série de tubes, A, B, C, D, E, F. Les tubes A, B, E, F sont remplis de pierre ponce grossièrement concassée et imbibée d'acide sulfurique concentré; les tubes C, D, sont remplis de fragments de pierre ponce imbibée d'une dissolution concentrée de potasse caustique; enfin, au dernier tube A, on adapte un long tube *fg* qui va chercher l'air au dehors du laboratoire, dans l'espace où on veut l'analyser.

Les tubes en U renfermant la pierre ponce imbibée d'acide sulfurique ou de potasse sont bouchés des deux côtés avec de bons bouchons de liége traversés par des tubes de verre plus étroits et recourbés, comme le montre la figure 27. Les tubes sont joints entre eux au moyen de petites tubulures en caoutchouc que l'on serre fortement sur les tubes de verre avec des cordons de soie.

Les deux tubes A et B ont été pesés ensemble; on a pesé de même, ensemble, les trois tubes C, D et E. Quant au tube F, on n'a pas besoin de le peser, il reste toujours attaché à l'appareil, et il a seulement pour but d'éviter l'arrivée dans le tube E de la vapeur d'eau qui se dégage du vase V.

L'appareil étant ainsi disposé, on fait couler l'eau du vase V, que l'on appelle un *aspirateur*.

L'air extérieur traverse, avant de pénétrer dans le vase V, la série des tubes A, B, C, D, E, F. Dans les tubes A et B il dépose son humidité; dans les tubes C et D, son acide carbonique. Mais, comme le gaz qui arrive dans ces derniers tubes est complétement sec et que la dissolution de potasse caustique lui abandonne une quantité sensible de vapeur d'eau, on a eu soin de disposer, à la suite des tubes C et D, le tube E, rempli de pierre ponce imbibée d'acide sulfurique, qui retient cette petite quantité d'eau.

Lorsque l'aspirateur s'est entièrement vidé, on détache les tubes en U, et on pèse de nouveau l'ensemble des tubes A, B, et l'ensemble des tubes C, D, E. L'augmentation de poids que ces deux systèmes de tubes ont subie pendant l'expérience donne, pour les tubes A et B, la quantité de vapeur d'eau, et, pour les tubes C, D, E, la quantité d'acide carbonique existant dans l'air atmosphérique qui a traversé l'appareil.

L'expérience a montré que l'air atmosphérique libre renferme des quantités d'acide carbonique qui varient de 4 à 6 dix-millièmes. Quant à la quantité de vapeur d'eau, elle varie entre des limites étendues, suivant la température de l'air et suivant son état de saturation.

§ 59. Supposons, maintenant, l'air privé de son acide carbonique et de sa vapeur d'eau, et voyons comment on parvient à connaître les proportions d'oxygène et d'azote qu'il renferme. On peut y arriver par plusieurs procédés. Nous allons décrire les plus simples.

Plusieurs substances absorbent l'oxygène de l'air, même à la température ordinaire. Il suffira donc, pour faire l'analyse de l'air, d'introduire un certain volume d'air dans une cloche divisée, de mesurer ce volume, d'introduire la substance absorbante, et de la laisser séjourner dans la cloche jusqu'à ce que le volume du gaz ne diminue plus sensiblement, afin de mesurer de nouveau le volume restant, qui doit être de l'azote pur.

Les substances absorbantes que l'on emploie ordinairement pour cet objet sont le phosphore, certains composés métalliques avides d'oxygène, tels que le sous-chlorure de cuivre dissous dans de l'eau ammoniacale, et certains composés organiques, comme l'acide pyrogallique, qui absorbent immédiatement le gaz oxygène, même à froid.

§ 60. On peut également employer, pour analyser l'air, des substances qui n'absorbent pas l'oxygène à la température ordinaire, mais qui, lorsqu'elles sont portées à une haute température, se combinent énergiquement avec ce corps. On peut même disposer l'expérience de manière à peser, à la fois, l'oxygène qui s'est fixé sur la substance absorbante, et l'azote qui reste libre.

La figure 28 représente l'appareil que l'on emploie dans ce cas : *ab* est un tube en verre difficilement fusible, rempli de cuivre mé-

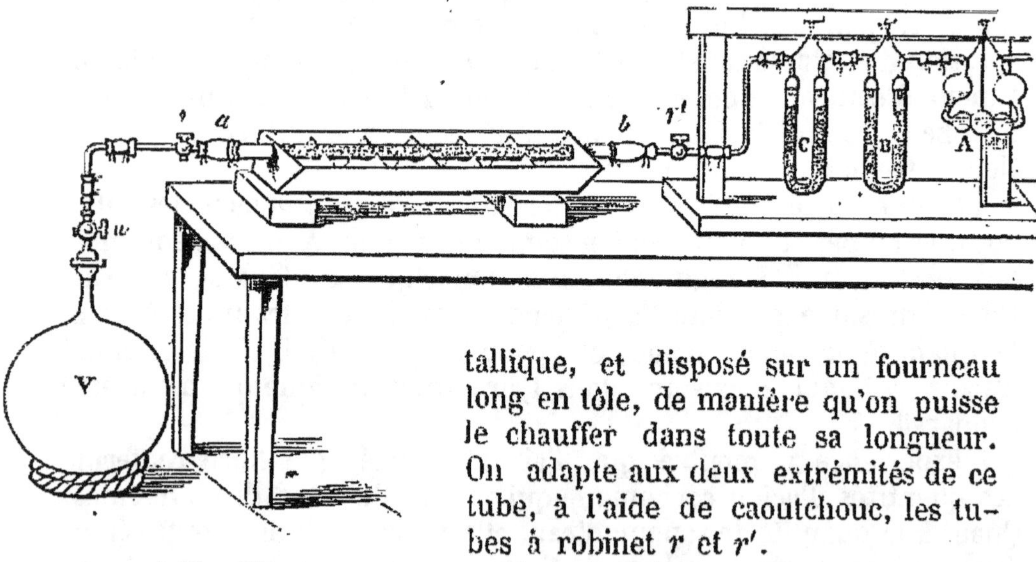

tallique, et disposé sur un fourneau long en tôle, de manière qu'on puisse le chauffer dans toute sa longueur. On adapte aux deux extrémités de ce tube, à l'aide de caoutchouc, les tubes à robinet *r* et *r'*.

Fig. 28.

L'extrémité *a* du tube est mise en communication avec un ballon V, de 20 litres environ de capacité, portant un robinet *u*; et l'extrémité *b* communique avec une série d'appareils A, B, C.

L'appareil A, représenté plus en grand dans la figure 29, a pour but d'absorber l'acide carbonique de l'air. Cet appareil, dit *appareil à boules de Liebig*, du nom de l'habile chimiste qui a imaginé cette disposition ingénieuse, consiste en trois boules *b*, *c*, *d*, disposées sur un même axe, et deux boules *a*, *e*, placées sur un plan supérieur, et communiquant avec les premières par des tubes étroits. On introduit dans l'appareil une dissolution concentrée de potasse, de manière à remplir entièrement les trois boules inférieures. Si, alors, on aspire l'air lentement par le tube *g*, l'air extérieur pénètre en *f*, et traverse la dissolution de potasse, en passant successivement de la boule *b* dans la boule *c*, et de celle-ci dans la boule *d*;

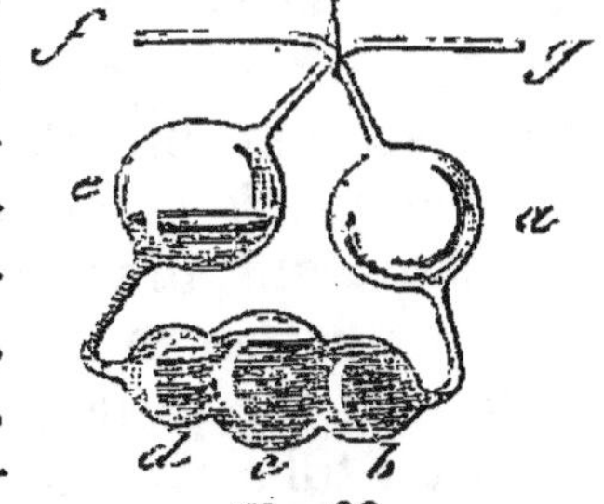

Fig. 29.

enfin, pour se rendre dans la boule *e*, il lui reste encore à traverser une nouvelle colonne de dissolution de potasse. Le gaz séjourne donc beaucoup plus longtemps au contact de la potasse qu'il ne le ferait s'il traversait une colonne liquide, rectiligne et non interrompue, et, par suite, il se trouvera dans des conditions plus favorables à l'absorption de l'acide carbonique.

Le tube B (*fig.* 28) est rempli de fragments de pierre ponce imbibée d'une dissolution concentrée de potasse caustique; il est destiné à absorber les dernières parties du gaz acide carbonique qui auraient pu échapper à l'appareil A.

Enfin, le tube C, rempli de fragments de pierre ponce imbibée d'acide sulfurique concentré, a pour but de dessécher complétement l'air.

Cela posé, on fait le vide aussi complétement que possible dans le tube *ab*, et on ferme les deux robinets *r* et *r'*. On pèse ce tube vide d'air, on lui trouve un poids *p*. On fait de même le vide aussi complétement que possible dans le ballon V; on le pèse : soit P son poids.

On ajuste alors l'appareil et l'on chauffe au rouge le tube *ab*. On ouvre ensuite le robinet *r'*; l'air extérieur pénètre dans le tube *ab*, après avoir traversé la suite des tubes A, B, C, qui le dépouillent de son acide carbonique et de la vapeur d'eau; cet air abandonne son oxygène au cuivre métallique chauffé, et l'azote reste seul. On ouvre alors le robinet *u* du ballon, et très-peu le robinet *r*, de façon que le gaz pénètre très-lentement dans le ballon V. On juge, au reste, facilement de la marche de l'aspiration par les bulles qui traversent l'appareil à boules A; il faut que les bulles de gaz passent lentement et une à une. Lorsque le passage des bulles devient plus lent, ce qui arrive nécessairement à mesure que la différence entre la force élastique du gaz dans le ballon et celle de l'air extérieur diminue, on ouvre davartage le robinet r. A la fin de l'opération, on l'ouvre complétement. Aussitôt que l'aspiration s'arrête, on ferme les trois robinets r', r, u; on enlève les charbons et on démonte l'appareil.

On pèse le ballon V; soit P' son poids; $P' - P$ est évidemment le poids du gaz azote qui est entré dans le ballon.

On pèse le même tube ab; soit p' son poids; $p' - p$ sera le poids de l'oxygène qui s'est fixé sur le cuivre métallique, augmenté de la quantité de gaz azote qui se trouve dans ce tube. Cette dernière quantité se détermine facilement en faisant de nouveau le vide dans le tube, et déterminant son poids p''; $p' - p''$ est alors le poids de l'azote que l'on a retiré du tube avec la machine pneumatique, et $p'' - p$ le poids de l'oxygène qui s'est fixé sur le cuivre métallique. Nous trouverons donc comme résultat final, un poids d'azote

$$(P' - P) + (p' - p'')$$

et un poids d'oxygène $\qquad p'' - p$

formant un poids d'air atmosphérique sec et dépouillé de son acide carbonique représenté par

$$(P' - P) + (p' - p'') + (p'' - p) = (P' - P) + (p' - p).$$

Il sera par conséquent facile de déterminer, par une proportion, les poids d'oxygène et d'azote qui entrent dans 100 parties en poids d'air atmosphérique; et, comme on connaît les densités de l'oxygène et de l'azote, on peut également en déduire la composition de l'air en volume.

Lorsque nous nous occuperons de l'analyse de l'eau, nous décrirons une autre méthode, très-expéditive et connue sous le nom de *procédé eudiométrique*, par laquelle on détermine la quantité d'oxygène contenue dans l'air par la quantité d'hydrogène que cet oxygène peut brûler.

On a reconnu, par un grand nombre d'analyses, que l'air atmosphérique renferme moyennement en volume

Oxygène	20,9
Azote	79,1
	100,0

ou en poids

Oxygène	23,1
Azote	76,9
	100,0

L'air recueilli dans des localités très-éloignées et à différentes hauteurs dans l'atmosphère n'a présenté que des variations très-faibles dans sa composition.

§ 61. La grande constance que l'on remarque dans la composition de l'air a porté quelques chimistes à regarder l'air atmosphérique, non pas comme un mélange des deux gaz oxygène et azote, mais comme une véritable combinaison chimique de ces deux gaz. Nous allons exposer les principales raisons qui prouvent que cette opinion est erronée et que les gaz oxygène et azote sont simplement mélangés dans l'air atmosphérique.

L'expérience a montré que deux gaz se combinent toujours suivant des rapports simples en volumes. Or le rapport simple qui s'approche le plus de la composition que les analyses directes donnent pour l'air atmosphérique est le suivant :

$$
\begin{array}{lll}
\frac{1}{5}\ \text{d'oxygène.} & \text{. . ou oxygène. . .} & 20,00 \\
\frac{4}{5}\ \text{d'azote.} & \text{. . . azote. . . .} & 80,00 \\
\hline
& & 100,00
\end{array}
$$

Ces nombres s'éloignent beaucoup trop des résultats de l'analyse pour qu'il soit possible d'attribuer la différence aux erreurs de l'expérience, d'autant plus que les analyses de l'air, faites par les méthodes les plus variées, ont toujours conduit au même résultat.

Lorsque deux gaz se combinent, la combinaison a toujours lieu avec dégagement de chaleur; or il n'y a pas de changement de température appréciable lorsqu'on mélange les gaz azote et oxygène; et, si l'on mêle ces deux gaz dans les proportions qui constituent l'air, on obtient un mélange gazeux qui est identique, sous tous les rapports, avec le gaz de notre atmosphère.

Mais la preuve la plus convaincante que l'air est un simple mélange d'oxygène et d'azote nous est fournie par la manière dont l'air atmosphérique se comporte avec l'eau. L'eau qui a séjourné longtemps au contact de l'air renferme toujours une certaine quantité de gaz en dissolution, et nous décrirons plus loin (§ 92) le procédé par lequel on peut séparer et recueillir ce gaz. Si l'air atmosphérique est un composé de gaz azote et oxygène, les gaz dissous dans l'eau doivent présenter la même composition que l'air atmosphérique. Si, au contraire, l'air n'est qu'un simple mélange de deux gaz, comme l'oxygène et l'azote n'ont pas la même solubilité, la composition des gaz dissous doit être différente de celle de l'air atmosphérique; et c'est en effet ce que l'analyse de ces gaz confirme.

§ 62. L'air atmosphérique est constamment soumis à des actions chimiques qui tendent, chacune, à changer sa composition; mais ces actions se combattent dans leurs effets individuels, et, sous leur influence simultanée, l'air conserve une composition sensiblement invariable. Nous reviendrons sur ce sujet plus loin (§ 191), lorsque nos études seront plus avancées.

SOUFRE

Équivalent = 200,0.

§ 63. Le soufre est un corps très-abondant dans la nature; on le trouve tantôt isolé, et tantôt en combinaison avec un grand nombre de métaux. Le soufre, isolé, se rencontre quelquefois complétement pur et en cristaux très-réguliers; mais, le plus souvent, il est intimement mélangé de matières terreuses.

Le soufre peut être obtenu sous les trois états. A la température ordinaire il est solide, sa densité est alors 2,07; si on le chauffe au-dessus de 111°, il fond et donne un liquide très-limpide d'un jaune serin; les morceaux de soufre non fondu restent au fond du liquide, ce qui prouve que le soufre augmente de volume, se dilate en passant de l'état solide à l'état liquide. L'eau nous présente le phénomène contraire : la glace est plus légère que l'eau; celle-ci, en passant de l'état solide à l'état liquide, se contracte donc au lieu de se dilater. Le soufre passe brusquement de l'état liquide à l'état solide sans prendre l'état pâteux ; il se trouve ainsi dans les circonstances favorables à la cristallisation par voie de fusion. Ces cristaux sont de longs prismes, brillants, de la même nuance que le soufre liquide.

On peut faire cristalliser le soufre à une basse température, en le dissolvant dans un liquide volatil. Le sulfure de carbone est celui qui convient le mieux pour cet objet. Si l'on abandonne à l'air une dissolution de soufre dans le sulfure de carbone, le liquide s'évapore rapidement; bientôt le soufre, ne trouvant plus assez de sulfure de carbone pour rester en dissolution, se dépose lentement, au sein de la liqueur, en cristaux réguliers qui diffèrent complétement de ceux qui se forment dans le soufre fondu. Nous avons insisté sur ce point dans l'introduction (§ 14).

Le soufre, cristallisé par voie de dissolution, présente exactement la même forme et le même aspect que le soufre naturel.

Les cristaux qui se sont déposés dans le soufre fondu sont transparents, un peu élastiques; mais ils perdent bientôt ces propriétés et deviennent opaques et friables. Ils paraissent alors d'un jaune plus clair. Nous avons indiqué la cause de ce changement (§ 14).

Le soufre fondu est parfaitement limpide et d'un jaune clair : si on le chauffe davantage, sa couleur devient de plus en plus foncée, il perd en même temps sa fluidité. A 160° il ne coule plus que difficilement, et sa couleur est passée du jaune au brun. A 200° il est tellement visqueux, qu'on peut retourner le vase qui le contient sans qu'il s'é coule : sa couleur est alors d'un brun foncé. Si la température est encore portée plus haut, le soufre reprend de la fluidité, en conservant sa couleur brune; enfin, à 400°, il entre en ébullition, et peut être distillé. La distillation se fait dans une cornue en verre munie d'un récipient. Le soufre est placé dans la cornue, et l'on chauffe avec des charbons. Le soufre fond d'abord, puis il passe successivement par tous les états que nous venons d'indiquer, enfin il entre en ébullition. La vapeur est poussée jusque dans le col de la cornue, où elle se condense d'abord sous forme d'une poudre très-fine; c'est ce que l'on nomme la *fleur de soufre*. Mais, la distillation continuant, la température s'élève dans le col, elle dépasse bientôt 111°, température de la fusion du soufre, et les vapeurs ne se condensent plus alors qu'à l'état liquide. Si le soufre soumis à la distillation renferme des matières étrangères non volatiles, celles-ci restent dans la cornue. La vapeur de soufre a une couleur d'un jaune brun; sa densité a été trouvée de 6,654 à une température peu supérieure à celle de son ébullition. Mais cette densité n'est que le tiers de la valeur précédente, c'est-à-dire 2,218 dans les très-hautes températures. C'est cette dernière densité que nous adopterons comme étant celle qui appartient au soufre gazeux.

Si l'on chauffe du soufre dans un creuset jusqu'à une température supérieure à 200°, et qu'on le verse ensuite, sous la forme d'un petit filet, dans une terrine pleine d'eau froide, on obtient une masse spongieuse, brune, molle et élastique, qui conserve sa mollesse pendant quelque temps; puis, bientôt elle durcit, et, après plusieurs jours, le soufre a repris sa dureté ordinaire, mais sa couleur reste plus foncée. Le *soufre mou* devient dur en quelques instants, si, au lieu de le laisser à la température ordinaire, on le chauffe jusque vers 100°; la transformation se fait alors brusquement, avec un dégagement spontané de chaleur; car le soufre mou, chauffé à 100°, élève sa température jusqu'à 110°.

Le soufre est un corps combustible; il brûle avec une flamme bleuâtre, en répandant une odeur suffocante que tout le monde connaît, car c'est celle que répand une allumette soufrée ordinaire au moment où on l'enflamme. Le soufre se combine alors avec l'oxygène de l'air et donne naissance à un composé gazeux, le *gaz acide sulfureux*.

SÉLÉNIUM

Équivalent = 491,0.

§ 64. Le sélénium[1], de même que le soufre, peut être obtenu sous les trois états : solide à la température ordinaire, il devient liquide vers 200°, et prend l'état gazeux, si on le chauffe jusqu'à 700° environ. Le sélénium solide est d'un brun foncé, sa cassure est conchoïde et vitreuse. Les bords de la cassure sont souvent assez minces pour être translucides : le sélénium montre alors, à la lumière transmise, une couleur d'un beau rouge. C'est la couleur que présente également ce corps lorsqu'il est très-divisé, ou que l'on presse une goutte de sélénium liquide entre deux plaques de verre.

Le sélénium ne passe pas brusquement, comme le soufre, de l'état liquide à l'état solide; il devient visqueux avant d'arriver à ce dernier état, et peut être alors tiré en fils très-fins : aussi n'a-t-on pas réussi, jusqu'à présent, à l'obtenir cristallisé par voie de fusion. La densité du sélénium varie avec sa constitution moléculaire; elle est de 4,28 pour le sélénium vitreux, et de 4,80 pour le sélénium granuleux et refroidi lentement.

Le sélénium fondu est d'une couleur brune très-foncée; sa vapeur est d'un jaune intense.

Le sélénium est combustible : il brûle avec une flamme bleuâtre en répandant une odeur fétide de chou pourri ou de rave; cette odeur est caractéristique pour ce corps. Il se forme dans sa combustion de l'acide sélénieux et de l'oxyde de sélénium; c'est à ce dernier produit qu'est due l'odeur fétide. L'acide sélénieux est soluble dans l'eau; sa dissolution est facilement décomposée par les corps très-avides d'oxygène : ainsi l'acide sulfureux le réduit et passe à l'état d'acide sulfurique. Le sélénium, devenu libre, se précipite sous la forme d'une poudre rouge.

Les combinaisons du soufre et du sélénium présentent entre elles les plus grandes analogies; c'est pour cela qu'on étudie ordinairement ces deux corps l'un à côté de l'autre.

Le sélénium se trouve dans la nature principalement à l'état de séléniure de plomb.

[1] Le sélénium a été découvert en 1817 par Berzélius.

TELLURE

Équivalent = 800,5.

§ 65. Le tellure [1] est fort rare; on le trouve dans la nature, quelquefois à l'état isolé, mais le plus souvent combiné avec des métaux, principalement avec l'or, l'argent, le bismuth et le plomb. Le tellure présente les propriétés physiques d'un métal; il ressemble beaucoup par son aspect à l'antimoine; les propriétés de ses combinaisons le rapprochent, au contraire, du sélénium et du soufre.

Le tellure est d'un blanc d'argent; il présente un éclat métallique très-vif. Il fond à la chaleur rouge sombre, et, par un refroidissement ménagé, il prend une texture cristalline à larges lames brillantes, qui se manifeste nettement dans la cassure. Le tellure peut prendre l'état gazeux, mais il faut pour cela une température très-élevée. On peut cependant le distiller; mais cette distillation n'est pas possible avec les cornues de terre ou de porcelaine que l'on chauffe dans nos petits fourneaux mobiles de laboratoire.

On facilite beaucoup la distillation des matières peu volatiles en les chauffant au milieu d'un courant de gaz qui n'exerce pas sur elles d'action chimique. Les matières volatiles émettent des vapeurs sensibles à des températures très-inférieures à celle de leur point d'ébullition. Ainsi l'eau, qui bout à 100° sous la pression ordinaire de l'atmosphère, dégage, à la température ordinaire, des vapeurs notables; le poids de ces vapeurs ne peut pas dépasser, dans un espace limité, un certain maximum qui dépend de la température; mais on conçoit que, si l'on enlève les vapeurs à mesure qu'elles se forment, ce maximum ne pourra pas s'établir, et qu'il y aura constamment émission de nouvelles vapeurs, jusqu'à ce que la substance soit entièrement volatilisée.

Pour distiller le tellure, on le met dans une petite nacelle de platine, que l'on place dans un tube de porcelaine disposé dans un fourneau à réverbère. On fait arriver par l'un des bouts du tube un courant de gaz hydrogène sec, et à l'autre bout, qui doit sortir d'une certaine quantité hors du fourneau, on adapte un tube de dégagement pour donner issue au gaz. On commence par faire passer un courant de gaz hydrogène à travers l'appareil, pour en chasser complétement l'air atmosphérique; puis on porte le tube de porcelaine à

---

[1] Le tellure a été découvert en 1782 par Müller de Reichenstein, dans les mines d'or de la Transylvanie; mais c'est à Klaproth que l'on doit la connaissance de ses principales propriétés.

la plus haute température possible, en maintenant le courant de gaz. Le tellure sublimé vient se condenser dans la partie antérieure, plus froide, du tube.

Le tellure a pour densité 6,26. Cette densité est très-considérable, et, sous ce rapport, le tellure se rapproche encore des métaux proprement dits.

Le tellure, chauffé au contact de l'air, s'enflamme et brûle avec une flamme bleuâtre, en répandant une odeur particulière difficile à caractériser.

CHLORE

Équivalent = 443,2.

§ 66. Le chlore[1] est un gaz qui se distingue immédiatement de tous ceux que nous avons étudiés jusqu'ici. En effet, ces gaz sont tous incolores, tandis que le chlore est d'un jaune verdâtre; c'est cette propriété qui lui a fait donner son nom de χλωρός, jaune verdâtre). Si l'on comprime le gaz chlore de manière à le réduire à un volume 5 fois plus petit que celui qu'il occupe sous la pression ordinaire de l'atmosphère, il se liquéfie. Ce liquide, d'un jaune vert, a pour densité 1,33. Il n'a pu être encore congelé par aucun froid. La densité du chlore gazeux est 2,44, c'est-à-dire environ $2\frac{1}{2}$ fois celle de l'air.

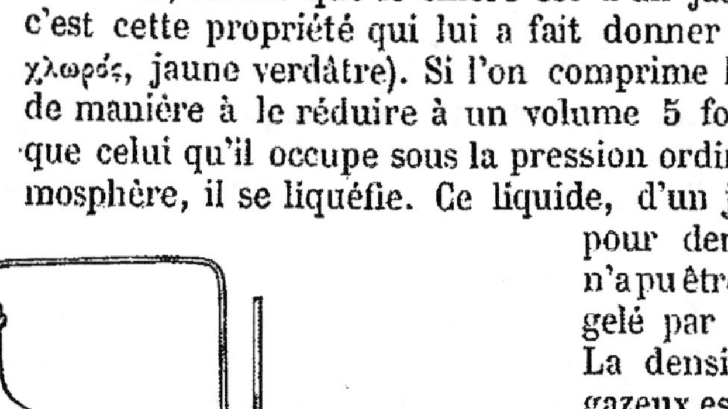

Fig. 30.

§ 67. On prépare le chlore en traitant le peroxyde de manganèse par l'acide chlorhydrique. On met le peroxyde de manganèse pulvérisé dans un ballon de verre (*fig.* 30), et l'on verse dessus de l'acide chlorhydrique. Un tube abducteur, adapté au ballon, amène le gaz dans

[1] Le chlore a été découvert en 1774 par Scheele.

une cloche placée sur la cuve à eau. Dans cette réaction, le peroxyde de manganèse abandonne son oxygène à l'hydrogène de l'acide chlorhydrique ; la moitié du chlore devenu libre se combine avec le manganèse pour former du protochlorure de manganèse, l'autre moitié du chlore se dégage.

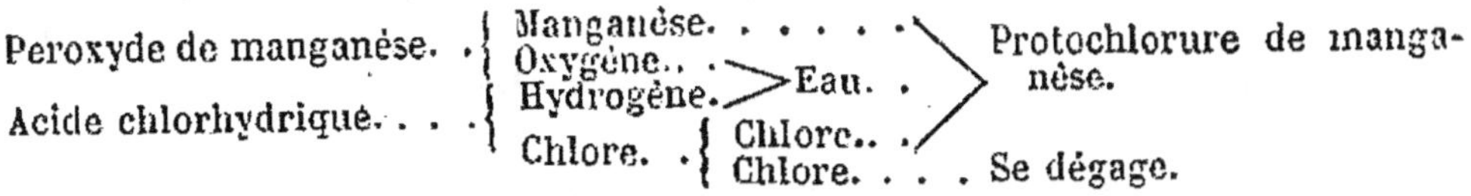

Peroxyde de manganèse. · { Manganèse. . . . . . . · } Protochlorure de manganèse.
Acide chlorhydrique. . . · { Oxygène. . · > Eau. · > nèse.
{ Hydrogène. >
{ Chlore. · { Chlore.. · /
{ Chlore. . . . Se dégage.

$$MnO^2 + 2HCl = MnCl + 2HO + Cl.$$

On chauffe légèrement le ballon avec quelques charbons pour faciliter la réaction. Comme le chlore peut entraîner une petite quantité d'acide chlorhydrique, on a soin de faire passer le gaz à travers un flacon renfermant un peu d'eau qui retient complétement cet acide. Ce flacon est alors appelé *flacon laveur*.

Lorsqu'on a besoin d'un dégagement de chlore longtemps prolongé, on ne verse pas immédiatement sur le peroxyde de manganèse toute la quantité d'acide chlorhydrique nécessaire; on l'introduit successivement par le tube en S.

On obtient un dégagement de chlore plus régulier, en remplaçan l'acide chlorhydrique par un mélange de sel marin et d'acide sulfurique. On met dans un ballon 1 partie de peroxyde de manganèse réduit en poudre fine, 4 parties de sel marin ou chlorure de sodium, et 2 d'acide sulfurique concentré du commerce, que l'on étend de son poids d'eau. Le chlorure de sodium, au contact de l'acide sulfurique et de l'eau, donne naissance à du sulfate de soude et à de l'acide chlorhydrique :

Chlorure de sodium. { Sodium . . . . . . · } Oxyde de > Sulfate de
{ Chlore. · > Acide chlorhy- > sodium. > soude.
Eau.. . . . . . · { Hydrogène. > drique.
{ Oxygène. . . . . · }
Acide sulfurique.. . . . .

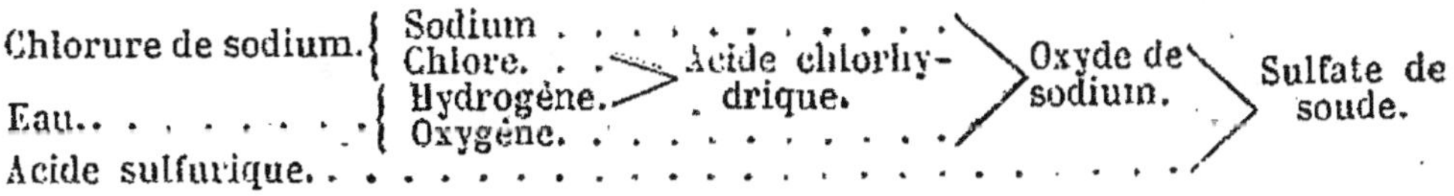

$$NaCl + HO + SO^3 = NaO.SO^3 + HCl.$$

L'acide chlorhydrique, en présence du peroxyde de manganèse, agit comme nous l'avons précédemment indiqué; il se produit du chlorure de manganèse, du sulfate de soude, et du chlore qui se dégage. L'acide sulfurique, en excès, agit encore sur le chlorure de manganèse

comme sur le chlorure de sodium; il le décompose avec le concours
de l'eau, et il en résulte une nouvelle quantité d'acide chlorhydrique
et du sulfate de manganèse; de sorte que les produits définitifs de la
réaction sont des sulfates de soude et de manganèse qui restent dans
le ballon, et tout le chlore du chlorure de sodium, qui se dégage à
l'état gazeux.

La réaction finale est donc représentée par l'équation suivante :

$$NaCl + MnO^2 + 2SO^3 = NaO.SO^3 + MnO.SO^3 + Cl.$$

Le chlore est plus soluble dans l'eau que les gaz simples que nous
avons étudiés jusqu'ici; 1 volume d'eau peut dissoudre 2 volumes de
chlore. Cette grande solubilité du chlore dans l'eau empêche de le
conserver sur ce liquide, et gêne même pour l'y recueillir. Cependant on y parvient en opérant rapidement et en ayant soin de faire
monter le tube abducteur jusque dans la partie supérieure de la cloche; le gaz n'a plus alors à traverser l'eau sous forme de bulles et se
trouve moins exposé à son action dissolvante. On ne peut pas recueillir le chlore sur le mercure, parce qu'il se combine immédiatement
avec ce métal, même à la température ordinaire.

Lorsqu'il s'agit d'obtenir le chlore sec, on opère ainsi : après avoir
fait passer le gaz dans un premier flacon laveur B (*fig. 54*) renfer-

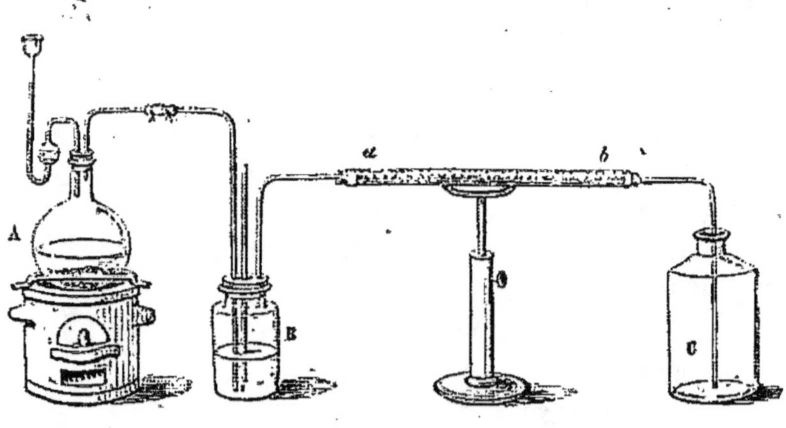

Fig. 54.

mant un peu d'eau qui retient l'acide chlorhydrique qu'il aurait pu
entraîner, on lui fait traverser un tube *ab* rempli de chlorure de calcium, ou un tube en U rempli de pierre ponce imbibée d'acide sulfurique concentré. Ces substances, très-avides d'eau, dessèchent le gaz,
qui se rend alors par un nouveau tube au fond d'un flacon C à petite

ouverture, et bien desséché lui-même. Le chlore, par suite de sa grande densité, occupe la partie inférieure et s'élève successivement dans le flacon en chassant l'air atmosphérique. Au bout de quelque temps, on peut admettre que le flacon est rempli de chlore; on retire lentement le tube et l'on bouche promptement le flacon avec un bouchon de verre usé à l'émeri.

§ 67. La dissolution aqueuse de chlore est souvent employée dans les laboratoires et dans les arts. On la prépare en faisant arriver le chlore dans une série de flacons à trois tubulures (*fig.* 52), remplis d'eau aux trois quarts. Le gaz qui ne se dissout pas dans le premier

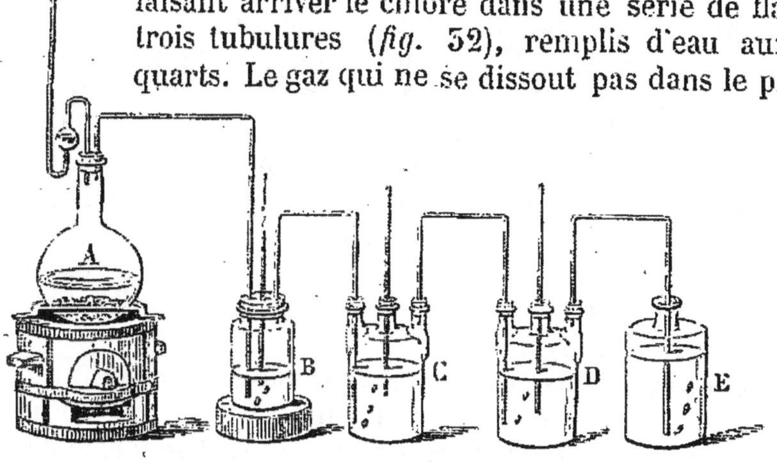

Fig. 52.

flacon traverse le liquide que contient le second, le troisième, et ainsi de suite. Le premier flacon B sert à laver le gaz pour le débarrasser de l'acide chlorhydrique entraîné. Un appareil ainsi disposé est appelé *appareil de Woolf.*

§ 68. La dissolution aqueuse de chlore présente la même couleur que le gaz. Lorsqu'on enveloppe de glace un des flacons de l'appareil précédent, il ne tarde pas à s'y former une matière floconneuse cristalline, d'un jaune vert plus intense que le liquide qui l'environne. Cette matière est une combinaison du chlore avec l'eau, un hydrate de chlore renfermant 28 de chlore et 72 d'eau. Ces cristaux peuvent être facilement isolés, si la température extérieure est très-basse, comme pendant les grands froids de l'hiver. Il suffit de les recueillir dans un entonnoir, de les laisser bien égoutter, puis de les comprimer rapidement entre quelques doubles de papier joseph, lui-même refroidi. On les introduit alors dans un tube recourbé *acd* (*fig.* 53), bouché en *a*. On maintient froide avec de la glace la partie *ac* du tube qui renferme l'hydrate, et l'on ferme à la lampe l'extrémité opposée *d*.

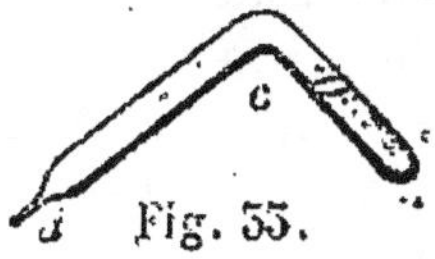

Fig. 53.

L'hydrate de chlore se décompose à quelques degrés au-dessus de zéro. Si l'on chauffe la partie *a* du tube qui renferme l'hydrate de chlore, en la plongeant dans de l'eau à 35°, on voit la matière cristalline se changer en deux couches liquides superposées : l'une de ces couches, d'un jaune foncé, gagne le fond du tube, c'est du chlore liquide; l'autre couche, d'une nuance beaucoup plus claire, est une dissolution saturée de chlore dans l'eau. Si l'on refroidit avec de la glace la branche *dc* du tube, le chlore liquide entre en ébullition dans la branche *ac*, et vient se condenser dans la partie plus froide *dc*; il se trouve ainsi séparé de la dissolution aqueuse.

§ 69. Le chlore a des affinités puissantes; il se combine directement avec le gaz hydrogène; une explosion se produit toujours lorsqu'on plonge une allumette enflammée dans un mélange de ces deux gaz. Il se combine directement avec la plupart des métaux. Plusieurs corps, entre autres l'arsenic et l'antimoine, prennent feu quand on les projette en poudre fine dans un flacon rempli de chlore. Si l'on fait passer de la vapeur d'eau et du chlore à travers un tube de porcelaine, l'eau est décomposée, l'oxygène est mis en liberté, et il se forme de l'acide chlorhydrique.

La dissolution aqueuse de chlore agit souvent comme un oxydant énergique; ainsi elle transforme immédiatement l'acide sulfureux en acide sulfurique. L'eau est alors décomposée; il se forme de l'acide chlorhydrique, et l'oxygène à l'état naissant se porte sur l'acide sulfureux :

$$SO^2 + Cl + HO = HCl + SO^3.$$

La dissolution de chlore se conserve sans altération dans l'obscurité et dans un flacon bien bouché; mais, sous l'influence de la lumière solaire, le chlore décompose l'eau; il se forme de l'acide chlorhydrique et de l'acide hypochloreux :

$$2Cl + HO = ClO + HCl.$$

§ 70. Le chlore est employé dans les arts pour le blanchiment des étoffes de lin et de coton, et, en général, pour détruire les couleurs d'origine végétale. Les matières colorantes végétales, comme toutes les autres matières d'origine organique, sont des composés de carbone, d'hydrogène, d'oxygène, et quelquefois d'azote. Le chlore agit d'une manière énergique sur un grand nombre de ces matières; il les décompose, en s'emparant de leur hydrogène pour former de l'acide chlorhydrique; la matière colorante blanchit en se décomposant. C'est par suite d'une réaction semblable que le chlore décolore l'encre ordinaire de l'écriture, dont le principe colorant est une combinaison de sesquioxyde de fer avec une matière organique appelée *tannin*. Si l'on veut faire disparaître complétement l'écriture, il faut, après avoir fait disparaître les caractères par l'eau de chlore, laver la place, à plusieurs reprises, par de l'acide chlorhydrique faible, qui dissout complétement le sesquioxyde de fer. Sans cette précaution, les caractères reparaîtraient, si l'on mouillait la place avec une dissolution de prussiate de potasse, qui donne avec le sesquioxyde de fer un composé bleu. Mais le chlore est sans action sur l'encre de Chine et sur l'encre d'imprimerie, parce que l'élément colorant de ces encres est du carbone très-divisé qui ne se combine pas directement avec le chlore.

Le chlore est également employé pour détruire les miasmes putrides qui se dégagent des matières organiques en décomposition. Ces miasmes sont dus à la présence, dans l'air, de substances organiques, qui s'y trouvent cependant en quantités tellement petites, que l'analyse chimique n'a pas réussi, jusqu'à présent, à les mettre en évidence. Le chlore détruit ces substances en s'emparant de leur hydrogène.

Le chlore agit comme poison sur l'économie animale. Respiré en petite quantité, il provoque la toux; lorsqu'on reste longtemps exposé à son action, il peut produire des accidents plus graves, des crachements de sang, etc., etc.

BROME

Équivalent = 978,5.

§ 71. Le brôme[1] est liquide à la température ordinaire; sa couleur est d'un rouge brun très-foncé; presque noire quand la couche est épaisse, elle est d'un jaune rougeâtre à la lumière transmise, quand la couche est très-mince. Le brôme se congèle à — 7°,3 en une masse cristalline feuilletée d'une teinte grisâtre. Il bout à 63°; à la température ordinaire, la tension de sa vapeur est considérable; une goutte de brôme, versée dans un flacon, se volatilise promptement et remplit le flacon de vapeurs d'un rouge brun.

La densité du brôme liquide est 2,97; celle de sa vapeur est 5,39.

[1] Le brôme a été découvert en 1826 par M. Balard dans les eaux mères des salines de la Méditerranée.

Le brôme a une odeur particulière, très-désagréable, qui lui a fait donner son nom (de βρῶμος, mauvaise odeur). De même que le chlore, il agit comme poison sur l'économie animale et attaque vivement les organes de la respiration.

Le brôme a, dans toutes ses combinaisons, la plus grande analogie avec le chlore; ses affinités sont cependant moins énergiques; le chlore chasse le brôme de ses combinaisons. Le brôme, comme le chlore, détruit les matières colorantes organiques.

Le brôme, abandonné au contact de l'eau à la température de 0° se combine avec une partie de cette eau, et forme un hydrate cristallisé d'un rouge brun; cet hydrate est plus stable que celui du chlore; il ne se détruit que vers 15° ou 20°.

Le brôme peut s'extraire du brômure de sodium par le procédé qui nous a servi à préparer le chlore au moyen du chlorure de sodium. Il suffit de chauffer un mélange de brômure de sodium, de peroxyde de manganèse et d'acide sulfurique étendu de son poids d'eau. On introduit ce mélange dans une cornue tubulée (*fig. 54*), en le ver-

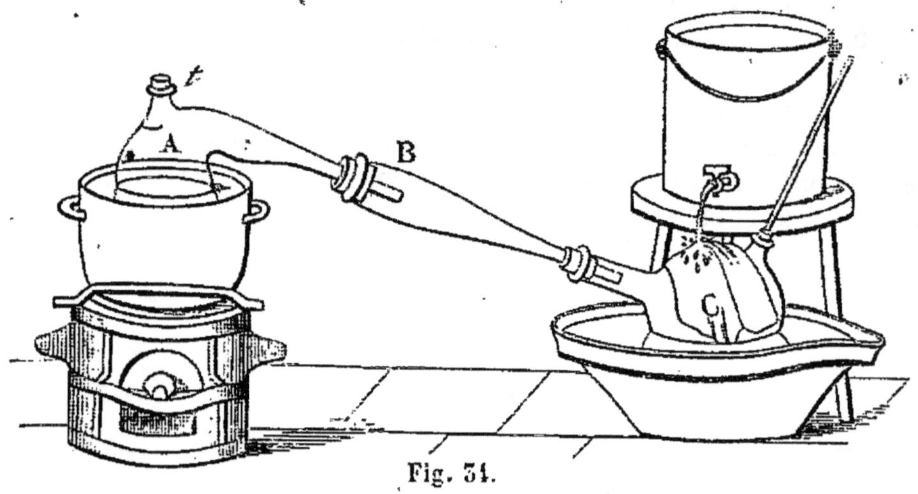

Fig. 54.

sant, au moyen d'un entonnoir, par la tubulure *t*. Le col de la cornue s'engage, à l'aide d'un bouchon, dans une allonge B, communiquant avec un récipient C que l'on refroidit au moyen d'un courant d'eau très-froide, ou mieux en l'enveloppant de glace. On chauffe la cornue au bain-marie, en la plaçant dans une petite chaudière remplie d'eau chauffée sur un fourneau. La réaction est d'ailleurs exactement la même que pour le chlore; il se forme des sulfates de soude et de manganèse qui restent dans la cornue, le brôme passe à la distillation et vient se condenser dans le récipient.

Le brôme a été jusqu'ici d'un prix trop élevé pour que l'on ait pu l'employer dans les arts.

IODE

Équivalent = 1578,2.

§ 72. L'iode [1] est solide à la température ordinaire; il affecte la forme de paillettes d'un gris foncé, douées à un haut degré de l'éclat métallique; il fond à 107°, et forme un liquide d'un brun presque noir; il bout vers 180°, et produit une vapeur d'un violet très-foncé. L'iode donne des vapeurs très-sensibles, à la température ordinaire; ces vapeurs sont beaucoup plus abondantes vers 50 à 60°; elles ont alors une couleur d'un beau violet pourpré. C'est la couleur de ces vapeurs qui a fait donner à l'iode son nom (de ἰώδης, violet). La vapeur d'iode a une odeur particulière qui présente de l'analogie avec celle du chlore.

L'iode cristallise facilement. On trouve souvent, sur les parois supérieures des flacons qui renferment de l'iode, des cristaux parfaitement réguliers qui se sont formés par sublimation. L'iode cristallise aussi très-facilement par voie de dissolution; nous en trouverons la preuve quand nous nous occuperons de l'acide iodhydrique.

L'eau ne dissout qu'une quantité très-faible d'iode $\frac{1}{7000}$, environ; elle prend alors une teinte jaune. L'iode existe probablement dans cette dissolution à l'état d'hydrate. L'eau dissout des quantités d'iode beaucoup plus considérables quand elle renferme certains corps en dissolution, principalement des iodures ou de l'acide iodhydrique; elle prend alors une couleur brune très-foncée.

La densité de l'iode solide est 4,95; celle de sa vapeur est 8,716.

L'iode présente dans ses combinaisons une grande analogie avec le chlore et avec le brome, mais ses affinités sont plus faibles. Il ne détruit pas la plupart des matières organiques et les couleurs végétales résistent, en général, à l'action de sa dissolution. L'iode se combine avec plusieurs matières organiques et leur communique des couleurs particulières. Il colore la peau en brun, mais la tache disparaît promptement.

Le phénomène de coloration le plus remarquable est celui que l'iode présente avec l'amidon : il suffit d'une quantité extrêmement petite d'iode pour colorer une masse considérable d'amidon en bleu très-intense. Ce caractère est employé dans les laboratoires pour constater la présence de l'iode dans les liqueurs où on en soupçonne de très-petites quantités : on peut, par ce procédé, constater la présence

[1] L'iode a été découvert en 1812 par Courtois; ses propriétés ont été étudiées par Gay-Lussac.

d'un millionième d'iode dans une dissolution. On emploie l'amidon soit à l'état d'empois, soit en le faisant dissoudre dans l'eau bouillante, et laissant refroidir complétement la dissolution.

L'iode est un poison des plus énergiques; on l'emploie cependant en médecine contre le goître et les maladies scrofuleuses.

On extrait l'iode de l'iodure de sodium, en traitant ce sel par le peroxyde de manganèse et l'acide sulfurique étendu de son poids d'eau. On emploie le même appareil (*fig.* 35) que dans l'extraction

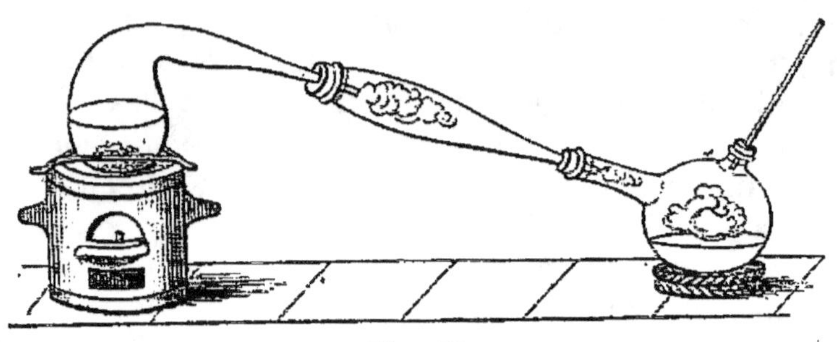

Fig. 35.

du brôme. L'iode vient se condenser sous forme de paillettes cristallines dans l'allonge et dans le récipient. On obtient plus facilement l'iode, en décomposant une dissolution d'iodure de potassium par un courant de chlore; l'iode se précipite alors sous la forme d'une poudre grise qu'on lave avec un peu d'eau, et qu'on purifie ensuite par sublimation.

L'iode existe, en très-petite quantité et à l'état d'iodure, dans les eaux de la mer. Les plantes marines absorbent ces iodures de préférence, de sorte que les sels que l'on obtient par le lessivage de leurs cendres renferment une plus grande proportion d'iode que ceux qui proviennent de l'évaporation de l'eau de mer. Dans ces derniers temps on a constaté la présence de l'iode, mais en quantité infiniment petite, dans la plupart des eaux de source et de rivière.

FLUOR

Équivalent = 239,8.

§ 73. On ne connaît pas, jusqu'à présent, les propriétés du fluor isolé; ceci tient moins à la difficulté de séparer ce corps de ses combinaisons qu'à sa grande affinité pour les substances avec lesquelles on fabrique nos vases de chimie. Le fluor attaque immédiatement le verre et tous les métaux, même le platine.

<hr>

PHOSPHORE

Équivalent = 400,0.

§ 74. Le phosphore[1] peut être obtenu sous les trois états, solide, liquide et gazeux. A la température ordinaire de l'été, il est mou et flexible comme la cire : il est dur et cassant à la température de la glace fondante. Le phosphore ne peut pas être obtenu cristallisé par fusion, parce qu'il passe graduellement de l'état liquide à l'état solide, circonstance qui s'oppose toujours à la cristallisation ; mais on peut le faire cristalliser par voie de dissolution. Si l'on fond ensemble, sous l'eau, 2 parties de phosphore et 1 partie de soufre, on obtient une combinaison qui contient un excès de phosphore en dissolution. Une partie de ce phosphore se dépose par le refroidissement, et prend souvent alors la forme de cristaux réguliers. On peut employer également le sulfure de carbone comme dissolvant du phosphore ; la dissolution, évaporée lentement, et à la température ordinaire, dans un courant de gaz acide carbonique, donne de beaux cristaux de phosphore.

Le phosphore a une densité de 1,77 environ. Il est à peu près incolore et translucide quand il est complétement pur. Le plus souvent, dans les laboratoires, il a une légère teinte jaunâtre. Le phosphore change de couleur et devient rouge, même dans le vide, lorsqu'on l'expose à la lumière solaire, ce qui prouve que ce changement est dû à des modifications moléculaires, et non à une combinaison chimique.

Le phosphore fond vers 44°,2 et bout à 290°; sa vapeur est incolore, elle a pour densité 4,326.

Le phosphore a une grande affinité pour l'oxygène ; il suffit de le chauffer à l'air jusqu'à 60° environ, pour qu'il prenne feu ; souvent

---

[1] Le phosphore a été découvert en 1669 par Brandt, alchimiste de Hambourg, qui l'obtint par la calcination des résidus de l'évaporation de l'urine. Brandt tint son procédé secret. Kunckel le découvrit quelques années après. Mais c'est seulement en 1769 que Gahn et Scheele découvrirent que le phosphore était contenu en grande quantité dans les os des animaux, et qu'ils donnèrent le moyen de l'en extraire.

on détermine cette inflammation par le simple frottement. Le phosphore subit au contact de l'air une combustion lente, même à la température ordinaire. Un bâton de phosphore, exposé à l'air, est toujours enveloppé d'une légère fumée qui se renouvelle incessamment; cette fumée est lumineuse dans l'obscurité. C'est cette propriété du phosphore qui lui a fait donner son nom (φῶς, lumière, φορός, qui porte). Si l'exposition à l'air se prolonge longtemps, le morceau de phosphore diminue d'une manière très-sensible, et il finirait même par disparaître entièrement, si la durée de l'exposition était suffisante. Il est facile de reconnaître que ce phénomène est accompagné d'une véritable combustion du phosphore. En effet, si l'on fait l'expérience dans une cloche renfermant un volume limité d'air et placée sur la cuve à eau, on voit le volume du gaz diminuer par suite de l'absorption de l'oxygène de l'air. Au bout de quelque temps, la lumière cesse, et avec elle la diminution de volume; mais le phénomène reparaît, si l'on introduit une nouvelle quantité d'air pur. L'air qui a séjourné ainsi quelque temps avec le phosphore est dépouillé de tout son oxygène, et ne peut plus entretenir la combustion. Si l'on remplace l'air de la cloche par de l'oxygène pur, on reconnaît que le phosphore ne luit qu'autant que la température est supérieure à 20°, tandis que le phénomène de lumière se manifesterait dans l'air atmosphérique à des températures beaucoup plus basses. On doit en conclure que le phosphore est plus facilement combustible dans l'air atmosphérique que dans le gaz oxygène pur; et cependant nous savons que sa combustion vive est beaucoup plus intense dans l'oxygène. On a reconnu que le phosphore ne se combine directement avec l'oxygène, à une basse température, que si ce gaz est très-dilaté; par exemple, s'il n'a que la densité qu'il possède dans l'air atmosphérique, où $\frac{4}{5}$ de gaz oxygène se trouvent mêlés avec $\frac{1}{5}$ de gaz azote. Si l'on place un fragment de phosphore dans un ballon plein de gaz oxygène communiquant avec une machine pneumatique, on reconnaît, si la température est basse, que le phosphore n'est pas lumineux lorsque la force élastique du gaz est égale à celle de l'atmosphère; mais, en raréfiant le gaz au moyen de la machine, le phénomène de lumière apparaît aussitôt.

Si l'on trace, sur un mur, dans l'obscurité, des traits avec un bâton de phosphore, ces traits restent lumineux pendant quelque temps. La lumière s'éteint lorsque le phosphore qui était resté adhérent au mur a disparu par évaporation et par combustion.

Le phosphore, en brûlant avec flamme dans l'oxygène ou dans l'air, produit une matière pulvérulente, blanche, très-déliquescente; c'est l'*acide phosphorique*. Lorsque le phosphore éprouve seulement la combustion lente, au contact de l'air, à la température ordinaire, il ne se forme plus d'acide phosphorique, mais un degré inférieur d'oxydation; c'est l'*acide phosphoreux*. Ainsi nous voyons le même corps produire, par sa combinaison directe avec l'oxygène, deux composés différents, suivant la température à laquelle la combinaison a lieu.

Le phosphore est un corps très-dangereux à manier, à cause de sa facile inflammation. Les brûlures qu'il occasionne sont très-douloureuses et amènent quelquefois des accidents graves; aussi ne saurait-on manier ce corps avec trop de précaution. Dans les laboratoires, on le conserve dans des flacons remplis d'eau. Quand on veut se servir d'un morceau de phosphore, on sort un des bâtons de phosphore de l'eau, on en détache le fragment convenable avec des ciseaux, pendant qu'il est encore mouillé, et on l'essuie ensuite avec du papier joseph, en le touchant le moins possible avec les doigts.

Le phosphore est beaucoup plus facilement combustible quand il est impur que lorsqu'il est à l'état de pureté parfaite. On utilise souvent, dans les laboratoires, des résidus de phosphore provenant de diverses opérations, et dans lesquels le phosphore est mêlé avec une petite quantité d'oxyde rouge de phosphore. Ces résidus sont plus facilement combustibles que le phosphore pur, et demandent à être maniés avec plus de précautions encore : ils s'enflamment souvent spontanément quand ils sont secs, si la température extérieure est élevée.

Le phosphore s'altère même sous l'eau, dans les flacons bouchés, quand il est exposé à la lumière; il perd sa transparence à partir de la surface. Le phosphore ne paraît subir, dans cette circonstance, qu'un changement de disposition moléculaire. Cette altération se fait beaucoup plus lentement à l'abri de la lumière; aussi a-t-on soin, dans les laboratoires, de placer les flacons renfermant le phosphore dans des étuis opaques de fer-blanc ou de carton.

Le phosphore éprouve, par un refroidissement rapide, une modification analogue à celle que subit le soufre dans les mêmes circonstances; mais elle est plus difficile à produire. Si l'on verse dans de l'eau très-froide du phosphore fondu et chauffé à une température voisine de son point d'ébullition, on obtient une masse d'un brun foncé dont la consistance est très-différente de celle du phosphore ordinaire. Cette expérience ne réussit bien qu'avec du phosphore très-pur, qui a été soumis à plusieurs distillations. La présence d'une très-petite quantité de matières étrangères suffit pour altérer notablement les propriétés physiques du phosphore. Un millième de soufre le rend cassant, même à une température supérieure à 20°.

Le phosphore, entrant en ébullition à une température peu élevée, peut être facilement distillé dans des appareils en verre; mais l'expérience demande à être faite avec des précautions particulières, à cause de l'inflammabilité du phosphore. Quand on veut en distiller une petite quantité, on place le phosphore dans une cornue A en verre (*fig.* 36), dont on engage le col dans un tube en U un peu large *abc*, au fond

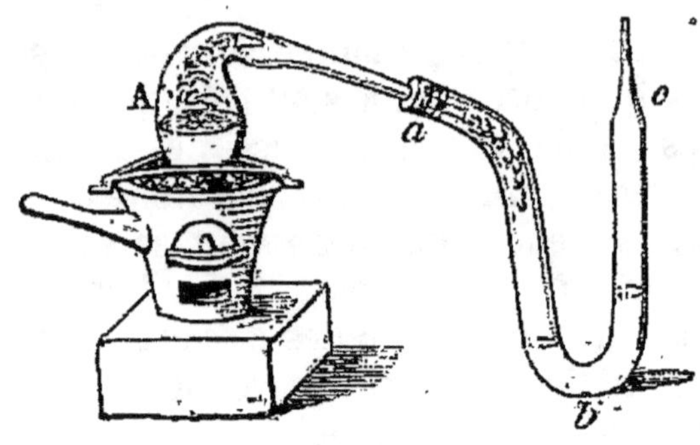

Fig. 36.

duquel on a placé une couche d'eau, qui a pour but d'intercepter la communication avec l'air extérieur et de préserver le phosphore distillé. On chauffe la cornue, l'air dilaté déprime l'eau et la fait monter dans la seconde branche du tube en U, jusqu'à ce qu'il puisse traverser la colonne liquide sous forme de bulles. Bientôt le phosphore

distille, se condense et se rend au fond du tube en U, où il reste liquide si l'eau est à une température supérieure à 40°. Si la distillation vient à s'arrêter, ou même à se ralentir, il peut y avoir absorption; mais cette absorption présente peu d'inconvénients, si l'appareil est convenablement disposé. Les vapeurs de phosphore venant à se condenser dans la cornue, le vide s'y fait. Pressée par l'atmosphère, l'eau s'élève dans la partie *a* du tube, et, si celle-ci n'est pas assez grande, elle peut monter jusque dans la cornue, dont elle détermine la rupture avec explosion; l'opérateur court alors le risque d'être gravement brûlé par le phosphore. Si la branche *a* est, au contraire, assez grande pour contenir toute l'eau, l'air pénètre sous forme de bulles dans la cornue, et il n'y a pas d'explosion à craindre. Ainsi le tube *ab* fonctionne à la fois comme récipient et comme tube de sûreté.

§ 75. Nous avons dit que le phosphore prenait une couleur rouge sous l'influence de la lumière solaire; il se transforme alors en une modification isomérique très-remarquable, sous laquelle ce corps présente des propriétés complétement différentes de celles que manifeste le phosphore ordinaire. On obtient ce phosphore rouge en grande quantité en maintenant du phosphore pendant plusieurs heures, à une température comprise entre 230° et 250°, dans un gaz sur lequel il ne peut pas exercer d'action chimique. On fait l'expérience dans une cornue préalablement remplie de gaz acide carbonique ou d'hydrogène. Une portion notable du phosphore distille et se condense à l'état de phosphore ordinaire; une autre portion se change en phosphore rouge, dont la quantité augmente avec la durée de l'opération. On laisse refroidir la cornue, et on traite, à plusieurs reprises, la matière par du sulfure de carbone, qui dissout le phosphore ordinaire et laisse le phosphore modifié, sous la forme d'une poudre amorphe d'un rouge plus ou moins foncé.

Le phosphore rouge ne diffère pas moins du phosphore ordinaire par ses propriétés chimiques que par ses propriétés physiques. Tandis que le phosphore ordinaire fond à 44°, le phosphore rouge peut être chauffé jusqu'à 250° sans prendre l'état liquide; à 260°, il repasse à l'état de phosphore ordinaire.

Le phosphore rouge n'a pas d'odeur sensible à la température ordinaire; il se conserve sans altération à l'air et n'y devient lumineux que si on le chauffe jusqu'à 200°. Il ne se combine pas avec le soufre, même à la température de la fusion de ce dernier corps, tandis que le phosphore ordinaire, chauffé légèrement avec du soufre, s'y combine avec explosion.

Ces deux modifications du phosphore nous offrent l'exemple d'isomérie le plus remarquable; elles présentent plus de différences dans leurs propriétés physiques et dans la manière dont elles se comportent avec les réactifs, que beaucoup de corps simples différents. L'identité chimique des particules qui composent ces deux modifications n'est démontrée que par l'identité absolue des composés qu'elles produisent.

§ 76. Le phosphore joue un rôle important dans l'économie animale, car il entre dans la constitution des os. Lorsque les os sont brûlés au contact de l'air, la matière organique se détruit complétement et se dégage à l'état de produits gazeux. La cendre qui reste n'est plus qu'un mélange de phosphate de chaux basique et de carbonate de chaux. C'est de cette cendre d'os que l'on extrait le phosphore dans les arts. A 3 parties en poids de cendre on ajoute 2 parties d'acide sulfurique et 15 à 20 parties d'eau; on mélange le tout avec une spatule, et on l'abandonne à lui-même pendant vingt-quatre heures. L'acide sulfurique décompose le carbonate de chaux, s'empare de la chaux, avec laquelle il forme du sulfate de chaux, et chasse l'acide carbonique, qui se dégage. L'acide sulfurique agit également sur le phosphate basique de chaux, mais il ne le décompose pas entièrement; il lui enlève seulement une partie de la chaux, en formant une nouvelle quantité de sulfate de chaux, et laisse le phosphate à l'état de phosphate acide de chaux. Ce dernier sel est très-soluble dans l'eau, tandis que le sulfate de chaux l'est, au contraire, très-peu.

On sépare ces deux sels en versant le tout dans un sac en toile serrée qui retient le sulfate de chaux et laisse passer la dissolution de phosphate acide; on exprime la masse pour en retirer la liqueur le plus complétement possible. La dissolution de phosphate acide de chaux est évaporée dans une chaudière en cuivre jusqu'à consistance sirupeuse, puis on ajoute, par petites portions, du charbon pulvérisé, et l'on dessèche complétement la masse. La matière, desséchée à la chaleur du rouge sombre, est placée dans une cornue en terre A (*fig.* 57), recouverte extérieurement d'un lut argileux. Le col de la

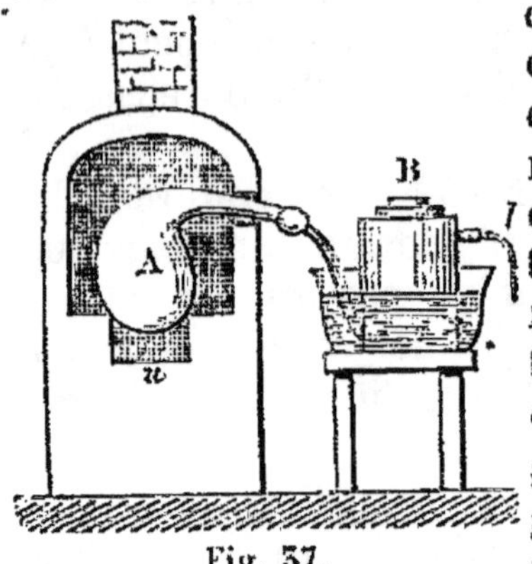

Fig. 57.

cornue s'engage dans la tubulure d'un récipient en cuivre B, à moitié rempli d'eau et muni d'un tube de dégagement *t*. Le récipient B est placé dans une auge remplie d'eau que l'on maintient à une température d'environ 40°, pour que le phosphore ne puisse pas se solidifier et obstruer la tubulure. On ménage le feu au commencement de l'opération. Il se dégage des gaz inflammables qui consistent en hydrogène et en gaz oxyde de carbone. Le phosphate acide de chaux, desséché, retient de l'eau chimiquement combinée, laquelle ne se dégage qu'à une haute température. Cette eau, au moment où elle devient libre, rencontre du charbon incandescent, et se décompose en produisant du gaz hydrogène et du gaz oxyde de carbone :

$$HO + C = CO + H.$$

Le phosphate acide de chaux se décompose en phosphate de chaux basique qui n'est pas altéré, et en acide phosphorique qui, au contact du charbon incandescent, donne du phosphore et de l'oxyde de carbone :

Acide phosphorique. . . . { Phosphore. . . . }
Oxygène. . . . } Oxyde de carbone.
Carbone. . . . . }

$$PhO^5 + 5C = Ph + 5CO.$$

Le phosphore distille et se condense à l'état liquide dans la tubulure et dans le récipient. Il reste dans la cornue du phosphate de chaux basique mélangé avec le charbon qui a été mis en excès. On filtre le phosphore à travers une peau de chamois que l'on presse sous l'eau chaude, et on le débarrasse ainsi de ses impuretés.

Enfin, pour donner à la matière la forme de baguettes, sous laquelle on la trouve ordinairement dans le commerce, on plonge, dans le phosphore fondu sous l'eau, un tube de verre légèrement conique, et l'on aspire par l'autre bout. Quand on a fait monter dans le tube une colonne de phosphore liquide, on bouche rapidement le bout du tube avec le doigt, pour empêcher la colonne soulevée de retomber, et on plonge immédiatement le tube dans un baquet plein d'eau froide qui solidifie le phosphore. Pour faire sortir le bâton de phosphore du tube dans lequel il s'est moulé, on le pousse avec une tige que l'on introduit par la partie la plus étroite de ce tube.

§ 77. La facile combustibilité du phosphore l'a fait employer pour des briquets et pour des allumettes qui s'enflamment par simple friction. Cette application a donné, depuis quelques années, une grande extension à la fabrication du phosphore.

Les briquets phosphoriques consistent en de petits flacons de plomb, au fond desquels on a placé un peu de phosphore. Ces flacons doivent être maintenus exactement fermés. Pour s'en servir, on y plonge une allumette soufrée ordinaire, qui enlève quelques parcelles de phosphore. L'allumette ne s'enflamme pas immédiatement; pour qu'elle prenne feu, il faut la frotter sur un morceau de liége ou de bois. Ces briquets sont d'un usage dangereux; ils sont d'ailleurs promptement hors de service, quand on n'a pas soin de les tenir parfaitement bouchés : le phosphore, absorbant l'oxygène de l'air, se change en acides phosphoreux et phosphorique qui attirent l'humidité et empêchent le briquet de fonctionner.

Les allumettes phosphoriques, que l'on appelle aussi *allumettes chimiqaes*, sont des allumettes soufrées ordinaires, à l'extrémité desquelles on a fait adhérer une petite quantité d'une pâte combustible qui prend feu par la simple friction contre un corps dur. Le principe combustible de ces pâtes est toujours le phosphore, mais on y ajoute des matières propres à fournir de l'oxygène pour activer la combustion. Ces matières sont de l'azotate et du chlorate de potasse, ou certains oxydes métalliques, tels que le bioxyde de manganèse et un oxyde de plomb appelé *minium*, qui abandonnent facilement une portion de leur oxygène. Le chlorate de potasse rend la pâte détonante; en frottant l'allumette, il y a une petite explosion qui projette quelquefois de la matière enflammée. Les pâtes préparées avec l'azotate de potasse brûlent tranquillement; mais, pour leur donner l'inflammabilité convenable, il est nécessaire d'ajouter une petite quantité de chlorate.

Pour confectionner la pâte, on fait fondre du phosphore dans une proportion convenable d'eau à 50°; on ajoute une quantité déterminée de chlorate et d'azotate de potasse, qui se dissolvent dans l'eau.

puis les oxydes métalliques, si l'on en emploie; enfin, un mucilage de gomme. On triture le tout ensemble jusqu'à ce que l'on ait obtenu une pâte homogène, dans laquelle on n'aperçoive plus à l'œil aucun globule de phosphore. On colore ordinairement la pâte soit avec du bleu de Prusse, soit avec du minium, qui lui donne une couleur rouge.

On trempe les allumettes soufrées dans cette pâte, de manière que celle-ci ne s'attache qu'à leur extrémité, puis on laisse sécher. En frottant ces allumettes sur un corps dur et rugueux, la matière phosphorée prend feu; elle communique son inflammation au soufre, et celui-ci au bois de l'allumette. Quelquefois, pour rendre la friction plus efficace, on mêle à la pâte une certaine quantité de verre pilé.

ARSENIC

Équivalent = 937,5

§ 78. L'arsenic ressemble complétement aux métaux par ses propriétés physiques; mais ses combinaisons présentent une telle analogie avec les combinaisons correspondantes du phosphore, qu'il est convenable de ne pas séparer l'étude de ces deux corps.

L'arsenic est d'un gris de fer, très-cassant; il possède l'éclat métallique; sa densité est 5,8 environ. Chauffé jusqu'au rouge sombre, l'arsenic se sublime immédiatement sans fondre; de sorte qu'il paraît, au premier abord, ne pouvoir prendre que l'état solide et l'état gazeux. Cela tient seulement à ce que la température de la fusion de l'arsenic est très-rapprochée de celle à laquelle il bout sous la pression de l'atmosphère. Les corps volatils émettent des vapeurs bien au-dessous de leur température d'ébullition; cette propriété appartient aussi bien aux corps solides qu'aux corps liquides. L'arsenic donnera donc des vapeurs abondantes à une température un peu inférieure à son point d'ébullition, et pourra se sublimer entièrement sans atteindre la température de fusion.

Mais on peut augmenter à volonté la distance entre le point de fusion d'un corps et son point d'ébullition. En effet, *le point d'ébullition d'un corps est la température à laquelle la tension de sa vapeur fait équilibre à la pression qui s'exerce sur lui*; en augmentant cette pression, on fait donc nécessairement monter le point d'ébullition, tandis qu'on n'influe pas sensiblement sur le point de fusion. On obtient en effet, l'arsenic fondu si, au lieu de le chauffer dans un

tube ouvert, on le chauffe dans un tube de verre épais fermé hermétiquement à la lampe; la pression plus élevée qui existe alors dans
le tube s'oppose à l'ébullition de l'arsenic, et ce corps peut fondre
longtemps avant de bouillir.

La vapeur d'arsenic est incolore, elle a une odeur d'ail très-caractéristique : pour développer cette odeur, il suffit de projeter une pincée
de poudre d'arsenic sur un charbon incandescent. La densité de cette
vapeur est 10,37. La vapeur d'arsenic se dépose toujours sous forme
de cristaux, et il est facile d'obtenir l'arsenic cristallisé par voie de
sublimation. A cet effet, on met une certaine quantité d'arsenic dans
une cornue en grès, de manière à ne remplir que le tiers de la panse
environ; on place cette cornue sur un fourneau, et l'on n'entoure de
charbons que la partie inférieure. Afin que l'air extérieur ne pénètre
pas trop facilement dans la cornue, on rétrécit l'ouverture en y adaptant un bouchon percé d'un petit trou; l'arsenic sublimé vient se condenser dans la partie supérieure de la cornue et dans le col. Lorsque
l'opération est terminée, on laisse refroidir complétement la cornue,
on la casse, et l'on en trouve le dôme rempli de cristaux très-brillants.

L'arsenic s'oxyde à l'air, même à la température ordinaire; sa surface se ternit et se couvre d'une poussière noirâtre. On lui rend facilement son éclat métallique en le laissant pendant quelques heures dans
une dissolution de chlore.

L'arsenic est combustible, il brûle avec une flamme livide; le produit de la combustion est de l'*acide arsénieux*. C'est cet acide arsénieux que l'on appelle communément *arsenic;* il est obtenu dans les
arts métallurgiques par le grillage des arséniures métalliques. L'acide
arsénieux est facilement décomposé par le charbon, qui lui enlève son
oxygène et le ramène à l'état d'arsenic métallique.

§ 79. Dans les arts, on prépare l'arsenic métallique en décomposant par la chaleur un composé d'arsenic, de soufre et de fer que l'on
trouve dans la nature, et qui est appelé *mispickel* par les minéralogistes. On met cette matière dans des tuyaux de terre cuite de 1 mètre
environ de longueur et de 3 décimètres de diamètre; on y ajoute quelques fragments de tôle ou de fonte de fer, qui ont pour but de retenir plus complétement le soufre, et l'on recouvre ce premier tuyau
d'un second plus court et plus large qui sert de récipient. Un certain
nombre de ces tuyaux sont placés dans un même fourneau et chauffés
jusqu'à une bonne chaleur rouge. L'arséniosulfure de fer se change
en sulfure de fer, et l'arsenic se sublime dans le récipient. On le purifie en le distillant une seconde fois avec un peu de charbon.

BORE

Équivalent = 136,15

§ 80. Le bore [1] se rencontre dans la nature combiné avec l'oxygène à l'état d'acide borique. L'acide borique existe soit isolé, soit en combinaison avec des bases. Pour extraire le bore de l'acide borique, on commence par fondre cet acide à une chaleur rouge, dans un creuset de platine, pour le débarrasser de l'eau qu'il renferme; on le réduit ensuite en poudre fine que l'on place, avec du potassium ou du sodium, dans un tube de verre fermé par un bout, bien sec, et que l'on chauffe avec quelques charbons. Au moment de la réaction il y a une petite détonation. Le potassium s'empare de l'oxygène d'une partie de l'acide borique, et se change en oxyde de potassium ou potasse, qui se combine avec l'acide borique non décomposé et forme du borate de potasse. En reprenant par l'eau la matière refroidie, on dissout le borate de potasse, et le bore nage dans la liqueur sous la forme d'une poudre brune très-fine. On recueille cette poudre sur un petit filtre, et on la lave avec de l'eau distillée jusqu'à ce qu'une goutte des eaux de lavage, évaporée sur une plaque de verre très-propre, ne laisse plus de résidu sensible.

Le bore forme une poudre brune, qui ne fond pas à la chaleur rouge lorsqu'on la chauffe au milieu d'un courant de gaz hydrogène, ou de tout autre gaz qui n'exerce pas d'action chimique sur ce corps. Chauffé au contact de l'air, le bore prend feu et se change en acide borique; mais il est difficile de l'oxyder complétement par ce moyen, car l'acide borique, à mesure qu'il se forme, entre en fusion et produit une espèce de vernis qui préserve du contact de l'air le bore non encore altéré.

On a obtenu récemment le bore, sous la forme de cristaux d'un brun rouge très-foncé, qui ont un éclat comparable à celui du diamant. Leur dureté est aussi très-considérable, car ils rayent presque tous les corps. On obtient le bore cristallisé en fondant dans un creuset de graphite, à un violent feu de forge, un mélange d'aluminium et d'acide borique anhydre. On traite le culot métallique par de l'acide chlorhydrique, qui dissout l'aluminium et qui sépare les cristaux de bore. Le bore cristallisé peut être chauffé à l'air sans subir d'altération.

---

[1] Le bore a été découvert, simultanément, en Angleterre par Davy, et en France par Gay-Lussac et Thenard.

SILICIUM

Équivalent = 266,7 ·

§ 81. Le silicium[1] est un des corps les plus répandus dans la nature; combiné avec l'oxygène, il forme l'acide silicique, qui est une des substances les plus communes à la surface du globe.

L'acide silicique, chauffé avec le potassium, se décompose en donnant du silicium et du silicate de potasse; mais la décomposition est difficile, et l'on n'obtient pas le silicium pur. On préfère décomposer par le potassium une combinaison de fluorure de silicium et de fluorure de potassium, dont nous donnerons plus loin la préparation. On introduit les deux matières dans un tube de verre bien sec, et l'on chauffe avec quelques charbons.

Fluorure double de silicium et de potassium . . . . . . { Fluorure de potassium. / Fluorure de silicium . . { Silicium. / Fluor. } Fluorure de potassium.
Potassium. . . . .

$$3KFl. 2SiFl^5 + 6K = 9KFl + 2Si.$$

On reprend le produit de la réaction par l'eau froide, qui dissout le fluorure de potassium; on recueille le silicium sur un petit filtre, et on lave le précipité à l'eau distillée jusqu'à ce que les eaux de lavage ne laissent plus de résidu sensible après leur évaporation sur une plaque de verre.

Le silicium est une poudre brune qui ne fond pas quand on la chauffe en vase clos; chauffé au contact de l'air, il s'enflamme et se transforme en acide silicique. On a obtenu récemment le silicium sous la forme de paillettes grises, à éclat métallique, semblables à celles que présente la plombagine. Dans cet état, le silicium résiste à la plupart des agents chimiques, il peut être chauffé au contact de l'air, ou même dans l'oxygène, sans se combiner avec ce gaz.

[1] Le silicium a été obtenu pour la première fois à l'état de pureté par Berzélius.

CARBONE

Équivalent = 75,00

§ 82. Le carbone présente les aspects les plus variés. On le trouve dans la nature parfaitement pur et cristallisé à l'état de diamant. Le diamant se rencontre dans des terrains d'alluvion provenant de la destruction des roches anciennes dont les débris ont été transportés par les eaux et se sont amoncelés dans des vallées et des plaines qu'ils recouvrent sur de grandes étendues; les principaux terrains diamantifères sont situés dans l'Inde, l'île de Bornéo et le Brésil. Les diamants sont fort rares au milieu de ces détritus, et, pour les trouver, il faut laver et trier minutieusement de grandes masses de sables. Le diamant brut est ordinairement rugueux à sa surface, et faiblement translucide. Quelquefois sa forme cristalline est très-nette; cependant les faces cristallines du diamant sont rarement planes, elles sont plus ou moins convexes; par suite, les arêtes sont elles-mêmes courbes.

Le diamant est le plus souvent incolore, mais on le rencontre quelquefois aussi coloré en diverses nuances. Les couleurs les plus communes sont le jaune et le brun plus ou moins noir; on en trouve de bleus, de roses et de verts. La densité du diamant varie de 3,50 à 3,55.

Le diamant est le plus dur de tous les corps connus; il les raye tous sans exception; ses faces naturelles présentent plus de dureté que ses faces taillées. Cette propriété est assez générale dans les minéraux. Les vitriers emploient le diamant pour fendre le verre suivant des directions déterminées : ils prennent des éclats de diamants présentant des surfaces courbes naturelles, ils les montent à l'extrémité d'un manche dans le sens le plus convenable, et en forment un tracelet. Pour séparer d'un carreau une bande d'une largeur déterminée, ils placent une règle sur la ligne suivant laquelle le verre doit être cassé, puis ils passent le diamant le long de la règle. Ils tracent ainsi sur le verre une ligne très-fine, qui rend le verre cassant suivant cette direction, tellement qu'il suffit d'appuyer, en porte à faux, sur les deux parties séparées par cette ligne, pour que le carreau se casse d'une manière nette.

Le diamant ne peut être taillé qu'au moyen de sa propre poussière. Les diamants bruts de rebut sont pilés dans un mortier d'acier, et leur poussière est employée pour tailler les diamants de choix.

Le diamant étant du carbone pur cristallisé, on a fait, dans l'espoir d'en obtenir, un grand nombre de tentatives pour opérer la cristalli-

sation artificielle du carbone; mais ces tentatives ont toutes été in-
fructueuses. Le carbone est complétement infusible aux plus hautes
températures que nous puissions produire dans nos fourneaux; de sorte
que l'on ne peut pas espérer de le faire cristalliser par voie de fusion.
D'un autre côté, nous ne connaissons aucun dissolvant de ce corps; on
ne peut donc pas le faire cristalliser par voie de dissolution. La fonte de
fer peut, à la vérité, lorsqu'elle est liquide à une très-haute température, dissoudre une proportion de carbone plus grande que celle
qu'elle peut retenir à une température plus basse; elle en abandonne
donc, pendant le refroidissement, une portion qui affecte des formes
cristallines. Mais ce sont des lames noires très-brillantes, souvent
assez larges, et qui ne présentent aucune ressemblance avec le diamant. On donne à ce carbone cristallin le nom de *graphite*.

Le diamant, placé entre les deux cônes de charbon d'une forte pile, se
trouve porté à une température excessivement élevée, et devient tellement incandescent, que l'œil ne peut en supporter l'éclat. Mais, si
on l'observe à travers un verre noirci à la flamme d'une chandelle, on
voit qu'il se boursoufle considérablement, et se partage en plusieurs
fragments. Après le refroidissement, la matière a complétement
changé d'aspect; elle est devenue d'un gris métallique, friable, et
ressemble en tout point au coke provenant des houilles grasses. Cette
expérience semble prouver qu'une haute température n'est pas favo-
rable à l'existence du carbone sous l'état de diamant, et que la formation du diamant n'a pas eu lieu à une température très-élevée.

§ 83. La nature nous présente aussi le carbone à un état cristallin
tout à fait différent du diamant, sous la forme de petites paillettes
très-minces d'un gris métallique. Ces paillettes, souvent extrêmement
petites, sont agrégées les unes aux autres; elles forment des masses
brillantes qui se coupent facilement au couteau, et laissent des traces
d'un gris de plomb sur le papier. C'est la matière connue dans les
arts sous le nom de *plombagine*, et avec laquelle on fait des crayons.

Les matières organiques sont des composés de carbone, hydrogène,
oxygène et azote. Quand on les soumet à une haute température, l'hydrogène, l'oxygène, l'azote et une partie du carbone se dégagent à
l'état de combinaisons volatiles, et une portion du carbone reste comme
résidu. Ce carbone présente alors des aspects très-différents, suivant
la nature de la matière organique. Ainsi, si l'on calcine une branche
de bois, le charbon qui reste est noir et présente dans sa cassure la
structure du bois qui lui a donné naissance. Si l'on calcine du sucre ou
une matière animale, il reste un charbon extrêmement léger, noir,
brillant, boursouflé, qui présente l'aspect d'une matière qui a subi la
fusion. Mais ce n'est pas le charbon qui a été fondu; c'est la matière

organique qui, commençant à fondre sous la première impression de la chaleur, est devenue de plus en plus pâteuse à mesure que la décomposition avançait et s'est boursouflée par le dégagement des gaz qui la traversaient.

La houille ou charbon de terre, calcinée à l'abri du contact de l'air, donne un charbon que l'on appelle *coke*, et qui présente aussi des apparences très-différentes suivant la qualité de la houille. Les houilles grasses éprouvent un commencement de fusion avant de se décomposer, et donnent un charbon boursouflé d'un gris métallique brillant. Les anthracites, qui ne perdent qu'une petite fraction de leur poids à la calcination, donnent un charbon qui présente la forme et souvent l'aspect du fragment d'anthracite qui lui a donné naissance.

Certaines matières organiques, en brûlant dans l'air, n'éprouvent qu'une combustion incomplète. Elles brûlent avec une flamme *fuligineuse* qui dépose du charbon sous la forme d'une poussière noire extrêmement fine. On obtient un dépôt de cette espèce, quand on place une plaque de verre dans la partie supérieure de la flamme d'une chandelle. Ce charbon pulvérulent porte dans les arts le nom de *noir de fumée*. On le prépare ordinairement en brûlant des résines ou du goudron dans une chambre fermée.

Le noir de fumée ainsi obtenu est toujours mélangé de matières huileuses; quand on veut l'employer comme charbon dans les laboratoires, on est obligé de le calciner à l'abri de l'air dans un creuset.

Le carbone, dans ces divers états, présente des propriétés physiques très-différentes; sa densité varie dans des limites étendues : en effet,

La densité du diamant est. 3,50
Celle du graphite naturel. 2,20
Celle du coke pulvérisé varie de. . . . 1,60 à 2,00

Le charbon de bois présente des densités très-variables, par suite de sa porosité. Le charbon de bois paraît, au premier abord, plus léger que l'eau, car il nage à la surface de ce liquide; mais il est facile de reconnaître que cette propriété tient à ce qu'il est percé de vides dans lesquels l'eau ne peut pas pénétrer. Si on le pulvérise, sa poussière tombe au fond de l'eau.

Le charbon ordinaire est mauvais conducteur de la chaleur; on peut en allumer un morceau par un bout, et le tenir dans les doigts très-près de la partie incandescente, sans éprouver une sensation notable de chaleur. Le charbon de bois ordinaire est aussi un très-mauvais conducteur de l'électricité; il devient, au contraire, bon conducteur, quand il a été soumis à une calcination vive. Ainsi la braise, c'est-à-dire le charbon qui a été incomplétement brûlé dans nos foyers, est assez bon conducteur de l'électricité pour que l'on ait pris l'habitude d'en entourer l'extrémité des tiges des paratonnerres, afin de faciliter l'écoulement de l'électricité dans le sol.

§ 84. Les variétés de charbon qui sont très-poreuses présentent des propriétés d'absorption très-remarquables, dont on a tiré un grand parti dans les arts. Si l'on prend avec une pince, dans un foyer, un charbon incandescent, qu'on le plonge dans une cuve à mercure pour l'éteindre à l'abri du contact de l'air, et que, sans le sortir du mercure, on le fasse passer dans une cloche renfermant un gaz, une proportion notable de ce gaz est absorbée. Cette proportion varie beaucoup, suivant la nature du gaz et celle du charbon. Une mesure de charbon de bois de buis absorbe 35 mesures de gaz acide carbonique, et 90 mesures de gaz ammoniac.

Si l'on introduit dans une cloche remplie de gaz oxygène un charbon poreux qui a séjourné pendant quelque temps dans une atmosphère d'hydrogène sulfuré, et qui, par suite, a condensé une grande quantité de gaz, le charbon s'échauffe, du soufre se sépare, et il se forme de l'eau et du gaz sulfureux. Quelquefois la combustion est tellement subite, qu'il se fait une explosion. Des phénomènes semblables se manifestent avec d'autres gaz combustibles.

Le charbon absorbe de même les matières colorantes en dissolution dans l'eau. Si l'on agite, pendant quelques minutes, du vin rouge avec certains charbons poreux réduits en poudre, il perd complétement sa couleur et passe incolore à la filtration. Le charbon absorbe également beaucoup de matières odorantes; ainsi les eaux croupies, répandant une odeur infecte, perdent cette odeur au contact du charbon. C'est à cause de cette propriété que l'on a soin de carboniser légèrement à l'intérieur les parois des tonneaux dans lesquels on conserve l'eau douce à la mer.

Les diverses espèces de charbon ont des pouvoirs absorbants très-différents. Nuls dans le graphite et dans les charbons de houille, ces pouvoirs sont très-marqués dans les charbons de bois, où ils ont d'autant plus de puissance que les pores de ces charbons sont plus nombreux. Mais c'est le charbon qui provient de la calcination des os qui présente ce pouvoir au plus haut degré. En calcinant les os dans des vases clos, on carbonise la matière animale qu'ils renferment, et l'on obtient un charbon extrêmement poreux, mélangé avec la matière terreuse des os. Ce charbon est appelé dans les arts *charbon animal* ou *noir animal.*

§ 85. Le carbone brûle dans l'air et se change en un gaz qui est l'acide carbonique. Sa combustion dans l'oxygène est beaucoup plus vive. On fixe le charbon à l'extrémité d'un fil de fer, on l'allume à la flamme d'une lampe à alcool, que l'on dirige avec un chalumeau, et on le plonge rapidement dans un flacon plein d'oxygène, où il continue de brûler avec un très-grand éclat. Il est facile de reconnaître qu'il s'est formé dans la combustion un gaz acide; car, si l'on verse dans le flacon une petite quantité de teinture bleue de tournesol, celle-ci devient rouge. Si l'on y verse de l'eau de chaux, cette eau devient laiteuse, et donne un précipité de carbonate de chaux. Les diverses espèces de charbons sont d'autant moins combustibles qu'elles sont plus denses. Ainsi le charbon de bois brûle dans l'air; le coke compacte, principalement celui de l'anthracite, ne brûle que dans un courant d'air très-rapide, tel que celui qui est produit par un soufflet; le graphite et le diamant, chauffés jusqu'à l'incandescence, ne continuent pas à brûler dans l'air, mais la combustion continue dans l'oxygène. On fixe un petit diamant sur un bout de tuyau de pipe, attaché lui-même à un fil de fer recourbé; on chauffe fortement le diamant au chalumeau (le mieux est d'employer le chalumeau à gaz oxygène), et, quand il est bien incandescent, on le plonge rapidement dans le flacon plein de gaz oxygène; il continue alors de brûler jusqu'à ce qu'il soit entièrement consumé. Il est facile de reconnaître, au moyen de l'eau de chaux, qu'il s'est formé de l'acide carbonique, comme dans la combustion du charbon ordinaire.

Le charbon a une très–grande affinité pour l'oxygène; il est d'ailleurs complétement fixe; ces propriétés en font un corps *réducteur* très-précieux qui enlève l'oxygène à presque tous les autres corps.

COMBINAISONS DES MÉTALLOÏDES ENTRE EUX

Combinaisons de l'hydrogène avec l'oxygène.

§ 86. Nous connaissons deux combinaisons de l'hydrogène avec l'oxygène. La première combinaison, le protoxyde, n'est autre chose que l'eau[1].

[1] L'eau était considérée par les anciens comme un des quatre éléments de la nature. C'est seulement vers la fin du dix-huitième siècle que l'on reconnut que l'eau était un composé d'hydrogène et d'oxygène. Priestley observa le premier que, lorsque le gaz hydrogène brûle dans un vase de verre aux dépens de l'air ou du gaz oxygène, il se dépose une certaine quantité d'eau sur les parois du vase. Mais la composition de l'eau n'a été établie d'une manière incontestable que par les recherches à peu près simultanées de Watt, de Cavendish et de Lavoisier.

Protoxyde d'hydrogène ou eau, HO.

§ 87. Nous avons vu que l'hydrogène, en brûlant dans l'air, donne naissance à de l'eau ; mais, pour que l'expérience relatée (§ 89) soit concluante, il est nécessaire de dessécher complétement le gaz hydrogène avant de le brûler; sans cette précaution, on pourrait admettre que l'eau qui se dépose sur le corps froid a été apportée par les gaz humides et provient de la dissolution, dont la température s'élève toujours d'une manière notable pendant la réaction. On dispose alors l'appareil comme le représente la figure 38. En maintenant au-dessus

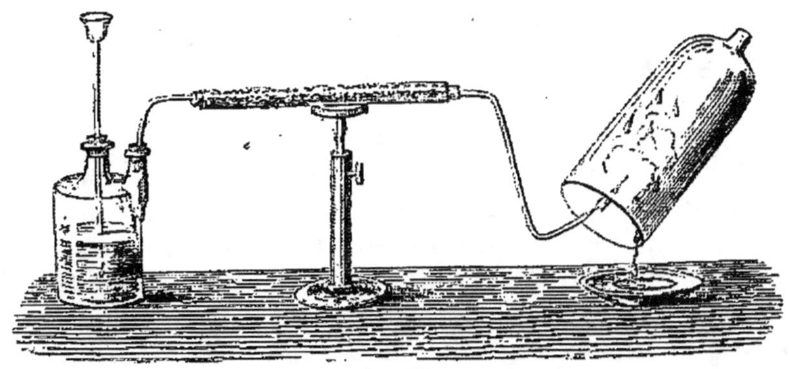

Fig. 38.

de la flamme une cloche tubulée légèrement inclinée, l'eau formée dans la combustion ruisselle sur les parois de la cloche, et peut être recueillie dans une capsule. On peut en obtenir ainsi une quantité aussi considérable que l'on veut.

§ 88. L'eau pure est sans saveur ni odeur; elle est incolore sous une petite épaisseur, mais sous une grande épaisseur elle a une nuance verdâtre très-prononcée.

L'eau prend l'état solide dans les grands froids de l'hiver. On a adopté pour zéro du thermomètre la température à laquelle ce changement d'état a lieu. Si l'on transporte dans un appartement chauffé un vase rempli de glace concassée ou de neige, la glace ne tarde pas à fondre, et, une fois que la fusion a commencé, un thermomètre placé dans le vase marque constamment la même température, jusqu'à ce que les derniers glaçons aient disparu. C'est cette température constante que l'on a prise pour un des points fixes du thermomètre. L'eau peut cependant être refroidie au-dessous de zéro sans prendre l'état solide, c'est ce qui arrive quand on la laisse refroidir lentement dans un vase à l'abri de toute secousse. On a vu ainsi l'eau descendre jusqu'à —12° (12° au-dessous de zéro) sans se congeler; mais, si l'on communique au flacon qui renferme le liquide quelques vibrations un peu fortes, ou mieux, si l'on introduit dans l'eau un corps étranger, les glaçons se forment instantanément, la température remonte à zéro et se maintient à ce point jusqu'à ce que toute l'eau soit solidifiée. Un phénomène semblable s'observe dans la fusion de tous les corps.

Le changement de l'eau liquide en glace est donc une véritable cristallisation par solidification d'un corps fondu; mais il est rare que cette cristallisation donne lieu à des cristaux reconnaissables; ce sont des aiguilles qui s'enchevêtrent les unes dans les autres et produisent des masses transparentes continues. On aperçoit cependant quelquefois des formes cristallines reconnaissables dans les petits glaçons qui se forment au milieu des eaux bourbeuses. Lorsque la température de l'air est inférieure à zéro, l'eau s'en sépare sous forme dé neige ou de givre. Chaque flocon de neige est la réunion d'un très-grand nombre de cristaux qui se sont groupés.

L'eau augmente de volume en se congelant, de sorte que la densité de l'eau liquide est plus grande que celle de l'eau solide. Les corps liquides et solides augmentent de volume, se *dilatent*, quand on élève leur température; l'eau liquide présente une exception sous ce rapport pour les premiers degrés de notre échelle thermométrique. Entre $0°$ et $4°$ l'eau, loin de se dilater, se contracte; vers $4°$ elle présente un minimum de volume et par suite un *maximum de densité*. Au-dessus de $4°$ jusqu'aux températures les plus élevées où on l'ait observée, elle se dilate d'une manière continue. On est convenu de prendre pour unité la densité que l'eau présente à la température de $4°$, et on rapporte à cette densité celle des autres corps solides ou liquides. La densité de la glace se trouve ainsi représentée par 0,94. La force avec laquelle l'eau se dilate en se congelant est irrésistible, elle fait éclater les bombes les plus épaisses. Des pierres très-résistantes, mais poreuses, éclatent souvent pendant l'hiver, quand l'eau contenue dans leurs pores vient à geler.

§ 89. L'eau prend facilement l'état gazeux; la température à laquelle ce changement d'état a lieu dépend de la pression de l'air. On a pris pour second point fixe du thermomètre, lequel est marqué 100 dans la division centigrade, la température à laquelle l'eau bout sous la pression de 760 millimètres de mercure. La température à laquelle cette ébullition a lieu diminue avec la pression; ainsi l'eau bout sous une couche de glace dans le vide de la machine pneumatique.

L'eau est à l'état aériforme lorsque la température est supérieure à $100°$, et que la pression est moindre que $0^m,760$. On peut déterminer expérimentalement le poids d'un certain volume de cette vapeur et le comparer au poids d'un égal volume d'air atmosphérique considéré à la même température et sous la même pression; nous appellerons ce rapport la *densité de la vapeur d'eau*. Si nous déterminons sa valeur numérique pour des températures supérieures à 100°, et successivement croissantes, nous reconnaîtrons qu'à partir de 130° environ ce rapport reste sensiblement constant pour toutes les températures supérieures, et qu'il est représenté par la fraction 0,622. C'est cette valeur que nous admettrons pour la densité de la vapeur d'eau. On définit de la même manière les densités des autres vapeurs.

L'eau abandonne des vapeurs très-sensibles à l'air ; la formation de ces vapeurs est d'autant plus abondante que l'air renferme moins d'eau, qu'il est moins *saturé* de vapeur d'eau, et que sa température est plus élevée. On dit alors que l'eau *s'évapore* à l'air.

L'air renferme toujours une certaine quantité de vapeur d'eau ; il est très-près de son *point de saturation* dans les temps pluvieux et pendant l'hiver ; il en est, au contraire, souvent assez éloigné dans les journées chaudes de l'été. Certaines substances jouissent de la propriété d'enlever à l'air l'eau qu'il renferme, lors même que celui-ci n'est pas saturé, et de se dissoudre dans cette eau. Ces substances sont appelées *substances déliquescentes* ; tels sont : le chlorure de calcium, la potasse, etc. D'autres substances renfermant de l'eau abandonnent facilement, au contraire, une partie de leur eau à l'air ambiant, si celui-ci n'est pas saturé, et tombent en poussière ; on les appelle *substances efflorescentes*. Le sulfate de soude est une de ces dernières substances. Il est clair qu'aucun corps n'est efflorescent dans de l'air saturé d'humidité, et que tous les corps solubles y sont au contraire déliquescents.

Il arrive cependant quelquefois que les corps *tombent en efflorescence* en absorbant l'humidité de l'air. Cette circonstance se présente pour les corps cristallisés ou fondus, qui ont de l'affinité pour l'eau, et qui forment avec elle des combinaisons non déliquescentes. Le sulfate de soude fondu, et qui est alors anhydre, absorbe de l'eau et tombe en poussière, quand on l'expose à l'air humide.

§ 90. L'eau la plus limpide des rivières et des sources n'est pas de l'eau pure ; on s'en assure facilement en évaporant dans une capsule une petite quantité de ces eaux ; il y reste toujours un résidu sensible. L'eau de pluie est de l'eau à peu près pure ; mais, comme elle tombe ordinairement sur les toits avant d'être recueillie, elle dissout toujours une petite quantité de substances étrangères. On purifie l'eau en la soumettant à la distillation. Comme on emploie souvent de grandes quantités d'eau distillée dans les laboratoires, on fait cette distillation en grand dans des appareils que l'on appelle *alambics*.

L'alambic (*fig.* 39) se compose d'une chaudière en cuivre A, montée dans un fourneau en briques, et sur laquelle s'adapte un couvercle en forme de dôme B, terminé par un tuyau recourbé *bcd* qui communique avec un serpentin. Le serpentin est renfermé dans une grande

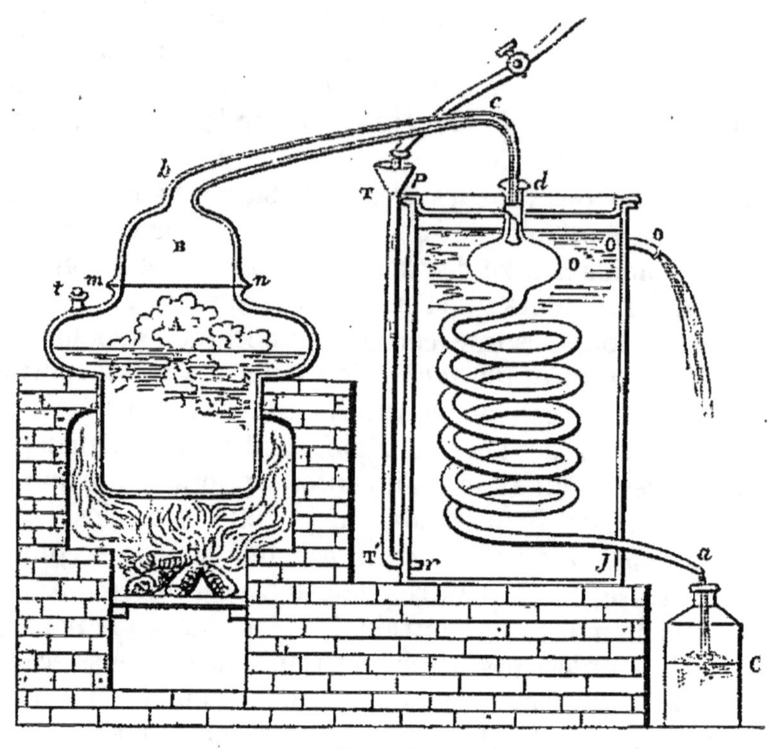

Fig. 39.

cuve cylindrique *pqrj* en métal, et que l'on maintient pleine d'eau. L'extrémité du serpentin débouche en *a* au dehors de la cuve. On introduit, par la tubulure *t*, l'eau que l'on veut distiller. Comme l'eau de la cuve, qui sert de réfrigérant, s'échauffe nécessairement par suite de la condensation des vapeurs dans le serpentin, on est obligé de la renouveler de temps en temps. Le mieux est d'avoir un réservoir supérieur renfermant de l'eau froide, et d'amener cette eau lentement par le tube extérieur TT', à la partie inférieure de la cuve. De cette manière l'eau froide se trouve toujours dans la partie inférieure, et l'eau échauffée se déverse par la tubulure *o*, placée à la partie supérieure. On peut régler l'arrivée de l'eau froide de telle façon que l'eau échauffée sorte en *o* à une température très-voisine de 100°. Elle sert alors à alimenter la chaudière de l'alambic ; on économise ainsi le combustible.

§ 91. L'eau dissout un grand nombre de substances solides et liquides; en général, celles-ci se dissolvent en proportions d'autant plus considérables que la température est plus élevée; de sorte que, si l'on fait une dissolution de ces substances saturée à chaud, et qu'on l'abandonne ensuite au refroidissement, une partie de la substance cristallise. Pour avoir le reste de la substance dissoute, il faut évaporer l'eau qui la maintient en dissolution. A cet effet, on met la dissolution dans une capsule en porcelaine, et on la chauffe au moyen de quelques charbons placés au-dessous, ou mieux, avec une lampe à alcool. Cette opération exige des précautions lorsqu'on ne veut pas perdre la moindre quantité de la matière en dissolution, comme cela est nécessaire dans les analyses chimiques. On ne doit pas alors chauffer la liqueur jusqu'à l'ébullition, parce que les bulles de vapeur,

se formant sur le fond chauffé de la capsule, viennent crever à la surface, et projettent infailliblement hors du vase de petites quantités de la dissolution. On fait souvent l'évaporation des liqueurs au *bain-marie* (*fig.* 40): on place la capsule de porcelaine qui renferme la

Fig. 40.

dissolution à évaporer sur une autre capsule en cuivre à rebords et remplie en partie d'eau que l'on chauffe avec une lampe à alcool ou à gaz. D'autres fois, on ne met pas d'eau dans la capsule en cuivre et on la chauffe avec la lampe; la capsule de porcelaine est alors chauffée dans un bain d'air qui donne lieu à une évaporation très-régulière. Enfin, dans les laboratoires où l'on a un grand nombre de dissolutions à évaporer, on place toutes les capsules sur un même bain de sable chauffé avec du bois, de la houille ou du coke.

Il arrive souvent que l'évaporation doit être faite très-lentement et à une basse température. On place alors la capsule au-dessus d'une autre capsule en verre à large base, renfermant de l'acide sulfurique concentré, et l'on recouvre le tout avec une cloche de verre (*fig.* 41).

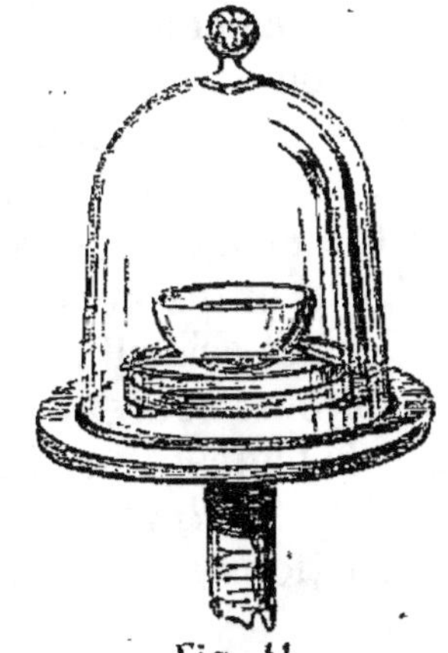

Fig. 41.

L'acide sulfurique absorbe l'humidité de l'air à mesure que celui-ci en enlève à la dissolution. L'évaporation marche plus rapidement, si l'on place les capsules sous le récipient de la machine pneumatique dans lequel on fait le vide.

§ 92. L'eau dissout également les gaz. La solubilité d'un même gaz dans l'eau est d'autant plus grande que la température est plus basse et que la pression exercée sur la dissolution par la portion du gaz non dissoute est plus considérable.

On peut facilement déterminer, au moyen de l'expérience suivante, le volume total du gaz dissous : on remplit entièrement d'eau un ballon de verre (*fig.* 42); on remplit également d'eau le tube abducteur, ce qui se fait facilement par aspiration, puis on enfonce le bouchon dans le col du ballon ; l'eau déplacée sort par le tube, et l'on obtient un appareil complétement rempli d'eau. On engage l'extrémité du tube recourbé sous une cloche pleine de mercure et placée sur la cuve à mercure [1], et l'on chauffe le ballon. Lorsque la tem-

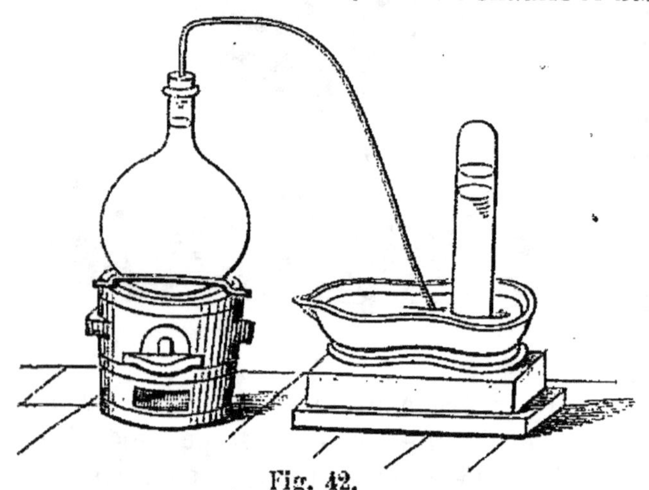

pérature de l'eau s'approche de 40° à 50°, on voit une foule de petites bulles se dégager sur les parois du ballon. On élève la température de l'eau jusqu'à l'ébullition, on la prolonge pendant quelques minutes, et la vapeur fait passer complétement l'air dégagé

Fig. 42.

dans la cloche à mercure. On mesure le volume de l'air recueilli, et l'on compare ce volume à celui de l'eau qui lui a donné naissance.

§ 93. L'eau se combine avec un très-grand nombre de substances. Avec les acides forts elle joue le rôle d'une base faible ; elle se comporte au contraire comme un acide faible par rapport aux bases fortes.

L'eau entre en combinaison avec un grand nombre de sels quand on les fait cristalliser dans leurs dissolutions aqueuses; le même sel se combine souvent avec des proportions d'eau très-différentes, suivant la température à laquelle la cristallisation a lieu.

§ 94. *Analyse de l'eau.* — Il s'agit maintenant de déterminer les proportions suivant lesquelles les gaz oxygène et hydrogène se com-

[1] La cuve à mercure représentée dans la figure 42 est une petite cuve en porcelaine, portant un banc échancré sur lequel on place la cloche.

binent pour former l'eau. Pour cela, on introduit dans une même cloche, sur le mercure, des volumes bien connus de gaz hydrogène et de gaz oxygène, et on met le feu au mélange. Les deux gaz se combinent suivant des proportions déterminées et forment de l'eau qui se condense sur les parois de la cloche. Comme celui des deux gaz qui a été mis en excès ne disparaît pas complètement, on mesure la partie qui reste, et l'on voit quels sont les volumes des deux gaz qui se sont combinés.

On mesure les gaz dans une cloche divisée en capacités égales ; on y introduit d'abord un certain volume de gaz hydrogène que l'on mesure avec précision, en ayant soin de descendre la cloche dans la cuve à mercure jusqu'à ce que le niveau du mercure soit le même en dedans et en dehors de la cloche. Il est plus commode de faire cette mesure comme le montre la figure 43, dans une éprouvette en verre, dont les parois transparentes permettent d'affleurer plus exactement les niveaux du mercure et de lire la division. On fait passer ensuite, dans la même cloche, une certaine quantité de gaz oxygène, l'augmentation du volume gazeux en donne la mesure. On introduit le mélange dans un appareil qui porte le nom d'*eudiomètre*, et qui est disposé de façon que l'on puisse faire passer dans son intérieur une étincelle électrique. L'eudiomètre (*fig.* 44) se compose d'une cloche en verre trèsépais, portant à sa partie supérieure une monture en fer *a*, qui traverse la paroi du tube et est mastiquée hermétiquement dans l'ouverture. Sur le côté de cette cloche, en *b*, on a foré un second trou dans lequel a été mastiqué un gros fil de fer dont le bout intérieur arrondi arrive jusqu'à une petite distance de la monture supérieure. L'extrémité extérieure de ce fil se termine en crochet. L'eudiomètre rempli de mercure est retourné sur la cuve à mercure, et l'on y fait passer le mélange des deux gaz. On frotte à plusieurs reprises la surface de la cloche avec un linge chaud. On approche ensuite de la monture métallique *a* le plateau chargé d'un élec-

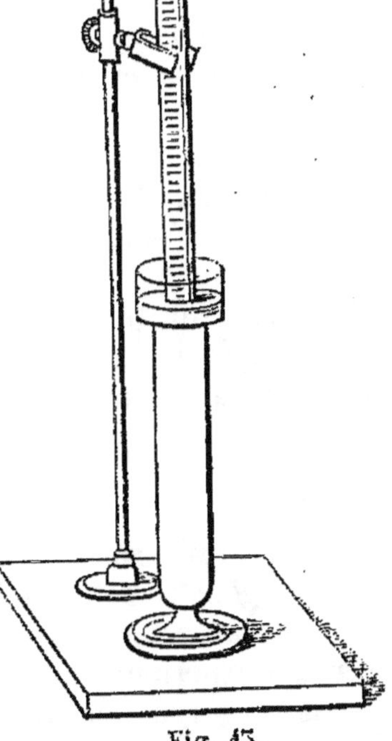

Fig. 43.

trophore, et, en même temps, on touche, avec l'autre main, le fil métallique *b*; l'étincelle électrique jaillit alors entre *c* et *d*, à travers le mélange explosif, et détermine son inflammation. On peut également faire communiquer la tige métallique b avec le sol, au moyen d'une chaine en fer qu'on attache au crochet b, et qu'on laisse tomber sur le mercure de la cuve.

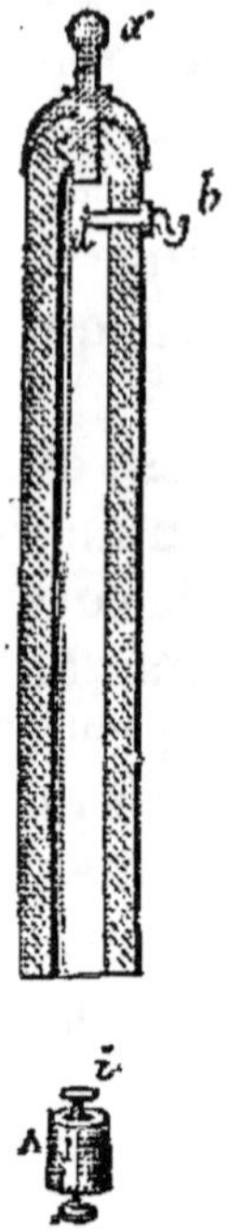

Au moment de la combustion il y a dégagement d'une grande quantité de chaleur qui produit une dilatation considérable des gaz ; le mélange gazeux ne doit remplir l'eudiomètre qu'à moitié, autrement une partie du gaz serait infailliblement projetée hors du tube. On évite plus facilement cette perte, en bouchant l'ouverture de l'eudiomètre au moyen d'un bouchon à soupape A. Au moment de l'explosion, il y a augmentation de force élastique dans l'appareil, et le disque i se trouve fortement appliqué sur la surface du bouchon, de sorte que rien ne peut sortir. Aussitôt que la chaleur s'est dissipée, ce qui arrive au bout d'un instant très-court, l'eau formée se condense en gouttelettes liquides sur les parois de l'eudiomètre, et occupe alors un volume 2000 fois plus petit que celui des gaz qui lui ont donné naissance. La tension devient donc plus faible dans l'appareil, la soupape i se soulève et le mercure extérieur entre dans l'eudiomètre.

Fig. 44.

Si le volume gazeux disparaît entièrement, cela indique que les gaz introduits se trouvaient précisément dans les proportions convenables pour former de l'eau ; c'est ce qui arrivera si l'on a introduit exactement 1 volume de gaz oxygène et 2 volumes de gaz hydrogène. Mais, en général, l'un des deux gaz aura été mis en excès : on fait alors passer le résidu gazeux dans la même cloche graduée, on en mesure exactement le volume, et l'on détermine ensuite sa nature en approchant du gaz une allumette ; si le gaz s'enflamme, le résidu est du gaz hydrogène.

Supposons qu'on ait introduit dans l'eudiomètre

100 mesures de gaz hydrogène,
75   »   oxygène ;

on trouvera qu'après la combustion il reste 25 d'oxygène. Donc 100 d'hydrogène se sont combinés avec 50 d'oxygène, ou 2 volumes d'hydrogène avec 1 volume d'oxygène.

La même expérience peut être faite sur la cuve à eau, mais on ne peut plus alors reconnaitre la nature du produit qui s'est formé dans la combustion. Lorsque l'eudiomètre doit servir sur la cuve à eau, les montures métalliques sont en laiton. On emploie dans les cours de chimie un eudiomètre à eau (*fig.* 45) dont l'usage est très-facile. Il se compose d'un cylindre AB en verre, à parois épaisses, destiné à renfermer le mélange ; ce cylindre est adapté par sa base inférieure dans une monture en laiton BC, à robinet S. Un entonnoir C permet d'introduire facilement les gaz. Le cylindre en verre communique en haut avec un second entonnoir D, dans lequel on peut mettre de l'eau. Un robinet R établit ou intercepte la communication. Un tube de verre gradué EF se visse au fond de la cuvette D. Enfin, en *v*, la monture métallique A est percée d'un trou dans lequel on a mastiqué un tube de verre, traversé par la tige de métal *t*, qui se trouve ainsi isolée de la monture métallique et s'en approche à une petite distance dans l'intérieur.

Le jeu de l'appareil est facile à comprendre : les robinets R et S étant ouverts, on plonge entièrement l'eudiomètre dans la cuve à eau jusqu'au-dessus de la cuvette D ; il se remplit ainsi complétement d'eau; on ferme le robinet R, et on soulève l'eudiomètre. On mesure dans le tube gradué EF les gaz hydrogène et oxygène, et l'on introduit le mélange dans l'eudiomètre par l'entonnoir C. Pour enflammer le mélange, il suffit d'approcher du bouton *t* le plateau chargé de l'électrophore, la communication de la monture métallique A avec le sol ayant lieu par la bande de métal *p*. Pour éviter la perte du gaz, au moment de la détonation, on ferme le robinet S.

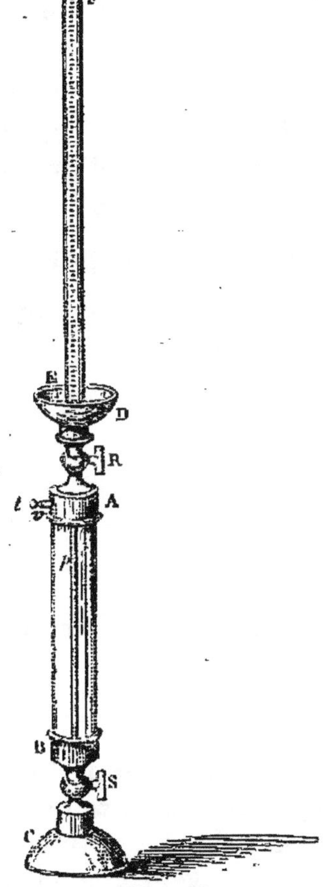

Fig. 45.

Il s'agit maintenant de mesurer le gaz résidu; cela se fait facilement dans le tube gradué EF. A cet effet, on remplit ce tube d'eau, on en bouche l'ouverture avec le doigt et on le retourne dans la cuvette D, entièrement remplie d'eau, où on le visse. Il suffit alors d'ouvrir le robinet R pour faire passer le gaz dans le tube gradué EF. Pour le mesurer, on dévisse de nouveau le tube et on le transporte sur la cuve à eau, dans laquelle on l'enfonce assez pour établir la coïncidence des niveaux à l'intérieur et à l'extérieur.

La plus grande difficulté des analyses eudiométriques exécutées sur le mercure tient au transvasement des gaz ; mais on peut l'éviter entièrement en employant un eudiomètre divisé en capacités égales

que l'on construit avec un tube peu épais dans les parois duquel on
soude deux fils de platine a et b (*fig.* 46) que l'on amène dans l'intérieur de la cloche à une petite distance l'un de l'autre.
C'est entre les extrémités de ces fils que l'on fait jaillir l'é-
tincelle électrique qui doit enflammer le mélange gazeux.

§ 95. L'eau résulte donc de la combinaison de 2 volumes d'hydrogène et de 1 volume d'oxyg'ne; il est facile
d'en déduire la composition de l'eau en poids, puisque
nous connaissons les densités de ces deux gaz. En effet,
1 volume d'air, pesant 1,0000,

Fig. 46.

$$1 \text{ vol. d'oxygène pèse.} \ldots \ldots \ldots \ldots 1,1056$$
$$2 \text{ » d'hydrogène.} \ldots \ldots 2 \times 0,0692 = 0,1384$$

$$\text{L'eau produite pèse..} \ldots \ldots \ldots \ldots \ldots 1,2440.$$

Pour avoir les quantités d'hydrogène et d'oxygène qui forment
100 grammes d'eau, on posera les proportions

$$1,2440 : 1,1056 :: 100 : x,$$

d'où
$$x = 88,87;$$

$$1,2440 : 0,1384 :: 100 : y,$$

d'où
$$y = 11,13;$$

donc 100 parties d'eau renferment　11,13 hydrogène,
88,87 oxygène,

$$\overline{100,00.}$$

Lorsque 2 volumes d'hydrogène se combinent avec 1 volume d'oxygène, quel est le volume de la vapeur d'eau résultant de la combinaison? Si les 2 volumes d'hydrogène, en se combinant avec 1 volume d'oxygène, ne formaient qu'un seul volume de vapeur d'eau, la
densité de cette vapeur serait 1,244. Mais l'expérience directe a
donné, pour cette densité, une valeur moitié moindre, c'est-à-
dire 0,622; donc 2 volumes d'hydrogène, en se combinant avec
1 volume d'oxygène, ont produit, non pas 1 volume, mais 2 volumes
de vapeur d'eau.

§ 96. Il convient d'appeler l'attention sur la simplicité des rapports
que nous présentent les volumes des deux gaz qui se combinent, et
celui de la vapeur d'eau qui résulte de leur combinaison, au lieu des
rapports compliqués et variables à l'infini qui auraient pu se présenter. Ce n'est pas une circonstance fortuite et particulière au cas
qui nous occupe. Nous reconnaîtrons également des rapports très-

simples dans les combinaisons des autres gaz élémentaires. L'étude de ces combinaisons a fait découvrir cette loi[1] de la nature : *Lorsque deux gaz élémentaires se combinent, leurs volumes ont entre eux des rapports numériques très-simples, et le volume du composé qui en résulte, considéré à l'état de gaz, présente aussi un rapport très-simple avec la somme des volumes des gaz qui sont entrés dans la combinaison.*

§ 97. On a employé, pour déterminer directement les poids d'hydrogène et d'oxygène qui se combinent pour former l'eau, une autre méthode par laquelle on obtient immédiatement les poids des éléments combinés. Plusieurs oxydes métalliques chauffés dans un courant de gaz hydrogène abandonnent leur oxygène et sont réduits à l'état métallique. Cet oxygène, en se combinant avec l'hydrogène, forme de l'eau que l'on peut recueillir et peser. La perte de poids que subit l'oxyde métallique donne le poids de l'oxygène qui est entré dans la composition de cette eau. La différence entre les deux poids donne le poids de l'hydrogène.

Il est nécessaire, pour cette expérience, d'employer du gaz hydrogène pur et parfaitement desséché ; on le prépare à l'aide de l'appareil représenté par la figure 47.

Le zinc du commerce n'est jamais absolument pur ; il renferme toujours une petite quantité de carbone combiné et quelquefois des traces d'arsenic et de soufre. Quand on dissout ce zinc dans l'acide sulfurique étendu, une très-petite portion de l'hydrogène se combine avec du carbone et donne lieu à une matière huileuse très-fétide qui communique une odeur désagréable à toute la masse de gaz. L'arsenic et le soufre se combinent également avec une petite partie de l'hydrogène et forment des produits gazeux. Pour débarrasser l'hydrogène de ces matières étrangères, on le fait passer à travers un tube C rempli de fragments de pierre ponce imbibée d'une dissolution concentrée de potasse, puis dans un tube D contenant de la ponce mouillée par une dissolution de sublimé corrosif, enfin à travers un tube E rempli de ponce imbibée d'acide sulfurique concentré qui dessèche complétement le gaz. L'oxyde que l'on emploie pour brûler l'hydrogène est de l'oxyde de cuivre que l'on place dans un ballon à deux tubulures F en verre un peu fusible. Ce ballon communique avec un ballon récipient G destiné à recueillir la plus grande partie de l'eau formée dans l'expérience ; il est suivi d'un tube H rempli de pierre ponce imbibée d'acide sulfurique concentré et qui retient les dernières portions d'eau.

[1] Cette loi a été découverte par Gay-Lussac.

On pèse avec le plus grand soin, avant l'expérience, d'abord le ballon F vide et bien sec, ensuite le même ballon avec l'oxyde de cuivre parfaitement desséché. La différence entre les deux poids donne le poids de l'oxyde contenu. On pèse de même le ballon récipient G et

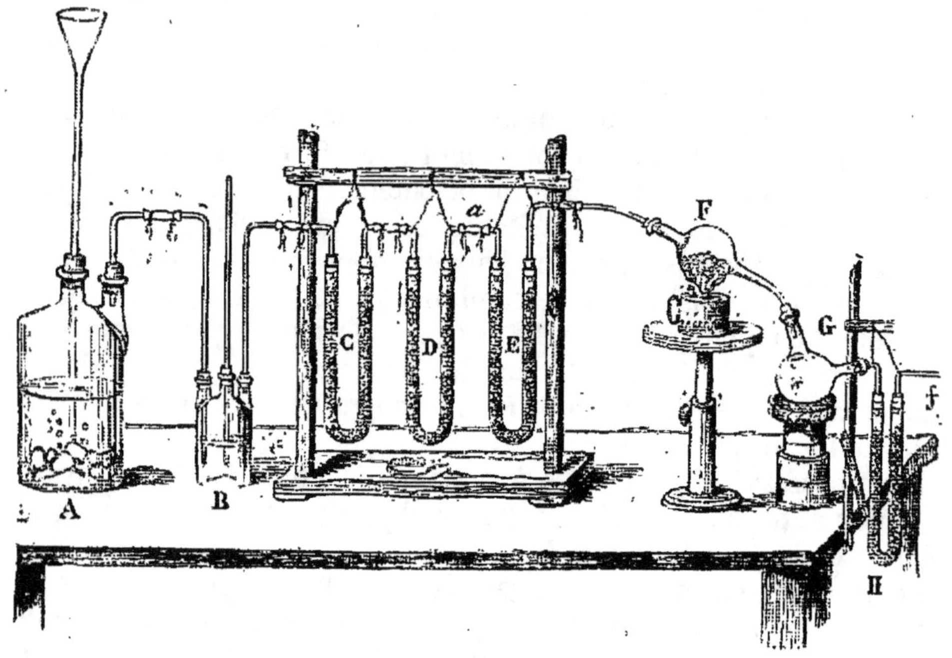

Fig. 47.

le tube H. L'appareil étant disposé, on fait dégager lentement le gaz hydrogène, et on continue le dégagement fort longtemps, afin de chasser d'une manière bien complète l'air de l'appareil. Quand celui-ci est entièrement plein de gaz hydrogène, on chauffe le ballon F au moyen d'une lampe à alcool. Bientôt la combustion du gaz hydrogène par l'oxygène de l'oxyde de cuivre commence, et l'eau ruisselle sur les parois du ballon G; les dernières parties de l'eau formée se condensent dans le tube H que le gaz hydrogène en excès est obligé de traverser avant de se dégager dans l'air. On continue l'expérience jusqu'à ce que l'oxyde de cuivre soit entièrement ramené à l'état de cuivre métallique. On laisse alors refroidir le ballon G au milieu du courant de gaz hydrogène, puis on détache la partie de l'appareil qui est à gauche du caoutchouc *a*. Les ballons G, F, et le tube H étant alors remplis de gaz hydrogène, si on les pesait dans cet état, la différence qu'on trouverait entre leurs poids avant et après l'expérience dépendrait non-seulement des matières qu'ils ont condensées pendant la réaction, mais encore de l'excès de poids de l'air qui remplissait primitivement l'appareil, sur l'hydrogène qui l'a remplacé. Il faut donc, avant de le peser, ramener l'appareil à ses premières conditions et le remplir de nouveau d'air atmosphérique.

Les expériences les plus précises, faites par cette méthode, ont montré que 100 parties d'eau renferment

$$
\begin{array}{lr}
\text{Hydrogène.} \ldots & 11,11 \\
\text{Oxygène.} \ldots & 88,89 \\
\hline
& 100,00
\end{array}
$$

§ 98. Dans l'expérience que nous venons de décrire, de même que dans celle qui a été faite par l'eudiomètre, nous déterminons la composition de l'eau en cherchant quels sont les volumes ou les poids des éléments séparés qui entrent dans sa constitution ; nous faisons ainsi ce qu'on appelle la *synthèse* de l'eau. Mais on détermine aussi très-souvent la composition des corps composés par une méthode inverse. On prend ces corps tout formés et on les décompose, de manière à déterminer le poids de leurs éléments, soit en isolant réellement ces éléments, soit en les engageant dans des combinaisons dont la composition est connue. On fait alors l'*analyse* de la substance composée.

Nous avons décrit (§ 46) une expérience dans laquelle on décompose l'eau, en faisant passer sa vapeur dans un tube de porcelaine chauffé au rouge et renfermant du fer métallique. Si, dans cette expérience, on mesure le volume de gaz hydrogène qui se dégage, et que, d'après cette mesure, on calcule le poids de ce gaz ; si, d'un autre côté, on détermine le poids de l'oxygène qui s'est fixé sur le fer, en pesant celui-ci avant et après l'expérience, on obtiendra encore la composition de l'eau, et on aura opéré par *analyse*. Mais cette expérience n'est pas susceptible d'une précision suffisante.

La composition de l'eau peut être déterminée exactement, par *voie analytique*, au moyen de la pile de Volta. Si l'on plonge dans de l'eau légèrement acidulée par de l'acide sulfurique les deux pôles d'une pile terminés par des fils de platine, on voit se dégager le long de chaque fil de petites bulles de gaz. On peut recueillir ces gaz dans deux cloches séparées, et l'on reconnaîtra que le gaz qui s'est dégagé au pôle positif est de l'oxygène, que celui recueilli au pôle négatif est de l'hydrogène, et que le volume de ce dernier gaz est précisément double de celui de l'oxygène. On fait ordinairement cette expérience dans les cours au moyen de l'appareil représenté figure 48. On perce le fond d'un verre à pied de deux trous très-petits, dans lesquels on fait passer deux fils de platine. Pour fermer les interstices, on coule un peu de mastic au fond du verre. On remplit le verre d'eau acidulée, et on place une petite cloche graduée au-dessus de chacun des fils. Pour

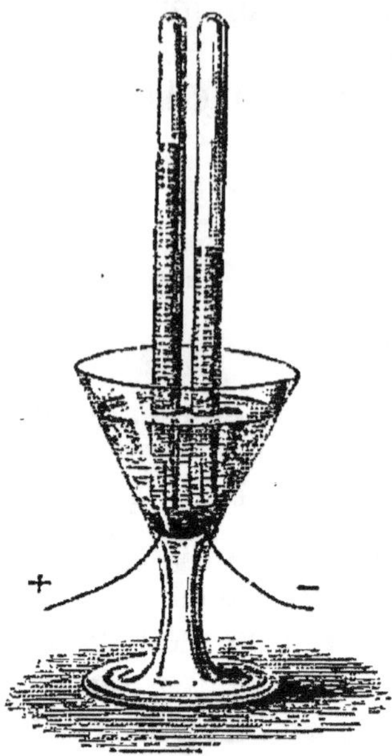

Fig. 48.

opérer la décomposition de l'eau, il suffit de mettre les fils de platine en communication avec les deux fils de la pile. L'addition d'une petite quantité d'acide sulfurique a pour but de rendre l'eau meilleur conducteur de l'électricité, et, par suite, de faciliter sa décomposition par la pile.

On emploie la méthode synthétique ou la méthode analytique pour déterminer la composition des corps, suivant que l'une ou l'autre de ces méthodes s'applique plus facilement et plus exactement au cas particulier que l'on traite.

§ 99. On exprime souvent la composition de l'eau d'une autre manière. Au lieu de se demander combien il y a d'hydrogène et d'oxygène dans 100 parties d'eau, on cherche combien il faut d'hydrogène pour former de l'eau avec 100 parties d'oxygène, et l'on dit :

$$
\begin{aligned}
&\phantom{\text{se combinent avec.......}}\ \ 100{,}00 \text{ d'oxygène} \\
&\text{se combinent avec.......}\ \ \underline{\ \ 12{,}50 \text{ d'hydrogène,}} \\
&\text{et forment.........}\ \ 112{,}50 \text{ d'eau.}
\end{aligned}
$$

Les quantités 100 d'oxygène et 12,50 d'hydrogène sont appelées des *quantités équivalentes* ou des *équivalents chimiques;* on est *convenu* d'appeler *équivalent de l'eau* le nombre 112,50, qui est la quantité d'eau renfermant les quantités 100 d'oxygène et 12,50 d'hydrogène. De même, si l'on considère les corps à l'état gazeux, 1 volume d'oxygène *équivaut* à 2 volumes d'hydrogène pour la formation de l'eau, et l'on dit que l'*équivalent* de l'oxygène en volume est 1 volume, que l'*équivalent* de l'hydrogène est 2 volumes. Quant à l'équivalent de la vapeur d'eau, d'après la définition ci-dessus, il est de 2 volumes, puisqu'il faut prendre 2 volumes de vapeur d'eau pour y trouver 1 volume d'oxygène et 2 volumes d'hydrogène.

Nous adopterons la lettre O pour exprimer l'équivalent de l'oxygène, c'est-à-dire le poids 100 d'oxygène, et la lettre H pour exprimer l'équivalent de l'hydrogène ou le poids 12,50 d'hydrogène. L'équivalent de l'eau, c'est-à-dire le poids 112,50 d'eau, sera représenté par HO. Ainsi les caractères H, O et HO ne rappellent pas seulement la nature des corps qu'ils représentent (§ 32), ils expriment de plus des poids déterminés de ces corps, les poids que nous appelons *leurs équivalents*.

§ 100. Nous avons dit (§ 60) que l'on pouvait déterminer la quantité d'oxygène qui existe dans l'air atmosphérique en cherchant la quantité d'hydrogène qui est brûlée par cette quantité d'oxygène pour former de l'eau. Supposons, en effet, que l'on ait introduit dans l'eudiomètre 100 parties d'air atmosphérique et 75 parties d'hydrogène, et que l'on fasse passer l'étincelle électrique, tout l'oxygène de l'air atmosphérique se combinera avec une portion de l'hydrogène ajouté pour former de l'eau qui prendra l'état liquide et occupera un volume négligeable par rapport à celui des gaz qui l'ont produite. Le volume du gaz après l'explosion représente celui de l'azote contenu dans l'air atmosphérique, augmenté de l'excès d'hydrogène, et ce volume, retranché de celui qui représente la somme des volumes de l'air atmosphérique et de l'hydrogène, donne le volume des gaz oxygène et hydrogène qui se sont combinés pour former de l'eau. Le $\frac{1}{3}$ de ce dernier volume est de l'oxygène et les $\frac{2}{3}$ de l'hydrogène. Dans l'exemple que nous avons supposé, le volume du gaz après l'explosion serait 112,5, le volume des gaz disparus serait donc 62,7, dont le $\frac{1}{3} = 20,9$, représente la quantité d'oxygène contenue dans 100 parties d'air atmosphérique.

Bioxyde d'hydrogène, HO^2.

§ 101. L'hydrogène est susceptible de se combiner avec une quantité d'oxygène plus grande que celle qui constitue l'eau. Cette seconde combinaison a reçu le nom de *bioxyde d'hydrogène* ou d'*eau oxygénée*[1]. Nous avons vu (§ 39) qu'en chauffant du peroxyde de manganèse avec de l'acide sulfurique concentré on ramène le peroxyde à l'état de protoxyde qui se combine avec l'acide sulfurique, et qu'il se dégage de l'oxygène. D'autres peroxydes subissent une décomposition semblable à froid et en présence des acides étendus d'eau; mais alors l'oxygène qui devient libre ne se dégage pas, il reste combiné avec l'eau : c'est ce qui arrive avec les peroxydes de baryum, de strontium, de potassium. On emploie le peroxyde de baryum pour préparer l'eau oxygénée. On broie ce peroxyde avec de l'eau dans un mortier de porcelaine, de manière à en faire une pâte liquide; on ajoute cette pâte, par petites portions, à un mélange de 1 partie d'acide chlorhydrique ordinaire et de 3 parties d'eau, placé

---

[1] Le bioxyde d'hydrogène a été découvert par Thénard en 1818.

dans une capsule de porcelaine, et l'on agite continuellement avec une baguette de verre. Le peroyxde de baryum se dissout sans dégagement de gaz ; il se forme du chlorure de baryum, de l'eau et de l'oxygène, qui reste combiné avec l'eau.

Bioxyde de baryum. { Oxygène... Protoxyde de baryum ou baryte. { Baryum... Oxygène. } Eau. } Bioxyde d'hydrogène. Chlorure de baryum.

Acide chlorhydrique. { Hydrogène... Chlore...

Les substances que nous mettons en présence sont le bioxyde de baryum, qui a pour formule BaO^2, et l'acide chlorhydrique, que nous écrirons HCl. L'eau de l'hydrate de bioyxde de baryum se sépare en combinaison avec la moitié de l'oxygène du bioxyde, par conséquent à l'état de bioxyde d'hydrogène qui se dissout dans l'eau ambiante. Les produits de la réaction sont le chlorure de baryum $BaCl$ et le bioxyde d'hydrogène, que nous devons écrire HO^2, ainsi que nous le verrons bientôt. Nous pourrons donc exprimer la réaction par l'équivalence suivante :

$$BaO^2 + HCl = BaCl + HO^2.$$

Lorsque l'acide chlorhydrique est à peu près saturé par la baryte, on verse, dans la dissolution, de l'acide sulfurique, qui précipite le baryum à l'état de sulfate de baryte insoluble, et l'acide chlorhydrique se reforme au sein de la liqueur.

Chlorure de baryum. { Chlore... Baryum. Oxygène. } Baryte... } Acide chlorhydrique. Sulfate de baryte.

Eau... {
Acide sulfurique... Hydrogène...

$$BaCl + HO + SO^2 = BaO.SO^3 + HCl.$$

On ajoute à la fin l'acide sulfurique goutte à goutte, afin de ne pas en mettre en excès. On sépare le sulfate de baryte par la filtration à travers un linge fin, et l'on obtient une liqueur qui est identique avec la liqueur acide primitive, à cette différence près qu'elle renferme une certaine quantité de bioxyde d'hydrogène. On peut opérer sur cette liqueur comme sur la liqueur acide primitive, y dissoudre une certaine quantité de bioxyde de baryum jusqu'à saturation de l'acide chlorhydrique, puis précipiter de nouveau la baryte par l'acide sulfurique. Après cette seconde opération, la dissolution acide renferme deux fois plus de bioxyde d'hydrogène qu'après la première. Lorsqu'on a répété un certain nombre de fois ces opérations, on obtient une liqueur assez chargée de bioxyde d'hydrogène, mais qui renferme de l'acide chlorhydrique dont il faut la débarrasser. A cet effet, on ajoute par petites quantités du sulfate d'agent ; il se forme du chlorure d'argent, qui se précipite, et de l'acide sulfurique, qui se dissout dans la liqueur.

$$\text{Acide chlorhydrique.} \begin{cases} \text{Chlore.} \\ \text{Hydrogène..} \\ \text{Oxygène..} \end{cases} \Big\} \text{Eau.} \quad \Big\rangle \text{Chlorure d'argent.}$$
$$\text{Sulfate d'argent..} \begin{cases} \text{Argent.} \\ \text{Acide sulfurique.} \end{cases}$$

$$AgO.SO^3 + HCl = AgCl + SO^3 + HO.$$

On précipite à son tour l'acide sulfurique par une dissolution de baryte que l'on ajoute goutte à goutte, afin de n'en mettre que la quantité strictement nécessaire. On filtre une dernière fois la liqueur, et on met celle-ci à évaporer sous le récipient de la machine pneumatique, au-dessus d'une large capsule renfermant de l'acide sulfurique concentré. On peut ainsi l'amener à un grand état de concentration, et même obtenir le bioxyde d'hydrogène tout à fait pur.

Une précaution essentielle au succès de l'opération, c'est de maintenir dans de la glace le vase renfermant la liqueur acide pendant que l'on y dissout le bioxyde de baryum, afin que la liqueur ne puisse pas s'échauffer, ce qui amènerait la décomposition d'une grande partie du bioxyde d'hydrogène. Les précipités de sulfate de baryte que l'on sépare successivement retiennent une portion notable de liqueur ; il faut avoir soin de les exprimer dans un linge, afin de perdre le moins de liquide possible. Il est bon aussi d'ajouter de temps en temps quelques gouttes d'acide chlorhydrique pour remplacer celui qui se perd dans toutes ces manipulations successives.

§ 102. Le bioxyde d'hydrogène, amené au maximum de concentration, forme une liqueur incolore, d'une consistance sirupeuse, présentant une odeur particulière. Sa densité est 1,453. Elle n'a pu être solidifiée à aucune température. Cette liqueur est très-peu stable ; elle se décompose spontanément à une température de 15° à 20°.

Si on la chauffe, la décomposition est très-rapide ; elle a lieu quelquefois avec explosion. Le bioxyde d'hydrogène dissous dans l'eau est plus stable et ne se décompose que si l'on chauffe la liqueur à 40° ou 50°.

La facile décomposition du bioxyde d'hydrogène par la chaleur rend son analyse très-simple. On pèse un certain poids de bioxyde et on le dissout dans l'eau. On fait bouillir la dissolution, et l'on recueille l'oxygène qui se dégage. Or on reconnaît que cette quantité d'oxygène est précisément égale à celle qui existe dans la quantité d'eau qui provient de la décomposition du bioxyde, et que l'on trouve en retranchant du poids du bioxyde soumis à l'analyse le poids de l'oxygène recueilli. Le bioxyde d'hydrogène doit donc être considéré comme formé de 1 équiv. d'hydrogène et de 2 équiv. d'oxygène, et sa formule chimique doit être écrite HO^2.

Les dissolutions de bioxyde d'hydrogène étant plus stables quand elles renferment un peu d'acide chlorhydrique, on leur laisse ordinairement une petite quantité d'acide quand on veut les conserver.

Le bioxyde d'hydrogène abandonne facilement son oxygène à un grand nombre de substances; il transforme les oxydes métalliques en peroxydes. Il décolore la teinture de tournesol comme le chlore. Une goutte mise sur la peau produit une tache blanche.

La dissolution de bioxyde d'hydrogène présente des phénomènes très-remarquables au contact de certains corps. Avec l'or, le platine, l'argent très-divisés ou certains oxydes métalliques, comme le peroxyde de manganèse, le peroxyde de plomb, etc., etc., elle se décompose avec effervescence en dégageant de l'oxygène, et les substances qui ont effectué la décomposition ne subissent aucune altération. Ces substances ont agi par leur présence, mais ne sont pas entrées chimiquement dans la réaction. On a appelé cette action mystérieuse *action de présence* ou *action catalytique*; nous la retrouverons par la suite dans un grand nombre de phénomènes. Il est bon de remarquer que les substances agissent dans ce cas d'autant plus efficacement qu'elles sont plus divisées, et le dégagement d'oxygène n'a lieu qu'à leur surface.

Si l'on ajoute à de l'eau oxygénée qui est en pleine décomposition par la présence de l'argent ou du peroxyde de manganèse quelques gouttes d'acide sulfurique, le dégagement de gaz s'arrête immédiatement; mais il reparaît si l'on sature l'acide par une base. Les sels ne produisent pas la décomposition de l'eau oxygénée.

Les oxydes métalliques très-faciles à réduire, comme les oxydes d'argent, d'or et de platine, présentent, avec l'eau oxygénée, un phénomène très-remarquable : non-seulement l'eau oxygénée se décompose, mais les oxydes eux-mêmes abandonnent leur oxygène et se trouvent ramenés à l'état métallique.

La facile décomposition de l'eau oxygénée au contact du peroxyde de manganèse fournit un moyen simple de déterminer approximativement la richesse d'une dissolution de bioxyde d'hydrogène. On remplit de mercure une petite cloche divisée, et l'on fait arriver dans le haut, avec une pipette, une petite quantité de la dissolution. On note le nombre de divisions qu'elle occupe, et l'on y introduit du peroxyde de manganèse très-divisé, enveloppé dans du papier joseph. La décomposition commence aussitôt que la poudre arrive dans la liqueur; le volume de l'oxygène qui se dégage, comparé au volume de la dissolution qui l'a produit, donne la richesse de la liqueur.

Combinaison du chlore avec l'hydrogène.

Acide chlorhydrique, HCl.

§ 103. Le chlore et l'hydrogène se combinent directement; si l'on approche une allumette de l'ouverture d'un petit flacon renfermant un mélange de ces deux gaz, la combinaison se fait avec explosion. Une explosion a lieu également lorsqu'on expose le flacon renfermant le mélange aux rayons directs du soleil. Si le flacon est placé dans un endroit éclairé par de la lumière diffuse, la combinaison des deux gaz a encore lieu; mais elle s'effectue lentement, et, pour qu'elle soit complète, il faut d'autant plus de temps que la lumière est moins intense. Enfin, dans l'obscurité absolue, les deux gaz paraissent sans action l'un sur l'autre. Nous voyons ici la lumière produire le même effet que la chaleur.

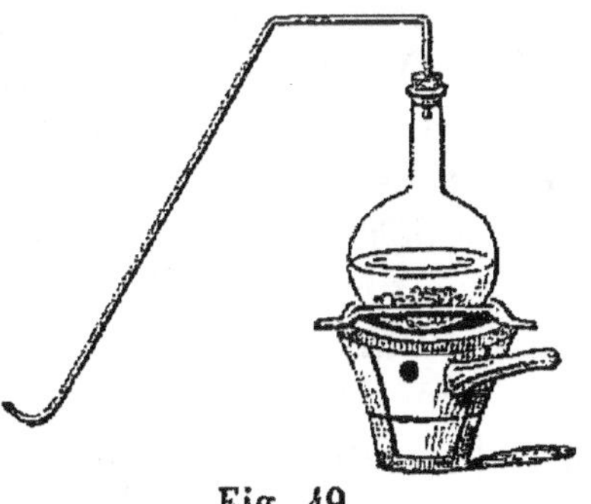

Fig. 49.

§ 104. On prépare le gaz acide chlorhydrique en traitant le sel marin, ou chlorure de sodium, par l'acide sulfurique concentré (*fig.* 49). L'eau renfermée dans l'acide sulfurique intervient dans la réaction.

Chlorure de sodium.	{ Chlore.		
	Sodium. . . . . . . } Soude.	Acide chlorhydrique.
Acide sulfurique con-	{ Eau. { Oxygène. . }	
centré.	Hydrogène..	Sulfate de soude.
	Acide sulfurique..	

La réaction est représentée par l'équivalence suivante :

$$NaCl + SO^3 + HO = NaO.SO^3 + HCl.$$

On recueille l'acide chlorhydrique dans une cloche bien sèche, sur le mercure.

§ 105. Le gaz acide chlorhydrique est incolore; il répand à l'air des fumées abondantes; ces fumées ne se forment pas dans un air complétement sec. L'air atmosphérique renferme toujours une certaine quantité de vapeur d'eau; or le gaz acide chlorhydrique se combine avec cette vapeur, le composé qui en résulte possède une tension plus faible que celle de l'eau pure, et, par conséquent, se précipite sous la forme d'un nuage. L'acide chlorhydrique est très-soluble dans l'eau; à la température de 0°, l'eau en dissout plus de 500 fois son volume. Cette solubilité diminue à mesure que la température s'élève : ainsi, à 20°, l'eau n'en dissout plus que 400 fois son volume. L'absorption de l'acide chlorhydrique par l'eau est instantanée; on le démontre par l'expérience suivante : on remplit de gaz acide chlorhydrique parfaitement pur une cloche placée sur la cuve à mercure; on passe une soucoupe de porcelaine sous la cloche, on l'enlève avec la soucoupe pleine de mercure, et l'on descend avec précaution la soucoupe et la cloche dans une terrine remplie d'eau, de manière à poser la soucoupe sur le fond de la terrine. Jusque-là, le gaz de la cloche ne se trouve en contact qu'avec le mercure; mais, si l'on soulève brusquement la cloche, sans toutefois sortir son orifice de l'eau, le mercure, en vertu de sa grande densité, tombe au fond de la terrine, l'eau monte dans la cloche, et l'absorption du gaz acide chlorhydrique par l'eau se fait avec une telle rapidité que la cloche se remplit instantanément de liquide. Si le gaz est absolument pur, l'eau vient frapper le haut de la cloche avec une si grande violence, que souvent celle-ci est brisée; il faut donc avoir soin, quand on fait cette expérience, d'envelopper la cloche avec un linge épais; sans cette précaution, on courrait le risque d'être blessé. Il suffit de la présence d'une seule bulle d'air dans le gaz pour diminuer considérablement, par son élasticité, la violence du choc et empêcher la rupture de la cloche.

La dissolution d'acide chlorhydrique, concentrée à froid, a pour densité 1,21. Chauffée, elle abandonne d'abord une quantité considérable de gaz acide, mais bientôt ce dégagement s'arrête, et il distille un liquide acide qui présente jusqu'à la fin une composition constante; la température de l'ébullition est alors de 110°.

La dissolution concentrée d'acide chlorhydrique répand des fumées abondantes à l'air.

Si l'on soumet à la distillation une dissolution très-étendue, il distille d'abord plus d'eau que d'acide, et la liqueur se concentre dans la cornue jusqu'à ce qu'elle ait atteint la composition de la liqueur normale, qui bout à 110°.

La dissolution d'acide chlorhydrique dans l'eau est un des réactifs les plus employés dans les laboratoires. Pour la préparer, on place dans un gros ballon (*fig.* 50) parties égales de sel marin et d'acide sulfurique concentré, auquel on ajoute le tiers de son poids d'eau. Ce ballon communique avec un premier flacon tubulé qui fait l'office de flacon laveur, et qui a pour but de retenir les petites quantités

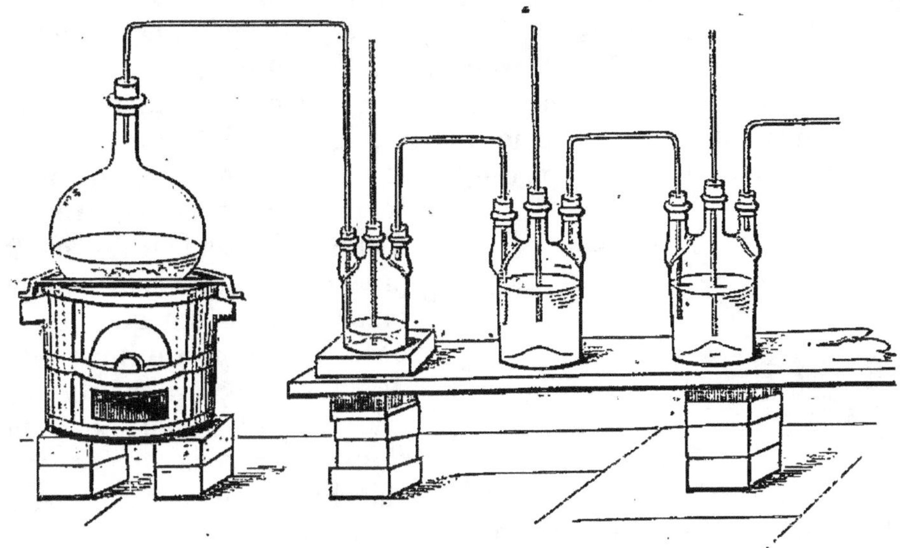

Fig. 50.

d'acide sulfurique entraînées par le gaz. A la suite de ce premier flacon, s'en trouvent deux autres de plus grandes dimensions et remplis d'eau aux trois quarts. Les tubes qui amènent le gaz ne plongent que très-peu dans le liquide. Comme la dissolution devient de plus en plus dense à mesure qu'elle se concentre, les couches liquides supérieures sont toujours les moins chargées, et, par suite, les plus propres à dissoudre rapidement le gaz.

On prépare rarement la dissolution d'acide chlorhydrique dans les laboratoires. Cette liqueur est préparée en grand dans les fabriques, et on la trouve à très-bon compte dans le commerce. C'est encore en décomposant le sel marin par l'acide sulfurique qu'on l'obtient ; mais, au lieu de vases de verre, on emploie de grands cylindres en fonte placés horizontalement dans un fourneau, et au sortir desquels le gaz acide se rend dans des bonbonnes en grès à deux tubulures, remplies d'eau à moitié.

§ 106. L'acide chlorhydrique[1] du commerce est rarement pur ; il

[1] L'acide chlorhydrique est souvent appelé *acide muriatique* dans le commerce : c'est le nom que lui donnaient les anciens chimistes. Ils regardaient le chlore comme une combinaison d'acide muriatique et d'oxygène, et lui donnaient le nom d'*acide muriatique oxygéné.*

est presque toujours coloré en jaune par du chlorure de fer, et renferme, en outre, une petite quantité d'acide sulfurique, et quelquefois d'acide sulfureux. On le purifie facilement par distillation ; mais il est bon de verser préalablement dans la liqueur une petite quantité de chlorure de baryum et d'agiter : on précipite ainsi l'acide sulfurique à l'état de sulfate de baryte. Si l'acide renferme de l'acide sulfureux, il faut faire passer à travers la liqueur quelques bulles de chlore qui change l'acide sulfureux en acide sulfurique.

La dissolution d'acide chlorhydrique pur est parfaitement incolore.

Pour faire l'analyse de l'acide chlorhydrique, on introduit dans une cloche recourbée (*fig.* 51), placée sur la cuve à mercure, un volume connu de ce gaz ; puis, au moyen d'une petite tige en fer, on fait passer dans cette cloche un globule de potassium que l'on dépose dans la partie horizontale de la cloche ; on chauffe avec une lampe à alcool. Le potassium décompose le gaz acide chlorhydrique en s'emparant

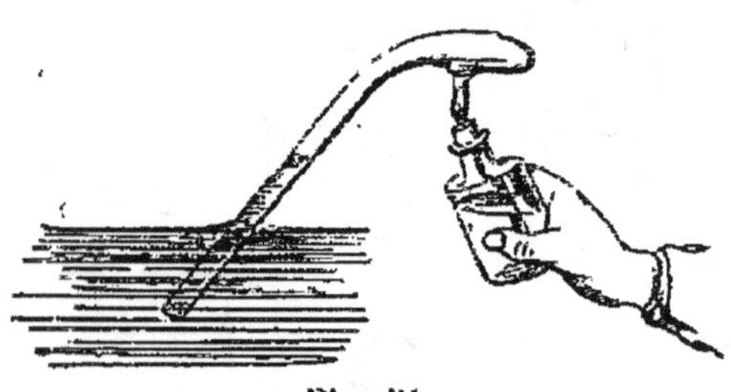

Fig. 51.

de son chlore et mettant l'hydrogène en liberté. On fait passer le gaz hydrogène dans le tube divisé qui a servi à mesurer le gaz chlorhydrique, et on reconnaît que son volume est la moitié de celui qu'occupait précédemment l'acide. Or, si de la densité du gaz chlorhydrique. 1,2474
nous retranchons la demi-densité du gaz hydrogène. . . . 0,0345

il reste. 1,2129
qui est à très-peu près la demi-densité du chlore ; donc 1 volume de gaz acide chlorhydrique renferme $\frac{1}{2}$ volume de chlore et $\frac{1}{2}$ volume d'hydrogène sans condensation.

Si l'on veut connaître la composition en poids de 100 parties d'acide chlorhydrique, on posera les proportions :

$$1,2474 : 0,0345 :: 100 : x = 2,74$$
$$1,2474 : 1,2129 :: 100 : y = 97,26$$

Donc 100 parties d'acide chlorhydrique renferment :

Hydrogène. 2,74
Chlore. 97,26

100,00.

On exprime cette composition d'une autre manière, en la rapportant à l'équivalent 12,50 de l'hydrogène ; on trouve ainsi

$$\begin{array}{ll}
\text{Hydrogène.} \ldots \ldots & 12,50 \\
\text{Chlore.} \ldots \ldots & \underline{443,20} \\
\text{Acide chlorhydrique.} \ldots & 455,70.
\end{array}$$

Les chimistes admettent que le nombre 443,20 représente l'*équivalent du chlore* ; l'acide chlorhydrique renferme donc 1 équivalent d'hydrogène et 1 équivalent de chlore, et son équivalent pèse 455,70.

1 volume de gaz acide chlorhydrique renferme $\frac{1}{2}$ volume d'hydrogène et $\frac{1}{2}$ volume de chlore. Si nous rapportons cette composition à 2 volumes d'hydrogène, nous dirons que 4 volumes de gaz acide chlorhydrique renferment 2 volumes d'hydrogène et 2 volumes de chlore. Or 2 volumes d'hydrogène représentent l'équivalent de ce gaz ; l'équivalent du chlore en volume sera donc représenté par 2 volumes comme celui de l'hydrogène, et celui de l'acide chlorhydrique par 4 volumes.

Nous ne connaissons pas d'autres combinaisons du chlore avec l'hydrogène.

Combinaison du brôme avec l'hydrogène.

Acide brômhydrique, HBr.

§ 107. Le brôme se combine avec l'hydrogène beaucoup plus difficilement que le chlore. Ainsi un mélange d'hydrogène et de vapeur de brôme ne prend pas feu à l'approche d'une allumette enflammée, et peut être exposé aux rayons directs du soleil sans que la combinaison ait lieu ; mais la combinaison s'effectue, si l'on fait passer le mélange à travers un tube de porcelaine chauffé au rouge.

Lorsqu'on traite du brômure de sodium par de l'acide sulfurique concentré, il se dégage un gaz acide fumant à l'air ; c'est l'acide brômhydrique ; mais ce gaz n'est pas pur, il renferme de l'acide sulfureux et de la vapeur de brôme ; cela tient à ce que l'acide brômhydrique est décomposé par l'acide sulfurique concentré. Il se forme alors de l'eau, de l'acide sulfureux et du brôme.

$$\text{Acide brômhydrique.} \left\{ \begin{array}{l} \text{Brôme.} \\ \text{Hydrogène.} \end{array} \right. \cdot \left. \begin{array}{l} \\ \end{array} \right\} \text{Eau.}$$

Acide brômhydrique.$\left\{\begin{array}{l}\text{Brôme.}\\ \text{Hydrogène.} \cdot\end{array}\right.$

Acide sulfurique.$\left\{\begin{array}{l}\text{Oxygène.} \cdot \cdot\\ \text{Acide sulfureux.}\end{array}\right\}$ Eau.

$$\text{HBr} + \text{SO}^5 = \text{SO}^2 + \text{HO} + \text{Br}.$$

On obtient du gaz acide brômhydrique pur, en décomposant, par une petite quantité d'eau, du brômure de phosphore.

Brômure de phos-
phore.. . . . . .   Brôme. . . . .
Eau. . . . .   Phosphore. Acide phospho-   Acide brômhydrique.
                     Oxygène.   reux.
                     Hydrogène. . . . .

La réaction est représentée par l'équation suivante :

$$PhBr^3 + 7HO = PhO^5 + 3HBr.$$

On fait cette expérience dans l'appareil représenté figure 52, et qui consiste en un tube contourné *abcde* ouvert aux deux bouts. On place en *d* quelques morceaux de phosphore, et l'on remplit la branche *de* de petits fragments de verre mouillés. Par l'ouverture *a* on verse le

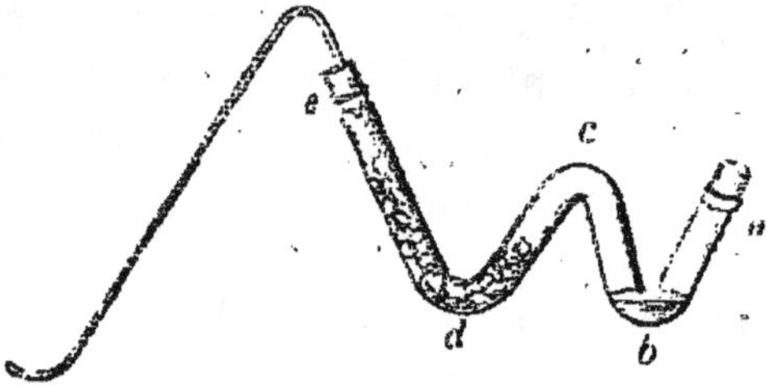

Fig. 52.

brôme, qui se rend en *b*. On chauffe la courbure *b* avec un seul charbon que l'on approche plus ou moins; le brôme se volatilise, rencontre le phosphore, avec lequel il se combine; le brômure de phosphore formé se détruit immédiatement au contact de l'eau et produit de l'acide phosphoreux qui reste dans le tube, tandis que le gaz acide brômhydrique se dégage et peut être recueilli sur le mercure. Il est nécessaire de mettre très-peu d'eau dans le tube, sans quoi l'acide brômhydrique s'y dissoudrait entièrement.

L'acide brômhydrique est un gaz incolore, acide, fumant à l'air; sa densité est 2,731. Il est décomposé par le chlore, qui s'empare de l'hydrogène pour former de l'acide chlorhydrique, et met en liberté le brôme, qui apparaît sous la forme d'une vapeur brune. Si l'on met le chlore en excès, il se forme du chlorure de brôme. L'acide brômhydrique est extrèmement soluble dans l'eau; une dissolution concentrée répand des fumées abondantes à l'air.

La composition en équivalents du gaz acide brômhydrique est semblable à celle du gaz chlorhydrique.

Combinaison de l'iode avec l'hydrogène.

Acide iodhydrique, HIo.

§ 108. L'affinité de l'iode pour l'hydrogène est beaucoup plus faible que celle du brôme pour ce gaz; aussi ces deux corps ne se combinent-ils pas directement, même lorsqu'on fait passer un mélange de gaz hydrogène et de vapeur d'iode à travers un tube de porcelaine rougi. Si l'on chauffe de l'iodure de sodium avec de l'acide sulfurique concentré, on n'obtient pas d'acide iodhydrique, mais seulement un mélange de gaz acide sulfureux et de vapeur d'iode. Il y a décomposition mutuelle de l'acide sulfurique et de l'acide iodhydrique.

$$\text{Acide iodhydrique.} \begin{cases} \text{Iode.} \\ \text{Hydrogène.} \end{cases} \Big\} \text{Eau.}$$
$$\text{Acide sulfurique.} \begin{cases} \text{Oxygène.} \\ \text{Acide sulfureux.} \end{cases}$$

$$HIo + SO^3 = SO^2 + HO + Io.$$

On prépare le gaz acide iodhydrique en décomposant de l'iodure de phosphore par une petite quantité d'eau. A cet effet, on place dans un tube fermé par un bout (*fig.* 53) des couches alternatives de phosphore, d'iode et de verre concassé, humecté d'eau, et l'on chauffe légèrement. L'iodure de phosphore se décompose, à mesure qu'il se produit, au contact de l'eau; il se forme de l'acide phosphoreux qui reste dans le tube et de l'acide iodhydrique gazeux qui se dégage. Ce gaz ne peut pas être recueilli sur le mercure, car ce métal le décompose en s'emparant de l'iode, et met l'hydrogène en liberté; il faut le recevoir dans un flacon sec à petite ouverture, comme on le fait pour le chlore (*page* 60). La densité du gaz acide iodhydrique est

Fig. 53.

4,443. Ce gaz est incolore; il répand des fumées épaisses à l'air; il est extrêmement soluble dans l'eau, et donne lieu à une dissolution fortement acide qui répand des fumées quand elle est concentrée.

L'acide iodhydrique est un composé peu stable; le chlore et le brôme le décomposent facilement en s'emparant de son hydrogène et mettent l'iode en liberté. L'acide iodhydrique est même décomposé par l'oxygène de l'air à la température ordinaire, lorsqu'il est en dissolution dans l'eau. La dissolution d'acide iodhydrique se colore, en effet, promptement à l'air; une partie de l'acide iodhydrique est décomposée par l'oxygène de l'air, il se forme de l'eau, et l'iode, mis en liberté, se dissout dans l'acide iodhydrique non altéré. La dissolution de cet acide peut dissoudre une grande quantité d'iode. A mesure que la décomposition de l'acide iodhydrique avance, la liqueur prend une couleur brune de plus en plus foncée; bientôt il ne reste plus assez d'acide iodhydrique non altéré pour tenir tout l'iode en dissolution, et celui-ci commence à se déposer lentement en cristaux très-réguliers, qui acquièrent quelquefois un volume considérable.

Combinaison du fluor avec l'hydrogène.

Acide fluorhydrique, HFl.

§ 109. On prépare cet acide en faisant réagir l'acide sulfurique concentré sur du fluorure de calcium, ou *spath fluor*, minéral assez commun dans la nature. L'acide fluorhydrique attaque le verre, la porcelaine et la plupart des métaux; pour le préparer, on est obligé d'avoir recours à des vases de platine ou de plomb. L'appareil que l'on emploie ordinairement dans les laboratoires se compose d'une cornue en plomb (*fig.* 54) formée de deux pièces qui s'emboîtent; la pièce inférieure, en forme de capsule, contient le mélange; la pièce supérieure forme le dôme et le col de la cornue, et dirige les vapeurs acides dans un récipient. Celui-ci est formé par un tuyau en plomb, recourbé, et qui s'ajuste à frottement sur le col de la cornue; il

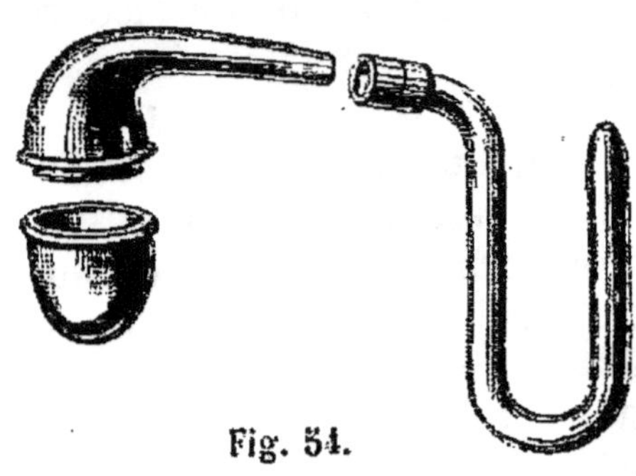

Fig. 54.

porte, à son extrémité, un petit trou qui livre passage à l'air dilaté ou à l'excès de vapeur; on enveloppe ce récipient de glace pendant l'opération.

On place le spath fluor, en poudre fine, dans la capsule, puis on y verse un poids double environ d'acide sulfurique concentré; on remue avec une spatule de platine ou de plomb. On monte ensuite l'appareil, et l'on couvre les jointures avec un lut terreux que l'on maintient au moyen d'une bande de papier. On chauffe la cornue avec quelques charbons placés dessous, en prenant des précautions pour ne pas atteindre le point de fusion du plomb; pour plus de sûreté, on peut chauffer la cornue dans un bain de sable, ou mieux dans un bain d'huile. Lorsque l'opération est terminée, on verse l'acide fluorhydrique qui s'est condensé dans le récipient dans un vase d'argent ou de plomb, que l'on ferme avec un bouchon du même métal, soigneusement rodé.

L'acide fluorhydrique que l'on obtient ainsi est l'acide anhydre : si on voulait obtenir de l'acide étendu d'eau, il serait convenable de placer dans le récipient une certaine quantité d'eau qui faciliterait beaucoup la condensation des vapeurs acides.

La théorie de cette opération est très-simple; elle est la même que celle de la préparation du gaz acide chlorhydrique (§ 104) :

$$CaFl + SO^5.HO = CaO.SO^5 + HFl.$$

L'acide fluorhydrique est une des substances les plus dangereuses à manier; une goutte d'acide anhydre sur la peau produit une inflammation très-vive, souvent accompagnée de fièvre. Une brûlure qui s'étendrait sur une grande surface pourrait occasionner les accidents les plus graves, et même la mort. Lorsque l'acide est mêlé avec l'eau, il est beaucoup moins corrosif; mais, même dans ce cas, on ne doit le manier qu'avec les plus grandes précautions.

L'acide fluorhydrique anhydre forme un liquide incolore, ayant pour densité 1,06; il ne se congèle à aucune température, et bout vers 30°. Il produit à l'air des vapeurs blanches, épaisses, qui sont dues à sa combinaison avec la vapeur aqueuse de l'air. L'acide fluorhydrique a une grande affinité pour l'eau et se mêle avec ce liquide en toutes proportions. Quand on verse l'acide anhydre dans l'eau, chaque goutte produit un bruit semblable à celui d'un fer rouge que l'on y plongerait. L'acide mêlé à une suffisante quantité d'eau ne fume plus à l'air.

L'acide fluorhydrique attaque le verre; nous verrons plus loin quelle est la réaction chimique qui se produit. On s'en sert pour graver sur le verre, et principalement pour tracer les divisions sur les tiges des thermomètres et sur les cloches. On grave également à l'acide fluorhydrique gazeux; on obtient même ainsi des divisions plus fines et très-visibles, parce qu'elles sont opaques; tandis que celles qui sont obtenues avec l'acide liquide sont transparentes et ont besoin d'être profondes pour être suffisamment apparentes. Pour graver à l'acide gazeux, on met dans une caisse en plomb un mélange de spath fluor en poudre très-fine et d'acide sulfurique concentré, et l'on expose la pièce à graver à l'action des vapeurs acides qui se dégagent.

L'acide fluorhydrique présente la plus grande analogie avec les acides chlorhydrique, bromhydrique et iodhydrique; aussi est-il probable qu'il a une composition semblable, c'est-à-dire qu'il est formé de $\frac{1}{2}$ volume de fluor et de $\frac{1}{2}$ volume d'hydrogène sans condensation. Mais cette composition n'a pu être vérifiée par des expériences directes, parce que l'on n'a pas réussi jusqu'ici à isoler le fluor de manière à en déterminer la proportion, ni même à prendre la densité de l'acide fluorhydrique gazeux.

Combinaisons du soufre avec l'hydrogène.

Acide sulfhydrique, HS.

§ 110. Le soufre et l'hydrogène ne se combinent pas directement, même quand on les fait passer à travers un tube de porcelaine chauffé au rouge. Mais on obtient une combinaison gazeuse de ces deux corps en décomposant certains sulfures métalliques par l'acide sulfurique étendu d'eau. Le sulfure que l'on emploie ordinairement dans les laboratoires est le protosulfure de fer. La réaction est la suivante :

$$FeS + SO^5 + HO = FeO.SO^5 + HS.$$

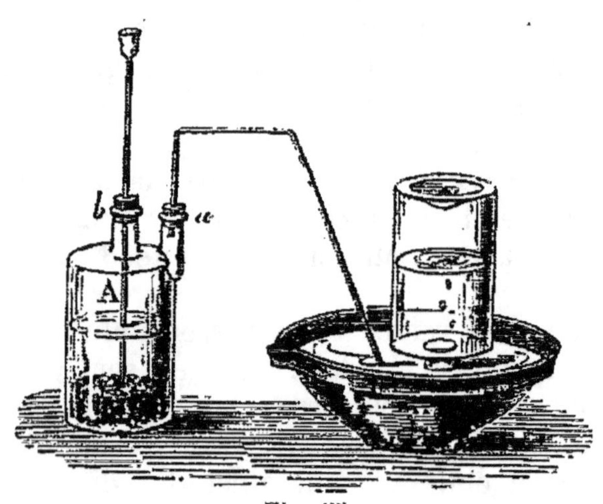

Fig. 55.

On emploie le même appareil que pour la préparation du gaz hydrogène. On place dans un flacon à deux tubulures (*fig. 55*) le sulfure de fer en morceaux, et l'on verse par-dessus une certaine quantité d'eau. On ajoute l'acide sulfurique, successivement, par le tube à entonnoir.

On peut remplacer l'acide sulfurique étendu par l'acide chlorhydrique ; la réaction est alors la suivante :

Sulfure de fer. . . . { Soufre. . . . . . . } Acide sulfhydrique.
                       { Fer. . . . . } Chlorure de fer.
Acide chlorhydrique. { Hydrogène. . . . }
                     { Chlore. . . . . . }

$$FeS + HCl = FeCl + HS.$$

Le sulfure de fer que l'on emploie dans les laboratoires, pour obtenir l'acide sulfhydrique, est préparé exprès pour cet usage ; mais il renferme souvent de petites quantités de fer métallique qui, au contact de l'acide sulfurique étendu d'eau ou de l'acide chlorhydrique, dégage de l'hydrogène. Le gaz acide sulfhydrique se trouve alors mélangé de gaz hydrogène. Dans beaucoup d'expériences, l'hydrogène est sans inconvénient; mais, s'il en devenait un, il faudrait préparer le gaz acide sulfhydrique en traitant le sulfure d'antimoine par l'acide chlorhydrique. Le sulfure d'antimoine est un produit naturel que l'on rencontre assez abondamment dans la nature. Il n'est attaquable que par les acides concentrés. On ne peut pas employer l'acide sulfurique, car, lorsque cet acide est étendu, il n'attaque pas le sulfure d'antimoine, et, s'il est plus concentré, il décompose le gaz acide sulfhydrique à mesure qu'il se produit. Pour préparer l'acide sulfhydrique avec le sulfure d'antimoine, on place ce sulfure, réduit en poudre fine, dans un petit ballon (*fig.* 56), et l'on ajoute l'acide chlorhydrique, successivement, par le tube en S. On chauffe avec quelques charbons pour accélérer le dégagement de gaz.

§ 111. L'acide sulfhydrique est un gaz incolore, doué d'une

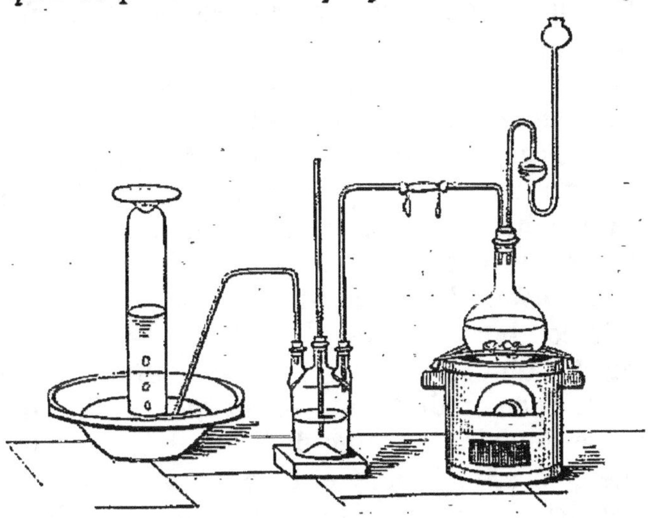

Fig. 56.

odeur très-fétide, celle des œufs pourris. Sa densité est 1,1912. Il se liquéfie sous une pression de 15 à 16 atmosphères à la température ordinaire, et forme alors un liquide très-mobile ayant pour densité 0,9.

L'acide sulfhydrique est un gaz des plus vénéneux; il suffit de la présence de $\frac{1}{1200}$ de ce gaz dans l'air pour tuer un oiseau, et de $\frac{1}{100}$ pour faire périr un chien. Les ouvriers qui vident les fosses d'aisance sont souvent exposés à l'action délétère de ce gaz. On la combat par le chlore, qui décompose l'acide sulfhydrique. Mais le chlore doit être administré avec précaution. En pareil cas, le mieux est de se servir d'une serviette imbibée d'acide acétique, dans laquelle on place quelques fragments de chlorure de chaux, et que l'on fait respirer au malade.

La chaleur décompose partiellement l'acide sulfhydrique en hydrogène et soufre; mais, pour obtenir une décomposition complète, il faut faire passer un grand nombre de fois le gaz à travers un tube de porcelaine fortement chauffé.

Le gaz sulfhydrique est combustible; il brûle à l'air avec une flamme bleue, il en résulte de l'eau et du gaz acide sulfureux. Si l'on enflamme le gaz contenu dans une éprouvette, le soufre ne brûle pas complétement, et se dépose en partie sur les parois de l'éprouvette.

Lorsqu'on abandonne un mélange de gaz sulfhydrique et d'air dans un grand flacon, au contact d'un corps poreux et surtout du linge, sous l'influence d'une température de 40° à 50°, il se forme, avec le temps, une quantité notable d'acide sulfurique. Cette réaction présente de l'intérêt, parce qu'elle explique la formation de l'acide sulfurique et des sulfates dans les localités où se dégage de l'hydrogène sulfuré.

L'oxygène en dissolution dans l'eau décompose lentement l'acide sulfhydrique; il se forme de l'eau, et il se dépose du soufre très-divisé qui rend la liqueur laiteuse. Aussi, pour conserver une dissolution d'acide sulfhydrique, convient-il de la placer dans des flacons bien bouchés, que l'on remplit entièrement et que l'on retourne.

Le gaz sulfhydrique donne donc des produits de combustion différents, suivant les circonstances dans lesquelles l'oxydation a lieu : par la combustion vive, il donne de l'eau et de l'acide sulfureux; au contact d'un corps poreux, et à une température de 40° à 50°, il produit de l'eau et de l'acide sulfurique; enfin, dissous dans l'eau et au contact de l'air, il donne de l'eau et du soufre qui se dépose.

Le chlore, le brôme et l'iode décomposent immédiatement l'acide sulfhydrique; il en résulte du soufre et des acides chlorhydrique, brômhydrique, iodhydrique. Si le chlore, le brôme et l'iode sont en excès, ils se combinent avec le soufre isolé et forment des chlorure, brômure, iodure de soufre. On utilise cette propriété pour préparer l'acide iodhydrique en dissolution.

Le gaz sulfhydrique est un véritable acide : il rougit la teinture de tournesol, mais seulement à la manière des acides faibles, c'est-à-dire qu'il ne produit que le *rouge vineux;* tandis que les acides énergiques, tels que les acides azotique et sulfurique, produisent la couleur *pelure d'oignon.* Ses propriétés acides sont donc faiblement développées; aussi lui donne-t-on souvent le nom de *gaz hydrogène sulfuré* (§ 29).

L'eau dissout $2\frac{1}{2}$ à 3 fois son volume de gaz acide sulfhydrique. Cette dissolution se prépare dans un appareil de Woolf (§ 116), en ayant soin de mettre dans les flacons de l'eau récemment bouillie, et, par suite, privée d'air. La dissolution, chauffée, abandonne entièrement le gaz. L'alcool dissout 5 à 6 fois son volume de gaz acide sulfhydrique.

La dissolution d'acide sulfhydrique est très-employée dans les laboratoires; on s'en sert pour précipiter, à l'état de sulfures, un grand nombre de métaux de leurs dissolutions salines. Ces sulfures, en général insolubles, ont souvent des couleurs caractéristiques qui suffisent pour reconnaître les métaux auxquels ils appartiennent. Ainsi la dissolution d'acide sulfhydrique permet de reconnaître les moindres traces d'oxyde de plomb qui se trouvent dans une liqueur, par la coloration brune ou noire qu'elle y développe. Réciproquement, les sels de plomb permettent de démontrer la présence des plus petites quantités d'acide sulfhydrique. On se sert souvent, à cet effet, dans les laboratoires, de petites bandes de papier qui ont été imbibées d'une dissolution d'acétate de plomb. Ces bandes de papier sont incolores; mais elles noircissent immédiatement, quand on les plonge dans de l'eau qui renferme les plus légères traces d'acide sulfhydrique, ou lorsque, après les avoir mouillées, on les laisse exposées à l'air dans lequel se trouve une petite quantité de ce gaz.

On rencontre dans la nature quelques eaux minérales qui renferment de l'acide sulfhydrique; on les utilise en médecine sous le nom d'*eaux sulfureuses*.

§ 112. On ne peut pas analyser l'acide sulfhydrique en le décomposant dans une cloche courbe par le potassium, comme on a l'habitude de le faire pour d'autres combinaisons de l'hydrogène avec les métalloïdes, pour l'acide chlorhydrique, par exemple (§ 106). Le potassium décompose bien, il est vrai, le gaz sulfhydrique; mais le sulfure qui en résulte se combine avec l'acide sulfhydrique non décomposé et forme un *sulfhydrate de sulfure de potassium*; de sorte qu'une partie du gaz échappe à la décomposition. Mais on parvient parfaitement à faire cette analyse (*fig.* 57) en remplaçant le potassium par l'étain. On chauffe avec une lampe à alcool; l'étain se combine avec le soufre, et le gaz hydrogène devient libre. On reconnaît que le volume du gaz reste exactement le même. On s'assure d'ailleurs que la décomposition du gaz sulfhydrique a été complète, en introduisant dans la cloche un fragment de potasse mouillé; s'il reste de l'acide sulfhydrique, celui-ci est absorbé et le volume diminue.

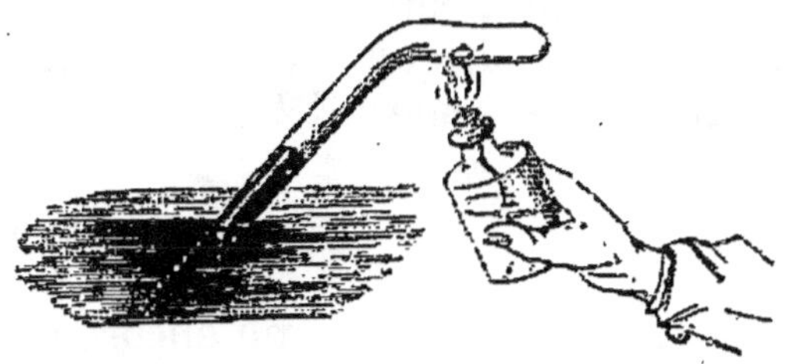

Fig. 57.

On conclut de l'expérience précédente que 1 volume de gaz acide sulfhydrique renferme 1 volume de gaz hydrogène. Or, si de la densité du gaz acide sulfhydrique. 1,1912
on retranche la densité de l'hydrogène. 0,0692
il reste. 1,1220

qui est à très-peu près égal à la demi-densité de la vapeur de soufre $\frac{2,218}{2} = 1,109$.

On conclut de là que 1 volume de gaz acide sulfhydrique est formé de 1 volume de gaz hydrogène et de $\frac{1}{2}$ volume de vapeur de soufre; ou, si l'on rapporte cette composition à 2 volumes de gaz hydrogène, équivalent de ce corps, on dira que deux volumes de gaz acide sulfhydrique renferment 2 volumes de gaz hydrogène et 1 volume de vapeur de soufre. Si l'on admet que 1 volume de vapeur de soufre représente l'équivalent du soufre gazeux, l'acide sulfhydrique sera formé de 1 équivalent de soufre et de 1 équivalent d'hydrogène, et l'équivalent du gaz acide sulfhydrique sera de 2 volumes.

Nous avons vu que le poids 1,1912 d'acide sulfhydrique renfermait 0,0692 d'hydrogène et 1,1220 de soufre; par suite, 100 parties en poids d'acide sulfhydrique renferment

Hydrogène.	5,81
Soufre.	94,19
	100,00

et, si l'on calcule cette composition par rapport au poids 12,50 d'hydrogène qui représente l'équivalent de ce corps, on trouve :

Hydrogène.	12,50
Soufre.	200,00
Acide sulfhydrique	212,50

L'équivalent en poids du soufre sera donc 200, la formule de l'acide sulfhydrique en équivalents sera HS; et le poids de l'équivalent de cet acide, 212,50.

Bisulfure d'hydrogène, HS^2.

§ 115. Le soufre forme encore une seconde combinaison avec l'hydrogène; celle-ci est un liquide oléagineux, jaunâtre, qui renferme une plus grande quantité de soufre que l'acide sulfhydrique; mais cette quantité n'a pu jusqu'à présent être déterminée avec exactitude, parce qu'il est difficile d'obtenir le bisulfure d'hydrogène à l'état de pureté. On prépare ce corps, en versant une dissolution de polysulfure de calcium ou de potassium dans de l'acide chlorhydrique. La liqueur devient laiteuse; on la verse dans un grand entonnoir dont l'ouverture a été préalablement bouchée. Au bout de quelque temps le bisulfure d'hydrogène s'est réuni, dans la partie étroite de l'entonnoir, sous la forme d'un liquide jaune; on le sépare en débouchant l'entonnoir avec précaution, jusqu'à ce que ce liquide, plus lourd, se soit écoulé. Le bisulfure d'hydrogène ne se conserve bien qu'au contact d'une dissolution d'acide chlorhydrique assez concentré; il se décompose promptement au contact de l'eau pure ou de l'air; il se dégage alors du gaz acide sulfhydrique, et du soufre se sépare. On utilise cette décomposition spontanée du bisulfure d'hydrogène pour obtenir l'acide sulfhydrique liquide.

On admet que ce corps est formé de 1 équivalent d'hydrogène et de 2 équivalents de soufre, et on lui donne la formule HS^2.

Combinaison de l'hydrogène avec le sélénium.

Acide sélénhydrique, HSe.

§ 114. Le sélénium forme avec l'hydrogène une combinaison gazeuse dont la composition et les propriétés sont analogues à celles de l'acide sulfhydrique.

Combinaison de l'azote avec l'hydrogène.

Ammoniaque, AzH^3.

§ 115. L'hydrogène et l'azote forment une combinaison gazeuse connue sous le nom d'*ammoniaque*. Ce nom, donné par les anciens chimistes, a été conservé par les chimistes modernes, quoiqu'il fasse une exception aux principes de notre nomenclature.

L'hydrogène et l'azote ne se combinent pas directement quand ils sont à l'état gazeux. Cependant, si l'on fait passer un grand nombre d'étincelles électriques à travers un mélange des deux gaz, surtout en présence de vapeurs acides, il y a combinaison et formation d'une petite quantité d'ammoniaque. Il est probable que c'est un phénomène de cette nature qui donne naissance au nitrate d'ammoniaque que l'on trouve dans les pluies d'orage.

Les deux gaz se combinent facilement, au contraire, lorsqu'ils se trouvent en présence, à l'état naissant, dans une liqueur. Un morceau de fer qui se rouille au contact de l'air donne presque constamment naissance à une petite quantité d'ammoniaque. La couche d'eau qui recouvre le fer dissout les gaz de l'air atmosphérique, l'oxygène de cet air s'unit au métal et forme de l'oxyde de fer; la pellicule d'oxyde constitue avec le métal un élément voltaïque assez fort pour décomposer l'eau. L'oxygène, ainsi mis en liberté, s'unit à une nouvelle quantité de fer, et l'hydrogène naissant, trouvant de l'azote en dissolution dans l'eau, forme avec lui de l'ammoniaque. Cette formation est facilitée encore par l'acide carbonique de l'air.

Quand on dissout du zinc dans de l'acide azotique étendu d'eau, la liqueur renferme ensuite une quantité notable d'azotate d'ammoniaque. Cette formation s'explique de la manière suivante : en dissolvant du zinc dans de l'acide azotique très-étendu d'eau, il se dégage du gaz hydrogène, et il se forme de l'azotate d'oxyde de zinc ; la réaction est la même que celle qui a lieu au contact du zinc et de l'acide sulfurique étendu d'eau. Si l'on traite, au contraire, le zinc par l'acide azotique concentré, le zinc s'oxyde aux dépens de l'oxygène d'une portion de l'acide azotique, il se forme encore de l'azotate de zinc, et il se dégage de l'azote et des oxydes d'azote. Enfin, si l'on traite le zinc par de l'acide azotique d'une concentration moyenne, les deux réactions ont lieu à la fois : le zinc s'oxyde tant aux dépens de l'oxygène de l'eau qu'à ceux de l'oxygène d'une portion de l'acide azotique, et il se sépare un mélange d'hydrogène et d'azote. Ces deux gaz, se rencontrant, *à l'état naissant*, dans la liqueur, se combinent alors et produisent de l'ammoniaque. Aussi trouve-t-on, dans ce cas, une grande quantité d'azotate d'ammoniaque dans la dissolution. On obtient une quantité d'ammoniaque plus grande encore, en dissolvant le zinc dans un mélange d'acide sulfurique et d'acide azotique, étendu d'eau. On verse d'abord la dissolution d'acide sulfurique, puis on ajoute, goutte à goutte, l'acide azotique jusqu'à ce que le dégagement du gaz hydrogène cesse entièrement, le zinc continue à se dissoudre, sans dégagement d'hydrogène, lequel reste en entier, dans la liqueur, à l'état d'ammoniaque.

Nous constaterons, par la suite, un grand nombre de faits semblables. Des gaz qui ne se combinent pas lorsqu'on les mélange à l'état gazeux se combinent souvent au moment où ils deviennent libres dans une même dissolution. On dit, alors, qu'ils se combinent *à l'état naissant*.

Les matières animales, calcinées à l'abri du contact de l'air, donnent une quantité considérable de carbonate d'ammoniaque qui passe à la distillation. On dissout ce carbonate d'ammoniaque dans l'acide chlorhydrique, et on le transforme ainsi en chlorhydrate d'ammoniaque, appelé *sel ammoniac* dans le commerce.

On prépare le gaz ammoniac en chauffant, dans un petit matras (*fig.* 58), un mélange de 1 partie de sel ammoniac pulvérisé et de 2 parties de chaux vive.

Chlorhydrate d'am-{ Ammoniaque.
    moniaque. . . .{ Acide chlorhy- { Hydrogène..
                        drique.. . . { Chlore.. . . . } Eau.
Chaux. . . . . . .{ Oxygène... . . . . } Chlorure de calcium.
                  { Calcium. . . . .

Il se forme du chlorure de calcium, de l'eau et du gaz ammoniac,

$$AzH^3.HCl + CaO = AzH^3 + CaCl + HO ;$$

l'eau est retenue par l'excès de chaux vive, qui est un corps très-avide d'humidité. Cependant, comme la température s'élève, surtout à la fin de l'expérience, et que, par suite,
l'eau peut en partie se
dégager, il est nécessaire,
quand on veut avoir le
gaz parfaitement sec, de
lui faire traverser un tube
rempli de fragments de
potasse caustique qui ab-
sorbent les dernières traces d'humidité. On ne peut
pas employer, dans ce cas,
le chlorure de calcium,

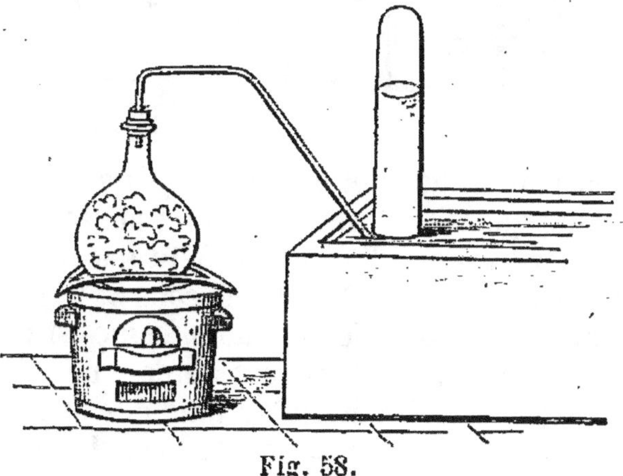

Fig. 58.

parce qu'il absorbe, *à froid*, une grande quantité de gaz ammoniac.

Le dégagement d'ammoniaque commence même à froid, pendant qu'on mélange la chaux avec le sel ammoniac.

§ 116. L'ammoniaque est un gaz incolore, d'une odeur vive et piquante qui provoque le larmoiement. Sa densité est 0,597. Le gaz ammoniac se liquéfie par un froid de — 40° sous la pression ordinaire de l'atmosphère, ou sous une pression de $6\frac{1}{2}$ atmosphères à la température de 10°. C'est un alcali très-puissant, et, comme il est gazeux, on lui a donné le nom d'*alcali volatil*. Il ramène au bleu la teinture de tournesol rougie par un acide ; il neutralise les acides les plus énergiques, tels que l'acide sulfurique.

Le gaz ammoniac est très-soluble dans l'eau ; la dissolution a lieu presque instantanément ; on le démontre comme pour le gaz acide chlorhydrique (§ 105). Un morceau de glace introduit dans une cloche remplie de gaz ammoniac fond immédiatement en dissolvant le gaz. L'eau dissout environ 500 fois son volume de gaz ammoniac à froid. La chaleur chasse complètement le gaz de cette dissolution, et celle-ci n'en renferme plus sensiblement, après quelque temps d'ébullition. On prépare la dissolution d'ammoniaque au moyen d'un appareil de

7.

Woolf (*fig. 59*). On place dans un grand ballon, ou dans une cornue A, un mélange de sel ammoniac et de chaux. On ne prend plus de la chaux vive, comme lorsqu'on veut préparer l'ammoniaque gazeuse,

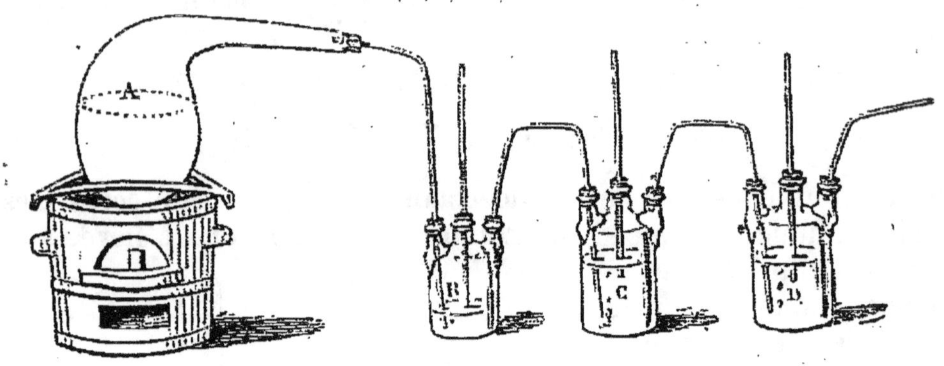

Fig. 59.

mais de la chaux éteinte ; on ajoute même souvent au mélange une petite quantité d'eau qui facilite la réaction entre les deux substances. Le gaz traverse d'abord un petit flacon laveur B renfermant très-peu d'eau, et se rend dans les flacons C, D, remplis d'eau aux trois quarts; comme la dissolution d'ammoniaque est plus légère que l'eau pure, il faut avoir soin, si l'on veut obtenir une dissolution saturée, de faire plonger les tubes jusqu'au fond des flacons.

Dans les fabriques, on remplace le ballon en verre par une cornue ou un cylindre en fonte disposé dans un fourneau, et l'on pousse, à la fin, la température assez haut pour fondre le chlorure de calcium, ce qui permet de l'enlever plus facilement pour recommencer une nouvelle opération. Il est bon de remplacer le chlorhydrate d'ammoniaque par le sulfate, que l'on trouve à meilleur marché dans le commerce ; seulement, il est indispensable, dans ce cas, d'ajouter un peu d'eau et de faire très-exactement le mélange, parce que le sulfate d'ammoniaque n'est pas volatil comme le chlorhydrate et que la réaction n'a lieu alors qu'au contact.

Si l'on fait passer du gaz ammoniac à travers un tube de porcelaine chauffé au rouge, il est partiellement décomposé. On facilite beaucoup cette décomposition en plaçant dans le tube des fils de fer, de cuivre ou de platine. Le métal n'intervient pas dans la réaction chimique, il n'exerce qu'une *action de présence*; cependant le fer et le cuivre absorbent, dans ce cas, une petite quantité d'azote et deviennent très-cassants ; mais le platine ne subit aucune altération.

Si l'on projette un courant de gaz ammoniac, par une petite ouverture, dans une atmosphère de gaz oxygène, on peut mettre le feu à ce courant, et le gaz continue à brûler avec une flamme jaune ; le gaz ammoniac n'est cependant pas assez combustible pour brûler dans l'air.

§ 117. Le gaz ammoniac se décompose également par l'étincelle électrique ; mais la décomposition n'a lieu que sur le passage de l'étincelle, de sorte qu'il faut un nombre très-considérable d'étincelles électriques pour décomposer complétement le gaz. Si l'on fait l'expérience dans un eudiomètre gradué, on reconnaît que le volume du gaz augmente continuellement jusqu'à ce qu'il soit devenu le double du volume du gaz ammoniac primitif. Cette expérience démontre donc que le gaz ammoniac, en se décomposant, donne un volume double d'un mélange de gaz hydrogène et d'azote.

Il est facile alors de déterminer, par une analyse eudiométrique, le rapport dans lequel se trouvent les deux gaz séparés. Supposons que l'on introduise dans un eudiomètre 100 parties du mélange et 50 parties d'oxygène, et que l'on fasse passer l'étincelle électrique, on trouvera que le volume se réduit à 37,5. Il a donc disparu 112,5 d'un mélange de gaz hydrogène et d'oxygène, dans les proportions qui constituent l'eau, c'est-à-dire 75 d'hydrogène et 37,5 d'oxygène. Ainsi 100 parties du mélange gazeux renferment 75 d'hydrogène et 25 d'azote. On peut d'ailleurs isoler ces 25 parties d'azote, soit en introduisant dans la cloche un globule de phosphore qui absorbe les 12,5 d'oxygène, soit en faisant l'analyse eudiométrique, par l'hydrogène, du mélange d'azote et d'oxygène. Or les 100 parties du mélange proviennent de 50 parties de gaz ammoniac ; donc 50 parties de gaz ammoniac renferment 75 d'hydrogène et 25 d'azote ; en d'autres termes, 1 volume de gaz ammoniac est formé de $1\frac{1}{2}$ volume de gaz hydrogène et de $\frac{1}{2}$ volume de gaz azote.

Le poids de $1\frac{1}{2}$ volume d'hydrogène est. . .   0,1038
Le poids de $\frac{1}{2}$ »   d'azote.   0,4856

Le poids de 1   »   d'ammoniaque . . .   0,5894

L'expérience directe a donné 0,596, qui diffère peu du nombre calculé.

Pour déduire de là la composition de 100 parties d'ammoniaque, il suffit de poser les proportions :

$$0,5894 : 0,1038 :: 100 : x,$$

ce qui donne pour la quantité d'hydrogène

$$x = 17,61 ;$$

$$0,5894 : 0,4856 :: 100 : y,$$

d'où l'on déduit pour la quantité d'azote

$$y = 82,59.$$

100 parties d'ammoniaque renferment donc, d'après cette analyse :

Hydrogène. . . .	17,61
Azote.	82,59
	100,00

Les chimistes considèrent l'ammoniaque comme composée de 1 éq. d'azote et de 3 éq. d'hydrogène, et lui donnent la formule AzH^3. L'équivalent de l'azote est alors représenté par le nombre 175,0 ; on a en effet :

$$Az = 175,00$$
$$3H = 37,50$$
$$AzH^3 = 212,50$$

et le nombre 212,50 sera l'équivalent en poids de l'ammoniaque.

Nous avons vu que 1 volume de gaz ammoniac renferme $\frac{1}{2}$ volume d'azote et $1\frac{1}{2}$ volume d'hydrogène, par suite, 4 volumes de gaz ammoniac renferment 2 volumes d'azote et 6 volumes d'hydrogène. Les 6 volumes d'hydrogène représentent 3 équivalents en volume d'hydrogène ; les 2 volumes d'azote représenteront donc l'équivalent de ce gaz, et l'équivalent de l'ammoniaque en volumes sera représenté par 4 volumes.

Le gaz ammoniac se combine directement, à froid, avec le gaz acide chlorhydrique, et produit du chlorhydrate d'ammoniaque ou sel ammoniac. En mélangeant ensemble 100 parties de gaz ammoniac et 100 parties de gaz acide chlorhydrique, on reconnaît que les gaz disparaissent entièrement en donnant une poudre blanche de sel ammoniac qui se dépose sur les parois de la cloche. Ainsi les gaz chlorhydrique et ammoniac se combinent volume à volume.

Le chlore décompose l'ammoniaque à la température ordinaire ; le résultat de la décomposition est du chlorhydrate d'ammoniaque et de l'azote (§ 56) ; la réaction a lieu entre 8 volumes de gaz ammoniac et 3 volumes de chlore. On a

3 vol. chlore. . . . .

2 — ammoniaque. $\begin{cases} 1 \text{ vol. azote. . . .} \\ 3 \text{ — hydrogène.} \end{cases}$ 6 vol. acide chlor- hydrique. . . .   Chlorhy- drate d'am- moniaque.

6 — ammoniaque. . . . .

$$4AzH^3 + 3Cl = 3(AzH^3.HCl) + Az.$$

Cette expérience de décomposition se fait ordinairement de la manière suivante : on verse dans un long tube, bouché par un bout, une dissolution de chlore dans l'eau, de manière à remplir le tube aux $\frac{9}{10}$, et on achève de le remplir avec une dissolution d'ammoniaque. On bouche l'ouverture du tube avec le doigt, et on le retourne. La dissolution d'ammoniaque, qui est plus légère, monte dans le tube, et l'on voit immédiatement se dégager des bulles de gaz azote. Cette réaction est utilisée quelquefois dans les laboratoires pour la préparation de ce gaz ; nous avons décrit ce procédé plus haut (§ 56).

Combinaisons du phosphore avec l'hydrogène.

§ 118. Le phosphore et l'hydrogène se combinent en trois proportions : 1° une combinaison gazeuse que nous appellerons *gaz hydrogène phosphoré* ; 2° un composé liquide plus riche en phosphore ; 3° un composé solide qui renferme la plus grande proportion de phosphore.

Le gaz hydrogène phosphoré s'obtient par plusieurs procédés.

On remplit aux trois quarts un petit matras d'une dissolution concentrée de potasse caustique (*fig.* 60), on y ajoute quelques fragments de phosphore, et l'on chauffe. Il se dégage bientôt de petites bulles de gaz qui s'enflamment aussitôt qu'elles arrivent à l'air. On laisse perdre une petite quantité de gaz avant d'adapter le tube abducteur, afin de chasser l'air du ballon. Cette précaution est indispensable : si l'on bouchait immédiatement le ballon, le gaz inflammable, au contact de l'air du ballon, pourrait occasionner une explosion. On fait dégager le gaz sous l'eau ; chaque bulle qui arrive dans l'air s'enflamme et produit une couronne de vapeurs blanches qui s'élargit à mesure qu'elle s'élève dans l'air ; ces couronnes sont fort régulières quand l'air est tranquille. Si l'on fait dégager les bulles dans une cloche renfermant du gaz

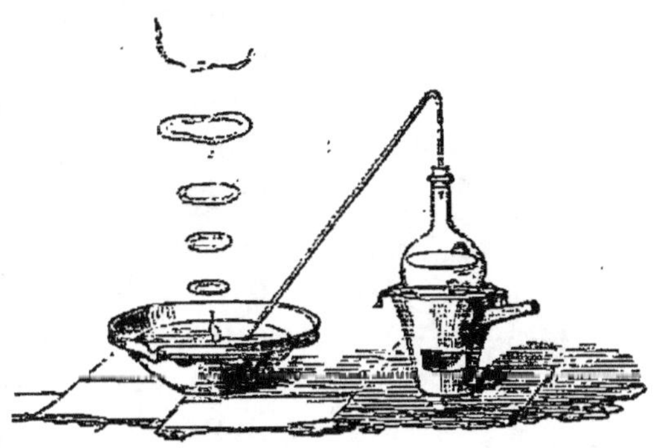

Fig. 60.

oxygène, la flamme est beaucoup plus vive ; mais cette expérience demande à être faite avec précaution : le gaz phosphoré ne doit arriver que par petites bulles, autrement il pourrait y avoir explosion.

La théorie de cette réaction est la suivante : le phosphore seul ne décompose pas l'eau ; mais, quand il se trouve en présence de la potasse, l'affinité de cette base pour l'acide hypophosphoreux qui est un des produits de la réaction détermine cette réaction de la même manière que, dans la préparation du gaz hydrogène, la présence de l'acide sulfurique détermine la décomposition de l'eau par le zinc, à la température ordinaire (§ 47). Une portion du phosphore se combine avec l'oxygène pour former l'acide hypophosphoreux, qui, avec la potasse, produit de l'hypophosphite de potasse ; l'hydrogène se combine avec une autre portion de phosphore et se dégage à l'état d'hydrogène phosphoré.

Le gaz que l'on obtient ainsi est souvent mélangé de gaz hydrogène libre. On le reconnaît en introduisant dans la cloche qui renferme le gaz une dissolution de sulfate de cuivre qui absorbe l'hydrogène phosphoré et laisse l'hydrogène libre. La présence de ce dernier gaz s'explique de la manière suivante : si l'on chauffe une dissolution d'hypophosphite de potasse en présence d'un excès de potasse, il y a décomposition de l'eau ; l'oxygène fait passer l'hypophosphite de potasse à l'état de phosphate, et l'hydrogène se dégage. On conçoit que cette réaction doive avoir lieu en même temps que la première, dans le procédé de préparation que nous venons de décrire.

On peut remplacer la dissolution de potasse par de la chaux hydratée. On fait une pâte avec de la chaux éteinte et de l'eau, et l'on en forme de petites boulettes dans chacune desquelles on renferme un fragment de phosphore. On place un certain nombre de ces boulettes dans un petit matras que l'on chauffe ; le phosphore fond et produit une réaction semblable à celle que nous avons décrite.

Mais le meilleur procédé, celui qui donne le gaz le plus pur, consiste à décomposer le phosphure de chaux par l'eau. Ce phosphure se prépare en chauffant de la chaux dans un courant de vapeur de phosphore. On fait des boulettes avec de la chaux hydratée, et on les calcine. On remplit avec ces boulettes un tube de verre peu fusible, fermé par un bout, et au fond duquel on a placé quelques fragments de phosphore ; on chauffe le tube au rouge, puis on approche quelques charbons de l'extrémité qui renferme le phosphore. Le phosphore en vapeur traverse le tube et se combine avec la chaux.

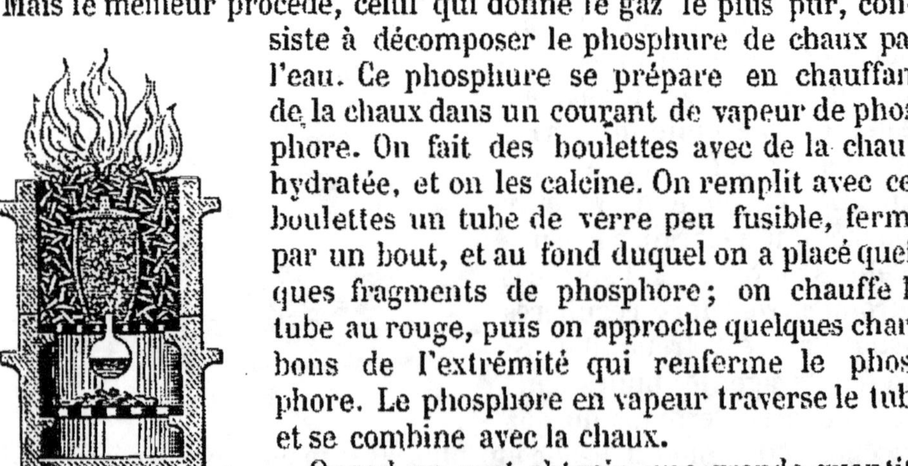

Fig. 61.

Quand on veut obtenir une grande quantité de ce corps, on remplit de boulettes de chaux un grand creuset de terre (*fig.* 61) dont le fond est percé d'un trou dans lequel on engage le col d'un petit ballon renfermant du phosphore. Le creuset est placé sur la grille d'un fourneau, de telle sorte que le ballon renfermant le phosphore se trouve au-dessous de la grille. On chauffe le creuset au rouge vif, puis on approche quelques charbons du ballon de manière à distiller lentement le phosphore. Les vapeurs de phosphore passent dans le creuset et se combinent avec la chaux.

Il suffit de jeter dans l'eau le phosphure de chaux (*fig.* 62) pour que la réaction commence immédiatement; de l'hydrogène phosphoré, spontanément inflammable, se dégage.

§ 119. Le gaz hydrogène phosphoré est un gaz incolore, d'une odeur extrêment fétide et caractéristique; sa densité est 1,185; l'eau en dissout une très-petite quantité. Si l'on conserve ce gaz pendant quelque temps sur le mercure, il subit une altération remarquable. Il se dépose sur les parois de la cloche un faible dépôt brun, et le gaz a perdu la propriété de s'enflammer spontanément au contact de l'air. Le volume du gaz a changé à

Fig. 62.

peine, et, si l'on en fait l'analyse, on lui trouve à très-peu près la même composition.

On obtient immédiatement ce gaz, non spontanément inflammable, en décomposant le phosphure de chaux non par l'eau, mais par l'acide chlorhydrique. On l'obtient également en chauffant les acides phosphoreux et hypophosphoreux. Ces acides sont hydratés; sous l'influence de la chaleur, l'acide et l'eau se décomposent à la fois, une partie de l'acide abandonne son phosphore, qui se combine avec l'hydrogène pour former de l'hydrogène phosphoré, tandis que son oxygène se combine avec une autre portion de l'acide et la change en acide phosphorique.

Cette différence, dans la manière de se comporter, du gaz hydrogène phosphoré préparé par l'une ou l'autre de ces méthodes, tient à la présence, dans le gaz spontanément inflammable, d'une petite quantité d'un autre hydrogène phosphoré, plus riche en phosphore, qui peut être liquéfié à une basse température, et qui s'enflamme aussitôt qu'il arrive au contact de l'air. Pour séparer ce liquide, il suffit de faire passer le gaz hydrogène phosphoré, spontanément inflammable, à travers un tube en U refroidi dans un mélange réfrigérant; il se condense à la fois, dans ce tube, de l'eau qui se solidifie, et un liquide incolore que l'on peut séparer en le faisant couler dans la partie du tube où il ne s'est pas congelé d'eau et fermant ensuite ce tube à la lampe. Le gaz qui sort du tube en U a perdu la propriété de s'enflammer à l'air.

Le phosphure d'hydrogène liquide est très-peu stable; il ne se conserve que dans l'obscurité et se décompose très-promptement, à la lumière, en gaz hydrogène phosphoré, et en un corps solide, jaune orangé, qui est un troisième phosphure d'hydrogène renfermant encore plus de phosphore que le phosphure liquide. C'est ce même corps qui se dépose sur les parois des cloches dans lesquelles on conserve du gaz hydrogène spontanément inflammable, lequel perd par là cette propriété.

Le phosphure d'hydrogène liquide se décompose beaucoup plus facilement au contact de certains acides, tels que l'acide chlorhydrique, etc.; c'est pour cela qu'on obtient toujours du gaz non spontanément inflammable quand on décompose le phosphure de chaux par l'acide chlorhydrique.

Le gaz hydrogène phosphoré pur, bien dépouillé de phosphure liquide, n'est pas spontanément inflammable à la température ordinaire; mais il suffit d'une faible élévation de température pour rendre sa combustion facile : ainsi, chauffé à 100°, il s'enflamme à l'air.

Beaucoup de corps font perdre très-promptement au gaz hydrogène phosphoré sa propriété d'être spontanément inflammable; ce sont ceux qui décomposent facilement le phosphure liquide. D'autres corps, principalement des corps oxydants, tels que le deutoxyde d'azote, etc., rendent au contraire à ce gaz son inflammabilité spontanée, en décomposant une petite quantité du gaz hydrogène phosphoré, lui enlevant une portion de son hydrogène, et le faisant passer ainsi à l'état d'hydrure de phosphore liquide qui reste en vapeur dans le gaz non décomposé.

Une expérience très-simple montre que c'est la présence du phosphure liquide en vapeur dans le gaz hydrogène phosphoré qui donne à ce dernier gaz la propriété de s'enflammer spontanément au contact de l'air, à la température ordinaire. On peut, en effet, communiquer cette propriété à tous les gaz combustibles, en leur ajoutant une très-petite quantité de vapeur de phosphure liquide. Ainsi, si l'on introduit dans une cloche pleine de gaz hydrogène une goutte de phosphure d'hydrogène liquide, on obtient un mélange gazeux qui s'enflamme immédiatement au contact de l'air. Ce sont les vapeurs de phosphure liquide qui prennent feu et qui communiquent l'inflammation au gaz hydrogène.

Le gaz hydrogène phosphoré est composé de :

1 éq. phosphore.	400,00
3 » hydrogène.	37,50
1 » hydrogène phosphoré. . .	437,50

ou 1 $\frac{1}{5}$ vol. hydrogène. 0,1032,
$\frac{1}{4}$ » vapeur de phosphore. . . 1,0815
____
1,1847

La composition du phosphure d'hydrogène liquide est représentée en équivalents par PhH^2.

Enfin la formule du phosphure solide en équivalents est Ph^2H.

Combinaisons de l'arsenic avec l'hydrogène.

§ 120. On connaît deux combinaisons de l'arsenic avec l'hydrogène : la première est gazeuse et porte le nom de *gaz hydrogène arsénié*, la seconde est solide.

On prépare le gaz hydrogène arsénié en traitant de l'arséniure d'étain par l'acide chlorhydrique concentré. Cet arséniure s'obtient en fondant dans un creuset 3 parties d'étain avec 1 partie d'arsenic. On place l'arséniure pulvérisé dans un petit matras, et l'on verse l'acide chlorhydrique par un tube en S ; le dégagement commence à froid, on l'active avec quelques charbons. Il se produit du chlorure d'étain, qui reste dans le matras, et du gaz hydrogène arsénié, qui se dégage. Le gaz que l'on obtient ainsi est toujours mélangé de gaz hydrogène libre. Cela tient à ce que tout l'étain n'est pas en combinaison avec l'arsenic, et que le métal libre dégage de l'hydrogène avec l'acide chlorhydrique. On constate facilement la présence du gaz hydrogène en introduisant dans la cloche une dissolution de sulfate de cuivre qui absorbe l'hydrogène arsénié.

L'hydrogène arsénié forme un gaz incolore, d'une odeur nauséabonde particulière. Sa densité est 2,69. Il se liquéfie vers — 30° sous la pression ordinaire de l'atmosphère. Mis en présence d'un corps en combustion, il s'enflamme à l'air et brûle avec une flamme livide, en formant de l'eau et de l'acide arsénieux ; mais il se dépose constamment sur les parois de la cloche une poudre brune due à une combustion incomplète : c'est l'arséniure d'hydrogène solide.

La chaleur décompose l'hydrogène arsénié ; si l'on fait passer ce gaz à travers un tube chauffé au rouge, l'hydrogène devient libre, et il se dépose en avant de la partie chauffée du tube un anneau miroitant d'arsenic. Ce caractère permet de constater des quantités très-petites de gaz hydrogène arsénié mêlé à l'hydrogène.

Le chlore décompose instantanément le gaz hydrogène arsénié ; chaque bulle de ce gaz qui pénètre dans une éprouvette remplie de chlore s'enflamme. Il se produit de l'acide chlorhydrique et du chlorure d'arsenic.

L'hydrogène arsénié est très-vénéneux ; il faut prendre les plus grandes précautions pour ne pas le respirer, même en très-petite quantité. La composition de ce gaz en équivalents est AsH^3.

L'eau dissout une petite quantité d'hydrogène arsénié. Un flacon plein de ce gaz, abandonné sur la cuve à eau pendant plusieurs semaines, se décompose complétement, et il se forme sur ses parois un dépôt brun d'arséniure d'hydrogène solide. On ne connaît pas la composition de ce dernier corps.

COMBINAISONS DE L'OXYGÈNE AVEC LES MÉTALLOÏDES

Combinaisons de l'azote avec l'oxygène.

§ 121. Nous connaissons aujourd'hui cinq combinaisons définies de l'azote avec l'oxygène :
1° Le protoxyde d'azote ;
2° Le deutoxyde d'azote ;
3° L'acide azoteux ou acide nitreux ;
4° L'acide hypoazotique ou acide hyponitrique ;
5° L'acide azotique ou acide nitrique.

Les quantités d'oxygène qui, dans ces cinq composés, sont combinées avec la même quantité d'azote, sont entre elles dans les rapports de 1 : 2 : 3 : 4 : 5. Nous donnerons donc à ces composés les formules suivantes :

1° Le protoxyde d'azote. . . . . . . AzO ;
2° Le deutoxyde d'azote. . . . . . . AzO^2 ;
3° L'acide azoteux. . . . . AzO^3 ;
4° L'acide hypoazotique. . . . . AzO^4 ;
5° L'acide azotique. . . . . AzO^5.

Deux de ces combinaisons sont acides : ce sont les acides azoteux et azotique ; les trois autres sont indifférentes. C'est au moyen de l'acide azotique que l'on prépare toutes les autres combinaisons de l'azote avec l'oxygène ; il est donc convenable de commencer leur étude par celle de cet acide.

Acide azotique, AzO^5.

§ 122. On prépare l'acide azotique en chauffant le salpêtre, ou azotate de potasse, avec de l'acide sulfurique concentré. L'acide azotique est un acide plus faible et plus volatil que l'acide sulfurique ; il est chassé de sa combinaison, et il passe à la distillation. L'azotate de potasse porte aussi le nom de *nitre*, et l'on a donné primitivement à l'acide azotique le nom d'*acide nitrique*. Ce nom est encore aujourd'hui assez généralement adopté, bien qu'il ne soit pas en harmonie avec nos règles de nomenclature chimique.

L'acide azotique le plus concentré que l'on obtient ainsi renferme encore 14 pour 100 d'eau ; il a une densité de 1,522, il bout à 86°. Si l'on ajoute à cet acide une petite quantité d'eau, et si l'on soumet le mélange à la distillation, les premières portions qui passent renferment plus d'acide réel que le liquide qui reste dans la cornue. Si l'on suit la marche d'un thermomètre plongé dans le liquide bouillant, on voit que sa température monte continuellement, jusqu'à ce qu'elle ait atteint 123°. A partir de ce moment, la température reste stationnaire, et le liquide qui distille présente une composition constante : il renferme 40 pour 100 d'eau.

Si l'on ajoute, au contraire, beaucoup d'eau à l'acide le plus concentré, et si l'on soumet ce nouveau mélange à la distillation dans une cornue tubulée, munie d'un thermomètre, le thermomètre marquera d'abord environ 100°, mais la température s'élèvera successivement jusqu'à 125°, et restera ensuite stationnaire jusqu'à la fin de la distillation. Les premières parties sont de l'eau presque pure, les suivantes renferment une plus grande quantité d'acide, de telle sorte que le liquide resté dans la cornue se concentre de plus en plus, jusqu'à ce qu'il ne renferme plus que 40 pour 100 d'eau. Or l'expérience a prouvé que tous les composés homogènes qui ne se décomposent pas par l'ébullition bouillent à une température constante sous la même pression. Lorsqu'un liquide présente ainsi une température constante pendant tout le cours de la distillation qu'il subit par une ébullition sous une même pression, on le regarde comme homogène, et l'on dit que c'est un *composé à proportions définies*. Le liquide acide formé par 60 pour 100 d'acide azotique réel et 40 pour 100 d'eau présente donc les caractères d'un composé à proportions définies. La densité de cet acide est 1,42.

Dans le premier hydrate de l'acide azotique, le rapport de l'oxygène de l'eau à l'oxygène renfermé dans l'acide réel est de 1 à 5 ; sa formule est donc

$$AzO^5 + HO.$$

Dans le second hydrate, ce rapport est de 4 à 5, et la formule est

$$AzO^5 + 4HO.$$

§ 123. Le premier hydrate $AzO^5 + HO$ se congèle à — 50°. Il est incolore quand il est pur, mais il est promptement altéré sous l'influence de la lumière, et il se colore en jaune. Dans cette circonstance, la lumière détermine la décomposition de l'acide azotique ; il en résulte de l'oxygène et de l'acide hypoazotique, AzO^4, qui reste dissous dans l'acide non décomposé. L'acide azotique $AzO^5 + HO$ est donc une combinaison très-peu stable ; elle se décompose aussi très-facilement par la chaleur, car il suffit de lui faire subir plusieurs distillations successives pour en décomposer une quantité fort notable. Si l'on fait passer les vapeurs de l'acide azotique à travers un tube de porcelaine fortement chauffé, l'acide se décompose complétement en azote et en oxygène. Si le tube est moins chauffé, les produits de la décomposition sont de l'oxygène et de l'acide hypoazotique.

Lorsqu'on cherche à priver l'acide azotique $AzO^5 + HO$ de l'eau qu'il renferme, il se décompose en oxygène et en acide azoteux ; c'est ce qui arrive lorsqu'on le distille avec 4 fois son poids d'acide sulfurique concentré ou avec de l'acide phosphorique anhydre, qui ont tous deux une grande affinité pour l'eau.

§ 124. On peut cependant obtenir l'*acide azotique anhydre* en traitant par le chlore de l'azotate d'argent bien sec, chauffé à 50° ou 60° ; ce composé se change en chlorure d'argent, et des cristaux blancs d'acide azotique anhydre se déposent sur les parois froides de l'appareil. L'oxygène de l'oxyde d'argent se dégage, ainsi que des vapeurs nitreuses et de l'oxygène provenant de la décomposition d'une portion de l'acide azotique.

L'acide azotique anhydre fond à 29°,5 ; il bout vers 46°. A une température peu supérieure à son point d'ébullition, il se décompose en oxygène et en acide hypoazotique.

§ 125. L'acide azotique $AzO^5 + HO$ a une affinité marquée pour l'eau ; il s'échauffe quand on le mêle avec ce liquide, et il répand des fumées à l'air humide. Cette dernière propriété a fait donner à cet hydrate le nom d'*acide azotique fumant* ; elle tient à ce que l'acide azotique monohydraté $AzO^5 + HO$ a une tension de vapeur plus grande, à température égale, que les acides azotiques renfermant de plus fortes proportions d'eau. Il résulte de là que, lorsque les vapeurs d'acide monohydraté arrivent dans l'air humide et qu'elles se sont combinées avec une nouvelle quantité d'eau, l'acide plus hydraté ne peut rester en entier à l'état de vapeur invisible dans l'air, et qu'une portion notable se précipite sous forme de brouillard.

Le second hydrate $AzO^5 + 4HO$ est beaucoup plus stable que le premier ; il ne se décompose ni sous l'influence seule de la lumière, ni par des distillations répétées. En le distillant avec son poids environ d'acide sulfurique concentré, on peut lui enlever les $\frac{3}{4}$ de son eau, et le premier hydrate $AzO^3 + HO$ passe alors à la distillation. Il est convenable de ne pas mettre un grand excès d'acide sulfurique, car une portion notable d'acide azotique serait décomposée.

§ 126. L'acide azotique est facilement décomposé par un grand nombre de substances auxquelles il cède une portion de son oxygène. Le charbon, le soufre, le décomposent à la température de l'ébullition; beaucoup de métaux le décomposent à la température ordinaire. C'est un agent oxydant énergique que l'on emploie journellement dans les laboratoires.

L'acide azotique, au maximum de concentration, étant beaucoup moins stable que les acides plus étendus, on doit s'attendre à lui trouver une action oxydante beaucoup plus énergique. Cela est vrai, en effet, pour la plupart des substances : ainsi le soufre, le phosphore, le charbon, sont attaqués beaucoup plus vivement par le premier hydrate $AzO^3 + HO$ que par les acides plus étendus. Le contraire se présente, cependant, avec plusieurs métaux; ainsi, le fer, l'étain, qui sont attaqués vivement par l'acide azotique un peu étendu, ne manifestent pas de réaction sensible dans l'acide au maximum de concentration; l'attaque devient très-vive pour l'étain quand on ajoute une certaine quantité d'eau. Le fer, au contraire, conserve un brillant métallique, même après l'addition de l'eau. Le contact de l'acide fumant lui a donné la propriété de ne plus être attaqué par un acide qui l'attaquait vivement avant son contact avec l'acide fumant. On dit que le fer est devenu *passif*; cette propriété remarquable n'a pas encore été expliquée d'une manière satisfaisante.

L'acide azotique détruit la plupart des substances animales, il colore la peau en jaune; la laine prend également une teinte jaune quand on la met en contact avec cet acide. Cette propriété est utilisée dans la teinture.

§ 127. L'azote et l'oxygène peuvent se combiner sous l'influence de l'étincelle électrique, de manière à produire de l'acide azotique; il faut, pour cela, qu'il y ait de l'eau en présence, ou mieux, à la fois de l'eau et une base puissante. Pour le démontrer, on dispose un tube courbé en U (*fig.* 63), rempli de mercure, de façon que les deux

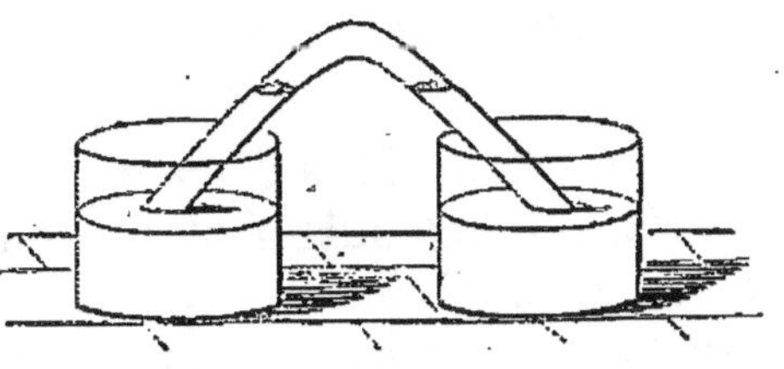

Fig. 63.

extrémités ouvertes plongent dans deux verres séparés, remplis de mercure. On fait passer à la partie supérieure du tube en U une certaine quantité d'air et un peu de potasse en dissolution; enfin, on fait communiquer le mercure de l'un des verres avec le plateau d'une machine électrique que l'on tourne d'une manière continue, tandis que le mercure de l'autre verre communique avec le sol au moyen d'une petite chaîne en fer. On fait passer ainsi, à travers l'air du tube, une série d'étincelles électriques qui détermine la combinaison de l'azote et de l'oxygène. Après le passage d'un grand nombre d'étincelles, la dissolution alcaline renferme une certaine quantité d'azotate de potasse.

§ 128. Nous avons dit que l'on préparait l'acide azotique par la distillation du salpêtre avec l'acide sulfurique. Il se présente, dans cette préparation, plusieurs circonstances sur lesquelles nous devons insister.

La potasse forme avec l'acide sulfurique deux combinaisons : une combinaison neutre, et une combinaison acide. Cettte dernière renferme deux fois plus d'acide sulfurique que la première. La combinaison neutre est anhydre; elle a donc pour formule $KO.SO^3$; la combinaison acide renferme, au contraire, une certaine quantité d'eau qu'elle n'abandonne pas au-dessous de 200°; elle a pour formule $KO.2SO^3 + HO$, que l'on écrit ainsi $\left(\begin{matrix} KO.SO^3 \\ HO.SO^3 \end{matrix} \right)$; on la considère, dans ce dernier cas, comme un sel double formé par la combinaison du sulfate neutre de potasse $KO.SO^3$ avec le sulfate d'eau $HO.SO^3$.

Si l'on ajoute à 1 équivalent de salpêtre $KO.AzO^5$, 2 équivalents d'acide sulfurique monohydraté, $2(SO^3 + HO)$, il pourra se former $\left(\begin{matrix} KO.SO^3 \\ HO.SO^3 \end{matrix} \right)$, et $AzO^5 + HO$, ou $HO.AzO^5$, c'est-à-dire du bisulfate de potasse et de l'acide azotique monohydraté; c'est ce qui aura lieu, en effet, et il suffira d'une simple distillation pour isoler cet acide. Voici les proportions les plus convenables pour le succès de l'opération :

$$
\begin{array}{ll}
100 \text{ azotate de potasse.} \cdots & \left\{ \begin{array}{l} 46,61 \text{ potasse,} \\ 53,39 \text{ acide azotique,} \end{array} \right. \\[2ex]
96,8 \text{ acide sulfurique.} \cdots & \left\{ \begin{array}{l} 79,1 \text{ acide sulfurique,} \\ 17,7 \text{ eau,} \end{array} \right.
\end{array}
$$

qui donneront 62,29 d'acide azotique monohydraté.

Mais, si l'on ajoute seulement 1 équivalent d'acide sulfurique concentré, $HO.SO^3$, à 1 équivalent d'azotate de potasse, $KO.AzO^5$, la réaction devient beaucoup plus complexe : $\frac{1}{2}$ équivalent d'azotate de potasse se décompose seulement alors, donne $\frac{1}{2}$ équivalent d'acide azotique monohydraté, $\frac{1}{2}(AzO^5 + HO)$, qui distille, et il reste dans la cornue

$\frac{1}{2}$ équivalent de sulfate acide de potasse, $\frac{1}{2}\left(\begin{array}{c}KO.SO^3\\ HO.SO^3\end{array}\right)$, et $\frac{1}{2}$ équivalent d'azotate de potasse non décomposé, $\frac{1}{2}(KO.AzO^5)$. Si l'on élève la température, il y a réaction entre le sulfate acide de potasse et l'azotate de potasse non décomposé; il se forme du sulfate neutre de potasse, et, par suite, $\frac{1}{2}$ équivalent d'acide azotique monohydraté devient libre; mais, comme la température à laquelle l'acide monohydraté se forme alors suffit pour le décomposer, on obtient seulement des vapeurs rutilantes et point d'acide azotique.

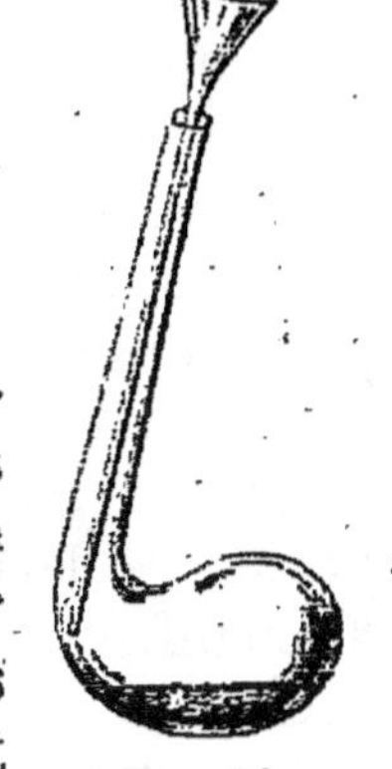

Fig. 64.

Dans les laboratoires, on prépare l'acide azotique fumant, en plaçant, dans une cornue de verre, parties égales de nitrate de potasse et d'acide sulfurique; l'acide doit être versé au moyen d'un entonnoir terminé par un long tube (*fig.* 64), afin qu'il ne coule pas sur les parois du col de la cornue, sans quoi il se mêlerait pendant la distillation un peu d'acide sulfurique à l'acide azotique. On engage le col de la cornue dans un matras (*fig.* 65), que l'on refroidit par un courant continu d'eau froide. Il ne doit pas entrer de bouchons dans la composition de l'appareil, car l'acide azotique concentré attaque vivement le liége, et celui-ci pourrait même prendre feu dans la vapeur de cet acide.

Fig. 65.

Dans les premiers moments de la réaction, il se forme des vapeurs rutilantes qui proviennent de la décomposition des premières portions d'acide azotique qui deviennent libres. Ces portions d'acide azotique arrivent nécessairement en contact avec une grande quantité d'acide sulfurique concentré qui n'a pas encore exercé sa réaction; elles doivent donc se décomposer en vapeurs nitreuses et en oxygène. En chauffant d'une manière convenable, la plus grande partie de l'acide azotique distille sans altération. La fin de l'opération est annoncée par des vapeurs rutilantes, abondantes, qui remplissent la cornue; il faut alors arrêter la distillation et séparer le produit condensé dans le récipient. Cette nouvelle apparition des vapeurs nitreuses s'explique facilement : la presque totalité de l'azotate de potasse se trouve décomposée; et, pour que l'acide sulfurique puisse réagir sur les dernières portions de ce sel, il faut que la matière de la cornue prenne une certaine fluidité qu'on ne parvient à lui donner que par une grande élévation de température; température suffisante, dans tous les cas, pour décomposer les dernières parties d'acide azotique qui deviennent libres.

L'acide recueilli n'est pas pur; il est coloré en jaune par de l'acide azoteux dissous; il peut renfermer également un peu d'acide sulfurique entraîné pendant la distillation. Pour le purifier, il faut l'agiter avec une petite quantité d'azotate de plomb réduit en poudre fine, puis le distiller dans une cornue; on recueille à part les premières portions qui renferment l'acide azoteux; on change ensuite de récipient, et l'on recueille l'acide azotique pur. Il est bon d'arrêter l'opération avant que tout le liquide ait distillé, car les dernières portions peuvent renfermer un peu d'acide azoteux provenant de ce que les parois de la cornue, n'étant plus baignées par le liquide, peuvent s'échauffer jusqu'à la température qui amène la décomposition de l'acide azotique.

Dans les fabriques, on remplace la cornue de verre par un cylindre en fonte.

§ 129. L'acide azotique du commerce est suffisamment pur pour la plupart des usages du laboratoire. On a, cependant, quelquefois besoin d'un acide très-pur, pour les recherches analytiques par exemple. Or, comme l'acide du commerce renferme ordinairement du chlore et de l'acide sulfurique, il suffit, pour le purifier, de l'agiter avec une petite quantité d'une dissolution concentrée d'azotate d'argent, puis de le distiller dans une cornue en verre. L'appareil que l'on emploie pour cette distillation est semblable à celui qui nous a servi pour la préparation de l'acide azotique (*fig.* 65).

§ 130. On détermine la composition de l'acide azotique anhydre par l'analyse d'un azotate anhydre, par exemple de l'azotate de plomb.

On trouve ainsi que 100 d'acide azotique renferment

$$
\begin{array}{lr}
\text{Azote.} & 25,93 \\
\text{Oxygène.} & 74,07 \\
\hline
& 100,00
\end{array}
$$

ou, en volumes,

$$
\begin{array}{lll}
1 & \text{volume d'azote qui pèse} & 0,9713 \\
2\tfrac{1}{2} & \text{» \quad d'oxygène \quad »} & 2,7640 \\
\hline
\end{array}
$$

formant. 3,7353

En effet, si l'on pose la proportion

3,7353 d'acide azotique : 0,9713 d'azote :: 100 d'acide azotique : x, on trouve $x = 25,99$, qui est à très-peu près la proportion d'azote que l'on a trouvée, par l'expérience, dans 100 d'acide azotique.

Protoxyde d'azote, AzO.

§ 131. Lorsqu'on attaque un métal par l'acide azotique, il se dégage du protoxyde ou du deutoxyde d'azote, suivant la nature du métal. Le zinc se dissout dans l'acide azotique étendu, en dégageant un mélange de protoxyde et de deutoxyde d'azote; mais, si on laisse ce mélange gazeux séjourner pendant quelque temps avec de la limaille de zinc ou de fer humide, le deutoxyde d'azote se décompose et se transforme en protoxyde, en abandonnant au métal une portion de son oxygène.

Nous avons un moyen beaucoup plus commode de préparer le protoxyde d'azote. On chauffe de l'azotate d'ammoniaque dans une petite cornue en verre (*fig.* 66) munie d'un tube recourbé; la matière fond d'abord, puis elle entre en ébullition et dégage une grande quantité

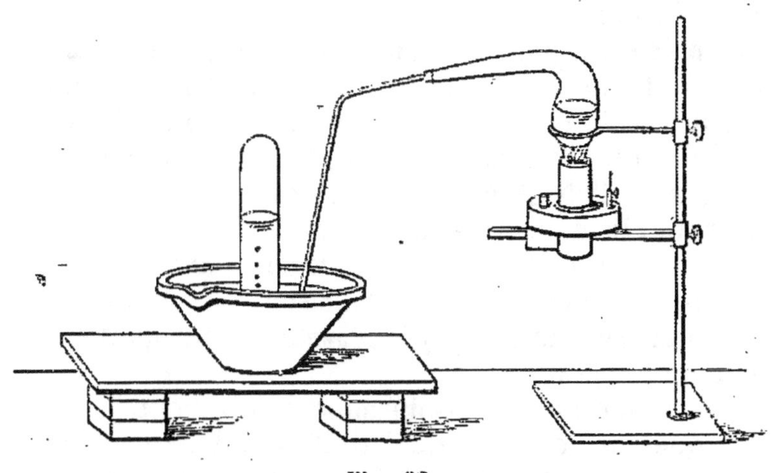

Fig. 66.

de gaz que l'on peut recueillir, soit sur le mercure, soit sur l'eau; il se condense en même temps de l'eau sur les parois de la cornue. On chauffe la cornue avec quelques charbons ou avec une lampe à alcool dont on règle la flamme, de manière à ne pas obtenir un dégagement de gaz trop rapide. L'azotate d'ammoniaque disparaît successivement, et, à la fin, d'une manière complète, en se transformant en protoxyde d'azote et en eau. L'azotate d'ammoniaque a pour formule $AzH^3HO.AzO^5$; par la chaleur, il se décompose en 2 équivalents de protoxyde d'azote, $2AzO$, et 4 équivalents d'eau, $4HO$. On a, en effet,

$$AzH^3HO.AzO^5 = 2AzO + 4HO.$$

§ 152. Le protoxyde d'azote est un gaz incolore, sans odeur ni saveur, ayant pour densité 1,527. Il se liquéfie à 0° sous une pression de 50 atmosphères environ. Un froid de 100° au-dessous de 0 lui fait prendre l'état solide.

Le protoxyde d'azote ne s'altère pas quand on le met en contact avec l'air.

Un charbon incandescent continue à brûler dans ce gaz, avec une vive lueur, comme dans le gaz oxygène. Une allumette présentant quelques points en ignition se rallume lorsqu'on la plonge dans le protoxyde d'azote, et brûle ensuite avec une flamme très-brillante. Cette propriété, que nous avons donnée comme un caractère distinctif de l'oxygène, peut donc faire confondre ce dernier gaz avec le protoxyde d'azote.

Le soufre, faiblement enflammé, s'éteint quand on le plonge dans un flacon rempli de gaz protoxyde d'azote; mais, lorsqu'il est enflammé sur une surface un peu considérable, sa combustion y devient très-vive.

Le phosphore brûle dans le protoxyde d'azote avec une lumière blanche très-brillante.

On voit, d'après cela, que la combustion des corps est plus vive dans le protoxyde d'azote que dans l'air atmosphérique; on ne s'en étonnera pas, si l'on fait attention que ce gaz renferme la moitié de son volume d'oxygène, tandis que l'air atmosphérique n'en renferme qu'un cinquième. Mais, dans l'air atmosphérique, l'oxygène et l'azote ne sont que mélangés, tandis que, dans le protoxyde d'azote, ils sont combinés; il faut donc que le corps combustible se trouve dans des conditions où il puisse détruire cette combinaison; en général, pour qu'il continue à brûler dans le protoxyde d'azote, il faut qu'il soit porté à une plus haute température.

Nous avons vu que l'air atmosphérique n'entretient la respiration des animaux que par l'oxygène qu'il renferme. Les fonctions essentielles de la respiration s'exécutent également dans une atmosphère de protoxyde d'azote, car certains animaux peuvent vivre plusieurs heures dans ce gaz. La combustion dans laquelle consiste la respiration est donc assez énergique pour décomposer le protoxyde d'azote. Cependant un séjour prolongé de l'animal dans ce gaz occasionne dans son économie des perturbations assez graves pour déterminer la mort.

Le protoxyde d'azote, respiré par l'homme, produit une espèce d'ivresse accompagnée, dit-on, de sensations agréables. Cette propriété a été reconnue dès les premiers temps de la découverte de ce gaz, et a fait donner au protoxyde d'azote le nom de *gaz hilariant*. Il est important, quand on veut faire cette expérience, d'employer du protoxyde d'azote très-pur, car ce gaz contient souvent un peu de chlore qui attaquerait vivement les organes de la respiration. Ce chlore provient de ce que l'azotate d'ammoniaque renferme quelquefois de petites quantités de chlorhydrate d'ammoniaque.

Nous avons dit que le protoxyde d'azote se liquéfiait à 0° sous une pression de 50 atmosphères. On parvient à préparer une quantité notable de protoxyde d'azote liquide, en comprimant le gaz dans un réservoir métallique très-résistant et enveloppé de glace fondante, à l'aide d'une pompe foulante. En ouvrant le robinet de ce réservoir, après avoir renversé celui-ci, une portion du liquide reprend l'état gazeux, mais refroidit tellement le reste, que celui-ci ne se volatilise pas et prend même, en partie, l'état solide, en formant une neige blanche. La partie liquide peut être recueillie dans un tube, et s'y conserver à cet état pendant plus d'une demi-heure.

Lorsqu'on plonge un métal dans ce liquide, il produit un bruit semblable à celui d'un fer rouge plongé dans l'eau. Le mercure produit le même effet et se congèle promptement en formant un métal semblable, par ses propriétés physiques, à l'argent. Le potassium, qui décompose facilement le protoxyde d'azote gazeux sous l'influence de la chaleur, ne s'altère pas au contact du protoxyde liquide. Le charbon, le soufre, le phosphore, l'iode, sont dans le même cas. Le protoxyde d'azote liquide, sous la pression ordinaire de l'atmosphère, présente une température très-basse, qu'on évalue à — 87°. Il descend à une température plus basse encore lorsqu'on le place sous le récipient de la machine pneumatique et qu'on fait rapidement le vide; une partie se congèle alors en neige blanche. Si l'on place, dans le protoxyde qui s'évapore dans le vide de la machine pneumatique un petit tube scellé à la lampe et renfermant un peu de protoxyde liquide, celui-ci se gèle et forme une masse solide d'une limpidité parfaite.

§133. L'analyse du protoxyde d'azote se fait facilement de la manière suivante :

On mesure un certain volume de gaz dans une cloche divisée, placée sur le mercure,

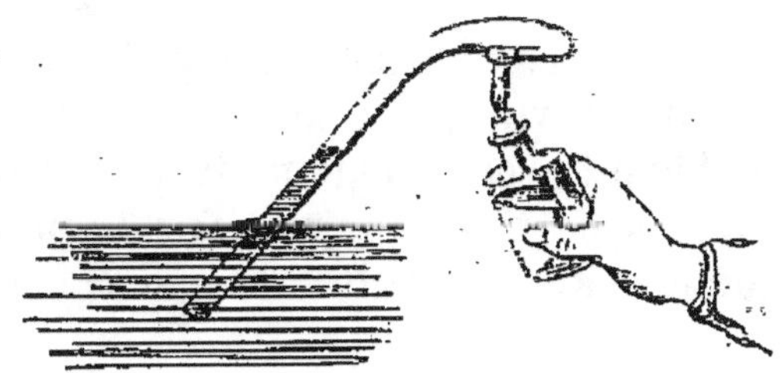

Fig. 67.

et on le fait passer dans une cloche courbe ayant la forme de la figure 67. On porte un fragment de potassium, fixé à l'extrémité d'une tige de fer, dans la partie courbe de cette cloche, puis on le chauffe avec une lampe à alcool. Il se fait une vive incandescence, le potassium décompose le protoxyde d'azote, s'empare de son oxygène, et met l'azote en liberté. Au moment où la décomposition a lieu, il faut tenir fortement la cloche avec la main, sans quoi elle pourrait s'échapper et être lancée hors de la cuve. Lorsque la cloche courbe est refroidie, on fait repasser le gaz dans la cloche divisée, et l'on reconnaît que son volume n'a pas changé par la décomposition. On en conclut que le protoxyde d'azote renferme précisément son volume de gaz azote.

Si l'on retranche du poids d'un volume 1 de protoxyde d'azote ou de la densité de ce gaz. . . . . $= 1,527$
le poids d'un volume 1 d'azote ou sa densité. . . $= 0,972$

$$\text{il reste. . . . . } \quad 0,555$$

qui est, à très-peu près, égal à $\frac{1,1056}{2} = 0,5528$, ou à la moitié de la densité du gaz oxygène.

1 volume de gaz protoxyde d'azote renferme donc

$$
\begin{aligned}
&1 \text{ volume d'azote. . . . . } \quad 0,972 \\
&\tfrac{1}{2} \text{ » } \quad \text{d'oxygène. . . . } \quad 0,552 \\
&\hphantom{1 \text{ volume d'azote. . . . . }} \overline{1,524}
\end{aligned}
$$

Et, si l'on pose la proportion

$$1,524 : 0,972 :: 100 : x,$$

x sera le poids de l'azote renfermé dans 100 grammes de protoxyde d'azote ; on a ainsi

$$
\begin{aligned}
&\text{Azote. . . . . } \quad 63,77 \\
&\text{Oxygène. . . . . } \quad 36,23 \\
&\hphantom{\text{Azote. . . . . }} \overline{100,00}
\end{aligned}
$$

On peut remplacer, dans cette expérience, le potassium par le sulfure de baryum, qui se transforme ainsi en sulfate de baryte en se combinant avec l'oxygène du protoxyde d'azote.

L'analyse du protoxyde d'azote peut se faire également dans l'eudiomètre au moyen du gaz hydrogène.

Deutoxyde d'azote, AzO².

§ 134. On obtient ce composé en dissolvant les métaux dans l'acide azotique convenablement étendu. On prend ordinairement, pour cela, le cuivre ou le mercure. Le cuivre donne du deutoxyde d'azote pur, pourvu qu'on empêche la température de s'élever pendant la réaction, et que l'on emploie l'acide suffisamment étendu.

L'opération s'exécute dans le même appareil que celui qui sert pour la préparation du gaz hydrogène. On place de la tournure de cuivre au fond d'un flacon A à deux tubulures (*fig.* 68), et on la recouvre d'une couche d'eau. Dans l'une des tubulures, a, on adapte un tube abducteur, et, dans l'autre, b, un tube droit à entonnoir, servant de tube de sûreté, et par lequel on verse l'acide azotique successivement et par petites quantités. On peut recueillir le gaz sur le mercure ou sur l'eau, L'eau en dissout $\frac{1}{20}$ de son volume.

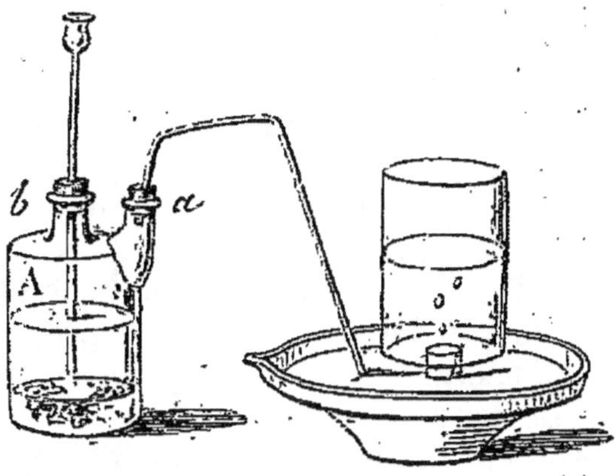

Fig 68.

On obtient du deutoxyde d'azote très-pur en chauffant de l'azotate de potasse, KO.AzO⁵, avec une dissolution de protochlorure de fer, FeCl, dans un excès d'acide chlorhydrique :

$$6FeCl + KO.AzO^5 + 4HCl = AzO^2 + 5(Fe^2Cl^3) + KCl + 4HO.$$

Pour faire cette préparation, on prend deux volumes égaux d'acide chlorhydrique; on chauffe l'un avec de la limaille de fer pour le transformer en protochlorure de fer que l'on ajoute ensuite au volume d'acide chlorhydrique mis de côté. C'est par ce mélange que l'on traite l'azotate de potasse.

§ 155. Le deutoxyde d'azote est un gaz incolore qui a subi jusqu'ici les plus fortes pressions sans se liquéfier. Sa densité est 1,039.

Il donne immédiatement des vapeurs rutilantes, quand on le mélange avec l'air; il absorbe, dans ce cas, de l'oxygène et se transforme en acide hypoazotique; ces vapeurs ont une réaction fortement acide.

Le deutoxyde d'azote n'a pas de réaction acide par lui-même; on le démontre facilement par l'expérience suivante : on recueille du deutoxyde d'azote dans une cloche, sur le mercure, et l'on fait passer dans cette cloche de la teinture de tournesol qui conserve sa couleur bleue. Mais, si l'on introduit quelques bulles d'oxygène, la teinture rougit immédiatement.

Une allumette présentant quelques points en ignition ne s'enflamme pas quand on la plonge dans une cloche remplie de deutoxyde d'azote; mais un charbon fortement incandescent y brûle avec un grand éclat.

Le phosphore peut être fondu dans le deutoxyde d'azote sans prendre feu; tandis que, dans l'air, il s'enflamme toujours dans cette circonstance. Mais le phosphore, enflammé, continue à brûler dans le deutoxyde d'azote avec une lumière beaucoup plus vive que dans l'air. Cette lumière est comparable à celle qui accompagne la combustion du phosphore dans l'oxygène.

Le soufre enflammé s'éteint dans le deutoxyde d'azote.

Le deutoxyde d'azote se comporte donc comme un corps moins facilement comburant que le protoxyde; et cependant, pour la même quantité d'azote, il renferme deux fois plus d'oxygène. Cela montre que l'azote et l'oxygène sont combinés avec plus de force dans le deutoxyde d'azote que dans le protoxyde, puisqu'il faut des affinités plus énergiques pour en opérer la décomposition.

Le deutoxyde d'azote est absorbé par une dissolution de sulfate de protoxyde de fer, qui prend ainsi une couleur brune très-foncée. On peut employer cette réaction pour séparer le protoxyde d'azote du deutoxyde.

Le deutoxyde d'azote se dissout en grande quantité dans l'acide azotique concentré, mais il y a décomposition réciproque; le deutoxyde enlève à l'acide azotique une portion de son oxygène, et les deux substances passent à l'état d'acide hypoazotique. La liqueur prend une couleur brune de plus en plus foncée, à mesure qu'il se forme une plus grande quantité d'acide hypoazotique. Lorsque l'acide azotique est plus étendu d'eau, il est plus stable, et il se décompose une quantité moindre d'acide. Enfin, lorsque l'acide azotique est très-étendu d'eau, lorsqu'il est très-*dilué*, il n'est plus décomposé par le deutoxyde d'azote.

Ces dissolutions d'acide hypoazotique dans de l'acide azotique plus ou moins concentré présentent des couleurs très-variables. Avec l'acide azotique monohydraté, on a un liquide brun; avec un acide un peu plus étendu, on a une dissolution jaune. L'acide ayant une densité de 1,55 prend une couleur verte; celui d'une densité de 1,25 devient d'un bleu clair; enfin, l'acide ayant une densité moindre que 1,15 ne se colore plus.

On fait ordinairement cette expérience de la manière suivante :

On adapte à un grand flacon à deux tubulures (*fig.* 69) dans lequel on produit le deutoxyde d'azote une série de flacons à trois tubulures, disposés comme le montre la figure. Dans les deux premiers flacons on place de l'acide azotique au maximum de concentration; dans le troisième, de l'acide azotique un peu plus étendu, ayant une densité de 1,45; dans le quatrième, de l'acide à 1,35; dans le cinquième, de l'acide à 1,25; enfin, dans le sixième, de l'acide à 1,10.

Le premier flacon se colore d'abord en brun; mais, comme le deutoxyde d'azote amène constamment de l'eau qui se condense dans ce premier flacon, l'acide qu'il renferme change successivement de

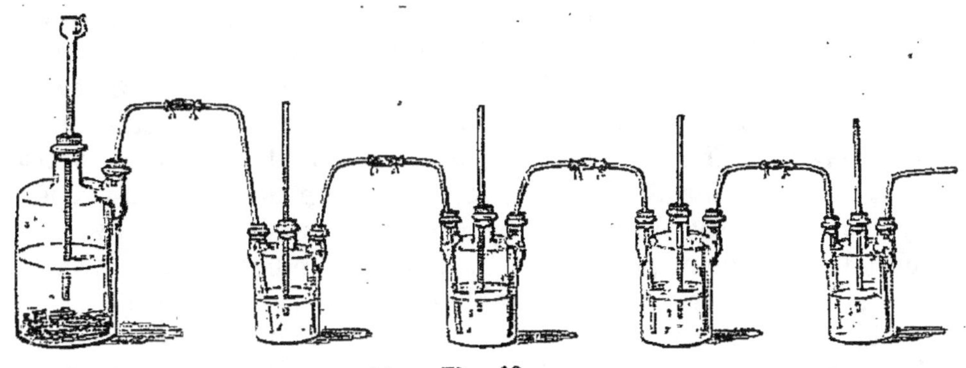

Fig. 69.

couleur. Le second flacon prend une couleur brune; le troisième devient jaune; le quatrième, vert; le cinquième, bleu; le sixième reste incolore.

§ 136. L'analyse du deutoxyde d'azote se fait par le potassium dans une cloche courbe de la même manière que celle du protoxyde d'azote. Après la décomposition, on trouve que le volume du gaz s'est réduit à la moitié. Ainsi un volume 1 de deutoxyde renferme $\frac{1}{2}$ volume d'azote.

En retranchant de la densité du deutoxyde. . . . $= 1,039$
la demi-densité du gaz azote $\frac{0,972}{2}$ . . . . $= 0,486$

il reste. 0,553

qui est, à très-peu près, la demi-densité $\frac{1,1056}{2}$ du gaz oxygène.

1 volume de deutoxyde d'azote renferme donc :

$\frac{1}{2}$ volume d'azote. 0,486
$\frac{1}{2}$ » d'oxygène. 0,552

1,038

sans condensation, et sa composition en poids est :

Azote. 46,66
Oxygène. 53,34

100,00

L'analyse de ce gaz peut se faire également par l'hydrogène dans l'eudiomètre.

Acide azoteux, AzO^3.

§ 137. Il est difficile d'obtenir l'acide azoteux à l'état de pureté.

On l'obtient en faisant passer, à travers un tube en U, refroidi dans un mélange réfrigérant, un courant de gaz composé de 4 volumes de deutoxyde d'azote et de 1 volume d'oxygène, provenant de gazomètres convenablement réglés. Le mélange réfrigérant doit être fait avec de la glace concassée et du chlorure de calcium cristallisé; il abaisse la température jusqu'à — 40°. Un liquide bleu se condense dans le tube refroidi. Si l'oxygène se trouvait en plus grande proportion, il se formerait de l'acide hypoazotique; mais, même avec les proportions des deux gaz que nous venons d'indiquer, il se produit toujours une proportion considérable de ce dernier composé.

L'acide azoteux se forme souvent aussi quand on fait réagir de l'acide azotique sur des matières organiques telles que l'amidon; mais, dans ce cas, on l'obtient toujours mélangé de beaucoup d'acide hypoazotique.

L'acide azoteux se mêle avec l'eau très-froide; mais, aussitôt que la température s'élève un peu, il se décompose. Du deutoxyde d'azote se dégage, et l'eau renferme de l'acide azotique.

L'acide azoteux peut être obtenu facilement en combinaison avec les bases. Lorsque l'on chauffe avec précaution de l'azotate de potasse dans une cornue de verre difficilement fusible, on reconnaît que, dans la première période de la décomposition, il ne se dégage que de l'oxygène; c'est seulement plus tard, et à une température plus élevée, qu'il se dégage un mélange d'oxygène et d'azote. Pendant la première période de la décomposition, l'azotate de potasse, KO.AzO^5, se change en azotite de potasse, KO.AzO^3; de sorte que, si l'on arrête la décomposition au moment où le gaz qui se dégage renferme de l'azote, la matière restée dans la cornue consiste principalement en azotite de potasse. On traite cette matière par de l'alcool, qui dissout l'azotite de potasse et laisse l'azotate non décomposé. En versant dans la dissolution de l'azotite de potasse une dissolution d'azotate d'argent, on obtient un précipité blanc d'azotite d'argent.

100 d'acide azoteux contiennent

$$
\begin{array}{lr}
\text{Azote.} & 36,84 \\
\text{Oxygène.} & 63,16 \\
\hline
& 100,00
\end{array}
$$

cela donne 1 volume d'azote.. 0,9713
1 ¼ » d'oxygène 1,6584
____
2,6297

Acide hypoazotique, AzO^4.

§ 158. Nous avons vu (§ 128) que, dans la préparation de l'acide azotique, il se manifeste des vapeurs rutilantes, abondantes, au commencement et à la fin de l'opération. Cette circonstance se présente surtout quand on fait réagir un équivalent d'acide sulfurique concentré sur un équivalent d'azotate de potasse; la moitié de l'acide azotique, qui ne se dégage alors qu'à une température élevée, se décompose en acide hypoazotique et en oxygène; l'acide hypoazotique se dissout dans l'acide azotique monohydraté qui a distillé sans altération. Il suffit de distiller avec précaution l'acide azotique obtenu dans ces circonstances, et de refroidir beaucoup le récipient, pour séparer une quantité notable d'acide hypoazotique.

On obtient aussi ce produit sous la forme de vapeurs rutilantes, en mélangeant ensemble du deutoxyde d'azote avec un excès d'oxygène.

Mais la meilleure manière de préparer l'acide hypoazotique consiste à chauffer dans une cornue de verre peu fusible (*fig.* 70), ou de verre ordinaire, recouvert extérieurement d'argile, de l'azotate de plomb préalablement bien desséché, afin de le priver de son eau hygrométrique, car il ne renferme pas d'eau combinée. On met cette cornue en communication avec un récipient convenablement refroidi, dans lequel l'acide hypoazotique se condense.

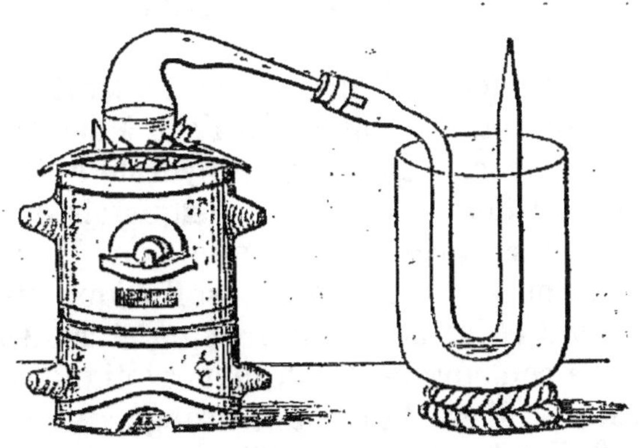

Fig. 70.

§ 139. L'acide hypoazotique est un liquide orangé, d'une densité de 1,42. Il bout à + 20°, et se solidifie à — 15°,5. Sa vapeur est d'un rouge intense; la densité de cette vapeur est 1,72.

L'acide hypoazotique n'est pas un acide particulier, car il ne produit pas d'hypoazotate en se combinant avec les bases; il se forme toujours, dans ce cas, un mélange d'azotate et d'azotite; il est donc plus convenable de considérer cette substance comme une combinaison de l'acide azotique avec l'acide azoteux. On a, en effet,

$$2AzO^4 = AzO^5 + AzO^3.$$

On peut regarder l'acide hypoazotique comme correspondant à l'acide azotique monohydraté, dans lequel l'acide azoteux remplace l'équivalent d'eau. Nous avons vu, en effet, que l'eau décompose l'acide hypoazotique; il se forme de l'acide azotique hydraté, et l'acide azoteux devient libre.

L'acide azoteux joue le rôle d'une base faible par rapport à plusieurs acides forts. Il se combine avec l'acide sulfurique et donne une combinaison cristallisée, $AzO^3.2SO^3$, que l'on obtient de la manière suivante. On mêle ensemble, dans un tube préalablement étiré, de l'acide sulfureux liquide et de l'acide hypoazotique, puis on ferme le tube à la lampe. Au bout de quelques jours, on peut ouvrir le tube, les deux substances se sont combinées, et l'on peut chauffer le produit solide jusqu'à 200°, température à laquelle il entre en fusion. A une température plus élevée, il distille sans altération.

Dans cette expérience, l'acide hypoazotique, AzO^4, abandonne une portion de son oxygène à l'acide sulfureux, SO^2, qu'il change en acide sulfurique, SO^3, en passant lui-même à l'état d'acide azoteux, AzO^3; mais la moitié seulement de cet acide se combine avec l'acide sulfurique formé, et produit la combinaison $AzO^3.2SO^3$; l'autre moitié de l'acide azoteux reste liquide. L'équation suivante représente la réaction :

$$2SO^2 + 2AzO^4 = AzO^3.2SO^3 + AzO^3.$$

Ce composé se dissout sans altération dans l'acide sulfurique concentré; mais il enlève de l'eau à l'acide sulfurique plus aqueux, et il se transforme alors en un hydrate qui se dépose souvent en cristaux. Ces cristaux se forment quelquefois dans la fabrication en grand de l'acide sulfurique, ainsi que nous le verrons bientôt. Au contact de l'eau pure ou de l'acide sulfurique très-étendu, la combinaison se détruit et les acides sulfurique et azoteux deviennent libres.

La couleur de l'acide hypoazotique varie beaucoup avec la température; il est d'un rouge orangé à une température supérieure à 15°; à 0° il est jaune, et à 20° il devient presque incolore.

L'acide hypoazotique se décompose, au contact de l'eau, en acide azotique et en acide azoteux. Or nous avons vu que l'acide azoteux se dissolvait dans l'acide azotique en proportions variables, suivant son état de concentration, et qu'il donnait ainsi des liqueurs de couleurs très-diverses. Il en résulte que, si l'on décompose l'acide hypoazotique, en le mêlant à une petite quantité d'eau, il se forme de l'acide azotique monohydraté, $AzO^5 + HO$, qui dissout beaucoup d'acide azoteux et donne au liquide une couleur brune ou jaune. Si l'on augmente la proportion d'eau, l'acide azotique devient plus étendu et dissout moins d'acide azoteux ; le liquide prend alors une couleur verte. Avec une quantité d'eau plus grande, la liqueur devient bleue. Enfin, en augmentant encore la proportion d'eau, la liqueur reste incolore. Dans tous les cas, il se dégage une quantité plus ou moins considérable de vapeurs rutilantes.

L'acide hypoazotique renferme

$$
\begin{array}{ll}
\text{Azote.} \quad . \quad . \quad . \quad . \quad . & 30,43 \\
\text{Oxygène.} \quad . \quad . \quad . \quad . & 69,57 \\
\hline
& 100,00
\end{array}
$$

$$
\begin{array}{lll}
\text{ou en volume } \tfrac{1}{2} \text{ volume d'azote.} \quad . \quad . \quad . \quad . \quad . & 0,4856 \\
\qquad\qquad 1 \qquad » \qquad \text{d'oxygène} . \quad . \quad . \quad . & 1,1056 \\
\hline
& 1,5912
\end{array}
$$

Eau régale.

§ 140. On appelle *eau régale* un mélange d'acide chlorhydrique et d'acide azotique. Ce nom lui a été donné par les alchimistes parce que ce mélange jouit de la propriété de dissoudre l'or, qu'ils regardaient comme le *roi des métaux*.

Dans la plupart des cas où l'on attaque un corps par l'eau régale, on peut admettre qu'il se passe entre les acides azotique et chlorhydrique la réaction suivante :

$$AzO^5 + 2HCl = AzO^3 + 2HO + 2Cl.$$

L'eau régale peut donc agir comme un chlorurant énergique par le chlore qui devient libre, ou comme un oxydant puissant par l'acide azoteux et par le chlore en présence de l'eau (§ 69).

Lorsqu'on mêle de l'acide chlorhydrique avec de l'acide azotique et que l'on chauffe, la liqueur se colore en jaune ; si on la fait bouillir, il se dégage un gaz jaune dont l'odeur rappelle à la fois celle du chlore et celle de la vapeur nitreuse. Ce gaz se compose d'un mélange de chlore et de deux composés particuliers, auxquels nous donnerons les noms d'acide *hypochloroazotique* et d'acide *chloroazoteux*. Ces deux composés se dégagent en proportions différentes selon la composition de l'eau régale et suivant que la réaction est plus ou moins avancée. On prépare l'acide hypochloroazotique en chauffant au bain-marie, dans un flacon A (*fig.* 71), une eau régale faite avec 1 volume d'acide azotique et 3 volumes d'acide chlorhydrique. On fait passer le produit gazeux dans un premier flacon B, où il se dépose quelques gouttes de liquide, puis dans un tube D, rempli de fragments de chlorure de calcium, qui absorbe l'humidité, enfin à travers une ampoule E placée dans un mélange réfrigérant. Pour juger de la couleur du

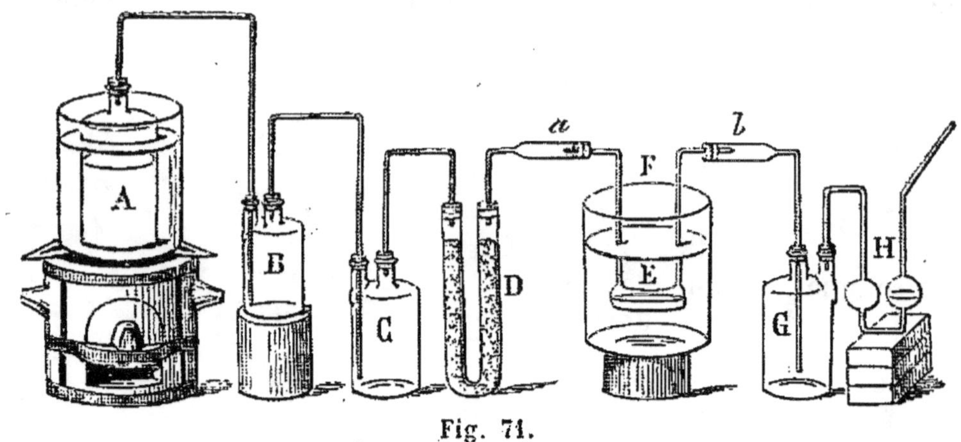

Fig. 71.

gaz, on dispose ordinairement, en avant de l'ampoule, un flacon vide C, on en place un semblable G après l'ampoule, et l'on termine l'appareil par le tube à boules H renfermant un peu d'eau, qui permet de juger de la rapidité du dégagement.

Le flacon C se colore en jaune-citron, légèrement brunâtre : c'est la couleur propre du mélange gazeux. La plus grande partie des gaz hypochloroazotique et chloroazoteux se condense dans l'ampoule, sous la forme d'un liquide rouge brun, et le gaz qui arrive dans le flacon G présente la couleur ordinaire du chlore.

Lorsqu'une quantité suffisante de liquide s'est condensée dans l'ampoule, on ferme à la lampe les pointes a et b si l'on veut conserver le produit. Avec les proportions d'acides azotique et chlorhydrique que nous avons supposées, la substance qui se condense d'abord dans l'ampoule est formée d'acide hypochloroazotique presque pur; c'est un liquide très-volatil qui bout vers — 7°. Sa composition est représentée par la formule AzO^2Cl^2; on peut la regarder comme de l'acide hypoazotique, dans lequel deux éq. d'oxygène ont été remplacés par 2 éq. de chlore. La réaction qui lui donne naissance est représentée par l'équation suivante :

$$AzO^5 + 3HCl = AzO^2.Cl^2 + 3HO + Cl.$$

En prolongeant l'expérience, le produit condensé renferme des proportions de plus en plus grandes d'acide chloroazoteux. Ce dernier composé est un peu plus volatil que l'acide hypochloroazotique; sa formule est AzO^2Cl. Elle représente de l'acide azoteux dont 1 éq. d'oxygène est remplacé par 1 éq. de chlore.

On peut obtenir les acides chloroazoteux et hypochloroazotique par la combinaison directe du chlore et du deutoxyde d'azote, en dirigeant les produits gazeux dans une ampoule refroidie par un mélange de glace et de chlorure de calcium cristallisé.

Combinaisons du soufre avec l'oxygène.

§ 141. Le soufre forme avec l'oxygène un grand nombre de combinaisons.

On en connaît aujourd'hui sept bien définies; elles sont toutes acides, savoir :

1° L'acide hyposulfureux . . . . S^2O^2
2° L'acide hyposulfurique trisulfuré . . . . . S^5O^5
3° L'acide hyposulfurique bisulfuré . . . . . S^4O^5
4° L'acide hyposulfurique monosulfuré . . . S^5O^5
5° L'acide sulfureux . . . . SO^2
6° L'acide hyposulfurique . . . . S^2O^5
7° L'acide sulfurique . . . . SO^5

Nous n'étudierons que les quatre combinaisons les plus importantes :

L'acide hyposulfureux . . . . S^2O^2
L'acide sulfureux . . . . SO^2
L'acide hyposulfurique . . . . S^2O^5
L'acide sulfurique . . . . SO^5

Nous commencerons par l'étude de l'acide sulfureux, parce que ce corps est employé pour la préparation de presque tous les autres composés du soufre avec l'oxygène.

Acide sulfureux, SO^2.

§ 142. L'acide sulfureux se forme lorsque le soufre brûle dans l'oxygène ou dans l'air. Dans les laboratoires, on emploie plusieurs procédés pour le préparer.

On chauffe dans une petite cornue de verre (*fig.* 72) un mélange intime de 6 parties de peroxyde de manganèse pulvérisé et de 1 partie de fleur de soufre, on fait traverser au gaz acide sulfureux un petit flacon laveur qui retient un peu de soufre volatilisé par la chaleur et entraîné par le courant gazeux. Dans cette expérience, le soufre brûle aux dépens d'une portion de l'oxygène du peroxyde de manganèse ; il se dégage du gaz acide sulfureux qui est le produit de la combustion,

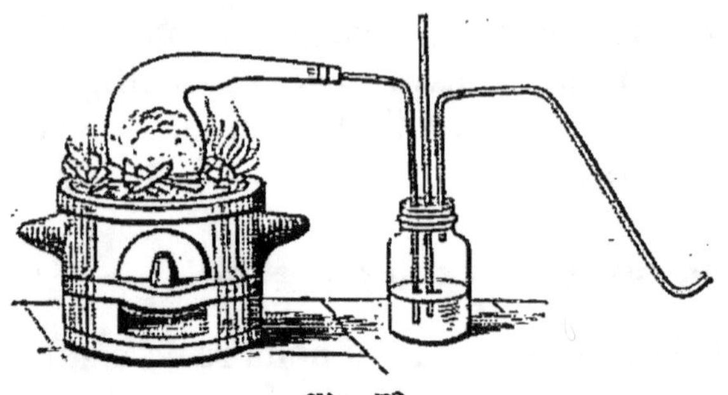

Fig. 72.

et il reste dans la cornue du protoxyde de manganèse.

On obtient encore l'acide sulfureux en décomposant l'acide sulfurique par un métal qui lui enlève une portion de son oxygène, mais qui ne doit pas décomposer l'eau en présence des acides énergiques. On emploie à cet usage le mercure ou le cuivre. Les métaux plus oxydables, tels que le fer ou le zinc, décomposeraient en même temps l'eau que renferme

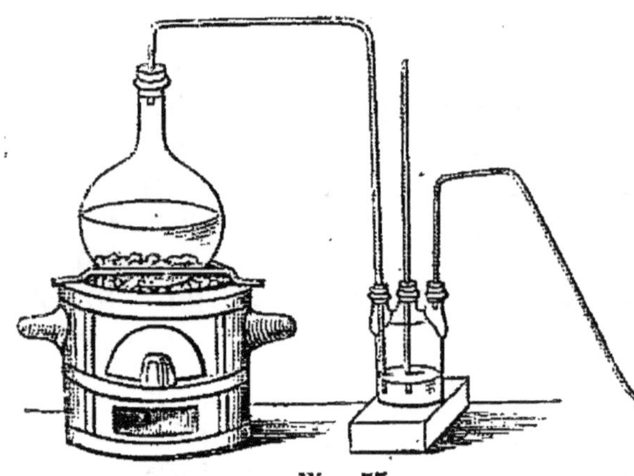

Fig. 73.

toujours l'acide sulfurique concentré, et il se dégagerait à la fois du gaz acide sulfureux et de l'hydrogène. On place le mercure, ou le cuivre en tournure, dans un ballon (*fig.* 73), on ajoute l'acide sulfurique concentré, et l'on chauffe avec quelques charbons. On fait ordinairement passer le gaz à travers un flacon laveur renfermant un peu d'eau qui lui enlève les vapeurs d'acide sulfurique. Si l'on veut obtenir le gaz parfaitement sec, on dispose à la suite un tube rempli de chlorure de calcium. Le gaz doit être recueilli sur le mercure, car il est très-soluble dans l'eau.

L'acide sulfureux est un gaz incolore ; son odeur est celle que répand une allumette soufrée que l'on enflamme. L'acide sulfureux agit vivement sur les organes de la respiration ; il provoque la toux et produit des suffocations. Ses effets ne sont pas dangereux quand il n'a été respiré qu'en petite quantité. La densité du gaz est 2,247.

Le gaz sulfureux se liquéfie, sous la pression ordinaire, à la température de — 10° environ. Il est facile, par conséquent, de le préparer liquide dans les laboratoires. Il suffit de faire passer le gaz bien desséché à travers une boule A (*fig.* 74), placée dans un mélange réfrigérant de glace et de sel marin, ou mieux de glace et de chlorure de calcium hydraté. Quand la boule est suffisamment pleine de liquide, on ferme au chalumeau les tubes en a et en b. Si l'on préfère conserver l'acide sulfureux liquide dans des tubes de verre, on prend des tubes fermés par un bout, et on les étire au milieu, de manière à leur donner la forme représentée par la figure 75; la partie supérieure A forme alors l'entonnoir. On verse l'acide dans cet entonnoir; la première goutte qui pénètre dans

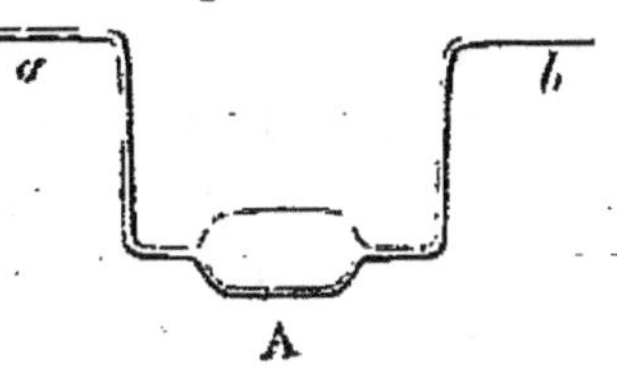

Fig. 74.

la capacité B se volatilise et chasse l'air, de sorte que si l'on plonge ensuite le réservoir B dans le mélange réfrigérant les vapeurs d'acide sulfureux s'y condensent, et le réservoir se remplit d'acide liquide. On remplit le tube aux trois quarts, puis on le ferme au chalumeau en a, le tube B restant dans le mélange réfrigérant.

L'acide sulfureux se liquéfie à la température de $+ 15°$, sous la pression de deux atmosphères environ. L'acide sulfureux liquide est incolore, très-mobile; sa densité est de 1,42. En se volatilisant à l'air, il produit un abaissement considérable de température. Si l'on verse l'acide sulfureux liquide sur la boule d'un thermomètre enveloppé de batiste ou de coton, le froid produit est assez considérable pour congeler le mercure. Si l'on fait la même expérience sur un thermomètre à alcool, celui-ci descend jusqu'à $— 50°$ ou $— 60°$, suivant que la température de l'air est plus ou moins élevée. On obtient un froid encore plus grand en soufflant sur la boule mouillée, ou en la maintenant sous le récipient de la machine pneumatique pendant que l'on fait le vide.

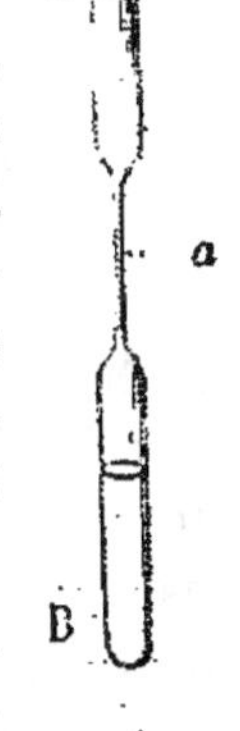

Fig. 75.

Le gaz acide sulfureux, comme tous les gaz qui, à la température ordinaire, sont près de leur point de liquéfaction, s'écarte notablement de la loi de Mariotte. Pour les mêmes accroissements de pression, le volume de l'acide sulfureux décroît plus rapidement que celui de l'air. La différence est d'autant plus grande que la température est plus basse; elle devient très-petite aux températures supérieures à 30°.

§ 143. La composition du gaz acide sulfureux se détermine facilement par synthèse. Dans un ballon (*fig.* 76) rempli de gaz oxygène et placé sur le mercure, on fait passer une petite capsule renfermant un fragment de soufre et fixée à l'extrémité d'une tige; on allume ce soufre au moyen d'un miroir

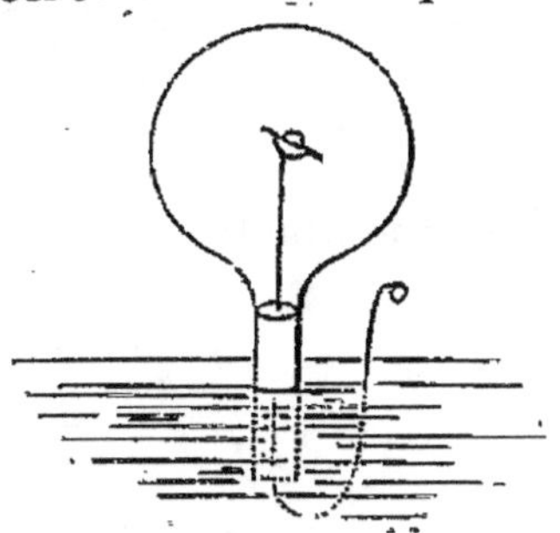

Fig. 76.

ardent. Le soufre brûle et change une portion de l'oxygène en gaz acide sulfureux. On reconnait que le volume gazeux n'a pas changé par suite de cette combustion ; on en conclut que le gaz acide sulfureux renferme un volume d'oxygène égal au sien. Cette seule donnée suffit pour arriver à connaître la composition du gaz acide sulfureux. En effet, si du poids de 1 volume de gaz acide sulfureux, représenté

par sa densité. 2,247
on retranche le poids de 1 volume de gaz oxygène. 1,106

il reste. 1,141

qui représente, à très-peu près, $\frac{1}{2}$ volume de vapeur de soufre $= \frac{2,218}{2} = 1,109$.

Ainsi 1 volume de gaz acide sulfureux se compose de 1 volume d'oxygène et de $\frac{1}{2}$ volume de vapeur de soufre.

Par une simple proportion, on trouvera pour la composition en poids :

Soufre. 50,87
Oxygène. 49,15

100,00

Rapportons la composition de l'acide sulfureux gazeux au volume 1 de vapeur de soufre que nous avons adopté (§ 112) pour *l'équivalent en volume* du soufre gazeux ; nous pourrons dire : 2 volumes de gaz sulfureux renferment 1 volume de vapeur de soufre et 2 volumes d'oxygène, et, par suite, 1 équivalent d'acide sulfureux, représenté par 2 volumes, renferme 1 équivalent de vapeur de soufre (1 volume) et 2 équivalents d'oxygène (2 volumes). La formule de l'acide sulfureux sera donc SO^2.

Nous avons adopté le poids 200 de soufre pour *l'équivalent en poids* du soufre (§ 112). Rapportant la composition de l'acide sulfureux à ce poids 200 de soufre, nous dirons que l'acide sulfureux est composé de

1 éq. soufre. 200
2 » oxygène. 200

1 » acide sulfureux. . . 400 ;

d'où nous déduisons pour la composition en poids :

Soufre 50,00
Oxygène. 50,00

100,00

On remarquera une assez grande différence entre la composition théorique qui précède et celle que nous avons déduite de l'expérience directe. Cela tient à ce que les densités admises pour le gaz acide sulfureux et la vapeur de soufre ne se rapportent pas exactement aux circonstances où ces corps suivent les lois des gaz permanents. On obtiendrait des nombres plus exacts si on mesurait les gaz à une température plus élevée.

§ 144. Le gaz acide sulfureux est indécomposable par la chaleur seule, puisqu'il se forme à une très-haute température par la combustion du soufre.

L'oxygène et l'acide sulfureux bien secs sont sans action l'un sur l'autre à la température ordinaire; mais, si l'on fait passer le mélange des deux gaz à travers un tube chauffé renfermant du platine en éponge, il y a combinaison et formation d'acide sulfurique anhydre. Lorsqu'on abandonne à l'air une dissolution d'acide sulfureux dans l'eau, il y a absorption d'oxygène et formation d'acide sulfurique. Cette circonstance rend très-difficile la préparation, et surtout la conservation, d'une dissolution d'acide sulfureux à l'état de pureté. Pour préparer cette dissolution, il faut employer de l'eau récemment bouillie, remplir presque entièrement le flacon et faire passer le gaz rapidement, afin d'éviter autant que possible la rentrée de l'air. Lorsque la dissolution est saturée, on bouche le flacon et on le retourne.

L'eau dissout ainsi environ 50 fois son volume de gaz acide sulfureux. La chaleur chasse complétement le gaz de sa dissolution, et celle-ci, maintenue pendant quelque temps en ébullition, n'en conserve plus de traces.

Pour préparer économiquement la dissolution d'acide sulfureux, on chauffe l'acide sulfurique concentré avec du charbon ou même avec du bois. Il se dégage un mélange de gaz acide sulfureux et d'acide carbonique. La présence de ce dernier gaz ne nuit pas, soit qu'on veuille dissoudre le gaz sulfureux dans l'eau, soit qu'on ait pour objet de le combiner avec des bases. L'acide carbonique, absorbé d'abord par l'eau ou par les bases salifiables, est chassé ensuite à mesure que la dissolution se sature d'acide sulfureux.

L'hydrogène n'agit pas à froid sur l'acide sulfureux; mais, si l'on fait passer un mélange de ces deux gaz à travers un tube de porcelaine chauffé au rouge, il y a décomposition de l'acide sulfureux, formation d'eau et dépôt de soufre.

L'acide sulfureux et l'hydrogène sulfuré ne réagissent pas quand les deux gaz sont secs; mais, lorsqu'on mélange leurs dissolutions, ils se décomposent mutuellement; il se forme de l'eau, et du soufre se dépose.

L'acide sulfureux est un acide faible; ses combinaisons avec les bases sont facilement décomposées par les acides énergiques, tels que l'acide sulfurique, l'acide chlorhydrique, etc.; mais l'acide sulfureux chasse l'acide carbonique des carbonates.

La plupart des matières colorantes organiques sont altérées ou décolorées par l'acide sulfureux; tantôt l'acide enlève de l'oxygène à la substance colorante et la transforme en une matière incolore, tantôt il se combine seulement avec la matière colorante et produit une combinaison incolore. Cette dernière circonstance paraît se présenter avec les feuilles de la rose; la feuille, décolorée par l'acide sulfureux, reprend sa couleur quand on la plonge dans de l'acide sulfurique affaibli.

Cette propriété est utilisée dans les arts pour blanchir les étoffes de laine et de soie. On suspend les étoffes mouillées dans une chambre fermée où l'on brûle du soufre placé dans une terrine; le gaz acide sulfureux se condense sur les étoffes humides et détruit la matière colorante. Le blanchiment des étoffes de lin et de coton se fait au moyen du chlore; mais ce corps ne peut pas être employé pour blanchir la laine ou la soie, parce qu'il les altère profondément.

On emploie de même l'acide sulfureux pour enlever les taches de fruits rouges sur le linge. A cet effet, on mouille le linge et on le maintient au-dessus d'un petit morceau de soufre que l'on a enflammé, ou même de quelques allumettes soufrées auxquelles on met le feu. Il faut ensuite laver le linge pour enlever complétement la matière colorante altérée; sans cette précaution, la tache reparaîtrait souvent quelque temps après.

§ 145. Le chlore et l'acide sulfureux secs n'exercent pas d'action l'un sur l'autre à la lumière diffuse; mais, sous l'influence d'une lumière solaire intense, il y a combinaison des deux gaz et formation d'un composé liquide incolore, très-mobile, que l'on purifie en le distillant sur du mercure, qui retient le chlore dissous. La densité de ce liquide est 1,66; il bout à 77°. La densité de sa vapeur est 4,665. Ce liquide a une odeur excessivement vive et suffocante; il résulte de la combinaison de volumes égaux de chlore et d'acide sulfureux; de sorte que sa formule est SO^2Cl. L'eau le décompose promptement; il se forme de l'acide sulfurique et de l'acide chlorhydrique.

Les deux gaz humides réagissent immédiatement l'un sur l'autre, en produisant des acides chlorhydrique et sulfurique.

$$\left.\begin{array}{l}\text{Acide sulfureux.} \ldots \ldots \\ \text{Eau.} \cdot \left\{\begin{array}{l}\text{Oxygène} \ldots \ldots \\ \text{Hydrogène.} \ldots \ldots\end{array}\right. \\ \text{Chlore.} \ldots \ldots \ldots \ldots\end{array}\right\}\begin{array}{l}\text{Acide sulfurique.} \\ \\ \text{Acide chlorhydrique.}\end{array}$$

$$SO^2Cl + 2HO = SO^3.HO + HCl.$$

Acide sulfurique, SO^3.

§ 146. Nous avons vu (§ 144) que l'acide sulfureux dissous dans l'eau absorbait l'oxygène de l'air et se changeait en acide sulfurique. Cette transformation se fait facilement par les corps oxydants énergiques, tels que l'acide azotique concentré. Si l'on fait passer un courant de gaz acide sulfureux à travers de l'acide azotique concentré et chauffé jusqu'à l'ébullition, l'acide sulfureux se condense entièrement à l'état d'acide sulfurique, et l'acide azotique passe à l'état d'acide hypoazotique.

On obtient également l'acide sulfurique en chauffant du soufre avec de l'acide azotique, mais il faut un temps assez long pour oxyder complétement le soufre.

Par ces deux procédés on obtient un mélange d'acide sulfurique, d'acide azotique et d'eau. On distille ce mélange dans une cornue de verre ; il passe d'abord de l'acide azotique plus ou moins mêlé d'eau, la température s'élève de plus en plus dans la cornue, et elle finit par atteindre 325°. Elle reste alors stationnaire, et il passe à la distillation un liquide homogène très-acide, composé d'acide sulfurique et d'eau ; ce mélange est connu sous le nom d'*acide sulfurique concentré* ; nous allons d'abord en étudier les propriétés.

§ 147. L'acide sulfurique concentré forme un liquide d'une consistance oléagineuse, dont la densité à 15° est 1,845 ; il bout à la température de 325°. Il n'a pas d'odeur ; la tension de sa vapeur n'est pas sensible à la température ordinaire ; on peut, en effet, laisser pendant plusieurs jours, sous le récipient de la machine pneumatique, deux capsules renfermant, l'une de l'acide sulfurique concentré, l'autre une dissolution de chlorure de baryum, sans que celle-ci se trouble. Or, si l'acide sulfurique émettait des vapeurs sensibles, ces vapeurs, arrivant au contact de la dissolution de chlorure de baryum, la décomposeraient et produiraient du sulfate de baryte insoluble, qui se précipiterait sous la forme d'une poudre blanche.

L'acide sulfurique concentré se congèle à — 35°.

L'acide sulfurique est un des acides les plus énergiques que l'on connaisse ; il rougit fortement le tournesol, même quand il est étendu dans un volume d'eau mille fois plus grand que le sien ; sous l'influence de la chaleur, il chasse la plupart des acides de leurs combinaisons. Cette dernière circonstance dépend d'abord de l'énergie de l'acide, puis de la propriété de ne bouillir qu'à une température élevée. C'est surtout par suite de cette dernière propriété que l'acide sulfurique chasse à chaud les acides chlorhydrique et azotique. Mais il est chassé à son tour, sous l'influence de la chaleur, par les acides phosphorique et borique. Ces acides sont cependant plus faibles que l'acide sulfurique à la température ordinaire, mais ils sont beaucoup moins volatils.

La distillation de l'acide sulfurique concentré dans une cornue de verre est une opération dangereuse, à cause des soubresauts que produit le liquide en ébullition ; ces soubresauts sont tels, que la cornue en est quelquefois soulevée et peut se briser en retombant sur son support. L'ébullition devient plus régulière, si l'on a soin de placer dans la cornue quelques bouts de fil de platine. Les bulles de vapeur ne se dégagent plus alors sur les parois inférieures de la cornue, mais aux extrémités des fils métalliques. Cependant la distillation de l'acide sulfurique ne peut se faire sans danger dans des cornues de verre qu'en chauffant le liquide, non plus par le fond de la cornue,

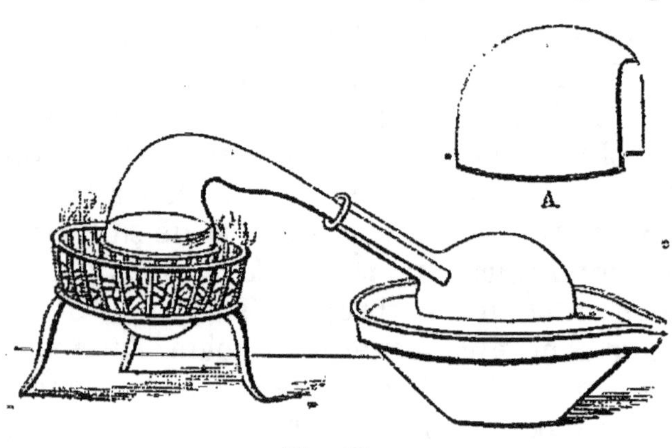

Fig. 77.

maissur ses parois latérales. On place alors la cornue dans une grille annulaire en fil de fer, comme le montre la figure 77 ; les charbons sont disposés autour de la cornue, et le fond de celle-ci reste libre. Pour empêcher les vapeurs de se condenser contre le dôme de la cornue, on la recouvre avec un couvercle en tôle A, qui vient poser sur la grille et qui est échancré de manière à laisser passer le col de la cornue. L'ébullition du liquide a lieu alors contre les parois latérales de la cornue et sans soubresauts.

§ 148. L'acide sulfurique concentré est un corps très-avide d'eau. Il enlève très-efficacement la vapeur d'eau qui est contenue dans l'air ; aussi avons-nous vu qu'il est fréquemment employé dans les laboratoires pour dessécher les gaz. Son affinité pour l'eau est telle, qu'il détermine souvent la formation de l'eau dans les substances organiques, aux dépens de l'oxygène et de l'hydrogène qu'elles renferment. C'est de cette manière qu'il charbonne les bouchons de liége avec lesquels on bouche quelquefois les flacons qui le renferment. Le liége, comme la plupart des substances végétales, est une combinaison de carbone, d'hydrogène et d'oxygène. Sous l'influence de l'acide sulfurique concentré, une partie de l'hydrogène et de l'oxy-

gène se combine pour former de l'eau, qui s'unit à l'acide sulfurique;
le carbone forme avec le reste de l'hydrogène et de l'oxygène une
substance d'un brun noir qui donne au bouchon le même aspect que
s'il avait été charbonné par le feu.

Lorsqu'on verse de l'acide sulfurique concentré dans l'eau, l'acide
coule comme un sirop au travers du liquide, et forme au fond du
vase une couche distincte qui se dissout lentement dans l'eau surna-
geante; mais, si on agite les liquides, ils se dissolvent immédiatement
avec un grand dégagement de chaleur.

Il est dangereux de verser de l'eau dans de l'acide sulfurique concentré. Une partie de l'eau, en s'unissant à l'acide, dégage une grande
quantité de chaleur qui peut réduire intantanément en vapeur une
autre portion de l'eau, et, par suite, projeter l'acide au dehors du
vase. Quand on veut mélanger de l'acide sulfurique avec de l'eau,
opération qui s'exécute journellement dans les laboratoires, il faut
verser l'acide par petit filet dans l'eau, en imprimant à celle-ci un
mouvement giratoire.

L'acide sulfurique concentré, mis en contact avec de la glace ou
de la neige, en détermine très-promptement la fusion. L'affinité de
l'acide pour l'eau détermine la fusion de la glace ; celle-ci, en passant
à l'état liquide, absorbe une grande quantité de chaleur qu'elle ne
peut prendre qu'au mélange. La combinaison de l'acide sulfurique
avec l'eau dégage au contraire de la chaleur. Il y aura donc élévation
ou abaissement de température, suivant que l'un de ces effets l'em-
portera sur l'autre. Si l'on agite rapidement 4 parties d'acide concentré avec 1 partie de glace pilée, la température s'élèvera jusque
vers 100°; mais, si l'on mélange 1 partie d'acide avec 4 parties de
glace, la température s'abaissera souvent jusqu'à — 20°.

§ 149. La composition de l'acide sulfurique peut être déterminée de
la manière suivante :

On pèse très-exactement, dans un petit ballon de verre, 5 grammes
de soufre, sur lequel on verse de l'acide azotique très-concentré. On
chauffe modérément; le soufre est changé en acide sulfurique qui reste
mêlé avec l'excès d'acide azotique et avec l'eau. Lorsque le soufre a
disparu entièrement, on fait bouillir pendant quelque temps; l'acide
azotique et une portion de l'eau se dégagent, et il ne reste dans le
matras qu'un mélange d'eau et d'acide sulfurique. Pour connaître la
proportion d'acide sulfurique réel qui se trouve dans le mélange, on
combine cet acide avec une base anhydre qui forme avec lui un sulfate anhydre. La base que l'on choisit de préférence est le protoxyde
de plomb, qu'il est facile d'obtenir à l'état de pureté. On pèse une
certaine quantité de cet oxyde, 50 grammes, par exemple (cette quan-

tité doit être plus grande que celle qui est nécessaire pour saturer l'acide), et on la verse dans le ballon ; l'acide sulfurique se combine avec une portion de l'oxyde de plomb ; il se forme du sulfate de plomb, et l'eau devient libre. On chasse l'eau en chauffant le ballon,

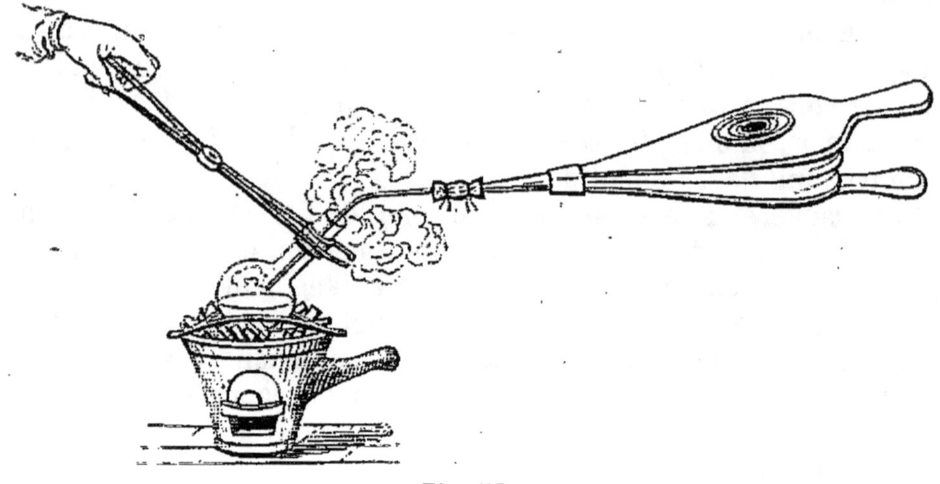

Fig. 78.

et, afin d'obtenir une dessiccation complète, on souffle dans le ballon, avec un soufflet à la buse duquel on a adapté un tube de verre (*fig. 78*).

On pèse le ballon après refroidissement, et l'on trouve un poids

de. 62,5
Si l'on en retranche l'oxyde de plomb ajouté. 50,0

il reste le poids de l'acide sulfurique. . . . . 12,5.

5 grammes de soufre ont donc produit 12^{gr},50 d'acide sulfurique.

On déduit de là que l'acide sulfurique anhydre est formé de

Soufre. 40,00
Oxygène 60,00
                       100,00

ou, si l'on rapporte cette composition au poids 200 de soufre qui représente son équivalent,

Soufre. 200
Oxygène 300
                       500

ce qui correspond à 1 équivalent de soufre et 3 équivalents d'oxygène ; la formule de l'acide sulfurique anhydre est donc SO^3, et son équivalent 500,00.

§ 150. L'acide sulfurique concentré, le seul dont nous nous soyons occupé jusqu'ici, n'est pas de l'acide anhydre, il renferme une certaine quantité d'eau qu'il importe de déterminer avec exactitude. On pèse, dans un petit ballon, 100 grammes de protoxyde de plomb bien pur et réduit en poudre fine, et l'on verse avec précaution, au moyen d'une pipette, une certaine quantité de l'acide que l'on veut analyser. (Cette quantité doit être moindre que celle qui est nécessaire pour convertir en sulfate tout l'oxyde de plomb employé.) On pèse de nouveau le ballon, on lui trouve un poids P; l'augmentation du poids (P — 100) donne la quantité d'acide concentré soumise à l'expérience. On ajoute une petite quantité d'eau, pour favoriser la combinaison de l'acide sulfurique avec l'oxyde de plomb, puis on évapore l'eau et l'on sèche, ainsi qu'il a été dit (§ 149). En pesant de nouveau le ballon, on trouve un poids P', qui se compose des 100 grammes d'oxyde de plomb et de l'acide sulfurique anhydre renfermé dans le poids (P — 100) d'acide concentré ; (P — P') représente donc le poids de l'eau qui était contenue dans cet acide. Le même procédé est employé pour déterminer la quantité d'eau qui est combinée avec d'autres acides.

On trouve, de cette manière, que 100 parties d'acide sulfurique concentré renferment 18,3 d'eau et 81,7 d'acide réel.

Si nous rapportons cette composition au poids 500 d'acide sulfurique réel, qui représente son équivalent, nous trouvons :

$$
\begin{aligned}
&\text{Acide sulfurique} \dots \dots \quad 500,0 \\
&\text{Eau} \dots \dots \dots \dots \dots \quad 112,5 \\
\hline
&\text{Acide sulfurique concentré} \dots \quad 612,5
\end{aligned}
$$

Ces nombres donnent en effet, pour la composition en centièmes,

$$
\begin{aligned}
&\text{Acide sulfurique} \dots \dots \dots \quad 81,64 \\
&\text{Eau} \dots \dots \dots \dots \dots \dots \quad 18,36 \\
\hline
&\phantom{\text{Acide sulfurique} \dots \dots \dots \quad} 100,00
\end{aligned}
$$

Or 112,5 représente précisément 1 équivalent d'eau (§ 99); donc l'acide sulfurique concentré renferme 1 équivalent d'eau et 1 équivalent d'acide sulfurique réel, et sa formule doit s'écrire $SO^3 + HO$, ou $SO^3.HO$. L'équivalent de l'acide sulfurique concentré est 612,5.

§ 151. L'acide sulfurique monohydraté n'est pas la seule combinaison à proportions définies que l'acide sulfurique puisse former avec l'eau. Si l'on ajoute à l'acide sulfurique concentré un poids d'eau égal à celui qu'il renferme déjà, on obtient un second hydrate,

$SO^3 + 2HO$, qui cristallise en gros cristaux à une température voisine de 0°. Nous savons que la cristallisation annonce toujours une combinaison définie. Ces cristaux persistent tant que la température ne s'élève pas au-dessus de $+ 7$ à $+ 8°$. On a souvent occasion, dans les laboratoires, d'observer ces cristaux dans les flacons d'acide sulfurique du commerce. Cet acide est rarement à son maximum de concentration, et, pendant l'hiver, une partie se sépare à l'état d'hydrate cristallisé, $SO^3 + 2HO$.

Lorsqu'on mélange de l'eau et de l'acide sulfurique concentré, le volume du mélange est toujours plus petit que la somme des volumes des liquides mélangés; on dit alors qu'il y a eu *contraction*. Si v représente le volume de l'acide concentré, v' celui de l'eau, enfin V le volume du liquide après le mélange, la fraction $\dfrac{v+v'}{V}$ est appelée la *fraction de contraction*. La valeur de cette fraction est la plus petite pour le mélange d'acide sulfurique et d'eau qui correspond à la formule $SO^3 + 5HO$. Cette circonstance a porté les chimistes à regarder cet hydrate comme une troisième combinaison définie de l'acide sulfurique et de l'eau.

Si l'on chauffe, à l'ébullition, les divers hydrates d'acide sulfurique dans une cornue tubulée munie d'un thermomètre, on reconnaît que l'hydrate $SO^3 + HO$ est le seul qui présente un point d'ébullition constant; les autres hydrates abandonnent de l'eau, et la température de l'ébullition s'élève successivement jusqu'à ce qu'elle ait atteint 325°, qui est le point d'ébullition de l'acide concentré. L'acide $SO^3 + HO$ est donc le seul hydrate qui distille sans altération.

§ 152. On prépare dans les arts un acide sulfurique particulier qui est connu sous le nom d'*acide sulfurique fumant de Saxe* ou *de Nordhausen* Cet acide, dont nous indiquerons bientôt la préparation, consiste en une dissolution d'acide sulfurique anhydre dans de l'acide monohydraté, $SO^3 + HO$. Si l'on chauffe avec précaution l'acide sulfurique de Nordhausen dans une cornue de verre, il se sépare en acide sulfurique anhydre qui se dégage à l'état de vapeurs, et en acide monohydraté qui reste dans la cornue. Si l'on reçoit ces vapeurs dans un petit matras à long col, refroidi dans un mélange réfrigérant, elles se condensent sous la forme de longues aiguilles blanches, brillantes, qui forment des masses ressemblant à de l'asbeste. L'acide sulfurique anhydre fond vers 25° et bout entre 30 et 35°; ses vapeurs sont incolores. Il est extrêmement avide d'eau. Si l'on en projette une petite quantité dans ce liquide, on entend un bruit semblable à celui que produit un fer rouge plongé dans l'eau. La combinaison de l'acide sulfurique anhydre avec l'eau dégage une grande quantité de chaleur;

il en résulte que là où l'acide sulfurique anhydre arrive au contact de l'eau, il se développe une haute température, qui réduit en vapeur les particules d'eau contiguës; mais cette vapeur est immédiatement condensée par les couches voisines d'eau froide. Ce sont ces productions de vapeur, suivies de condensations immédiates, qui produisent le sifflement; elles ont lieu également lorsqu'on plonge dans l'eau un corps fortement échauffé, un fer rouge, par exemple. Si on laisse tomber une goutte d'eau dans un flacon qui renferme de l'acide sulfurique anhydre, il y a production de lumière avec explosion.

L'acide sulfurique anhydre répand à l'air d'épaisses fumées blanches. Il possède, à la température ordinaire, une tension de vapeur considérable; car il est alors peu éloigné de la température de 35°, à laquelle il entre en ébullition sous la pression ordinaire de l'atmosphère. Au contraire, l'acide sulfurique monohydraté, $SO^5.HO$, n'a, dans les mêmes circonstances, aucune tension de vapeur sensible. Il résulte de là que, si l'on expose de l'acide sulfurique anhydre à l'air, il dégagera des vapeurs abondantes, mais qui se combineront immédiatement avec la vapeur d'eau de l'atmosphère, et produiront de l'acide hydraté qui se précipitera complétement sous forme de brouillard. Nous avons expliqué de la même manière (§ 125) les fumées que produit à l'air l'acide azotique monohydraté. Il en est de même de toutes les autres substances, gazeuses ou volatiles, qui fument à l'air.

§ 153. On peut préparer immédiatement l'acide sulfurique anhydre, en décomposant par la chaleur le bisulfate de soude, $NaO.2SO^5$, qui abandonne ainsi la moitié de son acide sulfurique à une température qui n'est pas assez élevée pour décomposer cet acide.

On mêle 5 parties de sulfate neutre de soude récemment calciné, et par conséquent anhydre, avec 2 parties d'acide sulfurique concentré. On chauffe graduellement jusqu'au rouge sombre. La matière se boursoufle d'abord en perdant de l'eau, puis elle fond. On la coule alors en plaques que l'on brise; les fragments sont introduits immédiatement dans une cornue de terre, munie d'un récipient que l'on refroidit avec de la glace. On chauffe avec précaution, la moitié de l'acide sulfurique distille à l'état anhydre, et se condense dans le récipient. Le résidu de la cornue est du sulfate neutre de soude, on peut le traiter de nouveau par l'acide sulfurique ordinaire, et le faire servir ainsi indéfiniment à la préparation de l'acide sulfurique anhydre.

On obtient également de l'acide sulfurique anhydre en faisant passer un mélange de gaz acide sulfureux et d'oxygène à travers un tube renfermant de la mousse de platine et chauffé au rouge. Les gaz oxygène et acide sulfureux, qui sont sans action l'un sur l'autre lorsqu'on les fait passer à travers un tube de porcelaine chauffé, se combinent, au contraire, si le tube renferme du platine très-divisé, et cependant le métal ne subit pendant cette expérience aucune altération. Nous trouvons donc encore ici un nouvel exemple de cette influence, mystérieuse et inexpliquée jusqu'ici, que quelques corps exercent par leur présence sur les combinaisons ou sur les décompositions chimiques, influence que nous avons appelée (§ 102) *action de présence* ou *force catalytique*.

Lorsqu'on refroidit l'acide de Nordhausen au-dessous de 0°, il s'y dépose des cristaux qui appartiennent à un hydrate renfermant moins d'eau que l'acide sulfurique monohydraté, et qui a pour formule $2SO^3 + HO$.

§ 154. Les sulfates des diverses bases se comportent très-différemment sous l'action de la chaleur. Les sulfates qui renferment des bases très-fortes, telles que la potasse, la soude, la baryte, la chaux, ne subissent aucune altération, même à la température la plus élevée. Les sulfates formés par des bases plus faibles, telles que les oxydes métalliques, sont décomposés à une température plus ou moins élevée. En général, l'acide sulfurique se décompose alors en acide sulfureux et en oxygène. Une portion de ce dernier gaz se combine souvent avec l'oxyde métallique, et le fait passer à un état supérieur d'oxydation. Les sulfates formés par quelques peroxydes, le peroxyde de fer, par exemple, se décomposent à une température tellement basse, que l'acide sulfurique peut s'échapper sans décomposition. C'est sur cette dernière propriété qu'est fondée la préparation de l'acide sulfurique de Nordhausen.

On prépare accidentellement, dans plusieurs opérations métallurgiques, principalement dans le traitement des minerais de cuivre, de grandes quantités de sulfate de protoxyde de fer, que l'on appelle dans le commerce du *vitriol vert*. La formule de ce sel est

$$FeO.SO^3 + 7HO.$$

Soumis à l'action de la chaleur, le sulfate de fer perd d'abord 6 équivalents d'eau, le septième ne se dégage qu'à une température plus élevée. Si on le chauffe davantage, le protoxyde de fer se change en peroxyde aux dépens de l'acide sulfurique, en absorbant une quantité d'oxygène égale à la moitié de celle qu'il renferme déjà : la moitié de l'acide sulfurique est décomposée et changée en acide sulfureux qui se dégage ; il reste un sous-sulfate de peroxyde de fer $Fe^2O^3.SO^3$.

Cette réaction est représentée par l'équation suivante :

$$2(FeO.SO^3) = SO^2 + Fe^2O^3.SO^3.$$

Fe^2O^3 est la formule du peroxyde de fer.

Si l'on élève encore un peu la température, le sous-sulfate de peroxyde de fer se décompose à son tour, l'acide sulfurique devient libre, et il reste du peroxyde de fer. Le sulfate de peroxyde de fer retient encore un peu d'eau au moment de sa décomposition, de sorte que l'acide sulfurique qui se dégage n'est pas complétement anhydre.

On peut préparer dans les laboratoires un acide semblable à celui de Nordhausen. Il suffit de placer, dans une cornue de grès, du peroxyde de fer du commerce, connu sous le nom de *colcothar*, de l'arroser avec de l'acide sulfurique concentré, et de distiller ensuite. On ne recueille pas les premiers produits, parce qu'ils renferment beaucoup d'eau; les derniers sont, au contraire, très-riches en acide sulfurique anhydre.

§ 155. La préparation dans les arts de l'acide sulfurique monohydraté, que l'on appelle aussi quelquefois *acide sulfurique anglais* ou *acide sulfurique obtenu par la méthode anglaise*, est fondée sur les réactions suivantes, que nous avons déjà indiquées précédemment :

1° Le deutoxyde d'azote, AzO^2, au contact de l'air en excès, se change en acide hypoazotique, AzO^4;

2° L'acide hypoazotique, en présence d'une petite quantité d'eau, se change en acide azotique monohydraté et en acide azoteux :

$$2AzO^4 + HO = AzO^5.HO + AzO^3;$$

3° L'acide azoteux, AzO^3, en contact avec une grande quantité d'eau, se change en acide azotique hydraté et en deutoxyde d'azote :

$$3AzO^3 + nHO = AzO^5 + nHO + 2AzO^2.$$

Par suite, l'acide hypoazotique, en présence d'une grande quantité d'eau, se change en acide azotique hydraté et en deutoxyde d'azote :

$$6AzO^4 + nHO = 4AzO^5 + nHO + 2AzO^2;$$

4° L'acide sulfureux, SO^2, en présence de l'acide azotique hydraté, $AzO^5 + nHO$, se change en acide sulfurique, et transforme l'acide azotique en acide hypoazotique :

$$SO^2 + AzO^5 + nHO = SO^3 + nHO + AzO^4.$$

L'expérience suivante nous représente toutes les réactions qui se passent dans la fabrication de l'acide sulfurique par la méthode anglaise :

On fait arriver, en même temps, dans un grand ballon A (*fig.* 79) dont les parois sont mouillées et qui est rempli d'air, 1° du gaz acide sulfureux obtenu en chauffant dans un ballon B du cuivre avec de

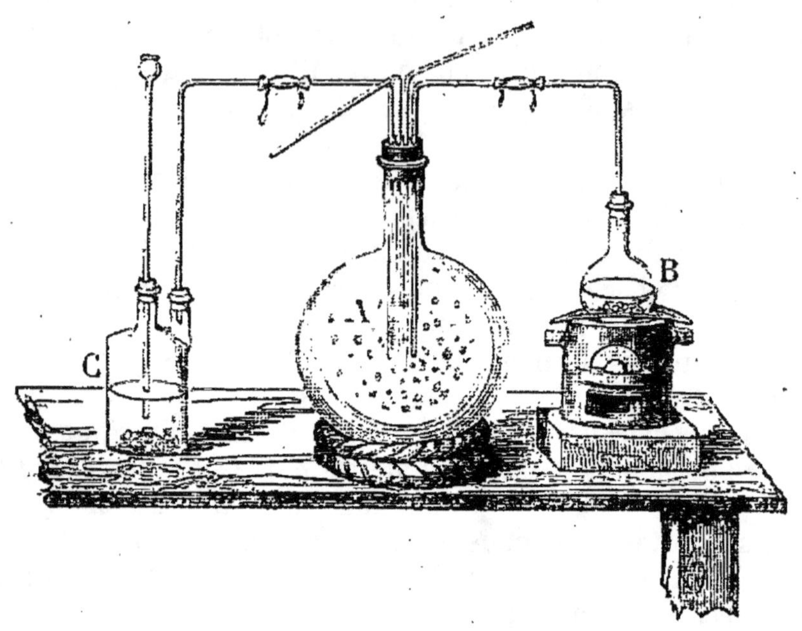

Fig. 79.

l'acide sulfurique concentré, et 2° du gaz deutoxyde d'azote que l'on prépare dans le flacon C, en faisant réagir du cuivre sur de l'acide azotique étendu.

Le deutoxyde d'azote, en se mêlant à l'air du ballon A, se combine avec l'oxygène et se change en acide hypoazotique, AzO^4, lequel, sous l'influence de l'humidité du ballon, se change, à son tour, en acide azotique hydraté et en deutoxyde d'azote. L'acide azotique formé réagit sur l'acide sulfureux, qu'il fait passer à l'état d'acide sulfurique, et se change en acide hypoazotique, qui se décompose de nouveau au contact de l'eau en acide azotique et deutoxyde d'azote. Le deutoxyde d'azote de nouvelle formation, se retrouvant encore en présence de l'oxygène de l'air, se change en acide hypoazotique, et cette succession de réactions remarquables se continue indéfiniment ainsi. De sorte que, tant qu'il reste de l'oxygène dans le ballon, le même deutoxyde d'azote peut transformer une quantité indéfinie d'acide sulfureux en acide sulfurique. On obtient, en effet, ce résultat, en faisant arriver, par l'un des quatre tubes du ballon, un courant lent de gaz oxygène qui remplace celui qui disparaît par suite de la réaction.

Il est évident, d'ailleurs, que le deutoxyde d'azote peut être remplacé avec avantage, dans cette expérience, par un composé quelconque de l'azote plus oxygéné, par l'acide hypoazotique ou par l'acide azotique.

Mais, pour que les choses se passent comme nous venons de le dire, il faut qu'il y ait beaucoup de vapeur d'eau dans le ballon. Celle qui se dégagerait spontanément des parois mouillées à la température ambiante ne serait pas suffisante. Il est nécessaire de chauffer le fond du ballon avec quelques charbons.

Lorsqu'il y a moins d'eau, la réaction change. Supposons qu'il n'existe pas d'eau dans notre ballon, les gaz acides sulfureux et hypoazotique agissent alors difficilement l'un sur l'autre ; cependant nous avons vu (§ 159) que, lorsqu'on mêle les deux substances à l'état liquide dans un tube que l'on ferme ensuite à la lampe, la combinaison a lieu au bout d'un certain temps, et qu'il se forme un composé cristallisé qui a pour formule $AzO^5.2SO^5$. S'il existe une petite quantité d'eau dans le mélange gazeux, la réaction a lieu plus facilement, et il se forme un composé cristallisé qui est un hydrate du composé précédent $AzO^5.2SO^5$. Cet hydrate se forme constamment dans le ballon et se dépose sur les parois, sous la forme de petites houppes cristallines, si l'on ne chauffe pas le ballon, c'est-à-dire s'il n'existe que la faible tension de la vapeur aqueuse qui correspond à la température ambiante. Ces cristaux se forment aussi très-souvent dans la fabrication en grand de l'acide sulfurique, et on leur a donné le nom de *cristaux des chambres de plomb*. On ne doit cependant les regarder que comme accidentels, et il convient même d'éviter leur formation ; car, s'ils ne rencontrent pas ensuite de l'eau pour se décomposer, ils se dissolvent dans l'acide sulfurique, dont ils altèrent la pureté, et retiennent ainsi une portion d'acide azoteux, qui aurait servi à transformer en acide sulfurique une nouvelle quantité d'acide sulfureux.

Dans la fabrication en grand de l'acide sulfurique par la méthode anglaise, le ballon de notre expérience est remplacé par une ou plusieurs grandes chambres en charpente, recouvertes intérieurement de lames de plomb exactement soudées les unes aux autres. On prépare alors l'acide sulfureux en brûlant du soufre dans de l'air atmosphérique.

Acide hyposulfurique, S^2O^5.

§ 156. Si l'on fait digérer à froid une dissolution d'acide sulfureux avec du peroxyde de manganèse, l'acide sulfureux perd en très-peu de temps son odeur caractéristique, et la liqueur renferme de l'hyposulfate de protoxyde de manganèse. 2 équivalents d'acide sulfureux se combinent avec 1 équivalent d'oxygène abandonné par le peroxyde de manganèse qui passe à l'état de protoxyde. On a

$$MnO^2 + 2SO^2 = MnO.S^2O^5.$$

Si l'on fait passer, au contraire, le courant d'acide sulfureux à travers de l'eau *chauffée* renfermant en suspension du peroxyde de manganèse très-divisé, le gaz est encore absorbé; mais la réaction a lieu entre 1 équivalent de peroxyde de manganèse et 1 équivalent d'acide sulfureux, et il se forme du sulfate de protoxyde de manganèse

$$MnO^2 + SO^2 = MnO.SO^5.$$

Ainsi la réaction est différente suivant la température.

Pour préparer l'acide hyposulfurique dans les laboratoires, on met en suspension, dans l'eau, du peroxyde de manganèse très-divisé, et l'on fait passer à travers le liquide un courant de gaz acide sulfureux. Les deux réactions que nous venons d'indiquer ont lieu simultanément, c'est-à-dire qu'il se forme à la fois du sulfate et de l'hyposulfate de manganèse. On filtre la liqueur et on la décompose par une dissolution de baryte caustique, qui précipite le protoxyde de manganèse, et forme du sulfate et de l'hyposulfate de baryte. Le sulfate de baryte est complétement insoluble dans l'eau et se précipite avec l'oxyde de manganèse, de sorte qu'il ne reste dans la liqueur que de l'hyposulfate de baryte que l'on fait cristalliser par évaporation.

On dissout de nouveau l'hyposulfate de baryte dans l'eau, et on ajoute avec précaution de l'acide sulfurique étendu, jusqu'à ce que l'addition d'une nouvelle goutte de ce réactif ne trouble plus la liqueur. La baryte se trouve ainsi complétement précipitée à l'état de sulfate, et la liqueur ne renferme que de l'acide hyposulfurique. On évapore cette dissolution sous le récipient de la machine pneumatique et on l'amène ainsi à un état de concentration assez avancé. L'évaporation ne peut pas être faite à chaud; car, lorsque la liqueur se trouve un peu concentrée, l'acide hyposulfurique se décompose par la chaleur en acide sulfureux et en acide sulfurique.

On obtient facilement, par double décomposition, les divers hypo-sulfates, au moyen de l'hyposulfate de baryte. Il suffit de verser avec précaution, dans la dissolution de l'hyposulfate de baryte, une disso-lution étendue de sulfate de la base que l'on désire combiner avec l'acide hyposulfurique, jusqu'à ce qu'il ne se forme plus de précipité. La baryte se trouve ainsi éliminée à l'état de sulfate, et la liqueur renferme l'hyposulfate que l'on peut faire cristalliser.

La composition de l'acide hyposulfurique est :

2 éq.	soufre.	400,0	44,44
5 »	oxygène.	500,0	55,56
1 »	acide hyposulfurique.	900,0	100,00

Acide hyposulfureux, S^2O^2.

§ 157. Cet acide n'a pas été isolé jusqu'ici ; on ne le connaît qu'en combinaison avec les bases.

On obtient les hyposulfites dans plusieurs circonstances.

Si l'on fait bouillir une dissolution de sulfite de soude, ou d'un autre sulfite, avec de la fleur de soufre en excès, on voit qu'une grande quantité de soufre se dissout, et le sulfite de soude, $NaO.SO^2$, se transforme en hyposulfite, $NaO.S^2O^2$. Ce sel cristallise facilement.

Si l'on verse de l'acide chlorhydrique dans une dissolution très-froide d'hyposulfite de soude, la liqueur ne se trouble pas dans les premiers instants ; mais bientôt l'acide hyposulfureux se décom-pose, il se forme un précipité de soufre, et il se dégage de l'acide sulfureux.

On obtient encore des hyposulfites dans d'autres circonstances.

Un morceau de zinc disparaît dans une dissolution d'acide sulfu-reux, sans qu'il y ait dégagement de gaz hydrogène. L'oxydation a lieu aux dépens d'une portion de l'oxygène de l'acide sulfureux qui passe à l'état d'acide hyposulfureux, et la liqueur renferme un mé-lange de sulfite et d'hyposulfite de zinc ; on a

$$2Zn + 3SO^2 = ZnO.S^2O^2 + ZnO.SO^2.$$

Les dissolutions des sulfures alcalins, abandonnées au contact de l'air, absorbent promptement de l'oxygène et se transforment en hyposulfites.

Lorsqu'on fait bouillir des dissolutions de potasse, de soude, de baryte, avec un excès de soufre, on obtient des hyposulfites mélangés avec des sulfures saturés de soufre. Ainsi, avec la potasse, on a la réaction suivante :

$$3KO + 12S = 2KS^5 + KO.S^2O^2.$$

La composition de l'acide hyposulfureux est :

2 éq. soufre.	400,0	66,66
2 » oxygène.	200,0	33,34
1 » acide hyposulfureux. . .	600,0	100,00

Combinaisons du sélénium avec l'oxygène.

§ 158. Le sélénium forme avec l'oxygène deux combinaisons qui correspondent aux acides sulfureux, SO^2, et sulfurique, SO^3. Les chimistes admettent encore l'existence d'un troisième oxyde, auquel ils attribuent l'odeur fétide que le sélénium dégage en brûlant à l'air; mais les propriétés de ce corps ne sont pas connues.

Acide sélénieux, SeO^2.

§ 159. Lorsque le sélénium brûle dans l'oxygène, il se change en acide sélénieux. Pour préparer l'acide sélénieux par la combustion du sélénium, on place un fragment de sélénium dans un tube recourbé *abc* (*fig.* 80), dont on met l'extrémité *a* en communication avec une petite cornue de verre renfermant du chlorate de potasse. On chauffe ce chlorate de manière à obtenir un dégagement d'oxygène; puis on chauffe la partie *b* du tube recourbé qui renferme le fragment de sélénium. Ce corps s'enflamme alors, et brûle

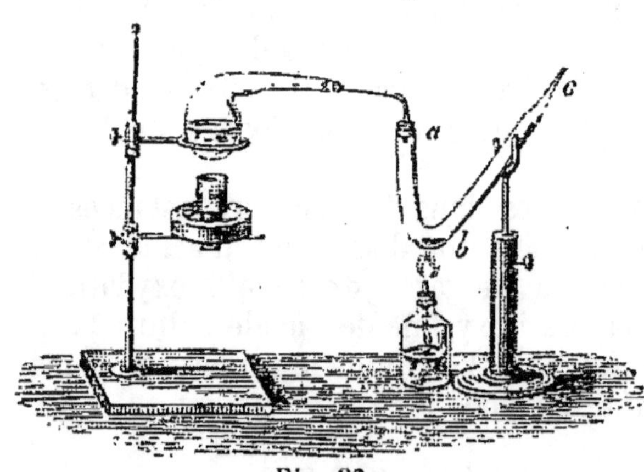

Fig. 80.

avec une flamme bleue. L'acide sélénieux vient se condenser à la partie supérieure du tube sous la forme d'aiguilles cristallines blanches.

On obtient également l'acide sélénieux en oxydant le sélénium par l'acide azotique concentré, ou mieux, par un mélange d'acide azotique et d'acide chlorhydrique. Le sélénium se dissout à l'état d'acide sélénieux, et, si l'on évapore la dissolution, on obtient cet acide sous la forme d'une masse blanche. Nous avons vu que, dans les mêmes circonstances, le soufre se changeait en acide sulfurique.

L'acide sélénieux est très-soluble dans l'eau.

L'acide sélénieux ne retient pas l'oxygène avec beaucoup de force; un grand nombre de substances le lui enlèvent. Le fer et le zinc décomposent l'acide sélénieux dissous, et précipitent le sélénium sous la forme d'une poudre rouge. L'acide sulfureux produit une décomposition semblable.

Acide sélénique, SeO^3.

§ 160. En chauffant ensemble un mélange d'azotate de potasse et de sélénium ou de séléniure de plomb, on obtient du séléniate de potasse, que l'on purifie par des cristallisations successives. Le séléniate de potasse, dissous dans l'eau, est décomposé par une dissolution d'azotate de plomb; il se précipite du séléniate de plomb insoluble, que l'on recueille sur un filtre. Le séléniate de plomb, bien lavé, est mis en suspension dans l'eau, puis soumis à l'action d'un courant de gaz acide sulfhydrique; il se forme du sulfure de plomb, qui se précipite à l'état d'une poudre noire, et de l'acide sélénique hydraté qui se dissout dans l'eau. On a en effet la réaction :

$$PbO.SeO^3 + HS = PbS + SeO^3.HO.$$

La dissolution d'acide sélénique peut être concentrée par la chaleur; la température d'ébullition de la liqueur s'élève jusqu'à 290° environ. Mais, si on cherche à la concentrer davantage, on reconnaît que l'acide sélénique se décompose, et que de l'oxygène se dégage.

L'acide sélénique est décomposé par l'acide chlorhydrique, il se dégage du chlore, et il se forme de l'acide sélénieux. L'acide sulfureux est sans action sur l'acide sélénique, tandis qu'il décompose immédiatement l'acide sélénieux. Lors donc qu'on veut précipiter le sélénium de l'acide sélénique, il faut commencer par transformer cet acide en acide sélénieux, en faisant bouillir sa dissolution avec l'acide chlorhydrique. On ajoute ensuite de l'acide sulfureux, et l'on fait bouillir de nouveau.

L'acide sélénique est un acide très-fort, se rapprochant beaucoup, par ses propriétés, de l'acide sulfurique. Sa formule est SeO^3.

Combinaisons du phosphore avec l'oxygène.

§ 161. Le phosphore forme quatre combinaisons avec l'oxygène ; trois de ces combinaisons sont acides, ce sont :

$$1° \text{ L'acide phosphorique. . . } \quad PhO^3$$
$$2° \text{ L'acide phosphoreux. . . } \quad PhO^3$$
$$3° \text{ L'acide hypophosphoreux. } \quad PhO$$

La quatrième est un composé indifférent, qui renferme moins d'oxygène que les précédentes ; on lui donne le nom d'*oxyde de phosphore*.

Acide phosphorique, PhO^3.

§ 162. Le phosphore, en brûlant dans l'oxygène ou dans l'air, produit une fumée blanche, épaisse, qui se dépose sous la forme d'une poussière blanche, attirant promptement l'humidité de l'air. Cette substance est l'acide phosphorique. Pour l'obtenir en quantité considérable, on prend une grande cloche en verre, que l'on sèche bien et que l'on pose sur une assiette également séchée (*fig.* 81) ; on place sous la cloche quelques fragments de chaux vive dans une capsule, et on les y laisse pendant quelques heures pour dessécher l'air intérieur. On retire ensuite la capsule, et on la remplace par une autre plus petite, dans laquelle on a préalablement enflammé un fragment de phosphore. La combustion continue sous la cloche, tant que celle-ci renferme une quantité d'oxygène suffisante ; l'acide phosphorique se dépose, sous la forme d'une poussière blanche, sur les parois de

Fig. 81.

la cloche et sur l'assiette, et il reste, dans la petite capsule, après la combustion complète du phosphore, une matière rougeâtre qui n'est autre chose que de l'oxyde de phosphore. On rassemble rapidement l'acide phosphorique pulvérulent, avec une spatule de platine, et on le renferme dans un flacon à l'émeri, bien desséché.

L'acide phosphorique que l'on obtient ainsi est anhydre ; c'est une matière pulvérulente blanche qui s'agrége et se floconne par la pression. Cette matière est très-avide d'eau ; elle attire promptement l'humidité de l'air et tombe en déliquescence. Lorsqu'on la projette dans l'eau, elle produit un bruit semblable à celui d'un fer rouge qu'on y plongerait; il y a donc beaucoup de chaleur dégagée dans la combinaison de l'acide phosphorique anhydre avec l'eau.

La dissolution aqueuse d'acide phosphorique peut être évaporée; elle donne, d'abord, une liqueur sirupeuse, qui laisse déposer des cristaux d'acide phosphorique hydraté lorsqu'elle est suffisamment concentrée. Si l'on chauffe indéfiniment cette dissolution dans une capsule de platine, elle perd les dernières quantités d'eau qu'elle peut abandonner par la chaleur; elle fond, ensuite, à la chaleur rouge et donne une matière transparente, semi-fluide, qui se solidifie sous la forme d'une masse vitreuse. Cette substance donne à la chaleur rouge des vapeurs sensibles, mais elle est encore loin alors de son point d'ébullition sous la pression ordinaire de l'atmosphère.

L'acide phosphorique vitreux n'est pas de l'acide phosphorique anhydre; il renferme encore 11,2 pour 100 d'eau, c'est-à-dire un équivalent d'eau que la chaleur seule ne peut lui enlever. De sorte que l'acide phosphorique qui s'est combiné une fois avec l'eau ne peut plus être ramené à l'état anhydre par la chaleur seule.

§ 163. On obtient immédiatement l'acide phosphorique hydraté, en dissolvant le phosphore dans l'acide azotique. On prend 1 partie de phosphore et 13 parties d'acide azotique étendu d'eau, et qui doit avoir, au plus, la densité 1,20; on chauffe le tout dans une cornue de verre (*fig.* 82) dont le col est engagé dans un récipient refroidi. Il se dégage beaucoup de vapeurs rutilantes et le phosphore disparaît promptement. Lorsque l'acide est plus concentré, l'action peut devenir tellement vive, que les gaz et les vapeurs, ne pouvant plus s'échapper assez promptement par le col de la cornue, déterminent une explosion, toujours dangereuse, à cause du phosphore, dont les brûlures sont très-redoutables. Si l'acide azotique est très-étendu, l'action est beaucoup plus lente et

Fig. 82.

une portion de l'acide azotique distille sans agir sur le phosphore. Lorsque la plus grande partie de la liqueur a passé dans le récipient, on arrête l'opération et on reverse dans la cornue le liquide qui a distillé : on appelle cette opération *cohober le liquide distillé*. On recommence ensuite la distillation.

Lorsque le phosphore est complétement dissous, on continue la distillation jusqu'à ce que la liqueur de la cornue ait pris une consistance sirupeuse : il faut s'arrêter alors et verser la liqueur dans une capsule de platine où l'on achève la concentration; car, pour chasser les dernières portions d'eau et d'acide azotique, il faudrait appliquer une température élevée, à laquelle l'acide phosphorique attaquerait le verre de la cornue, et, par suite, deviendrait impur.

L'acide phosphorique fondu contient 11,2 pour 100 d'eau. La quantité d'oxygène renfermée dans cette eau est à celle contenue dans l'acide phosphorique réel comme 1 est à 5, de sorte que cet hydrate a pour formule $PhO^5 + HO$.

Si l'on abandonne l'acide vitreux sous une cloche, avec une quantité d'eau égale au double de celle qu'il renferme déjà, il se convertit en une masse cristalline qui est un hydrate défini ayant pour formule $PhO^5 + 3HO$. Les mêmes cristaux se forment souvent dans une dissolution d'acide phosphorique convenablement concentrée.

Enfin, si l'on met l'acide vitreux en présence d'une quantité d'eau seulement égale à celle qu'il renferme déjà, on obtient encore des cristaux qui sont différents des précédents et qui ont pour formule $PhO^5 + 2HO$.

Ainsi nous connaissons trois hydrates bien définis de l'acide phosphorique :

  1° L'acide phosphorique monohydraté. . . $PhO^5 + HO$
  2° L'acide phosphorique bihydraté. . . . . $PhO^5 + 2HO$
  3° L'acide phosphorique trihydraté. . . . . $PhO^5 + 3HO$

Chacun de ces acides donne lieu à une série de sels particuliers, présentant des propriétés distinctes, savoir :

  1° Des phosphates monobasiques. . . . . . $PhO^5 + RO$
  2° Des phosphates bibasiques. . . . . . . $PhO^5 + 2RO$
  3° Des phosphates tribasiques. . . . . . . $PhO^5 + 3RO$

On prépare quelquefois l'acide phosphorique par la calcination du phosphate d'ammoniaque. Ce phosphate est obtenu en décomposant par l'ammoniaque le phosphate acide de chaux, que l'on produit en traitant les cendres d'os par l'acide sulfurique, comme dans la préparation du phosphore (§ 76). Ce procédé est très-économique; mais l'acide que l'on obtient conserve toujours un peu d'ammoniaque.

L'acide phosphorique est un acide très-fort, moins énergique, cependant, à la température ordinaire, que l'acide sulfurique; mais, comme il est beaucoup plus fixe, il chasse toujours celui-ci de toutes ses combinaisons lorsqu'on élève suffisamment la température.

§ 164. On détermine la composition de l'acide phosphorique par le procédé que nous avons décrit pour l'acide sulfurique.

Acide phosphoreux, PhO^3.

§ 165. Nous avons vu que, lorsque le phosphore brûle librement dans l'oxygène ou dans l'air atmosphérique, il se change en acide phosphorique. Mais on peut régler la combustion du phosphore de manière qu'il se produise un degré inférieur d'oxydation. Il suffit de faire arriver l'air très-lentement sur le phosphore chauffé; il ne se produit alors que de l'acide phosphoreux. Pour réaliser cette expérience, on place un morceau de phosphore dans un tube de verre *ab* (*fig.* 83), effilé à l'une de ses extrémités *a*, de manière à ne présenter qu'une ouverture très-petite; on met ce tube en communication, par son extrémité *b*, avec un flacon aspirateur rempli d'eau, on chauffe

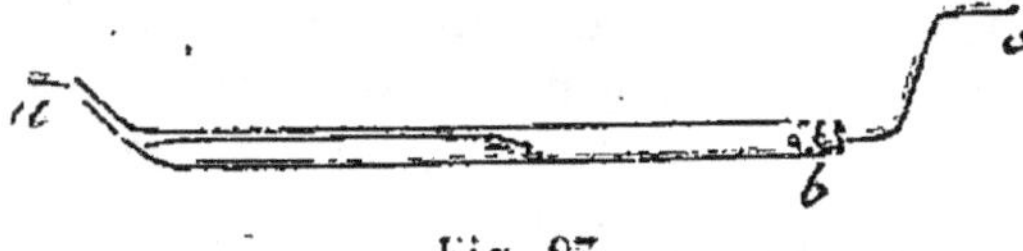

Fig. 83.

le phosphore et l'on fait couler très-lentement, et pour ainsi dir goutte à goutte, l'eau du flacon. L'air pénètre par l'orifice *a*, la combustion du phosphore se fait au moyen de l'oxygène apporté par la petite quantité d'air, et il ne se produit que de l'acide phosphoreux, qui vient se condenser, sous la forme d'un sublimé pulvérulent, dans la partie antérieure du tube *ab*. Ce sublimé peut être volatilisé, d'une place à l'autre, dans l'atmosphère de gaz azote qui remplit le tube. Il prend feu lorsqu'on le chauffe au contact de l'air, et se change en acide phosphorique.

Le phosphore, dans l'air à la température ordinaire, est toujours environné d'une vapeur blanche qui est lumineuse dans l'obscurité, et qui se condense au contact de l'eau en une liqueur acide. C'est encore de l'acide phosphoreux qui se produit principalement dans cette circonstance. Lorsqu'on veut obtenir, à l'aide de ce procédé, une quantité notable d'acide phosphoreux, on prend un certain nombre de tubes de verre, tels que *ab* (*fig.* 84); ces tubes sont terminés en *b* par une ouverture de 1 à 2 millimètres, et ils sont entièrement ouverts en *a*. Dans chacun de ces tubes, on introduit un bâton de phosphore, et l'on place une vingtaine de tubes ainsi chargés dans un entonnoir (*fig.* 85)

Fig. 84.

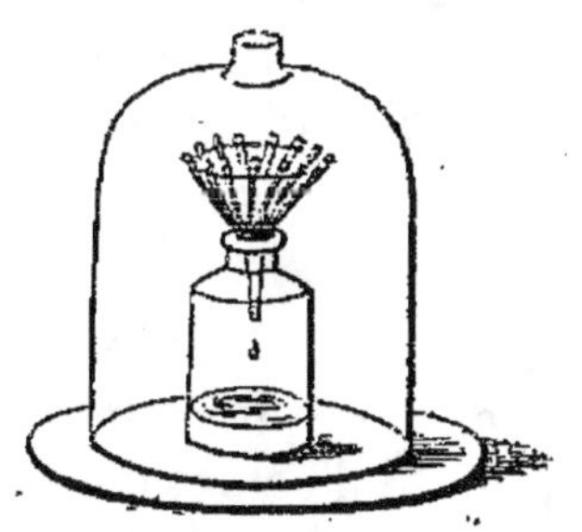

Fig. 85.

que l'on dispose sur un flacon renfermant de l'eau. Le flacon est placé sur une assiette et est recouvert avec une cloche ouverte par le haut.

Les bâtons de phosphore brûlent lentement dans l'air, à la température ordinaire; l'acide phosphoreux, qui est le produit de cette combustion, étant plus lourd que l'air, descend dans le flacon, et se dissout dans l'eau; de sorte que l'on obtient, au bout de quelques jours, une dissolution assez concentrée de cet acide.

Si les bâtons de phosphore étaient placés à nu dans l'entonnoir, la chaleur dégagée par la combustion lente du phosphore élèverait assez la température, dans les parties où les bâtons sont très-rapprochés, pour déterminer la combustion vive du phosphore. Il y aurait alors inflammation, et il se produirait principalement de l'acide phosphorique. Les tubes de verre qui enveloppent les bâtons de phosphore s'opposent à cet effet; ils empêchent le contact des bâtons, et la combustion se fait avec moins d'activité, parce que l'air n'arrive pas librement à la surface du corps combustible.

Néanmoins la dissolution que l'on obtient ainsi renferme toujours une certaine quantité d'acide phosphorique. Cela tient à ce que l'acide phosphoreux, au contact de l'air, absorbe rapidement de l'oxygène et se change en acide phosphorique. On conçoit, d'après cela, qu'il est difficile d'éviter qu'une portion de l'acide phosphoreux qui se produit dans l'expérience que nous venons de décrire ne se transforme en acide phosphorique.

On obtient l'acide phosphoreux très-pur, en décomposant par l'eau le chlorure phosphoreux, $PhCl^3$; il se forme 3 équivalents d'acide chlorhydrique et 1 équivalent d'acide phosphoreux. La réaction est représentée par l'équation suivante :

$$PhCl^3 + 3HO = 3HCl + PhO^3.$$

Les acides phosphoreux et chlorhydrique restent dans la liqueur, mais, en évaporant la dissolution jusqu'à consistance sirupeuse, l'acide chlorhydrique se dégage; et, si l'on place ensuite la liqueur concentrée sous le récipient de la machine pneumatique, elle se prend souvent entièrement en une masse cristalline. Ces cristaux sont de l'acide phosphoreux hydraté. Leur formule est

$$PhO^5 + 3HO.$$

Si l'on continue indéfiniment l'évaporation, par la chaleur, de l'acide phosphoreux hydraté, on reconnaît bientôt qu'il y a décomposition de l'acide; il se dégage un mélange de gaz hydrogène et d'hydrogène phosphoré qui s'enflamme à l'air, et on trouve de l'acide phosphorique dans la liqueur. L'eau et l'acide phosphoreux se décomposent simultanément, une partie de l'hydrogène provenant de la décomposition de l'eau se dégage; une autre portion se combine avec le phosphore de l'acide phosphoreux décomposé, et l'oxygène de cet acide, ainsi que celui qui provient de la décomposition de l'eau, s'unissent à l'acide phosphoreux restant, pour le transformer en acide phosphorique.

§ 166. On prépare souvent l'acide phosphoreux, en faisant réagir le chlore sur le phosphore, en présence de l'eau. A cet effet, on met, au fond d'une éprouvette (*fig.*86), une certaine quantité de phosphore, et, par-dessus, une couche d'eau. On maintient cette éprouvette dans un bain-marie à 40° ou 50°, afin que le phosphore reste liquide; puis on fait arriver du chlore par un tube qui descend jusqu'au fond de l'éprouvette. Le chlore se combine d'abord avec le phosphore; mais le chlorure de phosphore se décompose immédiatement, au contact de l'eau, en acides phosphoreux et chlorhydrique.

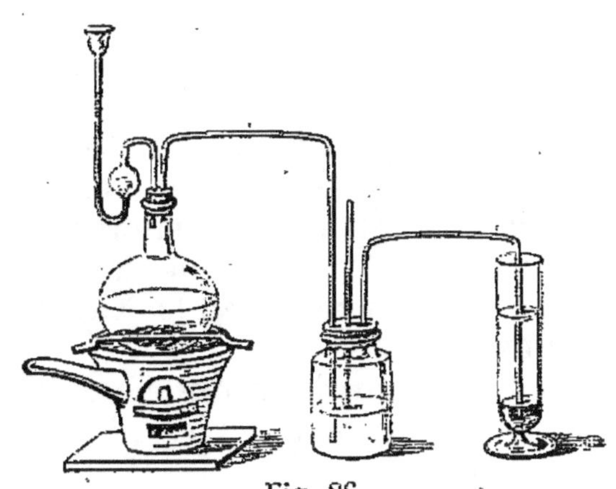

Fig. 86.

Il est difficile, néanmoins, d'obtenir ainsi de l'acide phosphoreux très-pur, parce qu'un excès de chlore transforme rapidement, au contact de l'eau, l'acide phosphoreux en acide phosphorique.

Acide hypophosphoreux, PhO.

§ 167. Lorsqu'on fait bouillir du phosphore avec une dissolution de potasse, de soude, de baryte, ou avec du lait de chaux, l'eau se décompose; de l'hydrogène phosphoré se dégage, et il se forme un hypophosphite de la base, lequel reste en dissolution dans la liqueur. Une réaction semblable a lieu lorsqu'on décompose par l'eau du phosphure de chaux ou de baryte.

L'acide hypophosphoreux libre se prépare facilement au moyen de l'hypophosphite de baryte; il suffit de précipiter la baryte par de l'acide sulfurique versé goutte à goutte. On peut évaporer, ensuite, la liqueur jusqu'à consistance sirupeuse sans qu'il y ait décomposition; mais la dissolution ne cristallise dans aucun cas. Lorsqu'on chauffe davantage la liqueur sirupeuse, l'acide hypophosphoreux se décompose, il se dégage de l'hydrogène phosphoré spontanément inflammable, et il reste comme résidu de l'acide phosphorique.

L'acide hypophosphoreux est très-avide d'oxygène; il réduit un grand nombre d'oxydes métalliques; il ramène à l'état de métal les oxydes de mercure et de cuivre. Sous l'influence d'une douce chaleur, il décompose l'acide sulfurique concentré, de l'acide sulfureux se dégage, et il se dépose du soufre.

L'acide hypophosphoreux forme, avec les bases, des sels définis dont plusieurs cristallisent très-bien. On les obtient facilement en décomposant l'hyposulfite de baryte par les sulfates solubles.

Oxyde de phosphore.

§ 168. Lorsqu'on fait brûler, dans l'air ou dans l'oxygène, un morceau de phosphore placé dans une petite capsule, il reste toujours, après la combustion, un résidu rouge qui est un oxyde de phosphore renfermant moins d'oxygène que l'acide hypophosphoreux. Mais ce produit n'est pas pur; il est toujours mêlé de beaucoup d'acide phosphoreux.

On obtient l'oxyde de phosphore plus pur, en plaçant du phosphore dans une éprouvette à pied (*fig.* 87), remplie d'eau chaude pour maintenir le phosphore fondu, et faisant arriver au fond de l'éprouvette un courant de gaz oxygène. Le phosphore brûle alors sous l'eau avec flamme; il se produit de l'acide phosphorique qui se dissout, et de l'oxyde de phosphore qui nage dans la liqueur, sous forme de flocons rouges. On recueille ces flocons

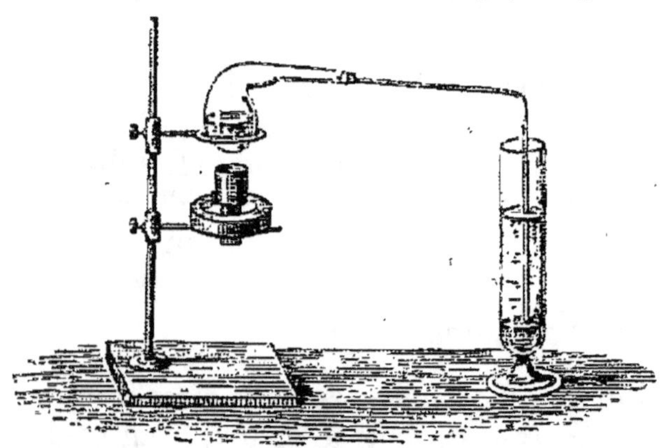

Fig. 87.

sur un filtre; on les sèche rapidement avec du papier joseph, après les avoir bien lavés; puis on les traite par du sulfure de carbone qui dissout le phosphore libre mêlé à l'oxyde.

L'oxyde de phosphore absorbe promptement l'oxygène de l'air et se change finalement en acide phosphorique. Chauffé à l'abri de l'air, il se décompose en phosphore et en acide phosphorique.

Lorsque le phosphore est mêlé mécaniquement avec une petite quantité d'oxyde de phosphore, il est beaucoup plus combustible que quand il est pur. On obtient souvent ce mélange dans les laboratoires lorsque l'on fond de vieux résidus de phosphore conservés dans des flacons mal bouchés. Nous avons déjà dit que ce phosphore impur est plus combustible et qu'il doit être manié avec plus de précautions encore que le phosphore transparent.

Combinaisons de l'arsenic avec l'oxygène.

§ 169. On connaît deux combinaisons de l'arsenic avec l'oxygène : l'une d'elles correspond à l'acide phosphoreux, l'autre à l'acide phosphorique.

Acide arsénieux, AsO³.

§ 170. Lorsque l'arsenic est chauffé dans un courant d'air atmosphérique ou d'oxygène, il se transforme en une matière blanche qui se sublime : c'est l'acide arsénieux. Cette matière se trouve dans le commerce; on l'emploie en grande quantité dans la peinture, principalement à l'état d'arsénite de cuivre, qui fournit une belle couleur verte.

On prépare l'acide arsénieux par le *grillage*[1] de certains arséniosulfures métalliques, tels que les arséniosulfures de fer, de nickel et de cobalt. Le plus souvent, le but principal du traitement est l'extraction du métal qui est combiné avec l'arsenic; c'est ce qui arrive toujours lorsqu'on traite les arséniosulfures de cobalt et de nickel. Le minerai est placé ordinairement sur la sole d'un fourneau à réverbère, traversé par le courant d'air chaud qui a passé par la grille; le soufre se change en acide sulfureux, l'arsenic en acide arsénieux. L'acide sulfureux se dégage par la cheminée, tandis que l'acide arsénieux se condense dans des conduits que l'on a soin d'interposer entre le fourneau et la cheminée. Pour obtenir l'acide arsénieux pur, il suffit de soumettre l'acide brut obtenu dans cette opération à une nouvelle sublimation dans des tubes en tôle.

L'acide arsénieux fraîchement préparé se présente sous la forme de masses vitreuses parfaitement incolores; mais les fragments, abandonnés à eux-mêmes pendant quelque temps, deviennent opaques et prennent l'apparence de la porcelaine. Ce changement ne s'opère que successivement de la surface au centre des fragments; et, lorsqu'on casse des morceaux qui présentent, à l'extérieur, l'aspect de la porcelaine, on trouve souvent qu'ils sont encore vitreux à l'intérieur.

---

[1] On appelle *griller une substance*, la chauffer au contact de l'air de manière à la combiner avec l'oxygène.

L'acide vitreux et l'acide porcelanique sont deux états isomériques de la même matière : on ne constate aucun changement de poids pendant cette transformation; mais l'acide arsénieux, dans ces deux modifications, présente des propriétés notablement différentes.

L'acide vitreux est trois fois plus soluble dans l'eau que l'acide opaque, et il se dissout plus rapidement.

L'acide opaque se transforme en acide vitreux par une ébullition prolongée avec l'eau. 1 litre d'eau bouillante dissout environ 110 grammes d'acide arsénieux vitreux.

Sous l'influence de l'eau et d'une basse température, l'acide vitreux se tranforme en acide opaque; ainsi une dissolution d'acide arsénieux faite avec de l'acide vitreux finit, au bout d'un certain temps, par s'abaisser au point de saturation qui appartient à l'acide opaque.

La division mécanique transforme l'acide vitreux en acide opaque, de sorte que, si l'on réduit en poudre très-fine l'acide vitreux, on ne lui trouve plus que la solubilité de l'acide opaque.

La dissolution d'acide arsénieux rougit la teinture de tournesol, mais seulement à la manière des acides faibles.

L'acide arsénieux se dissout plus facilement, et en plus grande quantité, dans l'acide chlorhydrique étendu que dans l'eau pure.

L'acide arsénieux n'a pas d'odeur sensible, à la température ordinaire : un fragment, jeté sur une brique chauffée, se volatilise en fumée blanche, en répandant une odeur peu prononcée; mais, si l'on place ce fragment sur un charbon incandescent, on sent immédiatement une odeur d'ail très-forte. Cette odeur est produite par la vapeur d'arsenic métallique, le charbon ayant décomposé une portion de l'acide arsénieux.

Acide arsénique, AsO^5.

§ 171. On obtient l'acide arsénique en faisant bouillir l'acide arsénieux avec de l'eau régale en excès : on évapore ensuite à sec, pour chasser les acides chlorhydrique et azotique. Le résidu desséché ne se dissout que lentement dans l'eau, bien que l'acide arsénique s'y dissolve en grande quantité. La dissolution, soumise à une évaporation lente, laisse déposer de gros cristaux qui sont de l'acide arsénique hydraté. Ces cristaux se dissolvent facilement dans l'eau; mais la dissolution de l'acide arsénique ne se fait plus que lentement, lorsqu'on lui a fait perdre son eau de cristallisation par l'action de la chaleur.

L'acide arsénique, chauffé au rouge sombre, se décompose en acide arsénieux qui se sublime, et en oxygène qui se dégage.

Combinaisons du chlore avec l'oxygène.

§ 172. Ces combinaisons sont très-nombreuses; on en connaît maintenant cinq bien définies, et quelques autres plus complexes, qu'on peut considérer comme résultant de l'union des premières entre elles.

Les cinq combinaisons les plus importantes sont :

1°	L'acide hypochloreux.	ClO
2°	L'acide chloreux.	ClO^3
3°	L'acide hypochlorique.	ClO^4
4°	L'acide chlorique.	ClO^5
5°	L'acide perchlorique.	ClO^7

Nous commencerons par l'acide chlorique, qui peut être considéré comme le point de départ de toutes les autres combinaisons.

Acide chlorique, ClO^5.

§ 173. Lorsqu'on fait passer du chlore, jusqu'à saturation, dans une dissolution concentrée de potasse, il se sépare au bout de quelque temps des paillettes cristallines blanches de chlorate de potasse; la liqueur renferme beaucoup de chlorure de potassium, et la petite quantité de chlorate de potasse qu'elle peut retenir en dissolution. La réaction a lieu entre 6 éq. de chlore et 6 éq. de potasse; il se forme 5 éq. de chlorure de potassium, KCl, et 1 éq. de chlorate de potasse, $KO.ClO^5$, c'est-à-dire qu'on a l'équation

$$6Cl + 6KO = 5KCl + KO.ClO^5.$$

On purifie le chlorate de potasse en le dissolvant dans l'eau bouillante; la plus grande partie se dépose sous forme de cristaux, pendant le refroidissement de la liqueur.

C'est au moyen du chlorate de potasse que l'on prépare l'acide chlorique et toutes les autres combinaisons du chlore avec l'oxygène.

Pour préparer l'acide chlorique, on verse, dans une dissolution de chlorate de potasse, un excès d'acide hydrofluosilicique; il se forme un précipité gélatineux d'hydrofluosilicate de potasse insoluble, et l'acide chlorique reste dans la liqueur. Si l'on ne versait que la quantité d'acide hydrofluosilicique exactement nécessaire pour précipiter la potasse, l'acide chlorique resterait seul dans la dissolution. Mais l'hydrofluosilicate de potasse est un précipité gélatineux transparent, que l'on distingue à peine au milieu de la liqueur; de sorte qu'il n'est pas possible de juger du moment où la potasse est complétement précipitée, et l'on est obligé de mettre un excès d'acide hydrofluosilicique. La liqueur filtrée renferme donc un mélange d'acide chlorique et d'acide hydrofluosilicique; on la sature par une dissolution de baryte jusqu'à ce qu'elle prenne une légère réaction alcaline. La baryte forme un sel insoluble avec l'acide hydrofluosilicique, et avec l'acide chlorique un chlorate soluble. On évapore la liqueur après l'avoir filtrée de nouveau, et on obtient le chlorate de baryte cristallisé.

On isole l'acide chlorique, en dissolvant le chlorate de baryte dans l'eau et versant avec précaution de l'acide sulfurique, jusqu'à ce qu'il ne se forme plus de précipité. On sépare le sulfate de baryte sur un filtre, et l'on rapproche la liqueur, qui ne renferme plus que l'acide chlorique, sous le récipient de la machine pneumatique; on peut l'amener ainsi à la consistance sirupeuse.

On ne peut avoir recours à la chaleur pour concentrer la dissolution d'acide chlorique, parce qu'elle se décompose promptement à une température qui dépasse 40°. Il se forme deux acides, dont l'un, plus oxygéné, l'acide perchlorique, ClO^7, reste dans la liqueur, et l'autre, moins oxygéné, l'acide chloreux, ClO^5, se dégage sous la forme d'un gaz jaune, ou se décompose immédiatement en chlore et en oxygène, suivant la température.

Un papier bleu de tournesol, plongé dans une dissolution d'acide chlorique, rougit dans les premiers instants; mais bientôt il se décolore aussi complétement que lorsqu'on le plonge dans une dissolution de chlore.

Si l'on verse quelques gouttes d'une dissolution concentrée d'acide chlorique sur un linge ou sur une feuille de papier, et qu'on les sèche ensuite à une douce chaleur, les parties qui ont été mouillées prennent feu et brûlent avec déflagration.

L'acide chlorique, mêlé à une dissolution d'acide chlorhydrique, dégage du chlore en abondance; la réaction est représentée par l'équation suivante :

$$ClO^5 + 5HCl = 6Cl + 5HO.$$

Les corps facilement oxydables décomposent l'acide chlorique en s'emparant de son oxygène; ainsi, au contact de l'acide chlorique, l'acide sulfureux se change en acide sulfurique; l'acide phosphoreux, en acide phosphorique.

Acide perchlorique, ClO^7.

§ 174. Nous venons de voir qu'en soumettant une dissolution d'acide chlorique à l'ébullition il se dégage de l'acide chloreux ou de l'acide hypochlorique, et qu'il se forme en même temps de l'acide perchlorique qui reste dans la liqueur.

Si l'on verse de l'acide sulfurique sur du chlorate de potasse, le mélange prend une teinte d'un jaune brun, il se dégage un gaz jaune, l'acide hypochlorique, et il se forme du perchlorate et du bisulfate de potasse, qui restent dans la capsule. Il faut aider à la réaction par une douce chaleur, en chauffant la capsule au bain-marie. Cette expérience demande à être faite avec beaucoup de précaution; car l'acide hypochlorique est un gaz éminemment détonant, et il est difficile d'éviter les explosions. Nous reviendrons sur cette préparation lorsque nous nous occuperons de l'acide hypochlorique. Le perchlorate de potasse se sépare d'ailleurs très-facilement du bisulfate par cristallisation, car il est beaucoup moins soluble que ce dernier sel.

On prépare plus facilement le perchlorate de potasse d'une autre manière. Lorsqu'on chauffe du chlorate de potasse dans une cornue de verre, pour préparer du gaz oxygène, la matière fond d'abord et il se dégage pendant un certain temps du gaz oxygène; mais, si l'on n'élève pas constamment la température, la fluidité de la matière diminue, et il vient un moment où elle prend une consistance pâteuse; le dégagement d'oxygène s'arrête alors et ne recommence que si l'on élève la température. Le mélange salin qui reste dans la cornue se compose de perchlorate de potasse et de chlorure de potassium; on le réduit en poudre, et on le traite par une petite quantité d'eau froide qui dissout presque tout le chlorure de potassium, tandis qu'elle ne dissout pas sensiblement de perchlorate de potasse, qui est très-peu soluble. On reprend ensuite le résidu par l'eau bouillante, de manière à le dissoudre en entier. Par le refroidissement, la plus grande partie du perchlorate de potasse cristallise. Pour préparer ce sel dans les laboratoires, on utilise les résidus de la préparation du gaz oxygène par le chlorate de potasse.

On prépare l'acide perchlorique avec le perchlorate de potasse, en suivant exactement le procédé que nous avons indiqué pour préparer l'acide chlorique par le chlorate. Mais, l'acide perchlorique étant beaucoup plus stable que l'acide chlorique, on n'a pas besoin de prendre les mêmes précautions pour concentrer la dissolution étendue; on peut évaporer celle-ci par la chaleur; on peut même distiller la liqueur concentrée dans une cornue de verre; les premières parties qui passent à la distillation sont plus aqueuses. La température s'élève dans la cornue jusqu'à 200°, et il distille un acide ayant une densité de 1,65; c'est l'acide perchlorique à son maximum de concentration. Cet acide est liquide et incolore, il rougit fortement la teinture de tournesol sans la blanchir. Il est beaucoup plus stable que l'acide chlorique, non-seulement sous l'influence de la chaleur, mais même en présence des matières oxydables; ainsi, à froid, il ne réagit pas sur l'acide sulfureux.

Acide hypochloreux, ClO.

§ 175. Si l'on fait passer un courant de chlore à travers une dissolution étendue de potasse, sans chauffer, il ne se forme pas de chlorate de potasse, comme cela a lieu lorsqu'on emploie une dissolution concentrée et que la température s'élève; mais on obtient une liqueur qui jouit, au suprême degré, de la propriété de décolorer les matières colorantes organiques, et qui renferme du chlorure de potassium et de l'hypochlorite de potasse. La réaction a lieu entre 2 équivalents de chlore et 2 équivalents de potasse; elle est représentée par l'équation suivante :

$$2KO + 2Cl = KO.ClO + KCl.$$

Si l'on remplace la potasse par un lait de chaux, on obtient un hypochlorite de chaux correspondant. Ces produits ont une grande importance dans les arts, car on les emploie pour le blanchiment des tissus; on leur donne souvent le nom de *chlorures d'oxyde* ou celui de *chlorures décolorants*.

On prépare l'acide hypochloreux en dissolution dans l'eau, par le procédé suivant : dans un grand flacon rempli de chlore gazeux, on verse de l'oxyde rouge de mercure broyé et délayé dans de l'eau; on bouche le flacon et l'on agite. Le chlore est promptement absorbé, il se forme un oxychlorure de mercure insoluble et de l'acide hypochloreux qui se dissout dans l'eau. La liqueur filtrée ne renferme que de l'acide hypochloreux.

Mais on peut aussi obtenir l'acide hypochloreux exempt d'eau. Il suffit de faire passer lentement un courant de chlore sec à travers un tube de verre *ab* (*fig.* 88) renfermant de l'oxyde de mercure, et d'empêcher la température de s'élever pendant la réaction; à cet effet, on entoure le tube *ab* de glace ou d'eau froide. Il se forme encore du chlorure de mercure, et il se dégage un gaz jaune orangé, que l'on peut liquéfier en le conduisant dans un tube refroidi par un mélange de glace et de sel marin. Il est important que la température ne s'élève pas pendant la réaction; sans cette précaution, l'acide hypochloreux se décomposerait complétement, et il ne se dégagerait que de l'oxygène.

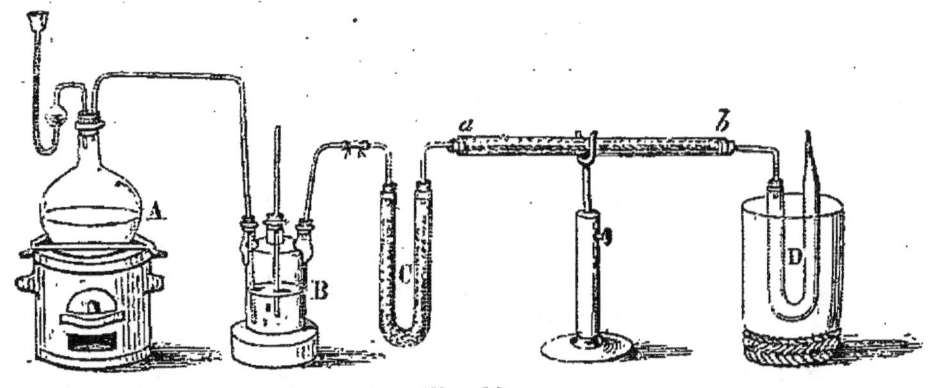

Fig. 88.

L'oxyde de mercure qui convient le mieux est celui que l'on obtient en décomposant, par un excès de potasse, le nitrate ou le bichlorure de mercure, lavant le précipité et le chauffant jusqu'à une température d'environ 300°.

L'acide hypochloreux forme un liquide rouge foncé, qui bout vers + 20° en produisant une vapeur d'un jaune orangé. L'eau en dissout au moins 200 fois son volume, et prend une belle couleur jaune. La vapeur d'acide hypochloreux détone à une température peu élevée.

L'acide hypochloreux en dissolution dans l'eau exerce des actions oxydantes énergiques; il décompose les dissolutions de protochlorure de plomb et de manganèse, dont il précipite du bioxyde de plomb, PbO^2, ou du sesquioxyde de manganèse, Mn^2O^3. La dissolution de chlore ne produit cet effet que sous l'influence des rayons solaires.

Si l'on verse de l'acide chlorhydrique dans une dissolution concentrée d'acide hypochloreux, on obtient un dégagement abondant de chlore. Mais, si l'on mêle les deux liqueurs fortement refroidies, le chlore ne se dégage pas, il se combine avec l'eau et forme de l'hydrate de chlore, qui fait prendre la liqueur en masse solide.

Acide chloreux, ClO^3.

§ 176. Si l'on traite le chlorate de potasse par l'acide azotique, le chlorate se dissout dans la liqueur sans coloration, pourvu que la température ne dépasse pas 50° à 60°; mais, si l'on verse de l'acide azoteux dans la dissolution, ou si on la fait traverser par du deutoxyde d'azote, il s'établit immédiatement une réaction, et il se dégage un gaz jaune qui est l'acide chloreux. La manière la plus facile de préparer cet acide consiste à chauffer un mélange de chlorate de potasse, d'acide azotique et d'acide arsénieux. L'acide arsénieux change l'acide azotique en acide azoteux, qui réagit à son tour sur l'acide chlorique, lui enlève de l'oxygène et le fait passer à l'état d'acide chloreux. L'expérience se fait de la manière suivante :

On prend   5 parties acide arsénieux,
      4 »   chlorate de potasse;

on pulvérise ces deux substances ensemble, on en fait une pâte liquide avec de l'eau, et on ajoute un mélange de

     12 parties acide azotique ordinaire
et de 4 »   eau;

on introduit le tout dans un ballon que l'on remplit jusqu'au col, et on chauffe avec ménagement au bain-marie.

L'acide chloreux est un gaz d'un jaune verdâtre qui ne se liquéfie pas dans un mélange réfrigérant de glace et de sel marin. L'eau en dissout 5 à 6 fois son volume, et prend une couleur jaune d'or.

Acide hypochlorique, ClO^4.

§ 177. On obtient ce composé en faisant agir de l'acide sulfurique concentré sur du chlorate de potasse; mais cette expérience exige beaucoup de précautions, car l'acide hypochlorique détone avec une extrême violence, au point de faire voler en éclats tout l'appareil.

On opère de préférence sur le chlorate de potasse fondu. On concasse grossièrement ce sel et on le place dans un tube fermé à l'une de ses extrémités (*fig.* 89); on verse de l'acide sulfurique dans le tube et l'on adapte, à son extrémité ouverte, un tube recourbé qu'on fait descendre jusqu'au fond d'un petit flacon bien desséché. On chauffe le tube au bain-ma-

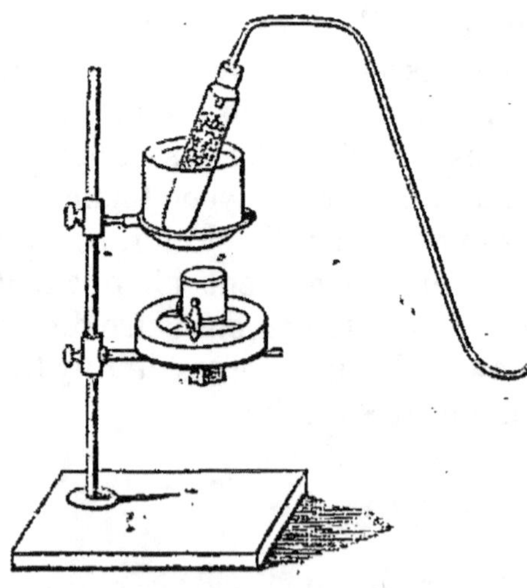

Fig. 89.

rie, lentement et avec précaution. Il est important de ne pas enfoncer le tube dans le bain jusqu'au niveau occupé par le mélange, car alors le gaz pourrait faire explosion. Il se dégage un gaz jaune que l'on ne peut pas recueillir sur le mercure, parce que ce métal le décompose instantanément; ni sur l'eau, qui le dissout en assez grande quantité. Si l'on refroidit avec un mélange réfrigérant le flacon sec dans lequel on dirige l'acide hypochlorique, ce corps se liquéfie et forme un liquide rouge qui bout à + 20°. L'acide hypochlorique détone avec une grande violence, même à l'état liquide. L'eau en dissout 20 fois son volume.

Combinaison du brôme avec l'oxygène.

§ 178. Le brôme peut former, probablement, plusieurs combinaisons avec l'oxygène ; mais on n'en connait jusqu'ici qu'une seule, l'*acide brômique*, BrO^5, qui correspond à l'acide chlorique, ClO^5.

Acide brômique, BrO^5.

§ 179. L'acide brômique s'extrait du brômate de potasse.

On prépare le brômate de potasse en versant goutte à goutte du brôme dans une dissolution concentrée de potasse, jusqu'à ce qu'une nouvelle quantité de brôme ajoutée ne se dissolve plus dans la liqueur. On fait bouillir la dissolution pendant quelque temps, et par le refroidissement il se dépose de petits cristaux de brômate de potasse. On prépare ensuite l'acide brômique avec le brômate de potasse, exactement comme on extrait l'acide chlorique du chlorate de potasse.

La dissolution étendue d'acide brômique peut être évaporée à une douce chaleur jusqu'à consistance sirupeuse; mais, si on veut pousser l'évaporation plus loin, l'acide brômique se décompose.

Combinaisons de l'iode avec l'oxygène.

§ 180. On connait trois combinaisons de l'iode avec l'oxygène :

    1° L'acide hypoïodique. . . . . . . IoO^4
    2° L'acide iodique. . . . . IoO^5
    3° L'acide hyperiodique. . . . . . IoO^7

Nous ne parlerons que des deux dernières.

Acide iodique, IoO^5.

§ 181. On obtient l'acide iodique en faisant chauffer de l'iode avec de l'acide azotique au maximum de concentration. Lorsque l'iode a complétement disparu, on laisse refroidir la liqueur; la plus grande partie de l'acide iodique se dépose alors sous forme de cristaux.

On peut obtenir également l'acide iodique au moyen de l'iodate de potasse. On prépare ce sel, en ajoutant successivement de l'iode à une dissolution bouillante de potasse, jusqu'à ce qu'une nouvelle partie d'iode refuse de se dissoudre. La liqueur, abandonnée au refroidissement, laisse déposer de l'iodate de potasse, et de l'iodure de potassium reste en dissolution dans la liqueur. La réaction est semblable à celle qui produit le chlorate de potasse dans les mêmes circonstances. On dissout l'iodate de potasse dans l'eau chaude, et l'on y verse une dissolution concentrée et bouillante de chlorure de baryum; il se forme un précipité d'iodate de baryte, qu'on lave et qu'on décompose ensuite à chaud par l'acide sulfurique, qui donne du sulfate de baryte insoluble, et la liqueur, évaporée, laisse déposer des cristaux d'acide iodique.

L'acide iodique cristallisé renferme 1 équivalent d'eau. Si l'on chauffe ces cristaux, ils perdent d'abord un peu d'eau, mais bientôt ils se décomposent en iode et en oxygène. L'acide cristallisé a pour formule $IoO^3 + HO$.

Acide periodique, IoO^7.

§ 182. On fait passer un courant de chlore à travers une dissolution d'iodate de soude, à laquelle on a ajouté du carbonate de soude, et que l'on maintient constamment en ébullition. Si on laisse ensuite refroidir la liqueur, il se dépose du periodate de soude en houppes soyeuses.

On dissout ce periodate dans l'acide azotique, puis on verse dans la liqueur de l'azotate d'argent; il se précipite du periodate d'argent qui est très-peu soluble. On le dissout dans l'acide azotique bouillant; par le refroidissement de la liqueur le periodate d'argent se dépose de nouveau.

Le periodate d'argent traité par l'eau se décompose en periodate d'argent basique qui reste, et en acide periodique qui se dissout. La dissolution, évaporée, donne des cristaux d'acide periodique. Ces cristaux fondent vers 130°. A une plus haute température, ils perdent d'abord leur eau de cristallisation, puis ils se décomposent. Ils se changent d'abord en acide iodique, en dégageant du gaz oxygène; puis l'acide iodique se décompose lui-même en iode et en oxygène.

Combinaison du bore avec l'oxygène.

Acide borique, BoO^3.

§ 185. On ne connaît qu'une seule combinaison du bore avec l'oxygène : l'acide borique. Cet acide se trouve dans la nature soit à l'état libre, soit en combinaison avec la soude et formant un sel qui est employé dans les arts sous le nom de *borax*.

Dans certaines localités de la Toscane, que l'on appelle les *maremmes de la Toscane*, il sort constamment, par des fissures du sol, des jets de gaz et de vapeur auxquels on donne le nom de *suffioni*, et qui renferment de petites quantités d'acide borique. Autour de ces bouches d'exhalaisons se forment des mares d'eau (*lagoni*), dans lesquelles l'acide borique se concentre. Ces eaux donnent, par évaporation, de l'acide borique brut que l'on purifie par de nouvelles cristallisations.

On prépare souvent de l'acide borique dans les laboratoires au moyen du borax que le commerce nous fournit très-pur. A cet effet, on dissout 1 partie de borax dans $2\frac{1}{2}$ parties d'eau bouillante, et l'on ajoute de l'acide chlorhydrique jusqu'à ce que la liqueur rougisse fortement le tournesol. Par le refroidissement, l'acide borique cristallise en lames minces. On laisse bien égoutter les cristaux, et on les lave avec un peu d'eau. Si l'on veut obtenir l'acide borique absolument pur, il faut le dissoudre de nouveau dans l'eau bouillante et le faire cristalliser une seconde fois.

L'acide borique cristallisé forme des paillettes incolores, qui renferment 43,6 pour 100 d'eau de cristallisation. Soumis à l'action de la chaleur, il fond d'abord dans son eau de cristallisation ; celle-ci se dégage ensuite, et, si l'on chauffe la matière jusqu'au rouge, elle fond en un liquide incolore qui, refroidi, donne une masse vitreuse parfaitement transparente. Entre l'état de liquidité parfaite et celui de complète solidité, l'acide borique passe par tous les états pâteux intermédiaires. Comme toutes les substances qui présentent cette propriété, il ne cristallise pas par voie de fusion, de sorte qu'il conserve une transparence parfaite après sa solidification. Mais cette transparence ne persiste pas indéfiniment ; et l'acide borique, même lorsqu'il est conservé dans des tubes hermétiquement fermés, ne tarde pas à devenir opaque ; ses molécules, à la température ordinaire, tendent à s'agréger suivant les lois de cristallisation qui les régissent à cette température, et il en résulte une foule de petits clivages qui détruisent bientôt la transparence. L'acide borique fondu, abandonné à l'air, ne tarde pas à se recouvrir d'une matière pulvérulente. Cette circonstance tient à ce que l'acide anhydre enlève de l'eau à l'atmosphère et se change en acide hydraté.

100 parties d'eau dissolvent 2 parties d'acide borique cristallisé, à la température de 10°, et 8 parties à la température de 100°. De sorte qu'une dissolution, saturée à l'ébullition, laisse déposer les $\frac{3}{4}$ de son acide, lorsqu'elle descend à la température ordinaire.

La dissolution d'acide borique a une légère saveur acide; elle rougit le tournesol, mais seulement à la manière des acides faibles, en produisant le rouge vineux; cependant l'acide borique chasse à froid l'acide carbonique de ses combinaisons. Par voie sèche, l'acide borique chasse les acides les plus forts; cela tient à sa grande fixité, car, à la chaleur blanche de nos fourneaux, il n'entre pas encore en ébullition. Mais, à cette température, la tension de sa vapeur est devenue assez considérable pour que l'acide s'évapore complétement à la longue. A la chaleur rouge, l'acide borique chasse l'acide sulfurique des sulfates.

Combinaison du silicium avec l'oxygène.

Acide silicique, SiO³.

§ 184. On ne connaît qu'une seule combinaison du silicium avec l'oxygène, c'est l'acide silicique. Cet acide, auquel on donne aussi le nom de *silice*, est une des matières les plus répandues à la surface du globe. A l'état isolé, il forme le cristal de roche, le quartz, les sables quartzeux, les grès, etc., etc. En combinaison avec l'alumine, la potasse ou la soude, la chaux et l'oxyde de fer, il forme un grand nombre de minéraux très-abondants, car ils constituent les granits, les schistes, etc., etc. En un mot, toutes les roches qui ne sont pas calcaires sont siliceuses.

Le cristal de roche incolore et diaphane nous présente l'acide silicique cristallisé et parfaitement pur. C'est une matière très-dure qui raye le verre; sa densité est 2,6. Les plus hautes températures de nos fourneaux ne suffisent pas pour fondre le cristal de roche; mais il se fond en un globule vitreux dans la flamme d'un mélange d'oxygène et d'hydrogène.

Le cristal de roche peut, sans subir d'altération, être mis en contact avec tous les réactifs à la température ordinaire; il faut en excepter, cependant, l'acide fluorhydrique, qui l'attaque fortement, ainsi que nous le verrons bientôt. La potasse caustique l'attaque également, mais seulement à une température élevée.

On peut obtenir l'acide silicique à l'état désagrégé; il présente alors des propriétés plus caractérisées. A cet effet, on fond, dans un creuset de platine, 1 partie de quartz réduit en poudre fine, et 4 parties de carbonate de potasse ou de soude; une portion de l'acide carbonique est expulsée, et il se forme du silicate de potasse. La matière, reprise par l'eau, se dissout complétement quand elle a été soumise assez longtemps à une haute température. Si l'on étend la liqueur d'une grande quantité d'eau, et que l'on y verse ensuite de l'acide chlorhydrique jusqu'à ce qu'elle manifeste une réaction fortement acide, l'acide silicique est chassé de sa combinaison avec la potasse, mais il reste en suspension dans le liquide, à l'état de gelée transparente, et on ne parvient pas à le séparer par la filtration. Il faut évaporer à sec la liqueur sursaturée par l'acide, et reprendre le résidu par l'eau bouillante. La silice se sépare alors à l'état d'une matière gélatineuse consistante qui est complétement arrêtée par le filtre. Après dessiccation, elle forme une poudre farineuse blanche, très-légère, mais qui devient très-dure après qu'elle a été calcinée.

L'acide silicique se dépose quelquefois sous la forme d'une gelée transparente et consistante, lorsqu'on abandonne à une décomposition spontanée et lente certaines substances qui le renferment en combinaison. C'est ainsi que l'éther silicique, conservé dans des flacons mal bouchés, finit par perdre son éther, tandis que l'acide silicique reste sous la forme d'une gelée parfaitement transparente, qui acquiert avec le temps une grande dureté, sans perdre sa transparence.

Combinaisons du carbone avec l'oxygène.

§ 185. Le carbone forme avec l'oxygène plusieurs combinaisons; nous n'étudierons que les trois combinaisons les plus importantes :

1° L'acide carbonique. . . . . CO^2
2° L'oxyde de carbone. . . . . CO
3° L'acide oxalique. . . . . C^2O^3

Les deux premières sont gazeuses à la température ordinaire; la troisième n'a pas été obtenue isolée, on ne la connaît qu'en combinaison avec l'eau ou avec les bases.

Acide carbonique, CO^2.

§ 186. Lorsque le carbone brûle librement dans l'air ou dans l'oxygène, il se change en acide carbonique. Mais le procédé le plus simple pour obtenir le gaz acide carbonique, et en aussi grande quantité que l'on veut, consiste à attaquer par un acide fort le carbonate de chaux, qui se trouve très-répandu dans la nature. Notre pierre calcaire ordinaire, la craie, le marbre, les tests des coquillages, sont formés essentiellement de carbonate de chaux. Le marbre statuaire est du carbonate de chaux très-pur.

Pour préparer l'acide carbonique, on met des fragments de marbre dans un flacon A à deux tubulures (*fig.* 90), et l'on verse dessus une certaine quantité d'eau; on agite le flacon pendant quelques instants, afin de chasser par l'eau les bulles d'air qui restent adhérentes aux fragments de marbre. A l'une des tubulures, *a*, on adapte un tube abducteur pour recueillir le gaz, et dans l'autre, *b*, on fixe un tube plus large surmonté d'un entonnoir, et qui descend jusque près du fond du flacon. C'est par ce dernier tube que l'on verse de l'acide chlorhydrique. Aussitôt que cet acide arrive au contact du marbre, il se manifeste une effervescence très-vive produite par le dégagement du gaz acide carbonique.

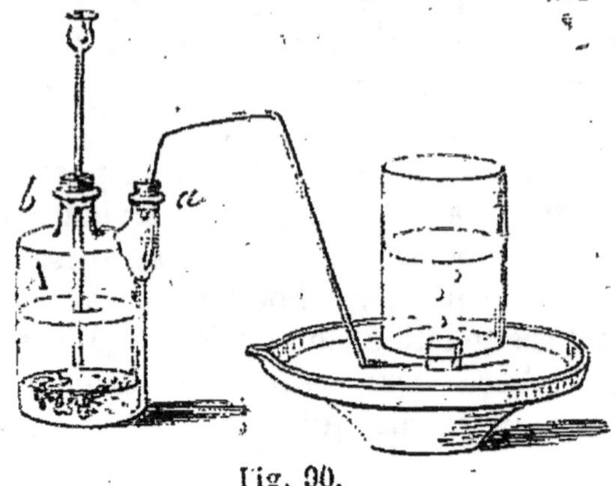

Fig. 90.

La réaction est représentée par l'équation suivante :

$$CaO.CO^2 + HCl = CaCl + HO + CO^2.$$

Ainsi il se forme : de l'acide carbonique qui se dégage sous forme de gaz, et que l'on peut recueillir sur l'eau ou sur le mercure; du chlorure de calcium qui se dissout dans l'eau du flacon; enfin, de l'eau qui reste mêlée avec celle que le flacon renferme déjà. Il est nécessaire de laisser perdre une proportion assez considérable de gaz, avant de le recueillir, si l'on veut avoir de l'acide carbonique pur; car il faut que le gaz, qui se dégage incessamment, chasse l'air renfermé dans la partie supérieure de l'appareil, ainsi que celui qui est logé dans les interstices du carbonate de chaux. Le gaz acide carbonique est pur lorsqu'il s'absorbe complétement par une dissolution de potasse. On ajoute l'acide chlorhydrique par petites portions, au moyen du tube à entonnoir, et seulement lorsque l'effervescence produite par la portion versée précédemment s'affaiblit.

On peut remplacer l'acide chlorhydrique par l'acide sulfurique; la réaction est alors représentée par la formule suivante :

$$CaO.CO^2 + SO^3 = CaO.SO^3 + CO^2.$$

Il se forme donc, dans ce gaz, de l'acide carbonique et du sulfate de chaux. Ce sulfate de chaux est très-peu soluble dans l'eau; la plus grande partie s'en dépose sous la forme de très-petites lamelles cristallines, qui ne tardent pas à empêcher le contact de l'acide sulfurique avec les fragments de marbre, et la réaction devient difficile. Cet inconvénient ne se présente pas quand on emploie l'acide chlorhydrique, parce que le chlorure de calcium est éminemment soluble dans l'eau, et qu'il laisse les fragments de marbre librement exposés à l'action de la liqueur acide.

§ 187. L'acide carbonique est un gaz incolore, à peu près sans odeur; il possède une légère saveur aigrelette. Sa densité est plus grande que celle de l'air; à 0° et sous la pression de $0^m,760$ elle est de 1,529. Un litre de ce gaz pèse dans les mêmes circonstances $1^{gr},977$.

Le gaz acide carbonique se liquéfie sous une pression de 56 atmosphères, lorsqu'il est à la température de 0°. A la température de — 10°, il suffit d'une pression de 27 atmosphères; et à la température de — 30°, que l'on obtient facilement au moyen d'un mélange de chlorure de calcium cristallisé et de glace, une pression de 18 atmosphères en opère la liquéfaction. Lorsque la température est supérieure à celle de la glace fondante, il faut une pression plus considérable; ainsi, à la température de + 30°, l'acide carbonique ne se liquéfie que sous la pression de 73 atmosphères.

L'acide carbonique forme un liquide incolore très-mobile; il est remarquable par sa grande dilatabilité, car son coefficient de dilatation, lequel change beaucoup avec la température, est plus grand que celui de l'air atmosphérique, et ce dernier coefficient surpasse beaucoup les coefficients de dilatation de tous les liquides que nous avons occasion d'examiner à la température ordinaire.

La densité de l'acide carbonique liquide, rapportée à celle de l'eau à 0°, est de 0,98 à — 8°, et 0,72 à + 27°.

L'acide carbonique liquide se solidifie vers — 70°, il forme alors une masse vitreuse parfaitement transparente.

L'acide carbonique est notablement soluble dans l'eau; ce liquide en dissout environ son volume à la température ordinaire. Cette solubilité n'est cependant pas assez grande pour qu'on ne puisse pas recueillir ce gaz sur l'eau pour les expériences ordinaires; mais, dans les expériences précises, il est préférable de le recueillir sur le mercure.

La quantité d'acide carbonique qui se dissout dans l'eau, à une même température, augmente avec la pression à laquelle le gaz est soumis. On a remarqué qu'un *même volume* d'eau dissout sensiblement le *même volume* de gaz acide carbonique, quelle que soit la densité du gaz, en d'autres termes, quelle que soit la pression à laquelle le gaz soit soumis. Ainsi un litre d'eau dissout toujours à peu près un litre de gaz acide carbonique, sous les pressions de 1, 2, 3... 10 atmosphères; mais, comme les densités du gaz sont, dans ce cas, à peu près comme 1 : 2 : 3 : ... : 10, les poids d'acide carbonique dissous seront dans les mêmes rapports de 1 : 2 : 3 : ... : 10.

La dissolution d'acide carbonique rougit la teinture bleue du tournesol, mais seulement à la manière des acides faibles : elle ne produit que le rouge vineux.

L'acide carbonique éteint les corps en combustion; une allumette enflammée s'éteint immédiatement lorsqu'on la plonge dans ce gaz. L'acide carbonique n'entretient pas non plus la respiration : un animal, plongé dans ce gaz, périt promptement par l'asphyxie. Cet acide n'exerce cependant pas une action délétère sur les organes; car il peut exister en proportions assez considérables dans l'air, sans que les animaux en soient gravement incommodés, pourvu qu'ils y trouvent la quantité d'oxygène suffisante pour entretenir la respiration.

Comme l'acide carbonique a une densité beaucoup plus grande que celle de l'air, on peut verser ce gaz d'une cloche dans une autre, au milieu de l'air, comme on le ferait pour un liquide, pourvu toutefois que l'air extérieur ne soit pas agité. A cet effet, on prend deux cloches A et B (*fig. 91*), aussi égales que possible; on remplit la cloche A de gaz acide carbonique sur une cuve à eau, on bouche sous l'eau l'ouverture de cette cloche avec la main et on l'enlève. Un aide présente la cloche B pleine d'air, et on y verse l'acide carbonique de la cloche A, comme le montre la figure. On reconnaît d'ailleurs que le transvasement a eu lieu, car une allumette enflammée continue à brûler dans la cloche A, tandis qu'elle s'éteint dans la cloche B.

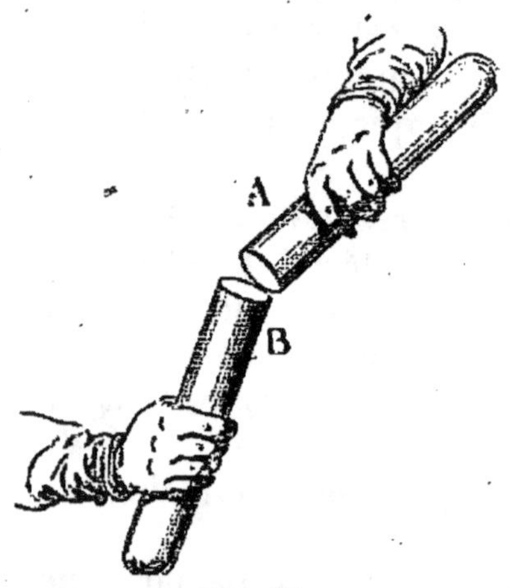

Fig. 91.

§ 188. L'acide carbonique se forme dans un grand nombre de circonstances; c'est le produit constant de la combustion dans nos cheminées; il s'en développe de grandes quantités dans la respiration des animaux; toutes les matières organiques, abandonnées à elles-mêmes dans l'air humide, se détruisent par la fermentation et dégagent de l'acide carbonique en abondance. Enfin, les volcans en activité lancent constamment dans l'atmosphère des torrents d'acide carbonique. Le gaz acide carbonique se dégage même, par des fissures, dans beaucoup de localités qui ne présentent pas d'éruptions ignées, mais qui ont été tourmentées anciennement par des convulsions volcaniques. Les sources qui, dans ces localités, sortent de terre renferment de l'acide carbonique en dissolution, et leurs eaux sont effervescentes lorsqu'elles arrivent à la surface. On appelle ces eaux des *eaux gazeuses*.

On fabrique maintenant des eaux gazeuses artificielles : il suffit de saturer l'eau ordinaire de gaz acide carbonique sous une forte pression, et de faire rendre ces eaux immédiatement dans des cruches ou dans des bouteilles que l'on ferme hermétiquement, afin que le gaz acide carbonique ne puisse pas se dégager.

Si l'eau a été saturée sous la pression de 10 atmosphères, elle renferme une quantité d'acide carbonique dix fois plus grande que si la saturation avait eu lieu sous la pression d'une seule atmosphère. Une portion considérable du gaz dissous se dégagera donc quand on versera l'eau gazeuse dans un verre. Si on laisse l'eau gazeuse séjourner à l'air, elle ne tarde pas à perdre complétement son acide carbonique, et repasse à l'état d'eau ordinaire.

Si l'on verse de l'eau gazeuse dans un verre, on voit que les bulles de gaz partent des parois, et surtout du fond, lorsque celui-ci est plus rugueux. Si l'on vient à projeter dans le liquide un corps qui présente beaucoup d'aspérités, tel qu'un morceau de pain, il se fait une effervescence très-vive de gaz autour de ce corps. La raison de ce phénomène est la suivante : chaque molécule d'acide carbonique en dissolution est retenue par les molécules d'eau voisines, qui, dans l'intérieur du liquide ou même à distance sensible des parois, sont disposées uniformément autour de la molécule d'acide. Mais, immédiatement au contact de la paroi, la molécule d'acide n'est retenue en dissolution que par les molécules aqueuses qui se trouvent d'un côté, et, de l'autre côté, par la surface de la paroi du vase. Or on conçoit que cette paroi peut retenir la molécule d'acide carbonique avec beaucoup moins de force que les particules d'eau dont elle tient la place. Les molécules d'acide carbonique, placées contre la paroi, prendront donc les premières l'état gazeux. Mais, si un certain nombre de ces molécules se sont réunies pour former une petite bulle gazeuse, cette bulle, en traversant le liquide, grossira nécessairement en enlevant les molécules d'acide carbonique partout où elle passera. Car, si nous arrêtons, par la pensée, la bulle de gaz en une quelconque de ses positions, il est clair que les molécules d'acide carbonique dissous qui se trouvent immédiatement sur la paroi de la bulle, n'étant retenues que par la moitié des particules d'eau qui retiennent les molécules d'acide carbonique dissous dans les autres parties du liquide, se dégageront plus facilement que celles-ci.

Dans les localités où le gaz acide carbonique se dégage en abondance des fissures du sol, il arrive souvent qu'il s'accumule dans les lieux déprimés, dans des excavations naturelles, et dans des grottes où l'air ne se renouvelle pas facilement ; il forme ainsi, à la surface du sol, une nappe invisible, plus ou moins épaisse, dans laquelle périssent les animaux qui s'y arrêtent trop longtemps. La fameuse *grotte du Chien*, dans les environs de Naples, présente un phénomène de cette nature. Les hommes peuvent s'y promener sans danger ; tandis qu'un chien, dont la tête est beaucoup plus voisine du sol, tombe bientôt asphyxié.

§ 189. On a employé, dans ces dernières années, l'acide carbonique liquide pour produire des froids considérables, dont on s'est servi pour liquéfier et même solidifier beaucoup de substances gazeuses. Pour arriver à ce résultat on a imaginé des procédés qui permettent d'obtenir l'acide carbonique liquide en grande quantité.

Il est clair que, si l'on ouvre le robinet du récipient qui renferme l'acide carbonique liquide, ce liquide sera projeté avec force hors du vase. Mais, si ce liquide est lancé dans l'air extérieur, il prendra immédiatement l'état gazeux, en produisant un nuage blanc sur son passage. Il régnera nécessairement dans ce courant gazeux un froid considérable. Si l'on dirige le jet d'acide carbonique liquide dans un flacon, ou mieux, dans une boîte métallique très-mince, une grande partie de l'acide carbonique se volatilisera, en enlevant la chaleur nécessaire pour son changement d'état aux parois du vase et à la portion d'acide carbonique restée liquide ; la température s'abaissera alors au-dessous de — 70°, l'acide carbonique deviendra solide et se condensera sous la forme d'une neige blanche cotonneuse.

L'acide carbonique peut être conservé sous cette forme neigeuse beaucoup plus longtemps qu'à l'état liquide ; l'évaporation en est très-lente, à cause de la mauvaise conductibilité de la matière ; un thermomètre à air enveloppé de cette neige d'acide carbonique qui s'évapore librement à l'air descend à — 78°. Un flocon d'acide carbonique neigeux peut être placé sur la main sans que l'on éprouve une sensation de froid très-considérable, parce que l'acide solide est constamment isolé de la main par un courant d'acide gazeux qui se dégage incessamment et empêche le contact, mais, si l'on vient à comprimer le flocon entre les doigts, on éprouve une sensation très-douloureuse, semblable à celle que produit un corps chaud, et la peau est désorganisée comme elle le serait par une brûlure.

Si l'on verse sur l'acide carbonique neigeux un liquide qui ne se combine pas chimiquement avec lui et qui ne se congèle pas à une très-basse température, l'évaporation de cet acide devient plus rapide, parce que le liquide interposé augmente considérablement la conductibilité, et on obtient un mélange réfrigérant extrêmement énergique qui refroidit rapidement les corps que l'on y plonge, sans abaisser toutefois leur température plus que l'acide carbonique solide tout seul. Si ce mélange est placé sous le récipient de la machine pneumatique, et que l'on hâte l'évaporation en faisant le vide, la température descend jusqu'à — 100°.

On emploie ordinairement l'éther pour le mélanger avec l'acide carbonique neigeux. Au moyen de cette pâte frigorifique d'acide carbonique et d'éther on peut congeler 1 kilogramme de mercure en quelques minutes, et, si l'on y plonge un tube hermétiquement fermé, contenant de l'acide carbonique liquide, celui-ci se congèle en une masse vitreuse d'une transparence parfaite.

§ 190. Il est facile d'obtenir, approximativement, la composition de l'acide carbonique par l'expérience suivante : on remplit d'oxygène, sur une cuve à mercure, un ballon de 1 litre environ de capacité, on le retourne et on le place dans la position représentée par la figure 92. On fait entrer dans ce ballon un petit fragment de charbon fixé à l'extrémité d'un gros fil de platine; puis, au moyen d'une forte lentille ou d'un miroir ardent, on concentre les rayons solaires sur ce fragment de charbon. Celui-ci prend feu et brûle en se changeant en acide carbonique.

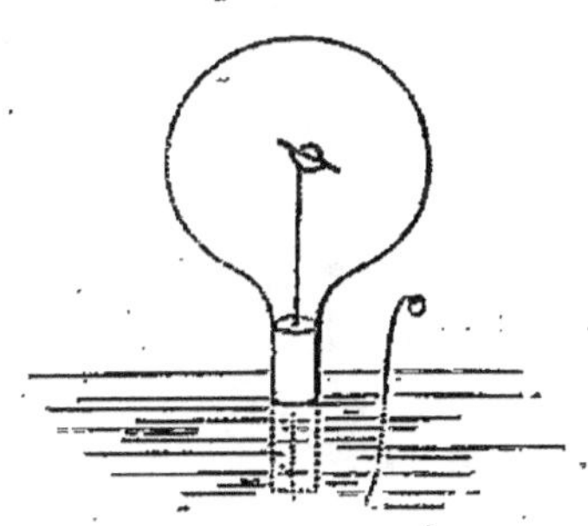

Fig. 92.

Lorsque la combustion est achevée, on laisse le gaz revenir à la température primitive et l'on reconnaît alors que son volume n'a pas changé sensiblement. On en conclut que le gaz acide carbonique renferme un volume de gaz oxygène égal au sien.

Or,   1 vol. gaz acide carbonique pèse.   1,5290
       1 » oxygène..   1,1056

Le poids 1,5290 d'acide carbonique renferme donc un poids 1,1056 d'oxygène et un poids 0,4234 de carbone. Ce qui donne, pour la composition de l'acide carbonique :

Carbone.. 27,68
Oxygène. 72,52
                               ————
                              100,00

Mais cette composition n'est qu'approximative.

§ 191. La composition de l'acide carbonique a été déterminée avec une grande exactitude par l'expérience suivante :

On prend un poids p de carbone très-pur, de diamant par exemple ; on le place dans une petite nacelle en platine, et l'on introduit celle-ci dans un tube de porcelaine ab (*fig.* 93) disposé dans un four-

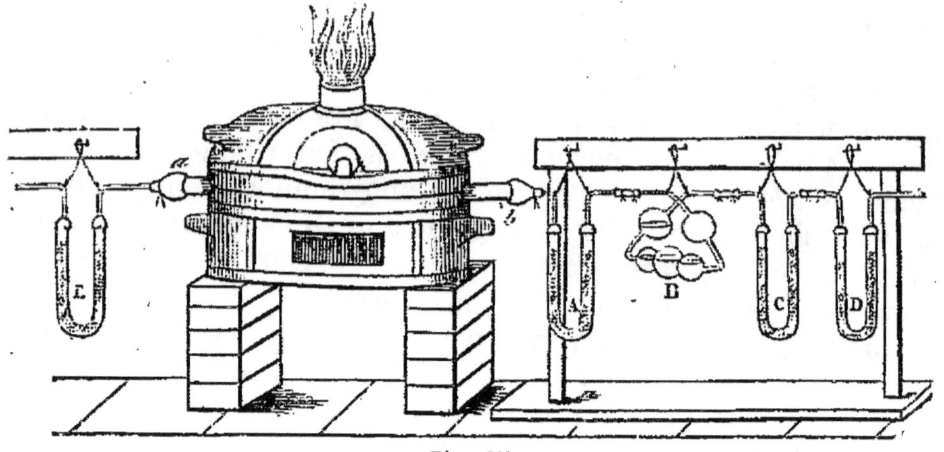

Fig. 93.

neau à réverbère. On met l'une des extrémités de ce tube en communication avec un appareil qui dégage du gaz oxygène parfaitement desséché, et l'autre extrémité avec une série de tubes, comme le représente la figure.

Le tube A est un tube en U renfermant de la pierre ponce grossièrement concassée et imbibée d'acide sulfurique concentré.

L'appareil à boules B renferme une dissolution concentrée de potasse caustique.

Le tube C, placé à la suite de l'appareil à boules, est rempli de fragments grossiers de pierre ponce imbibée d'une dissolution concentrée de potasse caustique.

Enfin, le tube D est rempli de fragments grossiers de pierre ponce imbibée d'acide sulfurique concentré.

L'ensemble des tubes B, C, D est pesé très-exactement ; soit P leur poids. On dispose l'appareil en attachant les divers tubes les uns aux autres, au moyen de petites tubulures en caoutchouc. L'appareil étant rempli de gaz oxygène qui doit se dégager lentement, on chauffe au rouge le tube ab qui renferme le carbone ; celui-ci entre bientôt en ignition et se change en acide carbonique. Les gaz traversent la série des tubes A, B, C, D. Le tube A condense la petite quantité d'humidité hygroscopique qui peut être abandonnée par les parois intérieures du tube ab. L'acide carbonique formé se condense presque complétement dans l'appareil à boules B ; toutefois, si le dégagement de gaz devient trop vif, à un certain moment de l'opération, ce qu'il n'est pas toujours possible d'éviter, une portion de l'acide carbonique pourrait s'échapper de l'appareil à boules sans se condenser, et c'est pour l'arrêter qu'est disposé le tube C, rempli de pierre ponce imbibée de potasse caustique.

Les gaz qui traversent l'appareil à boules B et le tube C étant complétement secs, et la dissolution de potasse caustique renfermée dans cet appareil ne pouvant pas être employée assez concentrée pour que sa tension de vapeur soit insensible, les gaz tendront à enlever à cette dissolution une certaine quantité de vapeur d'eau qui diminuerait d'autant le poids de ces appareils. Le dernier tube D remédie à cet inconvénient, en ramenant les gaz à l'état de sécheresse absolue avant qu'ils se dégagent dans l'atmosphère..

On peut craindre que, dans cette combustion du carbone, il ne se forme un peu d'oxyde de carbone qui rendrait l'analyse inexacte. Pour éviter cette cause d'erreur, on remplit la partie antérieure du tube ab d'oxyde de cuivre très-poreux, que l'on chauffe au rouge pendant l'expérience. Le mélange gazeux étant obligé de traverser cet oxyde avant de se rendre dans les appareils où se fait l'absorption, les petites quantités de gaz oxyde de carbone qui pourraient s'y trouver sont nécessairement converties en acide carbonique. On sépare d'ailleurs, par un petit tampon d'amiante, la portion du tube qui renferme l'oxyde de cuivre, de celle dans laquelle on place la petite nacelle renfermant le carbone.

Lorsque la combustion du carbone est terminée, on continue le dégagement de gaz oxygène pendant quelque temps, afin d'être sûr que tout le gaz acide carbonique produit a passé à travers les appareils absorbants. On démonte ensuite l'appareil, et l'on commence par s'assurer que le carbone placé dans la nacelle s'est complétement brûlé. Le plus souvent, on trouve un petit résidu de matière incombustible terreuse qui était mélangée mécaniquement avec le carbone. On pèse ce résidu, qui ne doit pas dépasser quelques milligrammes, et on défalque son poids π du poids p, pour avoir le poids exact $(p - \pi)$ du carbone brûlé.

On prend, ensuite, de nouveau, le poids P' des appareils B, C, D; il est clair que (P' — P) représentera le poids de l'acide carbonique produit; on saura donc qu'un poids $(p - \pi)$ de carbone produit un poids (P'—P) d'acide carbonique.

On trouve, ainsi, que l'acide carbonique renferme

1 éq. carbone.	75,00	27,27
2 » oxygène.	200,00	72,73
1 » acide carbonique.	275,00	100,00

Si l'on divise le nombre 72,73 par la densité 1,1056 du gaz oxygène, et le nombre 100 par la densité du gaz acide carbonique, qui est 1,5290, on trouve les deux quotients 65,7 et 65,4, qui sont sensiblement égaux, et l'on en conclut que 1 volume de gaz acide carbonique renferme un volume d'oxygène précisément égal au sien. La différence que l'on remarque entre les nombres, 65,7 et 65,4, tient à ce que le gaz acide carbonique s'écarte très-notablement de la loi de Mariotte, même sous la pression ordinaire de l'atmosphère. Ces quotients s'approcheraient beaucoup plus de l'égalité, si, au lieu de diviser les nombres 72,73 et 100 par les densités respectives de l'oxygène et de l'acide carbonique sous la pression de $0^m,760$, nous les divisions par les densités que présentent ces mêmes gaz sous des pressions plus faibles, sous la pression de $0^m,100$, par exemple.

§ 192. Nous avons dit (§ 62) que l'air de notre atmosphère conservait une composition sensiblement invariable, par la neutralisation réciproque de diverses actions chimiques qui, isolément, tendent constamment à l'altérer. On peut en distinguer trois principales :

1° L'action exercée par les matières minérales qui constituent le globe ;

2° Celle qu'exercent les animaux qui vivent à sa surface ;

3° Celle que produisent les plantes pendant leur vie végétative.

La plupart des matières minérales qui composent notre globe sont sans action sur l'air atmosphérique ; elles renferment de grandes quantités d'oxygène et ne paraissent pas pouvoir en absorber de nouvelles. Quelques minéraux, notamment les sulfures métalliques, font exception : ces derniers, au contact de l'air humide, absorbent de l'oxygène et se transforment en sulfates. Dans un grand nombre de localités, il sort du sol des courants gazeux qui se mêlent à l'air ; les volcans versent journellement dans l'atmosphère des quantités considérables de gaz, dans lesquels on trouve peu d'oxygène, mais beaucoup d'acide carbonique. Ces gaz contiennent aussi de petites quantités d'acides chlorhydrique, sulfhydrique et sulfureux, qui sont bientôt précipités sur le sol par les pluies. L'action du globe terrestre sur l'air atmosphérique tend donc à diminuer la proportion d'oxygène, et à y introduire de l'acide carbonique.

La respiration des animaux consiste finalement en une absorption d'oxygène et en une exhalation d'acide carbonique. La plus grande partie de l'oxygène ainsi enlevé à l'air se retrouve dans l'acide carbonique exhalé, mais une autre partie de ce gaz se combine avec certaines matières de l'organisme animal, en les faisant passer à l'état de composés plus oxygénés, ou forme de l'eau avec une portion de l'hydrogène qu'il enlève à ces matières. Les nouveaux produits sont ensuite excrétés dans les urines, la sueur, les fèces, etc. L'azote de l'atmosphère ne joue aucun rôle dans la respiration, et sa proportion dans l'atmosphère ne paraît pas pouvoir être modifiée sensiblement par ce phénomène isolé.

Sous le rapport de l'effet final, la respiration des animaux peut donc être assimilée à une combustion qui fait disparaître une portion de l'oxygène et dégage de l'eau et de l'acide carbonique. C'est cette espèce de combustion qui produit la chaleur nécessaire pour maintenir le corps de chaque animal à une température sensiblement fixe, et souvent très-supérieure à celle du milieu ambiant. Les matières animales que cette combustion consomme sont remplacées par de nouvelles, que fournissent les aliments élaborés par la digestion. La proportion de matière animale brûlée, dans un temps donné, par le même individu en bonne santé, est, en général, d'autant plus grande que la température du milieu ambiant est plus basse, parce qu'il doit se produire plus de chaleur pour maintenir la température propre de l'animal au même degré. Cela explique pourquoi le même individu a besoin d'une nourriture plus abondante dans les climats froids que dans les climats chauds. L'exsudation de l'eau, qui se fait plus ou moins abondamment par la peau, tend à refroidir le corps, auquel cette eau, en s'évaporant, enlève beaucoup de chaleur ; la transpiration empêche donc la température de l'animal de s'élever au-dessus de celle qui est compatible avec son organisation.

En définitive, la respiration des animaux agit sur l'atmosphère dans le même sens que les matières minérales du globe ; elle diminue la proportion d'oxygène et dégage de l'acide carbonique. Sous l'influence de ces deux actions, si elles existaient seules, l'oxygène de l'air diminuerait donc constamment, et l'acide carbonique s'y accumulerait indéfiniment.

Mais l'action des végétaux sur l'atmosphère est précisément l'inverse de celle qu'exercent les animaux. Les plantes enlèvent, en effet, à l'air son acide carbonique, et, sous l'influence de la lumière solaire, elles dégagent de l'oxygène. Elles fixent également de l'azote qui entre dans la constitution de certains de leurs principes immédiats et s'accumule, surtout, dans leurs fruits et dans leurs graines. L'absorption de l'acide carbonique par les plantes et l'exhalation de l'oxygène sous l'influence de la lumière solaire se démontrent très-simplement par l'expérience suivante. On introduit une branche d'arbre bien garnie de feuilles dans une cloche remplie de gaz acide carbonique et placée sur la cuve à eau, et l'on expose le tout au soleil. Au bout de quelque temps, l'acide carbonique a complétement disparu, et l'on trouve à sa place une quantité un peu moindre d'oxygène.

Le développement des plantes a lieu principalement aux dépens des substances gazeuses qu'elles puisent dans l'atmosphère; leurs racines enlèvent en outre au sol et aux engrais certaines substances, notamment des sels minéraux, qui sont nécessaires à leur existence. Nous voyons donc que les végétaux reproduisent constamment les matières nécessaires à l'alimentation des animaux, et cela aux dépens des gaz que ces derniers exhalent dans l'atmosphère et des excrétions qu'ils rendent au sol.

C'est sous l'influence de ces actions chimiques qui se neutralisent incessamment dans leurs effets que l'air atmosphérique conserve une composition invariable.

Oxyde de carbone, CO.

§ 193. On prépare le gaz oxyde de carbone, en faisant passer lentement un courant de gaz acide carbonique à travers un long tube de porcelaine ou de verre peu fusible, renfermant du charbon et chauffé au rouge. L'acide carbonique se combine dans ce cas avec une quantité de carbone égale à celle qu'il renferme déjà.

Il est plus simple de chauffer du carbonate de chaux en poudre fine et mêlée intimement avec du charbon, dans une cornue de grès disposée dans un fourneau à réverbère. Le carbonate de chaux seul se décompose à la chaleur rouge, en dégageant du gaz acide carbonique, mais ce gaz rencontre à cette température du charbon et se change en oxyde de carbone. Il est nécessaire d'agiter pendant quelques instants le gaz recueilli dans des cloches, avec une petite quantité d'une dissolution de potasse caustique, afin d'absorber le peu d'acide carbonique qui pourrait échapper à la décomposition.

Mais on obtient plus facilement le gaz oxyde de carbone, en décomposant par l'acide sulfurique concentré l'acide oxalique, qui est la troisième combinaison du carbone avec l'oxygène, et que nous étudierons tout à l'heure. L'acide oxalique cristallisé a pour formule $C^2O^3 + 3HO$; il est susceptible de perdre facilement, et sans se décomposer, 2 équivalents d'eau; mais on ne peut lui enlever le troisième équivalent, sans le décomposer en acide carbonique et oxyde de carbone; on a, en effet, $C^2O^3 = CO^2 + CO$.

Cette décomposition a lieu lorsque l'acide oxalique cristallisé est chauffé avec un corps très-avide d'eau, avec un excès d'acide sulfurique concentré, par exemple.

On place l'acide oxalique dans un petit ballon, et l'on ajoute 5 ou 6 fois son poids d'acide sulfurique concentré. On adapte au ballon un tube abducteur qui amène le gaz dans une cloche placée sur l'eau ou sur le mercure. En chauffant, l'acide oxalique se dissout d'abord dans l'acide sulfurique ; mais, bientôt, il se fait une effervescence qui provient de la décomposition de l'acide oxalique en ses deux produits gazeux. Les gaz acide carbonique et oxyde de carbone se dégagent à volumes égaux ; on recueille le mélange dans une cloche, où l'on introduit quelques centimètres cubes d'une dissolution de potasse qui absorbe l'acide carbonique, et le gaz oxyde de carbone reste pur. On peut encore faire passer le mélange des gaz, à mesure qu'il se dégage, à travers un flacon laveur (*fig.* 94) renfermant de la po-

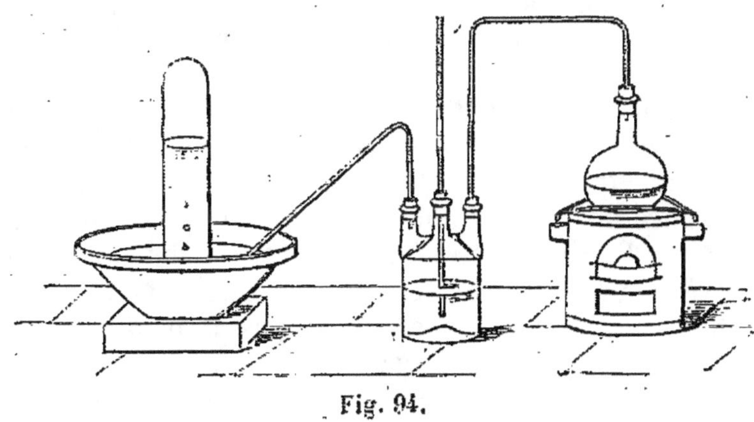

Fig. 94.

tasse caustique ; il n'y a plus qu'à absorber dans la cloche la petite quantité de ce gaz qui peut échapper à l'absorption dans le flacon laveur.

Le gaz oxyde de carbone est incolore, inodore ; il n'a pas encore été liquéfié. Il brûle à l'air avec une flamme bleuâtre caractéristique et se change alors en acide carbonique. Sa densité est de 0,967.

L'eau n'en dissout que $\frac{1}{16}$ environ de son volume.

Le gaz oxyde de carbone n'exerce aucune réaction sur la teinture de tournesol, et ne se combine ni avec les acides ni avec les bases.

Toutes les fois que la combustion du charbon se fait dans nos fourneaux sous l'influence d'une quantité insuffisante d'oxygène, il se forme beaucoup d'oxyde de carbone. C'est ce qui arrive, par exemple, lorsqu'on remplit un de nos fourneaux de laboratoire de charbons incandescents, bien tassés, de façon à avoir une hauteur de combustible de quelques décimètres. Les couches inférieures se brûlent d'abord à l'état d'acide carbonique, par l'oxygène de l'air qui pénètre à travers la grille ; c'est dans cette région que la température est le plus élevée. Dans les couches supérieures, la combustion n'a plus lieu que par le courant gazeux fortement échauffé qui a traversé les couches inférieures ; l'acide carbonique s'y change en oxyde de carbone et la température est alors beaucoup moins élevée. Enfin, au moment où le mélange gazeux paraît de nouveau au contact de l'air, si la température est encore suffisante à l'orifice supérieur du fourneau, le gaz oxyde de carbone s'enflamme et brûle avec une flamme bleue.

Dans les fourneaux à cuve, souvent très-élevés, que l'on emploie dans les arts métallurgiques, la combustion se fait de la même manière ; mais, comme on charge le combustible et le minerai froids à l'orifice supérieur du fourneau, la température y est toujours très-basse, et la combustion du gaz oxyde de carbone n'y a lieu que si on enflamme le gaz ; elle continue ensuite indéfiniment.

Non-seulement l'oxyde de carbone ne peut pas entretenir la respiration des animaux, mais il agit comme un véritable poison ; un animal périt, si on le laisse séjourner pendant quelque temps dans de l'air qui renferme quelques centimètres de gaz oxyde de carbone. C'est à la présence de ce gaz qu'il faut attribuer le malaise, les douleurs de tête que l'on ressent, quand on reste dans une pièce mal ventilée, auprès d'un fourneau renfermant du charbon en combustion et dont les produits ne se dégagent pas immédiatement dans une cheminée. Si la proportion de gaz oxyde de carbone devient considérable dans une chambre hermétiquement fermée, l'asphyxie produit la mort.

§ 194. L'analyse de l'oxyde de carbone se fait facilement dans l'eudiomètre, en brûlant ce gaz par de l'oxygène.

Supposons que l'on ait introduit dans l'eudiomètre

    100 parties en volume de gaz oxyde de carbone,
     75   »   »   d'oxygène,
              —————
Total : 175

On fait passer l'étincelle électrique ; le volume du gaz, après l'explosion, s'est réduit à 125 parties. Si l'on fait passer un peu de potasse dans l'eudiomètre et que l'on agite, l'acide carbonique produit est absorbé ; et, si l'on mesure le volume du gaz restant, on trouve qu'il s'est réduit à 25 parties. Ce gaz est d'ailleurs de l'oxygène pur. Le volume de gaz acide carbonique produit est donc de 100 parties ; c'est-à-dire qu'il est égal à celui du gaz oxyde de carbone sur lequel on opère, et le volume du gaz oxygène consommé est de $75 - 25 = 50$.

Ainsi un volume de gaz oxyde de carbone consomme $\frac{1}{2}$ volume d'oxygène, et produit 1 volume de gaz acide carbonique. Or 1 volume de gaz acide carbonique renferme 1 volume de gaz oxygène; par conséquent, 1 volume de gaz oxyde de carbone n'en renferme que $\frac{1}{2}$ volume. Si donc nous retranchons de la densité de l'oxyde de carbone.. 0,9674

la $\frac{1}{2}$ densité de l'oxygène. 0,5528

il reste. 0,4146

qui est le poids du carbone combiné avec un poids 0,5528 d'oxygène, pour former un poids 0,9674 d'oxyde de carbone. L'oxyde de carbone est donc composé de

1 éq. carbone..	. . . .	75,00	42,86
1 » oxygène..	. . . .	100,00	57,14
1 » oxyde de carbone.	.	175,00	100,00

§ 195. Le chlore et le gaz oxyde de carbone se combinent sous l'influence de la lumière solaire et forment un composé gazeux, le *gaz chloroxycarbonique*, dont la composition est représentée par la formule CO.Cl.

Le gaz chloroxycarbonique est incolore; il a une odeur suffocante particulière. Au contact de l'eau il se décompose, en même temps que 1 équivalent d'eau, il se produit de l'acide chlorhydrique et du gaz acide carbonique. On a en effet

$$CO.Cl + HO = CO^2 + HCl.$$

Acide oxalique, C^2O^3.

§ 196. L'acide oxalique existe dans un grand nombre de végétaux. On le prépare artificiellement, en faisant bouillir du sucre avec de l'acide azotique un peu étendu. Cet acide abandonne une portion de son oxygène; il se dégage du deutoxyde d'azote, de l'acide carbonique, et il reste dans la liqueur de l'acide oxalique qui se dépose, par le refroidissement, sous forme de cristaux.

Pour 1 partie de sucre, on emploie 6 parties d'acide azotique ayant une densité de 1,2, et l'on obtient environ $\frac{1}{4}$ d'acide oxalique.

L'acide oxalique qui s'est déposé de la liqueur retient toujours un peu d'acide azotique; on le purifie en le redissolvant dans l'eau bouillante, et le faisant cristalliser de nouveau. Il faut 9 parties d'eau, à la température ordinaire, pour dissoudre 1 partie d'acide oxalique; mais il suffit d'une proportion beaucoup moindre d'eau bouillante.

L'acide oxalique cristallisé a pour formule $C^2O^3 + 3HO$. Si on le chauffe à 100°, dans un courant d'air sec, ou si on l'expose pendant longtemps dans le vide sec, il perd 28 d'eau pour 100 de son poids; ce qui correspond à 2 équivalents d'eau. Mais le dernier équivalent d'eau ne peut lui être enlevé qu'en combinant l'acide avec une base. Si l'on cherche à lui enlever autrement ce dernier équivalent d'eau, l'acide oxalique se décompose complétement en acide carbonique et en oxyde de carbone. Nous avons utilisé cette réaction pour préparer le gaz oxyde de carbone.

L'acide oxalique est un acide énergique qui se combine avec les bases et produit des sels parfaitement définis; il chasse facilement l'acide carbonique de toutes ses combinaisons.

COMBINAISONS DE QUELQUES AUTRES MÉTALLOÏDES ENTRE EUX.

Chlorures de soufre.

§ 197. Le chlore et le soufre se combinent en plusieurs proportions; quelques-uns de ces composés n'ont été obtenus que combinés avec d'autres chlorures. Nous ne parlerons ici que des deux combinaisons qui ont été obtenues isolées. La première a pour formule ClS^2; elle ne correspond à aucune combinaison connue du chlore avec l'oxygène dans laquelle le chlore joue le rôle d'élément électropositif, ni à aucun composé que le soufre forme, comme élément électropositif, avec l'oxygène. La seconde combinaison a pour formule ClS; elle correspond à l'acide hypochloreux, ClO, ou à l'acide hyposulfureux, S^2O^2.

Pour obtenir la première combinaison, il faut combiner le chlore avec le soufre, de manière que le soufre soit en excès; la seconde s'obtient lorsque c'est le contraire, c'est-à-dire lorsque le chlore prédomine.

L'appareil que l'on emploie est représenté par la figure 95.

Dans le ballon A, on développe le chlore, en faisant réagir de l'acide chlorhydrique sur du peroxyde de manganèse; le gaz se lave dans le flacon à trois tubulures B, qui renferme de l'eau; puis il se dessèche en traversant un tube rempli de chlorure de calcium.

La cornue D renferme une certaine quantité de soufre : son col s'engage dans un récipient tubulé E, qui est maintenu à une basse température par un courant d'eau froide provenant du vase F.

On fait dégager le chlore lentement, on chauffe la cornue qui renferme le soufre à une température supérieure à + 100°. Le chlore est amené presque à la surface du soufre liquide ; et, comme alors il se trouve en présence d'un excès de vapeur de soufre, il ne se forme que la première combinaison ClS². Celle-ci passe à la distillation à mesure qu'elle se produit. On continue ainsi jusqu'à ce que le soufre de la

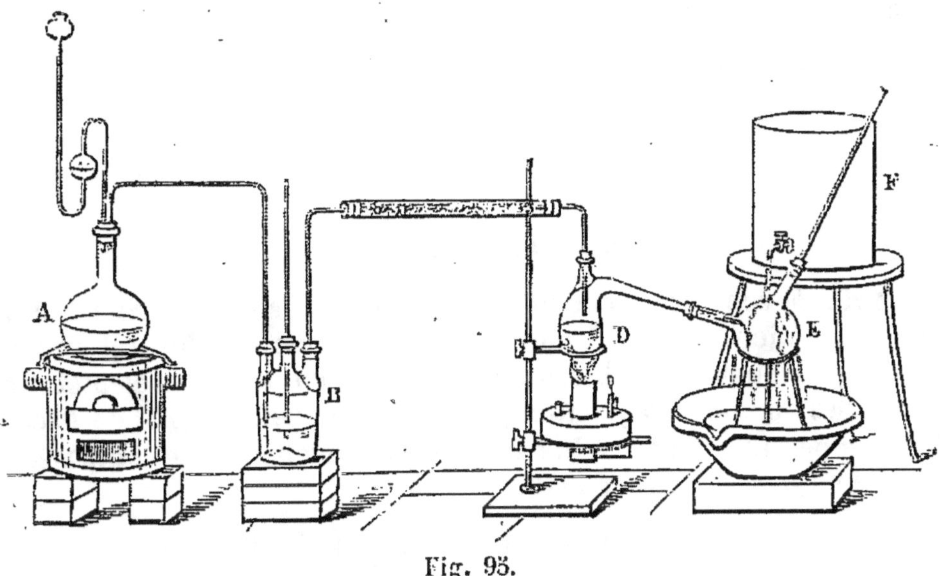

Fig. 95.

cornue ait presque entièrement disparu. Le chlorure de soufre recueilli dans le récipient renferme un excès de soufre entraîné par volatilisation ; mais on l'en débarrasse facilement en le distillant de nouveau. Comme le soufre est beaucoup moins volatil que le chlorure, il reste en entier dans la cornue.

Ce chlorure de soufre forme un liquide d'un jaune rougeâtre, ayant une odeur particulière, désagréable ; il bout à 138°. Sa densité, à l'état liquide, est 1,687. La densité de sa vapeur a été trouvée par expérience de 4,668.

Au contact de l'eau, il se décompose ; du soufre se sépare, et il se forme des acides chlorhydrique, sulfurique et sulfureux. Ce corps est composé de

2 éq. soufre.	400,0
1 » chlore.	443,2
	843,2

§ 198. Si l'on fait passer du chlore, jusqu'à saturation, à travers la dissolution du chlorure précédent, celui-ci en absorbe une grande quantité et donne un liquide rouge foncé qui, pour la même quantité de soufre, renferme une quantité double de chlore. Si l'on soumet ce corps à l'action de la chaleur, il s'en dégage d'abord du chlore en excès qui était en dissolution ; mais, bientôt, l'ébullition devient régulière à la température de 64°.

La densité de ce chlorure est 1,620. La densité de sa vapeur est 5,549.

Sa composition est

1 éq. soufre.	200,0	31,09
1 » chlore.	443,2	68,91
	643,2	100,00

Chlorure d'azote, $AzCl^3$.

§ 199. Ce composé s'obtient en faisant passer du chlore à travers une dissolution de chlorhydrate d'ammoniaque ou d'un sel ammoniacal quelconque. La dissolution se colore en jaune, et bientôt il se forme des gouttes oléagineuses jaunes qui tombent au fond du flacon. Une température de 25° à 30° favorise la formation de ce composé. La réaction a lieu suivant l'équation

$$AzH^3.HCl + 6Cl = 4HCl + AzCl^3.$$

Ces gouttes huileuses sont très-dangereuses à manier ; elles font souvent explosion spontanément et peuvent occasionner les accidents les plus graves. Aussi est-il important de bien connaître les circonstances dans lesquelles cette matière dangereuse se forme, moins pour la préparer que pour éviter d'en produire accidentellement.

Le chlorure d'azote est un liquide jaune orangé, ayant une densité de 1,653. Il peut être distillé sans altération sous une pression plus faible que celle de l'atmosphère, mais sa vapeur détone avec une violence extrême lorsqu'elle atteint la température de 100°. Le chlorure d'azote détone immédiatement à la température ordinaire au contact de certains corps, principalement avec le phosphore, les huiles fixes, l'essence de térébenthine. Sa formule est $AzCl^3$, correspondant à l'ammoniaque, AzH^3.

Iodure d'azote, $AzIo^3$.

§ 200. L'iodure d'azote est un composé fulminant comme le chlorure, mais il est solide à la température ordinaire. On l'obtient en plaçant dans des verres de montre de petites quantités d'iode bien pulvérisé, et versant dessus de l'ammoniaque concentrée. Au bout d'un quart d'heure, la réaction est terminée. On verse la matière sur de petits filtres ; il se dépose une poudre d'un gris noir qu'on lave rapidement avec un peu d'eau ; c'est l'iodure d'azote. Cette matière ne détone pas, en général, tant qu'elle est humide. Quelquefois cependant une détonation a lieu, même dans les verres de montre, lorsqu'on touche la matière avec une baguette de verre. Mais, aussitôt que l'iodure d'azote est sec, il détone par le plus léger frottement, tel que celui que l'on produit avec une barbe de plume ; souvent même il détone spontanément. La formule de ce composé est analogue à celle du chlorure d'azote : elle est $AzIo^3$.

Sulfures d'iode.

§ 201. On ne connaît pas jusqu'ici de combinaisons à proportions définies de l'iode et du soufre. Lorsqu'on chauffe ces deux corps ensemble, ils se combinent ; mais, si l'on porte la température plus haut, la combinaison se détruit et l'iode se volatilise.

Chlorures d'iode.

§ 202. Si l'on fait arriver un courant de chlore sur de l'iode placé dans un tube de verre, les deux corps se combinent ; il se forme d'abord un liquide brun ; mais, en continuant l'action du chlore, le liquide se change en une matière cristalline d'un blanc jaunâtre. Ces combinaisons ont été peu étudiées jusqu'ici.

Phosphure d'azote, Az^2Ph.

§ 203. Si l'on fait passer du gaz ammoniac sec à travers du protochlorure liquide de phosphore, le gaz est absorbé en grande quantité et l'on obtient un corps cristallisé blanc qui a pour formule

$$PhCl^3.4AzH^3.$$

Ce corps, au contact de l'eau, se change en phosphite d'ammoniaque et en chlorhydrate d'ammoniaque, d'après la réaction suivante :

$$PhCl^3.4AzH^3 + 4HO = 3(HCl.AzH^3) + PhO^3(AzH^3.HO).$$

Si l'on chauffe ce produit dans une petite cornue, différents gaz se dégagent, et il se sublime une grande quantité de sel ammoniac. On chauffe jusqu'à ce que le dégagement s'arrête, et l'on obtient, au fond de la cornue, un résidu blanc qui est du phosphure d'azote.

Le phosphure d'azote supporte la chaleur rouge sans se décomposer et sans se volatiliser ni se fondre; il est insoluble dans l'eau et dans presque tous les acides. Sa formule est Az^2Ph.

Sulfures de phosphore.

§ 204. Le soufre et le phosphore se combinent en plusieurs proportions. Lorsqu'on met en contact un morceau de soufre et un morceau de phosphore, et qu'on chauffe légèrement pour déterminer leur fusion, la combinaison a lieu avec dégagement de chaleur, et quelquefois il survient une explosion; cette expérience est dangereuse et ne doit être faite qu'avec de grandes précautions. Pour la faire sans danger, on place du phosphore sous l'eau dans un ballon de verre, on chauffe jusqu'à ce qu'il soit fondu, puis on introduit successivement le soufre par petits fragments. On peut ainsi combiner au phosphore une proportion considérable de soufre sans que la matière perde son état liquide; mais, si on la laisse refroidir, une partie considérable du soufre se sépare par cristallisation. Si, au contraire, on ajoute peu de soufre et que le phosphore soit en excès, c'est le phosphore qui cristallise pendant le refroidissement de la liqueur.

En combinant 1 équivalent de phosphore avec 1 équivalent de soufre, c'est-à-dire 1 partie en poids de phosphore et 2 parties de soufre, on obtient un produit qui est encore liquide à $+ 5°$, mais qui se solidifie au-dessous, sans présenter de cristallisation régulière.

Le phosphore forme avec le soufre un grand nombre de combinaisons définies, qui correspondent, en général, à celles qu'il donne avec l'oxygène; mais, comme ces combinaisons sont souvent plus combustibles que le phosphore isolé, il faut les manier avec beaucoup de précautions.

Chlorures de phosphore.

§ 205. Le chlore et le phosphore se combinent en deux proportions. Ces combinaisons ont pour formule $PhCl^3$ et $PhCl^5$ et correspondent aux acides phosphoreux, PhO^3, et phosphorique, PhO^5.

L'appareil que l'on emploie pour leur préparation est semblable à celui que nous avons décrit (§ 197) pour préparer les chlorures de soufre. Le phosphore est placé dans la cornue tubulée D (*fig.* 95). La combinaison du phosphore avec le chlore s'opère avec une grande élévation de température et souvent avec flamme. Un fragment de phosphore placé dans une petite capsule, et auquel on a mis le feu, continue à brûler avec une flamme verdâtre lorsqu'on le plonge dans un flacon rempli de chlore.

La haute température qui se développe pendant la combinaison détermine souvent la rupture de la cornue tubulée; on l'évite en plaçant au fond de cette cornue une couche de sable sur laquelle on place le phosphore. Pour éviter la formation du perchlorure, il est nécessaire de chauffer la cornue jusque près de l'ébullition du phosphore. Le chlore se trouve alors constamment dans une atmosphère de phosphore en excès, et le protochlorure de phosphore distille à mesure qu'il se produit. On arrête l'opération avant que tout le phosphore ait disparu. Le liquide distillé renferme en dissolution du phosphore que l'on sépare par une nouvelle distillation.

Le protochlorure de phosphore est un liquide incolore, très-limpide, ayant une densité de 1,45; il bout à 78°. La densité de sa vapeur est 4,742.

Au contact de l'eau, le protochlorure produit de l'acide chlorhydrique et de l'acide phosphoreux; le protochlorure de phosphore est composé de

1 éq. phosphore.	400,0	23,15
3 » chlore.	1529,6	76,87
	1729,6	100,00

§ 206. Le protochlorure de phosphore, soumis à l'action du chlore, en absorbe une grande quantité et finit par se transformer en une matière blanche cristalline qui est le perchlorure de phosphore. Cette matière bout vers 148°; son point de fusion se trouve à peu près à la même température; de sorte que le perchlorure de phosphore, sous la pression ordinaire de l'atmosphère, passe immédiatement de l'état solide à l'état gazeux.

Au contact de l'eau, le perchlorure de phosphore se change en acide chlorhydrique et en acide phosphorique, d'après la relation

$$PhCl^5 + 5HO = PhO^5 + 5HCl.$$

Il contient

1 éq. phosphore.	400,0	15,29
5 » chlore.	2216,0	84,71
	2616,0	100,00

Iodure de phosphore.

§ 207. L'iode et le phosphore, chauffés ensemble, se combinent avec dégagement de chaleur; mais, jusqu'ici, on n'a pas isolé de composés définis. Traitées par l'eau, ces combinaisons se détruisent en produisant de l'acide iodhydrique, des acides phosphoreux et phosphorique. Nous avons utilisé cette réaction pour préparer le gaz acide iodhydrique (§ 108).

Chlorure d'arsenic.

§ 208. On ne connait qu'une seule combinaison de l'arsenic avec le chlore. On l'obtient en faisant passer du chlore sur de l'arsenic métallique : l'affinité de l'arsenic pour le chlore est très-considérable. L'arsenic en poudre, projeté dans un flacon rempli de gaz chlore, s'enflamme en produisant d'épaisses vapeurs blanches de chlorure d'arsenic.

On obtient également le chlorure d'arsenic en distillant dans une cornue un mélange de 1 partie d'arsenic métallique et de 6 parties de sublimé corrosif ou chlorure de mercure, $HgCl$. Le chlorure d'arsenic préparé par l'action du chlore gazeux sur l'arsenic est coloré en jaune par du chlore dissous; pour le purifier, il suffit de l'agiter avec une petite quantité d'arsenic en poudre fine, puis de le distiller de nouveau.

Le chlorure d'arsenic est un liquide incolore, qui bout à 132°. La densité de sa vapeur a été trouvée de 6,5. Au contact de l'eau, il se décompose immédiatement en acides arsénieux et chlorhydrique :

$$AsCl^5 + 5HO = AsO^5 + 5HCl.$$

Il correspond, par conséquent, à l'acide arsénieux, et sa composition est la suivante :

1 éq.	arsenic.	937,5	41,35
5 »	chlore.	1529,6	58,65
1 »	chlorure d'arsenic.	2267,1	100,00

Sulfures d'arsenic.

§ 209. L'arsenic et le soufre forment un grand nombre de combinaisons; nous ne citerons que les trois plus importantes.

On trouve dans la nature un sulfure cristallisé qui a pour formule AsS^2, et qui ne correspond à aucune combinaison connue de l'arsenic avec l'oxygène. Les minéralogistes lui ont donné le nom de *réalgar*. On peut l'obtenir artificiellement en fondant ensemble un mélange à proportions convenables d'arsenic et de soufre.

Le réalgar est une matière vitreuse d'une belle couleur rouge orangé; on l'emploie dans la peinture. Il fond et se sublime sans altération.

La seconde combinaison, AsS^2, correspond à l'acide arsénieux; on la rencontre aussi dans la nature à l'état cristallisé. On lui donne le nom d'*orpiment*. L'orpiment ou *acide sulfarsénieux* peut être préparé en fondant ensemble des proportions convenables d'arsenic et de soufre. On l'obtient également en faisant passer un courant d'acide sulfhydrique à travers une dissolution d'acide arsénieux; l'acide sulfarsénieux se précipite alors sous la forme d'une matière floconneuse d'un jaune clair.

Enfin, la troisième combinaison correspond à l'acide arsénique; elle a pour formule AsS^5; on lui a donné le nom d'acide *sulfarsénique*. On l'obtient en versant une dissolution d'acide sulfhydrique dans une dissolution d'acide arsénique; le précipité ne se forme pas immédiatement, souvent même il ne se dépose qu'après plusieurs jours.

On prépare plus commodément l'acide sulfarsénique en faisant passer un courant de gaz acide sulfhydrique jusqu'à saturation dans une dissolution d'arséniate de potasse, $2KO.AsO^5$. Ce sel se change ainsi en un sulfosel, $2KS.AsS^5$, dans lequel le monosulfure de potassium joue le rôle de base, et l'acide sulfarsénique le rôle d'acide. Le sulfarséniate de sulfure de potassium reste en dissolution dans la liqueur. On le décompose par l'acide chlorhydrique; il se dégage de l'acide sulfhydrique, et l'acide sulfarsénique se précipite sous la forme d'une poudre jaune.

La réaction est exprimée par l'équation suivante :

$$2KS.AsS^5 + 2HCl = 2KCl + 2HS + AsS^5.$$

Chlorure de bore, $BoCl^3$.

§ 210. On obtient ce composé en chauffant du bore dans un courant de chlore, ou, plus simplement, en chauffant dans un tube de porcelaine un mélange intime d'acide borique et de charbon, pendant que ce tube est traversé par un courant de chlore sec.

Le chlorure de bore est un gaz incolore, qui répand des fumées épaisses à l'air humide. Sa densité est 4,035. Au contact de l'eau, il se décompose en acide chlorhydrique et en acide borique; sa formule est donc celle de l'acide borique, dans laquelle l'oxygène est remplacé par une quantité équivalente de chlore. 1 volume de ce gaz renferme $1\frac{1}{2}$ volume chlore. On a, en effet,

Bore.	0,575	9,28
$1\frac{1}{2}$ vol. chlore.	3,660	90,72
	4,035	100,00

Fluorure de bore, BoFl³.

§ 211. On obtient une combinaison gazeuse du fluor avec le bore, lorsqu'on chauffe à une très-haute température, dans une petite cornue de porcelaine, un mélange de 2 parties de spath fluor et de 1 partie d'acide borique fondu. Une portion de l'acide borique se décompose; son oxygène se combine avec le calcium; la chaux produite forme du borate de chaux avec l'acide borique non décomposé; enfin, le fluor et le bore se combinent ensemble et forment du fluorure de bore. La réaction se représente par l'équation suivante :

$$2BoO^3 + 3CaFl = BoFl^3 + BoO^3.3CaO.$$

Le fluorure de bore est un gaz incolore, ayant une odeur suffocante et une saveur fortement acide. Sa densité est 2,37; il est extrêmement soluble dans l'eau, et tellement avide de ce liquide, qu'il charbonne les matières organiques à la manière de l'acide sulfurique concentré (§ 148). C'est par suite de cette grande affinité pour l'eau qu'il répand des fumées épaisses au contact de l'air.

La composition du fluorure de bore correspond à celle de l'acide borique; sa formule est BoFl³.

L'eau dissout 700 à 800 fois son volume de fluorure de bore. On obtient facilement cette dissolution, à l'état concentré, de la manière suivante : on fond ensemble parties égales de spath fluor et de borax, on pulvérise la matière, et on la chauffe avec de l'acide sulfurique concentré dans une cornue de verre; il distille un liquide acide qui est une dissolution très-concentrée de fluorure de bore dans l'eau. Si l'on étend cette dissolution d'une plus grande quantité d'eau, elle se décompose; de l'acide borique se sépare, et il se forme un acide particulier auquel on a donné le nom d'*acide hydrofluoborique*. Cet acide est probablement analogue à l'acide hydrofluosilicique dont nous parlerons tout à l'heure, et qui a été mieux étudié.

Chlorure de silicium, SiCl³.

§ 212. Si l'on chauffe du silicium dans un courant de chlore, il prend feu, et il se forme un liquide volatil incolore; c'est le chlorure de silicium, SiCl³. On peut obtenir le chlorure de silicium plus facilement, en faisant passer du chlore sur un mélange de silice et de charbon chauffé dans un tube de porcelaine (*fig.* 96.) Le chlore seul ne chasse pas l'oxygène de l'acide silicique, même à la plus haute température; mais la décomposition se fait facilement en présence du charbon, lequel se combine avec l'oxygène de l'acide silicique et forme de l'oxyde de carbone; on recueille le chlorure de silicium dans un récipient bien refroidi. L'acide silicique qui sert à cette prépara-

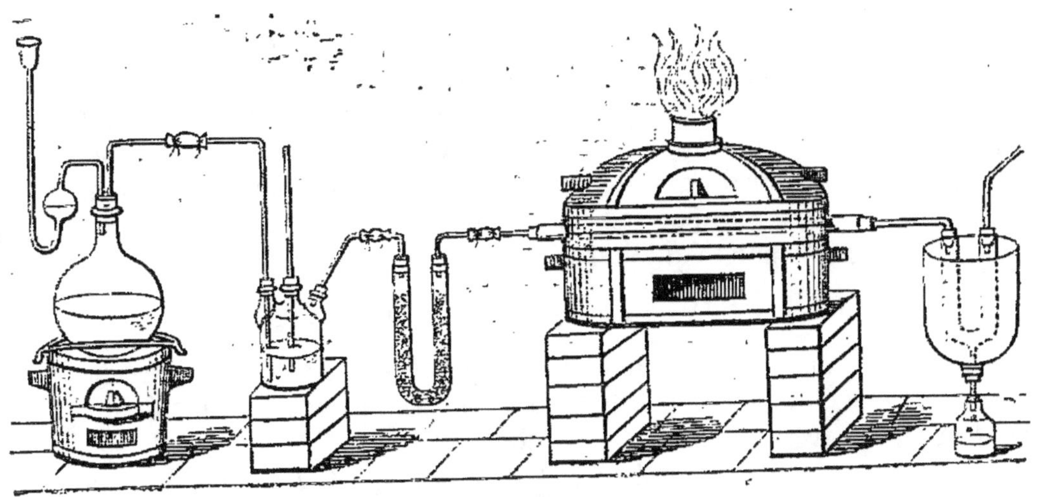

Fig. 96.

tion doit être la silice très-divisée que l'on obtient en décomposant le silicate de potasse par un acide, car le quartz, même réduit en poussière impalpable, ne donne, dans cette circonstance, que des traces de chlorure de silicium.

Le mieux est de mélanger intimement la silice avec son poids de noir de fumée, et d'ajouter assez d'huile pour constituer avec le mélange une pâte ferme que l'on façonne sous forme de boulettes. On roule ces boulettes dans la poussière du charbon, et on les calcine dans un creuset fermé. Ce sont ces petites masses poreuses que l'on place dans le tube de porcelaine.

Le chlorure de silicium a une couleur jaune, due à un excès de chlore qu'il tient en dissolution, et dont on le prive en agitant le liquide avec un peu de mercure; il suffit ensuite de le distiller pour l'obtenir absolument pur.

Le chlorure de silicium est un liquide incolore, très-mobile, ayant une densité de 1,52. Il bout à + 59°, et répand à l'air des fumées acides.

Au contact de l'eau, le chlorure de silicium se décompose en acide chlorhydrique et en acide silicique; ce chlorure correspond donc à l'acide silicique, l'oxygène de l'acide étant remplacé par une quantité équivalente de chlore. On a utilisé cette réaction pour déduire la composition de l'acide silicique de l'analyse du chlorure de silicium, laquelle présente beaucoup moins de difficultés que l'analyse directe de l'acide silicique. La formule du chlorure de silicium est $SiCl^3$.

Fluorure de silicium, $SiFl^3$.

§ 213. On obtient ce composé en chauffant ensemble, dans un ballon de verre, parties égales de spath fluor et de verre pilé, avec 6 à 8 parties d'acide sulfurique très-concentré. L'acide silicique du verre perd son oxygène, lequel oxyde le calcium du spath fluor; la chaux qui en résulte se combine avec l'acide sulfurique, et le fluor s'unit au silicium pour former du gaz fluorure de silicium. Si nous ne faisons intervenir le verre que par son acide silicique, nous pouvons représenter la réaction par l'équation suivante :

$$3CaFl + SiO^3 + 3SO^3 = 3(CaO.SO^3) + SiFl^3.$$

L'appareil dont ou se sert pour cette opération doit avoir été préalablement desséché avec le plus grand soin, car le fluorure de silicium se décompose très-facilement au contact de l'eau.

Le fluorure de silicium est un gaz incolore, qu'il faut recueillir sur le mercure, l'eau le décomposant immédiatement. La densité de ce gaz est 3,57. Il répand au contact de l'air humide des fumées acides très-épaisses. Sa composition correspond à celle de l'acide silicique; sa formule est donc $SiFl^3$.

§ 214. Dans la décomposition du fluorure de silicium au contact de l'eau, il se dépose de la silice gélatineuse, et la liqueur renferme une combinaison acide particulière, que nous appelons *acide hydrofluosilicique*. La réaction a lieu entre 3 équivalents de fluorure de silicium et 3 équivalents d'eau. Mais des 3 équivalents de fluorure de silicium. un seul se décompose; il produit 3 équivalents d'acide fluorhydrique qui se combinent avec les 2 équivalents de fluorure de silicium non décomposés, pour former l'acide hydrofluosilicique.

La réaction est donc représentée par l'équation suivante :

$$3SiFl^3 + 3HO = 3HFl.2SiFl^3 + SiO^3.$$

La formule de l'acide hydrofluosilicique est, d'après cela,

$$3HFl.2SiFl^3.$$

Lorsqu'on sature l'acide hydrofluosilicique par une base, l'hydrogène de l'acide fluorhydrique est seul remplacé par une quantité équivalente du métal de la base : ainsi, avec la potasse, on a la réaction

$$3HFl.2SiFl^3 + 3KO = 3KFl.2SiFl^3 + 3HO.$$

L'hydrofluosilicate de potasse est donc un fluorure double de potassium et de silicium ayant pour formule

$$3KFl.2SiFl^3.$$

La silice à l'état gélatineux, qui se dépose pendant la décomposition du fluorure de silicium par l'eau, obstruerait promptement l'orifice du tube qui amène le gaz, si on le faisait plonger dans l'eau, et il pourrait en résulter une explosion. Aussi doit-on avoir soin de faire plonger le tube de plusieurs centimètres dans une couche de mercure (*fig.* 97) que l'on place dans le vase récipient avant d'y verser l'eau ; de cette manière le gaz ne rencontre pas de parois humides, et il ne se décompose qu'après avoir traversé la couche de mercure.

Fig. 97.

On peut également faire la préparation du fluorure de silicium dans une cornue de verre dont on engage le col dans un ballon renfermant de l'eau et qui sert de récipient ; mais il faut avoir soin de ne pas interposer de bouchon, afin de pouvoir faire tourner facilement le ballon autour du col de la cornue, et maintenir ses parois constamment mouillées. Le gaz fluorure de silicium, étant très-lourd, tombe sur la surface du liquide du récipient, et il se forme une pellicule de silice gélatineuse, qui empêcherait bientôt l'action de l'eau, si l'on n'avait pas soin de tourner souvent le ballon.

Lorsque l'on a décomposé une quantité convenable de fluorure de silicium, on filtre la liqueur à travers un linge, et l'on exprime fortement le résidu. Si l'on veut obtenir le liquide plus transparent, il faut le filtrer à travers du papier joseph, mais il reste presque toujours un peu de silice en suspension.

L'acide hydrofluosilicique dissous forme un liquide très-acide, qui se combine avec les bases en formant des fluorures doubles dont nous avons indiqué plus haut la composition. Quelques-unes de ces combinaisons sont insolubles, entre autres celle qu'il forme avec la potasse. Nous avons déjà utilisé cette propriété de l'acide hydrofluosilicique pour précipiter la potasse de ses dissolutions (§ 173).

Si l'on évapore, complétement à sec, la dissolution d'acide hydrofluosilicique avec la silice gélatineuse qui s'est déposée pendant sa préparation, toute la matière disparaît ; il se dégage de l'eau et du fluorure de silicium. Ainsi, sous l'influence de la chaleur, nous obtenons une réaction inverse de celle qui s'opère à froid entre le fluorure de silicium et l'eau; nous avons maintenant

$$3HFl.2SiFl^3 + SiO^3 = 3SiFl^3 + 3HO.$$

Si l'évaporation se fait dans un vase en verre, celui-ci n'est pas attaqué et conserve complétement sa transparence.

Si, au contraire, on évapore dans un vase de verre l'acide hydrofluosilicique seul, séparé par la filtration de la silice qui s'est déposée, la matière disparaît encore en entier, mais les parois du verre sont fortement attaquées, car elles ont dû céder l'acide silicique nécessaire à la transformation complète de l'acide hydrofluosilicique en fluorure de silicium.

Combinaisons du carbone avec l'hydrogène.

§ 215. Les combinaisons de l'hydrogène et du carbone sont très-nombreuses: Deux de ces combinaisons sont gazeuses à la température ordinaire, les autres sont liquides ou solides.

Hydrogène protocarboné, C^2H^4.

§ 216. Ce gaz est aussi appelé *gaz des marais*, parce qu'il se dégage en grande quantité de la vase des eaux stagnantes. Quand on agite cette vase avec un bâton, on voit s'élever dans l'eau des bulles de gaz qu'il est facile de recueillir, en plaçant au-dessus l'ouverture d'un flacon (*fig.* 98) plein d'eau et renversé; pour plus de facilité, on engage

Fig. 98.

un entonnoir dans l'ouverture. Le gaz que l'on obtient ainsi est impur; il est mélangé d'azote et d'acide carbonique.

On obtient l'hydrogène protocarboné à l'état de pureté, en chauffant dans une petite cornue de verre un mélange d'acétate de soude et d'une base énergique : de la potasse caustique ou de la chaux. Ordinairement, on emploie un mélange de ces deux bases.

On dissout la potasse dans une très-petite quantité d'eau, et l'on ajoute de la chaux en poudre, de manière à former une pâte.

L'acétate de soude a pour formule $NaO.C^4H^3O^3$; par l'action des bases sous l'influence de la chaleur, l'acide acétique, $C^4H^3O^3$, et 1 équivalent d'eau se décomposent de manière à former de l'acide carbonique, qui se combine avec les bases, et de l'hydrogène protocarboné, C^2H^4, comme le montre l'équivalence suivante :

$$NaO.C^4H^3O^5 + HO + KO = NaO.CO^2 + KO.CO^2 + C^2H^4.$$

L'hydrogène protocarboné est un gaz incolore, sans odeur. Sa densité est 0,5590. Il brûle à l'air avec une flamme bleuâtre; les résultats de sa combustion sont de l'eau et de l'acide carbonique. L'eau ne dissout qu'une quantité très-petite de ce gaz.

L'hydrogène protocarboné se dégage en abondance de la houille de certaines mines. Comme il est plus léger que l'air, il tend à s'accumuler dans les parties supérieures des travaux, et donne des mélanges explosifs très-dangereux et qui font périr annuellement un grand nombre d'ouvriers. Les mineurs donnent au gaz des houillères le nom de *grisou*.

§ 217. L'analyse de l'hydrogène protocarboné se fait dans l'eudiomètre. Supposons que l'on ait introduit dans cet appareil 100 parties d'hydrogène protocarboné et 300 d'oxygène; après le passage de l'étincelle électrique, le volume gazeux se trouvera réduit à 200. Si l'on introduit dans le mélange un globule de potasse humecté, on absorbera l'acide carbonique qui s'est formé pendant la combustion, et on reconnaîtra qu'il reste 100 parties d'oxygène. Les 100 parties d'acide carbonique renferment 50 de vapeur de carbone et 100 d'oxygène. Ainsi 100 parties d'oxygène ont disparu, en formant de l'eau avec l'hydrogène de l'hydrogène protocarboné. Or ce dernier gaz renferme 200 de gaz hydrogène; 100 parties de gaz hydrogène protocarboné sont donc formées de

200 hydrogène,
50 vapeur de carbone.

Cette composition se trouve confirmée par la valeur de la densité du gaz : en effet,

2 vol. hydrogène pèsent. . .	0,1382	25,00
$\frac{1}{2}$ » vapeur de carbone. . .	0,4145	75,00
	0,5527	100,00

On donne à l'hydrogène protocarboné la formule C^2H^4.

Hydrogène bicarboné, C^4H^4.

§ 218. Ce gaz est souvent aussi appelé *gaz oléfiant*. On le prépare en chauffant ensemble 1 partie, en poids, d'alcool, et 5 ou 6 parties d'acide sulfurique concentré. La formule de l'alcool est $C^4H^6O^2$; on peut admettre que, sous l'influence de l'acide sulfurique concentré, ce corps se décompose en 2 équivalents d'eau et en hydrogène bicarboné, C^4H^4 :

$$C^4H^6O^2 = C^4H^4 + 2HO.$$

Cependant la réaction est plus complexe, car il se dégage en même temps de l'acide carbonique et de l'acide sulfureux. On place le mélange d'acide sulfurique et d'alcool dans une grande cornue (*fig.* 99),

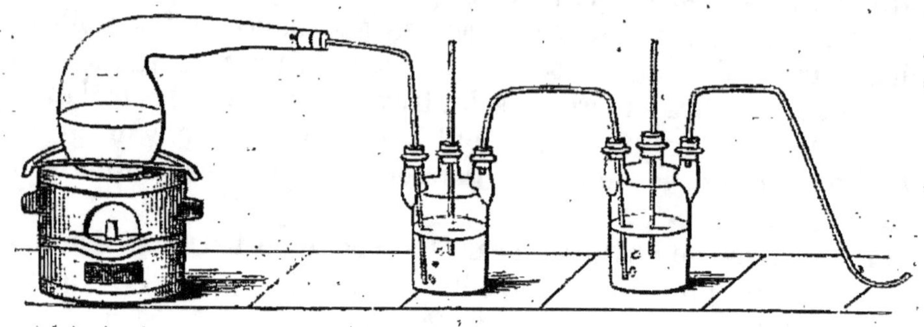

Fig. 99.

parce qu'il se boursoufle beaucoup vers la fin de l'opération, et l'on fait passer le gaz à travers un premier flacon laveur renfermant un peu d'eau, puis à travers un second flacon contenant une dissolution de potasse qui absorbe les acides carbonique et sulfureux.

L'hydrogène bicarboné est un gaz incolore, d'une densité de 0,9784; Il brûle à l'air avec une flamme brillante. Il se décompose partiellement, quand on le fait passer à travers un tube de porcelaine chauffé au rouge; du charbon se dépose sur les parois du tube.

Le gaz hydrogène bicarboné brûle dans le chlore; dans cette combustion, il se forme du gaz acide chlorhydrique, et le charbon se dépose. L'hydrogène bicarboné et le chlore se combinent aussi à froid lorsqu'on mélange les deux gaz sur l'eau; il se forme un liquide huileux, volatil, d'une odeur éthérée agréable.

§ 219. L'analyse de ce gaz se fait de la même manière que celle de l'hydrogène protocarboné.

On introduit dans l'eudiomètre

<pre>
Hydrogène bicarboné. 100
Oxygène. 400
</pre>

Après le passage de l'étincelle il reste 300; la potasse caustique absorbe 200 d'acide carbonique renfermant 100 de vapeur de carbone et 200 d'oxygène. Le gaz qui reste alors dans l'eudiomètre est de l'oxygène. Ainsi 100 parties d'oxygène ont été brûlées par l'hydrogène du gaz oléfiant.

100 parties de ce gaz renferment donc

$$200 \text{ hydrogène,}$$
$$100 \text{ vapeur de carbone.}$$

Or	2 vol. hydrogène pèsent. . .	0,1582	14,29
	1 » vapeur de carbone. .	0,8290	85,71
		0,9672	100,00

Ce nombre se rapproche beaucoup de la densité 0,9784 trouvée par l'expérience.

La formule que l'on donne à l'hydrogène bicarboné est C^4H^4.

Le gaz de l'éclairage est principalement composé de gaz hydrogènes carbonés.

Carbures d'hydrogène liquides.

§ 220. Les chimistes connaissent aujourd'hui un grand nombre de combinaisons du carbone avec l'hydrogène; quelques-unes sont gazeuses à la température ordinaire, comme les hydrogènes carbonés dont nous venons de parler; le plus grand nombre sont liquides et quelques-unes sont solides. Les carbures d'hydrogène liquides et solides peuvent être distillés sans altération; on les classe ordinairement parmi les *essences* ou *huiles essentielles*, nom que l'on donne à des liquides qui tachent le papier à la manière des huiles grasses, mais qui se distinguent de ces dernières en ce que, celles-ci n'étant pas volatiles, la tache graisseuse persiste indéfiniment, tandis que la tache qui est produite par une huile essentielle disparaît au bout de quelque temps parce que l'essence se volatilise. Le plus important de ces carbures d'hydrogène, à cause de ses applications dans les arts, est l'*essence de térébenthine*. On donne le nom de *térébenthine* à un liquide visqueux qui s'écoule de certaines espèces de pin. Ce liquide donne, par la distillation, une huile volatile, l'essence de térébenthine, et une résine qui reste dans la chaudière. L'essence de térébenthine bout vers 150°; sa densité est de 0,86. Les chimistes lui donnent la formule $C^{20}H^{16}$.

Azoture de carbone ou cyanogène, C^2Az ou Cy.

§ 221. Le carbone et l'azote forment un composé très-important, le *cyanogène*, qui donne lui-même naissance à un grand nombre de substances remarquables, dans lesquelles il joue le rôle d'un corps simple.

Ainsi le cyanogène forme avec l'hydrogène un acide, l'*acide cyanhy-drique*, qui correspond à l'acide chlorhydrique, et, avec les métaux, des *cyanures* qui présentent une analogie complète avec les chlorures correspondants. Ces cyanures sont fréquemment employés comme ré-actifs pour caractériser les diverses dissolutions métalliques et les distinguer les unes des autres.

Le carbone et l'azote ne se combinent pas directement; mais, si l'on chauffe ensemble, dans un tube de porcelaine, un mélange de carbo-nate de potasse et de charbon, et que l'on fasse traverser ce tube par un courant de gaz azote, il se dégage de l'oxyde de carbone; et, si l'on reprend ensuite le résidu par l'eau, on dissout une proportion notable de cyanure de potassium qui s'est formé. Quand on fait passer du gaz ammoniac sur des charbons chauffés au rouge, il se forme du cyanhy-drate d'ammoniaque qui se condense sous forme de cristaux.

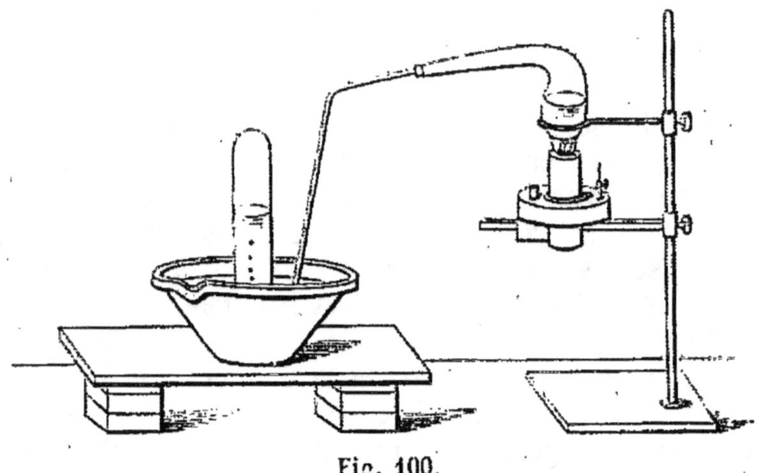

Fig. 100.

Le cyanure de potassium se prépare en grand, dans les arts, en chauf-fant, dans des vases en fer, des mélanges de carbonate de potasse et de résidus charbonneux que l'on obtient par la calcination incomplète des matières animales, telles que de la chair, des os, de la corne, etc., etc.

Si l'on verse, dans une dissolution concentrée et chaude de cyanure de potassium, une dissolution chaude d'azotate de mercure, et qu'on laisse refroidir les liqueurs mélangées, il se sépare du cyanure de mercure cristallisé, que l'on peut purifier par une nouvelle cristalli-sation. Au moyen de ce cyanure de mercure, on prépare facilement le cyanogène et l'acide cyanhydrique.

On prépare le cyanogène en chauffant du cyanure de mercure dans une petite cornue, ou dans un tube fermé à l'une de ses extrémités, et muni d'un tube abducteur qui amène le gaz sous une cloche placée sur la cuve à eau, ou mieux, sur la cuve à mercure (*fig.* 100). Le cyanure de mercure se décompose en cyanogène qui devient libre, et en mercure métallique qui vient se condenser sous la forme de gouttelettes dans la partie supérieure de la cornue. En chauffant jusqu'au moment où le dégagement cesse, on reconnaît que la matière ne subit pas entièrement la décomposition simple que nous venons d'indiquer; il reste une matière brune, qui présente exactement la même composition que le cyanogène, et à laquelle on a donné, pour cette raison, le nom de *paracyanogène*. La portion du cyanogène qui passe à cet état isomérique est variable suivant la manière dont on chauffe le cyanure de mercure; mais on n'a pas réussi, jusqu'ici, à conduire l'opération de manière à éviter complétement sa formation.

Le cyanogène est un gaz incolore, d'une odeur vive, particulière, qui rappelle celle du kirsch. Sa densité est 1,86. Le gaz cyanogène se liquéfie lorsqu'on le comprime à la température ordinaire par une pression de 4 ou 5 atmosphères, ou lorsqu'on le refroidit jusqu'à —20° sans augmenter la pression. Le cyanogène liquide est un fluide incolore, très-mobile, qui a une densité d'environ 0,9.

Le cyanogène brûle avec une flamme d'une couleur pourprée très-caractéristique; il donne alors de l'acide carbonique, et l'azote devient libre.

L'eau dissout de 4 à 5 fois son volume de gaz cyanogène, mais elle abandonne facilement le gaz dissous quand on élève la température. La dissolution aqueuse de cyanogène, abandonnée à elle-même dans un flacon bouché, ne tarde pas à se colorer en brun, et il se dépose au bout de quelque temps une poudre brune. La décomposition que le cyanogène subit dans cette circonstance est trop complexe pour que nous cherchions à l'expliquer ici; d'ailleurs, elle n'a pas encore été suffisamment étudiée. L'alcool dissout 20 à 25 fois son volume de gaz cyanogène.

§ 222. Le cyanogène étant un gaz combustible et donnant, par sa combustion, des produits gazeux faciles à séparer, on pourrait penser que son analyse se fera facilement dans l'eudiomètre; mais, si l'on fait détoner dans l'eudiomètre un mélange de cyanogène et d'oxygène, on reconnaît que la combustion est toujours incomplète. On obtient une combustion plus parfaite, en ajoutant au mélange des gaz oxygène et cyanogène une certaine quantité de mélange détonant d'oxygène et d'hydrogène dans les proportions qui constituent l'eau. On prépare facilement ce mélange détonant en décomposant l'eau par la pile et en recueillant dans une même cloche les gaz qui se dégagent aux deux pôles.

Acide cyanhydrique, $H.C^2Az$ ou HCy.

§ 223. Le cyanogène et l'hydrogène ne se combinent pas directement. On obtient l'acide cyanhydrique en décomposant les cyanures métalliques par l'acide chlorhydrique.

On peut préparer l'acyde cyanhydrique à l'état anhydre ou en dissolution dans l'eau.

Pour obtenir l'acide anhydre, on décompose le cyanure de mercure par l'acide chlorhydrique concentré dans un petit ballon (*fig.* 101). On met ce ballon en communication avec un tube *abc*, dont la première moitié *ab* est remplie de fragments de marbre, et la seconde moitié *bc* est remplie de morceaux de chlorure de calcium fondu.

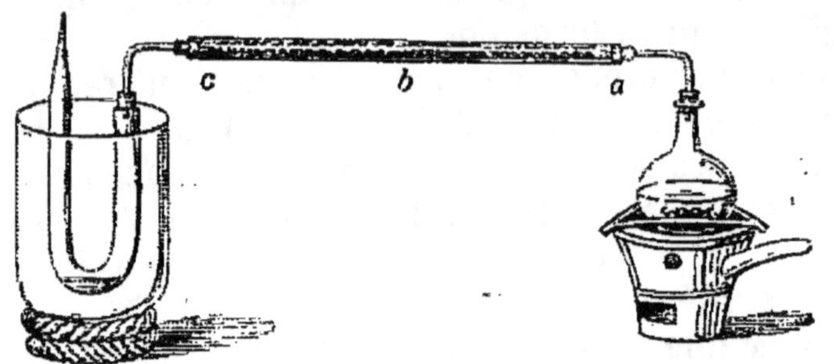

Fig. 101.

A la suite du tube *abc* on place un tube en U, entouré d'un mélange réfrigérant. L'acide chlorhydrique décompose le cyanure de mercure

$$HgCy + HCl = HgCl + HCy;$$

il se dégage de l'acide cyanhydrique gazeux, mais ce gaz entraine de l'acide chlorhydrique et de la vapeur aqueuse. Le mélange des gaz passe dans le tube *abc*; l'acide chlorhydrique, qui est un acide puissant, décompose le marbre; il se forme du chlorure de calcium, de l'eau, et l'acide carbonique devient libre :

$$CaO.CO^2 + HCl = CaCl + HO + CO^2;$$

l'acide cyanhydrique, qui est au contraire un acide très-faible, ne réagit pas sur le carbonate de chaux. On a donc un mélange de gaz cyanhydrique, d'acide carbonique et de vapeur d'eau qui pénètre dans la seconde moitié *bc* du tube, remplie de chlorure de calcium; la vapeur d'eau est seule absorbée, et le mélange des gaz cyanhydrique et carbonique passe dans le tube refroidi. L'acide cyanhydrique se condense à l'état liquide, tandis que l'acide carbonique conserve l'état gazeux; mais l'acide cyanhydrique renferme nécessairement en dissolution toute la quantité d'acide carbonique qu'il peut absorber dans les circonstances où il s'est condensé.

– L'acide cyanhydrique forme un liquide incolore, très-mobile, qui se solidifie à − 15°, et bout à + 26°,5. Le froid que ce liquide produit en s'évaporant à l'air suffit ordinairement pour congeler la partie qui est restée liquide. La densité de l'acide cyanhydrique liquide est 0,697; la densité de sa vapeur est 0,947. L'odeur de l'acide cyanhydrique est très-pénétrante; elle rappelle celle des amandes amères.

Le cyanogène et l'hydrogène sont combinés dans l'acide cyanhydrique de la même manière que le chlore et l'hydrogène dans l'acide chlorhydrique; 1 volume d'acide cyanhydrique renferme, en effet $\frac{1}{2}$ volume d'hydrogène et $\frac{1}{2}$ volume de cyanogène sans condensation; car on a

$$
\begin{array}{lr}
\frac{1}{2} \text{ densité de l'hydrogène} \ldots & 0,0346 \\
\frac{1}{2} \text{ densité du cyanogène} \ldots & 0,9300 \\
\hline
 & 0,9646
\end{array}
$$

L'expérience directe a donné, pour la densité du gaz acide cyanhydrique, 0,947.

§ 224. L'acide cyanhydrique liquide doit être conservé dans des tubes fermés à la lampe, et que l'on remplit par le procédé que nous avons décrit à l'occasion de l'acide sulfureux (§ 142). Mais ce produit ne se conserve pas longtemps sans altération; au bout de peu de jours, le liquide brunit, et il se dépose bientôt une matière pulvérulente brune. La réaction chimique qui a lieu dans cette décomposition imparfaite paraît très-complexe; elle n'a pas été étudiée, jusqu'ici, d'une manière approfondie.

L'acide cyanhydrique, appelé communément *acide prussique*, est un des poisons les plus violents que l'on connaisse. Une goutte, placée sur la langue d'un chien, le fait périr presque instantanément. C'est donc une substance qu'il ne faut manier qu'avec les plus grandes précautions, et dont on doit bien se garder de respirer les vapeurs.

L'acide cyanhydrique se dissout en toutes proportions dans l'eau. On prépare souvent ses dissolutions aqueuses dans les pharmacies pour les usages de la médecine.

Pour préparer les dissolutions d'acide cyanhydrique, on place dans un ballon A (*fig.* 102) 1 partie de cyanoferrure de potassium, ou prussiate de potasse (cyanure double de potassium et de fer ($2KCy + FeCy$), $1\frac{1}{2}$ partie d'acide sulfurique concentré, étendu de 2 parties d'eau. On adapte au ballon un long tube de verre *abc* que l'on maintient dans un manchon DE, à travers lequel on fait circuler un courant d'eau froide; le tube plonge d'une petite quantité dans l'eau d'un

flacon B bien refroidi. On chauffe le ballon au bain-marie. En plaçant dans le flacon des quantités plus ou moins grandes d'eau, on
obtient des dissolutions d'acide cyanhydrique plus ou moins concentrées. Dans tous les cas, il est convenable de s'assurer de la quantité

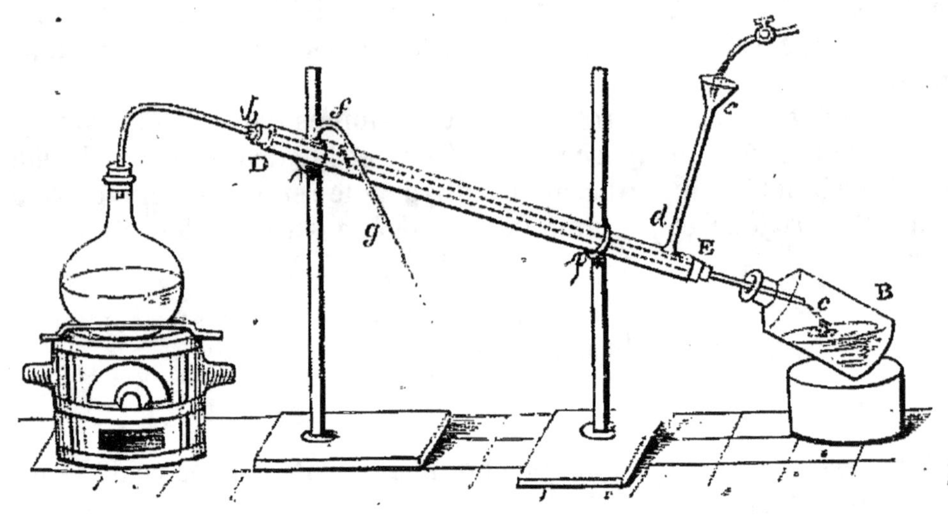

Fig. 102.

d'acide dissoute dans la liqueur. Il suffit, pour cela, d'en prendre un
volume déterminé et d'y verser une dissolution d'azotate d'argent; il
se forme un précipité de cyanure d'argent dont le poids sert à déduire la quantité d'acide cyanhydrique.

On obtient également une dissolution dosée d'acide cyanhydrique
en dissolvant dans l'eau une proportion connue de cyanure de mercure, et faisant passer à travers la liqueur un courant d'hydrogène
sulfuré; mais la dissolution renferme alors, en même temps, de
l'acide sulfhydrique. On peut enlever ce dernier acide en agitant
pendant quelques instants la liqueur avec du carbonate de plomb.

La dissolution d'acide cyanhydrique dans l'eau s'altère très-promptement; elle ne doit donc être préparée que peu de temps avant le
moment où on veut l'employer.

Sulfure de carbone, ou acide sulfocarbonique, CS_2.

§ 225. Le soufre et le charbon ne se combinent pas lorsqu'on
chauffe ces deux corps mélangés sous la pression ordinaire de l'atmosphère; le soufre distille avant que la température soit assez élevée
pour que la combinaison ait lieu. Mais, si l'on chauffe le charbon au

rouge dans un tube de porcelaine, et que l'on fasse passer ensuite le soufre en vapeur à travers ce tube, la combustion du charbon a lieu dans la vapeur du soufre comme dans l'oxygène. Lorsque le charbon brûle dans l'oxygène, il se change en acide carbonique CO_2; lorsqu'il brûle dans la vapeur de soufre, il se change en sulfure de carbone ou acide sulfocarbonique CS_2. Seulement, dans la combustion au milieu de l'oxygène, il faut que ce gaz soit en excès, sans quoi il se forme de l'oxyde de carbone CO. On n'a rien de semblable à craindre dans la combustion du charbon au milieu de la vapeur de soufre; il ne se forme jamais que de l'acide sulfocarbonique, et l'on n'a pas réussi jusqu'ici à préparer de combinaisons du carbone moins sulfurées.

Pour obtenir le sulfure de carbone, on remplit de petits fragments de braise concassée un tube de porcelaine que l'on dispose dans un fourneau à réverbère (*fig.* 103). L'extrémité *a* du tube est fermée par un bouchon de liége; elle doit sortir assez du fourneau pour que le bouchon ne brûle pas. A l'autre extrémité *b* du tube, on adapte une allonge recourbée, dont le bec plonge d'une très-petite quantité dans l'eau d'un flacon récipient. Lorsque le tube de porcelaine est chauffé au rouge, on introduit un fragment de soufre en *a*, et l'on remet immédiatement le bouchon. Le soufre fond, et, comme le tube est un peu incliné de *a*

Fig. 103.

en *b*, le soufre fondu coule vers les parties les plus chaudes du tube, où il se vaporise. La vapeur de soufre passe sur le charbon incandescent; il se forme du sulfure de carbone qui se condense dans l'allonge, et tombe en gouttes huileuses au fond de l'eau du récipient. Lorsque le dégagement de vapeur cesse, on ajoute un nouveau morceau de soufre, et, ainsi de suite, jusqu'à ce que le charbon du tube ait disparu en grande partie.

Le sulfure de carbone que l'on trouve dans le récipient forme sous l'eau une couche huileuse, jaune; il n'est pas pur et renferme toujours des quantités plus ou moins considérables de soufre en dissolution. Pour le purifier, on le distille au bain-marie dans une cornue de verre; le soufre reste dans la cornue, et le sulfure de carbone distille sous la forme d'un liquide incolore. Le liquide distillé est mis en contact, pendant quelque temps, avec du chlorure de calcium, qui lui enlève l'eau; puis il est soumis à une nouvelle distillation dans un appareil parfaitement sec.

§ 226. Le sulfure de carbone est un liquide incolore, très-mobile, doué d'une odeur particulière, extrêmement désagréable. Sa densité est à 0°. 1,295
et à 15°. 1,271
Il bout à 48° sous la pression ordinaire de l'atmosphère, de sorte que, à la température ordinaire, sa vapeur a déjà une tension considérable; le liquide s'évapore promptement et produit alors un grand froid.

Le sulfure de carbone ne se dissout pas sensiblement dans l'eau; cependant l'eau qui a séjourné pendant quelque temps au contact de ce corps s'imprègne de l'odeur qui lui est propre. L'alcool absolu et l'éther en dissolvent une quantité indéfinie, car ces trois liquides peuvent se mélanger en proportions quelconques.

Le sulfure de carbone brûle dans l'air avec une flamme bleue, en produisant des acides carbonique et sulfureux.

Le sulfure de carbone dissout le soufre et le phosphore en grande quantité; si l'on abandonne ces dissolutions à une évaporation lente, le soufre et le phosphore se déposent sous la forme de cristaux réguliers. Nous avons vu (§ 63) que l'on obtenait ainsi le soufre cristallisé sous une forme semblable à celle des cristaux naturels que l'on trouve dans les solfatares.

Le sulfure de carbone présente la même formule en équivalents que l'acide carbonique. De même que l'acide carbonique se combine avec les protoxydes métalliques RO, et forme des carbonates $RO.CO^2$, de même le sulfure de carbone se combine avec les monosulfures ou protosulfures métalliques RS pour former de véritables sels $RS.CS^2$, qui sont souvent isomorphes avec les combinaisons correspondantes $RO.CO^2$.

Cette propriété a fait donner avec raison le nom d'*acide sulfocarbonique* au sulfure de carbone, et le nom de *sulfocarbonates* aux combinaisons qu'il forme avec les monosulfures.

Combinaisons du carbone avec l'hydrogène, l'oxygène et l'azote.

§ 227. On connaît aujourd'hui un nombre très-considérable de composés ternaires, de carbone, d'oxygène et d'hydrogène, et de composés quaternaires qui, outre ces trois éléments, renferment encore de l'azote. Ces substances nous sont fournies par le règne organique. Un grand nombre d'entre elles y existent toutes formées ; les autres prennent naissance quand on soumet les premières à des réactions chimiques appropriées. L'étude de ces substances forme ordinairement, sous le nom de *chimie organique*, une section spéciale d'un cours de chimie. Il nous est impossible d'aborder ici cette étude ; elle exigerait des développements incompatibles avec les bornes de ce petit traité. Nous nous contenterons de décrire sommairement quelques composés ternaires de carbone, d'hydrogène et d'oxygène, qui sont fréquemment employés dans les laboratoires, et d'exposer les méthodes générales à l'aide desquelles on détermine la composition élémentaire des substances d'origine organique.

Alcool.

§ 228. L'alcool est une substance liquide qui se forme pendant la fermentation du jus de raisin et des liqueurs sucrées en général. On le prépare, en distillant, dans un alambic, du vin, de la bière, du cidre ou d'autres liqueurs devenues alcooliques par la fermentation ; les premières parties de liquide qui passent à la distillation sont beaucoup plus riches en alcool que le résidu, et si l'on arrête la distillation à un moment convenable, le résidu ne renferme plus sensiblement d'alcool. On soumet la partie distillée à de nouvelles distillations, en fractionnant les produits ; les premières liqueurs sont de plus en plus riches en alcool, et l'on obtient ainsi des liqueurs alcooliques portant différents noms, suivant leur richesse : les liqueurs qui renferment de 50 à 55 pour 100 d'alcool sont appelées *eaux-de-vie*; celles qui en contiennent davantage s'appellent *esprits*. En appliquant convenablement les procédés de distillation, on obtient des liqueurs qui renferment jusqu'à 85 ou 90 pour 100 d'alcool.

Pour enlever les dernières portions d'eau, il faut mettre la liqueur alcoolique en contact avec des substances qui ont une grande affinité pour l'eau, et qui ne s'unissent pas d'une manière stable avec l'alcool. C'est la chaux vive en poudre fine que l'on emploie à cet effet; on place l'alcool dans un flacon avec $\frac{1}{5}$ environ de son poids de chaux; on agite le flacon à plusieurs reprises, et au bout de 24 heures on distille au bain-marie. L'alcool qui est donné par cette nouvelle distillation ne renferme plus que très-peu d'eau, si la liqueur était très-concentrée avant le traitement par la chaux. On l'obtient complétement anhydre en le distillant une dernière fois sur du carbonate de potasse fondu et réduit en poudre fine.

L'alcool anhydre, ou *alcool absolu*, est un liquide incolore très-fluide, d'une saveur brûlante et d'une odeur agréable; il ne se solidifie pas à — 90° et bout à + 78°,4. Sa densité à 0° est 0,815. La densité de sa vapeur, par rapport à l'air, est 1,589. Sa composition correspond à la formule $C^4H^6O^2$, et son équivalent $C^4H^6O^2$ est représenté par 4 volumes de vapeur.

L'alcool absolu, ou mélangé de proportions plus ou moins considérables d'eau, est fréquemment employé dans les laboratoires comme dissolvant. Il dissout en général les gaz en plus grandes proportions que l'eau. Un grand nombre de composés, très-solubles dans l'eau et déliquescents, se dissolvent dans l'alcool, même absolu : tels sont la potasse et la soude caustiques, les chlorures de calcium, de strontium, les azotates de chaux, de magnésie, etc., etc.; il dissout souvent, en proportions plus grandes que l'eau, certains composés qui ne sont pas très-solubles dans l'eau, comme le sublimé corrosif et les brômure et iodure de mercure correspondants. Enfin, il dissout un grand nombre de substances organiques insolubles dans l'eau. L'alcool est fréquemment employé dans les analyses chimiques pour séparer des substances solubles dans l'eau, mais très-inégalement solubles dans l'alcool.

L'alcool est très-combustible; il brûle à l'air avec une flamme peu brillante, mais en développant beaucoup de chaleur. La lampe à alcool rend de grands services dans les laboratoires, surtout pour les analyses, parce qu'elle permet de chauffer à une haute température les vases contenant les substances, sans que le poids de ces vases soit altéré : circonstance qui ne se présente pas toujours lorsqu'on les chauffe avec des charbons dont les cendres se combinent souvent avec la matière des vases.

Éther.

§ 229. Nous avons vu (§ 218) que lorsqu'on chauffe 1 partie d'alcool $C^4H^6O^2$ avec 5 ou 6 parties d'acide sulfurique concentré, l'alcool perd les éléments de 2 équivalents d'eau, et qu'il se dégage de l'hydrogène bicarboné C^4H^4. Si l'on chauffe 1 partie d'alcool avec 1 ½ parties d'acide sulfurique, l'alcool ne perd que les éléments de 1 éq. d'eau, et il se dégage un liquide très-volatil, l'éther, C^4H^5O.

L'éther est un liquide incolore, très-fluide, d'une odeur vive et agréable, d'une saveur âcre et brûlante. Sa densité à 0° est 0,736; il résiste aux plus basses températures sans se congeler, et bout à 35°,5.

La densité de sa vapeur par rapport à l'air est 2,586. Sa composition correspond à la formule C^4H^5O, qui représente 2 volumes de vapeur.

L'éther est très-inflammable; il brûle avec une flamme douée d'un certain éclat, et qui dépose du noir de fumée sur les corps froids que l'on y introduit. Il s'évapore rapidement à l'air, parce qu'il est très-volatil, et donne alors des mélanges détonants qui ont souvent causé de graves accidents. L'éther se dissout dans 9 parties d'eau; si l'on ajoute une plus grande quantité d'éther, la portion qui échappe à la dissolution forme une couche au-dessus du liquide aqueux. L'éther dissout également une petite quantité d'eau. L'alcool et l'éther se dissolvent mutuellement en toutes proportions.

L'éther agit vivement sur l'économie animale, il produit l'ivresse. Sa vapeur est promptement absorbée par les organes respiratoires, et détermine bientôt une espèce d'ivresse, accompagnée d'insensibilité. On a utilisé, dans ces derniers temps, cette action curieuse de la vapeur d'éther pour rendre insensibles les personnes qui doivent subir des opérations chirurgicales. Plusieurs liquides organiques volatils produisent des effets semblables; on donne aujourd'hui la préférence au *chloroforme*.

Acide acétique.

§ 230. Les liqueurs alcooliques étendues d'eau s'altèrent promptement au contact de l'air en présence de certaines substances organiques azotées; l'alcool $C^4H^6O^2$ absorbe alors de l'oxygène, et se transforme en une substance acide, l'acide acétique $C^4H^3O^3$. HO. Les vins, les boissons alcooliques en général, se transforment ainsi, au contact de l'air et des ferments, en *vinaigre*, qui doit son acidité à la présence de l'acide acétique. Le vinaigre est donc une dissolution étendue d'acide acétique qui contient, en outre, les principes non fermentescibles qui existaient dans les liqueurs alcooliques. Si l'on se propose d'en retirer de l'acide acétique pur, il faut soumettre le vinaigre à la distillation; il passe d'abord un acide très-faible, les portions suivantes contiennent plus d'acide; les dernières sont les plus riches, mais elles sont ordinairement souillées par les produits de la décomposition des matières étrangères. On sature les liqueurs les plus riches avec du carbonate de soude, et, par évaporation, on en sépare de l'acétate de soude cristallisé. On décompose cet acétate par de l'acide sulfurique, plus ou moins étendu suivant la force de l'acide acétique que l'on veut obtenir.

On prépare aujourd'hui une grande quantité d'acide acétique avec les liqueurs acides que l'on obtient par la distillation du bois. Cette distillation donne des produits très-complexes : des gaz acide carbonique, oxyde de carbone, hydrogène protocarboné, de l'eau contenant en dissolution de l'acide acétique, un liquide volatil, *l'esprit de bois*, quelques autres substances solubles, et, enfin, une portion noire, goudronneuse. La dissolution d'acide acétique impur porte, dans les arts, le nom d'*acide pyroligneux*. Pour en séparer l'acide acétique, on la sature d'abord par de la craie; on obtient une dissolution d'acétate de chaux que l'on décompose par du sulfate de soude; il se forme de l'acétate de soude et du sulfate de chaux, qui se dépose presque en entier parce qu'il est peu soluble. On évapore la dissolution à sec, et l'on chauffe le résidu d'acétate de soude jusqu'à 200 ou 250°, température qui n'altère pas l'acétate, mais qui décompose les matières empyreumatiques avec lesquelles il est mêlé. On traite ensuite, dans un vase distillatoire, 3 parties d'acétate de soude grillé, par 9,7 d'acide sulfurique; le premier tiers du liquide qui distille, composé d'acide acétique plus faible, est mis de côté; les deux autres tiers se composent d'acide très-concentré, mais ils entraînent toujours un peu d'acide sulfurique. Pour les en débarrasser, on distille le produit sur de l'acétate de soude anhydre. L'acide acétique que l'on obtient ainsi n'est pas encore à son maximum de concentration; on l'expose à une basse température, en enveloppant de glace, ou mieux, d'un mélange réfrigérant, les vases qui le contiennent; l'acide, au maximum de concentration, $C^4H^3O^3.HO$, se prend en masse cristalline, et se sépare d'un acide plus aqueux que l'on décante. On réunit les acides cristallisés, et, après les avoir fondus, on les refroidit de nouveau. On ne laisse, cette fois, congeler que la moitié du produit, et on décante la partie liquide; l'acide solide peut alors être considéré comme au maximum de concentration.

L'acide acétique au maximum de concentration ou monohydraté, $C^4H^3O^3.HO$, est solide aux basses températures; il fond à $+ 16°$. La densité de l'acide acétique monohydraté liquide à $+ 18°$ est 1,063; son odeur est vive et pénétrante; sa saveur est franchement acide, mais, à cet état de concentration, il exerce sur la peau une action vésicante et fait naître des ampoules. Il bout à 120°. La densité de sa vapeur est 2,00. L'équivalent $C^4H^3O^3 + HO$ est représenté par 4 volumes de vapeur, comme celui de l'alcool.

L'acide acétique se mêle à l'eau en toutes proportions; pour les premières quantités d'eau ajoutées, la liqueur acide prend une densité plus grande que celle de l'acide monohydraté; le maximum de densité correspond à l'acide $C^4H^3O^3 + 3HO$, il est 1,079. En ajoutant de plus grandes quantités d'eau, la densité diminue. On ne peut donc pas se servir de l'aréomètre pour déterminer la richesse des liqueurs acétiques.

Acide tartrique.

§ 251. L'acide tartrique est un des acides organiques les plus importants; il existe dans un grand nombre de fruits : le raisin, l'ananas, les mûres et plusieurs végétaux. C'est toujours du jus de raisin qu'on l'extrait dans la fabrication en grand; l'acide tartrique s'y trouve à l'état de bitartrate de potasse et de tartrate neutre de chaux; ces deux sels sont en dissolution, car le premier est notablement soluble, et le second, insoluble dans l'eau, se dissout dans une liqueur acide. Lorsque le jus de raisin est soumis à la fermentation pour être transformé en vin, le bitartrate de potasse et le tartrate de chaux se précipitent lentement, devenus insolubles dans l'eau alcoolisée, et ils forment une croûte adhérente sur les parois des tonneaux. Cette croûte, qui porte le nom de *tartre*, est rouge ou blanche, suivant la couleur du vin qui l'a fournie; elle est mêlée de beaucoup de matières étrangères. Pour purifier ce *tartre brut*, on le pulvérise, et on le fait bouillir pendant plusieurs heures avec une quantité d'eau suffisante pour le dissoudre, puis on abandonne la liqueur au refroidissement; au bout de quelques jours il s'est formé des cristaux adhérents aux parois du vase, et des boues composées principalement de matières étrangères; on sépare les cristaux, on les redissout de nouveau dans l'eau bouillante, on ajoute de l'argile et du noir animal pour décolorer, et l'on filtre la liqueur bouillante. Celle-ci donne, par refroidissement, des cristaux très-purs de bitartrate de potasse; c'est la *crème de tartre* du commerce.

Pour extraire l'acide tartrique de la crème de tartre, on la dissout dans environ 10 fois son poids d'eau bouillante, et l'on y ajoute successivement de la craie en poudre fine jusqu'à ce qu'il ne se fasse plus d'effervescence; la chaux forme, avec la moitié de l'acide tartrique, du tartrate de chaux insoluble, et l'autre moitié de l'acide tartrique reste dans la liqueur à l'état de tartrate neutre de potasse. On verse alors une dissolution de chlorure de calcium jusqu'à ce qu'il ne se forme plus de précipité; le reste de l'acide tartrique se sépare ainsi à l'état de tartrate de chaux. Les deux portions de tartrate de chaux sont réunies et décomposées par de l'acide sulfurique étendu de 3 à 4 fois son poids d'eau; pour 100 parties de crème de tartre, on prend ordinairement 52 parties d'acide sulfurique concentré. C'est un peu plus qu'il n'en faudrait rigoureusement pour décomposer le tartrate de chaux. On sépare le sulfate de chaux par filtration, et l'on évapore la liqueur acide jusqu'à consistance sirupeuse; on l'abandonne ensuite à elle-même dans un endroit un peu chaud, afin qu'elle ne devienne pas trop visqueuse. Elle donne alors de beaux cristaux que l'on purifie ordinairement par une seconde cristallisation. Cet acide se prépare en grand pour les besoins de la teinture.

Les cristaux de l'acide tartrique sont volumineux, et, le plus souvent, d'une parfaite netteté; leur densité est de 1,75. L'eau bouillante en dissout environ 2 fois son poids, et l'eau froide un peu plus que son poids; l'alcool les dissout également, quoique en moindre proportion. La composition de l'acide tartrique cristallisé correspond à la formule $C^8H^6O^{12}$, mais que l'on écrit ordinairement $C^8H^6O^{10}.2HO$. Ces deux équivalents d'eau ne peuvent être chassés par la chaleur sans que l'acide s'altère; dans les tartrates anhydres, ils sont remplacés par 2 éq. de base. La même base forme ordinairement deux sels avec l'acide tartrique; le premier, qu'on appelle *tartrate neutre*, a pour formule $2RO.C^8H^4O^{10}$; le second, *nommé bitartrate*, a pour formule $(RO + HO).C^8H^4O^{10}$.

ANALYSE ÉLÉMENTAIRE DES SUBSTANCES ORGANIQUES

§ 252. Le plus grand nombre des substances extraites du règne végétal se composent seulement de carbone, d'hydrogène et d'oxygène; mais un certain nombre d'entre elles, et la plupart des substances animales, renferment en outre de l'azote. Le carbone et l'hydrogène se déterminent conjointement dans une même expérience; l'azote est déterminé seul dans une expérience spéciale. Quant à l'oxygène, il est toujours dosé par différence, c'est-à-dire en retranchant d'un poids déterminé de la substance les quantités de carbone, d'hydrogène et d'azote que ce poids renferme d'après les analyses qui en ont été faites.

La détermination du carbone et de l'hydrogène d'une matière organique se fait en brûlant cette matière par l'oxygène contenu dans un oxyde métallique facilement réductible. L'hydrogène se change en eau, que l'on condense sur une substance avide d'humidité, telle que le chlorure de calcium ou l'acide sulfurique concentré; le carbone passe à l'état d'acide carbonique, qui se combine avec une quantité pesée de potasse caustique. L'augmentation de poids de la potasse représente le poids de l'acide carbonique formé, de même que l'augmentation de poids du chlorure de calcium ou de l'acide sulfurique donne le poids de l'eau qui s'est produite dans la combustion.

On emploie généralement l'oxyde de cuivre CuO pour opérer la combustion. Avant de le faire servir à une analyse, il faut le chauffer au rouge dans un creuset de terre, afin de détruire les poussières organiques avec lesquelles il peut être mélangé, et de chasser l'humidité qu'il a enlevée à l'air, car c'est une substance très-hygroscopique. Quand cela n'offre pas d'inconvénient, on l'emploie avant qu'il soit complétement froid, afin de ne pas lui donner le temps d'absorber une nouvelle quantité d'humidité.

§ 233. Nous supposerons d'abord que la subtance organique ne renferme que du carbone, de l'hydrogène et de l'oxygène; nous admettrons, de plus, qu'elle est solide, non volatile, et qu'elle ne se décompose pas au-dessous de 100°.

La combustion se fait dans un tube ac (*fig.* 104) en verre aussi difficilement fusible que possible, et de 15 millimètres environ de diamètre intérieur. On donne à ce tube une longueur de $\frac{1}{2}$ mètre; on l'étire, à l'une de ses extrémités, en pointe fermée c que l'on relève en l'air. L'autre extrémité a reste ouverte, mais on arrondit légèrement ses bords à la lampe, afin qu'ils ne déchirent pas le bouchon que l'on y adaptera.

Fig. 104.

On dessèche complétement ce tube, et, pour en faire sortir les poussières qui pourraient adhérer à ses parois, on y introduit une petite quantité d'oxyde de cuivre que l'on rejette après l'avoir agitée dans le tube.

La matière organique, destinée à l'analyse, ayant été préalablement réduite en poudre fine, on pèse très-exactement la portion qui doit être soumise à la combustion, et qui varie de $0^{gr},300$ à $0^{gr},500$. Le mélange de la matière organique avec l'oxyde de cuivre se fait dans un mortier que l'on a préalablement chauffé dans une étuve pour que ses parois soient bien sèches. On mélange dans ce mortier la matière organique avec une quantité d'oxyde de cuivre qui doit occuper dans le tube à combustion un longueur de 1 à 2 décimètres, et l'on introduit rapidement ce mélange dans le tube à combustion. Pour qu'il ne reste pas la moindre parcelle de matière organique dans le mortier, on y passe, à plusieurs reprises, de petites quantités d'oxyde de cuivre que l'on verse dans le tube; enfin, on achève de remplir celui-ci d'oxyde de cuivre pur.

§ 234. Le tube à combustion étant chargé, on l'enveloppe d'un ruban mince de laiton préalablement recuit, qu'on enroule en spirale comme le montre la *fig.* 105, et que l'on fixe par quelques fils de cuivre.

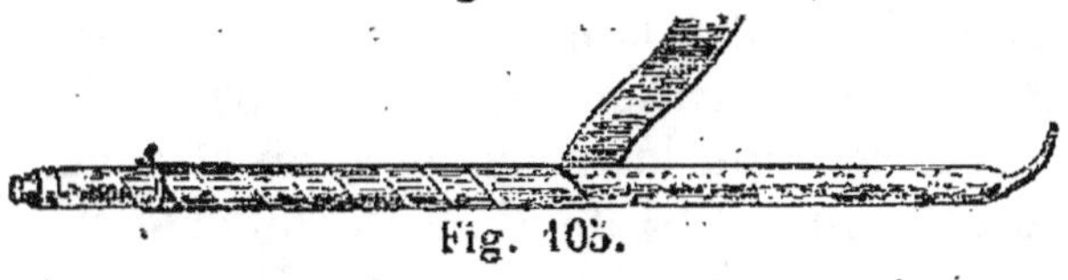

Fig. 105.

Le tube peut être alors chauffé à une

température élevée sans que l'on ait à craindre qu'il s'y forme des soufflures, le verre ramolli étant maintenu par l'enveloppe métallique.

Le tube à combustion étant placé sur un fourneau long en tôle

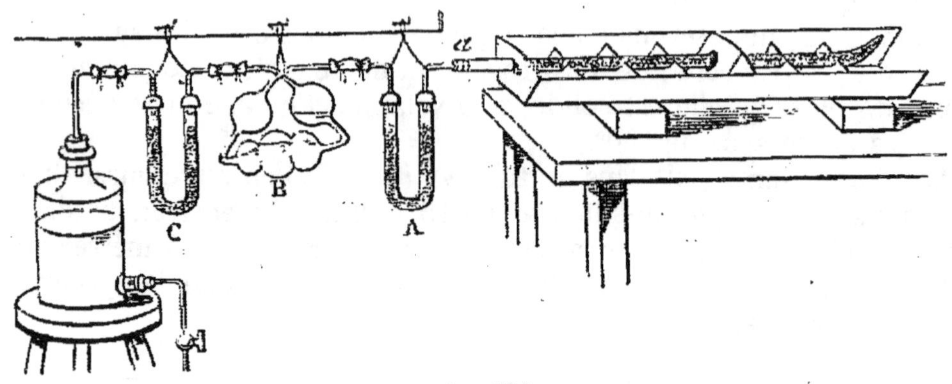

Fig. 106.

f(*fig.* 106), on y adapte, au moyen d'un bouchon bien sec, l'appareil destiné à absorber l'eau. Cet appareil consiste en un tube rempli de fragments de chlorure de calcium, disposé comme le montre la *fig.* 107 : des tampons de coton, placés en *a* et en *b*, s'opposent à ce que de peti es paracelles de chlorure puissent tomber hors du tube,

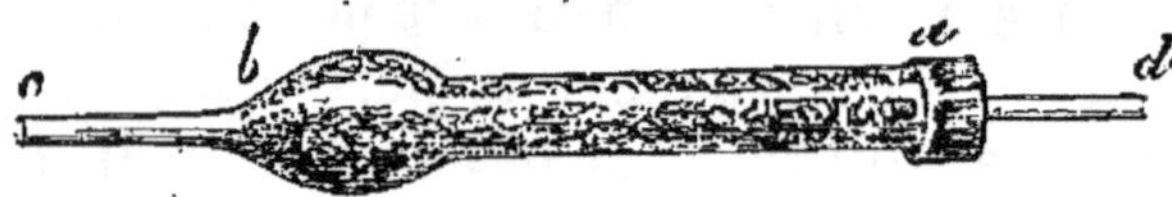

Fig. 107.

Le bouchon *a* est enveloppé de cire à cacheter, afin que son poids ne puisse pas changer par l'humidité qu'il pourrait absorber ou abandonner, s'il se trouvait au contact de l'air. On remplace quelquefois le tube à chlorure de calcium par un tube en U, rempli de pierre ponce imbibée d'acide sulfurique concentré.

L'acide carbonique formé par la combustion se condense dans une dissolution concentrée de potasse caustique, marquant environ 45° à l'aréomètre de Baumé, et qui est placée dans l'appareil à boules B (*fig.* 106) que nous avons décrit (§ 60). Cet appareil est adapté, au moyen d'un caoutchouc, à la suite du tube destiné à condenser l'eau. Comme il serait à craindre que la dissolution de potasse, malgré son état de concentration, n'abandonnât une petite quantité d'eau aux gaz très-secs qui la traversent, on attache, à la suite de l'appareil à boules B, un petit tube C en U, renfermant des fragments de potasse caustique, qui absorbe, à la fois, la vapeur d'eau et la petite quantité d'acide carbonique échappée à l'absorption dans l'appareil à boules.

Enfin, on adapte, à la suite de ces appareils, un flacon aspirateur V, qu'on maintient débouché pendant la combustion de la matière organique.

Le tube desséchant A, et l'ensemble des appareils B et C ayant été préalablement pesés très-exactement, l'augmentation de poids qu'ils subissent pendant l'expérience donne d'un côté l'eau, et de l'autre l'acide carbonique, formés par la combustion.

§ 235. Quand la disposition de l'appareil est terminée, on enveloppe de charbons incandescents la partie antérieure aF du tube à combustion, qui ne renferme que de l'oxyde de cuivre pur; et, afin que la chaleur ne se communique pas, par rayonnement, jusqu'aux parties du tube qui renferment le mélange d'oxyde et de matière organique, on interpose un écran double F, découpé dans une feuille de tôle. Lorsque la partie antérieure du tube est chauffée au rouge, on avance progressivement les charbons vers la partie qui renferme le mélange d'oxyde de cuivre et de matière organique; on se guide pour cela sur le dégagement gazeux, qui ne doit jamais être assez rapide pour qu'on ne puisse pas compter les bulles qui traversent l'appareil à boules. On continue ainsi jusqu'à ce que le tube soit entièrement entouré de charbons. La combustion est alors terminée, le dégagement des gaz s'arrête, et bientôt la potasse remonte dans la boule qui communique avec le tube desséchant, par suite de l'absorption de l'acide carbonique contenu dans cette boule. On enlève alors les charbons qui entourent l'extrémité c du tube à combustion, et, lorsque celle-ci s'est convenablement refroidie, on casse la pointe avec une pince. Le gaz étant raréfié dans l'appareil, l'air extérieur y pénètre par la pointe ouverte, et rétablit l'équilibre. On adapte alors sur cette pointe un tube S (*fig.* 108), rempli de fragments de potasse caustique, et muni d'un tube de caoutchouc qu'il suffit de presser contre le tube à combustion pour que la fermeture soit suffisamment hermétique; on adapte le bouchon sur le flacon aspirateur, et, ouvrant le robinet r, on fait couler lentement l'eau de ce flacon. L'air atmosphérique, débarrassé d'humidité et d'acide carbonique par son trajet à travers le tube S, traverse

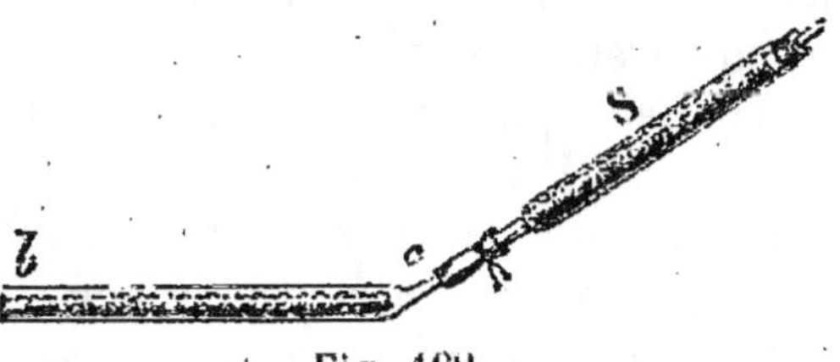

Fig. 108.

lentement l'appareil, enlève les petites quantités de vapeur d'eau et d'acide carbonique qui y restaient encore, et les amène dans les appareils A, B, C, où elles se condensent.

Lorsqu'on a fait couler environ 1 litre d'eau, on détache les appareils, on les pèse, et l'on obtient très-exactement l'acide carbonique et l'eau qui se sont formés dans la combustion : on en déduit, par le calcul, la quantité de carbone et d'hydrogène contenus dans la substance organique. Comme nous avons supposé que celle-ci ne renfermait que du carbone, de l'hydrogène et de l'oxygène, on aura l'oxygène par différence, c'est-à-dire en retranchant du poids de la substance soumise à l'analyse l'ensemble de l'hydrogène et du carbone.

§ 236. Si la substance à analyser est liquide et non volatile, on la pèse dans un petit tube fermé par un bout, et que l'on introduit dans le tube à combustion, après y avoir versé une colonne d'oxyde de cuivre de 4 à 5 centimètres de hauteur. On incline ensuite le tube de façon à étaler le liquide sur une certaine étendue des parois, et on le remplit complétement d'oxyde de cuivre.

§ 257. Les substances liquides volatiles sont pesées dans des ampoules (*fig.* 109) fermées à la lampe. Il est essentiel de ne pas mettre les ampoules en contact avec l'oxyde de cuivre chaud, après qu'elles ont été ouvertes, parce qu'il se produirait infailliblement des vapeurs qui rendraient l'analyse inexacte. On se sert alors de deux tubes, à peu près de même capacité. On remplit l'un d'oxyde de

Fig. 109.

cuivre récemment calciné et encore chaud; on le bouche, et on le laisse refroidir complétement. Dans le second tube qui doit servir à la combustion, on introduit une colonne de 4 ou 5 centimètres d'oxyde de cuivre, puis les ampoules dont on a brisé une des pointes; enfin, on achève de remplir ce second tube avec l'oxyde de cuivre qu'on a laissé refroidir dans le premier, et qui n'a pas pu absorber d'humidité. Il est convenable de se servir, pour ces analyses, d'oxyde de cuivre grossier, mélangé de tournure grillée, parce que cet oxyde, même lorsqu'il remplit complétement la section du tube, reste assez poreux pour offrir un dégagement facile aux gaz et aux vapeurs. On dispose les appareils absorbants comme à l'ordinaire, mais en opérant aussi rapidement que possible, afin que les vapeurs de la substance volatile n'aient pas le temps de parvenir jusqu'à la partie antérieure du tube à combustion. On chauffe au rouge cette partie antérieure, en protégeant par plusieurs écrans la partie qui renferme les ampoules. Lorsque l'oxyde de cuivre est rouge sur une longueur de plusieurs décimètres, on approche avec précaution quelques charbons de la partie qui contient les ampoules, et l'on y détermine une distillation de la matière, qu'on règle en approchant ou en éloignant les charbons. Les vapeurs se brûlent en traversant l'oxyde de cuivre. Lorsque la combustion s'arrête, on achève d'envelopper le tube de charbons incandescents et on le chauffe sur toute sa longueur. On termine ensuite l'expérience comme à l'ordinaire.

§ 238. Il arrive souvent que les substances organiques sont difficiles à brûler d'une manière complète, soit parce qu'elles ne peuvent pas être mélangées intimement avec l'oxyde de cuivre, soit parce que, en se décomposant par la chaleur, elles laissent un charbon d'une combustion difficile. Dans ce cas, à la fin de la combustion, au lieu de faire passer par le tube un courant d'air déterminé par l'aspiration du flacon V, on met la pointe brisée *c* du tube à combustion en communication avec un appareil qui dégage du gaz oxygène. La combustion devient complète au milieu de l'oxygène pur, et ce gaz en excès chasse les produits gazeux de la combustion dans les appareils destinés à les absorber.

§ 239. Lorsque la substance organique renferme, à la fois, du carbone, de l'hydrogène, de l'oxygène et de l'azote, le dosage du carbone et de l'hydrogène exige quelques précautions particulières. Une partie de l'azote devient libre, dans la combustion de la substance par l'oxyde de cuivre, et ne trouble pas les résultats de l'analyse; mais une autre partie se change en deutoxyde qui, au contact de l'oxygène de l'air, se change en gaz nitreux. Les vapeurs nitreuses se condensent en partie dans le tube qui absorbe l'eau, en partie dans la potasse, et rendent l'analyse inexacte. On évite cet inconvénient en plaçant, vers l'orifice du tube à combustion, une colonne de cuivre métallique de 2 décimètres de longueur. Les gaz provenant de la combustion traversent ce cuivre incandescent avant de se rendre dans les tubes absorbants, les oxydes d'azote sont décomposés en abandonnant de l'azote libre; l'acide carbonique et l'eau ne subissent pas d'altération. Le cuivre métallique, qui sert à décomposer l'oxyde d'azote, s'obtient en grillant la tournure de cuivre au contact de l'air, de manière à oxyder sa surface, puis réduisant de nouveau cette surface à l'état métallique, en chauffant la tournure grillée dans un tube de verre au milieu d'un courant d'hydrogène. La surface du métal reste ainsi très-poreuse, et elle exerce une action réduisante beaucoup plus énergique que si elle était unie et brillante.

§ 240. L'azote contenu dans les substances organiques se détermine par deux procédés différents. Dans l'un, on brûle la substance par l'oxyde de cuivre dans un tube complétement privé d'air; les produits de la combustion sont de l'eau, de l'acide carbonique et de l'azote; on isole ce dernier gaz en absorbant l'acide carbonique par la potasse. Dans le second procédé, on chauffe la substance organique avec un mélange de potasse et de chaux hydratées, l'azote se change dans ce cas en ammoniaque, que l'on recueille dans une liqueur acide; on détermine la quantité de sel ammoniacal formé, et l'on en déduit la quantité d'azote qui lui a donné naissance.

§ 241. Dans le premier procédé, on se sert d'un tube à combustion af (*fig.* 110) bouché à l'une de ses extrémités, et de $0^m,8$ environ de longueur. On place, au fond de ce tube, 20 grammes environ de bicarbonate de soude, ab; par-dessus

Fig. 110.

une colonne bc d'oxyde de cuivre pur de 5 à 6 centimètres de longueur; puis, le mélange cd de la substance organique avec l'oxyde de cuivre; enfin une longueur de de $0^m,2$ d'oxyde de cuivre pur. Sur le tout on met une colonne ef de $0^m,2$ de cuivre métallique, préparé avec de la tournure de cuivre que l'on a grillée d'abord au contact de l'air pour oxyder sa surface, et que l'on a réduite ensuite dans un courant d'hydrogène. Le tube étant disposé sur un fourneau long en tôle (*fig.* 111), on adapte à son orifice, au moyen d'un bouchon,

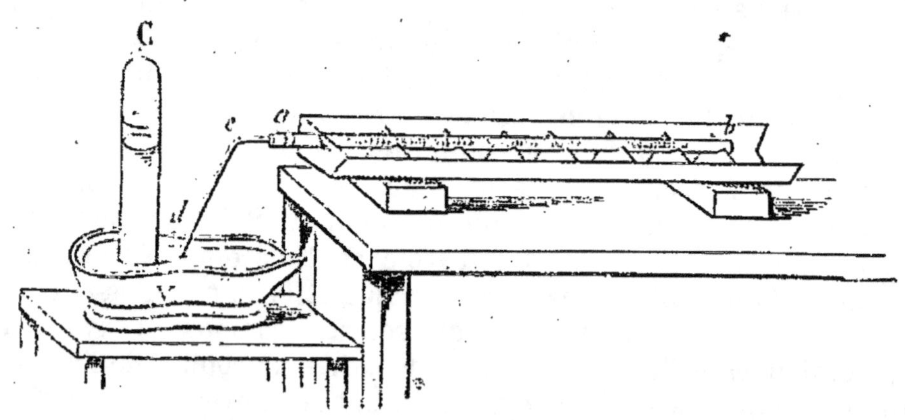

Fig. 111.

un tube de verre que l'on fait plonger dans la petite cuve à mercure V. Il faut d'abord enlever complétement l'air de l'appareil. A cet effet, on approche quelques charbons de l'extrémité du tube qui renferme le bicarbonate de soude; il se dégage de l'acide carbonique qui chasse l'air du tube. Lorsque ce gaz commence à se dégager sous le mercure, on enveloppe de charbons incandescents la partie antérieure du tube qui renferme le cuivre métallique, et une longueur de quelques centimètres d'oxyde de cuivre pur, puis on s'assure si le gaz qui se dégage est formé d'acide carbonique pur. Il suffit, pour cela, de recueillir ce gaz dans une petite cloche pleine de mercure, au haut de laquelle on a placé une dissolution de potasse; si le gaz est formé d'acide carbonique pur, ses bulles s'y dissolvent complétement. Lorsque ce résultat est atteint, on retire les charbons qui produisaient la décomposition du bicarbonate de soude, et l'on place, au-dessus de l'orifice du tube de dégagement *cd*, une grande cloche C, pleine de mercure, au haut de laquelle on a fait passer 50 à 60 centimètres cubes de dissolution concentrée de potasse. On approche progressivement des charbons de la partie du tube qui renferme la matière organique, en conduisant l'opération comme pour le dosage du carbone et de l'hydrogène (§ 235). Il se forme de l'acide carbonique, de la vapeur d'eau, de l'azote et des oxydes d'azote. Mais les oxydes d'azote sont ramenés à l'état d'azote libre, en traversant la portion du tube qui renferme le cuivre métallique, de sorte qu'il n'arrive dans la cloche qu'un mélange d'acide carbonique et d'azote; l'acide carbonique se dissout dans la potasse, et l'azote reste libre. Lorsque la combustion est terminée, on enveloppe de charbons la colonne d'oxyde de cuivre pur qui sépare le carbonate de soude du mélange primitif d'oxyde et de matière organique; enfin, en chauffant de nouveau le bicarbonate, on obtient un nouveau dégagement d'acide carbonique, qui chasse complétement les gaz provenant de la combustion, et les fait passer dans la cloche C.

Il ne reste plus qu'à mesurer exactement le gaz azote recueilli. A cet effet, on transporte la cloche sur une grande terrine pleine d'eau; en débouchant son orifice, le mercure qu'elle contient tombe au fond de la terrine, et l'eau le remplace. On transvase le gaz dans une cloche d'un diamètre plus petit et divisé en centimètres cubes, que l'on maintient dans une direction verticale à l'aide d'un support, et l'on amène l'eau de l'intérieur de la cloche au même niveau que l'eau extérieure. Lorsque le gaz s'est mis en équilibre de température, on note son volume.

Au lieu de chasser, avant et après la combustion, les gaz qui remplissent le tube *ab* par un courant de gaz acide carbonique que l'on obtient en décomposant par la chaleur le bicarbonate de soude placé au fond de ce tube, il est préférable de produire l'acide carbonique, dans un appareil séparé, par la réaction de l'acide chlorhydrique sur le carbonate de chaux (§ 186). On prend pour cela un flacon à trois tubulures; dans la tubulure centrale on engage un tube à entonnoir qui sert à verser l'acide chlorhydrique; à l'une des tubulures latérales on adapte un tube de dégagement qui plonge dans une éprouvette à pied remplie de mercure; et, à la troisième tubulure, un tube muni d'un robinet que l'on met en communication, à l'aide d'un caoutchouc, avec l'extrémité *b* du tube à combustion, que l'on a effilée à cet effet. Lorsque ce robinet est fermé, le gaz qui se produit dans le flacon s'échappe à travers le mercure de l'éprouvette; mais, quand on ouvre le robinet, le gaz traverse le tube à combustion, qui lui présente une résistance moindre. Il est plus facile ainsi de régler le courant de gaz acide carbonique à volonté.

§ 242. Dans le second procédé, on opère la décomposition de la matière azotée, en la chauffant avec un mélange de chaux et de soude caustique hydratée. Pour faire ce mélange, on éteint de la chaux vive dans une dissolution de soude caustique renfermant une quantité de soude à peu près égale à la moitié de celle de la chaux employée; on broie la matière, on la dessèche et on la calcine dans un creuset de terre. La matière calcinée est pulvérisée de nouveau et conservée dans un flacon bouché. Nous lui donnerons, pour abréger, le nom de *chaux sodique.*

Une quantité exactement pesée de la substance organique est mêlée avec une certaine quantité de chaux sodique, et introduite au fond d'un tube de verre *abc* (*fig.* 112), semblable aux tubes employés pour la combustion des matières organiques par l'oxyde de cuivre; on achève de remplir le tube de chaux sodique pure. On adapte à l'orifice de ce tube l'appareil à boules A contenant de l'acide chlorhydrique concentré. On entoure le tube, successivement, de charbons allumés, en

Fig. 112.

opérant comme dans les combustions ordinaires des substances organiques; l'ammoniaque qui se produit se dissout dans l'acide chlorhydrique. Lorsque la décomposition est achevée, on casse la pointe du tube à combustion, et, en aspirant par le tube *e* de l'appareil à boules, on fait passer dans l'acide chlorhydrique l'ammoniaque qui reste encore dans le tube. On détache ensuite l'appareil A, on verse l'acide qu'il contient dans une capsule de porcelaine, et on lave plusieurs fois l'appareil à boules avec un mélange de 2 parties d'alcool et de 1 partie d'éther que l'on verse dans la capsule. On ajoute dans cette capsule un excès de bichlorure de platine; il se précipite du chlorure double de platine et d'ammoniaque. On évapore la liqueur à siccité, on reprend par un mélange d'alcool et d'éther, qui dissout l'excès de bichlorure de platine et laisse le chlorure double de platine et d'ammoniaque. On recueille ce précipité sur un petit filtre taré, on le lave avec un mélange d'alcool et d'éther, et on le pèse après dessiccation. Un gramme de chlorure double de platine et d'ammoniaque contient $0^{gr},06549$ d'azote.

§ 243. Les expériences que nous venons de décrire donnent les poids de l'hydrogène, du carbone et de l'azote contenus dans un poids déterminé de la substance organique; la différence entre ce dernier poids et la somme des poids de l'hydrogène, du carbone et de l'azote, donne le poids de l'oxygène.

DEUXIÈME PARTIE

DES MÉTAUX

§ 244. Nous avons vu (§ 55) que les métaux étaient des corps simples, bons conducteurs de la chaleur et de l'électricité, doués d'un éclat particulier qu'on appelle *éclat métallique*. Les métaux diffèrent beaucoup les uns des autres par leurs propriétés physiques et chimiques, et se prêtent, pour cette raison, aux applications les plus variées.

Certains métaux jouissent d'une grande malléabilité et de beaucoup de ténacité; ce sont les seuls qui soient employés à l'état isolé; les autres ne sont utilisés que par leurs combinaisons.

Quelques métaux ont pour l'oxygène une faible affinité; ils ne s'altèrent pas promptement au contact de l'air atmosphérique à la température ordinaire, et ils s'y conservent presque indéfiniment, si l'air n'est pas saturé d'humidité. D'autres, au contraire, se combinent promptement, même à froid, avec l'oxygène de l'air, et se changent bientôt en oxydes. Il est clair qu'aucun de ces derniers ne peut recevoir, à l'état métallique, d'application usuelle.

Ainsi, sous le rapport de leurs applications, nous pouvons diviser les métaux en deux grandes classes :

Première classe. — Métaux qui, à cause de leur grande affinité pour l'oxygène, s'altèrent promptement à l'air, et ne peuvent pas être employés dans les arts à l'état métallique; ce sont :

Le potassium,	Le thorium,
Le sodium,	L'yttrium,
Le lithium,	Le cérium,
Le baryum,	Le lantane,
Le strontium,	Le didyme,
Le calcium,	L'erbium,
Le magnésium,	Le terbium.
Le zirconium,	

Ces métaux sont employés dans les arts à l'état de combinaisons avec les métalloïdes, lorsque toutefois ils sont abondants dans la nature, et que leur extraction des matières naturelles qui les renferment n'est pas trop coûteuse. Nous verrons, en effet, que le potassium, le sodium, le baryum, le calcium et le magnésium fournissent une foule de produits très-importants par leurs usages. Les autres métaux compris dans la liste précédente n'ont reçu jusqu'ici aucune application utile, et ne présentent qu'un intérêt purement scientifique.

Deuxième classe. — Métaux dont l'affinité pour l'oxygène est assez faible pour qu'ils soient peu altérables dans notre atmosphère à la température ordinaire. Ce sont :

Le manganèse,	Le mercure,
Le fer,	L'étain,
Le cobalt,	Le titane,
Le nickel,	Le tantale ou colombium,
Le chrôme,	Le pélopium,
Le tungstène,	L'antimoine,
Le molybdène,	L'uranium,
Le vanadium,	L'argent,
L'aluminium,	L'or,
Le glucinium,	Le platine,
Le zinc,	Le palladium,
Le cadmium,	Le rhodium,
Le cuivre,	L'iridium,
Le plomb,	Le ruthénium,
Le bismuth,	L'osmium.

Les métaux qui forment cette seconde classe sont nombreux; mais pour qu'ils puissent recevoir une application réelle dans les arts, il faut qu'ils satisfassent à plusieurs conditions qui en restreignent singulièrement le nombre. Ainsi deux conditions essentielles sont une certaine malléabilité et une certaine ténacité, sans lesquelles il est impossible de les travailler et de leur donner les formes convenables. Ces propriétés doivent même être assez développées pour que le travail du métal ne soit pas trop dispendieux. Il faut, en outre, que les matières naturelles desquelles on extrait le métal ne soient pas rares, ni trop difficiles à traiter; autrement le métal acquiert une grande valeur commerciale, et il n'est plus employé qu'à des usages exceptionnels pour lesquels il ne peut être remplacé par aucun autre métal moins cher. Le fer, le manganèse, le nickel et le cobalt présentent, à l'état métallique, des propriétés à peu près semblables; mais le fer est beaucoup plus abondant dans la nature, plus facile à extraire de ses minerais, et il est naturellement préféré aux trois autres, lorsqu'il peut servir aux mêmes usages. Le manganèse est plus oxydable que le fer, il s'altère beaucoup plus rapidement à l'air; c'est donc encore une raison pour lui préférer le fer. Le nickel et le cobalt sont, au contraire, moins oxydables; ils possèdent une ductilité et une ténacité comparables à celles du fer, et ils remplaceraient certainement ce dernier dans un grand nombre de ses applications, s'ils pouvaient être obtenus à des prix moins élevés.

Les métaux cassants ne sont pas employés à l'état métallique. Souvent on les combine avec des métaux malléables, et on obtient ainsi des alliages qui présentent des propriétés physiques particulières.

Les métaux qui jouissent d'une malléabilité assez grande pour pouvoir être employés à l'état métallique, sont :

Le manganèse,	Le plomb,
Le fer,	L'étain,
Le cobalt,	L'argent,
Le nickel,	L'or,
Le zinc,	Le platine,
L'aluminium,	Le palladium,
Le cadmium,	L'iridium.
Le cuivre,	

Mais, parmi ces métaux, il y en a plusieurs qui n'ont pas reçu d'application industrielle, parce que leurs minerais sont rares et d'un traitement difficile, ou qu'ils ne présentent que des propriétés semblables à celles d'autres métaux obtenus plus facilement et à moins de frais.

§ 245. *État des métaux uans la nature.* — Les métaux existent dans la nature sous divers états. Quelques-uns se rencontrent isolés, ou, comme on dit, à l'*état natif*. Tous ceux qui, ayant une très-faible affinité pour l'oxygène, ne s'altèrent pas sous l'influence des agents atmosphériques, sont dans ce cas. Tels sont : l'or, le platine, le rhodium, l'iridium, le palladium, l'argent, le mercure, le bismuth. Beaucoup d'autres se rencontrent en combinaison avec l'oxygène, le soufre ou l'arsenic. Ce sont le manganèse, le fer, le cobalt, le nickel, le chrôme, le tungstène, le molybdène, le vanadium, le zinc, le cadmium, le cuivre, le plomb, le bismuth, le mercure, l'étain, le titane, l'antimoine, l'uranium, l'argent. Quelques-uns de ces derniers se rencontrent à l'état de sels insolubles, principalement à l'état de carbonates et de silicates. Les métaux de la première classe, qui, on se le rappelle, ont une grande affinité pour l'oxygène, se trouvent à l'état de sels, surtout à l'état de sels insolubles, silicates ou carbonates; quelquefois, cependant, on les rencontre à l'état de sels solubles, dissous dans les eaux de la mer ou dans celles des sources salées.

§ 246. Avant de commencer l'étude de chaque métal en particulier, nous allons définir succinctement les propriétés générales physiques et chimiques des métaux et celles de leurs principales combinaisons. Cela nous permettra d'aller plus vite, lorsque nous ferons l'histoire spéciale de chaque métal.

Propriétés physiques des métaux.

§ 247. Les propriétés physiques des métaux qu'il nous importe d'étudier sont : leur opacité, leur éclat, leur couleur, leur cristallisation, leur malléabilité et ductilité, et leur ténacité.

§ 248. *Opacité.* — Les métaux présentent une opacité très-grande, car ils ne laissent pas passer de lumière, même lorsqu'ils sont réduits en feuilles d'une épaisseur extrêmement petite. Cependant l'or, à l'état de feuilles très-minces, telles que celles que produit le batteur d'or, laisse traverser une quantité notable de lumière d'une belle couleur verte. Les propriétés physiques particulières de cette lumière démontrent qu'elle a réellement subi une transmission à travers le métal, et qu'elle n'a pas passé simplement par les petites fentes que le battage a produites dans la feuille.

§ 249. *Éclat.* — Les métaux agrégés par la percussion ou par la fusion présentent un éclat particulier qu'il est difficile de définir, mais que tout le monde connaît. Lorsqu'ils sont réduits en poudre très-fine, ou à l'état de précipités chimiques, cet éclat disparaît; mais il reparaît immédiatement, lorsqu'on frotte la matière pulvérulente avec un brunissoir, c'est-à-dire avec un corps dur et bien poli.

§ 250. *Couleur des métaux.* — La plupart des métaux ont une couleur grise plus ou moins foncée lorsqu'ils sont pulvérulents; ils deviennent plus blancs quand ils sont agrégés et polis. Quelques métaux, cependant, ont des couleurs bien prononcées : ainsi le cuivre est rouge, l'or est jaune, le baryum et le strontium ont des nuances jaunes très-prononcées. Les alliages formés par les métaux blancs ou gris sont eux-mêmes blancs ou gris. Ceux dans lesquels entre un métal coloré prennent une teinte approchant de celle de ce métal, lorsqu'il y entre en proportions considérables. Ainsi l'alliage formé de $\frac{2}{3}$ de cuivre et de $\frac{1}{3}$ de zinc, le laiton, a une belle couleur jaune; l'alliage de 90 de cuivre et 10 d'étain, le bronze, a également une couleur jaune. Le métal des miroirs de télescope, formé de 67 de cuivre et 35 d'étain, est sensiblement blanc.

§ 251. *Cristallisation des métaux.* — Tous les métaux sont susceptibles de cristalliser, mais il n'est pas toujours facile de les placer dans des conditions où ils prennent des formes régulières. Les métaux qui se rencontrent dans la nature, à l'état natif, sont souvent très-bien cristallisés ; on trouve fréquemment sous cette forme l'or, l'argent, le cuivre.

La structure cristalline des métaux influe beaucoup sur leur ténacité ; ceux dans lesquels elle est très-prononcée n'ont ordinairement qu'une ténacité très-faible et sont le plus souvent cassants.

Presque tous les métaux qui se sont refroidis lentement après leur fusion présentent, à l'intérieur ou à leur surface, des indices de cristallisation : mais leur texture se modifie beaucoup par le travail auquel on les soumet. Lorsqu'on les bat au marteau ou qu'on les lamine, on fait prendre aux molécules des positions forcées, et on fait varier leurs propriétés physiques d'une manière notable et souvent avec avantage pour leurs applications techniques.

La forme cristalline la plus ordinaire des métaux est l'octaèdre régulier ou le cube ; cependant l'antimoine et le bismuth cristallisent en rhomboèdres.

§ 252. *Malléabilité et ductilité.* — Lorsqu'on soumet les métaux au choc du marteau, on reconnaît que les uns s'aplatissent en lames, et que les autres se réduisent en fragments : les premiers sont appelés *métaux malléables*; les seconds, *métaux cassants.*

On réduit les métaux en lames, soit par le battage au marteau, soit en les faisant passer au *laminoir.*

Le laminoir consiste en deux cylindres métalliques, placés horizontalement et superposés. On fait tourner ces cylindres avec des vitesses égales et dans les sens indiqués par les flèches de la figure 113. Les cylindres peuvent être placés à des distances différentes l'un de l'autre ; mais, une fois réglés, ils conservent un écartement constant. On leur donne un écartement moindre que l'épaisseur de la plaque métallique que l'on veut étirer. On présente alors cette plaque aux cylindres, dans leur intervalle, après l'avoir amincie sur un de ses bords, afin qu'elle puisse s'introduire d'une petite quantité entre les deux cylindres. La plaque engagée entre les

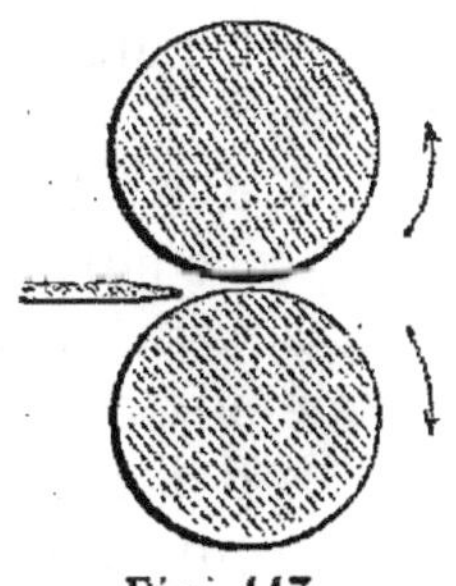

Fig. 113.

cylindres est obligée de suivre leur mouvement, et de s'étendre de manière à ne conserver que l'épaisseur égale à leur écartement. On la repasse ensuite de nouveau entre les cylindres, que l'on a rapprochés davantage, et l'on obtient ainsi des feuilles de plus en plus minces.

Quelques métaux peuvent être étirés à froid, d'autres ont besoin d'être portés à une température élevée.

Pendant cet aplatissement forcé de la lame, le métal éprouve un changement notable dans sa disposition moléculaire, changement qui altère souvent beaucoup ses propriétés physiques, et surtout sa malléabilité : il devient plus dur et plus cassant, et, si l'on voulait continuer le laminage, les feuilles se gerceraient ou se déchireraient infailliblement. On dit alors que le métal s'est *écroui*. On lui rend sa ductilité primitive, en le chauffant au rouge et le laissant ensuite refroidir lentement; cette opération s'appelle *recuire* le métal. Les molécules reprennent sous l'influence de la chaleur leurs positions respectives normales, et on peut ensuite faire passer de nouveau les lames sous le laminoir.

La malléabilité n'a pu être constatée que sur les métaux que l'on a obtenus agrégés et à l'état de pureté; car la présence de certaines matières étrangères, même en quantité très-petite, altère considérablement leur malléabilité.

Les métaux dont la malléabilité et la ductilité ont été bien constatées sont les suivants :

Argent,	Nickel,
Cadmium,	Or,
Cobalt,	Palladium,
Cuivre,	Platine,
Étain,	Plomb,
Fer,	Potassium,
Aluminium,	Sodium,
Mercure,	Zinc.

L'or et l'argent présentent une très-grande malléabilité : on peut s'en convaincre par les feuilles excessivement minces qu'obtient le batteur d'or. La minceur de ces feuilles est telle, qu'il en faudrait superposer plus de dix mille pour former l'épaisseur d'un millimètre.

Certains métaux peuvent être obtenus sous la forme de fils très-fins. Les métaux malléables sont les seuls qui présentent cette propriété, mais ils doivent posséder, en outre, une certaine *ténacité*, afin de ne pas se rompre sous l'effort de la traction qu'il faut exercer pour les étirer en fils.

La filière consiste en une plaque d'acier dans laquelle sont pratiqués des trous circulaires de diamètres de plus en plus petits. Les bords de ces trous sont aiguisés. On donne à la tige métallique que l'on veut étirer un diamètre un peu plus grand que le trou le plus large, le trou n° 1 de la filière. L'une de ses extrémités est effilée en pointe de manière à passer par ce trou n° 1; on saisit cette extrémité avec une pince, et, en tirant avec force, on fait passer la tige tout entière à travers le trou. La tige sort nécessairement allongée et amincie : on la fait passer successivement à travers les trous n°ˢ 2, 3, 4, qui ont des diamètres de plus en plus petits.

Les métaux s'écrouissent pendant cette opération, comme dans le laminage, et on est obligé de temps en temps de les recuire pour leur rendre leur ductilité primitive.

Les métaux très-purs et certains alliages peuvent être ainsi étirés en fils très-fins. On ne peut cependant pas obtenir des fils d'une finesse extrême : il arrive un moment où ils ne présentent plus assez de ténacité et se rompent sous l'effort qu'on est obligé de leur appliquer pour les faire passer à la filière.

§ 253. *Ténacité.* — La ténacité des métaux est la propriété qu'ils possèdent de résister à des efforts assez considérables sans se rompre; elle varie beaucoup suivant les métaux. Pour apprécier la ténacité, on prépare avec les différents métaux des fils ayant exactement le même diamètre, c'est-à-dire ayant passé finalement par le même trou de la filière. On suspend des longueurs égales de ces fils à un point fixe, et on attache à l'autre extrémité un plateau que l'on charge successivement de poids de plus en plus forts. On peut alors déterminer exactement le plus faible poids qui opère la rupture. Il est clair que l'on pourra regarder ce poids comme mesurant leur résistance à la rupture, ou leur *ténacité.*

On trouve ainsi que les métaux ont des ténacités très-différentes. Le tableau suivant donne les poids les plus faibles qui ont déterminé la rupture de fils de 2 millimètres de diamètre. Ce tableau ne renferme que des métaux malléables; ils sont rangés dans l'ordre de leurs ténacités décroissantes :

Fer.	250 kil.	Or.	68 kil.
Cuivre.	137	Zinc.	50
Platine.	125	Étain.	16
Argent.	85	Plomb.	12

La ténacité des métaux est une des propriétés qui influent le plus sur leurs applications techniques; elle varie souvent beaucoup dans le même métal, suivant sa pureté et suivant la manière dont il a été travaillé. Aussi trouve-t-on des valeurs très-différentes pour la ténacité d'un même métal, lorsqu'on expérimente sur des fils de même diamètre, mais de qualités différentes.

Propriétés chimiques des métaux.

§ 254. Nous allons donner ici quelques notions sur la manière dont les métaux se comportent avec les métalloïdes, et sur les propriétés générales des combinaisons qu'ils forment avec ces corps.

Action de l'oxygène sur les métaux.

§ 255. Tous les métaux ont été obtenus combinés avec l'oxygène, mais leurs affinités pour ce corps sont très-différentes. Les uns, tels que le potassium et le sodium, se combinent directemment avec l'oxygène, même aux températures les plus basses; les autres, tels que l'or et le platine, ont une affinité pour l'oxygène tellement faible, qu'ils ne se combinent directement avec ce corps dans aucune circonstance et qu'on n'obtient leurs oxydes que par des moyens détournés. Les premiers retiennent l'oxygène aux plus hautes températures, tandis que les seconds l'abandonnent facilement quand on chauffe leurs oxydes.

L'affinité des métaux pour l'oxygène peut être appréciée par plusieurs moyens :

1° Par la manière dont ils se comportent avec l'oxygène gazeux, aux diverses températures;

2° Par la facilité plus ou moins grande avec laquelle on ramène leurs oxydes à l'état métallique;

3° Par l'action décomposante qu'ils exercent sur un même oxyde dans diverses circonstances. L'eau est l'oxyde sur lequel on les fait agir ordinairement. Certains métaux décomposent l'eau, même à la température de 0°; d'autres ne la décomposent d'une manière notable qu'à des températures supérieures à 50° ou 60°; quelques-uns exigent pour cela une température de 100°; d'autres ne réagissent sur la vapeur d'eau qu'à la chaleur rouge, ou même à des températures encore plus élevées; il en est, enfin, qui ne décomposent l'eau à aucune température réalisable dans les fourneaux de nos laboratoires. La facilité plus ou moins grande avec laquelle un métal décompose l'eau dépend d'ailleurs beaucoup de son état d'agrégation.

4° Par l'action décomposante que les métaux exercent sur l'eau en présence des acides énergiques. Un grand nombre de métaux décomposent l'eau, à froid, en présence de l'acide sulfurique : d'autres, au contraire, ne la décomposent pas dans cette circonstance, même quand on élève la température. Cette propriété ne dépend pas seulement de l'affinité, plus ou moins puissante, que les métaux possèdent pour l'oxygène; elle dépend surtout de l'affinité basique de l'oxyde métallique pour l'acide (§ 69).

§ 256. On a divisé les métaux, sous ce point de vue, en six sections.

Première section. — Métaux qui ont la propriété d'absorber l'oxygène à toutes les températures, même aux plus élevées, et de décomposer l'eau, même aux températures les plus basses, en produisant un dégagement abondant de gaz hydrogène. Ce sont :

Le potassium,	Le baryum,
Le sodium,	Le strontium,
Le lithium,	Le calcium.

Les trois premiers métaux sont appelés *métaux alcalins;* les trois derniers, *métaux alcalino-terreux.*

Deuxième section. — Métaux qui absorbent l'oxygène à la température la plus élevée, et dont les oxydes sont indécomposables par la chaleur seule; ces métaux ne décomposent plus sensiblement l'eau aux températures très-basses, mais facilement au-dessus de 50°. Ce sont :

Le magnésium,	Le manganèse,

auxquels il faut joindre, probablement, les métaux suivants, dont l'action décomposante sur l'eau n'a pas encore été étudiée avec assez de soin :

Le zirconium,	Le lantane,
L'yttrium,	Le didyme,
Le thorium,	L'erbium,
Le cérium,	Le terbium.

Troisième section. — Métaux absorbant l'oxygène à la chaleur rouge, dont les oxydes sont indécomposables par la chaleur seule, et qui ne décomposent l'eau qu'à des températures supérieures à 100°, mais inférieures à la chaleur rouge. Ces métaux décomposent l'eau à froid en présence des acides énergiques. Ce sont :

Le fer,	Le glucinium,
Le nickel,	Le vanadium,
Le cobalt,	Le zinc,
Le chrôme,	Le cadmium,
L'aluminium,	L'uranium.

La température à laquelle ces métaux se combinent avec l'oxygène gazeux et celle à laquelle ils décomposent l'eau dépendent beaucoup de leur état de division. Le fer agrégé, même à l'état de limaille, ne se combine avec l'oxygène sec que si on le chauffe au rouge sombre; tandis que le même métal très-divisé, que l'on obtient en réduisant les oxydes de fer par le gaz hydrogène à la plus basse température possible, prend feu quand on le projette dans l'air, et s'oxyde, par conséquent, à la température ordinaire. Le fer agrégé ne décompose la vapeur d'eau qu'à la chaleur rouge; tandis que le fer pulvérulent la décompose à une température de 200° environ.

Quatrième section. — Métaux absorbant l'oxygène à la chaleur rouge et dont les oxydes sont indécomposables par la chaleur seule. Ces métaux décomposent la vapeur d'eau avec facilité à la chaleur rouge, mais ils ne décomposent plus l'eau en présence des acides énergiques. Cette dernière circonstance tient à ce que ces métaux ne forment avec l'oxygène que des bases faibles. Ils forment, au contraire, avec ce corps, des acides qui se comportent comme des acides puissants par rapport aux bases énergiques : aussi la plupart de ces métaux décomposent-ils l'eau en présence de la potasse avec dégagement de gaz hydrogène. Cette quatrième section comprend :

Le tungstène,	Le titane,
Le molybdène,	L'étain,
L'osmium,	L'antimoine.
Le tantale,	

Cinquième section. — Métaux absorbant l'oxygène au rouge, dont les oxydes ne sont pas décomposés par la chaleur seule; ils ne décomposent l'eau qu'à une température très-élevée, et toujours très-faiblement. Ces métaux ne décomposent l'eau, ni en présence des acides forts, ni en présence des bases puissantes. Ce sont :

Le cuivre,	Le bismuth.
Le plomb,	

Sixième section. — Métaux dont les oxydes se réduisent par la chaleur seule à une température plus ou moins élevée, et qui, dans aucune circonstance, ne décomposent l'eau pour s'emparer de son oxygène. Ce sont :

Le mercure,	Le palladium,
L'argent,	Le platine,
Le rhodium,	Le ruthénium.
L'iridium.	L'or.

§ 257. Il est utile de remarquer que tous les métaux dont les oxydes sont indécomposables par la chaleur seule peuvent décomposer l'eau à une température plus ou moins élevée. Cette circonstance tient à ce que l'eau elle-même se décompose en ses deux éléments, à une température extrêmement élevée. Si l'on chauffe, en effet, jusqu'à une vive incandescence, au chalumeau à gaz oxygène et hydrogène, une petite boule de platine fixée à l'extrémité d'une tige de même métal, et qu'on la plonge rapidement dans l'eau, on voit se dégager de petites bulles de gaz qui sont formées d'un mélange d'hydrogène et d'oxygène. L'eau a donc été décomposée par la chaleur seule, car le métal ne s'est emparé d'aucun de ses principes constituants. Une décomposition semblable a lieu quand on chauffe jusqu'à une vive incandescence un fil de platine plongé dans l'eau, en le faisant traverser par le courant électrique produit par une pile puissante.

Action de l'oxygène sec sur les métaux.

§ 258. La combinaison directe d'un métal avec l'oxygène est une véritable combustion qui a lieu avec dégagement de chaleur. Lorsque cette combinaison se fait rapidement, la température s'élève assez pour que la matière devienne incandescente. La combustion est plus active quand le métal est très-divisé, parce qu'il présente alors une plus grande surface à l'action de l'oxygène. Si le métal est, au contraire, en masse agrégée, et si l'oxyde ne fond pas à la température à laquelle l'oxydation a lieu, la combustion s'arrête promptement, parce que le métal se recouvre d'une couche d'oxyde qui le préserve du contact de l'oxygène. C'est ainsi que le cuivre, très-divisé, brûle facilement dans l'oxygène et se change complétement en oxyde, s'il est préalablement chauffé au rouge sombre, tandis qu'une lame de cuivre, placée dans les mêmes circonstances, se couvre seulement d'une couche d'oxyde. Le fer, chauffé au rouge, brûle vivement dans l'oxygène, même quand le métal est sous la forme de fils d'un gros diamètre, parce que, l'oxyde produit fondant à la température qui se développe pendant la combustion, la surface du métal reste toujours à nu.

Lorsque le métal est volatil, il peut se brûler également avec beaucoup d'énergie et même avec flamme, s'il a été porté préalablement à une température convenable. Ainsi le zinc, chauffé au rouge dans un creuset, brûle avec une flamme blanche très-brillante. Dans ce cas, c'est la vapeur de zinc qui brûle : et comme l'oxyde de zinc est fixe, ses particules solides, en suspension dans la flamme, deviennent incandescentes et lui donnent un grand éclat.

Action de l'oxygène humide sur les métaux.

§ 259. Les métaux qui ne se combinent pas à froid avec l'oxygène sec s'oxydent souvent promptement, quand ils sont exposés à l'air humide. Le fer conserve indéfiniment sa surface brillante dans l'oxygène sec, tandis qu'il s'altère promptement à l'air humide et se recouvre d'une couche ocreuse qui est de l'hydrate de sesquioxyde de fer. Beaucoup d'autres métaux sont dans le même cas; mais, pour quelques-uns, l'altération n'est que superficielle, tandis que, pour d'autres, elle se continue jusqu'à ce que le métal soit transformé entièrement en oxyde. Un barreau de fer exposé à l'air humide se détruit complétement par la rouille, tandis qu'une lame de zinc se couvre promptement d'une pellicule d'oxyde qui préserve de l'altération le métal intérieur.

Lorsque le fer est en contact, à la fois, avec l'oxygène et l'eau, il se trouve en présence de l'oxygène dissous dans l'eau, c'est-à-dire dans des circonstances qui favorisent la combinaison. De plus, l'oxyde de fer a pour l'eau une certaine affinité basique qui facilite encore la formation de cet oxyde, d'après le principe que nous avons énoncé (§ 69). C'est par la même raison que le fer et le zinc, qui, seuls, ne décomposent pas l'eau à froid, la décomposent vivement en présence des acides énergiques, comme si la présence de l'acide avait augmenté leur affinité pour l'oxygène. La présence des vapeurs acides dans l'air facilite beaucoup l'oxydation du métal, car elles exaltent son affinité pour l'oxygène plus que ne peut le faire l'eau, qui n'agit jamais que comme un acide très-faible.

Les métaux dont certains oxydes jouent le rôle d'acides par rapport aux bases énergiques s'oxydent plus rapidement à l'air, quand ils sont mouillés par une dissolution alcaline, ou placés au milieu d'une atmosphère humide qui renferme des vapeurs ammoniacales.

§ 260. On remarque souvent, lorsqu'une certaine quantité d'oxyde s'est développée à la surface du métal, que l'altération marche ensuite beaucoup plus rapidement, comme si la présence de l'oxyde augmentait l'affinité du métal pour l'oxygène. Cette particularité se remarque sur le fer, et l'expérience suivante la met en évidence d'une manière très-nette.

Si l'on expose au contact de l'air de la limaille de fer mouillée, l'oxydation marche d'abord lentement; mais elle s'accélère bientôt, et la limaille se rouille avec une grande rapidité. Il se dégage, en même temps, l'odeur fétide que présente le gaz hydrogène quand on dissout le fer ordinaire dans l'acide sulfurique étendu. De l'hydrogène se

dégage, en effet ,en quantité assez notable, pour qu'on puisse le recueillir au bout de quelque temps, si l'expérience est faite dans un
appareil convenable.

L'oxydation du métal s'opère dans les premiers moments par
l'absorption de l'oxygène de l'air dissous par l'eau qui mouille la
limaille ; mais, bientôt, la couche d'oxyde qui recouvre le métal forme
avec celui-ci un couple voltaïque dans lequel le fer est l'élément électropositif. Le fer isolé est déjà électropositif par rapport à l'oxygène ;
s'il forme l'élément électropositif d'une pile, il devient encore plus
électropositif qu'il ne l'est naturellement ; son affinité pour l'oxygène
s'en trouve accrue, et l'expérience montre que cette affinité peut
alors devenir assez grande pour décomposer l'eau à la température
ordinaire.

Si, au contraire, on met en contact avec le fer un corps qui devienne l'élément électropositif du couple voltaïque, le fer, moins
électropositif qu'il ne l'était à l'état isolé, perd de son affinité pour
l'oxygène. Le métal est devenu moins oxydable, et il peut être préservé de l'oxydation dans des circonstances où elle aurait lieu iné-
vitablement, s'il se trouvait isolé. On a utilisé cette propriété dans les
arts pour rendre les objets en fer moins altérables au contact de l'air.
On recouvre ce métal d'une couche très-mince de zinc, qui devient
l'élément électropositif du couple, et préserve le fer de l'oxydation.
Le zinc, au contraire, s'oxyde rapidement ; mais cette oxydation n'est
que superficielle ; la petite pellicule d'oxyde, développée à sa surface,
forme un vernis imperméable qui préserve les couches intérieures.
Le fer ainsi préservé par une couche de zinc est appelé *fer galvanisé*.

On a utilisé le même principe pour garantir de l'oxydation quelques autres métaux, par exemple, le cuivre qui sert pour le doublage
des vaisseaux. Malheureusement, on a reconnu que les coquillages
s'attachent alors en beaucoup plus grande quantité sur le doublage du
navire, dont la vitesse de marche se trouve diminuée, parce qu'il
éprouve plus de frottement contre le liquide.

Action du soufre sur les métaux.

§ 261. Tous les métaux sont susceptibles de se combiner directe=
ment avec le soufre, lorsqu'on les chauffe avec ce métalloïde, ou qu'on
fait passer celui-ci en vapeur sur le métal chauffé.

Quelques-uns, tels que le cuivre, brûlent dans la vapeur de soufre
avec une vive incandescence. D'autres se combinent avec le soufre,
même à la température ordinaire, s'il y a de l'eau en présence. Un
mélange de limaille de fer et de fleur de soufre, arrosé d'un peu

d'eau, donne bientôt un dégagement considérable de chaleur dû à la combinaison du fer avec le soufre.

Action du chlore sur les métaux.

§ 262. Le chlore agit sur les métaux encore plus énergiquement que l'oxygène; il les transforme facilement et complétement en chlorures. Le plus grand nombre des métaux se combinent avec le chlore, même à froid. Pour quelques-uns, la combinaison se fait avec une énergie telle, qu'il se produit une grande élévation de température, et qu'il y a souvent incandescence de la matière. Plusieurs métaux en poussière prennent feu quand on les projette dans un flacon rempli de chlore gazeux.

Action du brôme et de l'iode sur les métaux.

§ 263. L'action du brôme et de l'iode sur les métaux est, en général, semblable à celle du chlore; mais les affinités sont plus faibles.

Combinaisons des métaux entre eux, ou alliages.

§ 264. La plupart des métaux peuvent se combiner entre eux et donnent des alliages présentant des propriétés métalliques qui participent à la fois de celles des deux métaux combinés. En alliant les métaux les uns aux autres, on crée, pour ainsi dire, de nouveaux métaux, qui jouissent de propriétés spéciales, et conviennent mieux à certains besoins des arts que les métaux simples.

Les métaux employés dans les arts à l'état isolé sont :

Le fer,	L'argent,
Le cuivre,	L'or,
Le zinc,	Le platine,
Le plomb,	Le mercure.
L'étain,	

Parmi ces métaux, le platine et le fer sont les seuls qui soient exclusivement employés à l'état de pureté. Les autres sont souvent utilisés à l'état isolé; mais très-souvent aussi on les allie entre eux ou avec quelques autres métaux, tels que l'antimoine et le bismuth, qui ne sont jamais employés isolés, parce qu'ils sont trop cassants.

Le cuivre est un métal très-malléable, facile à travailler au marteau, mais qui ne présente pas une grande dureté. On augmente beaucoup sa dureté, tout en lui conservant une ductilité suffisante, en alliant $\frac{2}{3}$ de cuivre à $\frac{1}{3}$ de zinc. On obtient ainsi un alliage, le *laiton*, qui présente une couleur jaune agréable et se prête à une foule d'usages. Mais le laiton ainsi composé ne se laisse pas limer facilement; il s'attache à la lime, il la *graisse*. On remédie à cet inconvénient en faisant entrer dans l'alliage 2 à 5 centièmes de plomb ou d'étain.

§ 265. Pour les bouches à feu on a besoin d'un métal qui soit dur sans être cassant, et puisse être moulé et travaillé au tour : Le cuivre pur satisfait en partie à ces conditions; mais il est trop mou : le boulet, avant de sortir du canon, ricoche plusieurs fois dans l'âme de la pièce, et, si le métal en est mou, il forme bientôt des cavités qui nuisent beaucoup à la précision du tir. Un alliage de 90 parties de cuivre et de 10 d'étain présente plus de dureté et possède encore une ténacité suffisante. C'est cet alliage, appelé *bronze*, qui est employé pour les canons et pour beaucoup d'objets d'ornement, tels que statues, candélabres, etc. En augmentant la proportion d'étain, on obtient des alliages encore plus durs, mais qui sont en même temps beaucoup plus cassants. L'alliage de 80 de cuivre et 20 d'étain est extrêmement dur et très-sonore; on l'emploie à la confection des cloches, des cymbales, des tamtams. L'alliage formé de 67 de cuivre et 33 d'étain est d'un blanc légèrement jaunâtre, il est susceptible de prendre un très-beau poli. On l'emploie pour les miroirs des télescopes.

On voit par là qu'en alliant deux métaux en différentes proportions, on peut obtenir des alliages qui diffèrent beaucoup entre eux par leurs propriétés physiques, et se prêtent aux usages les plus variés.

§ 266. Pour les caractères d'imprimerie, il faut un métal qui satisfasse à bien des conditions. Il doit être facilement fusible, car ces caractères se fabriquent par moulage; il doit prendre exactement l'empreinte du moule, afin que les caractères soient très-nets; enfin, il doit jouir d'une certaine dureté, sans être trop cassant, car, si le métal est trop mou, les caractères s'écrasent à la presse; ils se brisent, s'il est dur et cassant.

Le fer et le cuivre ne sont pas assez fusibles. L'argent, l'or et le platine ne fondent qu'à une température très-élevée; ils sont d'ailleurs beaucoup trop chers. Le zinc, l'antimoine et le bismuth sont trop cassants. Le plomb et l'étain sont trop mous. Mais on obtient un alliage parfaitement convenable, en fondant ensemble 80 de plomb et 20 d'antimoine.

§ 267. Beaucoup de métaux semblent pouvoir se combiner entre eux suivant des proportions quelconques. Mais, en général, lorsqu'on laisse refroidir lentement des alliages fondus, ils se séparent en plusieurs autres qui présentent des compositions définies, et souvent même cristallisent. Cette décomposition d'un même alliage homogène en plusieurs autres qui se séparent plus ou moins complétement a lieu quelquefois lorsque l'alliage est exposé pendant long-temps à une température élevée, quoique inférieure à celle qui détermine sa fusion.

§ 268. Le point de fusion d'un alliage est souvent inférieur à celui du métal le plus fusible qui entre dans sa composition.

Ainsi   le plomb fond à................... 325°,
            le bismuth, à...................... 265°,
            l'étain, à .... 228°.

L'alliage formé de 5 parties de plomb, 5 d'étain et 8 de bismuth fond à 95°, c'est-à-dire à une température beaucoup plus basse que le métal le plus fusible.

Des oxydes métalliques.

§ 269. Les oxydes métalliques présentent les propriétés les plus variées. Les uns sont des bases plus ou moins énergiques, qui se combinent avec les acides et forment des sels bien caractérisés; d'autres jouent, au contraire, le rôle d'acides et se combinent avec les bases puissantes; enfin, il en est qui ne se combinent, ni avec les acides, ni avec les bases.

On divise ordinairement, sous ce point de vue, les oxydes en cinq classes :

1° Les *oxydes basiques*, c'est-à-dire ceux qui se combinent facilement avec les acides et donnent des sels définis, cristallisables. Les protoxydes de potassium, de sodium, de calcium, de fer, de plomb, etc., etc., sont des oxydes basiques.

2° Les *oxydes acides*, qui ne se combinent pas, ou du moins très-rarement avec les acides, et qui forment, au contraire, des sels bien définis avec les bases puissantes. L'acide chrômique, CrO^3, l'acide manganique, MnO^3, l'acide stannique, SnO^2, l'acide plombique, PbO^2, l'acide antimonique, Sb^2O^5, sont de véritables acides métalliques, qui forment des sels cristallisables avec les bases puissantes, notamment avec la potasse.

3° Les *oxydes indifférents*, qui sont capables de jouer à la fois le rôle d'acides avec les bases puissantes, et le rôle de bases avec les acides énergiques. L'alumine, Al^2O^3, est un oxyde de cette espèce.

4° Les *oxydes singuliers*. Ces oxydes ne s'unissent ni aux acides ni aux bases. Sous l'influence des acides, ils abandonnent une portion de leur oxygène ou de leur métal, et se transforment en protoxydes qui se combinent avec l'acide. Le peroxyde de manganèse, MnO^2, est un oxyde de cette classe. Quand on le chauffe avec de l'acide sulfurique, il abandonne la moitié de son oxygène, et il se forme du sulfate de protoxyde de manganèse, $MnO.SO^3$. Le suboxyde de plomb, Pb^2O, se transforme, au contact des acides, en plomb métallique, Pb, et en protoxyde de plomb, PbO, qui se combine avec l'acide. Souvent ces oxydes subissent des décompositions analogues avec les bases. Ainsi le bioxyde de manganèse, MnO^2, fondu avec de la potasse caustique, se transforme en sesquioxyde de manganèse, Mn^2O^3, et en acide manganique, MnO^3, qui se combine avec la potasse :

$$3MnO^2 + KO = Mn^2O^3 + KO.MnO^3.$$

5° Les *oxydes salins*. Ces oxydes résultent de la combinaison d'un oxyde métallique basique avec un oxyde supérieur du même métal. Ce sont de véritables sels, dans lesquels les éléments électro-positifs de l'acide et de la base sont formés par le même métal. Les oxydes de fer, Fe^3O^4, de manganèse, Mn^3O^4, de chrôme, Cr^3O^4, appartiennent à cette classe; on doit écrire leurs formules $FeO.Fe^2O^3$, $MnO.Mn^2O^3$, $CrO.Cr^2O^3$. L'oxyde brun de chrôme, CrO^2, appartient à la même classe; il doit s'écrire $Cr^2O^3.CrO^3 = 3CrO^2$. Il en est de même de l'acide antimonieux, SbO^2, dont la formule doit être écrite $Sb^2O^3.Sb^2O^3 = 4SbO^2$.

§ 270. Certains métaux forment, avec l'oxygène, un grand nombre de combinaisons qui viennent se ranger dans les cinq classes que nous avons définies. Le manganèse nous en fournit un exemple remarquable :

Le protoxyde de manganèse, MnO, est une base puissante.

Le sesquioxyde, Mn^2O^3, est une base très-faible; mais on ne connaît pas encore de combinaisons dans lesquelles il joue le rôle d'acide. Cet oxyde est la limite des oxydes indifférents.

Le bioxyde de manganèse, MnO^2, est un oxyde singulier.

L'oxyde Mn^3O^4 est un oxyde salin dont la véritable formule est $MnO.Mn^2O^3$.

Les acides manganique, MnO^3, et hypermanganique, Mn^2O^7, sont des acides métalliques puissants.

§ 271. En général, l'oxyde de la formule RO est la base la plus puissante parmi celles que peut former un même métal.

Les oxydes R²O⁵ sont des bases très-faibles; souvent même ils jouent le rôle d'acides avec les bases puissantes; dans ce dernier cas, ils se rangent parmi les oxydes indifférents.

Les oxydes RO² sont souvent des acides métalliques, exemple : les peroxydes de plomb, PbO², d'étain, SnO². Tantôt ce sont des oxydes singuliers, comme le bioxyde de manganèse, MnO²; tantôt enfin on doit les regarder comme des oxydes salins : tel est l'oxyde brun de chrôme, $CrO^2 = \frac{1}{3} (Cr^2O^3.CrO^3)$.

Enfin, les oxydes qui ont des formules plus complexes, tels que les oxydes Fe⁵O⁴, Mn⁵O⁴, sont des oxydes salins, qui doivent être écrits FeO.Fe²O³, MnO.Mn²O³.

§ 272. On prépare les oxydes métalliques par des procédés très-variés, que nous apprendrons successivement à connaître, lorsque nous nous occuperons des métaux en particulier.

Action des corps métalloïdes sur les oxydes.

§ 273. *Action de l'oxygène.* — Les oxydes qui ne sont pas au maximum d'oxydation peuvent se combiner directement avec une nouvelle proportion d'oxygène. Quelquefois la combinaison se fait à froid au contact de l'air; elle a lieu plus facilement, s'il y a de l'eau en présence, si l'oxyde est combiné ou seulement mouillé avec de l'eau, par exemple. Les hydrates de protoxyde de fer et de manganèse absorbent très-promptement l'oxygène de l'air, et se changent en hydrates de sesquioxyde. D'autres oxydes ne se combinent avec l'oxygène que lorsqu'on les chauffe à une température modérée au contact de l'air : ainsi le protoxyde de plomb, chauffé à une température de 400° environ, absorbe l'oxygène de l'air et se change en un nouvel oxyde, le *minium*. Une température plus élevée décompose, au contraire, le minium, et le ramène à l'état de protoxyde.

§ 274. *Action de l'hydrogène.* — Un grand nombre d'oxydes sont décomposés par le gaz hydrogène, qui s'empare de leur oxygène pour former de l'eau; cette réaction exige, en général, une certaine élévation de température.

Les oxydes des métaux des deux premières sections ne sont décomposés par l'hydrogène à aucune température. Les oxydes des métaux des autres sections sont tous ramenés à l'état métallique par l'hydrogène, à des températures plus ou moins élevées. Ceux de la sixième section sont tous décomposés par l'hydrogène, à des températures peu supérieures à celle de l'ébullition de l'eau; les autres exigent la chaleur rouge.

L'hydrogène réduit les oxydes de fer à la chaleur rouge, et il se forme de la vapeur d'eau. D'un autre côté, nous avons vu (§ 68) que le fer, chauffé au rouge au milieu d'un courant de vapeur d'eau, s'oxyde en décomposant cette eau et dégage du gaz hydrogène. Nous voyons ici deux effets tout à fait opposés se produire dans des circonstances identiques en apparence. D'après la décomposition des oxydes de fer par l'hydrogène, on pourrait conclure qu'à la chaleur rouge l'hydrogène a plus d'affinité pour l'oxygène que n'en a le fer; tandis que, de la décomposition de la vapeur d'eau opérée par le fer à la chaleur rouge, on déduirait, au contraire, que le fer a plus d'affinité pour l'oxygène que l'hydrogène. Nous verrons, par la suite, plusieurs phénomènes analogues. Les chimistes expliquent ces contradictions apparentes, en disant que les corps n'agissent pas seulement en vertu de leurs affinités électives, mais encore suivant les quantités respectives qui se trouvent en présence. De sorte que, si deux corps sont en présence d'un troisième pour lequel ils ont des affinités peu différentes, c'est celui qui se trouve en plus grande quantité dans la sphère d'activité qui chasse l'autre. Dans les deux expériences que nous venons de décrire, nous avons en présence, à la chaleur rouge, du fer, de l'oxyde de fer, de la vapeur d'eau et de l'hydrogène. Dans celle où l'on fait passer de la vapeur d'eau sur le fer chauffé, on peut considérer le fer comme dominant par rapport à l'hydrogène, parce que ce gaz, à mesure qu'il se développe, est emporté par le courant de vapeur et ne se trouve qu'en très-petite proportion au milieu de la vapeur d'eau; le fer s'oxydera par conséquent. Au contraire, dans l'expérience où l'on chauffe l'oxyde de fer dans un courant de gaz hydrogène, chaque molécule d'oxyde de fer se trouve dans la sphère d'activité d'un grand nombre de molécules de gaz hydrogène, et, par suite, c'est ce dernier corps qui s'empare alors de l'oxygène.

Il est évident, d'après cela, que, pour une température donnée, il existe une certaine proportion d'hydrogène et de vapeur d'eau qui ne doit pas exercer d'action réductrice sur l'oxyde de fer, ni d'action oxydante sur le fer métallique. Si la proportion de vapeur d'eau est plus grande par rapport à celle de l'hydrogène, il y aura oxydation du métal; si elle est plus petite, il y aura réduction de l'oxyde. Ces proportions, dans lesquelles doivent se trouver l'hydrogène et l'oxygène pour n'exercer d'action ni sur le fer métallique ni sur l'oxyde de fer, varient probablement avec la température.

§ 275. *Action du carbone.* — Le charbon réduit tous les oxydes métalliques qui sont décomposés par l'hydrogène. A une température très-élevée, il décompose quelques oxydes qui résistent à l'action de l'hydrogène. Ainsi les oxydes de potassium et de sodium sont complétement décomposés par le charbon à la chaleur blanche, et les métaux sont mis en liberté.

Lorsque la réduction de l'oxyde se fait à une basse température, il se dégage de l'acide carbonique. Si elle n'a lieu qu'à une température élevée, il se dégage de l'oxyde de carbone. Beaucoup de métaux décomposent, en effet, l'acide carbonique à la chaleur rouge et le font passer à l'état d'oxyde de carbone; le charbon produit une décomposition semblable.

§ 276. *Action du soufre.* — Le soufre agit, à une haute température, sur la plupart des oxydes métalliques. Lorsqu'on le chauffe avec les oxydes des métaux de la première section, il se forme un mélange de sulfate et de sulfure. Si l'on ajoute du charbon, il ne se produit que du sulfure.

Les oxydes des métaux de la seconde section ne sont pas altérés quand on les chauffe avec du soufre; mais plusieurs d'entre eux produisent des sulfures lorsqu'on chauffe les oxydes mélangés de charbon à une très-haute température, au milieu d'un courant de vapeur de soufre.

Les oxydes des métaux des quatre dernières sections sont changés par le soufre en sulfures, et il se dégage de l'acide sulfureux; mais il est souvent nécessaire, pour cela, de faire passer le soufre en vapeur sur l'oxyde fortement chauffé; quelquefois même de mélanger préalablement celui-ci avec du charbon.*

§ 277. *Action du chlore.* — Le chlore agit de diverses manières sur les oxydes, suivant qu'il est sec ou humide, et suivant la température à laquelle la réaction a lieu.

A froid, ou sous l'influence de la chaleur, le chlore sec change presque tous les oxydes en chlorures. Il faut en excepter, cependant, les oxydes de quelques métaux de la seconde section, lesquels résistent à l'action du chlore, même aux températures les plus élevées. Mais, si l'on a soin de mélanger préalablement l'oxyde avec du charbon et de chauffer le mélange au milieu du courant de chlore sec, l'affinité du carbone pour l'oxygène, combinée avec celle du chlore pour le métal, détermine toujours la décomposition de l'oxyde; il se dégage de l'oxyde de carbone, et il se forme un chlorure métallique.

Lorsque les oxydes sont en dissolution ou en suspension dans l'eau, l'action du chlore est, en général, très-différente de celle que nous venons d'indiquer.

Si l'on fait passer un courant de chlore dans une dissolution de potasse, la réaction est différente, suivant que la liqueur est étendue ou concentrée, et suivant la température. Si la dissolution est étendue, et si l'on empêche la température de s'élever, il y a réaction entre

2 équivalents de potasse et 2 équivalents de chlore; il se forme de l'hypochlorite de potasse et du chlorure de potassium. La réaction est exprimée par l'équation suivante :

$$2KO + 2Cl = KCl + KO.ClO.$$

Si la dissolution est concentrée, et si on laisse la température s'élever, la réaction a lieu entre 6 équivalents de potasse et 6 équivalents de chlore, et on obtient un mélange de chlorate de potasse et de chlorure de potassium. On a alors :

$$6KO + 6Cl = KO.ClO^5 + 5KCl.$$

Si l'on maintient constamment à l'ébullition la dissolution alcaline concentrée, il se forme encore du chlorure de potassium et du chlorate de potasse; mais la proportion du chlorate formé est plus faible, et il se dégage du gaz oxygène.

Les oxydes de tous les métaux de la première section se comportent de la même manière.

Les oxydes de la plupart des métaux de la deuxième section ne sont pas altérés par le chlore sous l'influence de l'eau, même à la température de 100°; il faut en excepter l'oxyde de magnésium et le protoxyde de manganèse. L'oxyde de magnésium se change, dans ce cas, en chlorure de magnésium et hypochlorite de magnésie; le protoxyde de manganèse se comporte, sous l'influence du chlore humide, comme les protoxydes des métaux de la troisième section.

Les protoxydes des métaux de la troisième section, en suspension dans l'eau, sont transformés par le chlore en chlorures et en sesquioxydes. Avec le protoxyde de fer on a :

$$3FeO + Cl = FeCl + Fe^2O^3.$$

Mais, comme le protochlorure se change en perchlorure par l'action du chlore, on a, en dernier résultat :

$$3FeO + \tfrac{5}{3} Cl = \tfrac{1}{3}(Fe^2Cl^3) + Fe^2O^3.$$

Si l'on a soin de mettre l'oxyde en suspension dans une liqueur alcaline, le protoxyde se transforme complétement en sesquioxyde et il se produit du chlorure de potassium

$$2FeO + KO + Cl = Fe^2O^3 + KCl.$$

Le chlore n'exerce pas d'action sur les sesquioxydes des métaux de la troisième section en suspension dans l'eau, à moins que la liqueur ne renferme une grande quantité de potasse. Dans ce cas, l'oxyde de fer peut passer à l'état d'une combinaison renfermant plus d'oxygène que le sesquioxyde, l'acide ferrique, lequel forme, avec la potasse en excès, du ferrate de potasse; on a :

$$Fe^2O^3 + 5KO + 5Cl = 2(KO.FeO^3) + 5KCl.$$

Les oxydes des métaux des trois dernières sections se changent en chlorures, par l'action du chlore en présence de l'eau.

L'action du brôme et de l'iode sur les oxydes métalliques est en général analogue à celle du chlore.

§ 278. *Action des métaux sur les oxydes métalliques.* — L'action des métaux sur les oxydes métalliques peut être souvent prévue, lorsqu'on a une idée bien nette de l'affinité des métaux pour l'oxygène. Mais il est difficile de dire quelque chose de général sur cette action, car l'affinité relative des métaux pour l'oxygène change beaucoup avec la température. Ainsi le potassium décompose l'oxyde de fer à la chaleur rouge, tandis qu'à une température plus élevée, à une forte chaleur blanche, c'est le fer qui décompose, au contraire, l'oxyde de potassium.

Des chlorures métalliques.

§ 279. Un grand nombre de métaux se combinent directement avec le chlore.

Les métaux chauffés dans un courant de chlore se transforment promptement en chlorures, d'une manière complète. Cette propriété doit être attribuée, en partie, à leur grande affinité pour le chlore, en partie aux propriétés physiques des chlorures. Les chlorures sont, en effet, tous facilement fusibles, et beaucoup d'entre eux sont volatils. De sorte que, lorsqu'un métal est chauffé dans un courant de chlore, sa surface est toujours exposée librement à l'action de ce corps, soit parce que le chlorure fondu s'écoule à mesure qu'il se forme, soit parce qu'il se volatilise.

Les chlorures métalliques sont, en général, indécomposables par la chaleur seule; il faut en excepter, cependant, les chlorures d'or, de platine, et, probablement, ceux de plusieurs autres métaux de la sixième section. Ces chlorures sont ramenés à l'état métallique par une température élevée.

On obtient beaucoup de chlorures métalliques, en dissolvant les métaux dans l'acide chlorhydrique; on prépare ainsi très-facilement les protochlorures des métaux de la troisième section. L'acide chlorhydrique est décomposé, il se forme un chlorure métallique, et de l'hydrogène se dégage :

$$Fe + HCl = FeCl + H.$$

Les métaux de la cinquième section ne décomposent pas l'acide chlorhydrique, même à la température de l'ébullition ; mais il se forme un chlorure métallique lorsqu'on ajoute de l'acide azotique à l'acide chlorhydrique ; c'est-à-dire lorsqu'on traite le métal par l'eau régale. Les métaux de la troisième section se changent, dans ce cas, en perchlorures.

Action des métalloïdes sur les chlorures métalliques.

§ 280. *Action de l'oxygène.* — L'oxygène est sans action sur les chlorures des métaux de la première section ; il change, au contraire, facilement en oxydes les chlorures des métaux des deuxième, troisième, quatrième et cinquième sections, lorsque ces chlorures sont chauffés dans un courant d'oxygène. Les chlorures des métaux de la sixième section, qui ne se décomposent pas par la chaleur, ne sont pas non plus altérés quand on les chauffe au milieu de l'oxygène. Ceux, au contraire, qui se décomposent par la chaleur seule abandonnent leur chlore sans se combiner avec l'oxygène.

§ 281. *Action de l'hydrogène.* — Les chlorures des métaux des deux premières sections ne sont décomposés à aucune température par l'hydrogène ; mais ceux qui sont formés par les métaux des quatre dernières sont décomposés par l'hydrogène, à des températures plus ou moins élevées. C'est un procédé commode pour obtenir plusieurs de ces métaux à l'état de pureté ; mais il est difficile à appliquer sur quelques autres, parce que la décomposition n'a lieu qu'à la température la plus élevée. On remarque, d'ailleurs, ici, une inversion d'action tout à fait semblable à celle sur laquelle nous avons insisté (§ 274), lorsque nous avons exposé l'action de l'hydrogène sur les oxydes. Ainsi le chlorure de fer est décomposé, à la chaleur rouge, par l'hydrogène ; il se dégage du gaz acide chlorhydrique et il reste du fer métallique. D'un autre côté, le fer métallique décompose, à la même température, le gaz chlorhydrique ; il se forme du chlorure de fer et il se dégage de l'hydrogène. L'explication de cette anomalie a été donnée § 274.

§ 282. *Action du carbone.* — Le carbone n'exerce pas d'action sensible sur les chlorures métalliques.

Des bromures et iodures métalliques.

§ 283. Les bromures et iodures métalliques se préparent comme les chlorures correspondants. Les corps métalloïdes exercent sur ces composés des réactions analogues à celles qu'ils exercent sur les chlorures.

Des sulfures métalliques.

§ 284. Nous avons vu (§ 261) que tous les métaux peuvent se combiner avec le soufre, lorsqu'on les fond avec ce métalloïde, ou mieux, quand on les chauffe à une haute température, au milieu de la vapeur de soufre. On peut obtenir également un grand nombre de sulfures métalliques, on chauffant les oxydes avec du soufre, ou en calcinant, dans un creuset brasqué, un mélange d'oxyde métallique, de carbonate de potasse ou de soude, et de soufre. Le carbonate alcalin se change alors en polysulfure, qui transforme lui-même l'oxyde métallique en sulfure, tandis que l'oxygène se dégage à l'état d'oxyde de carbone. Si le métal peut former un sulfure électronégatif, comme cela arrive pour les métaux de la quatrième section, ce sulfure se combine avec une portion du sulfure alcalin qui est passée à l'état de monosulfure, et il se forme un sulfosel, dans lequel le monosulfure alcalin joue le rôle de base.

On peut préparer aussi un grand nombre de sulfures métalliques en faisant passer un courant d'hydrogène sulfuré à travers la dissolution des sels métalliques. On obtient ainsi des sulfures insolubles avec les métaux de la cinquième et de la sixième section.

On prépare encore par voie humide les sulfures des métaux de la troisième section, en versant une dissolution de sulfure alcalin dans les dissolutions salines des métaux. Ainsi, avec le sulfate de protoxyde de fer et le monosulfure de potassium, on a la réaction suivante :

$$FeO.SO^3 + KS = KO.SO^3 + FeS.$$

Si l'on verse un excès de sulfure alcalin dans la dissolution d'un sel formé par un métal de la quatrième section, il se forme, dans le premier moment, un précipité de sulfure métallique; mais ce sulfure se dissout, ensuite, dans l'excès de sulfure alcalin, en produisant un sulfosel, dans lequel il joue le rôle d'acide.

Les sulfures des métaux de la troisième et de la cinquième section ont un éclat métallique très-prononcé.

Les sulfures métalliques résistent très-bien à l'action de la chaleur; il n'y a que certains sulfures de la sixième section qui se décomposent à une température très-élevée.

Action des corps métalloïdes sur les sulfures métalliques.

§ 285. *Action de l'oxygène.* — L'oxygène agit énergiquement sur tous les sulfures métalliques à une température plus ou moins élevée.

Les sulfures des métaux de la première section, chauffés au contact de l'oxygène, se changent en sulfates. Le métal et le soufre se combinent tous les deux avec l'oxygène, et les produits de la combustion restent combinés. Le sulfure de magnésium, qui appartient à la seconde section, présente une réaction semblable.

Les sulfures de la troisième et de la cinquième section, et le sulfure de manganèse, qui appartient à la seconde, sont décomposés par l'oxygène; mais les produits de la décomposition sont différents suivant la température. Lorsque celle-ci est très-élevée, il se dégage de l'acide sulfureux et le métal reste à l'état d'oxyde. A une température plus basse, au rouge sombre, par exemple, il se forme toujours une certaine quantité de sulfate, de sorte que l'on obtient un mélange d'oxyde et de sulfate.

Les sulfures des métaux de la quatrième section sont changés en oxydes, et le soufre se dégage à l'état d'acide sulfureux.

Enfin, les sulfures des métaux de la sixième section, chauffés dans un courant d'oxygène, sont réduits à l'état métallique, et le soufre se dégage à l'état d'acide sulfureux.

L'oxygène peut également agir à froid sur la plupart des sulfures, pricipalement sous l'influence de l'eau; un grand nombre d'entre eux se changent alors, finalement, en sulfates.

GÉNÉRALITÉS SUR LES SELS

§ 286. Je donne le nom de *sel* à toute combinaison de deux composés binaires, dont l'un joue le rôle d'élément électropositif ou de base, et l'autre celui d'élément électronégatif ou d'acide.

Les bases, ou composés binaires électropositifs, résultent toujours de la combinaison d'un métal avec un métalloïde. Ainsi le protoxyde et le protosulfure de potassium sont des bases. Les acides, ou composés binaires électronégatifs, sont, le plus souvent, des combinaisons de deux métalloïdes, comme les acides sulfurique, azotique, phosphorique, etc., etc., les acides sulfocarbonique et sulfarsénieux. Mais quelquefois aussi ils résultent de la combinaison d'un métal avec un métalloïde, comme les acides chrômique, manganique, stannique, etc., etc., les sulfures d'antimoine et d'étain.

Le plus grand nombre des bases connues sont des composés d'un métal avec l'oxygène; la plupart des acides connus sont des combinaisons de l'oxygène avec un métalloïde ou avec un métal. Ainsi les sels les plus nombreux, et de beaucoup les plus importants, sont les *oxysels*.

On connaît cependant aujourd'hui un nombre assez considérable de *sulfosels*, c'est-à-dire de sels formés par la combinaison d'un sulfure métallique électropositif, ou *sulfobase*, avec un sulfure métalloïde ou métallique électronégatif, ou *sulfacide*.

On connaît aussi quelques chlorures doubles, que l'on peut considérer comme résultant de la combinaison d'un chlorure métallique électropositif, ou *chlorobase*, avec un chlorure métalloïde ou métallique électronégatif, ou *chloracide*. Ces combinaisons, qu'on appelle *chlorosels*, sont encore peu nombreuses; mais il n'est pas douteux qu'on en trouvera d'autres, lorsque l'attention des chimistes se sera particulièrement dirigée de ce côté.

Il est possible qu'un oxacide puisse se combiner avec une sulfobase ou avec une chlorobase, et qu'un sulfacide ou un chloracide puisse entrer en combinaison avec une oxybase, de manière à former un sel; mais, jusqu'à présent, aucune combinaison de cette nature n'est connue avec certitude.

§ 287. Les oxysels sont donc, et de beaucoup, les plus importants; ce sont les seuls qui aient été étudiés jusqu'ici avec les soins convenables. Tout ce que nous dirons dans ce chapitre de général sur les sels se rapportera principalement aux oxysels. Nous aurions probablement des généralités semblables à exposer sur les autres classes de sels, si celles-ci nous étaient mieux connues.

On distingue les oxysels en *sels neutres*, *sels acides* et *sels basiques*. Les caractères sur lesquels cette distinction est fondée sont faciles à définir pour les sels formés par la combinaison des bases puissantes avec les acides énergiques; mais ils deviennent moins nets quand il s'agit des sels que les bases puissantes forment avec les acides faibles, ou de ceux que les bases faibles forment avec les acides énergiques, ou, enfin, des sels que les acides faibles forment avec les bases faibles. La difficulté devient encore plus grande, quand l'acide, ou la base, ou le sel résultant de leur combinaison, sont insolubles dans l'eau.

On constate ordinairement la nature des sels neutres, acides ou basiques, par les changements de couleur qu'ils produisent sur certaines matières colorantes d'origine végétale, que l'on appelle des *réactifs colorés*. Le plus important de ces réactifs est la *teinture de tournesol*.

§ 288. La teinture bleue de tournesol est un véritable sel, résultant de la combinaison d'une base minérale avec un acide végétal qui est rouge. Lorsqu'on traite cette teinture par un acide fort, on lui enlève sa base et on met en liberté l'acide végétal; cet acide manifeste alors sa couleur propre, un rouge clair. Mais, si on la traite par un acide faible, on ne lui enlève qu'une partie de sa base, et il reste un sel avec excès d'acide végétal, lequel a une couleur vineuse. Une base soluble bleuit, au contraire, la teinture rougie du tournesol, c'est-à-dire celle dans laquelle l'acide coloré est libre, parce qu'elle se combine avec l'acide et forme un sel bleu. Pour que la teinture bleue soit aussi sensible que possible par rapport aux acides, il faut nécessairement qu'elle ne soit pas mêlée avec un excès de base libre; car, dans ce dernier cas, les premières portions d'acide ajoutées se combineraient simplement à la base libre, et il n'y aurait de réaction exercée sur la teinture qu'après que la base libre aurait été complétement saturée. De même, pour que la teinture rouge de tournesol présente son maximum de sensibilité par rapport aux bases, il faut que l'on ait décomposé la teinture bleue par une quantité d'acide tout juste suffisante pour isoler l'acide végétal rouge, et qu'il n'existe pas d'autre acide libre dans la liqueur.

Le sulfate de potasse ne réagit pas sur la teinture de tournesol, parce que l'acide sulfurique et la potasse sont combinés avec une telle affinité, qu'ils ne peuvent se combiner isolément, ni avec l'acide, ni avec la base de la teinture colorée; celle-ci reste donc intacte et conserve sa couleur primitive. Mais, s'il existait une matière colorante dont l'acide fût assez énergique pour enlever la potasse au sulfate de potasse, il est clair que cette matière manifesterait en présence du sulfate de potasse la réaction alcaline.

Les indications des réactifs colorés ne présentent donc rien d'absolu; elles ne sont que relatives. Il pourra même arriver qu'une substance présente la réaction acide avec une matière colorante, et la réaction alcaline avec une autre. C'est ainsi que l'acide borique produit le rouge vineux avec la teinture bleue de tournesol, et manifeste ainsi la réaction d'un acide faible; tandis qu'il bleuit l'hématine et présente, par rapport à cette dernière matière colorante, une réaction basique. De même, l'azotate et l'acétate de plomb rougissent la teinture de tournesol et bleuissent l'hématine. La base de la teinture de tournesol enlève l'acide aux deux sels de plomb; l'acide coloré est mis en liberté, et, par suite, la teinture bleue se colore en rouge. L'acide rouge de l'hématine enlève, au contraire, l'oxyde de plomb à l'azotate et à l'acétate de plomb, et il se produit un sel bleu.

§ 289. Occupons-nous d'abord des sels que l'acide sulfurique forme avec les diverses bases.

L'acide sulfurique rougit fortement la teinture bleue de tournesol; cette réaction est tellement sensible, qu'un dix-millième d'acide sulfurique, jeté dans l'eau, la manifeste encore d'une manière très-marquée. La potasse bleuit, au contraire, la teinture de tournesol préalablement rougie par un acide, et cette réaction est aussi sensible que celle qui est exercée par l'acide sur la teinture bleue, pourvu que le tournesol n'ait été rougi que par la quantité d'acide le plus faible possible.

Si l'on verse avec précaution une dissolution faible d'acide sulfurique dans une dissolution de potasse, en asseyant avec le plus grand soin la réaction de la liqueur à l'aide de la teinture de tournesol, on peut obtenir une liqueur qui ne manifeste plus la réaction alcaline sur la teinture, sans cependant présenter la réaction acide; mais cette liqueur est telle, que l'addition d'une seule goutte de la liqueur acide manifesterait immédiatement la réaction acide. On dit alors que les propriétés alcalines de la potasse ont été rigoureusement neutralisées par les propriétés acides de l'acide sulfurique; qu'il y a eu *saturation* ou *neutralisation* de l'acide par la base dans leur action sur la teinture de tournesol. Si l'on évapore la liqueur à sec, il reste un sel cristallin, le sulfate de potasse.

L'analyse de ce sel montre qu'il contient des quantités de potasse et d'acide sulfurique telles, que l'acide renferme 3 fois plus d'oxygène que la base; et comme on est convenu d'appeler *équivalent du potassium* la quantité de ce métal qui se combine avec 100 d'oxygène pour former la potasse, il est clair que la formule du sulfate de potasse doit s'écrire $KO.SO^3$.

Si l'on sature de la même manière la soude ou la lithine par l'acide sulfurique, et si l'on évapore la liqueur neutre aux teintures de tournesol, on obtient, de même, un sel, le sulfate de soude ou de lithine. Dans ces deux sels, *la quantité d'oxygène contenue dans l'acide sulfurique est encore exactement triple de celle qui est renfermée dans la base.*

Si l'on fait la même expérience sur des dissolutions de baryte et de strontiane, lesquelles bleuissent énergiquement la teinture rougie de tournesol, on verra que les premières gouttes d'acide ajoutées produiront un trouble dans la liqueur, et qu'il se formera un précipité blanc.

Ce composé insoluble continuera à se déposer jusqu'à ce que la liqueur commence à exercer une légère réaction acide. La dissolution filtrée ne laissera aucun résidu après son évaporation. Le sulfate insoluble qui s'est formé n'exerce aucune réaction sur la teinture de tournesol; mais nous ne pouvons pas en conclure que ce produit est réellement neutre. Car, pour qu'une substance puisse agir sur la teinture de tournesol, il faut qu'elle se dissolve dans l'eau, afin que les molécules du sel arrivent en contact avec celles de la teinture.

L'analyse des sulfates de baryte et de strontiane ainsi produits montre encore que *l'oxygène de l'acide est égal à trois fois celui de la base.* Les chimistes sont convenus de considérer ces sulfates comme des sels neutres, bien que leur neutralité sur les réactifs colorés ne puisse pas être vérifiée directement.

Tous les oxydes basiques des métaux des autres sections sont insolubles dans l'eau; il est donc impossible de déterminer leur action propre sur les réactifs colorés. En les combinant avec l'acide sulfurique, on obtient encore des sulfates; et, lorsque ceux-ci sont solubles, ils rougissent, en général, la teinture de tournesol. Néanmoins, dans tous ces sulfates, *l'oxygène de l'acide sulfurique est triple de la base,* comme dans les sulfates neutres de potasse, de soude et de lithine.

Les chimistes sont convenus de considérer comme sulfates neutres tous les sulfates dans lesquels l'oxygène de l'acide est triple de celui de la base, quelle que soit, d'ailleurs, leur réaction sur les couleurs végétales.

La potasse, la soude et la lithine peuvent former, avec l'acide sulfurique, des sels qui renferment plus d'acide sulfurique que les sulfates neutres. Si l'on dissout ces bases dans un excès d'acide sulfurique, et que l'on évapore la dissolution, on obtient des sulfates cristallisés dans lesquels l'oxygène de l'acide est sextuple de celui de la base. Ces sels seront donc des *sulfates acides,* des *bisulfates.*

§ 290. Une dissolution de potasse, saturée exactement par de l'acide azotique, donne, par l'évaporation, un sel cristallisé dans lequel l'oxygène de l'acide est quintuple de celui de la base. Si l'on sature, de même, par l'acide azotique, les dissolutions des oxydes métalliques de la première section, on obtient des sels solubles, parfaitement neutres aux teintures colorées, et qui cristallisent après l'évaporation de la liqueur. Dans tous ces azotates, l'oxygène de l'acide est quintuple de celui de la base.

Mais, si l'on dissout, dans l'acide azotique, les oxydes métalliques des autres sections, on obtient des azotates qui cristallisent après l'évaporation de la liqueur. Tous ces azotates présentent le même rapport de 5 à 1 entre la quantité d'oxygène de l'acide et celle qui existe dans la base; mais leurs dissolutions manifestent une réaction fortement acide.

On considère comme azotate neutre tout azotate dans lequel l'oxygène de l'acide est quintuple de celui de la base, quelle que soit sa réaction sur la teinture de tournesol.

§ 291. L'eau joue le rôle de base par rapport aux acides puissants. L'acide sulfurique monohydraté pourra donc être considéré comme un véritable sel, et même comme un sulfate neutre; car le rapport entre l'oxygène de l'acide et celui de l'eau est de 3 à 1. Par la même raison, l'acide azotique monohydraté sera un azotate neutre d'eau. On peut donc dire que, lorsqu'on combine l'acide sulfurique ou l'acide azotique avec les bases, on fait réagir ces bases sur des sels déjà tout formés, sur des sulfates ou azotates d'eau, et que la base ne fait que se substituer à l'eau basique, en vertu de son affinité plus puissante.

§ 292. Dans les deux exemples que nous avons choisis, nous avons fixé la composition des sels neutres, en déterminant les quantités de potasse, de soude et de lithine qui saturent exactement, par rapport aux réactifs colorés, un même poids d'acide sulfurique ou d'acide azotique. Or on trouve que ces quantités sont telles, qu'elles renferment précisément le même poids d'oxygène. La même relation s'observe dans les sels cristallisés que les mêmes acides forment avec les autres oxydes métalliques. Nous pouvons donc énoncer cette loi très-remarquable : *Les quantités pondérables des diverses bases qui forment des sels neutres avec un même poids d'acide sulfurique ou d'acide azotique renferment exactement la même quantité d'oxygène.* Si l'on rapporte ces quantités des diverses bases aux poids d'acide sulfurique et d'acide azotique que l'on a choisis pour représenter leurs équivalents, et si on les désigne par a, b, c, d..., on pourra dire : *Si l'équivalent* A *d'acide sulfurique forme des sels neutres avec les poids* a, b, c, d... *de potasse, de soude, de baryte, de chaux, etc., etc., l'équivalent* B *d'acide azotique formera de même des sels neutres avec les mêmes poids* a, b, c, d... *de ces bases :* de sorte que ces poids a, b, c, d, qui *s'équivalent* par rapport au poids A d'acide sulfurique, *s'équivalent* également par rapport au poids B d'acide azotique.

§ 293. Examinons, maintenant, les combinaisons que les acides faibles forment avec ces bases, et voyons d'après quelles considérations les chimistes parviennent à fixer la constitution des sels neutres.

Avec les acides faibles, tels que les acides sulfureux, carbonique, borique, etc., etc., la saturation des propriétés alcalines de la potasse, par rapport aux réactifs colorés, n'a jamais lieu d'une manière complète, quelle que soit la quantité d'acide ajoutée. La liqueur conserve toujours une réaction alcaline; et le caractère de la saturation constaté par les réactifs colorés ne peut plus être invoqué pour définir les sels neutres.

§ 294. Si l'on fait passer un courant de gaz acide sulfureux à travers une dissolution concentrée de potasse, jusqu'à ce que celle-ci ne puisse plus en dissoudre, il se dépose, au bout de quelque temps, un sel cristallisé dans lequel l'oxygène de l'acide est égal à 4 fois celui de la base. Si l'on redissout ce sel dans l'eau, et si on lui ajoute une quantité de potasse égale à celle qu'il renferme déjà, on obtient, en évaporant la liqueur, un nouveau sel cristallisable, dans lequel l'oxygène de l'acide est le double de celui de la base.

Quel est celui de ces deux sels que nous prendrons pour sel neutre? Les chimistes se guident dans ce choix par les considérations suivantes :

Si l'on cherche à former des sulfites avec les divers oxydes métalliques, on obtient, avec les métaux de la première section, deux séries de sels qui correspondent aux deux sulfites que forme la potasse; mais, avec les métaux des autres sections, on n'obtient qu'une seule série de sels, savoir, celle dans laquelle l'oxygène de l'acide est double de celui de la base. *Ce sont ces sulfites, qui existent pour la plupart des oxydes métalliques, que les chimistes sont convenus de regarder comme les sulfites neutres.* Par suite, le sulfite neutre de potasse prend la formule

$$KO.SO^2,$$

et le sulfite qui renferme une quantité double d'acide sulfureux est considéré comme un *sulfite acide*, comme un *bisulfite*, et sa formule devient :

$$KO.2SO^2.$$

§ 295. Une circonstance toute semblable se présente pour les carbonates. Si l'on sature d'acide carbonique une dissolution concentrée de potasse, il se dépose, au bout de quelque temps, un sel cristallisé dont l'acide renferme 4 fois plus d'oxygène que la base. Si l'on redissout ce sel dans l'eau, et qu'on ajoute une quantité de potasse égale à celle qu'il renferme déjà, on peut obtenir, en évaporant la liqueur, un nouveau carbonate cristallisé, dans lequel l'acide ne contient plus qu'une quantité d'oxygène double de celle de la base. Les deux sels ont, d'ailleurs, tous deux une réaction alcaline sur les teintures colorées. La soude et la lithine donnent deux carbonates semblables.

La baryte, la strontiane, la chaux, la magnésie, forment des carbonates que l'on rencontre abondamment dans la nature, en beaux cristaux. Dans tous ces carbonates, le rapport entre l'oxygène de l'acide et celui de la base est de 2 à 1. Ces carbonates sont insolubles dans l'eau; ils se dissolvent, au contraire, en petite quantité dans l'eau chargée d'acide carbonique. On peut regarder cette dernière dissolution comme renfermant des carbonates, dans lesquels l'oxygène de l'acide carbonique est égal à 4 fois celui de la base; mais on n'a pas réussi, jusqu'ici, à les obtenir cristallisés. La liqueur ne dépose jamais par évaporation que des carbonates dans lesquels l'oxygène de l'acide est le double de celui de la base. Les métaux des autres sections ne donnent aussi que cette première série de carbonates.

Cette considération a déterminé la plupart des chimistes à regarder comme carbonates neutres ceux dans lesquels l'oxygène de l'acide est le double de celui de la base. La formule du carbonate neutre de potasse est alors $KO.CO^2$, et le second sel devient un bicarbonate, dont on écrit la formule $KO.2CO^2$.

Quelques chimistes, cependant, regardent encore aujourd'hui ce dernier sel comme le carbonate neutre, parce qu'il s'approche plus que le premier de la neutralité constatée par les réactifs colorés. Ils écrivent sa formule, $KO.C^2O^4$; et le premier sel devient un *sous-carbonate*, un *carbonate bibasique*, dont on écrit la formule $2KO.C^2O^4$. Dans cette manière de voir, la formule de l'acide carbonique est C^2O^4, et le poids de son équivalent est le double de celui que nous avons admis (§ 191).

§ 296. L'acide borique forme avec les alcalis deux sels, qui ont tous deux la réaction alcaline. Si l'on dissout de l'acide borique dans une dissolution de soude et qu'on évapore la liqueur, on obtient un sel dans lequel l'acide borique renferme 6 fois plus d'oxygène que la base. Si l'on fond ce sel dans un creuset de platine avec une quantité de soude égale à celle qu'il renferme déjà, on obtient un nouveau sel qui se dissout dans l'eau et cristallise après évaporation de la liqueur. Dans ce dernier sel, l'acide borique renferme seulement 5 fois plus d'oxygène que la soude. Quel est celui de ces deux sels que nous choisirons pour *sel neutre?* L'embarras est ici encore plus grand que pour les sulfites et pour les carbonates, parce que les borates ont été moins bien étudiés, jusqu'ici, que ces derniers sels. Aussi les chimistes ne sont-ils point d'accord sur ce point. Les uns regardent comme le sel neutre le premier borate dont nous avons parlé, et lui donnent la formule $NaO.BoO^6$; le second borate devient alors un sel bibasique, et sa formule s'écrit $2NaO.BoO^6$. Les autres regardent, au contraire, le second borate comme le sel neutre; ils écrivent sa formule $NaO.BoO^5$. Le premier sel devient alors un biborate dont la formule s'écrit $NaO.2BoO^5$.

§ 297. La définition du sel neutre présente des difficultés toutes particulières pour certains acides, même très-énergiques, que les chimistes regardent comme *polybasiques*; c'est-à-dire, comme jouissant de la propriété de former des sels neutres, non pas avec un équivalent, mais avec plusieurs équivalents de base. Nous donnerons une idée de ces difficultés, en prenant pour exemple l'acide phosphorique. Nous avons vu (§ 165) que l'acide phosphorique pouvait être obtenu sous trois états différents. L'acide phosphorique que l'on prépare en dissolvant le phosphore dans l'acide azotique diffère notablement, par ses propriétés, de l'acide que l'on obtient par la combustion directe du phosphore dans l'oxygène; ces deux modifications de l'acide phosphorique produisent des classes de sels parfaitement distinctes. On connaît même une troisième modification de l'acide phosphorique, laquelle donne une troisième série de phosphates, différente des deux premières. Nous ne considérerons ici que les sels formés par l'acide phosphorique obtenu par la dissolution du phosphore dans l'acide azotique.

Si l'on verse un grand excès d'une dissolution d'acide phosphorique dans une dissolution de soude, et que l'on évapore convenablement la liqueur, on obtient un sel cristallisé, dans lequel l'acide phosphorique renferme 5 fois plus d'oxygène que la soude.

Si l'on redissout ce sel dans l'eau, et qu'on ajoute une quantité de soude égale à celle qu'il renferme déjà, on obtient, en évaporant la liqueur, un nouveau sel cristallisé dans lequel l'oxygène de l'acide est à celui de la base comme 5 est à 2. Enfin, si l'on dissout ce dernier sel dans l'eau, et qu'on ajoute à la liqueur un excès de soude, on peut obtenir, par l'évaporation, un troisième phosphate de soude cristallisé dans lequel l'oxygène de l'acide est à celui de la base comme 5 est à 3.

Le premier de ces deux phosphates a une réaction acide sur le tournesol; les deux autres ont, au contraire, une réaction alcaline.

La même modification de l'acide phosphorique donne donc trois phosphates de compositions très-différentes; comment décider quel est celui de ces phosphates qui sera considéré comme le phosphate neutre? Les chimistes ont été amenés, par un ensemble de considérations que nous ne pouvons développer ici, à admettre que ces trois phosphates ont le même mode de constitution; ils les regardent comme formés tous trois par 1 équivalent d'acide phosphorique combiné avec 3 équivalents de base. Dans le troisième phosphate de soude, les 3 équivalents de base sont 3 équivalents de soude; dans le second phosphate, il y a 2 équivalents de soude et 1 équivalent d'eau basique; enfin, dans le premier phosphate, les 3 équivalents de base sont formés par 1 équivalent de soude et 2 équivalents d'eau basique. Ainsi les trois phosphates, bien que l'un ait une réaction acide et les deux autres une réaction alcaline, sont considérés tous trois comme ayant la même constitution; et, si l'on regarde l'un quelconque de ces phosphates comme sel neutre, les autres le seront également.

§ 298. La considération de l'eau qui peut jouer le rôle de base dans les sels, a beaucoup modifié les idées des chimistes sur la classification de ces sels. La plupart des sels acides peuvent être considérés comme des sels neutres, l'excès d'acide pouvant être regardé comme combiné avec de l'eau basique. Ainsi le bisulfate de potasse cristallisé renferme 1 équivalent d'eau qu'il n'abandonne pas, par l'action seule de la chaleur, sans se décomposer. On peut donc, avec raison, regarder ce sel comme résultant de la combinaison de deux sulfates neutres, sulfate de potasse et sulfate d'eau, et écrire sa formule $KO.SO^3 + HO.SO^3$. Cette manière de voir peut être étendue à la plupart des autres sels acides. En la généralisant, on est conduit à ne considérer, pour un même acide, qu'une seule série de sels qui présentent tous le même mode de constitution, et qui ne diffèrent que par la nature des bases combinées avec l'acide.

§ 299. Si l'on met en présence une oxybase avec un hydracide, il n'y a pas simple combinaison des deux corps, mais décomposition réciproque. L'hydrogène de l'hydracide se combine avec l'oxygène de la base pour former de l'eau, et l'élément électropositif de la base, le métal, se combine avec l'élément électronégatif de l'hydracide pour former un autre composé binaire qui correspond, par sa composition, à l'oxybase employée. Ainsi, avec la potasse et l'acide chlorhydrique, on a de l'eau et du chlorure de potassium :

$$KO + HCl = HO + KCl.$$

Avec le sesquioxyde de fer et l'acide chlorhydrique, on a de l'eau et du sesquichlorure de fer :

$$Fe^2O^3 + 3HCl = 3HO + Fe^2Cl^3.$$

La saturation de l'hydracide par la base, constatée au moyen des réactifs colorés, se fait souvent aussi complétement que celle d'un oxacide puissant par la même base. Ainsi la dissolution d'acide chlorhydrique, qui rougit fortement la teinture de tournesol, peut être amenée à une neutralité parfaite sur cette teinture, par une addition convenable de potasse; et si l'on évapore alors la liqueur, on n'obtient que de l'eau et du chlorure de potassium.

§ 300. Les combinaisons binaires des métaux avec les métalloïdes susceptibles de former des hydracides avec l'hydrogène présentent des propriétés physiques analogues à celles des sels, et, dans un grand nombre de réactions chimiques opérées dans l'eau, elles se comportent comme de simples combinaisons de l'oxybase avec l'hydracide. Ainsi, quand on chauffe du chlorure de potassium avec de l'acide sulfurique hydraté, il se forme du sulfate de potasse, et il se dégage de l'acide chlorhydrique. La réaction est donc tout à fait semblable à celle qui aurait lieu si l'acide sulfurique décomposait un sel formé par la combinaison directe de l'hydracide avec l'oxybase, et chassait simplement ce dernier acide pour se combiner avec la base. Mais, dans la réalité, la réaction est plus complexe ; l'eau, combinée à l'acide sulfurique, est décomposée, son oxygène se combine avec le métal du composé binaire, l'hydrogène se combine avec son élément électronégatif, enfin l'oxybase formée se combine avec l'oxacide :

$$KCl + SO^3.HO = KO.SO^3 + HCl.$$

A cause de la grande ressemblance que cette classe de composés binaires présente avec les sels proprement dits dans leurs propriétés physiques et même dans un grand nombre de réactions chimiques, beaucoup de chimistes les considèrent comme une espèce particulière de sels, auxquels ils donnent le nom de *sels haloïdes*, et ils appellent *corps halogènes* les corps simples ou composés qui forment des hydracides avec l'hydrogène, et, par suite, des sels haloïdes avec les métaux. Nous n'adopterons pas cette manière de voir ; elle est incompatible avec la définition que nous avons donnée du mot *sel*, définition qu'il nous paraît convenable de conserver avec toute sa précision. D'ailleurs, les composés binaires qui nous occupent en ce moment ne présentent d'analogie avec les sels que lorsqu'ils sont solubles dans l'eau et qu'on les soumet aux réactions chimiques au milieu de ce liquide.

§ 301. Les sels sont presque tous solides à la température ordinaire. Ceux qui résultent de la combinaison d'un acide incolore avec une base incolore sont eux-mêmes incolores. Les sels qu'une même base colorée forme avec les divers acides incolores sont au contraire colorés, et ils présentent tous à peu près la même couleur lorsqu'ils ont cristallisé dans l'eau ; les sels formés par les bases incolores avec un même acide coloré se rapprochent, en général, de la couleur de l'acide libre.

La saveur des sels solubles dépend le plus souvent de la base : ainsi les sels de soude ont une saveur franchement salée, analogue à celle de notre sel de cuisine ; les sels de potasse ont une saveur salée un peu amère; les sels de magnésie présentent une amertume insupportable ; les sels d'alumine sont sucrés et astringents, etc. Il arrive cependant souvent que la saveur du sel est fortement influencée par la nature de l'acide, comme dans les sulfites, les sels formés par les acides métalliques, les sulfosels, etc., etc.

§ 502. Beaucoup de sels peuvent être obtenus soit à l'état anhydre, soit en combinaison avec une certaine quantité d'eau. Un grand nombre de sels solubles, en se déposant de leurs dissolutions, retiennent de l'eau en combinaison ; cette eau est appelée *eau de cristallisation*. La quantité d'eau de cristallisation que prend un même sel, lorsqu'il cristallise *à la même température* dans une dissolution *identique*, est toujours la même ; elle présente un rapport simple en équivalent avec les équivalents de l'acide et de la base qui entrent dans la constitution du sel. Ainsi *l'eau de cristallisation des sels suit la loi des combinaisons à proportions définies que nous avons observée dans toutes les autres combinaisons chimiques.*

§ 503. Un même sel se combine souvent avec des quantités d'eau très-différentes quand il se dépose d'une même dissolution, mais à des températures différentes. Ainsi le sulfate de soude prend 10 équivalents d'eau lorsqu'il cristallise dans une dissolution aqueuse à une température inférieure à 33°, tandis qu'il se dépose à l'état anhydre si la température de la liqueur est supérieure à 33°. Le sulfate de protoxyde de manganèse, cristallisé dans une dissolution aqueuse à une température inférieure à + 6°, a pour formule $MnO.SO^3 + 7HO$. Le même sel, cristallisé entre + 6° et + 20°, a pour formule $MnO.SO^3 + 6HO$; enfin, lorsqu'il cristallise entre + 20° et + 30°, il ne prend plus que 4 équivalents d'eau, et sa formule est $MnO.SO^3 + 4HO$. Dans ces différents états d'hydratation, les cristaux de sulfate de manganèse présentent des formes cristallines très-différentes et incompatibles; ce qui montre que l'eau de cristallisation influe sur la forme cristalline de la même manière que les autres éléments du sel. Le sulfate de manganèse $MnO.SO^3 + 7HO$ perd promptement sa transparence, à une température de + 10°; il se désagrége par efflorescence et tombe en poussière. Au bout de quelque temps, la matière ne renferme plus que 6 équivalents d'eau. Ainsi le sel, même à l'état solide, a pris la composition qui lui convient à cette température, et avec laquelle il se serait déposé, s'il avait cristallisé dans une dissolution qui fût à la température de + 10°. De même, le sulfate $MnO.SO^3 + 6HO$, exposé pendant longtemps à une température de + 30°, se désagrége, abandonne 2 équivalents d'eau, et prend la composition $MnO.SO^3 + 4HO$. Si l'on chauffe ce dernier sel à une température de 100° environ, il perd encore 5 équivalents d'eau; mais il retient le dernier équivalent, qu'on ne parvient à lui enlever qu'en le chauffant à une température supérieure à 250°. Ainsi le même sulfate de manganèse a été obtenu jusqu'ici avec les compositions suivantes :

MnO . SO³   sulfate anhydre, sel cristallisé chauffé à 300°,
MnO . SO³ +   HO sulfate cristallisé chauffé à 120°,
MnO . SO³ + 4HO sulfate qui a cristallisé entre + 20° et + 30°,
MnO . SO³ + 6HO sulfate cristallisé entre + 6° et + 20°,
MnO . SO³ + 7HO sulfate cristallisé au-dessous de + 6°.

§ 304. Les sels hydratés sont donc susceptibles d'abandonner successivement leur eau de cristallisation à des températures de plus en plus élevées. Il est naturel de penser que l'eau qui se dégage à la plus faible température est retenue dans la combinaison par une affinité plus faible que celle qui résiste. On conçoit, d'après cela, qu'il y a un grand intérêt à étudier avec soin ces déshydratations successives des divers sels, afin d'attribuer à chaque portion d'eau le rôle qui lui appartient véritablement. Il y a plus, un sel hydraté ne peut pas toujours perdre son eau sans se modifier d'une manière complète dans sa constitution et dans l'ensemble de ses propriétés chimiques. Ainsi le phosphate de soude ordinaire, cristallisé à une basse température, a pour formule : 2NaO . PhO³ + 25HO. Ce sel est efflorescent à l'air, il perd alors une partie de son eau. Si on le fait cristalliser à 30° environ, il cristallise avec moins d'eau; les cristaux qui ne sont plus efflorescents à l'air présentent la formule 2NaO . PhO³ + 17HO. Si on chauffe le même sel à une température d'environ 150°, on obtient un phosphate 2NaO . PhO³ + HO, qui ne renferme plus que 1 équivalent d'eau. Mais, si l'on redissout ces divers sels hydratés dans l'eau, et si on les fait cristalliser de nouveau à une basse température, il se dépose le même sel primitif 2NaO . PhO³ + 25HO. Ainsi les déshydratations successives que l'on a fait subir au sel ne l'ont pas modifié assez pour que, mis en présence de l'eau, il ne reprenne pas sa constitution primitive. Mais, si l'on chauffe le phosphate de soude jusqu'au rouge sombre, il perd son dernier équivalent d'eau, et sa constitution se trouve alors complétement changée; car, en le dissolvant dans l'eau et le faisant cristalliser, on n'obtient plus les phosphates ordinaires hydratés, mais des sels complétement différents par leurs formes et par leurs réactions chimiques. Le dernier équivalent d'eau joue donc dans ce sel un rôle beaucoup plus important que les autres, puisqu'on ne peut pas le chasser sans changer complétement la nature du sel. Nous dirons que cet équivalent d'eau est de l'*eau de constitution*, tandis que tous les autres sont de l'*eau de cristallisation*.

§ 505. Un grand nombre de sels perdent une partie de leur eau de cristallisation quand on les expose à l'air à la température ordinaire, si cet air n'est pas saturé d'humidité. Ils la perdent plus facilement, quand l'air est complétement sec. On peut souvent amener très-loin la déshydratation d'un sel, en l'exposant dans le vide, sous une cloche, à côté d'une capsule renfermant de l'acide sulfurique concentré. Si l'on veut déterminer rigoureusement la quantité d'eau que le sel perd dans cette circonstance, on pèse dans une petite capsule une certaine quantité du sel réduit en poudre fine, et on place la capsule sous le récipient de la machine pneumatique au-dessus d'une large capsule renfermant de l'acide sulfurique concentré. Après vingt-quatre heures de séjour dans le vide, la capsule est pesée de nouveau; la différence de poids représente l'eau perdue. On la replace dans le vide et on la repèse au bout de douze heures; si elle n'a pas subi une nouvelle perte de poids, on est sûr que le sel avait abandonné, pendant son premier séjour dans le vide, toute la quantité d'eau qu'il pouvait perdre dans ces conditions. S'il y a eu, au contraire, une diminution de poids, il faut remettre une troisième fois la capsule dans le vide, et continuer, jusqu'à ce que l'on ne remarque plus de changement de poids entre deux pesées consécutives.

§ 506. Les sels qui renferment beaucoup d'eau de cristallisation fondent souvent quand on les chauffe; ils éprouvent alors ce qu'on appelle la *fusion aqueuse*. La matière fondue peut être considérée comme une dissolution du sel anhydre dans l'eau de cristallisation du sel, laquelle est devenue libre. En continuant à chauffer, l'eau de cristallisation s'échappe successivement; la matière se dessèche et peut fondre à son tour, si l'on porte la température assez haut, et si le sel peut supporter cette température sans se décomposer. On dit alors que le sel anhydre éprouve la *fusion ignée*.

§ 507. Certains sels anhydres font entendre de petites détonations, quand on projette leurs cristaux sur des charbons incandescents. Notre sel de cuisine est dans ce cas. On dit alors que le sel *décrépite* sur le feu. Cette décrépitation des cristaux est souvent occasionnée par une petite quantité d'eau interposée entre les lamelles cristallines; cette eau se réduit brusquement en vapeur, sous l'action de la chaleur, et produit une série de petites détonations. Souvent aussi la décrépitation est due à la mauvaise conductibilité du sel pour la chaleur; il en ré·sulte, dans chaque individu cristallin, une foule de petites ruptures avec bruit.

§ 508. *Action de l'électricité.* — La pile électrique décompose facilement les sels, surtout lorsqu'ils sont dissous dans l'eau. Si la pile est énergique, la décomposition peut être très-complexe, et amener même une séparation des éléments simples. Mais, si la pile est faible, l'acide se sépare uniquement de la base, il se rend au pôle positif, tandis que la base se rend au pôle négatif. Cette décomposition devient très-manifeste, si l'on dispose l'expérience de la manière suivante : on verse une dissolution d'un sel neutre, de sulfate de potasse, par exemple, dans un tube recourbé *abc* (*fig.* 114); on colore la dissolution avec un peu de sirop de violettes, qui lui donne une couleur violette. La matière colorante de ce sirop rougit par les acides et verdit par les alcalis. On plonge les deux pôles de la pile, terminés par des fils de platine, dans les deux ouvertures du tube en U. La liqueur devient rouge dans la branche *ab*, où plonge le pôle positif; elle prend une couleur verte dans la branche *bc*, où plonge le pôle négatif. Au bout de quelque temps, la séparation est très-nette, et elle se maintient tant qu'on laisse agir la pile. Mais, si l'on enlève les fils, les liqueurs des deux branches se mélangent lentement, le sulfate de potasse se régénère et

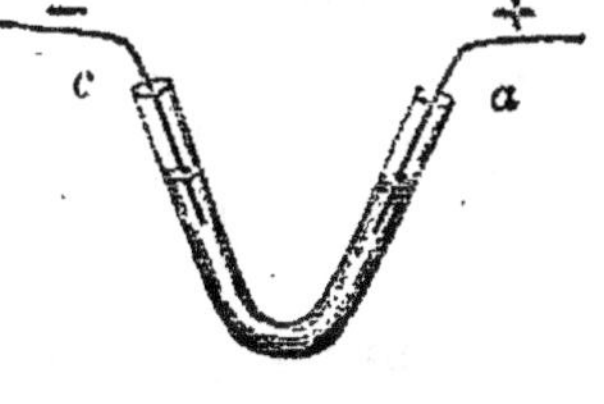

Fig. 114.

la matière colorante reprend sa couleur violette primitive. Il est clair que l'on obtient immédiatement le même effet si l'on agite le tube de manière à mélanger rapidement le liquide des deux branches.

De la solubilité des sels.

§ 309. L'étude de la solubilité des sels dans les différents liquides est une des plus importantes de la chimie. On fonde, en effet, sur la différence de leur solubilité les procédés à l'aide desquels on les sépare, lorsqu'ils sont mélangés entre eux. Des méthodes de préparation reposent souvent aussi sur ces différences.

L'eau est le dissolvant le plus général et le plus important des sels; elle en dissout un très-grand nombre, et souvent en proportion considérable. Quelques sels se dissolvent également dans l'alcool et dans l'esprit de bois; en général, ce sont ceux qui sont très-solubles dans l'eau.

La solubilité des sels dans les liquides variant avec la température, il est nécessaire de la déterminer pour les différents degrés de l'échelle thermométrique, depuis les températures les plus basses, jusqu'à la température à laquelle la dissolution saturée entre en ébullition sous la pression ordinaire de l'atmosphère. La solubilité des sels augmente, en général, avec la température; nous aurons cependant à signaler par la suite plusieurs exceptions à cette proposition.

§ 510. Pour obtenir une dissolution saturée d'un sel, à une température déterminée, on peut opérer de deux manières différentes. On verse le liquide dissolvant sur un grand excès de sel, de façon que les fragments de sel dépassent le niveau du liquide, et l'on maintient le tout pendant plusieurs heures à la température à laquelle on veut déterminer sa solubilité. Le liquide décanté renferme alors toute la quantité de sel qu'il peut dissoudre à cette température, au contact du sel cristallisé; on dit qu'il est *saturé*.

On peut aussi opérer la dissolution du sel à une température plus élevée que celle à laquelle on veut déterminer sa solubilité; puis, laisser refroidir lentement la liqueur jusqu'à ce qu'elle atteigne cette température, que l'on maintient ensuite stationnaire pendant un quart d'heure. Une portion du sel se dépose pendant le refroidissement de la liqueur, et il ne reste en dissolution que la portion que le liquide peut dissoudre à la température désirée. L'expérience a montré que l'on obtenait pour un même sel le même coefficient de solubilité, en opérant par l'une ou l'autre de ces méthodes. Cependant, quand on opère par la seconde, il est nécessaire de prendre quelques précautions. On a reconnu, en effet, qu'une liqueur peut, lorsqu'elle ne se trouve pas en contact avec des cristaux tout formés du sel qu'elle renferme, retenir une proportion de ce sel beaucoup plus considérable que celle qui correspond à sa solubilité normale pour cette température. Les dissolutions saturées de certains sels, plus solubles à chaud qu'à froid, peuvent souvent se refroidir de plusieurs degrés sans abandonner de cristaux. Mais, si l'on fait tomber un petit cristal du sel dont elles sont sursaturées, l'excès du sel cristallise immédiatement; et, au bout de quelques instants, la liqueur ne renferme plus que la quantité normale de sel qu'elle dissout à cette température. Ces solubilités anomales ne se remarquent donc jamais lorsqu'on laisse les liqueurs en contact avec un excès de sel.

Une agitation vive de la liqueur sursaturée, ou l'introduction d'un corps étranger, surtout lorsque celui-ci présente des aspérités, détermine souvent la séparation de l'excès du sel dissous. Ce phénomène est analogue à celui que l'on constate dans la congélation des liquides, et il peut être attribué à la même cause, savoir, à une certaine difficulté qu'éprouvent les molécules salines à se mouvoir dans le liquide et à prendre l'orientation convenable pour l'agrégation cristalline. C'est ainsi que l'eau peut être refroidie de plusieurs degrés au-dessous de la température ordinaire de sa congélation, sans passer à l'état solide, quand le vase qui la contient est dans un état de repos absolu; mais, si l'on projette dans le liquide un petit fragment de glace, ou si l'on y plonge une pointe de fer effilée, la congélation a lieu immédiatement.

§ 311. Le sulfate de soude présente un exemple très-remarquable de cette inertie des molécules salines dans une dissolution. La solubilité de ce sel augmente rapidement avec la température depuis 0° jusqu'à 35°. A partir de 35°, elle diminue, au contraire, avec la température, mais plus lentement qu'elle n'avait crû entre 0° et 35°; et, à la température de l'ébullition, le liquide renferme une proportion de sel beaucoup plus considérable qu'à la température ordinaire. Si l'on verse une petite couche d'huile ou d'essence de térébenthine sur une dissolution chaude et saturée de sulfate de soude, et qu'on laisse refroidir la liqueur, lentement, dans un endroit où elle ne soit pas agitée, on voit qu'elle n'abandonne pas de cristaux, lors même qu'elle est arrivée à une température où la moitié seulement du sel primitivement dissous pourrait rester dans la liqueur, en vertu de sa solubilité normale. Mais, si l'on fait descendre une pointe de verre, à travers la couche d'huile, jusqu'au contact de la dissolution saline, la cristallisation commence aussitôt.

On peut faire sur le même sel une expérience encore plus frappante. On verse une dissolution de ce sel saturée à chaud dans un tube de verre à entonnoir (*fig.* 115), de façon à remplir la capacité *ab* aux ⅞ environ. On fait bouillir la liqueur pendant quelques instants pour chasser l'air; puis, maintenant toujours une ébullition faible, on ferme rapidement, au chalumeau, la partie effilée en *e*. On laisse refroidir le tube, et l'on reconnaît que la dissolution peut être refroidie à 0° sans qu'elle cristallise, et cependant, elle renferme alors dix fois plus de sel qu'elle ne

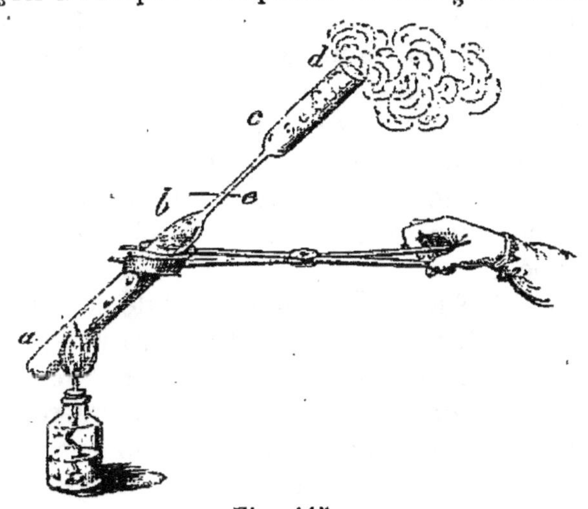

Fig. 115.

pourrait en maintenir en dissolution par son pouvoir dissolvant normal. On peut secouer vivement le tube sans que la cristallisation ait lieu; mais, si l'on brise brusquement la pointe effilée, le sel cristallise à l'instant, et la liqueur se prend en masse. Le tube s'échauffe en même temps d'une manière appréciable à la main. Ce dégagement de chaleur tient à ce que tous les corps abandonnent de la chaleur en passant de l'état liquide à l'état solide. Or le sulfate de soude dissous était liquide; il s'est solidifié en cristallisant; il a donc dégagé de la chaleur. Un dégagement semblable a lieu toutes les fois qu'un sel cristallise dans une dissolution; mais il n'est appréciable que si la cristallisation est abondante et immédiate. Si la cristallisation a lieu lentement, par exemple, pendant le refroidissement successif de la liqueur, la chaleur dégagée par la solidification du sel ne fait que retarder la vitesse du refroidissement. Si la cristallisation a lieu par évaporation spontanée, elle est encore plus lente; l'évaporation du liquide enlève de la chaleur, et celle qui est abandonnée par le sel en cristallisant ne peut être constatée que par des expériences très-délicates.

§ 512. La solubilité, aux diverses températures, d'un sel renfermant de l'eau de cristallisation peut être exprimée de deux manières : soit par la quantité d'eau que renferme une dissolution du sel, saturée à ces températures; soit par la quantité d'eau qu'il faut employer pour dissoudre un certain poids de sel hydraté, et obtenir une dissolution saturée à la température T. Dans le premier cas, la solubilité est rapportée au sel anhydre, et on compte l'eau de cristallisation comme coopérant à la dissolution. Dans le second cas, on suppose implicitement que le sel existe encore dans la dissolution à l'état d'hydrate, et que l'eau ajoutée agit seule comme liquide dissolvant.

Plusieurs sels hydratés fondent dans leur eau de cristallisation, à une température plus ou moins élevée; ils subissent alors la *fusion aqueuse*. A la température qui détermine cette fusion, un certain poids d'eau dissout un poids déterminé de sel *anhydre*; mais, pour la même température, la solubilité du sel *cristallisé* dans l'eau est *infinie*; un gramme d'eau dissoudrait, en effet, à cette température, une quantité indéfinie de sel cristallisé, puisque, à cette température, le sel entre en dissolution dans sa propre eau de cristallisation.

§ 513. Supposons que l'on ait déterminé la solubilité dans l'eau d'un même sel, pour toutes les températures, depuis les plus basses jusqu'à celles où sa dissolution saturée entre en ébullition sous la pression ordinaire de l'atmosphère; on pourra représenter les relations de la solubilité avec les températures, par une courbe graphique, en comptant les températures sur la ligne des abscisses, et portant sur les ordonnées correspondantes des longueurs proportionnelles aux quantités de sel dissoutes par le même poids d'eau. Cette courbe pourra être construite avec une précision suffisante, lorsqu'on aura seulement un certain nombre (8 ou 10) de déterminations directes de solubilité, convenablement espacées dans l'échelle des températures, et l'on pourra se servir ensuite de cette courbe pour reconnaître les solubilités à toutes les températures intermédiaires.

§ 314. La solubilité d'un nombre assez considérable de sels augmente à peu près proportionnellement à la température, de sorte que leur courbe de solubilité diffère à peine de la ligne droite. Quelquefois cette ligne droite est très-peu inclinée sur la ligne des abscisses; c'est ce qui a lieu pour le chlorure de sodium, dont la solubilité n'augmente pas sensiblement avec la température. Les lignes droites qui représentent les solubilités du sulfate de potasse, du chlorure de potassium, du chlorure de baryum, du sulfate de magnésie, sont plus inclinées sur la ligne des abscisses. Les courbes de solubilité de l'azotate de baryte, du chlorate de potasse et de l'azotate de potasse tournent leur convexité vers l'axe des abscisses; la courbe de l'azotate de potasse s'élève très-rapidement, à mesure que les abscisses croissent.

La courbe de solubilité du sulfate de soude présente une forme très-remarquable. Cette courbe s'élève rapidement entre 0° et 33°; vers 33°, elle présente un point de rebroussement à partir duquel la courbe s'abaisse vers l'axe des abscisses, en tournant toujours sa convexité vers cet axe. Le point singulier que présente la courbe de solubilité du sulfate de soude pour l'abscisse 33° correspond à un changement remarquable qui s'opère à cette température dans la constitution du sel. En effet, si l'on fait cristalliser le sulfate de soude par évaporation d'une liqueur que l'on maintient au-dessous de 33°, le sel cristallise constamment à l'état hydraté $NaO.SO^3 + 10HO$. Mais, si l'on fait cristalliser la même dissolution au-dessus de 33°, le sel se dépose toujours à l'état anhydre $NaO.SO^3$. Ainsi la discontinuité que nous observons dans la courbe de solubilité pour l'abscisse de 33° coïncide avec un changement de constitution que subit le sel à cette température. La première branche, comprise entre les abscisses 0 et 33, se rapporte au sel hydraté $NaO.SO^3 + 10HO$; la seconde branche, comprise entre 33 et l'abscisse qui correspond à la température d'ébullition de la liqueur saturée, se rapporte à un autre sel, au sulfate de soude anhydre, $NaO.SO^3$.

§ 315. Il est, cependant, important de remarquer que ce que nous venons de dire sur la solubilité des sels ne se rapporte qu'à leur dissolution dans l'eau pure, et que leur solubilité peut être très-différente dans une eau qui renferme déjà d'autres sels. Ainsi une dissolution d'azotate de potasse, saturée pour une température déterminée, ne peut pas dissoudre une nouvelle quantité d'azotate à cette même température; mais elle en dissout une proportion notable quand on y a dissous préalablement une certaine quantité de sel marin. De sorte que la solubilité de l'azotate de potasse est plus grande dans une dissolution de sel marin que dans l'eau pure. La solubilité de l'azotate de potasse est, au contraire, plus faible dans une dissolution de chlorure de potassium que dans de l'eau pure. Ce dernier sel, en se dissolvant dans une liqueur saturée d'azotate de potasse, précipite une portion de cet azotate en petits cristaux.

L'observation a montré que, lorsque deux sels diffèrent à la fois par leur acide et par leur base, et qu'une double décomposition peut avoir lieu, la présence de l'un de ces sels peut favoriser la solubilité de l'autre. C'est ainsi que la présence du chlorure de sodium favorise la solubilité de l'azotate de potasse, parce qu'il se forme de l'azotate de soude et du chlorure de potassium, lesquels sont respectivement plus solubles que l'azotate de potasse et le chlorure de sodium, au moins à des températures supérieures à 25°. Quand, au contraire, les deux sels renferment la même base ou le même acide, il ne peut plus y avoir double décomposition entre eux, et la présence de l'un des sels dans la dissolution diminue toujours la solubilité de l'autre. C'est par cette raison qu'une dissolution de chlorure de potassium dissout moins d'azotate de potasse que l'eau pure. Il faut cependant excepter le cas où les deux sels se combinent et forment un sel double doué d'une solubilité spéciale.

§ 316. Les dissolutions salines entrent en ébullition à des températures plus élevées que l'eau pure; la différence est d'autant plus grande pour un même sel, que la liqueur en renferme une plus forte proportion. La température de l'ébullition d'une dissolution saline doit être prise avec un thermomètre dont le réservoir est maintenu dans le liquide bouillant. Si ce réservoir n'était placé que dans la vapeur, et à une distance notable au-dessus du liquide, le thermomètre indiquerait la température à laquelle le liquide pur entre en ébullition sous la même pression.

Le tableau suivant renferme les températures d'ébullition d'un certain nombre de dissolutions salines saturées.

Noms des sels.	Proportion des sels pour 100 parties d'eau.	Température d'ébullition.
Chlorate de potasse.	61,5	104°,2
Chlorure de baryum.	60,1	104 ,4
Carbonate de soude.	48,5	104 ,6
Chlorure de potassium. . . .	49,4	108 ,3
Chlorure de sodium.	41,2	108 ,4
Chlorhydrate d'ammoniaque. .	88,9	114 ,2
Azotate de potasse.	335,1	115 ,9
Chlorure de strontium. . . .	117,5	117 ,8

Noms des sels.	Proportion des sels pour 100 parties d'eau.	Température d'ébullition.
Azotate de soude.	224,8	121 ,0
Carbonate de potasse.	205,0	155 ,0
Azotate de chaux.	362,0	151 ,0
Chlorure de calcium.	525,0	179 ,5

§ 317. Lorsque des sels, ou plus généralement des corps quelconques, se dissolvent dans l'eau, il y a tantôt abaissement, tantôt élévation de température du liquide. Un corps qui a cristallisé d'une dissolution aqueuse à une basse température, et qui renferme, par conséquent, toute l'eau combinée qu'il peut prendre à cette température, produit du froid, lorsqu'on le redissout dans l'eau, à cette même température ou à des températures plus élevées. Cette production de froid est due à une absorption de chaleur produite par la désagrégation du sel, qui, en en se dissolvant, passe de l'état solide à l'état liquide. On peut considérer cette chaleur comme une espèce de chaleur latente de fusion du sel; mais elle est peut-être très-différente de la chaleur latente de fusion proprement dite, c'est-à-dire de la chaleur qu'absorbe le corps lorsqu'il subit la fusion ignée. Nous lui donnerons le nom de *chaleur latente de dissolution du sel.*

Le sulfate de soude cristallisé à une basse température et qui a pour formule $NaO.SO^3 + 10HO$ produit du froid en se dissolvant dans l'eau; il en est de même du chlorure de calcium cristallisé $CaCl + 6HO$. Les sels qui cristallisent à froid sans eau de cristallisation, comme les chlorures de potassium et de sodium, produisent de même un abaissement de température en se dissolvant dans l'eau.

La quantité de chaleur que des poids égaux de divers corps absorbent en se dissolvant dans l'eau est souvent très-différente, même lorsque ces corps présentent une grande analogie dans l'ensemble de leurs propriétés. Ainsi 50 grammes de sel marin, en se dissolvant dans 200 centimètres cubes d'eau, produisent un abaissement de température de 1°,9; tandis que 50 grammes de chlorure de potassium abaissent la température de 11°,4, lorsqu'ils se dissolvent dans la même quantité d'eau.

Les sels anhydres qui cristallisent avec de l'eau de cristallisation, lorsqu'ils se séparent d'une dissolution aqueuse à une basse température, produisent, le plus souvent, de la chaleur en se dissolvant dans l'eau. Ainsi le sulfate de soude anhydre, le chlorure de calcium anhydre, produisent une élévation très-notable de température en se dissolvant dans l'eau. Il y a, alors, superposition de deux effets : 1° un dégagement de chaleur dû à la combinaison du corps anhydre avec l'eau; 2° une absorption de chaleur produite par la dissolution du corps hydraté dans le même liquide. Suivant que l'un de ces effets l'emporte sur l'autre, on a une absorption ou un dégagement de chaleur.

§ 318. On utilise souvent l'absorption de chaleur produite par la dissolution de certains corps dans l'eau, pour obtenir des *mélanges frigorifiques*. En opérant la dissolution dans l'eau la plus froide dont on dispose, on abaisse sa température de plusieurs degrés au-dessous de zéro. Ainsi, en dissolvant 1 partie de chlorure de potassium dans 4 parties d'eau à 10°, on obtient une dissolution à la température de — 1°,4. Si l'eau dissolvante est à 0°, la liqueur marque — 11°,4 après la dissolution.

L'abaissement de température est souvent plus considérable et plus rapide quand, au lieu de dissoudre le sel dans l'eau pure, on le dissout dans une liqueur acide. Ainsi, en dissolvant le sulfate de soude cristallisé dans une dissolution d'acide chlorhydrique, on obtient un abaissement de température de 25 à 30°. On a utilisé cette propriété pour congeler artificiellement l'eau.

Plusieurs corps solubles dans l'eau, mis en contact avec de la glace, déterminent promptement sa fusion et se dissolvent dans l'eau qui en provient. On obtient alors un abaissement de température considérable, qui dépend à la fois de la chaleur latente de dissolution du sel, et de la chaleur latente de fusion de la glace. En mêlant du sel marin pulvérisé et de la glace pilée, on obtient un mélange dont la température s'abaisse jusqu'à — 20°. En mêlant du chlorure de calcium cristallisé et en poudre fine avec de la neige ou de la glace pulvérisée, la température descend jusqu'à — 45°.

On produit encore un abaissement de température considérable, en ajoutant de la glace à une dissolution concentrée et froide de chlorure de calcium; la glace fond rapidement, et la température peut descendre jusqu'à — 30°.

De l'action décomposante que les acides exercent sur les sels et les composés binaires qui résultent de l'union des métaux avec les métalloïdes.

§ 319. Les réactions que les divers acides exercent sur les sels et sur les composés binaires qui résultent de la réaction des hydracides sur les oxybases peuvent être prévues d'après certaines lois générales que l'observation a constatées et que nous allons exposer.

Si l'acide réagissant est identique avec celui qui existe dans le sel, il arrive souvent que le sel se combine avec une nouvelle quantité d'acide, et il se forme un sel avec excès d'acide. Si l'on ajoute de l'acide sulfurique à du sulfate de potasse, $KO.SO^3$, il se forme du bisulfate de potasse, $KO.2SO^3$. De même, si l'on fait passer un courant de gaz acide carbonique à travers une dissolution de carbonate neutre de potasse, $KO.CO^2$, il se forme du bicarbonate de potasse, $KO.2CO^2$.

Si la base du sel ne forme pas de combinaison avec une plus grande quantité d'acide, le sel se dissout souvent dans l'acide ajouté, surtout si celui-ci est mêlé à une grande quantité d'eau. Ainsi l'azotate de potasse se dissout dans une dissolution étendue d'acide azotique; mais, si l'on évapore la liqueur, l'azotate cristallise sans altération.

§ 520. Si l'acide réagissant est différent de celui qui existe dans le sel, il y aura décomposition dans plusieurs circonstances que nous allons énumérer.

Il y aura décomposition, lorsque, le sel étant soluble dans l'eau, l'acide réagissant peut former avec la base un composé insoluble.

En versant de l'acide sulfurique dans une dissolution d'azotate de baryte, il se précipite immédiatement du sulfate de baryte, et l'acide azotique devient libre dans la liqueur. Si la base du sel forme avec le nouvel acide un sel soluble, et que la réaction ait lieu dans une quantité d'eau assez grande pour maintenir l'un ou l'autre sel en dissolution, on ne peut pas décider, en général, s'il s'est formé un nouveau sel, ou si le premier est resté intact dans la liqueur. Mais, si le nouveau sel est moins soluble que le sel primitif, on peut toujours obtenir la décomposition en évaporant la liqueur jusqu'au point où le nouveau sel ne peut plus rester en dissolution. Le nouveau sel se dépose alors en vertu du principe énoncé; car il est réellement insoluble dans la liqueur au degré de concentration qui lui a été donné.

Si l'on verse de l'acide sulfurique dans une dissolution étendue d'azotate de potasse, on ne remarque aucun indice de décomposition; mais, si l'on évapore convenablement la liqueur, il se dépose du sulfate de potasse, parce que ce sel est moins soluble que l'azotate, surtout à une température élevée. L'acide azotique peut, au contraire, décomposer le sulfate de potasse, si l'évaporation a lieu à une température très-basse; car, à 0°, l'azotate de potasse est moins soluble que le sulfate.

Des réactions semblables ont lieu entre les hydracides et les sels, ou entre les oxacides et les composés binaires des métaux avec les métalloïdes qui forment les hydracides avec l'hydrogène; elles sont déterminées par la même circonstance de l'insolubilité. En versant de l'acide chlorhydrique dans une dissolution de sulfate d'argent, il se précipite du chlorure d'argent, et la liqueur renferme de l'acide sulfurique libre :

$$AgO.SO^3 + HCl + nHO = AgCl + SO^3 + (n + 1)\,HO.$$

De même, si l'on verse de l'acide chlorhydrique dans une dissolution d'azotate de plomb, il se dépose du chlorure de plomb en petites paillettes cristallines. Cependant, si la liqueur est très-étendue, il y a assez d'eau pour maintenir le chlorure de plomb en dissolution, et rien n'annonce qu'une décomposition ait lieu; mais celle-ci se manifeste, si l'on évapore convenablement la liqueur.

§ 521. Quelquefois la *décomposition est déterminée par l'insolubilité de l'acide qui existe dans le sel.* Si l'on verse de l'acide sulfurique ou de l'acide azotique dans une dissolution concentrée de borate de soude, il se forme du sulfate ou de l'azotate de soude, et l'acide borique se précipite en petites paillettes cristallines. Lorsque la liqueur est assez étendue pour que l'acide borique puisse rester en dissolution, la décomposition ne se manifeste plus immédiatement par des caractères apparents; il est cependant facile de constater que la décomposition a eu lieu, même dans la liqueur étendue. Il suffit de se rappeler que l'acide borique n'agit sur la teinture de tournesol qu'à la manière des acides faibles, et ne produit que le rouge vineux, tandis que les acides sulfurique et azotique produisent le rouge pelure d'oignon. Si donc, après l'addition des premières gouttes d'acide sulfurique ou d'acide azotique, ces derniers acides sont restés libres, la liqueur doit produire avec le tournesol la couleur pelure d'oignon. Si, au contraire, ils ont décomposé une quantité correspondante de borate de soude, en mettant l'acide borique en liberté, la liqueur doit donner le rouge vineux. Or on reconnaît que la teinture devient rouge vineux dès les premières gouttes d'acide ajouté, et qu'elle conserve cette couleur jusqu'à ce que le borate soit entièrement transformé en sulfate. L'addition de la moindre goutte d'acide sulfurique fait alors passer la teinture à la couleur pelure d'oignon. Ici, la réaction n'a pas été produite par l'insolubilité de l'acide borique, mais par cette circonstance que *les acides sulfurique et azotique sont des acides beaucoup plus puissants que l'acide borique.*

§ 522. *On peut toujours décomposer un sel par un acide qui est moins volatil que celui du sel.*

L'acide carbonique est gazeux à la température ordinaire; il est peu soluble dans l'eau. L'acide azotique, dissous dans l'eau, ne bout qu'à une température supérieure à 100°; il chassera donc facilement l'acide carbonique, même à froid. Tous les carbonates sont en effet décomposés par l'acide azotique. Une décomposition semblable des carbonates a lieu par les hydracides, l'acide chlorhydrique, par exemple. Ce dernier acide est gazeux à la température ordinaire; mais il est très-soluble dans l'eau, et sa dissolution bout au-dessus de 100°; il doit donc chasser l'acide carbonique.

L'acide azotique aqueux bout à quelques degrés au-dessus de 100°, tandis que l'acide sulfurique concentré ne bout qu'à 325°. Sous l'influence de la chaleur, l'acide sulfurique chassera donc facilement l'acide azotique de toutes ses combinaisons.

Les acides sulfurique et phosphorique sont deux acides puissants. L'acide phosphorique est encore moins volatil que l'acide sulfurique hydraté, aussi chasse-t-il facilement ce dernier acide, sous l'influence de la chaleur.

Nous avons vu que l'acide sulfurique décompose à froid les borates en dissolution; mais l'acide borique, étant un acide beaucoup plus fixe que l'acide sulfurique, décompose tous les sulfates, à une haute température.

L'acide silicique se comporte, dans les dissolutions, comme un acide très-faible; les silicates alcalins solubles sont décomposés par les acides les plus faibles, même par l'acide carbonique. Sous l'influence de la chaleur, l'acide silicique chasse, au contraire, tous les autres acides.

Les réactions que les divers acides exercent sur un sel dépendent de la nature du liquide dans lequel ce sel est dissous; car l'ordre des solubilités peut être complétement interverti lorsqu'on passe d'un dissolvant à un autre. Si l'on verse de l'acide acétique dans une dissolation aqueuse de carbonate de soude, l'acide carbonique se dégage avec effervescence. Cette décomposition peut être attribuée à deux causes : l'acide acétique est un acide plus fort que l'acide carbonique, et l'acide carbonique est gazeux à la température ordinaire, en même temps qu'il est peu soluble dans l'eau. L'acétate de potasse est, au contraire, décomposé par l'acide carbonique lorsqu'il est dissous dans l'alcool. Cette décomposition, inverse de la précédente, tient à ce que le carbonate de potasse est insoluble dans l'alcool concentré. La décomposition est donc déterminée, dans ce cas, par l'insolubilité du carbonate.

L'état de concentration de l'acide et la température exercent une grande influence sur ces réactions. Si l'on verse une dissolution d'acide sulfhydrique dans une dissolution étendue de chlorure d'antimoine, il se forme un précipité de sulfure d'antimoine. Si, au contraire, on chauffe du sulfure d'antimoine avec une dissolution concentrée d'acide chlorhydrique, il se forme du chlorure d'antimoine, et il se dégage de l'acide sulfhydrique.

§ 323. *Lorsque l'acide du sel, et celui qu'on veut faire réagir, sont tous deux gazeux, en même temps que peu solubles dans l'eau, et que, de plus, leurs affinités pour les bases sont à peu près égales, l'acide qui est en plus forte proportion chasse l'autre.* C'est ainsi qu'en faisant passer longtemps un courant de gaz acide carbonique à travers la dissolution d'un sulfure alcalin on parvient à transformer entièrement ce corps en carbonate; l'acide sulfhydrique est chassé. Réciproquement, en faisant passer longtemps de l'acide sulfhydrique à travers une dissolution de carbonate alcalin, on finit par transformer entièrement ce sel en sulfure de potassium.

La vapeur d'eau, à une température élevée, chasse l'acide carbonique des carbonates alcalins, lorsqu'on chauffe ceux-ci dans un tube de platine, au milieu d'un courant de vapeur d'eau; il se forme alors de l'hydrate de potasse. Réciproquement, l'hydrate de potasse, chauffé à la même température dans un courant de gaz acide carbonique, se transforme en carbonate de potasse.

Nous trouvons donc ici une influence de la masse, analogue à celle que nous avons déjà signalée (§ 274).

Action des bases sur les sels et sur les composés binaires qui résultent de la réaction des hydracides sur les oxy-bases.

§ 524. Lorsqu'on met un sel en présence d'une nouvelle quantité de la base qu'il renferme déjà, il arrive souvent qu'il n'y a pas d'action; cet effet se produit toutes les fois que l'acide du sel ne peut former un sel plus basique que le sel primitif. Si l'on ajoute de la potasse à une dissolution de sulfate de potasse, et qu'on évapore la liqueur, le sulfate de potasse primitif cristallise de nouveau. D'autres fois, il y a combinaison; la potasse ajoutée à une dissolution de bisulfate de potasse donne du sulfate neutre de potasse. Une dissolution d'acétate neutre de plomb peut dissoudre une nouvelle quantité d'oxyde de plomb, et il se forme un acétate basique.

Si la base que l'on ajoute à la dissolution d'un sel est différente de celle qui existe dans ce sel, il y a souvent décomposition du sel primitif et formation d'un sel nouveau. La décomposition est déterminée par des circonstances analogues à celles qui produisent la réaction des acides sur les sels.

§ 525. *Il y a, en général, décomposition d'un sel soluble lorsque la base réagissante peut former un sel insoluble avec l'acide du sel.* Si l'on verse de la baryte dans une dissolution de sulfate de potasse, il se précipite du sulfate de baryte, et la potasse caustique reste dans la liqueur. De même, la baryte décompose le carbonate de potasse, dans une dissolution étendue, et il se précipite du carbonate de baryte. L'état de concentration de la liqueur exerce une grande influence sur ces décompositions; car, si l'on fait bouillir le carbonate de baryte avec une dissolution concentrée de potasse caustique, on lui enlève une proportion notable d'acide carbonique, et il se forme du carbonate de potasse.

§ 526. Souvent, *la décomposition est déterminée par l'insolubilité de la base qui existe dans le sel.* Ainsi la potasse décompose l'azotate de plomb, et il se précipite de l'oxyde de plomb hydraté. Il en est de même pour tous les sels formés par les oxydes métalliques insolubles. Il convient, néanmoins, dans ce cas, d'attribuer en partie la décomposition à l'affinité prépondérante de la potasse pour l'acide ; car la potasse est une base beaucoup plus puissante que ces oxydes métalliques.

§ 527. Quelquefois, *un oxyde métallique insoluble décompose un sel formé par une base également insoluble.* Ainsi l'oxyde d'argent décompose l'azotate de cuivre en dissolution, et précipite l'oxyde de cuivre. La décomposition n'est déterminée, dans ce cas, que par l'affinité prépondérante de l'oxyde d'argent pour l'acide azotique.

§ 528. *Lorsque la base du sel est volatile, elle est ordinairement expulsée par une base plus fixe,* surtout sous l'influence de la chaleur. Ainsi la chaux chasse facilement l'ammoniaque de ses combinaisons. La même décomposition est produite, sous l'influence de la chaleur, par des oxydes métalliques insolubles, dont les sels sont, au contraire, décomposés par l'ammoniaque, quand ils sont en dissolution. Ainsi l'oxyde de plomb, chauffé à sec avec du chlorhydrate d'ammoniaque, dégage l'ammoniaque, et il se forme du chlorure de plomb. L'ammoniaque décompose, au contraire, le chlorure de plomb en dissolution, et précipite de l'oxyde de plomb.

Action réciproque des sels les uns sur les autres, et des composés binaires entre eux et sur les sels.

§ 529. Lorsqu'on mêle deux sels ensemble, il peut se présenter plusieurs cas.

Quelquefois, *les deux sels se combinent ensemble, et forment un sel double.* Le sulfate d'alumine se combine avec le sulfate de potasse, et il se forme un sel double auquel on donne le nom d'*alun.* Le chlorure de potassium se combine avec le perchlorure de platine, et donne un chlorure double de platine et de potassium.

D'autres fois, il n'y a pas d'action apparente des deux sels l'un sur l'autre, et l'évaporation reproduit les deux sels que l'on a mélangés.

Mais, souvent aussi, il y a décomposition mutuelle des deux sels, et cette décomposition est déterminée par certaines circonstances générales[1], qu'il convient d'analyser avec soin, car elles permettent, le plus souvent, de prévoir *à priori* les réactions qui auront lieu. Nous distinguerons le cas où l'on chauffe les deux sels mélangés ensemble, sans le contact de l'eau, ou par *voie sèche*, et celui où l'on met en présence les deux sels dissous dans l'eau, c'est-à-dire où on les fait réagir par *voie humide*.

Action mutuelle des sels par voie sèche.

§ 330. Lorsqu'on chauffe ensemble deux sels formés par le même acide, mais de bases différentes, il arrive souvent que les deux sels se combinent en proportions définies, et qu'ils donnent des sels doubles qui cristallisent pendant le refroidissement. C'est de cette manière que l'on peut former un grand nombre de silicates doubles qui, par leur belle cristallisation, présentent les caractères de combinaisons définies. On peut, de la même manière, obtenir par voie sèche des chlorures doubles et plusieurs autres sels doubles ; mais il arrive souvent que les combinaisons des deux sels se défont, quand on cherche à dissoudre la matière dans l'eau ; les deux sels primitifs cristallisent alors isolément.

§ 331. *Lorsqu'on chauffe ensemble deux sels formés par des acides et des bases différentes, et que, par l'échange mutuel des acides et des bases, il peut se former un nouveau sel plus volatil que les deux premiers, cette circonstance détermine ordinairement sa formation.*

Si l'on chauffe du chlorhydrate d'ammoniaque avec du carbonate de chaux, il se forme du chlorure de calcium et du carbonate d'ammoniaque, lequel est beaucoup plus volatil qu'aucun des sels mélangés. Par la même raison, du sulfate d'ammoniaque, chauffé avec du chlorure de calcium, donne du chlorhydrate d'ammoniaque qui se volatilise, et du sulfate de chaux qui reste. Il arrive très-souvent que les réactions qui se produisent ainsi, par voie sèche, entre deux sels, sont précisément inverses de celles qui ont lieu dans une dissolution aqueuse. Ainsi nous venons de voir qu'en chauffant un mélange de chlorhydrate d'ammoniaque et de carbonate de chaux, il se forme du carbonate d'ammoniaque et du chlorure de calcium. Si, au contraire, on verse du carbonate d'ammoniaque dans une dissolution de chlorure de calcium, il se forme du carbonate de chaux qui se précipite et du chlorhydrate d'ammoniaque qui reste dans la liqueur. Dans le premier cas, la réaction est déterminée par la volatilité du carbonate d'ammoniaque ; dans le second, par l'insolubilité du carbonate de chaux.

---

[1] Les lois qui président à la double décomposition des sels et aux réactions des acides et des bases sur les sels sont appelées *lois de Berthollet*.

Action mutuelle des sels par voie humide.

§ 332. *Lorsqu'on mêle ensemble deux sels en dissolution qui peuvent donner un sel insoluble, par l'échange mutuel de leurs acides et de leurs bases, la décomposition a toujours lieu, et le sel insoluble se précipite.*

Si l'on verse une dissolution de sulfate de soude dans une dissolution d'azotate de baryte, il se précipite du sulfate de baryte, et il reste de l'azotate de soude dans la liqueur :

$$NaO.SO^3 + BaO.AzO^5 = BaO\ SO^3 + NaO.AzO^5.$$

De même, si l'on verse une dissolution de carbonate de soude dans une dissolution de chlorure de calcium, il se précipite du carbonate de chaux, et il se forme du chlorure de sodium qui reste dissous :

$$CaCl + NaO.CO^2 = CaO.CO^2 + NaCl.$$

Il n'est pas nécessaire, pour qu'il y ait réaction entre les deux sels, qu'il puisse se former, entre leurs éléments, un sel insoluble dans l'eau ; il suffit qu'il puisse se produire dans des circonstances réalisables à volonté un sel moins soluble que les deux sels primitifs.

Si l'on mêle, par exemple, une dissolution de chlorure de potassium et une dissolution d'azotate de soude, et qu'on évapore la liqueur à une basse température, les deux sels primitivement mélangés se séparent ; le chlorure de potassium cristallise le premier, et l'azotate de soude reste dans la liqueur. Si l'on évapore, au contraire, la dissolution à la température de l'ébullition, une double décomposition a lieu : il se dépose du chlorure de sodium qui, à cette température, est la moins soluble de toutes les combinaisons pouvant se former entre les acides et les bases en présence, et l'azotate de potasse reste dans la liqueur. La liqueur décantée laisse cristalliser de l'azotate de potasse pendant son refroidissement.

§ 333. On peut souvent, en faisant cristalliser les liqueurs à des températures différentes, obtenir des décompositions inverses. Supposons qu'il existe dans une dissolution, à la fois, de l'acide sulfurique et de l'acide chlorhydrique, de la soude et de la magnésie ; supposons, en outre, que les proportions d'acides soient telles, qu'elles saturent exactement les bases. On peut présumer alors que la liqueur renferme :

Ou du

Chlorure de sodium et du sulfate de magnésie ;

Ou du

       Chlorure de magnésium et du sulfate de soude,

Ou, à la fois, des

       Chlorures de sodium et de magnésium,

et des sulfates de soude et de magnésie.

Il est impossible de décider dans quel ordre les acides et les bases sont combinés dans la liqueur. Si l'on évapore la dissolution à une température supérieure à 15°, il cristallise du chlorure de sodium, lequel est, de tous les produits possibles, le moins soluble dans les circonstances de température où nous plaçons la liqueur. La plus grande partie du chlorure de sodium peut être ainsi séparée, et, si l'on continue ensuite l'évaporation, on obtient le sulfate de magnésie mélangé d'une petite quantité de chlorure de sodium.

Si, au contraire, on évapore la liqueur à une basse température, à 0° par exemple, le sulfate de soude devient la moins soluble de toutes les combinaisons possibles; il se dépose le premier, et le chlorure de magnésium reste dans la liqueur.

Ainsi, avec la même dissolution, on peut obtenir à volonté, suivant qu'on évapore à chaud ou à froid, du chlorure de sodium et du sulfate de magnésie, ou du sulfate de soude et du chlorure de magnésium, et l'on peut toujours prévoir *à priori*, en consultant les tables de solubilité, quels seront les sels qui se formeront à une certaine température, et dans quel ordre ils se déposeront. On conçoit, d'après cela, de quelle importance serait la connaissance exacte des courbes de solubilité des différents sels; malheureusement on ne la possède encore que pour un petit nombre.

Souvent, on peut déterminer le dépôt de l'un des sels sans évaporer la liqueur, en modifiant seulement la nature du dissolvant. Si l'on mêle, par exemple, une dissolution d'acétate de potasse et une dissolution de chlorure de calcium, il n'y a pas de réaction apparente si les liqueurs ne sont pas très-concentrées. Mais, si l'on ajoute à la dissolution une quantité suffisante d'alcool, il se dépose du chlorure de potassium, et il reste de l'acétate de chaux dans la liqueur.

§ 334. Lorsque des acides ou des bases existent simultanément dans une dissolution, il est ordinairement impossible de décider de quelle manière ils sont combinés. On ne peut rien conclure, sous ce rapport, de l'ordre dans lequel les sels se déposent successivement de la liqueur, en cristallisant; car cet ordre est déterminé uniquement par la moindre solubilité dans les circonstances de température où l'on opère, et l'on peut admettre que le sel le moins soluble se forme au moment même où il cristallise.

§ 335. On peut, quelquefois, *décomposer un sel insoluble, en le faisant bouillir longtemps avec un sel soluble.* Cela arrive toutes les fois que la base du sel insoluble primitif peut former un sel insoluble avec l'acide du sel soluble réagissant. Ainsi les sels insolubles formés par la baryte, la strontiane et la chaux, tels que les sulfates de baryte et de strontiane, les phosphates ou arséniates de baryte, de strontiane et de chaux, sont décomposés quand on les fait bouillir avec une dissolution de carbonate de potasse ou de soude. Il se forme des carbonates de baryte, de strontiane ou de chaux, et la liqueur renferme la base alcaline combinée avec l'acide du sel primitif insoluble. Mais, pour que la décomposition soit complète, il faut employer un grand excès de carbonate alcalin. La même décomposition se fait beaucoup plus facilement quand on opère par voie sèche; nous l'emploierons souvent, dans la suite, pour reconnaître la nature d'un sel insoluble. L'acide de ce sel forme ainsi un sel alcalin soluble, dont on peut reconnaître l'acide par les caractères que nous développerons bientôt. La base reste à l'état de carbonate insoluble; mais, en traitant ce carbonate par un acide qui forme avec la base un sel soluble, par l'acide azotique, par exemple, on obtient une dissolution de la base, sur laquelle on peut constater les réactions chimiques qui caractérisent cette base.

CARACTÈRES DISTINCTIFS PAR LESQUELS ON RECONNAÎT L'ÉLÉMENT ÉLECTRONÉGATIF DES COMPOSÉS BINAIRES FORMÉS PAR LES MÉTAUX, ET LA NATURE DE L'ÉLÉMENT ÉLECTRONÉGATIF, OU DE L'ACIDE QUI ENTRE DANS LA CONSTITUTION D'UN SEL.

§ 356. Étant donné un composé binaire, formé par un métal et un métalloïde, ou un sel formé par un oxyde métallique, comment parvient-on à reconnaître la nature du composé binaire, ou celle du sel? La solution de cette importante question est, ordinairement, divisée en deux parties : 1° la détermination de l'élément électronégatif, c'est-à-dire du métalloïde du composé binaire, ou la détermination de l'acide du sel; 2° la détermination de l'élément électropositif, c'est-à-dire du métal du composé binaire, ou de la base du sel.

Nous ne nous occuperons, pour le moment, que de la première partie de la question; la seconde sera traitée avec détail lorsque nous nous occuperons de chaque métal en particulier.

Détermination de l'élément électronégatif, c'est-à-dire du genre des combinaisons binaires formées par les métaux et les métalloïdes.

Oxydes.

§ 337. Les caractères d'après lesquels on décide qu'un composé binaire, formé par un métal, est un oxyde, se réduisent souvent aux caractères physiques de ces oxydes, caractères que nous aurons soin d'indiquer d'une manière très-précise, en faisant l'histoire de chaque métal. D'autres fois, on se fonde sur leur propriété de se dissoudre dans les acides forts, tels que l'acide sulfurique concentré, sans dégager aucun gaz ou vapeur acide, et sans qu'on puisse reconnaître dans la dissolution aucun autre acide que celui qui a été employé à produire la dissolution.

Le plus grand nombre des oxydes métalliques sont réduits à chaud par le gaz hydrogène ; le métal reste libre et il ne se dégage que de la vapeur d'eau. Si l'on a soin d'employer du gaz hydrogène sec, l'apparition des gouttelettes d'eau *non acides*, qui viennent se condenser dans la partie antérieure et froide du tube où l'on chauffe la matière, est un indice certain que l'on opère sur une matière oxydée.

Cependant certains oxydes métalliques ne sont pas réduits par le gaz hydrogène : tels sont les oxydes de potassium, de sodium, de lithium, de baryum, de strontium, de calcium, de magnésium, d'aluminium, et de tous les métaux terreux. Mais les oxydes de potassium, de sodium, de lithium, de baryum, de strontium, de calcium et de magnésium sont plus ou moins solubles dans l'eau, et ont une réaction alcaline très-prononcée sur la teinture de tournesol ; ils ne partagent cette propriété qu'avec les sulfures correspondants. Or les sulfures se distinguent facilement des oxydes par la manière dont ils se comportent avec les acides qui donnent un dégagement abondant d'acide sulfhydrique, lequel est facile à reconnaître par son odeur.

Les oxydes d'aluminium et de tous les autres métaux terreux ne sont pas décomposés par l'hydrogène ; ils ne se dissolvent pas dans l'eau, et n'exercent par suite aucune action sur la teinture de tournesol. On les reconnait, et à leur insolubilité dans l'eau, et à ce que, traités par l'acide sulfurique, ils se dissolvent sans dégager de vapeurs acides, et sans qu'il soit possible de constater dans la liqueur la présence d'un autre acide que l'acide sulfurique.

Sulfures.

§ 338. Le soufre, de même que l'oxygène, forme souvent, avec un même métal, plusieurs combinaisons; ainsi on distingue des monosulfures, des bisulfures, des trisulfures, etc., etc. Les monosulfures de potassium, de sodium, de lithium, sont seuls solubles dans l'eau; tous les autres monosulfures sont insolubles, ou, au moins, extrêmement peu solubles. Les polysulfures de potassium, de sodium, de lithium, de baryum, de strontium et de calcium, sont également solubles.

Un sulfure, chauffé avec de l'acide sulfurique étendu, ou avec de l'acide chlorhydrique, dégage du gaz acide sulfhydrique facile à reconnaître à son odeur, et il ne se forme pas de dépôt de soufre.

$$RS + SO^3 + HO = RO.SO^3 + HS, \text{ ou } RS + HCl = RCl + HS.$$

Si le sulfure est un bisulfure, ou, en général, un polysulfure, il se dégage encore de l'hydrogène sulfuré, mais il se forme, en outre, un dépôt de soufre.

$$RS^2 + SO^3 + HO = RO.SO^3 + HS + S$$
$$RS^2 + HCl = RCl + HS + S.$$

Plusieurs sulfures métalliques sont difficilement attaqués par l'acide chlorhydrique aqueux, même à la température de l'ébullition, mais ils le sont toujours facilement par l'acide azotique, et par l'eau régale. Le soufre est alors changé en acide sulfurique, dont la présence peut être constatée par les propriétés caractéristiques des sulfates : nous donnerons plus loin ces caractères.

Les sulfures, chauffés avec un mélange de carbonate et d'azotate de potasse, donnent des sulfates alcalins qui se dissolvent dans l'eau et qu'il est facile de reconnaître.

Les monosulfures métalliques jouent le rôle de bases par rapport à d'autres sulfures, et donnent des sulfosels que nous apprendrons bientôt à reconnaître.

Séléniures.

§ 339. Les séléniures, traités par l'acide chlorhydrique, dégagent du gaz acide sélénhydrique. Chauffés avec de l'acide azotique, ou de l'eau régale, ils donnent de l'acide sélénieux, dont on peut constater la présence au moyen de l'acide sulfureux, qui précipite le sélénium sous la forme d'une poudre rouge caractéristique. Les séléniures, chauffés par voie sèche avec un mélange de carbonate et d'azotate de potasse, donnent du séléniate de potasse; mais, si l'on fait bouillir le sel alcalin qui en résulte avec un excès d'acide chlorhydrique, on transforme l'acide sélénique en acide sélénieux, et l'on peut précipiter ensuite le sélénium par l'acide sulfureux.

Phosphures.

§ 340. Les phosphures des métaux alcalins et alcalino-terreux dégagent, au contact de l'eau, du gaz hydrogène phosphoré. Ce gaz se reconnaît immédiatement à son odeur. Les phosphures des autres métaux, chauffés avec du potassium, abandonnent leur phosphore à ce dernier métal, et la matière dégage alors de l'hydrogène phosphoré quand on la mouille avec de l'eau.

Arséniures.

§ 341. Les arséniures métalliques sont doués de l'éclat métallique. Traités par l'acide azotique ou l'eau régale, ils se changent en arséniates reconnaissables à des caractères que nous développerons plus loin. Chauffés avec de l'azotate de potasse, ils donnent un arséniate alcalin soluble.

Chlorures.

§ 342. Les chlorures métalliques sont presque tous solubles dans l'eau; le chlorure d'argent et le protochlorure de mercure sont les seuls chlorures insolubles.

Un chlorure métallique, traité par l'acide sulfurique concentré, dégage du gaz acide chlorhydrique. Chauffé avec un mélange de peroxyde de manganèse et d'acide sulfurique, il dégage du chlore facile à reconnaître à son odeur et à ses autres propriétés physiques.

Les chlorures, dissous dans l'eau, donnent, avec l'azotate d'argent, un précipité blanc qui se réunit facilement en flocons par l'agitation de la liqueur. Ce précipité noircit à la lumière du jour, en prenant d'abord une teinte violette. Ce changement de couleur est d'autant plus rapide que la lumière est plus intense; il a lieu en très-peu de temps sous l'influence des rayons directs du soleil. Le précipité de chlorure d'argent est insoluble dans les acides, mais il se dissout facilement dans l'ammoniaque.

Brômures.

§ 343. Un brômure, traité par l'acide sulfurique concentré, dégage du gaz acide brômhydrique, mais il se développe constamment, en même temps, des vapeurs de brôme qui colorent le gaz en brun. Si l'on traite le brômure par un mélange d'acide sulfurique et de peroxyde de manganèse, il ne se dégage que du brôme. Une dissolution de brômure donne, avec l'azotate d'argent, un précipité blanc légèrement jaunâtre de brômure d'argent; ce précipité est insoluble dans un excès d'acide, et se dissout facilement dans l'ammoniaque. Le précipité de brômure d'argent se colore à la lumière comme le chlorure d'argent; mais sa teinte devient immédiatement brune, tandis que celle du chlorure prend d'abord une teinte violette. Les brômures en dissolution sont décomposés par le chlore; le brôme, devenu libre, colore la liqueur en brun.

Iodures.

§ 344. Les iodures, traités par l'acide sulfurique concentré, donnent immédiatemsnt un dépôt considérable d'iode; si l'on chauffe le mélange, il se dégage des vapeurs violettes intenses. Cette réaction tient à ce que l'acide iodhydrique décompose facilement l'acide sulfurique concentré; il se forme de l'eau, de l'acide sulfureux, et l'iode devient libre. Les iodures en dissolution sont décomposés par le chlore; l'iode est précipité. Les plus petites quantites d'un iodure en dissolution se manifestent en colorant l'amidon en bleu intense.

On mélange une certaine quantité de la dissolution avec de l'amidon dissous dans l'eau bouillante, ou avec de l'empois ordinaire; puis on ajoute quelques gouttes de chlore, pour décomposer l'iodure et mettre l'iode en liberté. Le mélange prend aussitôt une couleur bleue très-prononcée. Il est important de ne pas mettre un excès de chlore, car il détruirait la coloration produite, en déterminant une décomposition de l'eau, et donnant des acides chlorhydrique et iodique.

Fluorures.

§ 345. Un fluorure, traité par l'acide sulfurique concentré, dégage des vapeurs d'acide fluorhydrique, lequel se reconnaît immédiatement à sa propriété d'attaquer le verre. Si l'on ajoute au mélange de l'acide silicique ou du verre pilé et que l'on chauffe, il se dégage du gaz fluorure de silicium, lequel se décompose au contact de l'eau, en donnant un dépôt de silice gélatineuse. Les dissolutions des fluorures ne précipitent pas par l'azotate d'argent.

Cyanures.

§ 346. Les cyanures, traités par l'acide sulfurique ou l'acide chlorhydrique, dégagent de l'acide cyanhydrique, facile à reconnaître à son odeur. Les acides les plus faibles, tels que l'acide carbonique, développent cette odeur avec les cyanures solubles; les cyanures alcalins la manifestent même à l'air humide.

Les cyanures donnent, avec les sels de protoxyde de fer, un précipité blanc qui bleuit promptement à l'air.

Détermination de l'oxacide qui entre dans la constitution d'un oxysel.

Azotates.

§ 347. Presque tous les azotates sont solubles dans l'eau; il n'y a que quelques sous-azotates qui soient insolubles. La chaleur les décompose et en dégage des produits très-riches en oxygène, qui activent fortement la combustion. Par suite de cette propriété, les azotates déflagrent sur les charbons, et produisent souvent une détonation quand on les chauffe avec du charbon en poudre. Les azotates alcalins, soumis à une température élevée graduellement, dégagent, d'abord, de l'oxygène pur et se changent en azotites. Chauffés davantage, ils se décomposent complétement, et dégagent de l'azote et de l'oxygène. Les autres azotates dégagent de l'oxygène et du deutoxyde d'azote, ou de l'oxygène et de l'acide hypoazotique. Les azotates formés par les bases solubles laissent, après leur décomposition par la chaleur, un résidu fortement alcalin.

Les azotates, chauffés avec de l'acide sulfurique, dégagent des vapeurs d'acide azotique. Si l'on ajoute au mélange une petite quantité de cuivre métallique, il se dégage du deutoxyde d'azote, qui se signale immédiatement par les vapeurs rutilantes qu'il produit à l'air.

On peut reconnaître la présence, dans une liqueur, d'une très-petite quantité d'acide azotique, au moyen de la réaction suivante : on verse une petite quantité de la liqueur dans une dissolution de sulfate de protoxyde de fer, acidifiée par de l'acide sulfurique; puis on y plonge une lame de fer. Si la liqueur renferme de l'acide azotique, elle se colore, au bout de quelque temps, en rose ou en brun. Sous l'influence de l'acide sulfurique, le fer métallique décompose l'acide azotique; il se dégage du deutoxyde d'azote, qui se dissout dans le sulfate de protoxyde de fer et colore la liqueur (§ 135).

Azotites.

§ 348. Les azotites se décomposent par la chaleur comme les azotates; ils fusent sur les charbons, et déflagrent quand on les chauffe avec du charbon en poudre. Par l'acide sulfurique, ils dégagent immédiatement des vapeurs rutilantes; cette réaction suffit pour les distinguer des azotates.

Chlorates.

§ 349. Les chlorates se décomposent tous par la chaleur. Les chlorates alcalins, et ceux des terres alcalines, dégagent de l'oxygène et donnent un résidu de chlorure, *neutre* aux réactifs colorés; tandis que, dans les mêmes circonstances, les azotates correspondants laissent un résidu fortement *alcalin*. Les chlorates des autres oxydes métalliques dégagent par la chaleur un mélange d'oxygène et de chlore; il reste un oxyde ou un oxychlorure.

Les chlorates sont des comburants très-énergiques; ils fusent vivement sur un charbon allumé, et produisent des détonations violentes quand on les chauffe avec des corps très-combustibles, tels que le charbon, le soufre, le phosphore.

Traités par l'acide sulfurique ou l'acide chlorhydrique, ils dégagent un gaz jaune, l'acide hypochlorique (§ 177), reconnaissable à sa couleur, à son odeur particulière et à sa propriété de détoner facilement par une légère élévation de température.

Les chlorates ne précipitent pas les sels d'argent, parce que le chlorate d'argent est soluble dans l'eau. Le résidu que laissent, après la calcination, les chlorates alcalins et alcalino-terreux, étant formé de chlorure, donne, avec la dissolution d'azotate d'argent, un précipité de chlorure d'argent que l'on reconnaît aux propriétés caractéristiques de ce corps (§ 542).

Perchlorates.

§ 550. Les perchlorates se comportent comme les chlorates quand on les soumet à l'action de la chaleur ou qu'on les chauffe avec les corps combustibles. Mais ils se distinguent facilement des chlorates, parce qu'au contact de l'acide sulfurique concentré ils ne dégagent pas d'acide hypochlorique, et, par conséquent, ne se colorent pas dans cette réaction; l'acide perchlorique est simplement isolé sans décomposition.

Le perchlorate de potasse est très-peu soluble dans l'eau : les sels de potasse donnent, avec les perchlorates, un précipité cristallin grenu lorsque les liqueurs ne sont pas très-étendues.

Hypochlorites.

§ 551. Les hypochlorites dégagent l'odeur particulière et caractéristique de l'acide hypochloreux. Leurs dissolutions décolorent les couleurs végétales. Traités par un acide, ils dégagent en abondance du gaz acide hypochloreux. On n'a étudié, jusqu'ici, que les hypochlorites de potasse, de soude et de chaux. Ces corps se comportent comme des oxydants énergiques; ils changent immédiatement l'acide sulfureux en acide sulfurique, et transforment les protoxydes métalliques en peroxydes.

Brômates.

§ 352. Les brômates se décomposent par la chaleur comme les chlorates. Les brômates alcalins et alcalino-terreux donnent pour résidu un brômure que l'on peut reconnaître d'après les caractères que nous avons énoncés (§ 343). Quand on les chauffe avec de l'acide sulfurique, l'acide brômique est isolé et se décompose en oxygène et en brôme qui colore le gaz en brun.

Iodates.

§ 353. Les iodates se décomposent par la chaleur. Les iodates alcalins, seuls, donnent pour résidu un iodure. Les iodates alcalino-terreux, et ceux de tous les autres oxydes métalliques, laissent de l'oxyde ou un oxyiodure; il se dégage d'abondantes vapeurs violettes d'iode, mêlées d'oxygène. L'acide sulfurique précipite l'acide iodique des iodates en dissolution concentrée; si l'on ajoute à la liqueur un corps réducteur, tel que l'acide sulfureux, l'acide iodique est décomposé, et il se précipite de l'iode.

Periodates.

§ 354. Les periodates se comportent, sous l'influence de la chaleur, comme les iodates. Ils se distinguent de ces derniers sels par le peu de solubilité du periodate de soude, même en présence d'un excès d'alcali, et par le peu de solubilité du periodate d'argent.

Sulfates.

§ 355. Presque tous les sulfates sont solubles dans l'eau; les sulfates de baryte, de strontiane et de plomb sont presque insolubles; le sulfate de chaux est peu soluble. Les sulfates alcalins et alcalino-terreux, et le sulfate de plomb sont indécomposables par la chaleur seule; les autres sulfates se décomposent et donnent, en général, un mélange gazeux d'acide sulfureux et d'oxygène. Quelques sulfates, cependant, se décomposent à une température assez peu élevée pour que l'acide sulfureux et l'oxygène restent unis et se dégagent à l'état d'acide sulfurique (§ 153).

Tous les sulfates sont décomposés par le charbon, sous l'influence de la chaleur; mais les produits de la décomposition sont variables selon la nature de la base et la température. Les sulfates alcalins, chauffés brusquement avec du charbon à une haute température, laissent pour résidu un monosulfure. A une température plus basse, ils donnent un mélange de polysulfure et de carbonate. Les sulfates des terres alcalines, à l'exception du sulfate de magnésie, donnent des produits semblables. Les sulfates des autres oxydes métalliques, chauffés avec du charbon, donnent pour résidu, soit des sulfures, soit de l'oxyde, ou même du métal, si la température est suffisamment élevée. Mais il est toujours facile d'exécuter l'expérience avec un sulfate quelconque, de façon à obtenir un sulfure pour résidu : il suffit d'ajouter au mélange une certaine quantité de carbonate de potasse. Le sulfure alcalin qui reste après la calcination se reconnaît, d'ailleurs, avec la plus grande facilité, puisqu'il dégage de l'hydrogène sulfuré avec les acides. Il est clair que le même caractère appartient à tous les sels formés par les autres oxacides du soufre; mais nous apprendrons bientôt à distinguer ces sels les uns des autres.

L'acide sulfurique n'exerce aucune réaction sur les sulfates. Cette absence de réaction distingue immédiatement les sulfates de tous les sels qui, dans cette circonstance, dégagent des vapeurs acides.

Les sulfates solubles dans l'eau donnent un précipité blanc avec les sels solubles de baryte; ce précipité ne se redissout pas dans un excès d'acide. Cette propriété est aussi tout à fait caractéristique pour les sulfates.

Sulfites.

§ 356. Les sulfites alcalins et alcalino-terreux, chauffés à l'abri de l'air, se changent en sulfate et sulfure :

$$4(KO.SO^2) = 3(KO.SO^3) + KS.$$

Les autres sulfites métalliques dégagent de l'acide sulfureux, et l'oxyde reste comme résidu. Chauffés avec du charbon, les sulfites donnent des produits semblables à ceux que donnent les sulfates.

L'acide sulfurique, versé sur un sulfite, donne un dégagement de gaz acide sulfureux, facile à reconnaître à son odeur, et il ne se forme pas de dépôt de soufre.

L'acide azotique, concentré et bouillant, change les sulfites en sulfates. Le chlore produit la même transformation sur les sulfites en dissolution. Les sulfites solubles absorbent aussi l'oxygène de l'air et se changent en sulfates.

Hyposulfates.

§ 357. Les hyposulfates sont tous solubles dans l'eau. Les hyposulfates des alcalis, des terres alcalines, et d'oxyde de plomb, dégagent
de l'acide sulfureux lorsqu'ils sont soumis à l'action de la chaleur; il
reste des sulfates. Les hyposulfates des autres oxydes métalliques se
décomposent plus complétement, et il reste, en général, de l'oxyde.

Les hyposulfates, traités à froid par de l'acide sulfurique, ne manifestent aucune décomposition apparente; mais, si on les chauffe avec
cet acide, ils dégagent de l'acide sulfureux.

Les hyposulfates ne précipitent pas les sels de baryte, car l'hyposulfate de baryte est soluble dans l'eau. Ils sont facilement transformés
en sulfates par l'acide azotique, ou par une dissolution aqueuse de
chlore; ils précipitent ensuite par les sels de baryte.

Hyposulfites.

§ 358. Presque tous les hyposulfites sont solubles; les hyposulfites
d'argent et de plomb sont les seuls à peu près insolubles. La chaleur
décompose les hyposulfites alcalins en sulfates et sulfures. Les acides
chlorhydrique et sulfurique, versés dans la dissolution d'un hyposulfite, déterminent un dégagement de gaz acide sulfureux et un dépôt
de soufre; mais la réaction ne se produit pas toujours immédiatement;
souvent, elle n'a lieu qu'au bout de quelque temps, à moins qu'on ne
chauffe légèrement la liqueur.

L'acide azotique très-concentré, le chlore, et les dissolutions des
hypochlorites font passer à l'état d'acide sulfurique tout le soufre des
hyposulfites.

Les hyposulfites donnent, avec les sels d'argent, un précipité
blanc, mais qui noircit promptement, parce qu'il se transforme en
sulfure :

$$KO.S^2O^2 + AgO.AzO^5 = KO.SO^5 + AgS + AzO^5.$$

Les hyposulfites alcalins dissolvent facilement, et en grande quantité, les chlorure, bromure, et iodure d'argent.

§ 359. En résumé, tous les sels formés par les oxacides du soufre
donnent des sulfures quand on les chauffe avec un mélange de carbonate alcalin et de charbon; de sorte que le produit de la calcination
dégage de l'hydrogène sulfuré par l'acide chlorhydrique. Ce caractère
distingue de tous les autres les sels formés par les oxacides du soufre.
On pourrait cependant encore les confondre avec les sulfures et

avec les sulfosels; mais ces derniers composes gagent immédiatement de l'hydrogène sulfuré par les acides.

Les sels formés par les oxacides du soufre se distinguent entre eux
par les caractères suivants, si on les traite par l'acide sulfurique :

Avec les sulfates, on n'a aucune réaction;

Avec les hyposulfates, on n'a pas de réaction apparente à froid;
mais, à chaud, il se dégage de l'acide sulfureux;

Avec les sulfites, il y a dégagement d'acide sulfureux, sans dépôt
de soufre;

Avec les hyposulfites, de l'acide sulfureux se dégage, et il se forme
un dépôt plus ou moins abondant de soufre. Cette réaction n'a souvent
lieu que si on élève la température

Phosphates.

§ 360. Les phosphates alcalins sont seuls solubles dans l'eau; tous
les autres phosphates y sont insolubles, mais ils se dissolvent facilement dans une liqueur acide. Les phosphates solubles donnent un
précipité avec les sels de baryte; mais ce précipité se dissout, si l'on
acidifie la liqueur avec de l'acide azotique ou de l'acide chlorhydrique.

Les phosphates, traités par l'acide sulfurique concentré, ne manifestent aucune réaction apparente; ils se distinguent immédiatement,
par là, des sels qui dégagent, dans ce cas, des vapeurs acides.

Tous les phosphates, chauffés à une haute température avec un mélange de charbon et d'acide borique ou d'acide silicique, donnent du
phosphore libre.

Un phosphate sec, chauffé avec du potassium, donne du phosphure
de potassium, qui, au contact de l'eau, dégage de l'hydrogène phosphoré. Ces deux réactions se manifestent également avec les sels formés par les autres oxacides du phosphore.

Il est facile de transformer un phosphate insoluble en un phosphate alcalin soluble : il suffit de le faire bouillir avec une dissolution
de carbonate alcalin. On peut, ensuite, constater dans la liqueur la
présence de l'acide phosphorique. A cet effet, on sursature la liqueur
par de l'acide chlorhydrique, et l'on s'assure qu'elle ne précipite pas
par les sels de baryte. Mais, si on neutralise l'acide par de l'ammoniaque, il se forme immédiatement un précipité de phosphate de baryte.
La liqueur neutre donne également un précipité blanc, avec les sels
de plomb. Le phosphate de plomb se reconnait d'ailleurs facilement,
parce qu'il fond au chalumeau en un globule qui prend, en se solidifiant, des facettes cristallines.

Phosphites.

§ 361. Les phosphites alcalins sont seuls solubles. Tous les phosphites se décomposent par la chaleur; ils donnent un résidu de phosphate, et il se dégage un mélange d'hydrogène et d'hydrogène phosphoré.

L'acide azotique et le chlore transforment les phosphites en phosphates.

Les phosphites réduisent un certain nombre d'oxydes métalliques, entre autres, les oxydes d'argent et de mercure; la réaction est plus facile si l'on rend la liqueur acide. De l'oxyde rouge de mercure, chauffé avec la dissolution d'un phosphite, à laquelle on a ajouté une petite quantité d'acide chlorhydrique, se change en une poudre noire de mercure métallique.

Hypophosphites.

§ 362. Les hypophosphites présentent beaucoup de réactions semblables à celles des phosphites. Ils se décomposent par la chaleur, donnent des phosphates, et il se dégage de l'hydrogène phosphoré. L'acide azotique et le chlore les transforment en phosphates.

Les hypophosphites se distinguent des phosphites parce qu'ils ne précipitent dans aucun cas les sels de baryte; tandis que les phosphates les précipitent quand ils sont parfaitement neutres.

Arséniates.

§ 363. Les arséniates alcalins sont seuls solubles. Les arséniates de tous les autres oxydes métalliques sont insolubles, mais ils se dissolvent facilement dans un excès d'acide.

Un arséniate quelconque, chauffé avec de l'acide borique et du charbon, dans un petit tube fermé à un bout, donne un sublimé d'arsenic qui vient former dans la partie antérieure du tube un anneau miroitant.

Les dissolutions des arséniates, versées dans un appareil qui dégage du gaz hydrogène par la réaction du zinc sur l'acide sulfurique étendu, donnent de l'hydrogène arsénié qui se dégage avec le gaz hydrogène. Si l'on fait passer ce mélange gazeux à travers un tube chauffé au rouge, l'hydrogène arsénié se décompose (§ 120) et l'arsenic vient former un anneau miroitant dans la partie antérieure du tube. Si, au contraire, on enflamme ce mélange gazeux à l'extrémité du tube de dégagement étiré en pointe fine, on obtient une flamme livide, dont s'échappent des fumées blanches d'acide arsénieux et qui dépose des taches miroitantes d'arsenic métallique sur une soucoupe de porcelaine on introduit dans la flamme. Cette réaction permet de reconnaître les plus petites quantités d'arséniate, et s'applique d'ailleurs à la recherche de tous les composés arsénicaux solubles; on l'applique constamment à la recherche de l'arsenic dans les cas d'empoisonnement. L'appareil porte le nom d'*appareil de Marsh.*

Avec l'azotate d'argent, les dissolutions des arséniates donnent un précipité rouge briqueté, lequel se dissout avec la plus grande facilité dans un excès d'acide; de sorte que ce précipité ne se forme que si les liqueurs sont parfaitement neutres.

Les arséniates solubles donnent un précipité jaune avec l'hydrogène sulfuré; mais il faut souvent beaucoup de temps pour que ce précipité apparaisse.

Arsénites.

§ 564. Les arsénites, chauffés avec du charbon et de l'acide borique, donnent un sublimé d'arsenic. Dans l'appareil de Marsh, ils produisent des taches arsénicales.

Si l'on verse un acide dans la dissolution concentrée d'un arsénite alcalin, il se forme un précipité cristallin d'acide arsénieux. Les arsénites en dissolution précipitent en jaune les sels d'argent, et en vert les sels de cuivre; mais il faut que les liqueurs soient parfaitemen neutres, car les arsénites insolubles se dissolvent facilement dans un excès d'acide.

L'hydrogène sulfuré donne, avec les arsénites en dissolution, un précipité jaune abondant, insoluble dans un excès d'acide, mais qui se dissout facilement dans l'ammoniaque. Ce précipité se forme immédiatement, tandis que, avec les arséniates, il ne se dépose qu'après quelque temps.

Les arsénites, chauffés avec l'acide azotique, se changent en arséniates, et il y a dégagement de vapeurs rutilantes. Les arséniates ne présentent rien de semblable; ils ne sont pas altérés par les corps oxydants.

Carbonates.

§ 565. Les carbonates alcalins sont les seuls carbonates solubles. Ce sont aussi les seuls qui soient indécomposables par la chaleur. Tous les autres carbonates perdent complétement leur acide carbonique à une température plus ou moins élevée. Tous les carbonates, sans exception, sont décomposés lorsqu'on les cha uffe à une très-haute température, avec du charbon; il se dégage de l'oxyde de carbone.

Lorsqu'on fait passer de la vapeur de phosphore sur un carbonate alcalin chauffé au rouge, l'acide carbonique est complétement décomposé, et il se sépare du charbon qui colore la masse en noir.

Les carbonates, traités par un acide, donnent une vive effervescence, due au dégagement de l'acide carbonique. Cette réaction est caractéristique pour cette classe de sels ; car l'acide carbonique se reconnaît facilement à ses propriétés de ne présenter ni odeur, ni saveur, et de précipiter l'eau de chaux. Cette réaction suffit, à elle seule, pour distinguer les carbonates de tous les autres sels.

Borates.

§ 366. Les borates alcalins sont seuls solubles ; tous les autres sont insolubles. Soumis à une haute température, ils fondent et donnent des verres incolores, lorsque les oxydes métalliques combinés avec l'acide borique sont eux-mêmes incolores. Ces verres sont, au contraire, colorés, lorsque les oxydes métalliques le sont eux-mêmes.

Le charbon réagit difficilement sur les borates; cependant quelques borates sont décomposés par ce corps à une très-haute température, et donnent des borures métalliques.

Les acides sulfurique, azotique et chlorhydrique décomposent les borates par voie humide, et mettent l'acide borique en liberté. Si le borate est en dissolution concentrée, l'acide borique se précipite sous la forme de petites paillettes cristallines, sur lesquelles il est facile de constater les propriétés caractéristiques de l'acide borique. L'acide borique chasse, au contraire, ces acides par voie sèche.

Si l'on chauffe le mélange d'un borate quelconque et de spath-fluor avec de l'acide sulfurique concentré, il se dégage du fluorure de bore, lequel se reconnaît aux vapeurs blanches épaisses qu'il répand dans l'air, et à la manière dont il se décompose au contact de l'eau (§ 211).

Silicates.

§ 367. La plupart des silicates sont insolubles. Les silicates alcalins, avec grand excès de base, sont seuls solubles dans l'eau. Les silicates qui sont attaquables par les acides sulfurique et chlorhydrique se reconnaissent facilement ; lorsqu'on les fait chauffer avec ces acides, l'acide silicique se sépare à l'état d'une gelée transparente et incolore, qui s'agrége en une poudre blanche insoluble; recueillie sur un filtre, il est facile d'y constater les propriétés caractéristiques de l'acide silicique (§ 184). Les silicates qui sont inattaquables par les acides peuvent être facilement transformés en silicates attaquables : il suffit de les fondre dans un creuset de platine avec trois ou quatre fois leur poids de carbonate de soude. On obtient ainsi un silicate beaucoup plus basique, renfermant une grande quantité de matière alcaline, et qui s'attaque facilement et complétement par les acides, en laissant un résidu de silice gélatineuse.

Les silicates fondent, en général, par l'action de la chaleur; mais quelques-uns, tels que les silicates d'alumine et de chaux, exigent les températures les plus élevées. Le charbon, à une haute température, réduit quelques silicates; ordinairement, une portion seulement du métal se sépare, et il reste un silicate renfermant un grand excès d'acide. Les silicates qui se décomposent partiellement par le charbon sont ceux qui renferment des oxydes métalliques facilement réductibles.

Les silicates, chauffés dans un vase de plomb ou de platine avec du spath-fluor et de l'acide sulfurique concentré, dégagent du gaz fluorure de silicium (§ 213), lequel fume à l'air, et se décompose au contact de l'eau, en abandonnant de la silice gélatineuse.

Sulfosels.

§ 368. Les sulfosels, traités par les acides puissants, mais non oxydants, comme l'acide sulfurique étendu ou l'acide chlorhydrique, dégagent de l'hydrogène sulfuré, et le sulfacide se sépare. La plupart des sulfacides étant insolubles dans l'eau, on peut constater sur leurs précipités les propriétés qui les caractérisent.

Ainsi, avec le sulfocarbonate de monosulfure de potassium, il se dégage de l'acide sulfhydrique, et il se précipite du sulfure de carbone liquide :

$$KS.CS^2 + HCl = KCl + HS + CS^2.$$

Avec le sulfarséniate de monosulfure de potassium, il se dégage de l'acide sulfhydrique; du sulfure d'arsenic se précipite sous la forme d'une poudre jaune :

$$KS.AsS^5 + HCl = KCl + HS + AsS^5.$$

Avec le sulfhydrate de monosulfure de potassium on a une réaction analogue, mais il ne se dégage que de l'acide sulfhydrique, dont la moitié provient du monosulfure de potassium, et l'autre moitié est le sulfacide qui se sépare. Cette réaction ne permettant pas de distinguer ce sulfosel du monosulfure de potassium, on a recours à la réaction suivante : les monosulfures des métaux alcalins et alcalino-terreux sont les seuls qui jouent le rôle de bases avec l'acide sulfhydrique ; si donc on verse dans une dissolution de sulfhydrate de monosulfure de potassium un sel métallique tel que le sulfate de cuivre, il y a une double décomposition ; il se forme du sulfate de potasse et du mono-sulfure de cuivre. Mais, ce dernier sulfure ne jouant pas le rôle de base par rapport au sulfacide HS, ce sulfure devient libre, et, par conséquent, il se dégage de l'acide sulfhydrique :

$$KS.HS + CuO.SO^5 = KO.SO^5 + CuS + HS.$$

Si, au contraire, on verse une dissolution de sulfate de cuivre dans la dissolution d'un monosulfure, il se forme un précipité de sulfure métallique, mais il ne se dégage pas d'hydrogène sulfuré :

$$KS + CuO.SO^5 = KO.SO^5 + CuS.$$

Pour que cette dernière proposition soit exacte, il faut que la dis-solution du sel métallique ne renferme pas un excès d'acide ; car cet acide décomposerait une portion de monosulfure, et dégagerait de l'hydrogène sulfuré.

Les monosulfures et sulfhydrates de sulfures se distinguent d'ail-leurs des polysulfures, en ce qu'ils ne donnent pas, comme ces der-niers, un dépôt de soufre quand on les décompose par les acides.

ÉTUDE DES MÉTAUX EN PARTICULIER

§ 369. Dans l'étude que nous allons faire des métaux les plus importants, nous conserverons la division que nous avons indiquée (§ 244), savoir : métaux trop oxydables pour qu'ils puissent servir à l'état métallique, et métaux qui se conservent assez longtemps à l'air pour que leur altérabilité ne soit pas un obstacle à leur emploi.

Nous établirons dans la première classe trois subdivisions :

1° Celle des *métaux alcalins*; elle comprend :

Le potassium,   Le lithium.
Le sodium,

Le nom de *métaux alcalins* leur a été donné, parce que leurs oxydes portent depuis longtemps celui d'*alcalis*.

2° Celle des *métaux alcalino-terreux*, dont les oxydes participent, à la fois, des propriétés des alcalis et de celles des oxydes de la classe suivante, les *terres*; ce sont :

Le baryum,   Le magnésium,
Le strontium,   Le glucinium.
Le calcium,

3° Celle des *métaux terreux*, ainsi nommés, parce que leurs oxydes portent depuis longtemps le nom de *terres*. Ce sont :

L'aluminium,   Le cérium,
Le zirconium,   Le lantane,
Le thorium,   Le didyme,
L'yttrium,   L'erbium.
Le terbium,

I. MÉTAUX ALCALINS

POTASSIUM

Équivalent = 490,0

§ 370. Le potassium est un métal assez répandu à la surface du globe; mais il n'existe qu'en combinaison avec d'autres corps. Une grande partie des minéraux qui composent les roches cristallines, tels que les feldspaths, les micas, etc., etc., renferment du silicate de potasse. Les détritus de ces roches, altérés par les eaux, constituent nos roches de sédiment. Ils ont perdu, en grande partie, leur potasse, mais ils en retiennent encore une petite quantité, que l'analyse chimique peut mettre en évidence. Les sels de potasse sont un élément indispensable au développement des végétaux, qui les enlèvent successivement au sol et aux engrais. Les cendres que ces végétaux laissent après leur combustion fournissent la plus grande partie des sels de potasse consommés dans les arts.

Le potassium présente une consistance très-variable selon la température. Au-dessous de 0° il est un peu cassant, et sa cassure offre des indices de cristallisation. A 15°, il est mou, se laisse pétrir et couper facilement au couteau. Fraîchement coupé, il affecte la couleur et l'éclat de l'argent, mais cet éclat ne persiste qu'un instant, car le potassium se combine immédiatement avec l'oxygène de l'air et sa surface se ternit. A 55° le potassium devient complétement liquide; il ressemble alors au mercure. Enfin il distille à la chaleur rouge, en donnant un gaz d'un beau vert émeraude.

La densité du potassium a été trouvée de 0,865 vers 15°; elle est, par conséquent moindre que celle de l'eau.

Le potassium s'oxyde très-rapidement à l'air, même à la température ordinaire; sa surface se recouvre alors d'hydrate d'oxyde de potassium ou de potasse. Mais il faut un temps assez long pour que l'altération pénètre jusqu'au centre d'un globule de potassium un peu gros. Si l'on chauffe le potassium au contact de l'air, il prend feu et brûle avec une flamme violacée.

Le potassium décompose l'eau à la température ordinaire, en dégageant du gaz hydrogène. Si l'on projette un fragment de potassium sur de l'eau, on le voit courir à la surface de l'eau sous la forme d'une petite sphère brillante, laquelle diminue rapidement de volume, et est accompagnée d'une petite flamme violacée, produite par la combustion de l'hydrogène qui se dégage. Au moment où la combustion cesse, le petit globule éclate, et ses fragments sont lancés de toutes parts. Il faut avoir soin, lorsqu'on fait cette expérience, de placer l'eau dans une grande cloche un peu profonde (*fig.* 116), afin d'éviter que les fragments de potasse qui sont projetés à la fin ne puissent atteindre les yeux, car ils occasionneraient des accidents graves. Après l'expérience, on trouve que l'eau de la cloche est devenue alcaline et qu'elle bleuit fortement la teinture de tournesol rougie par un acide.

Fig. 116.

La grande altérabilité du potassium exige que l'on emploie pour le conserver des précautions particulières. Ordinairement, on le place dans des flacons bouchés à l'émeri, et remplis presque entièrement d'huile de naphte. Cette huile est un composé de carbone et d'hydrogène, inaltérable par le potassium.

Le potassium est un des corps qui possèdent la plus grande affinité pour l'oxygène; aussi s'en sert-on constamment pour enlever l'oxygène à des corps oxydés. Nous avons vu (§ 80) que l'on préparait le bore en décomposant l'acide borique par le potassium. Nous avons fait l'analyse du protoxyde et du deutoxyde d'azote (133 et 136) en décomposant ce gaz par le potassium. Quelques corps peuvent cependant, à une haute température, enlever l'oxygène de l'oxyde de potassium et mettre le potassium en liberté; tel est le fer, lorsqu'il est chauffé à la chaleur blanche. A la chaleur du rouge sombre le potassium décompose l'oxyde de carbone, mais à une température plus élevée, à la chaleur blanche, c'est le carbone qui enlève l'oxygène au potassium. On utilise cette propriété pour préparer le potassium.

§ 371. Le potassium a été pour la première fois [1] isolé en décomposant par une forte pile voltaïque l'hydrate d'oxyde de potassium ou potasse. Peu de temps après, on a réussi à préparer des quantités plus considérables de potassium, en décomposant la potasse en vapeur par le fer à une forte chaleur blanche. La figure 117 représente l'appareil que l'on employait pour cette opération [2].

Un canon de fusil *abc* est recourbé de manière à lui donner la forme de la figure 117. Comme ce canon de fusil doit être porté, dans la longueur *bc*, à une très-haute température, dans un fourneau alimenté par un fort courant d'air, sa surface s'oxyderait prompte-

[1] Davy a le premier, en 1807, isolé le potassium par ce procédé.
[2] Ce procédé est dû à MM. Gay-Lussac et Thénard.

312

ment et le canon serait bientôt hors de service, si l'on ne protégeait sa surface par un lut inaltérable dont on le recouvre complétement. Ce lut est formé de 4 ou 5 parties de sable et de 1 partie d'argile à potier. On l'applique, en pâte molle, sur une épaisseur de 1 à 2 centimètres et on le laisse sécher, d'abord lentement à l'air, puis devant le feu. On raccommode avec un peu d'argile les fissures qui se sont faites pendant la dessiccation dans toute la longueur bc. Le canon de fusil est rempli de tournure de fer bien brillante, ou de petits faisceaux de fils de fer décapés; on remplit de fragments de potasse la partie ab, puis on la dispose dans un fourneau à réverbère. Le tube de fer est bouché, à son extrémité a, avec un bouchon muni lui-même d'un tube qui plonge dans une éprouvette E, remplie de mer-

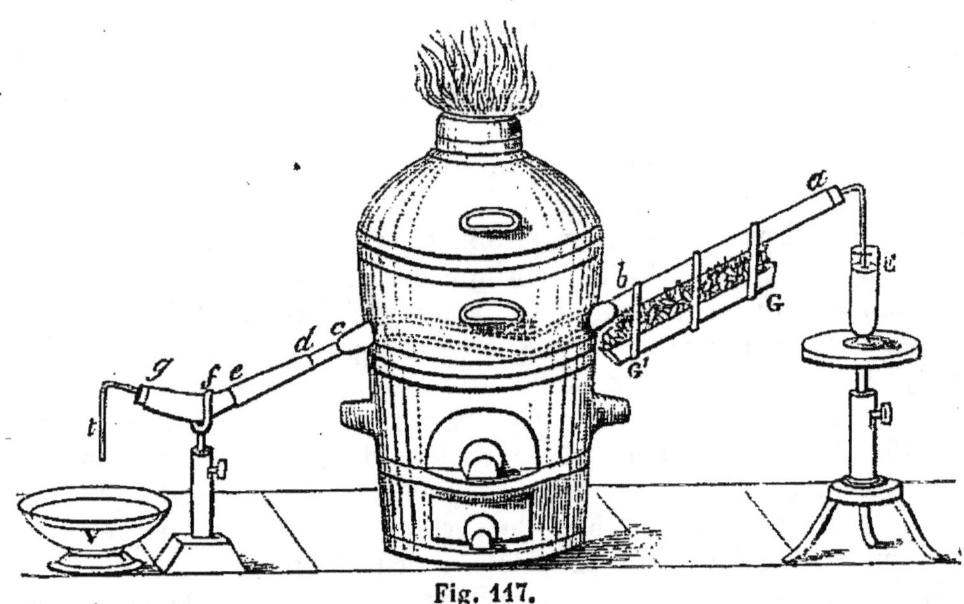

Fig. 117.

cure. Une grille GG', en fil de fer ou en tôle, est suspendue au-dessous de la partie ab.

L'extrémité c du canon s'engage dans un récipient en cuivre deg, formé de deux pièces de et fg, qui s'emboîtent à frottement. Dans la partie inférieure ge, on place de l'huile de naphte, pour recueillir le potassium. Un tube t permet le dégagement des gaz qui se produisent pendant la réaction.

L'appareil étant disposé, on remplit le fourneau de charbon, et, comme le tirage naturel ne donnerait pas une température suffisante, on active la combustion à l'aide d'un fort soufflet dont on engage la buse dans la porte du fourneau, en fermant les intervalles avec des fragments de brique et d'argile.

Lorsque le tube *bc* est arrivé à une forte chaleur blanche, on place successivement des charbons incandescents dans la grille GG', de façon à déterminer une fusion lente des fragments de potasse renfermés dans le tube *ab*. La potasse fondue coule dans le tube incandescent *bc*, où elle rencontre le fer à une très-haute température. La décomposition de l'eau et de l'oxyde de potassium a lieu en même temps; le fer se change en oxyde de fer; le potassium, en vapeur, est entraîné par le courant de gaz hydrogène, et vient se condenser dans le récipient *ge*.

Il arrive quelquefois que l'extrémité *c* vient à se boucher pendant l'expérience. Si les gaz ne trouvaient pas alors une autre issue facile, ils se frayeraient un passage à la jonction des diverses parties de l'appareil, et mettraient celui-ci hors de service. Le tube de dégagement *aE* remédie à cet inconvénient. On s'aperçoit immédiatement que l'orifice *c* est obstrué, parce que les gaz s'échappent alors à travers le mercure de l'éprouvette E.

§ 372. On prépare actuellement[1] le potassium en décomposant le carbonate de potasse par le charbon à une très-haute température, et l'on obtient ainsi facilement des quantités de potassium beaucoup plus grandes que par les anciens procédés. Il est essentiel que le carbonate de potasse soit intimement mêlé avec le charbon. On n'obtient qu'un mélange imparfait en mêlant mécaniquement le carbonate de potasse avec le charbon; et comme ce carbonate fond longtemps avant que la température soit assez élevée pour que sa décomposition par le charbon ait lieu, le charbon, plus léger, vient nager à la surface, et le mélange des deux matières se trouve détruit. On obtient, au contraire, un mélange très-intime de carbonate de potasse et de charbon en décomposant par la chaleur certains sels de potasse à acides organiques. Le bitartrate de potasse convient parfaitement à cet objet; il laisse beaucoup de charbon, et on le trouve à des prix modérés dans le commerce, si on le prend à l'état de bitartrate impur ou de *tartre brut*.

Le tartre calciné est mêlé avec du charbon grossièrement broyé, puis introduit dans une bouteille en fer forgé munie d'une tubulure en fer. La bouteille en fer est disposée dans un fourneau (*fig.* 118), et sa tubulure, qui traverse la paroi du fourneau, s'engage dans un récipient bien refroidi, renfermant de l'huile de naphte pour préserver le potassium distillé du contact de l'air. On élève progressivement la température, et on la pousse à la fin aussi haut que possible.

---

[1] Ce procédé a été imaginé par M. Brunner.

La réaction du charbon sur le carbonate de potasse commence bientôt, du gaz oxyde de carbone se dégage en abondance par le tube *fg;* le potassium, devenu libre, se volatilise, vient se condenser dans le récipient et tombe sous l'huile de naphte.

L'opération est terminée lorsqu'il ne se dégage plus de gaz; on enlève alors le récipient. Le potassium s'y trouve sous forme de globules irréguliers, mêlés avec diverses matières accidentelles. On l'en sépare par une filtration à travers un linge. Cette filtration s'exécute sous

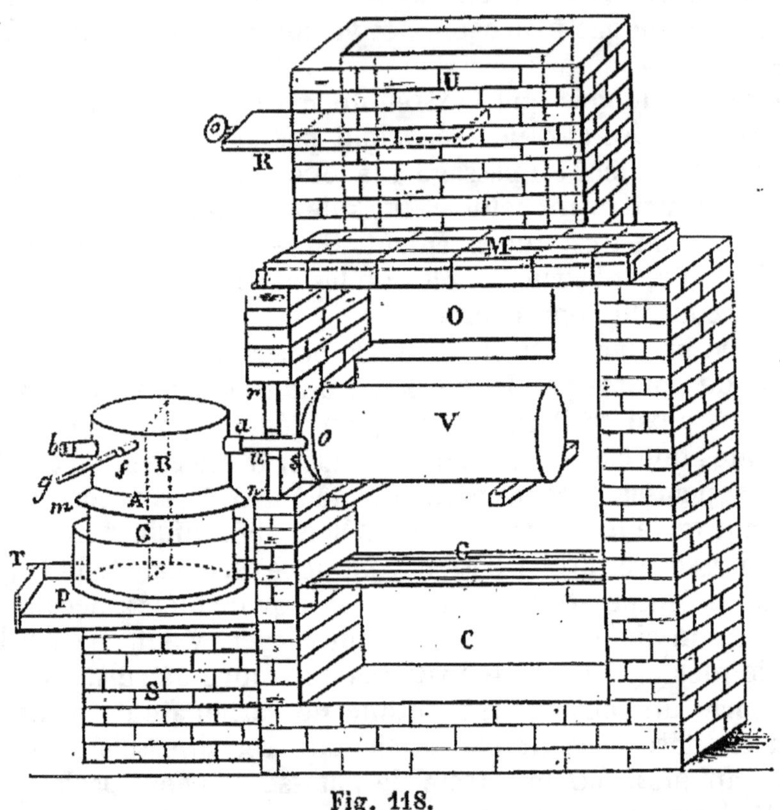

Fig. 118.

l'huile de naphte, chauffée à 60° environ. On place le potassium impur dans le linge, que l'on attache sous forme de nouet; on plonge ce nouet dans une capsule remplie d'huile de naphte à 50° ou 60°; on comprime le nouet avec une pince en fer, le potassium filtre sous forme de globules métalliques à travers le linge, et tombe au fond de la capsule, où il se réunit en globules plus gros. Les matières étrangères restent dans le nouet.

Pour obtenir le potassium absolument pur, il faut le soumettre à une nouvelle distillation.

Combinaisons du potassium avec l'oxygène.

§ 373. Le potassium forme, avec l'oxygène, deux combinaisons : un protoxyde auquel on donne la formule KO, et un peroxyde qui renferme 5 fois plus d'oxygène, et qui prend, par conséquent, la formule KO^5.

Lorsqu'on chauffe un globule de potassium placé dans une petite nacelle d'argent, disposée elle-même dans un tube de verre traversé par un courant de gaz oxygène sec, le métal prend feu et se change en une matière jaune, fusible, qui est le peroxyde de potassium. Cette matière se dissout facilement dans l'eau, mais en se décomposant les $\frac{2}{3}$ de l'oxygène deviennent libres et le protoxyde de potassium se dissout. Si l'on évapore la dissolution à sec, on obtient de l'hydrate de protoxyde de potassium qui fond à la chaleur rouge sombre, mais que l'on ne parvient pas à priver de son eau combinée.

La préparation du protoxyde de potassium présente de très-grandes difficultés. Pour l'obtenir, on transforme en peroxyde de potassium un poids connu de potassium, en le chauffant dans une nacelle d'argent, au milieu d'un courant de gaz oxygène; puis on ajoute dans la même nacelle un poids de potassium double de celui qui a été transformé en peroxyde, et l'on chauffe la nacelle dans le même tube, à travers lequel on fait passer un courant de gaz azote :

$$KO^5 + 2K = 5KO.$$

On peut l'obtenir également en chauffant un poids connu d'hydrate de protoxyde de potassium KO + HO, ou *potasse*, avec un poids de potassium égal à celui qui existe dans la potasse; l'hydrogène de l'eau est mis en liberté, et il se forme 2 équivalents de protoxyde de potassium :

$$KO.HO + K = 2KO + H.$$

On ne réussit pas à obtenir le protoxyde de potassium en décomposant l'azotate de potasse par la chaleur, procédé par lequel on prépare un grand nombre de protoxydes anhydres, par exemple, les protoxydes de baryum, de strontium, de calcium, etc. L'azotate de potasse, chauffé dans une cornue de verre ou de porcelaine, se décompose, à la chaleur rouge sombre, en oxygène qui devient libre, et en azotite qui reste dans la cornue :

$$KO.AzO^5 = KO.AzO^5 + 2O.$$

Si l'on élève davantage la température, l'azotite lui-même est décomposé, il se dégage de l'oxygène et de l'azote ; mais le protoxyde de potassium s'empare d'une portion de l'oxygène et passe en partie à l'état de peroxyde. La décomposition complète de l'azotite de potasse ne peut pas être obtenue dans des vases de verre et de porcelaine ; car les silicates qui constituent la matière de ces vases sont fortement attaqués par les oxydes de potassium, et les cornues sont promptement percées. On ne réussit pas mieux dans des vases de platine, surtout en présence de l'oxygène. L'argent résiste beaucoup mieux à l'action des oxydes de potassium, mais les vases qui en sont formés sont trop fusibles pour qu'on puisse y opérer la décomposition complète de l'azotite de potasse.

Nous verrons bientôt que l'hydrate de protoxyde de potassium est au contraire très-facile à obtenir en grande quantité, et que c'est une des substances les plus utiles dans nos laboratoires.

Des deux combinaisons que le potassium forme avec l'oxygène, une seule, le protoxyde, joue le rôle de base, et c'est la base la plus puissante de nos laboratoires. On ne connaît, jusqu'ici, aucune combinaison formée par le peroxyde, aussi cet oxyde présente-t-il très-peu d'intérêt. Il se décompose immédiatement au contact de l'eau et des acides, dégage de l'oxygène, et il se forme un sel de protoxyde de potassium.

Sels formés par le protoxyde de potassium, ou potasse.

Combinaisons du protoxyde de potassium avec l'eau.

§ 374. Le protoxyde de potassium, ou potasse, forme, avec l'eau, deux combinaisons définies ou *hydrates*, un monohydrate $KO + HO$, ou $KO.HO$, et un pentahydrate $KO + 5HO$.

Lorsque le potassium décompose l'eau, il se forme de l'hydrate de protoxyde de potassium $KO.HO$ qui reste en dissolution dans l'eau. Le même hydrate se produit lorsqu'on décompose un sel de potasse par une base donnant, avec l'acide du sel, un sel insoluble. C'est ce dernier procédé que l'on emploie toujours dans les laboratoires pour préparer les hydrates de protoxyde de potassium, qui sont des réactifs très-importants. On décompose pour cela le carbonate de potasse par la chaux ; il se forme du carbonate de chaux insoluble, et la potasse reste dans la liqueur à l'état d'hydrate.

On dissout 1 partie de carbonate de potasse dans 10 parties d'eau. Si le carbonate ne se dissout pas sans résidu, parce qu'il est impur, on laisse reposer la liqueur ; on la décante, ensuite, dans une chaudière en fonte très-propre, dans laquelle on la porte à l'ébullition. On ajoute, par petites portions, dans la liqueur bouillante, de la chaux éteinte délayée avec de l'eau. On ajoute ainsi successivement environ 8 parties de chaux, en continuant toujours l'ébullition. On prend ensuite, avec une pipette, une petite quantité de liqueur, que l'on verse dans une petite cloche ; on attend quelques instants pour que les matières en suspension se déposent, puis on verse une portion de la liqueur claire dans un verre à pied, et l'on ajoute un excès d'acide chlorhydrique. Si tout le carbonate de potasse a été transformé en hydrate de potasse, il ne doit pas se produire d'effervescence. S'il se manifeste, au contraire, une effervescence assez vive, il faut continuer l'ébullition pendant quelque temps, en ajoutant, si cela est nécessaire, de petites quantités de chaux, jusqu'à ce que l'on n'obtienne plus d'effervescence dans un nouvel essai exécuté de la même manière. On enlève alors la chaudière du feu, on laisse la liqueur se clarifier par le repos, en maintenant la chaudière fermée, pour éviter que la potasse n'absorbe l'acide carbonique de l'air. Si l'on veut conserver la potasse à l'état de dissolution, on décante la liqueur avec un siphon, et on la recueille dans un flacon de verre, que l'on peut fermer par un bouchon à l'émeri.

Si l'on veut, au contraire, obtenir la potasse solide, on évapore rapidement la dissolution dans une bassine en cuivre, ou mieux, en argent. Il est convenable de pousser l'ébullition très-vivement, afin que la vapeur, en se dégageant incessamment, isole la potasse du contact de l'air, auquel elle enlèverait de l'acide carbonique. A la fin, on pousse la chaleur jusqu'au rouge sombre ; l'hydrate de potasse KO.HO, qui reste seul alors, fond en un liquide d'une consistance huileuse. S'il s'est formé un peu de carbonate de potasse pendant l'évaporation, ce carbonate, qui ne fond qu'à une température beaucoup plus élevée, nage à la surface de l'hydrate, et forme une écume que l'on peut enlever avec une écumoire. On verse ensuite l'hydrate fondu sur une plaque de cuivre, où il se fige immédiatement. On concasse la potasse en fragments et on la renferme dans des flacons bien bouchés.

L'hydrate de potasse, ainsi préparé, s'appelle dans le commerce *potasse à la chaux*. Lorsqu'on a employé du carbonate de potasse purifié, et que l'opération a été exécutée avec les soins convenables, l'hydrate de potasse est presque pur. Mais il en est rarement ainsi de la potasse à la chaux que l'on achète dans le commerce. Le carbonate de potasse qui a servi à sa préparation renferme ordinairement des sulfate et silicate de potasse, du chlorure de potassium ; de plus, la décomposition du carbonate a été rarement complète.

§ 375. Pour purifier la potasse à la chaux, on la chauffe modérément avec de l'alcool très-concentré ; la potasse caustique se dissout dans l'alcool, et il se forme au fond du flacon un dépôt cristallin, principalement composé de sulfate de potasse et de chlorure de potassium. Une liqueur sirupeuse se trouve au-dessus du dépôt ; elle est formée, en grande partie, par du carbonate de potasse qui s'est dissous dans l'eau enlevée à l'alcool. On décante la liqueur alcoolique avec un siphon, on sépare, par distillation, environ $\frac{2}{3}$ de l'alcool, qui est de l'alcool absolu, puis on verse la liqueur restée dans la cornue dans une capsule d'argent où l'on achève de l'évaporer rapidement. À la fin on chauffe au rouge sombre, pour fondre l'hydrate de potasse, que l'on coule ensuite sur une plaque d'argent. La dissolution alcoolique se colore ordinairement en brun pendant l'évaporation. Cette coloration tient à une altération d'une petite portion d'alcool, sous l'influence de l'oxygène de l'air et de la potasse ; il en résulte un acide organique brun, qui reste en combinaison avec la potasse. Mais, au moment où la potasse fond, la matière se décolore complétement ; l'acide organique se détruit et donne de l'acide carbonique qui reste combiné avec de la potasse.

La potasse, ainsi purifiée, porte le nom de *potasse à l'alcool* ; elle renferme toujours une certaine quantité de carbonate, mais elle est complétement débarrassée de chlorures et de sulfates. Si l'on veut avoir cette potasse absolument privée d'acide carbonique, il suffit de la redissoudre de nouveau dans l'eau, et de la faire bouillir avec une petite quantité de lait de chaux. On la laisse ensuite refroidir, et on la conserve avec la chaux dans un flacon bien bouché. La liqueur renferme alors un peu de chaux en dissolution ; mais on peut la précipiter en y versant, après l'avoir décantée, quelques gouttes de carbonate de potasse.

§ 376. La décomposition du carbonate de potasse par la chaux ne se fait facilement que lorsque la liqueur est étendue ; on obtient nécessairement alors une dissolution de potasse très-faible, et il faut évaporer beaucoup d'eau pour obtenir la potasse solide. Si le carbonate de potasse est dissous dans une petite quantité d'eau, on ne parvient pas à le ramener à l'état caustique, même par une ébullition prolongée avec un grand excès de chaux. Il y a plus, lorsqu'on fait bouillir une dissolution très-concentrée de potasse caustique avec du carbonate de chaux, la potasse enlève presque complétement l'acide carbonique à la chaux. On conçoit donc qu'avec une dissolution de carbonate de potasse d'une certaine concentration la décomposition du carbonate de potasse par la chaux doive s'arrêter à une certaine limite, que l'on ne parvient pas à franchir en prolongeant l'opération. On peut même retourner en arrière, c'est-à-dire reformer une nouvelle quantité de carbonate de potasse, si la liqueur se concentre trop par l'ébullition.

La potasse caustique (potasse hydratée) se présente sous la forme de masses blanches opaques, à cassure cristalline. Sa densité est 2,1 environ. Elle fond au rouge sombre et se volatilise sans altération à la chaleur blanche. L'hydrate de potasse n'abandonne son eau que si on lui présente un acide plus énergique avec lequel l'oxyde de potassium puisse se combiner.

L'hydrate de potasse a pour formule $KO.HO$; il renferme 16 pour 100 d'eau.

L'hydrate de potasse est déliquescent à l'air. Un fragment de potasse, exposé à l'air dans une capsule de porcelaine, ne tarde pas à se changer en une liqueur sirupeuse. La potasse absorbe, en même temps, l'acide carbonique de l'air ; le produit conserve l'état liquide, parce que le carbonate neutre de potasse est lui-même déliquescent; mais, à la longue, il se forme du bicarbonate de potasse qui cristallise.

§ 577. La potasse attaque et dissout les matières animales; on l'emploie en chirurgie sous le nom de *pierre à cautère* pour cautériser les chairs. On coule pour cet usage la potasse sous forme de baguettes dans un petit moule en bronze, ou lingotière.

Carbonates de potasse.

§ 578. La potasse forme trois combinaisons avec l'acide carbonique : un carbonate neutre, $KO.CO^2$, un sesquicarbonate, $KO.\frac{3}{2}CO^2$, et un bicarbonate, $KO.2CO^2$.

Carbonate neutre de potasse, $KO.CO^2$. — Le carbonate neutre de potasse s'extrait ordinairement des cendres des végétaux. Le suc des végétaux renferme plusieurs sels solubles, et principalement des sels formés par la potasse et la soude combinées avec des acides organiques. Ces acides sont toujours des combinaisons de carbone, d'hydrogène et d'oxygène. Lorsqu'on brûle les plantes, les acides organiques se détruisent; la potasse et la soude restent dans les cendres à l'état de carbonates. Mais les cendres des végétaux renferment encore plusieurs autres sels, notamment des chlorures de potassium et de sodium, des sulfates de potasse et de soude, des carbonates et phosphates de chaux et de magnésie, du silicate d'alumine. Les végétaux qui croissent sur le bord de la mer contiennent principalement de la soude ; tandis que ceux qui viennent dans l'intérieur des terres renferment surtout de la potasse. Ce sont les cendres de ces derniers végétaux que l'on traite pour obtenir le carbonate de potasse.

On traite ces cendres par l'eau, qui dissout les sels solubles, c'est-à-dire les carbonates de potasse et de soude, les chlorures et les sulfates. Il reste un résidu insoluble, formé principalement de silicate d'alumine, de carbonate et de phosphate de chaux. La dissolution, que l'on appelle vulgairement *lessive de cendres*, est évaporée à sec. Le résidu de l'évaporation est vendu dans le commerce sous les noms de *carbonate de potasse brut*, de *potasse perlasse* et de *potasse brute*.

La potasse brute renferme de 60 à 80 pour 100 de carbonate de potasse et de soude; le reste de la matière est formé de sulfate, de chlorure et d'une petite quantité de silicate de potasse. Pour la purifier on la traite par son poids d'eau froide; on laisse digérer pendant plusieurs jours, en agitant de temps en temps : les sels étrangers, moins solubles, tels que le sulfate de potasse et le chlorure de potassium, restent en grande partie comme résidu. La liqueur, décantée, est soumise à une évaporation rapide, et donne, par le refroidissement, de petits cristaux de carbonate de potasse presque pur.

§ 579. On obtient le carbonate de potasse plus pur en décomposant par la chaleur, dans un creuset de fer, du bitartrate de potasse purifié, appelé dans le commerce *crème de tartre*. Il reste un mélange de carbonate de potasse et de charbon, qui est quelquefois employé dans les laboratoires sous le nom de *flux noir*. On reprend par l'eau, qui dissout le carbonate de potasse et laisse le charbon, et l'on évapore la liqueur à sec. On prépare quelquefois le carbonate de potasse en projetant, par petites portions, dans une chaudière de fonte chauffée au rouge, un mélange de 1 partie de bitartrate de potasse et de 2 parties d'azotate de potasse. Le charbon de l'acide tartrique est brûlé complétement par l'oxygène de l'acide azotique, et il reste une matière blanche, que l'on appelle *flux blanc*, et qui est presque entièrement formée de carbonate de potasse. Mais ce produit renferme toujours une certaine quantité d'azotite de potasse. On évite cet inconvénient en diminuant la proportion d'azotate de potasse; le carbonate ne renferme plus alors d'azotite de potasse, mais il contient toujours un peu de cyanure de potassium.

Le carbonate de potasse est très-soluble dans l'eau; sa dissolution possède une réaction fortement alcaline. Une dissolution de carbonate de potasse, très-concentrée à chaud, abandonne, en se refroidissant, des cristaux qui renferment 20 pour 100 d'eau; ils ont pour formule $KO.CO^2 + 2HO$.

§ 580. *Bicarbonate de potasse*, $KO.2CO^2$. — On obtient ce sel en faisant passer de l'acide carbonique dans une dissolution concentrée de carbonate neutre de potasse jusqu'à ce qu'elle ne puisse plus en dissoudre; le bicarbonate de potasse se dépose sous forme de cristaux.

Le bicarbonate de potasse se dissout dans 4 parties d'eau froide ses cristaux renferment 9 pour 100 d'eau, et ont pour formule $KO.2CO^2 + HO$. Par l'action de la chaleur, ils perdent leur eau et la moitié de l'acide carbonique; il reste du carbonate neutre.

Azotate de potasse.

§ 381. L'azotate de potasse, qui porte vulgairement dans le commerce le nom de *nitre* ou de *salpêtre*, se rencontre tout formé dans la nature. On peut le préparer directement, en combinant l'acide azotique avec la potasse, ou en décomposant le carbonate de potasse par le même acide. La liqueur évaporée laisse déposer des cristaux prismatiques, qui présentent le plus souvent un aspect cannelé, parce qu'ils résultent de l'agglomération d'un grand nombre d'individus cristallins. Ces cristaux ne renferment pas d'eau, de sorte que leur formule est $KO.AzO^5$.

L'azotate de potasse a une saveur fraîche, un peu amère; sa densité est 1,935. Soumis à l'action de la chaleur, il fond vers 350°, et forme un liquide très-fluide, qui se congèle par le refroidissement en une matière vitreuse. Il se décompose à une température plus élevée; de l'oxygène pur se dégage, et l'azotate de potasse, $KO.AzO^5$, se change en azotite, $KO.AzO^3$. Chauffé davantage, l'azotite de potasse se décompose lui-même; il se dégage un mélange d'oxygène et d'azote, et il reste de la potasse caustique, KO; mais cette potasse renferme toujours une proportion notable de peroxyde de potassium, KO^3. La décomposition complète ne peut être obtenue, ni dans des vases de verre, ni dans des vases de porcelaine, parce que la potasse les attaque énergiquement, et les perce en peu d'instants.

La solubilité de l'azotate de potasse augmente très-rapidement avec la température :

100 parties d'eau dissolvent à	0°	...	13,32	d'azotate de potasse;
»	»	18	... 29,00	»
»	»	45	... 74,60	»
»	»	97	... 236,00	»

Une dissolution, saturée à chaud, abandonne par conséquent, en se refroidissant, la plus grande partie du sel dissous.

L'azotate de potasse est un corps oxydant très-énergique. Projeté sur des charbons, il *fuse*, en activant beaucoup la combustion du charbon, dans le voisinage du contact. Un mélange de soufre et d'azotate de potasse, projeté dans un creuset chauffé, produit une combustion très-vive et un grand dégagement de lumière; il se forme du sulfate de potasse. A cause de cette propriété, on emploie fréquemment l'azotate de potasse dans les laboratoires pour oxyder les corps ; ainsi nous avons vu (§ 160) que le sélénium, chauffé avec l'azotate de potasse, donne du séléniate de potasse, et que l'acide arsénieux donne, dans les mêmes circonstances, de l'arséniate de potasse. L'azotate de potasse entre dans la composition de la poudre à canon.

§ 582. Nous avons dit que le nitre existait tout formé dans la nature. Dans plusieurs contrées chaudes, principalement dans l'Inde et en Égypte, il se produit à la surface du sol, après la saison des pluies, d'abondantes efflorescences salines. On enlève la terre sur une profondeur de quelques centimètres, et on la traite par l'eau, qui dissout les sels solubles. Les eaux sont placées dans de grands bassins, où elles s'évaporent promptement par la chaleur solaire, et laissent déposer une quantité considérable d'azotate de potasse en gros cristaux. Ce sel est versé dans le commerce sous le nom de *nitre brut des Indes*. Les eaux mères sont rejetées ; elles renferment beaucoup d'azotates de chaux et de magnésie, et elles pourraient encore donner une quantité considérable de nitre, si on les mélangeait avec des sels de potasse.

§ 583. On obtient aussi artificiellement le salpêtre en reproduisant les circonstances qui déterminent probablement la formation de ce sel dans la nature. La fabrication artificielle du salpêtre consiste toujours à mêler des matières animales azotées avec des carbonates, qui sont ordinairement les carbonates naturels de chaux et de magnésie, aussi désagrégés que possible. On leur ajoute, quand cela se peut, des carbonates alcalins. Le mélange, abandonné à lui-même au contact de l'air pendant plusieurs années, détermine la formation des azotates, principalement d'azotates de chaux et de potasse, que l'on transforme ensuite complétement en azotate de potasse, par une addition convenable de sels de potasse. On donne à ces tas de matières le nom de *nitrières artificielles*.

L'industrie des nitrières artificielles a été longtemps protégée par les gouvernements, et elle a pu se soutenir, grâce aux primes qui lui étaient accordées. Mais, depuis quelques années, les droits d'entrée en France, sur les salpêtres étrangers, ayant été considérablement diminués, cette industrie a entièrement disparu de notre pays. On y recueille cependant encore une certaine quantité de salpêtre, en lessivant les vieux matériaux de construction, les plâtras salpêtrés qui proviennent de la démolition des parties inférieures des vieilles maisons, et surtout des étables et des écuries.

§ 584. Les lessives des matières salpêtrées contiennent de l'azotate de potasse, mais, surtout, des azotates de chaux et de magnésie, et, de plus, des chlorures de sodium et de calcium ; il faut transformer tous les azotates en azotate de potasse. A cet effet, on ajoute aux lessives une quantité convenable de carbonate ou de sulfate de potasse ; il se dépose du carbonate ou du sulfate de chaux, et, lorsque les liqueurs se sont éclaircies, on les décante dans les chaudières à évaporation. D'autres fois, on filtre les lessives sur une couche de cendres qui fournit, à la fois, du carbonate et du sulfate de potasse pour décomposer les azotates de chaux et de magnésie ; les liqueurs passent immédiatement très-claires, et peuvent être évaporées.

§ 385. Le salpêtre brut renferme des matières étrangères, principalement du chlorure de sodium. Pour les séparer, on se fonde sur cette propriété de l'azotate de potasse d'être beaucoup plus soluble à chaud qu'à froid, tandis que le chlorure de sodium jouit à peu près de la même solubilité à toutes les températures. 100 parties d'eau dissolvent 22 parties de salpêtre à 10° et plus de 250 parties à 100°, tandis que la même quantité d'eau dissout 36 parties de chlorure de sodium à toutes les températures. Ainsi, à froid, le salpêtre est moins soluble que le chlorure de sodium, tandis que, à chaud, il est beaucoup plus soluble que ce dernier corps. On traite donc le salpêtre brut par la quantité d'eau bouillante seulement nécessaire pour dissoudre la totalité de l'azotate de potasse ; la plus grande partie du chlorure de sodium reste sans se dissoudre. On décante la dissolution, on y ajoute une quantité d'eau égale à celle qui a opéré la dissolution du salpêtre, on la fait bouillir pendant quelques instants avec du blanc d'œuf pour clarifier la liqueur ; puis on la verse dans des cristallisoirs où on la laisse refroidir complétement. Le sel marin, qui s'était dissous dans la première quantité d'eau, restera en dissolution, même après le refroidissement, car il se trouve maintenant dans une quantité d'eau double de celle dans laquelle il s'était primitivement dissous, et sa solubilité ne diminue pas sensiblement par l'abaissement de la température. Mais le nitre cristallisera presque complétement pendant le refroidissement. On agite constamment la liqueur pour que ce se ne se dépose qu'en petits grains cristallins d'un lavage facile, et on le retire, à mesure, avec un râteau. Le nitre égoutté est placé dans de grands entonnoirs dont le bout est bouché ; on l'arrose avec une dissolution saturée d'azotate de potasse pur, qu'on laisse digérer pendant quelque temps et qu'on fait écouler ensuite. Cette dissolution d'azotate de potasse, saturée, ne peut pas dissoudre une nouvelle quantité de ce sel, mais elle dissout complétement le sel marin qui se trouve dans les eaux mères qui mouillent les cristaux de nitre.

§ 386. La poudre à tirer est un mélange intime, et à proportions déterminées, de salpêtre, de charbon et de soufre. Ces proportions sont en France :

Poudre de guerre,   75   salpêtre,   12,5 charbon,   12,5 soufre;
Poudre de chasse,   76,9 salpêtre,   15,5 charbon,   9,6 soufre;
Poudre de mine,   62   salpêtre,   18   charbon,   20   soufre.

La force de projection de la poudre tient à ce que, au moment où elle déflagre à l'approche d'un corps enflammé, il se produit un volume très-considérable de gaz fortement échauffé; si cette déflagration a lieu dans un espace rétréci, ces gaz exercent une grande pression sur les parois de l'espace, et peuvent projeter avec force la partie de ces parois qui serait mobile.

La composition de la poudre de guerre et de chasse s'éloigne peu de celle qui correspondrait à

$$
\begin{array}{lr}
1 \text{ éq. azotate de potasse.} & 74,8 \\
1 \text{ » soufre.} & 11,9 \\
5 \text{ » carbone.} & 15,3 \\
\hline
& 100,0
\end{array}
$$

et l'on peut admettre que la réaction chimique qui a lieu au moment de la déflagration est représentée par l'équation suivante :

$$KO.AzO^5 + S + 3C = KS + Az + 3CO^2.$$

Les produits gazeux qui, par leur expansion subite, déterminent la force de projection sont donc de l'azote et de l'acide carbonique; le résidu solide qui reste en partie dans l'arme est du sulfure de potassium.

§ 387. La poudre doit satisfaire à plusieurs conditions, variables suivant la nature des armes auxquelles on la destine. Lorsqu'elle est trop explosible, que l'explosion de la charge est instantanée, la réaction sur les parois de l'arme est violente et brusque, et l'arme est souvent brisée; on dit alors que la poudre est *brisante*. Si la poudre n'est pas suffisamment explosible, le projectile est lancé hors de l'arme avant que toute la charge soit brûlée; une portion de la charge brûle donc en pure perte. La poudre la plus convenable pour une arme déterminée est celle qui, brûlant d'une manière complète dans le temps que le projectile met à parcourir l'âme de la pièce, lui imprime, non instantanément, mais successivement, toute la force de projection dont elle est susceptible. On conçoit, d'après cela, que les qualités de la poudre doivent varier suivant la nature de l'arme dans laquelle elle doit servir. A dosage égal, on fait varier la qualité de la poudre en employant du charbon plus ou moins carbonisé, en donnant à la matière une compacité plus ou moins grande, ou en variant la grosseur des grains.

§ 388. Le salpêtre que l'on emploie à la fabrication de la poudre est le nitre raffiné, et en petits grains cristallins, dont nous avons décrit la préparation (§ 385). Le soufre est acheté à l'état de soufre en canons, puis réduit dans la poudrerie en poudre impalpable par la trituration. Le charbon est obtenu avec des bois légers, en tiges de 15 à 20 millimètres de diamètre, tels que la bourdaine et le fusain. On le carbonise avec beaucoup de soin, mais en opérant la décomposition d'une manière moins complète que pour fabriquer notre charbon ordinaire. La carbonisation est moins avancée pour la poudre de chasse que pour la poudre de guerre; pour la première on retire le charbon à l'état de *charbon roux*, tandis que pour la poudre de guerre on l'amène à l'état de *charbon noir*. Le charbon roux donnerait une poudre trop brisante pour les armes de guerre.

Sulfate de potasse.

§ 389. La potasse et l'acide sulfurique forment deux combinaisons cristallisables. Une dissolution de potasse ou de carbonate de potasse saturée par l'acide sulfurique, donne, après évaporation, des cristaux anhydres de sulfate de potasse, $KO.SO^3$. Ces cristaux se distinguent, parmi les sels solubles, par leur grande dureté; ils décrépitent par l'action de la chaleur, et fondent, à la chaleur rouge, sans se décomposer.

100 parties d'eau à 0° dissolvent 8,5 parties de sulfate de potasse,
    »   100   »   25,3   »

Le sulfate de potasse ne se dissout pas dans l'alcool concentré.

Si l'on dissout le sulfate précédent dans un excès d'acide sulfurique, on obtient une liqueur qui donne, par l'évaporation, un autre sulfate cristallisable, appelé *bisulfate de potasse*, dont la formule est $KO.SO^3 + HO.SO^3$. Chauffé à 200°, il fond sans se décomposer et sans abandonner d'eau. A une plus haute température, il abandonne l'acide sulfurique monohydraté, et il reste le sulfate simple, $KO.SO^3$. L'alcool concentré lui enlève également le sulfate d'eau, et laisse le sulfate de potasse $KO.SO^3$.

Chlorate de potasse.

§ 390. Le chlorate de potasse, $KO.ClO^5$, est un sel anhydre, qui cristallise sous forme de paillettes minces. Les cristaux prennent cependant plus de développement lorsque la cristallisation marche lentement. Il est beaucoup plus soluble à chaud qu'à froid :

100 parties d'eau à 0° dissolvent 3,33 parties de chlorate de potasse,
     »   104,78   »   60,24   »

La solubilité de ce sel croît donc rapidement avec la température.

Le chlorate de potasse ne se dissout pas sensiblement dans l'alcool.

Le chlorate de potasse fond à une température d'environ 400°. Chauffé davantage, il abandonne son oxygène et se réduit finalement à l'état de chlorure de potassium. Il fuse vivement sur un charbon allumé. C'est un corps oxydant des plus énergiques ; il forme des mélanges explosifs avec la plupart des corps combustibles. Ces mélanges détonent souvent par la simple percussion. Ainsi un mélange intime de soufre et de chlorate de potasse produit une détonation violente lorsqu'on le place sur une enclume et qu'on le frappe avec un marteau. On ne doit faire ces mélanges qu'avec précaution et en petite quantité, car ils pourraient occasionner des accidents.

Les mélanges détonants formés par le chlorate de potasse sont beaucoup plus énergiques que les mélanges correspondants obtenus avec le nitre. On a cherché à préparer avec le chlorate de potasse une poudre à canon plus puissante que la poudre ordinaire ; mais elle était *brisante* au suprême degré ; les armes n'y résistaient pas. Sa préparation et sa conservation présentaient d'ailleurs les plus grands dangers, et plusieurs accidents ont forcé d'y renoncer.

On s'est servi également d'un mélange de chlorate de potasse et de soufre pour former les capsules fulminantes des fusils à percussion ; mais on emploie maintenant de préférence le *fulminate de mercure*.

Si l'on projette une goutte d'acide sulfurique concentré sur un mélange de soufre et de chlorate de potasse, le soufre prend feu. On a utilisé cette propriété pour confectionner des briquets, dont l'usage a été très-répandu, mais qui ont été remplacés par les allumettes phosphorées dont nous avons indiqué la préparation (§ 77).

§ 391. Le chlorate de potasse se prépare en faisant agir le chlore sur une dissolution concentrée de potasse ; la réaction a lieu entre 6 équivalents de potasse et 6 équivalents de chlore :

$$6KO + 6Cl = 5KCl + KO.ClO^5.$$

Le chlorate de potasse, étant beaucoup moins soluble à froid que le chlorure de potassium, se sépare sous forme de paillettes cristallines, tandis que le chlorure reste en dissolution. Lorsqu'on veut préparer une quantité assez considérable de chlorate, il faut disposer l'appareil d'une manière particulière. Comme le tube qui amène le chlore dans la dissolution de potasse peut s'obstruer par le chlorate qui s'y dépose en cristaux, il est convenable de prendre un tube de grand diamètre, ou au moins de le terminer par une partie évasée ; mais il vaut mieux disposer l'appareil comme le montre la figure 119. On développe le chlore dans le ballon A, le gaz se lave dans le flacon B renfermant de l'eau. Le flacon C contient la dissolution de potasse, ou mieux, de carbonate de potasse, parce que ce sel est moins cher. Le bouchon du flacon C est traversé par deux tubes, un tube étroit .cd qui permet à l'excès du gaz de sortir, et un

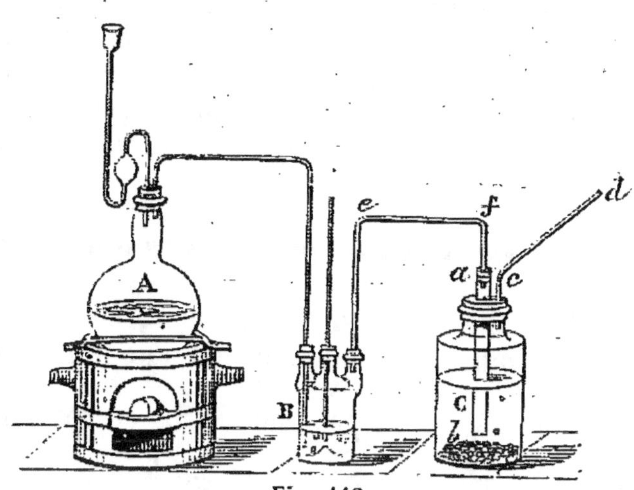

Fig. 119.

tube droit ab, de 15 millimètres de diamètre, ouvert aux deux bouts, et qui descend jusque près du fond du flacon. Le tube ef du flacon laveur s'engage dans le tube ab, au moyen d'un bouchon en a. Si l'extrémité b du large tube vient à se boucher par le dépôt des cristaux, on peut facilement la déboucher à l'aide d'une tige de verre que l'on introduit par l'ouverture a.

Hypochlorite de potasse.

§ 392. En faisant passer du chlore dans une dissolution froide et étendue de carbonate de potasse, on obtient une liqueur qui renferme du chlorure de potassium et de l'hypochlorite de potasse.

$$2KO + 2Cl = KCl + KO.ClO.$$

Cette dissolution détruit énergiquement les couleurs végétales ; on peut l'employer pour le blanchiment ; mais, pour opérer en grand, on préfère l'hypochlorite de chaux, qui revient à meilleur marché. Dans le commerce, on appelle cette liqueur décolorante *eau de Javelle*, parce que c'est à Javelle, près de Paris, qu'on l'a préparée d'abord.

Oxalates de potasse.

§ 393. L'acide oxalique forme avec la potasse trois combinaisons : un *oxalate neutre* $KO.C^2O^3 + HO$, un *bioxalate* $KO.2C^2O^3 + 3HO$, un *quadroxalate* $KO.C^2O^3 + 7HO$. Le bioxalate, qu'on désigne dans le commerce sous le nom de *sel d'oseille*, est employé pour enlever sur le linge les taches d'encre et les taches de rouille. Le peroxyde de fer se combine, dans ce cas, avec une partie de l'acide oxalique, et il se forme un oxalate double, soluble. Ce sel existe dans le suc d'un grand nombre de végétaux ; l'oseille lui doit, en grande partie, son acidité.

Combinaisons du potassium avec le soufre.

§ 394. On connaît un grand nombre de combinaisons du potassium avec le soufre ; les chimistes en admettent cinq, qui sont :

Le monosulfure de potassium KS, correspondant au protoxyde KO,
Le bisulfure » KS^2,
Le trisulfure » KS^3, correspondant au peroxyde KO^3,
Le quadrisulfure » KS^4,
Le pentasulfure » KS^5.

Le *monosulfure de potassium* s'obtient en chauffant dans un creuset un mélange de sulfate de potasse et de charbon :

$$KO.SO^3 + 4C = KS + 4CO.$$

Le sulfure fond sous la forme d'une masse rougeâtre. Si l'on chauffe un mélange intime de 2 parties de sulfate de potasse et de 1 partie de noir de fumée, on obtient un sulfure très-divisé, dont les particules ne peuvent pas se réunir à cause des parcelles de charbon avec lesquelles elles sont intimement mélangées. Ce sulfure est alors tellement inflammable, qu'il prend feu aussitôt qu'on le projette au contact de l'air ; on lui donne, pour cette raison, le nom de *pyrophore*.

Le monosulfure de potassium préparé par ce procédé n'est jamais pur ; il renferme toujours une petite quantité de polysulfure, dont il est facile de constater la présence ; car, en versant dans sa dissolution un excès d'acide, il se forme constamment un léger dépôt de soufre, ce qui n'aurait pas lieu si la dissolution ne renfermait que du monosulfure (§ 338).

Le meilleur procédé pour préparer le monosulfure de potassium consiste à prendre une dissolution de potasse, à la diviser en deux parties égales, à saturer l'une de ces parties par de l'hydrogène sulfuré, puis à la mélanger avec l'autre partie qui est restée à l'état de potasse caustique. La dissolution de potasse, saturée par de l'acide sulfhydrique, se change en un sulfosel, le sulfhydrate de monosulfure de potassium $KS.HS$; ce sel, mélangé avec une quantité de potasse égale à celle qui a servi à le produire, donne du monosulfure simple :

$$KS.HS + KO.HO = 2KS + 2HO.$$

En évaporant la liqueur, le monosulfure de potassium se prend en une masse cristalline incolore.

Au moyen du monosulfure de potassium, on prépare facilement les autres sulfures, en chauffant 1 équivalent de monosulfure avec 1, 2, 3 ou 4 équivalents de soufre. Le pentasulfure KS^5 est le plus facile à préparer ; il suffit de chauffer le monosulfure avec un excès de soufre et d'élever la température assez haut pour que le soufre, qui ne peut entrer en combinaison, se dégage. Il convient cependant de ne pas élever la température jusqu'au rouge vif, car le pentasulfure abandonnerait une portion de son soufre, et passerait à l'état de trisulfure.

Le pentasulfure de potassium se produit dans beaucoup d'autres circonstances. Si l'on chauffe un mélange de carbonate de potasse et de soufre, la réaction commence à la température de la fusion du soufre, et il se dégage de l'acide carbonique. Si le soufre est en excès, et que l'on ne porte pas la température au-dessus de 250°, il se forme du pentasulfure de potassium et de l'hyposulfite de potasse, qui restent mélangés avec l'excès du soufre :

$$3KO + 12S = 2KS^5 + KO.S^2O^2.$$

Mais, si l'on porte le mélange jusqu'au rouge, l'hyposulfite se détruit, l'excès de soufre distille, et l'on obtient du pentasulfure de potassium et du sulfate de potasse. L'hyposulfite de potasse se transforme en effet, à la chaleur rouge, en pentasulfure de potassium et en sulfate :

$$12(KO.S^2O^2) = 9(KO.SO^3) + 3KS^5.$$

On peut séparer le pentasulfure du sulfate, en traitant le mélange par l'alcool, qui ne dissout que le sulfure.

Si l'on ajoute du charbon au mélange de carbonate de potasse et de soufre, il ne se forme, à la chaleur rouge sombre, que du pentasulfure de potassium.

On peut obtenir également ce produit par voie humide, en faisant bouillir une dissolution de potasse caustique avec un excès de soufre. Une grande proportion de soufre se dissout, et il se forme une liqueur d'un jaune foncé, qui renferme du pentasulfure de potassium et de l'hyposulfite de potasse.

Le pentasulfure de potassium obtenu par l'un quelconque de ces procédés porte le nom de *foie de soufre* ; il est employé en médecine pour le traitement des maladies de la peau.

Sulfosels formés par le monosulfure de potassium.

§ 395. Le monosulfure de potassium se combine avec un grand nombre de sulfures électronégatifs, avec lesquels il forme de véritables sels ; mais la plupart de ces combinaisons n'ont pas été étudiées jusqu'ici avec assez de soin. Les plus importantes sont l'hydrosulfate de sulfure de potassium et le sulfocarbonate.

On obtient l'*hydrosulfate de sulfure de potassium*, en faisant passer, jusqu'à saturation, un courant d'hydrogène sulfuré à travers une dissolution de potasse ; la liqueur concentrée abandonne des cristaux, qui ont pour formule $KS + HS$ ou $KS.HS$. On voit que ce composé correspond exactement à l'hydrate de potasse $KO.HO$, dans lequel l'oxygène est remplacé par une quantité correspondante de soufre.

Le *sulfocarbonate de sulfure de potassium* s'obtient en versant du sulfure de carbone dans une dissolution alcoolique de monosulfure de potassium. Il se forme un dépôt cristallin, orangé, de sulfocarbonate de sulfure de potassium $KS.CS^2$, que l'on peut redissoudre dans l'eau ou dans l'alcool bouillant, et faire cristalliser.

Combinaison du potassium avec le chlore.

§ 396. On ne connaît qu'une seule combinaison du potassium avec le chlore : on l'obtient en saturant immédiatement par l'acide chlorhydrique une dissolution de potasse, ou de carbonate de potasse. La liqueur, évaporée, laisse déposer des cristaux cubiques, anhydres, de chlorure de potassium KCl. La densité de ce chlorure de potassium est de 1,84 environ. Il fond à la chaleur rouge, sans se décomposer ; à une température plus élevée il donne des vapeurs très-sensibles.

En France, on extrait le chlorure de potassium des soudes de varech. Les varechs sont des plantes qui croissent sur les rochers recouverts par les eaux de la mer. On les récolte sur les côtes de l'Océan, où elles sont rejetées après avoir été détachées par les flots. On les dessèche par exposition à l'air, puis on les incinère dans de petites fosses creusées dans le sol ; il reste une cendre à demi fondue, à laquelle on donne le nom de *soude de varech*. On lessive cette matière à chaud, et on extrait, par des cristallisations successives, les divers sels qu'elle renferme. La soude de varech donne jusqu'à 50 pour 100 de chlorure de potassium.

Le chlorure de potassium est obtenu, d'une manière accessoire, dans plusieurs arts.

Le chlorure de potassium, en se dissolvant dans l'eau, produit un grand abaissement de température ; le chlorure de sodium opère un refroidissement beaucoup plus considérable. On utilise cette propriété, pour déterminer les proportions de chlorure de potassium et de chlorure de sodium qui entrent dans un mélange de ces deux sels.

Combinaisons du potassium avec l'iode.

§ 397. *Iodure de potassium*. — On obtient ce sel en dissolvant de l'iode dans une dissolution concentrée de potasse, jusqu'à ce que la liqueur se colore par un excès d'iode. Il se forme un dépôt cristallin d'iodate de potasse, et la liqueur renferme, à la fois, de l'iodure de potassium et un peu d'iodate. Si l'on se propose seulement de préparer l'iodure de potassium, on évapore la liqueur à siccité, et l'on calcine le résidu dans un creuset de platine. L'iodate de potasse se décompose, il ne reste que de l'iodure de potassium qu'on redissout dans l'eau et qu'on fait cristalliser. L'iodure de potassium forme des cristaux cubiques anhydres.

On retire, par cristallisation, une proportion considérable d'iodure de potassium des eaux mères des varechs, lorsqu'elles ont déposé les chlorures de potassium et de sodium, ainsi que les sulfates qu'elles renferment en dissolution.

Combinaison du potassium avec le cyanogène.

§ 398. *Cyanure de potassium*. — La manière la plus simple de préparer le cyanure de potassium consiste à décomposer, par la chaleur rouge, le cyanure double de potassium et de fer $2KCy + FeCy$, qu'on appelle communément *prussiate de potasse*. Le cyanure de fer se décompose seul, et donne une combinaison insoluble de fer et de carbone : un carbure de fer. On reprend le résidu par l'eau, qui dissout le cyanure de potassium, et que l'on sépare ensuite en évaporant. Le cyanure de potassium cristallise en cubes anhydres. Nous verrons, plus tard, lorsque nous décrirons les combinaisons du fer, comment on prépare, dans les fabriques, le cyanure de potassium, impur avec lequel on fabrique le cyanure double de potassium et de fer.

Caractères distinctifs des sels de potasse.

§ 399. Les sels alcalins se distinguent de tous les autres sels métalliques, en ce qu'ils ne donnent pas de précipités avec la dissolution d'un carbonate alcalin.

Les sels de potasse se reconnaissent, ensuite, aux propriétés suivantes :

1° Aux propriétés physiques de leurs sels ; principalement à celles du sulfate de potasse, sel anhydre, facilement cristallisable, jouissant d'une certaine dureté.

2° Par la propriété de former avec le sulfate d'alumine un sel double, l'alun, qui cristallise facilement en octaèdres réguliers. Il suffit de verser, dans la dissolution concentrée d'un sel de potasse, une dissolution concentrée de sulfate d'alumine, et d'agiter la liqueur, pour qu'il se forme un précipité cristallin d'alun, composé de petits octaèdres réguliers faciles à reconnaître à la loupe.

3° Par la propriété de donner avec l'acide perchlorique un dépôt de grains cristallins de perchlorate de potasse.

4° Par la propriété de former, avec l'acide tartrique, un bitartrate de potasse, peu soluble dans l'eau ; de sorte que, si l'on verse une dissolution d'acide tartrique dans une dissolution un peu concentrée d'un sel de potasse, il se forme un précipité.

5° Par la propriété de donner, avec le perchlorure de platine, un précipité jaune de chlorure double de potassium et de platine, lorsque la dissolution n'est pas très-étendue. Ce précipité se dépose d'une manière plus complète si on ajoute à la liqueur une certaine quantité d'alcool. Le précipité de chlorure double de potassium et de platine se détruit à la chaleur rouge ; le perchlorure de platine se décompose, il reste du platine métallique, et le chlorure de potassium devient libre. En traitant le résidu par l'eau, on ne dissout que le chlorure de potassium.

6° Les sels de potasse donnent, avec une dissolution d'acide hydrofluosilicique, un précipité gélatineux translucide de fluorure double de potassium et de silicium, qu'on reconnaît d'abord très-difficilement dans la liqueur, mais qui se dépose, au bout de quelque temps, sous la forme d'une gelée incolore, presque transparente.

SODIUM

Équivalent = 287,5

§ 400. Le sodium existe, à l'état de silicate de soude, dans un certain nombre de minéraux qui forment des roches primitives. Combiné avec le chlore, il forme le chlorure de sodium, ou sel marin, qui existe en dissolution dans l'eau de la mer, et qui forme, dans plusieurs contrées, des amas considérables dans certaines formations géologiques. Les plantes qui croissent au bord de la mer absorbent une certaine quantité de sels de soude que l'on retrouve dans leurs cendres.

Le sodium ressemble beaucoup au potassium par ses propriétés physiques. Il est cassant à une température très-basse, et il présente alors une cassure cristalline. A la température ordinaire de + 15° à + 20°, il est assez mou pour qu'on puisse le couper facilement au couteau. Vers 60°, il se laisse pétrir comme la cire ; enfin vers 90°, il prend l'état liquide. Le sodium entre en ébullition à la chaleur rouge ; sa distillation a lieu à une température moins élevée que celle du potassium.

Le sodium, fraîchement coupé, est doué d'un grand éclat métallique ; il ressemble à l'argent. Mais cet éclat ne persiste pas au contact de l'air, parce que le métal se combine rapidement avec l'oxygène. La densité du sodium est plus considérable que celle du potassium ; elle est de 0,97 environ, à la température ordinaire. Le sodium doit être conservé dans de l'huile de naphte.

Le sodium décompose l'eau, aux températures les plus basses. Un fragment de ce métal, projeté sur l'eau, fond en un globule brillant par la chaleur dégagée dans l'oxydation du métal. Le globule se promène à la surface du liquide, mais il n'y a pas inflammation, comme avec le potassium. On peut cependant produire l'inflammation du gaz, en ne laissant pas le globule se mouvoir à la surface du liquide ; il y a alors moins de déperdition de chaleur, et la température s'élève assez pour que le gaz hydrogène dégagé s'enflamme. L'inflammation a lieu également si l'on projette le fragment de sodium sur de l'eau épaissie par de la gomme ou de l'amidon. La liqueur devient fortement alcaline par l'hydrate de protoxyde de sodium ou *soude*, qui se dissout.

§ 401. On prépare le sodium par les mêmes procédés que le potassium (§ 371 et 372). L'opération est plus facile, et le sodium se fabrique aujourd'hui en grande quantité et à des prix très-modérés.

Combinaisons du sodium avec l'oxygène.

§ 402. Le sodium forme avec l'oxygène deux combinaisons qui correspondent à celles du potassium; on les prépare de la même manière.

Sels formés par le protoxyde de sodium, ou soude.

§ 403. Le protoxyde est le seul oxyde de sodium qui joue le rôle de base salifiable; il donne un grand nombre de sels, importants par leurs applications.

Hydrate de soude.

§ 404. Cette combinaison se forme quand le sodium s'oxyde au contact de l'eau. On la prépare dans les laboratoires, en décomposant le carbonate de soude en dissolution par l'hydrate de chaux; on opère, d'ailleurs, exactement comme pour préparer l'hydrate de potasse (§ 374), et l'opération demande des précautions semblables.

Pour que la réaction soit complète et qu'elle marche rapidement, on doit employer environ poids égaux de carbonate de soude et de chaux. La dissolution caustique, séparée du dépôt par décantation, est évaporée rapidement à siccité, et la matière fondue est coulée sur une plaque de cuivre, où elle se solidifie en refroidissant. On a ainsi la *soude caustique à la chaux*. On peut la purifier, en la dissolvant dans l'alcool, comme nous l'avons dit pour la potasse (§ 375).

L'hydrate de soude ressemble complétement, par son aspect, à l'hydrate de potasse; comme ce dernier, il renferme 1 équivalent d'eau. L'eau de l'hydrate de soude ne se dégage à aucune température, et l'hydrate de soude distille, sans altération, à une forte chaleur rouge. La soude caustique peut servir aux mêmes usages que la potasse; comme elle est à meilleur marché et plus facile à préparer à l'état de pureté, parce qu'on trouve le carbonate de soude très-pur dans le commerce, il y a avantage à lui donner la préférence. L'hydrate de soude solide, exposé à l'air humide, tombe bientôt en déliquescence, en se combinant avec l'eau de l'atmosphère. Mais, si on laisse indéfiniment la liqueur sirupeuse au contact de l'air, il s'y forme des cristaux de carbonate de soude qui présentent alors l'aspect d'une matière efflorescente. L'hydrate de potasse n'offre rien de semblable, parce que le carbonate de potasse est lui-même déliquescent.

Sulfate de soude.

§ 405. La soude et l'acide sulfurique se combinent en plusieurs proportions; les combinaisons les plus importantes sont le sulfate neutre de soude, et le bisulfate.

Le sulfate neutre de soude portait anciennement le nom de *sel de Glauber*. On le trouve, dans le commerce, sous forme de gros cristaux. Ces cristaux renferment plus de la moitié de leur poids d'eau; ils ont pour formule $NaO.SO^5 + 10HO$.

Le sulfate de soude cristallisé fond dans son eau de cristallisation, à une température peu élevée. Si l'on continue à le chauffer, une portion de l'eau se vaporise, et il se forme bientôt un dépôt cristallin de sulfate de soude anhydre. Ce même sulfate anhydre se dépose lorsqu'on fait cristalliser les dissolutions aqueuses, à une température supérieure à 33°. Le sulfate de soude à 10 équivalents d'eau ne se forme que lorsque la cristallisation a lieu à une température inférieure à + 20°. Il est efflorescent à l'air, et ses cristaux tombent promptement en poudre. Si la cristallisation du sulfate de soude a lieu entre 20° et 33°, il se forme encore un sulfate de soude hydraté, mais qui renferme moins d'eau que le premier. Les cristaux de cet hydrate ne s'altèrent pas à l'air.

Les cristaux de sulfate de soude anhydre tombent en poussière à l'air; mais cette espèce d'efflorescence est due à une cause tout à fait opposée à celle qui produit l'efflorescence du sulfate à 10 équivalents d'eau, elle tient à ce que le sulfate anhydre enlève de l'eau à l'atmosphère, et se désagrége, en se changeant en deuxième hydrate.

La solubilité du sulfate de soude présente une anomalie très-remarquable, sur laquelle nous avons déjà insisté (§ 314). Au-dessous de 0°, cette solubilité est faible, 100 parties d'eau à 0° n'en dissolvent que 5 parties; elle augmente très-rapidement avec la température jusqu'à + 33, point où elle présente un *maximum*; 100 parties d'eau dissolvent alors 322 parties de sulfate à 10 équivalents d'eau. La solubilité du sel va, ensuite, en diminuant avec la température. Nous avons également décrit (§ 311) une particularité remarquable que présente la cristallisation de ce sel.

Le sulfate de soude existe en petite quantité dans les eaux de la mer, et dans plusieurs sources salées. On peut en extraire une grande quantité des eaux mères qui restent après le salinage; il suffit d'amener ces eaux mères à une température très-basse, afin de diminuer autant que possible la solubilité du sulfate de soude. On en récolte ainsi de grandes quantités dans les environs de Montpellier. On profite des froids de l'hiver, pendant lesquels les eaux mères des salines abandonnent une grande quantité de sulfate de soude.

§ 406. La plus grande partie du sulfate de soude que l'on consomme en France est préparée en décomposant le sel marin par l'acide sulfurique.

§ 407. Le sulfate de soude peut être fondu au rouge sans se décomposer. En ajoutant à une dissolution de sulfate de soude une quantité d'acide sulfurique égale à celle que ce sel renferme déjà, on obtient une liqueur acide qui donne, après une évaporation convenable, des cristaux de *bisulfate de soude*, dont la formule est $NaO.2SO^3 + 3HO$. Ce sel perd complétement son eau par la chaleur; si on le chauffe davantage, il abandonne la moitié de son acide à l'état d'acide sulfurique anhydre (§ 155).

Carbonates de soude.

§ 408. Le *carbonate neutre de soude* est un sel extrèmement important par ses usages dans les arts. On le prépare par des procédés très-variés. Pendant longtemps on ne l'obtenait que par le lessivage des cendres provenant de la combustion des plantes qui croissent au bord de la mer. Les végétaux qui croissent dans l'intérieur des terres donnent des cendres fortement chargées de sels de potasse; tandis que les cendres de ceux qui croissent sur les côtes, ou sur les rochers baignés par l'eau de la mer, renferment principalement des sels de soude. Les divers végétaux marins fournissent des proportions très-différentes de carbonate de soude : ceux qui en donnent le plus sont le *salsola soda*, le *salicornia europæa*. Les *varechs*, peu riches en carbonate de soude, contiennent beaucoup de sulfate et de chlorure. L'Espagne fournissait anciennement la plus grande partie du carbonate de soude employé en Europe; on lui donnait le nom de *soude d'Alicante* ou *de Malaga*. On en récoltait aussi une certaine quantité sur les côtes de la Méditerranée, en France; cette soude portait le nom de *soude de Narbonne*. Pendant les guerres de la Révolution et de l'Empire, les soudes espagnoles ne parvenaient que difficilement en France, et ce produit était monté à des prix très-élevés. Les chimistes, encouragés par le gouvernement, firent beaucoup de tentatives pour fabriquer artificiellement le carbonate de soude, au moyen des matières premières que l'on avait dans le pays. Après l'essai d'un grand nombre de procédés de préparation, qui résolvaient plus ou moins imparfaitement la question, on en trouva un qui permit d'obtenir le carbonate de soude à bon marché, et en aussi grande quantité que l'on voulut. Ce procédé, qui est encore employé aujourd'hui, est appelé *procédé de Leblanc*, du nom d'un médecin français qui le découvrit.

Le procédé de Leblanc consiste à transformer, d'abord, le chlorure de sodium en sulfate de soude, par l'acide sulfurique; puis à décomposer le sulfate de soude, sous l'influence de la chaleur, par un mélange de carbonate de chaux et de charbon; il en résulte du carbonate de soude et un oxysulfure de calcium $2CaS.CaO$, complétement insoluble dans l'eau; de sorte qu'il est facile de séparer ces deux produits. La réaction est représentée par l'équation suivante :

$$2(NaO.SO^3) + 3(CaO.CO^2) + 9C = 2(NaO.CO^2) + 2CaS.CaO + 10CO.$$

§ 409. Le carbonate de soude cristallise à froid en gros cristaux qui renferment 62,9 pour 100 d'eau. Leur formule est $NaO.CO^2 + 10HO$. Ces cristaux s'effleurissent promptement à l'air; ils sont plus solubles à chaud qu'à froid. L'eau bouillante en dissout à peu près son poids, tandis que l'eau froide n'en dissout que la moitié. Le carbonate de soude peut cristalliser avec des proportions d'eau moins considérables lorsqu'il se forme dans une dissolution chaude; les petits cristaux grenus qui se déposent d'une liqueur concentrée par ébullition ne renferment que 18 pour 100 d'eau environ. Le carbonate de soude, chauffé, perd facilement son eau, et se fond à la chaleur rouge en un liquide très-fluide qui cristallise par le refroidissement.

§ 410. *Bicarbonate de soude.* — On obtient le bicarbonate de soude en faisant passer un courant de gaz acide carbonique à travers une dissolution concentrée de carbonate neutre de soude. Le bicarbonate de soude, n'étant pas très-soluble dans l'eau, se dépose en grande partie sous forme de cristaux. La composition de ce sel est :

$$NaO.2CO^2 + HO, \text{ ou } NaO.CO^2 + HO.CO^2.$$

100 parties d'eau, à la température ordinaire, dissolvent environ 8 parties de ce sel.

Le bicarbonate de soude se décompose facilement par l'action de la chaleur; la moitié de son acide carbonique se dégage à une température peu élevée, et il reste un carbonate neutre. La dissolution du bicarbonate de soude se décompose également par la chaleur; une ébullition prolongée change le sel en carbonate neutre.

On emploie en médecine le bicarbonate de soude pour saturer la trop grande quantité d'acide qui se développe pendant les digestions difficiles. On en fabrique de petites pastilles en mêlant le sel à des matières sucrées; ces pastilles portent le nom de *pastilles digestives de Darcet.*

On prépare le bicarbonate de soude dans les fabriques, en exposant dans des caisses en bois le carbonate neutre de soude cristallisé à un courant de gaz acide carbonique; la matière se change ainsi complétement en bicarbonate. On utilise, pour cette préparation, l'acide carbonique qui se développe en abondance pendant la fermentation du vin doux ou d'autres liqueurs sucrées, ou encore l'acide carbonique qui se dégage du sol, dans quelques localités.

§ 411. *Sesquicarbonate de soude.* — On trouve dans la nature un sesquicarbonate de soude cristallisé qui a pour formule $2NaO.3CO^2 + 4HO$; on lui donne le nom de *natron* où de *sel trona*. Dans certaines contrées chaudes, en Égypte, au Mexique, dans les Indes, il se forme, pendant la saison des pluies, de petits lacs ou des mares dans les parties déprimées du sol. Les eaux s'évaporent pendant la saison chaude, et il se développe des efflorescences ou des masses cristallines de natron que l'on exploite avec avantage. Ce sel ne s'effleurit pas à l'air et présente souvent une dureté assez considérable.

Azotate de soude.

§ 412. L'acide azotique et la soude ne forment qu'une seule combinaison, l'*azotate de soude;* on l'obtient en décomposant le carbonate de soude par l'acide azotique. L'azotate de soude cristallise en rhomboèdres qui ne diffèrent pas beaucoup du cube; c'est ce qui a fait donner à ce sel le nom de *nitre cubique*. L'azotate de soude forme, au Pérou, une couche d'épaisseur variable qui a une étendue de plus de cent lieues carrées; cette couche n'est recouverte que par une couche d'argile. Le sel est envoyé en Europe tel qu'on l'extrait de la terre; on le purifie facilement en le dissolvant dans l'eau, et évaporant la liqueur.

On emploie avec avantage l'azotate de soude, à cause de son bas prix, pour la fabrication de l'acide azotique, lorsque le sulfate de soude, produit secondaire de cette fabrication, trouve un placement facile. A poids égal, il donne plus d'acide azotique que l'azotate de potasse, parce que l'équivalent de la soude est plus faible que celui de la potasse. On a cherché également à employer ce sel pour la fabrication de la poudre, mais il donne une poudre qui attire beaucoup plus facilement l'humidité de l'air que la poudre ordinaire, et dont l'inflammation est moins rapide; on y a donc renoncé. On emploie maintenant ce sel pour fabriquer de l'azotate de potasse par double décomposition. Il suffit de traiter l'azotate de soude par le carbonate de potasse; les liqueurs, évaporées et abandonnées à la cristallisation à une basse température, laissent déposer l'azotate de potasse. On peut également opérer cette décomposition par le chlorure de potassium; la liqueur, concentrée par l'ébullition, laisse déposer beaucoup de sel marin que l'on sépare; en refroidissant, elle abandonne ensuite de l'azotate de potasse.

Phosphates de soude.

§ 413. Les combinaisons de la soude avec l'acide phosphorique sont très-nombreuses, et leur étude présente un haut intérêt. Les chimistes distinguent maintenant des *phosphates tribasiques* ou *phosphates ordinaires*, des *phosphates bibasiques* ou *pyrophosphates*, et des *phosphates monobasiques* ou *métaphosphates*. Nous nous bornerons ici à étudier un seul de ces phosphates qui appartient à la série des phosphates tribasiques et que l'on appelle *phosphate de soude ordinaire*.

§ 414. On prépare le phosphate de soude ordinaire du commerce en ajoutant du carbonate de soude à la dissolution du phosphate acide de chaux, qu'on obtient en traitant les cendres d'os par l'acide sulfurique, jusqu'à ce qu'il ne se fasse plus ni effervescence ni dépôt. La chaux se sépare à l'état de sous-phosphate insoluble, et la liqueur renferme le phosphate de soude en dissolution. Cette liqueur, évaporée, abandonne, par le refroidissement, de beaux cristaux transparents. On purifie ce sel par une nouvelle cristallisation. Il a pour formule $2NaO.PhO^5 + 27HO$; mais cette formule doit être écrite $(2NaO + HO).PhO^5 + 26HO$, c'est-à-dire que l'acide phosphorique est combiné avec 3 équivalents de base, 2 équivalents de soude et 1 équivalent d'eau basique. Ce sel a une réaction alcaline prononcée sur les réactifs colorés; il est efflorescent à l'air. Il se dissout dans 2 parties d'eau bouillante et dans 4 parties d'eau froide. Soumis à l'action de la chaleur, il fond d'abord dans son eau de cristallisation, puis il perd successivement cette eau, et, si l'on ne pousse pas la température trop haut, il reste à l'état de sel tribasique anhydre $(2NaO + HO).PhO^5$. En le redissolvant dans l'eau, et le faisant cristalliser de nouveau, il reproduit le sel primitif. Mais, si on le porte à une température plus élevée, par exemple, de manière à lui faire subir la fusion ignée, il perd son équivalent d'eau basique et devient $2NaO.PhO^5$. Il a alors complétement changé de nature; en le redissolvant de nouveau et le faisant cristalliser, on n'obtient plus le sel primitif, mais un sel complétement différent, qui appartient à la série des phosphates bibasiques et qui est connu sous le nom de *pyrophosphate de soude*.

Borates de soude.

§ 415. Le borate neutre de soude porte, dans les arts, le nom de *borax*. On le trouve, dans le commerce, sous deux états : le *borax ordinaire* et le *borax octaédrique*. Ces deux sels ne diffèrent que par leur proportion d'eau de cristallisation. Le borax ordinaire a pour formule $NaO.2BoO^3 + 10HO$, et renferme 47,2 pour 100 d'eau. La formule du borax octaédrique est $NaO.2BoO^3 + 5HO$; 100 parties de ce sel ne renferment que 30,8 d'eau.

Le borax ordinaire se dissout dans 2 parties d'eau bouillante et dans 12 parties d'eau froide; la dissolution a une forte réaction alcaline. Ce sel est un peu efflorescent à l'air. Chauffé, il fond d'abord dans son eau de cristallisation; puis il se boursoufle, et il reste à la fin une matière spongieuse, qui est du borax anhydre. A une plus haute température, le borax anhydre éprouve la fusion ignée, et donne un liquide visqueux, qui ne cristallise pas en se solidifiant; la matière présente, après le refroidissement, un aspect vitreux. La viscosité du borax fondu est telle, qu'on peut le tirer en longs fils, très-déliés. Le verre de borax dissout à chaud la plupart des oxydes métalliques, et prend alors des colorations particulières, qui permettent de distinguer les différents métaux les uns des autres. Cette propriété est très-précieuse pour les analyses qualitatives, on peut la mettre en évidence sur des quantités extrêmement petites de matière. A cet effet, on se sert ordinairement d'un fil de platine (*fig.* 120), dont on

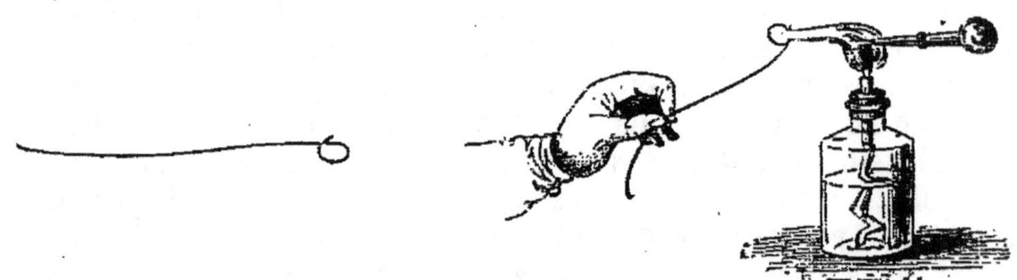

Fig. 120.　　　　　　　　　　　　　　Fig. 121.

a contourné un des bouts sous forme de boucle. On plonge cette boucle, légèrement humectée, dans du borax anhydre pulvérisé, et l'on y ajoute quelques parcelles de l'oxyde métallique que l'on veut reconnaître. On fond ensuite la matière au chalumeau (*fig.* 121), et l'on obtient une perle, dans laquelle l'oxyde métallique se dissout, et qui, après le refroidissement, présente une coloration particulière, caractéristique de l'oxyde métallique.

La flamme que l'on emploie pour opérer cette fusion est celle d'une lampe à alcool, d'une lampe à huile, ou même celle d'une bougie. Lorsque le métal forme plusieurs degrés d'oxydation, il arrive souvent qu'il produit deux colorations de borax très-différentes, et, comme ces deux colorations peuvent être obtenues à volonté, on les fait servir toutes deux à constater la nature du métal. Dans la partie brillante *b* de la flamme (*fig.* 122), qui est immédiatement en avant de l'espace obscur intérieur *aa*, le gaz est réduisant, parce que les

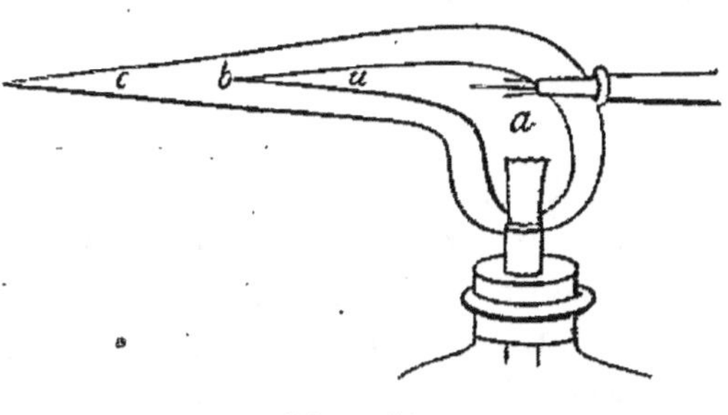

. Fig. 122.

parties combustibles ne sont pas encore entièrement brûlées, surtout si l'ouverture du chalumeau est très-petite. En avant de la partie brillante *b*, en *c*, le gaz est, au contraire, oxydant, parce qu'il est mêlé à un excès d'air atmosphérique. Il faudra donc chauffer le borax en *b*, quand on voudra obtenir la coloration qui appartient au protoxyde; et en *c*, si l'on cherche la coloration due au peroxyde

§ 416. Le borax est ordinairement employé dans les arts pour la soudure des métaux. La soudure des deux parties de métal l'une sur l'autre se fait, en interposant un autre métal, ou un alliage métallique plus fusible que les deux parties à réunir. On porte le point de soudure à une température assez élevée pour fondre le métal interposé, qu'on appelle alors la *soudure*, mais insuffisante pour déterminer la fusion du métal que l'on veut souder. Pour que cette opération réussisse, il est essentiel que les deux surfaces métalliques à réunir soient parfaitement propres, qu'elles soient bien *décapées*, afin que la soudure fondue se trouve en contact immédiat avec le métal. Or ce dernier s'oxyde souvent à la température qui opère la fusion de la soudure, et l'oxyde interposé empêche l'union des parties métalliques. On remédie à cet inconvénient en ajoutant à la soudure une petite quantité de borax. Ce sel, subissant la fusion ignée, forme un vernis qui préserve de l'oxydation les parties métalliques; il se combine, d'ailleurs, avec l'oxyde qui existe à la surface des pièces à réunir, et les décape d'une manière parfaite. En pressant l'une sur l'autre les parties à souder, on exprime l'excès de la soudure, ainsi que le borax interposé.

Le borax est principalement employé pour la soudure des pièces d'or et d'argent. Pour les objets de cuivre et de laiton, on emploie la résine ou le sel ammoniac. Ces dernières substances exercent, en même temps, une action réduisante sur les oxydes métalliques qui peuvent exister à la surface des métaux.

Le borax ordinaire $NaO.2BoO^3 + 10HO$ est incommode pour la soudure, parce qu'il se boursoufle beaucoup avant de subir la fusion ignée, et qu'il s'en perd alors par projection. On préfère le borax octaédrique, qui renferme moitié moins d'eau.

Hyposulfite de soude.

§ 417. Ce sel a reçu une certaine importance de ses application au daguerréotype et à la photographie. On s'en sert pour dissoudre le composé d'argent impressionnable qui est resté inaltéré après l'exposition dans la chambre noire. Il jouit, en effet, de la propriété de dissoudre très-facilement les chlorure, brômure et iodure d'argent.

On prépare l'hyposulfite de soude en dissolvant du soufre dans une dissolution chaude et concentrée de sulfite de soude, jusqu'à ce que celle-ci en soit saturée. La liqueur, soumise à l'évaporation, abandonne l'hyposulfite de soude, sous la forme de gros cristaux transparents qui ont pour formule $NaO.S^2O^2 + 5HO$. Ce sel, soumis à l'action de la chaleur, fond d'abord dans son eau de cristallisation; en ménageant convenablement la chaleur, on peut lui faire perdre toute son eau, sans qu'il se décompose; mais, si on le chauffe davantage, il se décompose en sulfate et en sulfure.

Combinaison du sodium avec le chlore.

§ 418. Le sodium ne forme avec le chlore qu'une seule combinaison; c'est notre sel ordinaire de cuisine. Le chlorure de sodium existe en quantité considérable dans les eaux de la mer, et c'est de celle-ci qu'on extrait la plus grande partie du sel que l'on consomme dans la vie domestique et dans les arts. A cause de cette origine, le chlorure de sodium est aussi appelé *sel marin*. Le chlorure de sodium forme encore des amas considérables dans le sein de la terre; on lui donne alors le nom de *sel gemme*.

Le chlorure de sodium est à peu près également soluble dans l'eau froide et dans l'eau chaude. 100 parties d'eau dissolvent 37 parties de sel marin, de sorte qu'une dissolution saturée en renferme 27 pour 100.

Le chlorure de sodium cristallise en cubes. Lorsque cette cristallisation se fait par évaporation rapide, les cristaux sont très-petits; ils s'accolent ordinairement les uns aux autres, de manière à former des pyramides à quatre pans, creuses à l'intérieur, et dont les parois présentent l'aspect de gradins (*fig.* 123), parce que les rangées de petits cristaux cubiques sont disposées en retrait, les unes par rapport aux autres. Ces groupements particuliers de cristaux ont reçu le nom de *trémies*.

Le chlorure de sodium, cristallisé en cubes, ne renferme pas d'eau combinée. Dans les temps humides, il enlève de l'eau à l'atmosphère et se mouille. Il abandonne de nouveau cette eau, lorsque le temps devient sec. Les gros cristaux de sel marin renferment presque toujours un peu d'eau mère, interposée entre les couches cristallines; c'est à la présence de cette eau qu'on

Fig. 123.

attribue ordinairement la propriété que possède le sel de décrépiter quand on le jette sur des charbons incandescents.

§ 419. Le sel gemme forme des amas, le plus souvent intercalés dans des couches, ou plutôt dans des amas lenticulaires de gypse. Quelquefois le sel gemme est blanc et parfaitement pur; il présente alors le clivage cubique très-prononcé. D'autres fois, il est coloré en jaune, ou en rouge, par de l'oxyde de fer.

Lorsque le sel gemme est pur, on l'extrait immédiament du sol, soit en faisant une exploitation à ciel ouvert, si le sel se trouve très-près de la surface; soit en exploitant par puits et galerie, comme pour les mines de houille. Le sel extrait est réduit en poudre dans des moulins. Les principales exploitations du sel en roche sont celles de Vieliczka en Pologne, et de Cardone en Espagne.

Lorsque le sel est impur, il faut le dissoudre dans l'eau, et le purifier par cristallisation. La dissolution se fait ordinairement dans la mine elle-même.

§ 420. Lorsqu'il existe, au sein de la terre, des amas considérables de sel gemme, il sort ordinairement du sol, dans les localités environnantes, des sources salées qu'on traite quelquefois avec avantage pour en retirer le chlorure de sodium. Ces eaux sont toujours loin de l'état de saturation, parce qu'avant d'arriver au jour elles traversent différentes couches de terrains, où elles se mêlent à des quantités plus ou moins considérables d'eau douce.

Les eaux des sources salées sont rarement assez concentrées pour qu'on puisse les évaporer immédiatement par le feu, on est obligé de leur faire subir une concentration préliminaire, par évaporation à l'air. Ces eaux sont amenées, par des rigoles, dans de grands bassins de réception. Des pompes les élèvent à la partie supérieure de bâtiments particuliers, appelés *bâtiments de graduation*, et d'où on les fait couler lentement sur de larges surfaces exposées à l'action du vent, qui évapore une grande partie de l'eau. Les bâtiments de graduation consistent en de longues constructions de charpente, remplies de fagots d'épines, dont la plus grande face est exposée au vent qui règne le plus ordinairement dans la contrée, ou plutôt, à celui qui produit la vaporisation la plus active.

§ 421. L'extraction du sel marin des eaux de la mer a lieu par deux procédés différents : 1° par l'évaporation spontanée de l'eau dans des bassins peu profonds, et très-étendus; 2° en soumettant l'eau de la mer à une très-basse température : une partie de l'eau se sépare alors à l'état de glace qu'on enlève; et la liqueur restante renferme la totalité du sel, dissoute dans une quantité d'eau plus petite. Ce dernier procédé n'est employé que dans les contrées septentrionales, sur les bords de la mer Blanche; il donne des eaux assez concentrées pour qu'on puisse les évaporer avantageusement par le feu. Le premier procédé est usité dans les pays chauds, et même dans les pays tempérés. En France, on l'emploie sur les côtes de l'Océan et sur celles de la Méditerranée.

Un marais salant, appelé aussi quelquefois un *salin*, consiste essentiellement en une vaste surface, destinée à l'évaporation spontanée de l'eau de la mer. Cette surface d'évaporation est divisée en une série de compartiments que l'eau parcourt successivement avec une vitesse très-petite, et qu'on peut d'ailleurs régler à volonté. Lorsque l'eau est arrivée au terme de sa course, et qu'elle a séjourné pendant quelque temps dans les derniers compartiments, elle a abandonné la plus grande partie du sel qu'elle renfermait en dissolution. On enlève ce sel à mesure qu'il se forme, et l'on fait écouler les eaux mères lorsque le chlorure de sodium qui s'en dépose commence à devenir impur, par suite de son mélange avec les sels plus solubles contenus dans l'eau de la mer. Ces eaux mères peuvent donner néanmoins d'autres sels utiles à l'industrie.

Caractères distinctifs des sels de soude.

§ 422. Nous n'avons à nous occuper ici que des caractères qui servent à distinguer les sels de soude des sels formés par les autres alcalis; car nous avons vu (§ 399) qu'il était facile de reconnaître les sels alcalins de tous les autres.

Les caractères distinctifs des sels de soude sont principalement fondés sur les propriétés physiques de quelques-uns de ces sels, qui se distinguent immédiatement des sels correspondants de la potasse. Le sulfate de soude, cristallisé à froid, renferme beaucoup d'eau de cristallisation; il est efflorescent à l'air et éprouve facilement la fusion aqueuse. Le sulfate de potasse est au contraire anhydre, inaltérable à l'air, et ne fond qu'à une température élevée. Des différences aussi tranchées distinguent les deux carbonates : le carbonate de soude est efflorescent à l'air; le carbonate de potasse est au contraire déliquescent.

Le chlorure de sodium forme, avec le perchlorure de platine, un chlorure double, analogue à celui que forme le chlorure de potassium ; mais ce chlorure double est très-soluble dans l'eau, et même dans l'alcool, tandis que le chlorure double de platine et de potassium est très-peu soluble. Il en résulte que les dissolutions des sels de potasse donnent un précipité cristallin jaune, quand on y verse une dissolution de perchlorure de platine, tandis que les sels de soude n'en donnent pas.

De même les sels de soude ne donnent de précipités, ni avec l'acide tartrique, ni avec l'acide perchlorique, ni avec l'acide hydrofluosilicique, lors même que leurs dissolutions sont concentrées

---

LITHIUM

Équivalent = 80,57

§ 423. Le lithium est un métal rare; il existe en petite quantité dans quelques minéraux, dont les plus importants sont le *pétalithe* et une espèce de mica à laquelle on donne le nom de *lépidolithe*. Le lithium présente, par ses propriétés physiques et chimiques, une grande analogie avec le potassium et le sodium : il décompose l'eau à la température ordinaire.

COMBINAISONS AMMONIACALES

§ 424. Nous avons donné (§ 115 et suivants) les principales propriétés de l'ammoniaque. Nous avons vu que cette substance était une combinaison d'azote et d'hydrogène, ayant une forte réaction alcaline sur les réactifs colorés, et se combinant avec les acides, qu'elle sature aussi complétement que les bases les plus puissantes. L'ammoniaque provient toujours des matières organiques ; mais ses sels présentent une analogie complète avec les sels correspondants de la potasse et de la soude, et ils sont employés dans les laboratoires aussi fréquemment que les sels alcalins.

§ 425. On n'a pas encore réussi à préparer des combinaisons de l'ammoniaque avec les corps simples. Les métalloïdes sont sans action sur l'ammoniaque, ou bien ils la décomposent. Ainsi l'oxygène n'exerce pas d'action, à froid, sur l'ammoniaque ; à chaud, il la décompose, se combine avec l'hydrogène pour former de l'eau, et l'azote devient libre. Le chlore et l'iode décomposent l'ammoniaque même à froid. Nous avons indiqué (§ 56 et 117) les produits de cette réaction.

§ 426. Le gaz ammoniac se combine directement avec les hydracides anhydres. 1 volume de gaz ammoniac se combine avec 1 volume de gaz acide chlorhydrique, et donne un composé cristallin blanc, qui doit être considéré comme un chlorhydrate d'ammoniaque, ayant pour formule $AzH^3.HCl$. La même combinaison se forme quand on mêle une dissolution d'acide chlorhydrique à une dissolution d'ammoniaque ; elle existe alors dans la liqueur, mais elle reste, après l'évaporation, sous la forme de cristaux qui présentent la même formule $AzH^3.HCl$.

§ 427. L'ammoniaque se combine aussi très-bien avec les oxacides, et forme de véritables sels qui sont souvent complétement neutres aux réactifs colorés. En saturant par l'acide sulfurique une dissolution d'ammoniaque, on obtient, après évaporation de la liqueur, un sel qui a pour formule $AzH^3.SO^3 + HO$, et qui présente la même forme cristalline que le sulfate de potasse, $KO.SO^3$. L'équivalent d'eau que renferme ce sel ne peut lui être enlevé par la chaleur sans qu'il y ait décomposition. Une circonstance toute semblable se présente pour tous les sels ammoniacaux formés par les oxacides, ils renferment tous 1 équivalent d'eau, nécessaire à leur constitution, et l'on est fondé à dire que ce n'est pas l'ammoniaque AzH^3 qui joue le rôle de base avec les oxacides, mais l'ammoniaque combinée avec 1 équivalent d'eau. Aussi représenterons-nous toujours l'ammoniaque basique par la formule $AzH^3.HO$.

En comparant le sulfate d'ammoniaque au sulfate de potasse qu lui est isomorphe, on voit que c'est l'ammoniaque hydratée, $AzH^3.HO$, qui joue le même rôle que la potasse, KO. Par suite de cette correspondance, quelques chimistes écrivent la formule de l'ammoniaque hydratée $AzH^4.O$, c'est-à-dire qu'ils regardent cette substance comme l'oxyde d'un radical particulier AzH^4, auquel ils donnent le nom d'*ammonium*, et qu'ils assimilent à un métal, au potassium par exemple. Le chlorhydrate d'ammoniaque, $AzH^3.HCl$, peut alors être considéré comme un chlorure d'ammonium, $AzH^4.Cl$, correspondant exactement au chlorure de potassium, KCl.

§ 428. Le gaz ammoniac sec peut, cependant, se combiner avec les acides anhydres ; mais les composés qui en résultent ne sont pas de véritables sels. Ainsi l'acide sulfurique anhydre absorbe le gaz ammoniac sec avec une grande énergie ; mais il se forme un composé, $AzH^3.SO^3$, très-différent du sulfate ordinaire d'ammoniaque, $(AzH^3.HO).SO^3$, et auquel on a donné le nom de *sulfamide*. En effet, si l'on verse dans une dissolution de sulfate ordinaire d'ammoniaque un excès de chlorure de baryum, on précipite immédiatement tout l'acide sulfurique à l'état de sulfate de baryte, comme cela arrive pour tous les sulfates formés par les oxacides. Mais, si l'on fait la même expérience sur une dissolution de sulfamide, il ne se précipite qu'une très-faible portion de l'acide sulfurique, et on ne parvient à précipiter la totalité de cet acide qu'en faisant bouillir longtemps la liqueur avec un excès de chlorure de baryum.

Ainsi, à côté des sels ammoniacaux ordinaires, nous avons une série parallèle de produits, qui ne diffèrent des sels ammoniacaux correspondants qu'en ce qu'ils ne renferment pas l'équivalent d'eau de constitution qui se trouve dans tous les sels ammoniacaux ordinaires. Ces produits, auxquels on donne le nom générique d'*amides*, se transforment facilement en sels ammoniacaux ordinaires. Souvent il suffit, pour cela, de les faire bouillir pendant quelque temps avec l'eau. L'amide prend alors 1 équivalent d'eau, et se transforme en sel ammoniacal ordinaire.

Chlorhydrate d'ammoniaque.

§ 429. Nous avons vu (§ 117) que les gaz chlorhydrique et ammoniac se combinaient directement, et formaient un composé solide, le chlorhydrate d'ammoniaque, $AzH^3.HCl$. On obtient la même combinaison, en mêlant ensemble les dissolutions des deux gaz ; elle cristallise quand on évapore la liqueur. Le chlorhydrate d'ammoniaque est le plus important de tous les composés ammoniacaux ; on l'emploie exclusivement, dans les laboratoires, pour préparer l'ammoniaque (§ 115) ; il a plusieurs applications dans les arts, où on lui donne le nom de *sel ammoniac*. Il se dissout dans 2,7 d'eau froide et dans un poids égal au sien d'eau bouillante. Une dissolution concentrée à chaud abandonne donc, par le refroidissement, la plus grande partie du sel dissous. Le sel cristallise alors en longues aiguilles, mais formées par l'accolement d'une foule de petits octaèdres réguliers. Cette tendance des cristaux à se réunir en filets allongés donne au sel une grande élasticité et une certaine flexibilité qui le rendent très-difficile à réduire en poudre fine.

Le chlorhydrate d'ammoniaque est soluble dans l'alcool. Chauffé jusqu'au rouge, il se volatilise sans fondre. Pour l'obtenir liquide, il faut le chauffer sous une pression plus grande que celle de l'atmosphère, dans un tube fermé à la lampe, par exemple. Sa densité est de 1,5 environ.

§ 450. Le chlorhydrate d'ammoniaque se prépare, dans les fabriques, par plusieurs procédés. Pendant longtemps, tout le sel ammoniac employé dans l'industrie venait de l'Égypte. Les habitants de ces contrées, où le bois est très-rare, brûlent des fientes de chameau; ils en fabriquent des espèces de mottes, qu'ils sèchent au soleil. La suie qui se dépose dans les cheminées où l'on brûle ce combustible renferme beaucoup de sel ammoniac. On la recueille avec soin, et on la vend aux fabricants de sel ammoniac. Ceux-ci se contentent de soumettre la suie à une calcination, dans de grandes fioles en verre (*fig*. 124). Le sel ammoniac se volatilise et vient se condenser sur le dôme des fioles. Pour retirer le sel, on casse les fioles, et on en sort un gâteau de sel, ordinairement coloré en brun par des huiles empyreumatiques qui se dégagent aussi pendant la calcination.

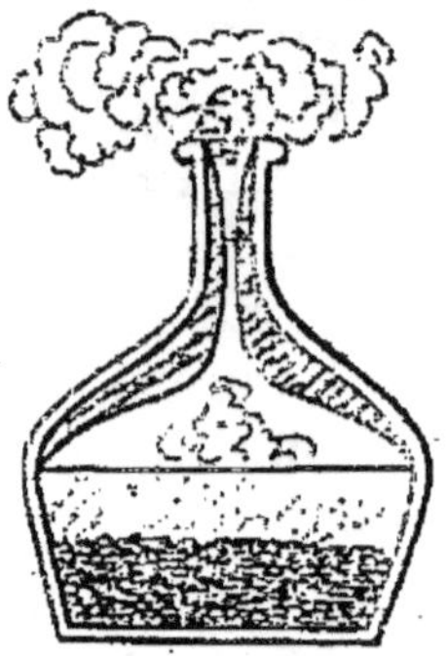

Fig. 124.

Aujourd'hui le sel ammoniac se prépare en Europe. On en obtient accidentellement dans plusieurs fabrications. Lorsqu'on calcine la houille pour en retirer le gaz de l'éclairage, il se dégage beaucoup de carbonate d'ammoniaque, que l'on condense dans de l'eau ou dans une dissolution d'acide chlorhydrique. On obtient aussi beaucoup de carbonate d'ammoniaque, en calcinant les matières animales pour préparer le charbon azoté, destiné à la fabrication du cyanure de potassium. Le carbonate d'ammoniaque se dissout dans de l'eau placée dans des tonneaux que les produits gazeux traversent. On obtient ainsi des liqueurs ammoniacales que l'on sature par de l'acide chlorhydrique, et qu'on évapore ; elles donnent des cristaux de sel ammoniac, que l'on purifie par sublimation.

On prépare aussi une certaine quantité de chlorhydrate d'ammoniaque avec le carbonate d'ammoniaque que renferment les urines putréfiées. On distille ces urines dans des alambics, de manière à retirer environ un tiers de la liqueur par distillation. Ce premier tiers renferme tout le carbonate d'ammoniaque ; on le sature par de l'acide chlorhydrique, et on fait cristalliser le chlorhydrate d'ammoniaque, qu'on purifie ensuite par sublimation. Souvent on commence par préparer du sulfate d'ammoniaque, qu'on transforme ensuite en chlorhydrate. On fait filtrer les eaux ammoniacales qui proviennent de la distillation, à travers une couche épaisse de plâtre ; il y a double décomposition, il se forme du carbonate de chaux insoluble, et du sulfate d'ammoniaque qui reste en dissolution. On concentre la liqueur, puis on ajoute du sel marin en quantité suffisante pour transformer le sulfate d'ammoniaque en chlorhydrate ; on évapore complétement à sec, et on soumet à la sublimation le résidu desséché. Le chlorhydrate d'ammoniaque se sublime, tandis que le sulfate de soude reste au fond du vase.

Sulfhydrates d'ammoniaque.

§ 451. Les gaz ammoniac et acide sulfhydrique se combinent volume à volume, et donnent un composé jaune très-volatil. L'équivalent du gaz ammoniac est de 4 volumes, celui du gaz acide sulfhydrique est de 2 volumes ; ainsi le composé est un bisulfhydrate, dont la formule est $AzH^5.2HS$. On peut, cependant, obtenir, par la combinaison directe des deux gaz, un sulfhydrate simple $AzH^5.HS$. Il faut, pour cela, mettre un grand excès d'ammoniaque, et refroidir beaucoup le vase ; mais cette combinaison se défait, et abandonne la moitié de son ammoniaque, lorsque la température s'élève.

On obtient des sulfhydrates d'ammoniaque, à différents degrés de sulfuration, en distillant le sel ammoniac avec les divers sulfures alcalins, ou avec des mélanges de chaux vive et de soufre ; il se condense des produits liquides très-fétides, répandant des fumées à l'air, et auxquels on donnait anciennement le nom de *liqueur fumante de Boyle*.

Le bisulfhydrate d'ammoniaque en dissolution est souvent employé, dans les laboratoires, comme réactif. On le prépare en faisant passer du gaz acide sulfhydrique à travers une liqueur ammoniacale, jusqu'à ce que celle-ci en soit saturée.

Le sulfhydrate d'ammoniaque simple, $AzH^5.HS$, joue le rôle de sulfobase avec les sulfures électronégatifs, et forme un grand nombre de sulfosels. Il se combine avec le sulfure de carbone, les sulfures d'arsenic, le sulfure d'antimoine, etc. Lorsqu'on fait digérer ces derniers sulfacides avec le bisulfhydrate d'ammoniaque, $AzH^5.2HS$, ils en chassent la moitié de l'acide sulfhydrique, et il se forme des sulfosels $(AzH^5.HS).CS^2$, $(AzH^5.HS). AsS^3$, $(AzH^5.HS).AsS^5$, $(AzH^5.HS). Sb^2S^3$, etc.

Sulfate d'ammoniaque.

§ 432. On obtient le sulfate neutre d'ammoniaque, $(AzH^5.HO).SO^3$, en saturant une dissolution d'ammoniaque par l'acide sulfurique. Dans les fabriques, on sature par l'acide la liqueur ammoniacale impure, obtenue dans la distillation des matières animales ; souvent aussi on la décompose par le sulfate de chaux. On fait cristalliser le sel par évaporation, et on le purifie en le chauffant de manière à décomposer les matières organiques qui le salissent. On le redissout ensuite, et on le fait cristalliser de nouveau. Le sulfate d'ammoniaque, $(AzH^5.HO).SO^3$, ne renferme pas d'eau de cristallisation ; il est isomorphe avec le sulfate de potasse, $KO.SO^3$. Il se dissout dans 2 parties d'eau froide et dans une partie seulement d'eau bouillante. Ce sel se décompose par la chaleur ; il se dégage de l'eau, de l'azote, et il se sublime du sulfite d'ammoniaque, $(AzH^5.HO).SO^2$.

En ajoutant de l'acide sulfurique au sulfate précédent, on obtient un bisulfate d'ammoniaque que l'on peut faire cristalliser.

Azotate d'ammoniaque.

§ 433. Ce sel s'obtient en saturant par l'acide azotique une dissolution d'ammoniaque ou de carbonate d'ammoniaque. La liqueur évaporée, puis abandonnée au refroidissement, donne des cristaux d'azotate d'ammoniaque dont la formule est $(AzH^5.HO).AzO^3 + HO$. Ces cristaux fondent à une température peu élevée ; si on les chauffe davantage, ils se décomposent en eau et en protoxyde d'azote. C'est par cette réaction qu'on prépare le protoxyde d'azote (§ 131). L'azotate d'ammoniaque fuse vivement sur les charbons ardents ; il produit une flamme rougeâtre qui tient à la combustion du gaz hydrogène par l'oxygène de l'acide azotique. Cette propriété a fait donner à ce sel le nom de *nitrum flammans*.

Phosphates d'ammoniaque.

§ 434. L'ammoniaque forme plusieurs combinaisons avec l'acide phosphorique; la plus importante est celle qui correspond au phosphate de soude ordinaire $(2NaO + HO).PhO^5$. On l'obtient en décomposant le biphosphate de chaux par une dissolution de carbonate d'ammoniaque; la liqueur doit manifester une légère réaction alcaline. Par l'évaporation, il se dépose des cristaux qui ont pour formule $[2(AzH^3.HO)+HO].PhO^5$.

En ajoutant à la dissolution de ce sel une quantité d'acide phosphorique égale à celle qu'il renferme déjà, et évaporant la liqueur, on obtient un nouveau sel qui a pour formule $(AzH^3.HO+2HO).PhO^5$.

Les phosphates d'ammoniaque, soumis à l'action de la chaleur, laissent dégager la plus grande partie de leur ammoniaque; il reste de l'acide phosphorique vitreux, mais qui retient toujours une certaine quantité d'ammoniaque.

Carbonates d'ammoniaque.

§ 435. L'ammoniaque et l'acide carbonique se combinent en plusieurs proportions ; mais leurs combinaisons sont très-peu stables, et se transforment facilement les unes dans les autres. Les deux gaz secs se combinent, dans le rapport de 2 volumes de gaz ammoniac et de 1 volume de gaz acide carbonique, s'il se trouve un excès d'ammoniaque dans le mélange. Ces proportions correspondent à la formule $AzH^3.CO^2$. La matière se dissout facilement dans l'eau, et présente les caractères des carbonates; de sorte que le composé $AzH^3.CO^2$ prend immédiatement, en se dissolvant dans l'eau, l'équivalent d'eau qui lui est nécessaire pour se transformer en carbonate d'ammoniaque $(AzH^3.HO).CO^2$.

On obtient le bicarbonate d'ammoniaque en faisant passer un courant de gaz acide carbonique à travers une dissolution d'ammoniaque, jusqu'à ce que ce gaz ne puisse plus se dissoudre. Si l'on a employé une dissolution ammoniacale très-concentrée, une partie du bicarbonate d'ammoniaque se dépose en cristaux.

Action de la pile sur l'ammoniaque en dissolution.

§ 436. On place, au fond d'un verre, une couche de mercure dans laquelle on plonge le pôle négatif de la pile ; on verse par-dessus une dissolution concentrée d'ammoniaque dans laquelle on plonge le pôle positif, en faisant descendre le fil de platine qui le termine jusqu'à une distance de 2 millimètres de la surface du mercure. Il se dégage immédiatement des bulles de gaz au pôle négatif; mais, au bout de quelque temps, il s'en forme aussi au pôle positif. En même temps, le mercure perd sa fluidité et augmente considérablement de volume, tout en conservant son aspect métallique.

On obtient le même composé métallique en dissolvant dans du mercure une certaine quantité de potassium ou de sodium, et versant sur l'amalgame une dissolution concentrée de chlorhydrate d'ammoniaque. Si l'on fait cette expérience dans un tube de verre dont le tiers seulement soit occupé par l'amalgame, la matière se boursoufle tellement, qu'elle finit par sortir du tube.

Ce composé remarquable n'a été étudié que d'une manière imparfaite; il est très-peu stable, et se décompose, au contact de l'eau pure, avec dégagement de chaleur. La proportion de matière combinée au mercure est d'ailleurs très-petite; car elle forme à peine $\frac{1}{2000}$ de la masse totale.

Caractères distinctifs des sels ammoniacaux.

§ 457. Les sels ammoniacaux de distinguent de tous les autres sels métalliques, à l'exception des sels alcalins, en ce qu'ils ne sont pas précipités par les carbonates alcalins.

Les sels ammoniacaux, chauffés avec un hydrate alcalin, ou avec de l'hydrate de chaux, dégagent du gaz ammoniac, facile à reconnaître par son odeur caractéristique, qu'on peut constater même sur des proportions très-petites de gaz. Lorsque le sel ammoniacal existe en quantité extrêmement petite dans un mélange, et que la faible quantité de gaz ammoniac qui se dégage dans la réaction n'est plus sensible par son odeur, on peut encore constater la présence de ce gaz, en approchant de l'ouverture du tube dans lequel on chauffe la matière avec l'hydrate alcalin une baguette de verre trempée dans l'acide chlorhydrique; s'il se dégage de l'ammoniac, même en quantité inappréciable à l'odorat, il se forme une vapeur blanche épaisse autour de la baguette.

Une dissolution de perchlorure de platine, versée dans la dissolution d'un sel ammoniacal, produit un précipité cristallin jaune, semblable à celui qui se forme avec les sels de potasse. Mais les deux précipités se distinguent facilement, car le précipité ammoniacal dégage de l'ammoniaque quand on le chauffe avec un hydrate alcalin. On les reconnaît encore facilement, en les chauffant au rouge dans un creuset de platine. Les deux chlorures doubles se décomposent, dans ce cas ; le chlorure double de platine et de potassium se change en chlorure de potassium et en platine métallique, et, en traitant par l'eau, on enlève le chlorure de potassium ; tandis que le chlorure double ammoniacal se décompose en platine métallique, et en chlorhydrate d'ammoniaque qui se volatilise sous la forme d'une fumée blanche. De sorte que, si l'on traite le résidu par l'eau, celle-ci ne dissout plus de chlorure.

II. MÉTAUX ALCALINO-TERREUX

BARYUM

Équivalent = 858,0

§ 458. On peut préparer le baryum [1], en décomposant son prot-oxyde par la pile. On obtient également ce métal en décomposant à la chaleur rouge la baryte anhydre par la vapeur de potassium.

Le baryum présente la couleur et l'éclat de l'argent. Il est doué d'une certaine malléabilité. Il fond à la chaleur rouge, mais il n'est pas assez volatil pour qu'on puisse le distiller. Il est plus dense que l'acide sulfurique concentré, car un globule de baryum tombe au fond de ce liquide.

Le baryum est un métal très-avide d'oxygène ; il s'oxyde rapidement à l'air, et décompose immédiatement l'eau, à froid. Les combinaisons du baryum se distinguent, par leur grande densité, parmi les composés des métaux alcalins, alcalino-terreux et terreux. C'est cette propriété qui a fait donner son nom à ce métal (de βαρύς, pesant).

Combinaisons du baryum avec l'oxygène.

§ 439. Le baryum forme deux combinaisons avec l'oxygène : le protoxyde BaO ou *baryte*, et le bioxyde BaO^2.

Protoxyde de baryum ou *baryte*. — On rencontre dans la nature deux sels insolubles de baryte : le carbonate et le sulfate. Ils peuvent servir tous deux à préparer la baryte. Le carbonate de baryte, calciné à un violent feu de forge, perd complétement son acide carbonique, et il reste de la baryte. Une température beaucoup moins élevée suffit, si l'on mélange préalablement le carbonate de baryte avec du charbon ; le carbonate est alors plus facilement décomposé, parce que le carbone tend à enlever une portion d'oxygène à l'acide carbonique. Il se dégage de l'oxyde de carbone, mais la baryte reste dans ce cas mêlée à du charbon : cela n'a pas d'inconvénient si on doit dissoudre cette base dans l'eau.

---

[1] La baryte fut découverte en 1774 par Scheele; Davy isola le baryum en 1847, en décomposant la baryte par la pile. Il obtint de la même manière le strontium et le calcium.

Ordinairement, on dissout le carbonate de baryte dans l'acide azotique, on évapore la liqueur ; l'azotate de baryte cristallise à l'état anhydre. On place ce sel dans une cornue de porcelaine (*fig.* 125) dont on ferme l'ouverture avec un bouchon percé d'un trou. On chauffe la cornue, progressivement, dans un fourneau à réverbère, jusqu'à ce qu'il ne se dégage plus de gaz ; la baryte reste sous la forme d'une masse poreuse, d'un blanc gris, qui a l'air d'avoir été fondue. Mais ce n'est pas la baryte qui a éprouvé la fusion, car elle est infusible à la température de nos fourneaux, c'est l'azotate de baryte. Ce sel s'est fondu sous la première impression de la chaleur ; mais, à mesure qu'il s'est décomposé, sa fluidité a diminué, la matière est devenue pâteuse, et, à la fin, elle est restée boursouflée

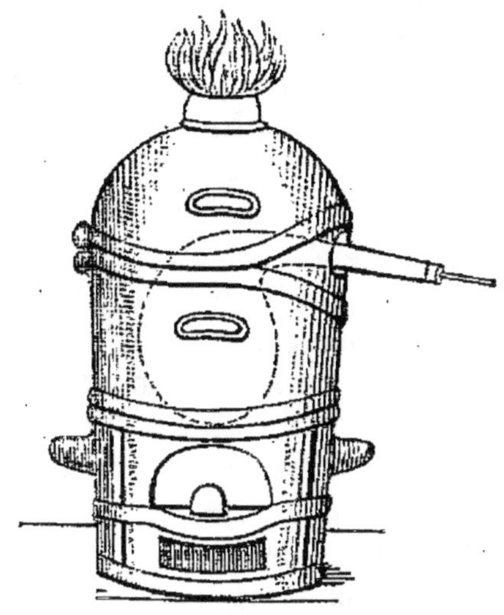

Fig. 125.

par les bulles de gaz qui la traversaient. La baryte anhydre ne fond qu'aux températures les plus élevées, telles que celles que l'on produit à l'aide du chalumeau à gaz oxygène et hydrogène.

§ 440. Pour préparer la baryte avec le sulfate naturel, on commence par transformer ce sulfate en sulfure, par une calcination avec du charbon. A cet effet, on mélange le sulfate, réduit en poudre fine, avec le $\frac{1}{10}$ de son poids de charbon : puis on ajoute une certaine quantité d'huile pour former une pâte consistante, que l'on chauffe au rouge dans un creuset d'argile. L'addition de l'huile a pour objet de mettre toutes les particules de sulfate en contact avec des parcelles de charbon. L'huile qui imbibe la masse se décompose par la chaleur, et laisse un résidu de charbon intimement mélangé à la matière. La matière calcinée est traitée par l'eau bouillante, qui dissout le sulfure de baryum. On verse ensuite par petites portions de l'acide azotique dans la liqueur filtrée : le sulfure de baryum se change en azotate de baryte, et il se dégage du gaz acide sulfhydrique. On obtient l'azotate de baryte par l'évaporation de la liqueur. L'azotate de baryte, calciné, donne la baryte caustique et anhydre, dont la densité est environ 4 fois celle de l'eau.

§ 441. La baryte a une grande affinité pour l'eau : en versant une petite quantité d'eau sur un morceau de baryte, il y a une élévation considérable de température, et une partie de l'eau se dégage à l'état de vapeur. La baryte se change en hydrate, lequel tombe en poussière si la quantité d'eau ajoutée n'est pas trop considérable. La baryte, combinée à l'eau, ne peut plus être ramenée à l'état anhydre par la chaleur seule.

L'hydrate de baryte est souvent employé dans les laboratoires. On le prépare, en traitant par l'eau la baryte anhydre.

L'hydrate de baryte cristallise sous la forme de lames, ou en gros cristaux prismatiques, si la cristallisation est lente. Il renferme 10 équivalents d'eau, de sorte que sa formule est $BaO+10HO$. Ces cristaux perdent facilement 9 équivalents d'eau par la chaleur, et sont ramenés à l'état de monohydrate $BaO+HO$, qui ne se décompose plus par la chaleur. Le monohydrate de baryte fond à la chaleur rouge, il n'est pas sensiblement volatil. Il se dissout dans 2 parties d'eau bouillante, et dans 20 parties d'eau froide. Sa dissolution exerce une réaction fortement alcaline ; elle attire promptement l'acide carbonique de l'air, et se trouble alors parce qu'il se forme du carbonate de baryte insoluble.

L'hydrate de baryte et tous les composés solubles du baryum sont des poisons énergiques.

§ 442. *Bioxyde de baryum.* — Le protoxyde de baryum se change en bioxyde quand on le chauffe dans un courant de gaz oxygène, à une température de 300° à 400°. On place la baryte, sous forme de fragments, dans une cornue de verre vert, au fond de laquelle on fait arriver le courant de gaz oxygène. La baryte absorbe l'oxygène, sans que les fragments changent de forme ; leur couleur devient seulement plus grise. Le bioxyde de baryum se combine facilement avec l'eau ; il forme un hydrate blanc, très-peu soluble dans l'eau. Bouilli avec de l'eau, l'hydrate de bioxyde de baryum se décompose, de l'oxygène se dégage, et il se dissout de la baryte. Nous avons vu (§ 101) que le bioxyde de baryum était employé pour préparer l'eau oxygénée.

Sels formés par le protoxyde de baryum ou baryte.

§ 443. *Sulfate de baryte.* — Ce sel se trouve cristallisé dans la nature ; il forme des filons considérables dans les terrains anciens. Il se distingue, parmi les minéraux pierreux, par sa grande densité ; les minéralogistes lui ont donné, à cause de cela, le nom de *spath pesant.* Cette densité est de 4,4. Le sulfate de baryte est insoluble dans l'eau ; il ne se dissout pas sensiblement, même dans l'eau acidifiée par l'acide azotique ou l'acide chlorhydrique. On peut donc le préparer facilement par double décomposition, en versant une dissolution d'un sulfate alcalin, ou même d'acide sulfurique, dans une dissolution d'azotate de baryte ou de chlorure de baryum. Nous avons vu qu'on utilisait fréquemment l'insolubilité du sulfate de baryte pour précipiter l'acide sulfurique existant dans une dissolution. Si l'on ne veut pas introduire un autre acide dans la liqueur, on opère la précipitation par une dissolution d'hydrate de baryte. Pour que le sulfate de baryte se rassemble facilement sous la forme d'une poudre lourde qui gagne le fond du vase, il est bon de chauffer préalablement la liqueur jusqu'à l'ébullition; mais cela n'est possible qu'autant que la chaleur ne décompose pas l'acide qu'on veut isoler.

Le sulfate de baryte se dissout dans l'acide sulfurique concentré ; mais il se dépose de nouveau quand on étend la liqueur.

§ 444. *Azotate de baryte.* — Nous avons vu (§ 439) comment on préparait l'azotate de baryte avec les carbonate et sulfate naturels. L'azotate de baryte cristallise en octaèdres réguliers, anhydres. Ce sel est soluble dans 8 parties d'eau froide, et dans 3 parties d'eau bouillante. Il est beaucoup moins soluble dans une liqueur acide, et quand on verse dans sa dissolution une grande quantité d'acide azotique, il se précipite sous la forme d'une poudre cristalline.

§ 445. *Carbonate de baryte.* — Le carbonate de baryte cristallisé se rencontre dans la nature ; les minéralogistes lui donnent le nom de *withérite*. On prépare ce corps par double décomposition, en versant un carbonate alcalin dans une dissolution d'azotate de baryte, ou de chlorure de baryum. Le carbonate de baryte fond à la chaleur blanche ; puis il se décompose, en abandonnant son acide carbonique. Ce sel est extrêmement peu soluble dans l'eau, celle-ci en dissout à peine $\frac{1}{4000}$; elle en dissout davantage quand elle renferme de l'acide carbonique.

Combinaisons du baryum avec le soufre.

§ 446. Nous avons déjà dit comment on préparait le monosulfure de baryum par la calcination du sulfate avec le charbon. Le résidu, repris par l'eau bouillante, donne une liqueur jaune, qui abandonne des cristaux lamelleux, blancs, de monosulfure de baryum. Ces cristaux, en se redissolvant dans l'eau, donnent une liqueur incolore. La couleur jaune de la liqueur primitive tient à ce qu'elle renferme toujours une petite quantité de polysulfure de baryum.

On peut obtenir des polysulfures de baryum en faisant bouillir avec du soufre la dissolution du monosulfure.

Combinaison du baryum avec le chlore.

§ 447. On ne connaît qu'une seule combinaison du baryum avec le chlore. On prépare facilement ce chlorure en dissolvant le carbonate naturel dans l'acide chlorhydrique. On peut l'obtenir également avec le sulfate, en commençant par transformer celui-ci en sulfure par la calcination avec le charbon, puis, décomposant la dissolution du sulfure par l'acide chlorhydrique. La dissolution, évaporée, donne un chlorure cristallisé qui a pour formule $BaCl + 2HO$. Ce sel abandonne facilement son eau par l'action de la chaleur ; le chlorure anhydre fond à la chaleur rouge.

Le chlorure de baryum se dissout dans 2,3 parties d'eau à 16°, et dans 1,3 à la température de l'ébullition.

Caractères distinctifs des sels de baryte.

§ 448. Les sels de baryte ne sont pas précipités par l'ammoniaque, pourvu que cette dernière base soit parfaitement pure, c'est-à-dire qu'elle ne renferme ni carbonate ni sulfate.

Le carbonate d'ammoniaque et les carbonates alcalins précipitent la baryte à l'état de carbonate insoluble.

L'acide sulfurique et les sulfates donnent avec les dissolutions des composés du baryum un précipité blanc complétement insoluble dans l'eau, et dans les acides chlorhydrique et azotique étendus. C'est à l'aide de ce dernier caractère que l'on constate ordinairement la présence d'un composé de baryum dans une dissolution. Cependant les sels de strontiane et de plomb présentent une réaction semblable ; mais on distingue les sels de strontiane des sels de baryte par différents caractères que nous indiquerons plus loin. Quant aux sels de plomb, ils se distinguent de ceux que forme la baryte, en ce qu'ils noircissent par l'hydrogène sulfuré, tandis que les composés du baryum restent incolores.

STRONTIUM

Équivalent = 548,0

§ 449. Le strontium [1] présente avec le baryum une analogie com-

---

[1] La strontiane a été découverte en 1793 par Klaproth et Hope.

plète dans toutes ses combinaisons ; on obtient ces combinaisons par des procédés tout à fait semblables à ceux que l'on emploie pour préparer les combinaisons correspondantes du baryum.

Le strontium, de même que le baryum, existe dans la nature à l'état de carbonate et de sulfate. Le carbonate de strontiane est appelé par les minéralogistes *strontianite*, parce que ce minéral a d'abord été trouvé au cap Strontian en Écosse. C'est de là aussi qu'est venu le nom de *strontium*, donné au métal. Le sulfate de strontiane est appelé *célestine*. On le trouve dans plusieurs localités. Le terrain gypseux de Montmartre renferme des rognons aplatis, composés de petits cristaux de sulfate de strontiane, de carbonate de chaux et de gypse.

Le strontium s'extrait de la strontiane, exactement comme le baryum de la baryte.

Combinaisons du strontium avec l'oxygène.

§ 450. Le strontium forme avec l'oxygène deux combinaisons : un protoxyde SrO, et un bioxyde SrO².

Le *protoxyde de strontium*, ou *strontiane*, se prépare, comme la baryte, au moyen du carbonate ou du sulfate naturel ; nous ne nous y arrêterons pas. La strontiane, préparée par la calcination de l'azotate, se présente sous la forme de masses poreuses, d'un blanc gris, semblables à celles de la baryte.

La strontiane se combine avec l'eau en dégageant beaucoup de chaleur. L'hydrate se dissout dans l'eau, et, comme il est beaucoup plus soluble à chaud qu'à froid, une grande partie de l'hydrate cristallise par refroidissement. L'hydrate de strontiane cristallisé a pour formule SrO+10HO. Soumis à l'action de la chaleur, il perd facilement 9 équivalents d'eau ; mais il retient le dernier équivalent, aux températures les plus élevées de nos fourneaux.

On obtient le *bioxyde de strontium* en versant de l'eau oxygénée dans une dissolution d'hydrate de strontiane : le bioxyde de strontium se dépose sous forme de petites paillettes cristallines.

Sels formés par le protoxyde de strontium, ou strontiane.

§ 451. *Azotate de strontiane.* — On prépare l'azotate de strontiane, comme celui de baryte, au moyen du carbonate ou du sulfate naturel. L'azotate de strontiane cristallise, à la température ordinaire, en gros octaèdres réguliers, qui sont anhydres. Si l'on fait cristalliser ce sel à une basse température, il se dépose sous une autre forme et à l'état hydraté : sa formule est alors $SrO.AzO^5+5HO$.

L'azotate de strontiane est employé par les artificiers : il colore en un beau rouge pourpré la flamme des corps en combustion. Tous les composés du strontium présentent cette propriété. On obtient les feux rouges du Bengale, en brûlant un mélange de 40 parties d'azotate de strontiane, 13 parties de fleur de soufre, 10 parties de chlorate de potasse et 4 d'oxysulfure d'antimoine.

§ 452. *Carbonate de strontiane.* — Le carbonate de strontiane existe dans la nature ; on l'obtient facilement par double décomposition, en versant une dissolution de carbonate alcalin dans une dissolution d'azotate de strontiane. Le carbonate de strontiane se décompose complètement à la chaleur blanche ; il ne fond pas, comme le carbonate de baryte, avant de se décomposer.

§ 453. *Sulfate de strontiane.* — Le sulfate de strontiane est le minéral le plus commun du strontium. On peut préparer ce sel par double décomposition, en versant une dissolution d'un sulfate alcalin dans une dissolution d'azotate de strontiane. Le sulfate de strontiane est très-peu soluble dans l'eau ; il est cependant moins insoluble que le sulfate de baryte ; car l'eau qu'on a laissée digérer sur du sulfate de strontiane se trouble notablement quand on y verse une dissolution d'un sel de baryte.

Combinaison du strontium avec le chlore.

§ 454. Le chlorure de strontium se prépare en décomposant par l'acide chlorhydrique le carbonate naturel, ou le sulfure provenant du sulfate naturel. Ce composé est très-soluble dans l'eau, et même déliquescent à l'air. Il se dissout très-notablement dans l'alcool concentré, qui ne dissout pas le chlorure de baryum. On utilise souvent cette propriété pour séparer les deux chlorures mélangés. Le chlorure de strontium cristallisé a pour formule :

$$SrCl + 6HO.$$

Caractères distinctifs des sels de strontiane.

§ 455. Les sels de strontiane ne sont pas précipités par l'ammoniaque pure. Les carbonates alcalins précipitent la strontiane à l'état de carbonate.

L'acide sulfurique et les sulfates donnent, dans une dissolution d'un composé du strontium, un précipité de sulfate de strontiane, qui ressemble complétement à celui que donnent les composés du baryum. Mais les sels de strontium se distinguent facilement des sels de baryum, en ce qu'ils ne sont pas précipités par une dissolution de chrômate de potasse, qui donne un précipité jaune avec les composés du baryum. L'acide hydrofluosilicique précipite les sels de baryte, et ne précipite pas les sels de strontiane. .

Les composés du strontium communiquent une belle couleur rouge pourpré à la flamme des corps en combustion.

CALCIUM

Équivalent = 250,0

§ 456. Le calcium est un métal très-répandu dans la nature. En combinaison avec l'oxygène et l'acide carbonique, il forme le carbonate de protoxyde de calcium ou *carbonate de chaux*, qui existe en couches puissantes dans tous les terrains de sédiment. Le sulfate de chaux, appelé *gypse* ou *plâtre*, forme également des masses considérables, intercalées dans les terrains secondaires et tertiaires. Enfin, l'oxyde de calcium, combiné avec l'acide silicique, entre dans la constitution d'un grand nombre de minéraux qui forment nos roches primitives. La chaux existe aussi en abondance dans les corps organisés ; les coquilles des mollusques sont formées de carbonate de chaux presque pur, et les os de tous les animaux renferment une quantité considérable de phosphate et de carbonate de chaux.

Le calcium s'extrait de la chaux, absolument comme le baryum s'extrait de la baryte. C'est un métal blanc, brillant, qui ressemble à l'argent et ne fond qu'à une haute température. Il absorde promptement l'oxygène de l'air et se change en oxyde. Il décompose vivement l'eau à la température ordinaire, avec dégagement de gaz hydrogène, et se transforme en chaux hydratée.

Combinaisons du calcium avec l'oxygène.

§ 457. On connaît deux combinaisons du calcium avec l'oxygène : un protoxyde CaO, qu'on appelle *chaux*, et un bioxyde CaO^2.

La chaux est d'un usage journalier, non-seulement dans les laboratoires, mais encore dans les arts ; elle est le principe essentiel des mortiers employés dans les constructions.

On prépare la chaux en calcinant le carbonate de chaux naturel. Quand on veut obtenir une petite quantité de chaux dans les laboratoires, on choisit du spath d'Islande ou du marbre blanc statuaire, et on le calcine dans un creuset de terre, à un violent feu de forge. Si l'on tient à avoir de la chaux absolument pure, il est préférable de dissoudre le carbonate de chaux dans l'acide nitrique, que l'on fait digérer à chaud avec le carbonate pulvérisé, jusqu'à ce qu'il ne se produise plus d'effervescence. On fait bouillir, pendant quelque temps, la liqueur avec un peu de chaux qui précipite les oxydes métalliques étrangers, tels que l'alumine, l'oxyde de fer, s'il s'en trouve. On évapore ensuite à sec, et l'on calcine au rouge l'azotate de chaux qui reste.

La chaux est une matière blanche amorphe présentant la forme extérieure des fragments de pierre calcaire qui ont servi à la produire; sa densité est de 2,3 environ. Elle a une saveur caustique, et bleuit énergiquement la teinture de tournesol rougie par un acide. La chaux ne fond pas aux températures les plus élevées que nous puissions produire dans nos fourneaux; mais elle éprouve un commencement de fusion au chalumeau alimenté par un mélange d'hydrogène et d'oxygène.

La chaux se combine avec l'eau; elle dégage beaucoup de chaleur, et une portion de l'eau s'échappe en vapeur. L'élévation de température qui a lieu pendant cette combinaison est souvent assez considérable pour déterminer l'inflammation de la poudre. Le maximum de température a lieu quand on ajoute à la chaux environ la moitié de son poids d'eau. L'opération par laquelle on combine la chaux avec l'eau s'appelle *éteindre la chaux*. On donne le nom de *chaux éteinte* à la chaux hydratée, pour la distinguer de la chaux anhydre, qu'on appelle *chaux vive*. La chaux, en s'hydratant, augmente considérablement de volume; on dit qu'elle *foisonne*. Si l'on n'ajoute pas une quantité d'eau trop grande, il se forme un monohydrate de chaux, $CaO + HO$, qui reste sous la forme d'une poudre blanche, légère, douce au toucher. En ajoutant une plus grande quantité d'eau, on obtient une pâte laiteuse qu'on appelle *lait de chaux*.

L'eau qui a séjourné sur de la chaux renferme en dissolution une certaine quantité de cette base, et exerce une réaction fortement alcaline; on lui donne le nom d'*eau de chaux*. La quantité de chaux qu'elle renferme est très-petite, car 1000 parties d'eau dissolvent à peine 1 partie de chaux. L'eau de chaux est fréquemment employée dans les laboratoires. Pour en avoir toujours à sa disposition, on place une certaine quantité de chaux éteinte dans un grand flacon, qu'on remplit complétement d'eau distillée et qu'on maintient bien bouché.

On agite le flacon de temps en temps, afin de saturer l'eau. La chaux hydratée en excès se dépose au fond du vase, et il suffit de décanter la liqueur avec un siphon. Si l'on a soin de remplacer chaque fois l'eau de chaux enlevée par une nouvelle quantité d'eau distillée, on a toujours de l'eau de chaux saturée. L'eau de chaux attire promptement l'acide carbonique de l'air, et il se forme à la surface du liquide une pellicule blanche de carbonate de chaux. L'eau de chaux, évaporée lentement sous le récipient de la machine pneumatique, laisse déposer de petits cristaux d'hydrate de chaux $CaO.HO$. La chaux est moins soluble à chaud qu'à froid, car de l'eau de chaux, saturée à froid, se trouble quand on élève sa température.

La chaux vive, exposée à l'air, attire l'eau et l'acide carbonique de l'atmosphère : elle tombe en poussière et ne s'échauffe plus quand on la mouille avec de l'eau; on dit alors que la chaux se *délite* à l'air.

§ 458. La chaux est employée pour la confection des mortiers; elle en est l'élément essentiel. On la prépare en grand, en calcinant le carbonate de chaux, ou pierre calcaire, dans des fourneaux à cuve, appelés *fours à chaux*. Les pierres calcaires sont rarement du carbonate de chaux pur. Presque toujours elles renferment des proportions plus ou moins considérables de magnésie, d'oxyde de fer, de quartz, d'argile etc., etc. Les qualités de la chaux dépendent beaucoup du degré de pureté de la pierre calcaire qui sert à la préparer, et de la nature des matières étrangères que celle-ci renferme. Lorsque la pierre calcaire contient des quantités un peu considérables de ces matières, elle donne une chaux qui diffère beaucoup de la chaux pure dont nous avons décrit les propriétés (§ 457). Ainsi elle ne s'échauffe que très-peu avec l'eau; elle ne foisonne que faiblement et ne forme pas de pâte liante avec ce liquide. On dit alors qu'elle est *maigre*. La chaux fournie par une pierre calcaire qui ne renferme qu'une très-petite quantité de matières étrangères s'approche beaucoup, par ses propriétés, de la chaux chimiquement pure. Elle foisonne considérablement avec l'eau et s'échauffe beaucoup; on l'appelle *chaux grasse*.

§ 459. On obtient un bioxyde de calcium, CaO^2, en versant de l'eau oxygénée dans de l'eau de chaux : le bioxyde de calcium se dépose sous la forme de petites lamelles cristallines. Ce composé est très-peu stable; il abandonne facilement la moitié de son oxygène sous l'influence de la chaleur.

Sels formés par le protoxyde de calcium, ou chaux.

§ 460. *Sulfate de chaux*. — Le sulfate de chaux existe dans la nature sous deux états : à l'état de sulfate de chaux anhydre, $CaO.SO^3$:

les minéralogistes lui donnent le nom d'*anhydrite* ; et à l'état de sulfate de chaux hydraté, $CaO.SO^3 + 2HO$, appelé *gypse*, *pierre à plâtre*.

Le sulfate de chaux hydraté, $CaO.SO^3 + 2HO$, se rencontre quelquefois, dans la nature, à l'état de cristaux bien terminés, reconnaissables, parmi les matières minérales, à leur peu de dureté ; on les raye avec l'ongle. D'autres fois le gypse forme des masses lenticulaires aplaties, dont les faces extérieures sont légèrement courbes. Ces masses se clivent très-facilement, suivant un certain plan, et le résultat du clivage prend la forme d'un fer de lance (*fig.* 126). Cette propriété a fait donner à ce minéral le nom de *gypse en fer de lance*. On

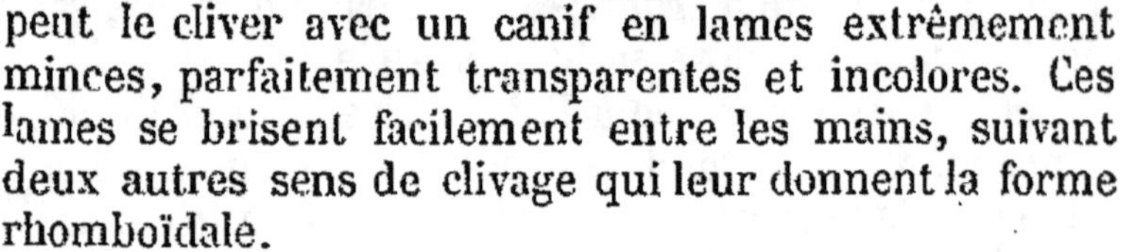

peut le cliver avec un canif en lames extrêmement minces, parfaitement transparentes et incolores. Ces lames se brisent facilement entre les mains, suivant deux autres sens de clivage qui leur donnent la forme rhomboïdale.

Les cristaux de gypse s'entrelacent souvent d'une manière irrégulière les uns dans les autres, et forment tantôt des masses blanches, tantôt des masses colorées par de l'oxyde de fer hydraté : ils constituent alors l'*albâtre*. Cette matière est employée pour confectionner des objets d'ornement, tels que vases, massifs de pendule, etc. La pierre à plâtre commune est formée également par une agrégation de cristaux de gypse ;

Fig. 126.

mais, le plus souvent, il y existe des matières étrangères mélangées : du carbonate de chaux, de l'argile ou du sable.

§ 461. Le sulfate de chaux est peu soluble dans l'eau : 1000 parties d'eau, à la température ordinaire, en dissolvent environ 2 parties. La solubilité de ce sel diminue avec la température. Une dissolution, saturée à froid, se trouble visiblement quand on la chauffe jusqu'à 100°.

La dissolution de sulfate de chaux, évaporée lentement, laisse déposer de petits cristaux brillants, présentant la même forme que le sulfate hydraté naturel.

§ 462. Le gypse, chauffé à 120° ou 130°, abandonne complétement son eau et se change en sulfate de chaux anhydre ; mais, à cet état, il reprend facilement l'eau qu'il a perdue, et s'échauffe alors d'une manière sensible. Cette dernière propriété ne se manifeste cependant que dans le gypse qui n'a pas été trop fortement chauffé. Si on élève sa température seulement jusqu'à 160°, la matière anhydre ne reprend plus son eau que très-lentement. Le sulfate de chaux anhydre de la nature, l'anhydrite, ne se combine pas avec l'eau ; il se comporte comme le gypse qui a été calciné au rouge. Le sulfate de chaux fond à la chaleur rouge, et il se solidifie, par le refroidissement, en une masse cristalline dont les clivages sont les mêmes que ceux de l'anhydrite.

C'est sur cette propriété du gypse, de perdre son eau de cristallisation à une température peu élevée, et de la reprendre promptement quand on le mélange avec ce liquide, qu'est fondé l'emploi du plâtre comme mortier dans les constructions et pour le moulage. En mélangeant avec de l'eau du plâtre déshydraté et réduit en poudre fine, on forme une pâte liquide dans laquelle, au premier moment, les parcelles de sulfate de chaux anhydre sont mécaniquement mélangées à l'eau ; mais, bientôt, le sulfate de chaux se combine avec l'eau, et se change en sulfate hydraté. Une partie de l'eau mélangée disparaît dans la combinaison ; les particules qui étaient désagrégées dans la pâte liquide s'agrègent en petits cristaux au moment où ils se combinent avec l'eau. Ces petits cristaux se *feutrent*, pour ainsi dire, les uns dans les autres ; et toute la matière finit par se prendre en une masse solide. Une bouillie de plâtre, versée dans un moule, se répand exactement dans toutes ses cavités ; mais, bientôt, le plâtre gâché se solidifie en une seule masse compacte ; *il fait prise*, par suite de la combinaison du sulfate anhydre avec l'eau. Si, après quelque temps, on enlève le moule, on en sort un morceau de plâtre solide, présentant en relief toutes les cavités du moule. De même, si on étend sur un mur en pierres irrégulières une couche de plâtre cuit, gâché avec de l'eau, de façon à remplir toutes les anfractuosités et les vides de la pierre, on obtient une surface parfaitement plane, sur laquelle on peut façonner toutes sortes de moulures tant que le plâtre n'a pas fait prise. On emploie de cette manière une énorme quantité de plâtre dans les constructions pour revêtir les murs, les cloisons intérieures et les plafonds.

§ 463. C'est avec le plâtre qu'on prend le plus ordinairement les empreintes des objets dont on veut reproduire un grand nombre d'exemplaires : on se sert ensuite de ces empreintes en creux, pour obtenir de nouvelles empreintes en relief. L'empreinte en creux sert ainsi de moule.

§ 464. Le *stuc*, qu'on emploie pour revêtir des murs, des colonnes, et pour confectionner divers objets d'ornement imitant le marbre, s'obtient en gâchant du plâtre choisi, avec une dissolution de gélatine ou colle-forte. Le plâtre, cuit dans un four, est réduit en poudre sous des meules, tamisé, puis gâché avec la dissolution de colleforte ; mais il fait prise plus lentement que quand il est gâché avec de l'eau pure. Si l'on veut avoir un stuc blanc, il faut employer une colle incolore, de la colle de poisson par exemple. Pour obtenir des stucs colorés, on ajoute des oxydes métalliques, tels que les hydrates de sesquioxyde de fer, de manganèse, de cuivre..., des hydrocarbonates de cuivre, etc., etc. Pour obtenir des stucs rubanés ou marbrés, on mêle des plâtres, gâchés à la colle, et colorés avec divers oxydes métalliques. L'ouvrier adroit obtient les dessins qu'il veut, en opérant convenablement le mélange. Le plâtre, ainsi gâché, est appliqué en couches sur les objets qu'on veut recouvrir, et, lorsqu'il a pris la consistance convenable, on peut lui donner un très-beau poli.

§ 465. *Carbonate de chaux.* — Le carbonate de chaux est une des substances les plus répandues à la surface du globe. On le trouve quelquefois en cristaux isolés et parfaitement terminés; il affecte alors deux formes incompatibles, et c'est un des premiers cas de dimorphisme, qui aient été constatés. La forme la plus ordinaire du carbonate de chaux est un rhomboèdre de l'angle de 105°; mais on trouve aussi un nombre très-considérable de formes dérivées de celle-ci. Tous ces cristaux présentent trois clivages également faciles, qui conduisent au rhomboèdre de 105°. On trouve en Islande des fragments rhomboédriques de carbonate de chaux, souvent très-volumineux et parfaitement transparents : ces morceaux sont très-recherchés pour les expériences d'optique. On donne à ce carbonate de chaux le nom de *spath d'Islande.* La seconde forme dimorphique du carbonate de chaux est un prisme droit à base rectangle; les minéralogistes donnent le nom d'*arragonite* au carbonate de chaux qui présente cette forme.

§ 466. Les eaux d'un grand nombre de sources naturelles contiennent du carbonate de chaux, dissous à la faveur d'un excès d'acide carbonique. Ces eaux, en arrivant à l'air, abandonnent promptement leur acide carbonique, et le carbonate de chaux se sépare. Il se forme ainsi des incrustations calcaires qui prennent, à la longue, un développement considérable. La fontaine de Saint-Allyre, auprès de Clermont, produit ces incrustations en très-peu de temps. Il suffit d'exposer, pendant quelques jours, à l'eau qui en tombe, des objets quelconques, pour que leur surface se recouvre d'une croûte de matière calcaire. C'est de la même manière que se forment les *stalactites* et *stalagmites* calcaires, qui tapissent les parois de certaines grottes. Les eaux, qui traversent les fentes des rochers, tombent goutte à goutte de la voûte supérieure; chaque goutte, avant de tomber, reste suspendue pendant quelque temps, abandonne une partie de son acide carbonique, et, par suite, de son carbonate de chaux. La même goutte, en tombant sur le sol, y dépose une nou-

velle portion de carbonate calcaire ; et comme les gouttes se forment
à peu près constamment au même endroit, il s'y développe une incrustation calcaire en pendentif, une stalactite, qui descend successivement vers le sol. Immédiatement au-dessous de cette incrustation
suspendue, il s'en élève une toute semblable à partir du sol, une
stalagmite. Ces incrustations tendent à se rejoindre, et forment, à
la longue, une colonne continue. Le carbonate de chaux est cristallisé dans ces incrustations ; il est facile de le reconnaître dans leur
cassure.

§ 467. Dans le marbre saccharoïde, le carbonate de chaux est égale-
lement cristallisé ; mais les cristaux sont fortement agrégés les uns
aux autres. Les diverses roches calcaires qu'on rencontre dans tous
les terrains de sédiment, et qui forment souvent des couches d'une
très-grande épaisseur, présentent le carbonate de chaux à des degrés
de compacité très-variés.

Le test des mollusques, la coquille des œufs d'oiseaux, la carapace
des écrevisses, sont formés de carbonate de chaux presque pur. Les
os de l'homme et des animaux en renferment aussi une portion
notable.

§ 468. Le carbonate de chaux, soumis à l'action de la chaleur, se
décompose avant de fondre. Mais, si on le chauffe dans un canon
de fusil scellé hermétiquement, la haute pression qui se développe
dans le tube empêche le dégagement de l'acide carbonique, et le carbonate de chaux fond sans se décomposer. Si on laisse le tube refroidir lentement, le calcaire fondu prend une texture cristalline, et il
ressemble alors complétement à notre marbre saccharoïde.

Le carbonate de chaux ne se dissout pas sensiblement dans l'eau
pure ; l'eau chargée d'acide carbonique en dissout, au contraire, une
proportion fort notable.

§ 469. *Azotate de chaux.* — L'azotate de chaux s'obtient en dissolvant du carbonate de chaux dans l'acide azotique. La liqueur, concentrée par la chaleur, se prend par le refroidissement en masse
cristalline. L'azotate de chaux est un sel déliquescent.

§ 470. *Phosphate de chaux.* — Lorsqu'on traite la cendre des os
par l'acide sulfurique, il se forme du sulfate de chaux, qui se sépare
parce qu'il est très-peu soluble. La liqueur renferme un phosphate
de chaux, appelé improprement *biphosphate de chaux*, et qui se sépare sous la forme de paillettes cristallines, si la liqueur est suffisamment concentrée. La formule de ce sel est $(CaO + 2HO).PhO^5$. Nous
avons vu (§ 76) que ce produit était employé à la fabrication du
phosphore.

Si l'on verse une dissolution de phosphate de soude ordinaire,

(2NaO + HO).PhO⁵ + 26HO, dans la dissolution d'un sel de chaux,
on obtient un précipité blanc, gélatineux, qui a pour formule
(2CaO + HO).PhO⁵ + 4HO.

Les cendres d'os sont formées de $\frac{4}{5}$ de phosphate de chaux, et de
$\frac{1}{5}$ de carbonate de chaux. Le phosphate de chaux des os a pour formule 3CaO.PhO⁵.

Ces divers phosphates de chaux, à l'exception du biphosphate,
sont insolubles dans l'eau ; mais ils se dissolvent facilement dans une
liqueur acide.

Si l'on chauffe le biphosphate de chaux, (CaO+2HO).PhO⁵, jusqu'à
la chaleur rouge, il fond en une matière qui reste vitreuse après le
refroidissement. Le sel a changé complétement de nature, car il est
devenu insoluble dans l'eau. La chaleur a fait passer le phosphate,
de la modification tribasique à la modification monobasique ; le produit calciné est du *métaphosphate de chaux*, CaO.PhO⁵.

§ 471. *Hypochlorite de chaux.* — Ce sel est très-important à cause
de ses applications ; on l'emploie pour le blanchiment des étoffes. On
obtient l'hypochlorite de chaux à l'état de pureté, en ajoutant à du
lait de chaux une dissolution d'acide hypochloreux ; mais il faut
laisser un excès de chaux, car, aussitôt que l'acide hypochloreux vient
à dominer, l'hypochlorite se décompose en chlorate de chaux et
chlorure de calcium :

$$3(CaO.ClO) = CaO.ClO^5 + 2CaCl.$$

La dissolution d'hypochlorite de chaux bleuit, dans les premiers
instants, la teinture de tournesol rougie par un acide ; mais bientôt
après elle la décolore.

Le chlore est sans action sur la chaux vive; mais, si l'on fait arriver
lentement du chlore sur de la chaux hydratée, il se forme de l'hypochlorite de chaux et du chlorure de calcium :

$$2CaO + 2Cl = CaO.ClO + CaCl.$$

Il est essentiel de laisser toujours un excès de chaux ; car, lorsque
la chaux s'est entièrement transformée en hypochlorite de chaux et
en chlorure de calcium, si l'on continue de faire arriver du chlore,
une nouvelle réaction se détermine souvent brusquement ; l'hypochlorite de chaux se transforme en chlorate de chaux et chlorure de
calcium. Cette réaction se manifeste surtout si la température s'élève
beaucoup, soit parce que le chlore arrive en grande quantité, soit
parce qu'on chauffe la matière.

§ 472. On donne, dans le commerce, le nom de *chlorure de chaux* à un mélange d'hypochlorite de chaux, de chlorure de calcium et de chaux hydratée, qu'on obtient en saturant incomplétement de la chaux éteinte par du chlore. On fabrique ce produit en très-grande quantité, car il est presque exclusivement employé pour le blanchiment.

En traitant le chlorure de chaux par l'eau, on dissout l'hypochlorite de chaux et le chlorure de calcium ; la chaux hydratée en excès reste sous la forme d'une bouillie. On peut séparer la liqueur claire par filtration ou par décantation.

L'hypochlorite de chaux est décomposé par les acides les plus faibles, même par l'acide carbonique. C'est à cause de cela que ce corps répand toujours l'odeur de l'acide hypochloreux; l'acide carbonique de l'air chasse alors l'acide hypochloreux.

La dissolution aqueuse de chlore exerce une action oxydante sur tous les corps qui peuvent se suroxyder ; nous en avons déjà vu un grand nombre d'exemples. C'est encore en vertu de cette action oxydante que la dissolution de chlore détruit la couleur des matières organiques colorées, agissant, dans ce cas, de la même manière que l'eau oxygénée. L'eau est alors décomposée; son hydrogène se combine avec le chlore, et l'oxygène, à l'état naissant, oxyde la matière organique, qui, très-souvent, se change en un nouveau corps incolore. En outre, les matières organiques, soumises à des actions oxydantes, se transforment finalement en acides qu'il est facile d'enlever par les matières alcalines. Les matières organiques colorées qui étaient fixées sur les étoffes à la faveur d'une affinité spéciale, et qui sont, à cet état, insolubles dans l'eau et dans les lessives alcalines, se changent donc, par une action oxydante, en d'autres substances, douées de propriétés acides, et qu'on peut enlever facilement par les lessives alcalines. Il est facile de voir que 1 équivalent d'acide hypochloreux ou 1 équivalent d'hypochlorite de chaux, en présence d'un acide, doivent exercer la même action oxydante et décolorante que 2 équivalents d'oxygène à l'état naissant ou que 2 équivalents de chlore dissous dans l'eau ; car l'acide hypochloreux libre se décompose très-facilement en 1 équivalent de chlore et 1 équivalent d'oxygène. Or, pour obtenir 1 équivalent d'hypochlorite de chaux, il faut faire réagir 2 équivalents de chlore sur 2 équivalents de chaux hydratée ; donc la liqueur qu'on obtient en traitant le chlorure de chaux par l'eau doit exercer le même pouvoir décolorant que la quantité de chlore employée pour produire ce chlorure de chaux.

Pour décolorer une étoffe, on l'imbibe d'abord d'une dissolution faible d'acide chlorhydrique ; puis on la fait passer à travers un bain de chlorure de chaux ; enfin on la lessive avec une liqueur alcaline.

On emploie aussi le chlorure de chaux pour détruire les miasmes putrides, les mauvaises odeurs. L'acide hypochloreux est chassé successivement par l'acide carbonique de l'air, et il détruit, comme le chlore, les substances qui dégagent ces odeurs. La meilleure manière d'employer le chlorure de chaux pour cet usage consiste à imbiber un linge d'une dissolution concentrée de chlorure de chaux et à le suspendre dans l'espace dont on veut purifier l'air.

Combinaison du calcium avec le chlore.

§ 473. On ne connaît qu'une seule combinaison du calcium avec le chlore. On la prépare en dissolvant la chaux hydratée ou le carbonate de chaux dans l'acide chlorhydrique. Le chlorure de calcium s'obtient en grande quantité dans la préparation de l'ammoniaque. Nous avons vu (§ 116) qu'on préparait dans les fabriques l'ammoniaque en chauffant un mélange de chlorhydrate d'ammoniaque et de chaux dans de grands cylindres de fonte. Le résidu de cette préparation est du chlorure de calcium, mêlé seulement d'une petite quantité de chaux en excès. On traite ce résidu par l'eau froide, qui dissout le chlorure. La liqueur, amenée par l'évaporation à un grand état de concentration, puis abandonnée au refroidissement, laisse déposer de gros cristaux de chlorure de calcium hydraté, dont la formule est $CaCl + 6HO$. Ces cristaux sont très-déliquescents à l'air. Ils produisent beaucoup de froid en se dissolvant dans l'eau; mais c'est en les mélangeant avec de la glace pilée qu'on obtient le plus grand abaissement de température. Nous avons vu (§ 318) qu'on parvenait ainsi à abaisser la température jusqu'à — 45°. Le chlorure de calcium hydraté fond très-facilement dans son eau de cristallisation. Chauffé jusqu'à 200°, il abandonne 4 équivalents d'eau, et il reste une masse poreuse, très-avide d'humidité, éminemment propre à dessécher les gaz. Chauffé davantage, le chlorure abandonne le reste de son eau, et il fond ensuite à la chaleur rouge. On coule ordinairement ce chlorure de calcium fondu sous forme de plaques, que l'on concasse en fragments, et on le conserve dans un flacon bien bouché. On s'en sert fréquemment dans les laboratoires, soit pour dessécher les gaz, soit pour enlever l'eau qui est mélangée à des liquides d'origine organique.

Le chlorure de calcium anhydre se dissout dans l'eau avec élévation de température. La chaleur dégagée par la combinaison du chlorure avec l'eau est plus grande que celle qui devient latente par le fait de la dissolution du chlorure hydraté. Le chlorure de calcium se dissout en proportion considérable dans l'eau; il se dissout également très-bien dans l'alcool absolu. La dissolution alcoolique faite à chaud laisse déposer, en refroidissant, des cristaux d'une combinaison du chlorure de calcium avec l'alcool : un *alcoolate* de chlorure de calcium.

Combinaison du calcium avec le fluor.

§ 474. Le fluorure de calcium se trouve dans la nature ; on le rencontre soit en masses compactes de couleur variée, soit en cristaux très-nettement terminés. Ces cristaux sont des cubes, quelquefois modifiés par les faces de l'octaèdre. Les minéralogistes lui donnent le nom de *spath fluor*. Le chlorure de calcium présente un phénomène de phosphorescence remarquable : quand on le chauffe réduit en poudre dans une cuiller en fer, il devient lumineux longtemps avant la chaleur rouge. Il dégage une lumière tantôt violette, tantôt verte, suivant les échantillons. On emploie dans les laboratoires le fluorure de calcium pour la préparation de l'acide fluorhydrique (§ 109).

Caractères distinctifs des sels de chaux.

§ 475. Les sels de chaux ne sont pas précipités par l'ammoniaque ; c'est ce qui les distingue des métaux terreux et des métaux de la classe suivante.

Ils sont, au contraire, précipités par les carbonates alcalins ; caractère qui les distingue des sels fournis par les métaux alcalins.

Si l'on verse de l'acide sulfurique ou un sulfate dans une dissolution très-étendue d'un sel de chaux, il ne se forme pas de précipité ; dans ce cas, les sels de baryte et de strontiane en donneraient un. Si la dissolution du sel de chaux est plus concentrée, il se forme un précipité de sulfate de chaux hydraté qui, abandonné quelque temps à lui-même, s'agrége sous la forme de petites paillettes cristallines facilement reconnaissables à la loupe.

Les sels de chaux donnent, avec l'acide oxalique et avec les oxalates, un précipité grenu d'oxalate de chaux, à peu près insoluble dans l'eau, et qui ne se dissout que difficilement dans un excès d'acide. Cette propriété est utilisée non-seulement pour reconnaître la chaux, mais encore, dans les analyses chimiques, pour précipiter cette base des liqueurs qui la renferment.

MAGNÉSIUM

Équivalent = 150,0

§ 476. On obtient le magnésium [1] en décomposant le chlorure de magnésium anhydre par le potassium ou par le sodium. On place au fond d'un creuset de platine quelques globules de potassium ou de sodium, et par-dessus du chlorure de magnésium en morceaux. On recouvre le creuset avec son couvercle, on attache celui-ci avec quelques fils de fer, puis on élève la température au moyen d'une lampe à alcool. La réaction se fait à la chaleur rouge ; elle a lieu avec une vive déflagration, qui projetterait le couvercle du creuset s'il n'était pas solidement fixé. Le potassium se combine avec le chlore, et le magnésium devient libre. On laisse refroidir le creuset, et l'on traite la matière par de l'eau aussi froide que possible. L'eau dissout le chlorure de potassium et le chlorure de magnésium non altéré ; le magnésium reste sous la forme de globules métalliques.

Le magnésium est doué d'une certaine ductilité, et présente la couleur et l'éclat de l'argent. Il s'altère moins promptement à l'air que les métaux précédents, et ne décompose pas sensiblement l'eau très-froide ; mais, à une température supérieure à 30°, la décomposition de l'eau commence ; vers 100°, elle est très-vive. Chauffé au rouge sombre, dans l'air ou dans le gaz oxygène, le métal prend feu. Il devient également incandescent dans le chlore.

Combinaison du magnésium avec l'oxygène.

§ 477. On ne connaît qu'une seule combinaison du magnésium avec l'oxygène.

On prépare le protoxyde de magnésium, ou *magnésie,* en calcinant l'hydrocarbonate de magnésie, ou *magnésie blanche* des pharmacies. Comme cet hydrocarbonate est très-léger, la magnésie qui en provient est elle-même très-légère, et il faut en prendre un volume considérable pour avoir un poids un peu notable de matière. Cette circonstance est un véritable inconvénient dans plusieurs réactions chimiques, principalement dans celles qui s'opèrent par voie sèche dans des vases dont les dimensions sont limitées. Pour ces cas particuliers, on prépare la magnésie par la calcination de l'azotate de magnésie, ce

---

[1] C'est M. Bussy qui a isolé le premier le magnésium, en suivant un procédé par lequel M. Wœhler avait déjà réussi à préparer l'aluminium et le glucinium.

qui donne un oxyde beaucoup plus dense. La magnésie est une poudre blanche, infusible aux plus hautes températures de nos fourneaux. Elle est très-peu soluble dans l'eau, car elle exige environ 5,000 parties d'eau pour se dissoudre. Sa solubilité est cependant suffisante pour que la magnésie mouillée bleuisse la teinture de tournesol rougie par un acide. La magnésie est une base puissante qui sature bien les acides. Elle est précipitée par la chaux ; mais la cause principale de la précipitation tient à ce que la magnésie est encore moins soluble dans l'eau que la chaux.

La magnésie anhydre ne s'échauffe pas sensiblement avec l'eau ; il y a cependant combinaison, mais elle ne se fait que lentement, de sorte que le dégagement de chaleur est difficile à apprécier. Il se forme, dans ce cas, un monohydrate de magnésie $MgO + HO$, que la chaleur ramène facilement à l'état anhydre. Le même hydrate se précipite quand on verse une dissolution de potasse dans celle d'un sel magnésien.

La magnésie caustique est un contre-poison très-efficace dans les empoisonnements par l'acide arsénieux ; elle se combine avec cet acide, et forme un composé insoluble qui n'exerce plus d'action vénéneuse. Il est bon que la magnésie soit à l'état d'hydrate, ou qu'elle n'ait été que faiblement calcinée. La magnésie ne peut pas être remplacée, pour cet objet, par son carbonate.

Sels formés par la magnésie.

§ 478. *Sulfate de magnésie.* — Le sulfate de magnésie existe dans plusieurs eaux minérales, notamment dans celles d'Epsom en Angleterre, de Sedlitz et de Pullna en Bohême. Ces eaux sont employées en médecine comme purgatif ; elles doivent cette propriété au sulfate de magnésie qu'elles renferment.

On peut obtenir également du sulfate de magnésie en traitant, par l'acide sulfurique, le carbonate de magnésie naturel ou des calcaires magnésiens très-riches en carbonate de magnésie, tels que la dolomie ; il se forme du sulfate de chaux très-peu soluble dans l'eau, et du sulfate de magnésie, qui y est, au contraire, très-soluble, surtout à chaud. Le sulfate de magnésie cristallise, à la température ordinaire, en petits prismes allongés ; il a pour formule $MgO.SO^3 + 7HO$.

Enfin, les eaux mères des salines renferment des proportions considérables de ce sel ; ces eaux peuvent donner facilement et à très-bon marché, tout le sulfate de magnésie employé en médecine.

§ 479. *Carbonate de magnésie.* — Le carbonate de magnésie se trouve dans la nature ; le plus souvent il est en masses compactes ;

quelquefois cependant on le rencontre cristallisé en rhomboèdres. Le carbonate de magnésie existe aussi dans la nature, en combinaison avec le carbonate de chaux, qui est isomorphe avec lui. Presque tous les calcaires renferment une petite quantité de magnésie. La *dolomie* des minéralogistes, qui forme des roches considérables dans plusieurs contrées, notamment dans les Alpes, est un carbonate double de chaux et de magnésie, dont la formule est $CaO.CO^2 + MgO.CO^2$.

Quand on verse un carbonate alcalin dans la dissolution d'un sel magnésien, il se forme un précipité gélatineux blanc, qui est un hydrocarbonate de magnésie, c'est-à-dire une combinaison d'hydrate et de carbonate de magnésie. Les proportions de ces deux composés varient suivant la quantité de carbonate alcalin employé, l'état de concentration des liqueurs et leur température. Ce produit est préparé en grand pour les besoins de la médecine; on lui donne dans les pharmacies le nom de *magnésie blanche*. On cherche à l'obtenir aussi léger que possible; et, pour cela, on mélange des dissolutions étendues et chaudes de sulfate de magnésie et de carbonate de soude. On filtre ensuite la liqueur dans des paniers de forme rectangulaire, garnis intérieurement d'une toile qui retient le précipité. L'hydrocarbonate de magnésie, bien lavé et séché, présente alors la forme de briquettes carrées d'une grande légéreté.

§ 480. *Phosphates de magnésie.* — On obtient un phosphate neutre de magnésie en décomposant l'hydrocarbonate de magnésie par l'acide phosphorique. Il est soluble dans 15 à 20 parties d'eau. Le phosphate de magnésie forme, avec le phosphate d'ammoniaque, des phosphates doubles très-peu solubles. Si l'on ajoute à une dissolution chaude de sulfate de magnésie une dissolution de phosphate d'ammoniaque, il se dépose, par le refroidissement, de petits cristaux prismatiques d'un phosphate double, qui a pour formule $[2(AzH^3.HO) + HO].PhO^5 + (2MgO + HO).PhO^5 + 6HO$. Si l'on ajoute, au contraire, à la dissolution du sulfate de magnésie d'abord du chlorhydrate d'ammoniaque, puis de l'ammoniaque qui ne forme pas alors de précipité, ainsi que nous le verrons (§ 485), enfin du phosphate d'ammoniaque, il se dépose un précipité grenu, insoluble dans la liqueur où la précipitation a eu lieu, et qui a pour formule $(AzH^3.HO + 2MgO).PhO^5 + 6HO$. Mais ce précipité est sensiblement soluble dans l'eau pure; il faut donc le laver avec la plus petite quantité d'eau possible. Ce phosphate double offre de l'intérèt; c'est très-souvent à cet état de combinaison que, dans les analyses chimiques, on précipite la magnésie de ses dissolutions. Ce phosphate double se présente aussi quelquefois dans l'économie animale; il forme des calculs dans la vessie. On lui donne le nom de *phosphate ammoniaco-magnésien*.

§ 481. *Silicates de magnésie*. — On trouve dans la nature des silicates de magnésie, en général, combinés avec de l'eau. Ils forment dans quelques localités, des roches entières ou des filons. Le minéral appelé *magnésite*, ou *écume de mer*, et le *talc*, sont composés de silicate de magnésie $MgO.SiO^5$, combiné avec de l'eau. La *serpentine* est formée par du silicate de magnésie, combiné avec de l'hydrate de magnésie ; sa formule est $2(2MgO.2SiO^5) + MgO.2HO$.

Combinaison du magnésium avec le chlore.

§ 482. On produit du chlorure de magnésium en dissolution dans l'eau quand on traite la magnésie blanche par l'acide chlorhydrique. Cette dissolution, amenée par l'évaporation à un grand état de concentration, abandonne, en refroidissant, des cristaux de chlorure de magnésium hydraté, qui ont pour formule $MgCl + 5HO$. Mais, si on continue l'évaporation jusqu'à siccité, le chlorure de magnésium se décompose, l'acide chlorhydrique se dégage, et il reste de la magnésie libre. Cette décomposition rapproche encore la magnésie des terres, dont les chlorures subissent une altération semblable. Pour se procurer du chlorure de magnésium pur, on dissout de la magnésie blanche dans de l'acide chlorhydrique concentré, on ajoute du sel ammoniac, et on évapore à siccité. Le résidu est placé dans un creuset de platine et chauffé au rouge sur une lampe à alcool. Le chlorure de magnésium se combine avec le chlorhydrate d'ammoniaque, et acquiert ainsi assez de stabilité pour que l'eau puisse être chassée par la chaleur, avant de réagir sur le chlorure. La chaleur décompose ensuite le chlorure double desséché ; le chlorhydrate d'ammoniaque se dégage, et le chlorure de magnésium reste à l'état d'une matière fondue qui, par le refroidissement, se solidifie en une masse cristalline. Nous avons vu (§ 476) que l'on se servait de ce chlorure de magnésium anhydre pour préparer le magnésium métallique.

Caractères distinctifs des sels de magnésie.

§ 483. Les sels de magnésie donnent des précipités gélatineux blancs avec les carbonates alcalins ; c'est ce qui les distingue des sels alcalins.

L'ammoniaque, versée dans une dissolution d'un sel de magnésie qui ne renferme pas un excès d'acide ni aucun sel ammoniacal, donne un précipité blanc ; les sels de baryte, de strontiane et de chaux ne donnent pas, dans ce cas, de précipité. Mais, si la liqueur magnésienne renferme une quantité suffisante d'un sel ammoniacal quelconque, la liqueur n'est plus précipitée par l'ammoniaque, parce que le sel magnésien forme alors un sel double ammoniacal, indécomposable par l'ammoniaque. Il n'y a pas non plus de précipité si la liqueur renferme un grand excès d'acide ; car, en versant de l'ammoniaque pour saturer la liqueur, on forme une quantité de sel ammoniacal suffisante pour produire le sel double magnésien indécomposable par l'ammoniaque. Le même phénomène se manifeste alors que le sel magnésien existe dans la liqueur à l'état neutre ; une portion seulement de la magnésie est précipitée par l'ammoniaque. En effet, l'acide abandonné à l'ammoniaque par la magnésie précipitée forme une quantité de sel ammoniacal suffisante pour produire, avec le sel magnésien qui reste dans la liqueur, le sel double indécomposable par un excès d'ammoniaque. Par cette propriété, la magnésie se place encore entre les terres alcalines et les terres.

Les sels de magnésie sont précipités par l'eau de chaux.

Les sels de magnésie ne sont jamais précipités par les sulfates alcalins, à moins que la liqueur magnésienne ne soit dans un état de concentration extrême, auquel cas le sulfate de magnésie pourrait cristalliser ; mais il est toujours facile de constater que ces cristaux sont très-solubles dans l'eau. Les sels de baryte et de strontiane sont, au contraire, précipités par les sulfates, lors même que leurs dissolutions sont très-étendues ; les sels de chaux donnent eux-mêmes un précipité de sulfate de chaux, facile à reconnaître à son apparence, à moins que les liqueurs ne soient extrêmement étendues.

III. MÉTAUX TERREUX

ALUMINIUM

Équivalent = 175,00

§ 484. L'aluminium [1] est un des corps les plus répandus à la surface du globe ; son oxyde, combiné à l'acide silicique et à une certaine quantité d'eau, forme les argiles. Le silicate d'alumine, combiné avec d'autres silicates, constitue des minéraux nombreux, dont les plus importants sont le feldspath et le mica, qui entrent dans la constitution des granits, c'est-à-dire des roches primitives qui forment toute a croûte extérieure du globe accessible à nos moyens d'observation. Le nom d'*aluminium*, donné à ce métal, lui vient de l'*alun*, qui est un sulfate double d'alumine et de potasse, employé depuis longtemps dans les arts.

On prépare l'aluminium en décomposant le chlorure d'aluminium par le sodium. On chauffe au rouge vif le mélange de ces deux substances dans un creuset de porcelaine ; l'excès du chlorure d'aluminium se dégage, et il reste une masse saline à réaction acide, au milieu de laquelle se trouvent des globules plus ou moins gros d'aluminium pur.

L'aluminium est un métal blanc, semblable à l'argent. Il est malléable et ductile au plus haut degré ; sa ténacité est comparable à celle du fer. Son point de fusion est compris entre celui du zinc et celui de l'argent. Sa densité est 2,56.

L'aluminium est complétement inaltérable à l'air sec ou humide ; l'acide sulfhydrique ne le noircit pas. L'eau ne l'altère pas, même à la température de l'ébullition : l'acide azotique faible ou concentré, et l'acide sulfurique faible n'agissent pas sur lui. Son véritable dissolvant est l'acide chlorhydrique, qui l'attaque avec dégagement d'hydrogène et le transforme en sesquichlorure d'aluminium.

L'aluminium recevra certainement, par la suite, des applications importantes dans les arts, si l'on parvient à le préparer économiquement.

Combinaison de l'aluminium avec l'oxygène.

§ 485. On ne connaît qu'une seule combinaison de l'aluminium

---

[1] L'aluminium a été isolé pour la première fois par M. Wœhler.

avec l'oxygène : on l'obtient en précipitant une dissolution d'alun par un excès de carbonate d'ammoniaque. Le précipité gélatineux blanc doit être bien lavé à l'eau bouillante; desséché et calciné, il donne de l'alumine anhydre. On obtient encore immédiatement l'alumine en chauffant à une forte chaleur rouge l'alun ammoniacal; mais l'alumine, ainsi préparée, retient souvent un peu d'acide sulfurique. L'alumine est une poudre blanche, insoluble dans l'eau. Lorsqu'elle n'a pas été chauffée au rouge, elle se dissout facilement dans une dissolution de potasse, de soude, de baryte et de strontiane; elle se dissout aussi en petite quantité dans une dissolution concentrée d'ammoniaque. L'alumine joue, dans ce cas, le rôle d'un véritable acide, et l'on peut obtenir plusieurs aluminates à l'état cristallisé. Elle se dissout aussi dans les acides, et donne des sels qui ont toujours une forte réaction acide. L'alumine calcinée, au contraire, ne se dissout que difficilement dans la potasse et dans les acides. La combinaison de l'alumine avec les alcalis a lieu, dans tous les cas, à la chaleur rouge.

L'alumine se rencontre cristallisée dans la nature; elle forme des minéraux qui présentent souvent de belles couleurs; on les emploie dans la bijouterie comme pierres précieuses. On donne à ces minéraux des noms différents, suivant leur couleur. Ainsi l'alumine naturelle, colorée en bleu, porte le nom de *saphir*; celle qui est colorée en rouge est appelée *rubis*. Ces couleurs sont dues à de très-petites quantités d'oxydes métalliques colorants. L'alumine incolore et transparente porte le nom de *corindon hyalin*. L'alumine naturelle a une densité considérable, qui s'élève à 3,9; c'est, après le diamant, la matière la plus dure. On s'en sert, à cause de cette propriété, pour polir les pierres précieuses et les glaces. On utilise à cet usage le corindon opaque, qui prend alors le nom d'*émeri*.

L'alumine est infusible à la température de nos fourneaux; mais elle fond au chalumeau à gaz oxygène et hydrogène, sous forme de globules incolores et transparents, qui prennent souvent en refroidissant une texture cristalline. Pour obtenir l'alumine fondue artificiellement, il suffit de chauffer au chalumeau à gaz oxygène et hydrogène de l'alun potassique ordinaire, après l'avoir déshydraté par la chaleur. Le sulfate d'alumine se décompose, le sulfate de potasse se volatilise à cette haute température, il ne reste que l'alumine, qui fond lorsque la température est suffisamment élevée. En ajoutant à l'alun une petite quantité de chrômate de potasse, l'alumine fondue reste colorée en rouge et imite alors parfaitement le rubis naturel.

L'alumine, précipitée d'une dissolution d'alun par le carbonate d'ammoniaque en excès, forme une matière gélatineuse, qui est un hydrate. L'alumine hydratée se dissout facilement dans les acides et dans les liqueurs alcalines. Elle ne se combine cependant pas avec les acides très-faibles, tels que l'acide carbonique. Elle ne perd pas son eau par l'exposition dans le vide sec, ou à la chaleur de l'eau bouillante ; il faut la chauffer jusqu'au rouge pour l'obtenir complétement anhydre. L'alumine calcinée ne se combine plus avec l'eau, mais c'est une matière hygrométrique, qui condense facilement l'humidité de l'atmosphère.

Sels formés par l'alumine.

§ 486. *Sulfate d'alumine.* — Le sulfate neutre d'alumine se prépare en grand depuis quelque temps ; on l'emploie dans la teinture, où il remplace l'alun avec avantage. On le prépare en traitant les argiles par l'acide sulfurique ; on choisit des argiles qui renferment le moins de fer possible, les kaolins, par exemple. Le sulfate d'alumine est soluble dans le double de son poids d'eau. Une dissolution saturée à chaud laisse déposer ce sel sous la forme de petites paillettes cristallines qui ont pour formule $Al^2O^3.3SO^3 + 18HO$.

§ 487. Le sulfate d'alumine est surtout important par les sels doubles qu'il forme avec les sulfates alcalins et avec le sulfate d'ammoniaque. Ces sulfates doubles portent le nom d'*aluns*. Le plus ordinairement, cependant, ce nom est donné au sulfate double d'alumine et de potasse. Ces sels doubles se préparent facilement en mêlant ensemble les dissolutions des deux sulfates, et évaporant les liqueurs pour que le sulfate double cristallise. Les aluns potassique et ammonique sont peu solubles à froid et cristallisent facilement ; l'alun sodique est, au contraire, très-soluble.

Ces trois aluns cristallisent dans le système régulier ; leurs formes ordinaires sont l'octaèdre, le cube, ou des combinaisons de ces deux formes, dans lesquelles dominent tantôt l'octaèdre, tantôt le cube. Ils présentent aussi des compositions semblables ; ainsi :

L'alun potassique a pour formule.	$KO.SO^3 + Al^2O^3 + 3SO^3 + 24HO,$
L'alun sodique.	$NaO.SO^3 + Al^2O^3.3SO^3 + 24HO,$
L'alun ammoniacal.	$(AzH^3.HO).SO^3 + Al^2O^3.3SO^3 + 24HO.$

Les sesquioxydes basiques, isomorphes avec l'alumine, forment, avec les sulfates de potasse, de soude et d'ammoniaque, des sels doubles tout à fait semblables, auxquels on a donné, par extension, le nom d'*aluns*. Ces nouveaux aluns cristallisent en octaèdres ou en cubes, comme ceux que forme le sulfate d'alumine, et ils présentent la même formule ; ainsi le sulfate de sesquioxyde de fer, $Fe^2O^3.3SO^3$, donne :

Un alun ferri-potassique. . . . . . $KO.SO^3 + Fe^2O^3.3SO^3 + 24HO,$
Un alun ferri-sodique. . . . . . . $NaO.SO^3 + Fe^2O^3.3SO^3 + 24HO,$
Un alun ferri-ammonique. . . . . $(AzH^3.HO).SO^3 + Fe^2O^3.3SO^3 + 24HO.$

Le sulfate de sesquioxyde de manganèse, $Mn^2O^3.3SO^3$, donne, de même :

Un alun mangani-potassique.. . . $KO.SO^3 + Mn^2O^3.3SO^3 + 24HO,$
Un alun mangani-sodique. .. . . $NaO.SO^3 + Mn^2O^3.3SO^3 + 24HO,$
Un alun mangani-ammonique. . . $(AzH^3.HO).SO^3 + Mn^2O^3.3SO^3 + 24HO.$

Enfin, le sulfate de sesquioxyde de chrôme donne les aluns suivants :

Un alun chrômi-potassique. , . . $KO.SO^3 + Cr^2O^3.3SO^3 + 24HO,$
Un alun chrômi-sodique.. . . . . $NaO.SO^3 + Cr^2O^3.3SO^3 + 24HO,$
Un alun chrômi-ammonique.. . . $(AzH^3.HO).SO^3 + Cr^2O^3.3SO^3 + 24HO.$

Les chimistes s'appuient souvent sur l'existence de ces aluns isomorphes pour établir l'isomorphisme des sesquioyxdes.

L'alun potassique est le plus employé dans les arts; on s'en sert dans la teinture, et sa fabrication a reçu un grand développement dans presque tous les pays.

L'alun potassique se dissout dans 18,4 parties d'eau froide, et dans 0,75 seulement d'eau bouillante. Il se dépose par le refroidissement en beaux octaèdres, dont les angles sont souvent tronqués par les faces du cube; on lui donne alors le nom d'*alun octaédrique*. On peut également l'obtenir cristallisé en cubes; il suffit de prendre une dissolution ordinaire d'alun, saturée à 50°, et d'y verser du carbonate de potasse; il se précipite un sous-sulfate d'alumine, qui se redissout par l'agitation de la liqueur. Si on laisse ensuite refroidir la liqueur, l'alun cristallise avec sa composition ordinaire, mais il affecte alors la forme de cubes. Cet alun est appelé *alun cubique*; il est plus estimé dans le commerce que l'alun octaédrique. Cette circonstance tient à ce que l'alun est souvent mélangé avec un peu de sulfate de fer, très-nuisible dans les teintures, parce qu'il altère les nuances des couleurs. Or l'alun ne cristallise en cubes que dans les liqueurs qui renferment un excès d'alumine, et, par cela, privées d'oxyde de fer; la forme cubique de l'alun est donc un gage de sa pureté.

L'alun a une saveur d'abord sucrée, mais qui devient bientôt très-astringente Chauffé, il commence par fondre dans son eau de cristallisation; puis, par le refroidissement, il se solidifie en masse vitreuse, qu'on appelle *alun de roche*. Chauffé davantage, il perd successivement son eau et arrive à l'état anhydre. Lorsqu'on chauffe ainsi l'alun dans un creuset pour le déshydrater, la matière, d'abord liquide, devient de plus en plus pâteuse, à mesure qu'elle perd de l'eau, Elle se boursoufle beaucoup, s'élève au-dessus du creuset, et, si l'on chauffe progressivement, l'alun anhydre reste sous la forme d'une matière spongieuse, qui a formé un champignon au-dessus du creuset (*fig.* 127). L'alun déshydraté est employé en médecine comme caustique ; on lui donne le nom d'*alun calciné*. Enfin, l'alun, chauffé au rouge, se décompose ; un mélange d'acide sulfureux et d'oxygène se dégage ; le résidu se compose d'alumine libre et de sulfate de potasse inaltéré. On peut séparer ce dernier sel en le dissolvant dans l'eau. L'alun calciné avec du charbon, ou mieux, du noir de fumée intimement mélangé, donne un résidu très-divisé, composé d'alumine, de sulfure de potassium et de char-

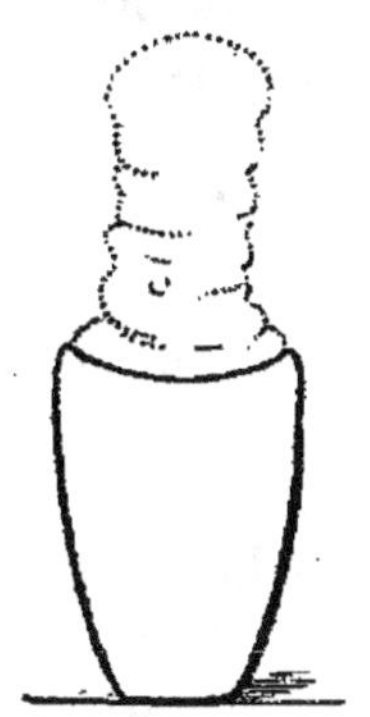

Fig. 127.

bon. Ce résidu est un véritable pyrophore, il prend feu quand on le projette à l'air humide.

§ 488. On emploie dans les arts plusieurs procédés pour préparer l'alun :

1° On prépare une dissolution de sulfate d'alumine, en attaquant des argiles par l'acide sulfurique ; on ajoute du sulfate de potasse ou du chlorure de potassium, et on laisse refroidir les liqueurs, en les agitant continuellement. L'alun se précipite sous la forme de petits cristaux grenus, qu'on purifie par de nouvelles cristallisations.

2° La plus grande partie de l'alun se prépare par le grillage spontané, ou artificiel, de certaines roches argileuses, fortement imprégnées de petits cristaux de sulfures de fer. Le sulfure de fer est le plus souvent du bisulfure de fer FeS^2, ou *pyrite ;* quelquefois cependant c'est un sulfure Fe^7S^8, appelé *pyrite magnétique*.

Lorsque les schistes alumineux des terrains tertiaires sont très-altérables, il suffit de les exposer à l'air, et de les arroser de temps en temps, pour que l'oxydation se fasse spontanément ; la pyrite de fer absorbe l'oxygène de l'air, et se change en sulfate de fer et en acide sulfurique. Cet acide se combine, à mesure, avec l'alumine du schiste, et forme du sulfate d'alumine :

$$FeS^2 + 7O = FeO.SO^3 + SO^3.$$

3° On trouve dans quelques localités , principalement à la Tolfa, près de Rome, une roche qu'on appelle *alunite,* ou *pierre d'alun*, et de laquelle on retire un alun très-estimé, appelé *alun de Rome*. L'alunite a pour formule $KO.SO^3 + 3Al^2O^3.SO^3 + 6HO$. On la chauffe dans des fours, jusqu'au moment où elle commence à dégager de l'acide sulfureux. On la traite alors par de l'eau, qui dissout de l'alun ordi-

naire et laisse un résidu d'alumine. La liqueur évaporée donne des
cristaux cubiques d'alun, ordinairement colorés en rose, parce qu'ils
sont souillés par un peu de peroxyde de fer. Cet oxyde ne nuit pas
d'ailleurs dans les teintures, à cause de son insolubilité dans l'eau.
L'alun de Rome a plus de valeur que l'alun ordinaire, parce qu'on
est certain qu'il ne renferme pas de fer à l'état soluble; nous avons
dit (§ 487) que l'on pouvait communiquer des propriétés semblables
à l'alun ordinaire.

Si l'on verse du carbonate de potasse dans une dissolution bouillante d'alun, il se précipite un sous-sulfate d'alumine, qui se dissout
dans la liqueur. Mais, si on continue l'addition du carbonate de potasse, il se forme bientôt un précipité grenu, qui ne se redissout pas
par l'agitation. Ce précipité a la même composition que l'alunite de
la Tolfa, on lui donne le nom d'*alun insoluble*.

Silicates d'alumine.

§ 489. Les silicates d'alumine existent en grande abondance dans
la nature, et présentent un haut intérêt. Quelquefois ils se rencontrent à l'état cristallisé, et forment plusieurs minéraux; mais c'est
principalement à l'état d'hydrates qu'ils sont importants. Ainsi nos
argiles ordinaires, la terre à porcelaine, ou kaolin, ne sont que des
hydrosilicates d'alumine, qui renferment, cependant, toujours une
petite quantité de silicate de potasse. Ces matières proviennent évidemment de l'altération des roches primitives, principalement de
celle des granits. Les silicates alcalins de ces roches ont été dissous,
et il est resté du silicate d'alumine, plus ou moins pur, qui a été
charrié par les eaux et s'est déposé dans de nouveaux bassins.

Les feldspaths sont des silicates doubles, formés par du silicate d'a-
lumine et un silicate alcalin : la formule du feldspath ordinaire, ou
feldspath orthose, est $KO.SiO^3 + Al^2O^3.3SiO^3$.

L'argile la plus pure est celle qui forme le kaolin, ou terre à porcelaine. Le kaolin se présente en masses blanches amorphes, friables;
il forme avec l'eau une pâte peu liante. Le kaolin résulte de l'altération des roches feldspathiques. Dans quelques localités, on peut
suivre cette altération depuis le feldspath intact qui forme l'intérieur de la roche, jusqu'au kaolin le plus friable de la surface. Les
masses de kaolin renferment souvent de petits fragments de feldspath non altéré; on les sépare facilement en soumettant la matière
à une lévigation. Le kaolin, ainsi lavé, présente une composition qui
diffère très-peu de la formule $Al^2O^3.SiO^3 + 2HO$. Les argiles ordinaires ne s'éloignent pas non plus beaucoup de cette composition;

mais elles sont souvent mélangées de proportions variables de sable quartzeux, d'oxyde de fer, de carbonate de chaux, qui altèrent considérablement les propriétés physiques et chimiques de l'argile.

L'argile pure est éminemment *plastique*, c'est-à-dire qu'elle forme avec l'eau des pâtes liantes, que l'on peut pétrir et façonner de toutes les manières. On appelle cette argile *argile grasse*. Lorsque l'argile renferme des proportions notables de matières étrangères, sa plasticité diminue beaucoup, et l'on dit que l'argile est *maigre*. L'argile, mélangée d'une proportion considérable de carbonate de chaux, prend le nom de *marne*. Les propriétés chimiques des argiles ne sont pas moins profondément modifiées que leurs propriétés physiques, par le mélange des matières étrangères. Ainsi l'argile pure est complétement infusible à la chaleur la plus élevée de nos fourneaux; l'argile mélangée de sable l'est également. Mais elle devient fusible, quand elle renferme des proportions notables d'oxyde de fer ou de carbonate de chaux.

Certaines espèces d'argiles sont employées au dégraissage des étoffes de laine; on les appelle *terre à foulon*. La terre à foulon, bien séchée, est répandue en poussière sur le drap que l'on veut dégraisser, et le tout est passé au cylindre. L'argile absorbe, par capillarité, la matière grasse du drap.

On donne le nom d'*ocres* ou de *terres ocreuses* à des mélanges intimes d'argile et d'hydrate de peroxyde de fer. Les ocres sont employées dans la peinture. Elles ont des nuances variées suivant la proportion de l'oxyde de fer qu'elles renferment. Lorsqu'elles contiennent en outre de l'hydrate de sesquioxyde de manganèse, elles prennent des teintes brunes. La *terre de Sienne* est une argile de cette nature.

Combinaison de l'aluminium avec le chlore.

§ 490. En dissolvant de l'alumine dans de l'acide chlorhydrique aqueux, on obtient une dissolution de chlorure d'aluminium, que l'on peut faire cristalliser dans le vide sec; il se dépose des cristaux très-déliquescents, qui ont pour formule $Al^2Cl^5 + 12HO$. Si l'on cherche à déshydrater ces cristaux par la chaleur, ils se décomposent; l'acide chlorhydrique se dégage, et l'alumine isolée reste comme résidu. On peut cependant obtenir le chlorure d'aluminium anhydre. A cet effet, on fait agir du chlore sec sur un mélange d'alumine et de charbon, chauffé au rouge dans un tube de porcelaine. Le chlore n'attaque pas l'alumine seule; mais il y a réaction, lorsque l'alumine est mêlée de charbon. Il se dégage du gaz oxyde de carbone, et, comme le chlorure d'aluminium est volatil, il vient se condenser dans un récipient placé en avant du tube de porcelaine. Pour obtenir un mélange intime d'alumine et de charbon, on broie ensemble de l'alumine et du noir de fumée, on ajoute une petite quantité d'huile, et on façonne le mélange pâteux sous forme de boulettes que l'on calcine au rouge dans un creuset de terre. On place ces petites masses poreuses dans un tube de porcelaine, disposé dans un fourneau à réverbère (*fig.* 128). Par

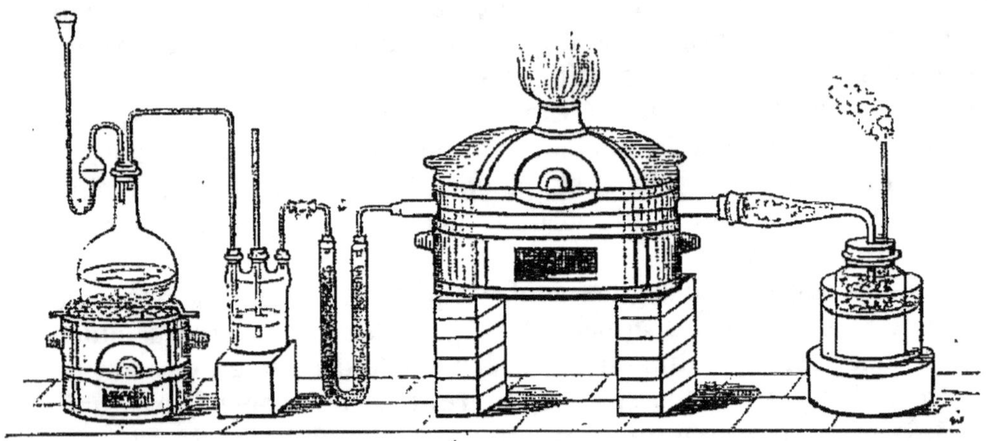

Fig. 128.

l'une des extrémités du tube, on fait arriver un courant de chlore sec, et on engage l'autre extrémité dans une allonge qui communique elle-même avec un flacon bien refroidi. Le chlorure d'aluminium vient se condenser dans l'allonge et dans le flacon récipient, sous forme de petites lames cristallines, d'un banc jaunâtre. Le chlorure d'aluminium est très-volatil ; il répand des fumées à l'air, et attire très-promptement l'humidité.

Caractères distinctifs des sels d'alumine.

§ 491. Les dissolutions des sels d'alumine sont précipitées par l'ammoniaque. Ce caractère les distingue des sels alcalins et alcalino-terreux ; on peut, cependant, les confondre sous ce rapport avec les sels de magnésie. Mais nous avons vu (§ 483) que, si l'on ajoute à un sel magnésien une quantité suffisante d'un sel ammoniacal, le sel magnésien n'est plus précipité par l'ammoniaque, tandis que le sel d'alumine est toujours précipité.

La potasse et la soude caustique précipitent les sels d'alumine ;

mais un excès de ces réactifs redissout immédiatement le précipité. Ce caractère distingue aussi très-nettement les sels d'alumine des sels formés par des alcalis et par des terres alcalines.

Les sels d'alumine sont précipités par l'eau de chaux.

Les carbonates alcalins et le carbonate d'ammoniaque, versés dans la dissolution d'un sel d'alumine, précipitent de l'alumine hydratée. Le précipité, bien lavé, se redissout dans les acides, sans effervescence. Les sulfhydrates précipitent également de l'alumine hydratée.

Si l'on ajoute du sulfate de potasse à la dissolution concentrée et chaude d'un sel d'alumine et qu'on laisse refroidir, il se dépose des cristaux octaédriques d'alun, faciles à reconnaître à leur aspect. Si la dissolution est étendue, les cristaux d'alun se déposent par l'évaporation.

Les sels d'alumine, chauffés au chalumeau avec une petite quantité d'azotate de cobalt, donnent une matière d'un beau bleu caractéristique.

IV. MÉTAUX USUELS

MANGANÈSE

Équivalent $= 344,7$

§ 492. On obtient le manganèse[1] en réduisant un de ses oxydes par le charbon à une haute température. A cet effet, on calcine fortement du carbonate de manganèse dans un creuset fermé, et le produit est du protoxyde de manganèse pur et très-dense. On mélange intimement ce protoxyde avec $\frac{1}{10}$ de son poids de charbon de bois, et $\frac{1}{10}$ de borax fondu. On place le mélange dans un creuset brasqué, que l'on chauffe dans un feu de forge, à la plus haute température que l'on puisse produire. L'addition du borax a pour but de faciliter la réunion des grenailles métalliques en un seul culot. Le métal ainsi obtenu est combiné avec une certaine quantité de carbone, il est au manganèse pur ce que la fonte de fer est au fer ductile. On purifie le manganèse en le fondant une seconde fois avec une petite quantité de carbonate de manganèse, dans un petit creuset de porcelaine bien fermé, placé lui-même dans un creuset en terre luté (*fig.* 129). Le manganèse ainsi purifié possède une certaine ductilité; il se laisse limer, mais il casse sous le choc du marteau; sa cassure est grise et ressemble beaucoup à celle de certaines fontes de fer. Sa densité est de 8,0 environ. Il est aussi difficilement fusible que le fer.

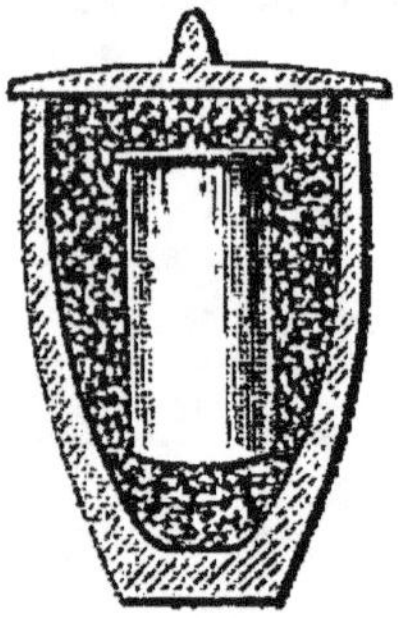

Fig. 129.

Le manganèse est très-avide d'oxygène; sa surface se ternit promptement au contact de l'air humide, et se couvre d'une rouille brun foncé. Il décompose lentement l'eau à la température ordinaire, avec dégagement d'hydrogène. Si l'on souffle sur un fragment de manganèse, on sent cette odeur nauséabonde particulière qui se développe quand on dissout un métal carburé dans un acide étendu. Le manganèse décompose rapidement l'eau à la température de 100°. Pour conserver ce métal, il faut le préserver du contact de l'air. On le met ordinairement dans de l'huile de naphte, comme le potassium;

[1] Le peroxyde de manganèse est connu depuis longtemps, mais c'est seulement en 1774 que Scheele fit voir que ce corps était un oxyde particulier, dont Galin sépara le métal quelques années plus tard.

mais il vaut mieux placer le culot dans un tube de verre que l'on ferme ensuite hermétiquement à la lampe.

Combinaisons du manganèse avec l'oxygène.

§ 493. Nous connaissons cinq combinaisons du manganèse avec l'oxygène : la première combinaison, MnO, est une base énergique; la seconde, Mn^2O^3, joue encore le rôle de base, mais d'une base très-faible; la troisième, MnO^2, n'est ni acide ni basique; enfin la quatrième, MnO^3, et la cinquième, Mn^2O^7, sont des acides bien caractérisés.

§ 494. *Protoxyde de manganèse*, MnO. — On obtient le protoxyde de manganèse en réduisant par l'hydrogène un oxyde supérieur de ce métal, ou en calcinant le carbonate de manganèse à l'abri du contact de l'air. Le protoxyde de manganèse, ainsi préparé, se présente sous la forme d'une poudre vert clair, qui s'oxyde facilement à l'air quand elle n'a été soumise qu'à une température peu élevée. L'oxyde est plus agrégé et moins altérable quand on opère la décomposition du carbonate à une haute température.

Le protoxyde de manganèse est une base puissante. Si l'on verse de la potasse caustique dans la dissolution d'un de ses sels, on obtient un précipité blanc qui est l'hydrate de protoxyde. Cet hydrate absorbe rapidement l'oxygène de l'air, et devient brun en se changeant en hydrate de sesquioxyde.

§ 495. *Sesquioxyde de manganèse*, Mn^2O^3. — Le sesquioxyde de manganèse, Mn^2O^3, se trouve cristallisé dans la nature à l'état anhydre et à l'état hydraté. Le sesquioxyde hydraté ressemble beaucoup, par son aspect extérieur, au peroxyde, avec lequel on le rencontre souvent mélangé. Mais ces deux oxydes se distinguent facilement par la couleur de leur poussière; celle du peroxyde est d'un gris foncé, tandis que celle de l'hydrate de sesquioxyde est brune.

§ 496. *Deutoxyde de manganèse*, MnO^2. — Cet oxyde, ordinairement appelé *peroxyde de manganèse*, est le plus commun des oxydes de manganèse; c'est aussi le plus précieux, parce que c'est celui qui donne, avec l'acide chlorhydrique, la plus grande proportion de chlore. On le trouve cristallisé sous forme de prismes allongés, présentant un éclat métalloïde. Sa couleur est d'un gris foncé. On obtient le peroxyde de manganèse hydraté, en décomposant le manganate de potasse par l'eau chaude, ou en faisant passer du chlore dans de l'eau qui renferme du carbonate de manganèse en suspension. Cet hydrate est une poudre d'un brun foncé.

Lorsqu'on calcine, dans une cornue de grès, du peroxyde de manganèse jusqu'à ce qu'il ne se dégage plus d'oxygène, on obtient une poudre brune qui renferme 27,5 pour 100 d'oxygène. Cette substance, appelée ordinairement *oxyde rouge de manganèse*, Mn^3O^4, se comporte comme une combinaison de protoxyde de manganèse avec le sesquioxyde, et l'on écrit souvent sa formule $MnO.Mn^2O^3$. En effet, l'oxyde rouge, traité par un acide, abandonne du protoxyde qui se dissout, et il reste du sesquioxyde.

Acides manganique et hypermanganique, MnO^3 et Mn^2O^7.

§ 497. Les deux combinaisons acides du manganèse avec l'oxygène s'obtiennent en chauffant de la potasse caustique avec du peroxyde de manganèse, en présence de l'oxygène, ou avec des matières qui abandonnent facilement ce gaz. Si l'on chauffe, au contact de l'air, parties égales de peroxyde de manganèse très-divisé et de potasse caustique, et que l'on reprenne ensuite la matière par un peu d'eau froide, on obtient une dissolution verte, et il reste une poudre brun rougeâtre, qui est un mélange d'hydrates de sesquioxyde et de deutoxyde de manganèse. La liqueur verte renferme du *manganate de potasse*, $KO.MnO^3$, et de la potasse en excès. On obtient une plus grande proportion de manganate de potasse, en faisant la calcination dans une atmosphère de gaz oxygène. La liqueur verte, abandonnée sous le récipient de la machine pneumatique, au-dessus d'une capsule remplie d'acide sulfurique concentré, donne, après évaporation, des cristaux d'un beau vert de manganate de potasse. Ces cristaux sont ordinairement mélangés de cristaux blancs d'hydrate de potasse, mais on peut les séparer facilement par triage. On place les cristaux verts sur une plaque de porcelaine dégourdie, qui absorbe promptement l'eau mère qui les mouille.

Les cristaux verts de manganate de potasse, $KO.MnO^3$, se dissolvent sans altération dans une dissolution un peu concentrée de potasse caustique, et se déposent de nouveau, après l'évaporation de la liqueur. Mais, si on les dissout dans l'eau pure, il y a décomposition immédiate; on obtient une dissolution d'un beau rouge, et un précipité brun d'hydrate de peroxyde. La dissolution rouge renferme de l'*hypermanganate de potasse*, $KO.Mn^2O^7$. Cette facile décomposition de l'acide manganique, lors même qu'il est en combinaison avec une base forte comme la potasse, rend impossible la préparation de l'acide manganique isolé.

En chauffant le peroxyde de manganèse, au contact de l'oxygène, avec de la soude ou de la baryte, on obtient des manganates de soude et de baryte. Le manganate de baryte est une poudre verte à peu près insoluble dans l'eau.

Si l'on reprend, par de l'eau chaude, la masse verte qui renferme le mélange de manganate de potasse, de potasse caustique et d'oxyde de manganèse, et si l'on fait bouillir pendant quelques instants la liqueur avec le résidu, on obtient une dissolution d'un rouge intense, qui, filtrée à travers de l'amiante, donne, après évaporation sous le récipient de la machine pneumatique, des cristaux prismatiques, d'un rouge foncé, d'hypermanganate de potasse. Mais le procédé le plus simple pour obtenir ce produit en quantité notable est le suivant : on mêle une partie de peroxyde de manganèse, réduit en poudre impalpable, avec une partie de chlorate de potasse. On dissout, d'un autre côté, une partie et quart de potasse caustique dans la plus petite quantité d'eau possible, et l'on y ajoute le premier mélange. On dessèche la pâte dans une capsule de porcelaine ; pendant cette dessiccation, il se forme une quantité notable de manganate de potasse. La matière est ensuite introduite dans un creuset de terre, que l'on chauffe lentement jusqu'au rouge sombre. On fait bouillir la matière avec de l'eau dans un ballon de verre ; la dissolution rouge est filtrée à travers l'amiante ; on la concentre dans une capsule en porcelaine chauffée avec une lampe à alcool ; et, par le refroidissement, elle abandonne des cristaux d'hypermanganate de potasse. Pour obtenir le sel pur, il faut le dissoudre dans une petite quantité d'eau bouillante, et le faire cristalliser de nouveau. L'hypermanganate de potasse n'est pas très-soluble dans l'eau : à 15°. il faut 16 parties d'eau pour en dissoudre 1 de ce sel ; l'eau chaude en dissout beaucoup plus.

On peut obtenir l'*acide hypermanganique* libre, en dissolution dans l'eau ; il suffit pour cela de décomposer l'hypermanganate de baryte par l'acide sulfurique, ajouté goutte à goutte ; il se précipite du sulfate de baryte insoluble, et la liqueur décantée renferme l'acide hypermanganique. La dissolution de cet acide est d'un beau rouge ; elle se décompose facilement, même à froid.

Les matières organiques décomposent rapidement les manganates et les hypermanganates, en enlevant à l'acide une portion de son oxygène. C'est pour cette raison que l'on ne peut pas filtrer leurs dissolutions sur du papier. Si l'on verse sur un filtre en papier une dissolution rouge d'hypermanganate de potasse mêlé de potasse caustique, la liqueur qui traverse est ordinairement verte et renferme du manganate. Si la dissolution est plus étendue, ou si la filtration est très-lente, la liqueur passe souvent complètement décolorée, et le papier se teint fortement en brun par l'hydrate de peroxyde de manganèse qui se dépose dans ses pores.

Si l'on verse, dans une dissolution étendue d'hypermanganate de potasse, une dissolution concentrée de potasse caustique, la liqueur change de couleur; elle devient d'abord violette, puis d'un beau vert émeraude. L'hypermanganate s'est changé en manganate, et une quantité double de potasse est entrée en combinaison :

$$KO.Mn^2O^7 + KO = 2(KO.MnO^3) + O.$$

L'oxygène dégagé reste en dissolution dans l'eau, parce qu'il n'en est devenu libre qu'une quantité extrêmement petite, la dissolution de l'hypermanganate étant très-étendue. Cette transformation est due à la grande énergie basique de la potasse, qui tend à se saturer le plus possible. Le passage du rouge au vert n'a pas lieu d'une manière brusque; si l'on ajoute la dissolution de potasse par petites portions, la liqueur passe par toutes les nuances intermédiaires entre le rouge et le vert, c'est-à-dire par toutes les nuances du violet.

Nous avons vu que la dissolution verte du manganate de potasse devenait rouge quand on la soumettait à l'ébullition, et qu'il se précipitait de l'hydrate de peroxyde de manganèse; il faut cependant pour cela que la liqueur ne soit pas trop concentrée. La transformation du manganate vert en hypermanganate rouge se fait aussi à froid, sans précipitation visible de peroxyde. Il suffit d'étendre la dissolution verte d'une quantité de plus en plus grande d'eau froide; le manganate se change alors en hypermanganate, en absorbant la petite quantité d'oxygène qui se trouve en dissolution dans l'eau; la liqueur passe par toutes les nuances résultant du mélange du vert avec le rouge. Si l'on ne veut pas étendre la liqueur d'une grande quantité d'eau, il suffit de la laisser séjourner au contact de l'air, ou de la faire traverser par un courant d'oxygène. Ces changements de couleur ont fait donner à cette substance le nom de *caméléon minéral.*

La transformation du manganate de potasse en hypermanganate se fait plus rapidement par l'addition d'un acide, même par celle de l'acide carbonique. Si l'on ajoute un excès d'acide, la liqueur devient complétement incolore; il se forme dans ce cas un sel de protoxyde de manganèse, et l'oxygène se dégage.

Parmi les oxydes de manganèse, deux seulement jouent le rôle de bases : ce sont le protoxyde et le sesquioxyde.

Sels de protoxyde de manganèse.

§ 498. Les sels de protoxyde de manganèse sont d'un blanc rosé, ou couleur améthyste. Si l'on verse dans la dissolution de l'un de ces sels une dissolution de potasse ou de soude caustiques, on obtient un précipité blanc d'hydrate de protoxyde, qui brunit promptement à l'air. Le changement de couleur est très-rapide si l'on agite la liqueur et le précipité au contact de l'air, ou si on la transvase plusieurs fois d'un verre dans un autre. L'ammoniaque caustique, versée dans un sel de protoxyde de manganèse, produit de même un précipité blanc ; mais la précipitation est incomplète. Il se passe un phénomène semblable à celui sur lequel nous avons insisté en parlant des sels de magnésie (§ 483). Si la dissolution renferme un grand excès d'acide libre, cet acide est saturé par l'ammoniaque avant qu'il y ait réaction sur le sel de manganèse. Le sel ammoniacal formé se combine avec le sel de manganèse, et donne un sel double, indécomposable par un excès d'ammoniaque ; on n'obtient donc pas de précipité, quelle que soit la quantité d'ammoniaque que l'on ajoute à la liqueur. Si le sel de manganèse est neutre, l'addition des premières gouttes d'ammoniaque donne un précipité d'oxyde, et il se forme une quantité correspondante de sel ammoniacal. Bientôt ce dernier sel se trouve en quantité suffisante pour former, avec la portion du sel de manganèse non décomposé, un sel double qui n'est plus décomposable par une nouvelle addition d'ammoniaque. Si l'on ajoute un excès d'ammoniaque, le précipité d'oxyde hydraté qui s'est formé d'abord se redissout dans la liqueur, en se combinant avec l'ammoniaque. La dissolution, cependant, n'est complète qu'autant que le précipité n'a pas bruni à l'air ; car la portion du précipité qui s'est suroxydée est devenue insoluble dans un excès d'ammoniaque. Si l'on expose à l'air la dissolution du protoxyde dans l'ammoniaque, il y a absorption d'oxygène, et le manganèse finit par se précipiter d'une manière complète, à l'état d'hydrate de sesquioxyde.

Les carbonates de potasse, de soude et d'ammoniaque précipitent les sels de manganèse en blanc sale. Le cyanoferrure de potassium donne un précipité rosé. L'hydrogène sulfuré ne précipite plus les sels de manganèse, dès qu'ils renferment un léger excès d'acide ; cela tient à ce que le sulfure de manganèse est facilement décomposé par les acides faibles. Les sulfhydrates alcalins précipitent le manganèse en jaune rougeâtre.

Sulfate de manganèse.

§ 499. On obtient le sulfate de manganèse en chauffant le peroxyde naturel avec de l'acide sulfurique concentré ; de l'oxygène se dégage et il se forme du sulfate de protoxyde. On peut employer avec avantage, pour cette préparation, les résidus d'oxyde rouge qui restent dans la préparation de l'oxygène par la calcination du peroxyde de manganèse. Enfin, on prépare également ce sulfate en chauffant, avec un excès d'acide sulfurique, le protochlorure de manganèse provenant de la préparation du chlore.

On obtient le carbonate de manganèse par voie humide, en versant du carbonate de soude dans une dissolution de sulfate, ou de chlorure de manganèse ; le carbonate de manganèse se précipite sous la forme d'une poudre d'un blanc sale. Il se dissout dans une eau chargée d'acide carbonique.

On prépare facilement les autres sels de manganèse, en dissolvant le carbonate dans les acides correspondants.

Sels de sesquioxyde de manganèse.

§ 500. Le sesquioxyde de manganèse se combine avec les acides, mais il forme des sels très-peu stables. Si l'on chauffe faiblement de l'hydrate de peroxyde de manganèse avec de l'acide sulfurique, l'oxyde se dissout, et donne une liqueur d'un beau rouge, qui, mêlée avec du sulfate de potasse ou d'ammoniaque, donne, après évaporation, des cristaux octaédriques d'un véritable alun manganésien, $Mn^2O^3.3SO^3 + KO.SO^3 + 24HO$. La production de ce corps démontre que le sesquioxyde de manganèse est bien un oxyde particulier, isomorphe avec l'alumine, et non une combinaison de protoxyde et de peroxyde. Les corps avides d'oxygène changent instantanément le sulfate de sesquioxyde de manganèse en sulfate de protoxyde et décolorent la liqueur. Cette propriété du sulfate de sesquioxyde de manganèse est quelquefois utilisée dans les labotoires, pour reconnaître si un oxyde est au maximum d'oxygénation ; par exemple, pour s'assurer si l'acide sulfurique renferme un peu d'acide sulfureux, ou si l'acide azotique contient de l'acide azoteux.

Combinaisons du manganèse avec le chlore.

§ 501. Le *protochlorure de manganèse* se prépare en chauffant le peroxyde naturel avec de l'acide chlorhydrique ; il se dégage du chlore et il se forme du protochlorure de manganèse.

On obtient un *sesquichlorure de manganèse*, Mn^2Cl^3, en traitant à froid de l'hydrate de sesquioxyde de manganèse par de l'acide chlorhydrique. La dissolution est rouge ; chauffée, elle dégage du chlore et se change en protochlorure.

FER

Équivalent = 350,0

§ 502. Le fer est le plus important de tous les métaux par ses nombreuses applications dans les arts. On l'emploie sous trois états :

1° A l'état de fer doux ;
2° A l'état d'acier ;
3° A l'état de fonte.

L'acier et la fonte sont des combinaisons de fer avec des quantités petites, mais variables, de carbone et de silicium.

Le fer doux du commerce, le fer en barres, n'est pas encore du fer chimiquement pur. Il renferme une très-petite quantité de carbone et souvent des traces de silicium, de soufre ou de phosphore, qui influent notablement sur sa qualité. Le fer qui est employé pour les petits ouvrages de serrurerie approche de l'état de pureté. Mais c'est dans les fils de clavecin, ou fils d'archal, qu'on trouve le fer le plus pur, parce que le fer très-pur peut seul être étiré en fil aussi fin.

On peut obtenir du fer pur, en réduisant un de ses oxydes par l'hydrogène. Cette réduction a lieu à une température très-basse,

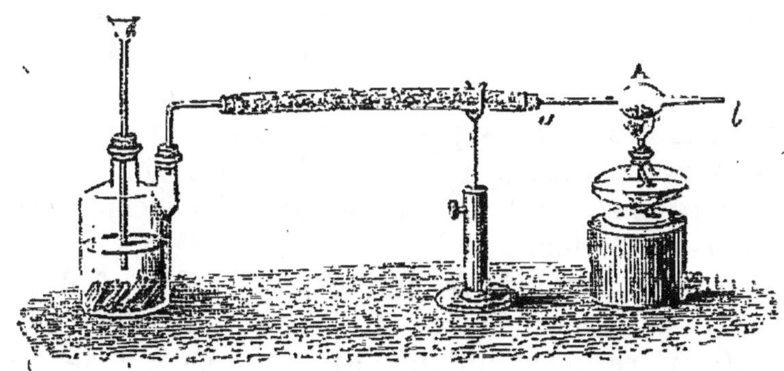

Fig. 130.

celle du rouge sombre ; elle peut être faite dans une ampoule de verre (*fig.* 130) chauffée par une lampe et traversée par un courant d'hydrogène sec. Le fer métallique reste sous forme d'une poudre gris noir. Pour le conserver, il faut fermer à la lampe les deux pointes de l'ampoule, pendant qu'elle est pleine de gaz hydrogène : car le fer très-divisé est tellement avide d'oxygène, qu'il prend feu aussitôt qu'il arrive au contact de l'air. Cette propriété lui a fait donner le nom de *fer pyrophorique*. Si l'on fait la réduction de l'oxyde à une haute température, dans un tube de porcelaine, le métal s'agrége, prend l'éclat métallique, et ne s'oxyde plus à l'air sec.

On obtient également du fer parfaitement pur, en chauffant, dans un tube de verre, du protochlorure de fer dans un courant de gaz hydrogène. Le fer forme alors, sur les parois du verre, une couche miroitante, brillante, dans laquelle on observe quelquefois de petits cristaux cubiques bien déterminés.

§ 503. La texture du fer du commerce varie beaucoup suivant la manière dont il a été travaillé. Le fer pur, qui a été battu et étiré également dans tous les sens, possède une texture à très-petits grains brillants ; mais, quand il a été étiré en barres, il présente souvent une texture fibreuse très-prononcée, suivant la longueur de la barre. On met facilement cette texture en évidence, en faissant casser la barre sous une forte flexion. Cette texture fibreuse est très-recher-chée, parce que le fer qui la présente a une ténacité plus grande que celui qui possède la texture grenue, et il supporte des poids plus con-sidérables sans se rompre. On regarde généralement la texture fi-breuse du fer comme un indice de sa bonne qualité ; cependant les ouvriers habiles savent la communiquer à des fers de qualité médiocre. La texture fibreuse du fer ne persiste pas indéfiniment : elle se change au bout de quelque temps en texture grenue, ou même en texture lamelleuse. Ce changement a surtout lieu lorsque les barres de fer sont soumises à des vibrations, comme, par exemple, lorsqu'elles supportent le tablier d'un pont suspendu. La ténacité du métal di-minue en même temps d'une manière très-marquée, et la rupture a souvent lieu sous des charges que la barre aurait facilement suppor-tées lorsquelle avait la texture fibreuse. Une transformation de cette nature se remarque souvent dans les essieux des locomotives et des wagons de chemin de fer.

La pesanteur spécifique du fer forgé varie de 7,7 à 7,9. Le fer est le plus tenace de tous les métaux : un fil de fer cylindrique de 2 mil-limètres de diamètre ne rompt que sous une charge de 250 kilo-grammes.

§ 504. Le fer exige, pour se fondre, la température la plus élevée que l'on puisse produire dans un fourneau à vent. Sa fusion devient plus facile quand il peut se combiner avec du carbone. Le fer passe de l'état liquide à l'état solide, par l'état pâteux ; il est, par consé-quent, dans le cas des substances qui cristallisent difficilement par voie de fusion. Chauffé à la chaleur blanche, le fer devient assez mou pour prendre toutes les formes sous le marteau. Deux barres de fer, chauffées au blanc, peuvent être facilement soudées l'une à l'autre sans interposition d'un autre métal. Il suffit de les superposer pendant qu'elles sont fortement chauffées et de les battre à coups de marteau. Mais il est nécessaire que les surfaces à réunir soient parfaitement débarrassées d'oxyde. Or on sait que le fer chauffé au contact de l'air s'oxyde rapidement. Le forgeron jette ordinairement sur les barres qu'il veut souder une petite quantité de sable ; celui-ci se combine avec l'oxyde de fer et produit un silicate très-fusible. Ce silicate forme à la surface du métal une espèce de vernis qui empêche son oxydation ultérieure; d'ailleurs, à cause de sa fluidité, il est complétement exprimé sous le choc du marteau.

§ 505. Le fer, le cobalt et le nickel sont les seuls métaux qui soient notablement magnétiques à la température ordinaire. Un morceau de fer pur devient lui-même immédiatement un aimant par la présence d'un aimant naturel, soit au contact, soit à une petite distance ; mais ses propriétés magnétiques disparaissent aussitôt que l'on éloigne l'aimant. Si le fer est combiné avec une petite quantité de carbone, s'il est *aciéreux*, le magnétisme se développe plus lentement, mais il persiste pendant un temps plus ou moins long, après que l'aimant a été enlevé. Un barreau d'acier, frotté contre un aimant, acquiert des propriétés magnétiques durables, et devient un véritable aimant. Les propriétés magnétiques du fer diminuent rapidement avec la température. Un boulet de fer chauffé au rouge blanc, n'exerce plus d'action sensible sur une aiguille aimantée; mais il reprend sa vertu magnétique en refroidissant.

§ 506. Le fer se conserve indéfiniment sans altération dans l'air sec, et même dans l'oxygène sec à la température ordinaire ; mais il s'altère promptement dans l'air humide, et se couvre de *rouille*. La rouille du fer consiste en une oxydation du métal à sa surface. Cette oxydation s'opère surtout facilement en présence de l'acide carbonique ; or nous savons que l'air en renferme toujours une petite quantité. Sous l'influence de l'acide carbonique et de l'oxygène, le fer se change en carbonate de protoxyde, qui absorbe une nouvelle portion d'oxygène et se transforme en hydrate de peroxyde de fer. L'acide carbonique dégagé facilite l'oxydation d'une nouvelle quantité de fer métallique. On a reconnu que le fer, une fois qu'il a commencé à se rouiller en un point, s'altère ensuite très-rapidement autour de ce point. Cela tient à ce qu'il survient alors un phénomène galvanique qui accélère l'oxydation. Le fer et la petite couche d'oxyde qui s'est formée à sa surface constituent les deux éléments d'une pile dans laquelle le fer devient positif, et acquiert ainsi pour l'oxygène une affinité assez grande pour décomposer l'eau à la température ordinaire, avec dégagement de gaz hydrogène. On rend ce phénomène très-sensible en laissant rouiller à l'air de la limaille de fer mouillée; on reconnait au bout de quelque temps, d'une manière très-prononcée, l'odeur que répand le gaz hydrogène quand il est préparé avec des métaux carburés. La rouille renferme presque toujours une petite quantité d'ammoniaque; on la rend manifeste en chauffant la rouille avec de la potasse. La présence de l'ammoniaque s'explique de la manière suivante : nous avons vu (§ 115) que, lorsque l'hydrogène et l'azote se rencontraient à l'état naissant dans un liquide, ils se combinaient et formaient de l'ammoniaque; or l'eau qui mouille la rouille renferme de l'azote en dissolution, puisque cette eau se trouve au contact de l'air; et, d'un autre côté, il se dégage de l'hydrogène par la décomposition de l'eau. Les circonstances dans lesquelles l'ammoniaque peut se former, par la combinaison directe de l'azote avec l'hydrogène, se trouvent donc réalisées. Le peroxyde de fer jouit, par rapport aux bases très-fortes, des propriétés d'un acide faible; il retient l'ammoniaque et l'empêche de se dégager.

Cette présence de l'ammoniaque dans la rouille est importante à constater, car on a admis longtemps que, lorsque les taches de rouille rencontrées sur une arme blanche, soupçonnée d'avoir servi à commettre un crime, dégageaient de l'ammoniaque au contact de la potasse, c'était une preuve que la rouille s'était formée en présence d'une matière animale, et qu'elle provenait de taches de sang. Cette présomption était erronée, car nous venons de voir que la rouille qui se forme simplement au contact de l'air humide peut contenir des quantités d'ammoniaque très-sensibles.

Le fer se rouille promptement dans l'eau pure, mais on a reconnu qu'il ne s'altérait que très-peu dans de l'eau qui renfermait quelques millièmes de carbonate de soude ou de potasse. Depuis quelques années, ou préserve le fer de la rouille, en couvrant sa surface d'une couche très-mince de zinc métallique. Le fer ainsi étamé a reçu le nom de *fer galvanisé*. Nous avons donné (§ 260) l'explication de ce phénomène.

Le fer s'oxyde promptement au contact de l'air, quand il est chauffé au rouge. Il se couvre alors d'une pellicule noire d'oxyde, qui se détache sous le choc du marteau. C'est à cette facile combustion du fer dans l'air qu'il faut attribuer la propriété dont il jouit de lancer des étincelles lorsqu'on le frappe contre un silex. Il s'en détache alors de petites parcelles qui, fortement échauffées par la friction du silex, deviennent incandescentes en se combinant avec l'oxygène de l'air, et peuvent mettre le feu à des substances facilement combustibles, telles que l'amadou. Si l'on bat le briquet pendant quelque temps au-dessus d'une feuille de papier blanc, celle-ci se couvre d'une foule de petites parcelles noires, attirables à l'aimant, et qui sont de petits globules sphériques d'oxyde de fer magnétique.

§ 507. Le fer est facilement attaqué par l'acide chlorhydrique ; il se forme du protochlorure de fer, de l'hydrogène se dégage. L'acide sulfurique étendu le dissout à froid, avec dégagement d'hydrogène. L'acide sulfurique concentré l'attaque également, mais il se dégage de l'acide sulfureux. L'acide azotique l'attaque vivement avec un dégagement abondant de vapeurs nitreuses ; mais, si cet acide est étendu, le fer se dissout sans dégagement apparent de gaz, et il se forme à la fois de l'azotate de protoxyde de fer et de l'azotate d'ammoniaque (§ 115.)

Combinaisons du fer avec l'oxygène.

§ 508. On connaît trois combinaisons du fer avec l'oxygène :

1° Un protoxyde, FeO, qui est une base énergique, isomorphe avec les bases qui ont pour formule RO ;

2° Un sesquioxyde, Fe^2O^3, qui est une base très-faible, analogue à l'alumine, et isomorphe avec les oxydes de la formule R^2O^3 ;

3° Enfin un acide, FeO^3, analogue à l'acide manganique.

On connaît encore un quatrième composé de fer et d'oxygène ; cet oxyde, que l'on appelle *oxyde magnétique*, a pour formule Fe^3O^4 ; mais il se comporte comme une combinaison de protoxyde et de sesquioxyde, $FeO.Fe^2O^3$.

§ 509. *Protoxyde de fer*, FeO. — Le protoxyde de fer n'a pas pu être obtenu jusqu'ici à l'état de pureté. Quand on laisse refroidir lentement, au contact de l'air, une grosse barre de fer rougie au feu, sa surface s'oxyde. Il se forme une pellicule noire d'un éclat métalloïde, qui se détache sous le choc du marteau, et qu'on appelle *battiture de fer*. Si l'on examine à la loupe la tranche d'une battiture un peu épaisse, on reconnaît qu'elle est formée de plusieurs couches superposées. La couche extérieure présente à peu près la composition de l'oxyde magnétique Fe^3O^4. La couche intérieure, celle qui était immédiatement en contact avec le métal, se rapproche, au contraire, beaucoup de la composition du protoxyde.

Si l'on verse une dissolution de potasse caustique dans un sel de protoxyde de fer, on obtient un précipité blanc d'*hydrate de protoxyde* ; mais ce précipité verdit promptement au contact de l'air, en absorbant de l'oxygène. Si l'on emploie des dissolutions bouillantes, et que l'on prolonge pendant quelque temps l'ébullition, le précipité blanc perd son eau d'hydratation et devient noir ; mais l'oxyde est tellement avide d'oxygène, qu'il est impossible de le recueillir sans qu'il s'altère. Il décompose même l'eau à la température de l'ébullition, et finit par se transformer en oxyde magnétique.

Le protoxyde de fer colore les fondants en vert foncé. C'est à la présence de cet oxyde que notre verre de bouteille doit sa couleur.

§ 510. *Sesquioxyde de fer*, Fe^2O^3. — Le sesquioxyde Fe^2O^3, ou peroxyde, est un corps très-répandu dans la nature. On le trouve soit à l'état anhydre, soit à l'état d'hydrate. Le peroxyde anhydre forme des cristaux rhomboédriques aplatis, très-brillants, presque noirs ; mais leur poudre est d'un rouge foncé. Les minéralogistes lui donnent le nom de *fer oligiste* ; il se trouve en filons dans les terrains anciens. On rencontre souvent, dans les fissures des laves volcaniques, le peroxyde de fer en lames minces, très-brillantes, présentant la forme d'hexagones réguliers ; il est alors appelé *fer spéculaire* par les minéralogistes. Le peroxyde de fer anhydre se trouve aussi sous la forme de masses compactes, d'un rouge intense ; les minéralogistes lui donnent le nom d'*hématite rouge*. On l'appelle *sanguine* dans les arts, où il sert pour polir les métaux.

On prépare artificiellement le peroxyde de fer en calcinant du sulfate de protoxyde de fer ; il se dégage de l'acide sulfureux et de l'acide sulfurique, et le peroxyde de fer reste sous la forme d'une poudre rouge :

$$2(FeO.SO^3) = Fe^2O^3 + SO^3 + SO^2.$$

Le peroxyde de fer, ainsi préparé, porte le nom de *colcothar*. On l'emploie dans la peinture à l'huile ; c'est avec cette couleur que l'on peint en rouge les carreaux des appartements. On l'utilise également pour polir l'argenterie et pour donner le dernier poli aux glaces.

On obtient le peroxyde de fer sous forme de petites lamelles cristallines, d'un grand éclat et presque noires, en calcinant, dans un creuset, 1 partie de sulfate de fer et 5 parties de sel marin. On reprend la matière calcinée par l'eau bouillante, qui laisse le peroxyde.

§ 511. On prépare l'*hydrate de peroxyde de fer* en versant de la potasse ou de l'ammoniaque dans la dissolution d'un sel de peroxyde de fer ; il se forme un précipité brun volumineux. Lorsque la précipitation a été faite au moyen de la potasse caustique, le précipité retient toujours une petite quantité d'alcali, qui ne lui est enlevée que par une ébullition prolongée avec de l'eau pure. On peut faire la précipitation avec une dissolution de carbonate de potasse ou de soude ; le précipité n'est encore, dans ce cas, que de l'hydrate de peroxyde de fer.

Le peroxyde de fer colore les fondants en jaune rougeâtre, mais il faut pour cela qu'il entre en proportion notable dans le verre. La petite quantité de protoxyde de fer qui colore un fondant vitreux en vert foncé ne lui communique pas de coloration sensible quand on transforme le protoxyde en peroxyde.

§ 512. *Oxyde de fer magnétique*, Fe^3O^4. — On trouve dans la nature un oxyde de fer, intermédiaire entre le protoxyde et le sesquioxyde. Cet oxyde se rencontre souvent en cristaux très-réguliers, brillants, d'un éclat métalloïde; sa forme cristalline est l'octaèdre régulier. D'autres fois, il se trouve dans les terrains anciens, en masses compactes, souvent très-considérables, que l'on exploite comme minerai de fer. On en trouve des couches épaisses en Suède; c'est le minerai qui produit la meilleure qualité de fer. On a donné à cette combinaison le nom d'*oxyde magnétique*, parce qu'elle possède la propriété magnétique à un très-haut degré. L'aimant naturel est formé par cet oxyde de fer.

Il ne se produit que de l'oxyde de fer magnétique quand le fer brûle à une haute température dans l'air ou dans l'oxygène : par exemple, dans la combustion vive d'un fil de fer dans de l'oxygène pur. (§ 42). Mais la manière la plus sûre, pour obtenir l'oxyde de fer magnétique dans les laboratoires, consiste à chauffer des fils de fer dans un tube de porcelaine, au milieu d'un courant de vapeur d'eau, comme dans l'expérience que nous avons décrite (§ 46). La surface des fils se couvre d'une infinité de petits cristaux, très-brillants, d'oxyde de fer magnétique. On reconnaît à la loupe que ces cristaux sont des octaèdres réguliers, semblables à ceux que présente l'oxyde magnétique naturel.

On peut obtenir également cet oxyde à l'état d'hydrate. Il suffit de dissoudre de l'oxyde magnétique dans de l'acide chlorhydrique, et de verser la dissolution dans un grand excès d'ammoniaque; il se forme un précipité d'un vert foncé, qui devient noir par la dessiccation. Cet hydrate est magnétique comme l'oxyde anhydre.

L'oxyde magnétique ne se comporte pas comme un oxyde particulier, mais comme une combinaison de protoxyde de fer et de peroxyde. On écrit sa formule $FeO.Fe^2O^3$; elle est semblable à celle que nous avons donnée à l'oxyde rouge de manganèse, $MnO.Mn^2O^3$. Lorsqu'on dissout l'oxyde magnétique dans un acide, la liqueur jouit des propriétés d'un mélange de sel de protoxyde et de sel de sesquioxyde. Si l'on verse goutte à goutte un alcali dans cette liqueur, on précipite d'abord le peroxyde, puis le protoxyde. Pour précipiter les deux oxydes en combinaison, il faut faire l'inverse, et verser la dissolution du sel de fer dans la liqueur alcaline. Nous verrons d'ailleurs bientôt plusieurs combinaisons qui présentent cette même formule chimique, et qui affectent des formes cristallines identiques. Mais le peroxyde de fer s'y trouve remplacé par l'alumine ou par l'oxyde de chrôme, tandis que le protoxyde de fer est souvent remplacé par de la magnésie, du protoxyde de manganèse ou de l'oxyde de zinc.

§ 513. *Acide ferrique*, FeO^3. — La troisième combinaison du fer avec l'oxygène jouit des propriétés acides; elle correspond à l'acide manganique, et se forme dans les mêmes circonstances. On projette, dans un creuset de fer chauffé au rouge, un mélange de limaille de fer et de nitrate de potasse. On reprend la masse par l'eau, et l'on obtient une dissolution de ferrate de potasse d'un beau rouge, semblable, pour la couleur, à celle que donne l'hypermanganate de potasse. On l'obtient également en faisant passer du chlore à travers une dissolution concentrée de potasse caustique, dans laquelle on a mis de l'hydrate de peroxyde de fer en suspension. On ajoute de temps en temps des fragments de potasse caustique, afin de maintenir constamment un grand excès d'alcali dans la' liqueur. Le ferrate de potasse, étant presque insoluble dans une dissolution concentrée de potasse, se dépose sous la forme d'une poudre noire, que l'on peut débarrasser en grande partie de l'eau mère en la laissant sécher sur de la porcelaine dégourdie. Le ferrate de potasse est encore moins stable que le manganate; on n'a pas réussi jusqu'à présent à l'obtenir cristallisé. Sa dissolution ne peut pas être filtrée sur du papier : elle se décompose facilement au contact des matières organiques, et abandonne de l'hydrate de sesquioxyde de fer.

Sels de protoxyde de fer.

§ 514. Les sels formés par le protoxyde de fer ont une couleur vert clair, quand ils sont hydratés; mais ils deviennent à peu près incolores en perdant leur eau. Leurs dissolutions sont aussi d'un vert clair. Leur saveur est astringente et métallique.

La potasse et la soude, versées dans la dissolution d'un sel de protoxyde de fer, donnent un précipité blanc, mais qui verdit immédiatement au contact de l'air. Ce précipité, abandonné indéfiniment à l'air, devient ocreux, et se change en hydrate de sesquioxyde. Cette propriété distingue les sels de fer des sels de protoxyde de manganèse. Ces derniers donnent bien, avec les alcalis, un précipité blanc qui devient brun à l'air, mais il brunit immédiatement sans passer par le vert.

L'ammoniaque produit, avec les sels de protoxyde de fer, une réaction semblable à celle qu'elle donne avec les sels de manganèse (§ 498). Un excès d'ammoniaque redissout le protoxyde ; mais, en absorbant l'oxygène de l'air, la liqueur se trouble bientôt, et il se précipite de l'hydrate de sesquioxyde.

Les carbonates alcalins, versés dans une dissolution très-froide d'un sel de protoxyde de fer, donnent un précipité blanc de carbonate de protoxyde ; mais ce composé est très-peu stable ; il abandonne bientôt son acide carbonique.

L'hydrogène sulfuré ne précipite pas les sels de protoxyde de fer, pour peu qu'ils soient acides, mais les sulfhydrates donnent des précipités noirs.

Le cyanoferrure jaune de potassium donne un précipité blanc, mais qui bleuit rapidement en absorbant l'oxygène de l'air.

Le cyanoferrure rouge donne un précipité d'un beau bleu foncé.

Le succinate et le benzoate d'ammoniaque ne précipitent pas les sels de protoxyde de fer.

Le phosphate de potasse donne un précipité blanc qui bleuit à l'air.

L'arséniate de potasse donne un précipité blanc qui verdit à l'air.

Le tannin ne forme pas de précipité dans les sels de protoxyde de fer, mais la liqueur noircit promptement à l'air.

Sulfate de protoxyde de fer.

§ 515. Le plus important des sels de protoxyde de fer est le sulfate ; on l'emploie dans la teinture sous le nom de *vitriol vert* ou de *couperose*. On le prépare dans les laboratoires en dissolvant du fer métallique dans de l'acide sulfurique étendu ; de l'hydrogène se dégage. On emploie quelquefois ce procédé dans les arts, en utilisant les vieilles ferrailles ; mais c'est ordinairement au moyen des sulfures de fer naturels, ou *pyrites*, que l'on prépare la couperose. On emploie pour cela plusieurs procédés. Les pyrites de fer sont des matières très-abondantes dans la nature ; on ne peut pas les traiter comme minerais de fer, parce que l'extraction de ce métal occasionnerait des dépenses trop considérables, et que le fer serait toujours de mauvaise qualité ; mais, comme les pyrites renferment toujours quelques centièmes de sulfure de cuivre, on les utilise pour en extraire ce métal. A cet effet, on les soumet à un grillage ; le soufre et les métaux s'oxydent ; une grande partie du soufre se dégage à l'état d'acide sulfureux, tandis qu'une autre partie subit une oxydation plus avancée, et passe à l'état d'acide sulfurique qui se combine avec les oxydes métalliques, et donne des sulfates que l'on enlève par des lavages.

Dans quelques localités, les pyrites sont utilisées pour préparer du soufre. On les calcine dans des cornues ; une portion du soufre se

dégage, et il reste dans la cornue un sulfure de fer magnétique, désagrégé, qui absorbe promptement l'oxygène à l'air humide, et se
change en sulfate.

On trouve dans d'autres localités des roches schisteuses qui sont
remplies d'une foule de petits cristaux de pyrites. Ces schistes sont
quelquefois très-altérables à l'air; ils se *délitent*, c'est-à-dire tombent
en poussière en très-peu de temps. Le sulfure de fer se change alors
en sulfate. Le schiste est lui-même plus ou moins attaqué et donne
du sulfate d'alumine. On dissout les deux sulfates dans l'eau. Les liqueurs vitrioliques sont évaporées dans des chaudières en plomb; et,
quand elles ont acquis le degré de concentration convenable, on les
dirige dans un grand vase où on les laisse reposer pendant quelques
heures pour les clarifier; on les fait couler ensuite dans de grands
cristallisoirs.

Le sulfate de fer du commerce est souvent recouvert de sous-sulfate
de peroxyde qui rend sa surface ocreuse. On le purifie en le dissolvant dans l'eau et faisant bouillir la dissolution avec du fer en limaille qui ramène le sulfate de sesquioxyde de fer à l'état de sulfate
de protoxyde. Le sulfate de fer cristallise, à la température ordinaire,
avec 7 équivalents d'eau. Si l'on fait cristalliser la liqueur à 80°, le
sel se dépose avec 4 équivalents d'eau. Le même sel, chauffé, abandonne facilement une portion de son eau, mais il faut une température d'environ 300° pour en chasser les dernières parties. Le sulfate
de fer déshydraté forme une poudre blanche. Si on le chauffe davantage, il se décompose en dégageant de l'acide sulfureux et de l'acide
sulfurique, et il reste du peroxyde de fer (§ 154).

Carbonate de fer.

§ 516. Le carbonate de protoxyde de fer se rencontre cristallisé
dans la nature, sous forme de rhomboèdres semblables à ceux du
carbonate de chaux; on lui donne le nom de *fer spathique*. C'est un
minerai de fer très-estimé. Le carbonate de fer, chauffé dans une
cornue de grès, donne pour résidu de l'oxyde de fer magnétique, et
dégage un mélange d'oxyde de carbone et d'acide carbonique.

Le carbonate de fer ne peut pas être préparé par double décomposition.

Sels de peroxyde de fer.

§ 517. Ces sels se préparent en dissolvant l'hydrate de peroxyde
dans les acides. On les obtient également en soumettant les sels de

protoxyde à une action oxydante, en présence d'un excès d'acide. Ainsi on transforme le sulfate de protoxyde de fer en sulfate de peroxyde, en le chauffant avec de l'acide azotique; il se dégage des vapeurs rutilantes, et la matière devient brune. Cette coloration est due à ce que le deutoxyde d'azote qui se forme se dissout dans le sulfate de protoxyde non décomposé, et donne une liqueur très-colorée (§ 135). Mais le sulfate de protoxyde de fer, $FeO.SO^3$, ne peut se changer en sulfate neutre de peroxyde, $Fe^2O^3.3SO^3$, que si l'on ajoute une certaine quantité d'acide sulfurique. On transforme aussi les sels de protoxyde de fer en sels de peroxyde, en traitant leur dissolution par le chlore, en présence d'un excès d'acide.

Réciproquement, il est facile de transformer un sel de peroxyde de fer en sel de protoxyde. Il suffit de le soumettre à une action désoxydante; par exemple, de faire bouillir sa dissolution avec de la limaille de fer, ou de la traiter par l'hydrogène sulfuré. Dans ce dernier cas, il se dépose du soufre, qui rend la liqueur laiteuse :

$$Fe^2O^3.3SO^3 + HS = 2(FeO.SO^3) + SO^3.HO + S.$$

Le sulfate de peroxyde de fer forme des aluns avec les sulfates de potasse et d'ammoniaque. Ces aluns ont des formules semblables à celle de l'alun ordinaire, savoir : $Fe^2O^3.3SO^3 + KO.SO^3 + 24HO$. Ils cristallisent en octaèdres réguliers qui ont une teinte violacée. On les obtient en ajoutant du sulfate de potasse ou d'ammoniaque à une dissolution de sulfate de peroxyde de fer et en évaporant la liqueur à une basse température. Ces aluns se détruisent facilement par la chaleur.

§ 518. Les sels de peroxyde de fer donnent des dissolutions jaunes, d'autant plus foncées qu'elles approchent plus de la neutralité.

Les alcalis fixes et l'ammoniaque donnent un précipité brun d'hydrate de peroxyde; un excès d'ammoniaque ne redissout pas le précipité.

Les carbonates alcalins donnent le même précipité brun d'hydrate de peroxyde.

L'hydrogène sulfuré donne, avec les sels de peroxyde de fer, un précipité blanc de soufre très-divisé (§ 517). Les sulfhydrates donnent des précipités bruns.

Le prussiate jaune de potasse donne un précipité d'un beau bleu.

Le prussiate rouge ne précipite pas les sels de peroxyde de fer. Ces deux caractères distinguent nettement les sels de peroxyde de fer des sels de protoxyde.

Les sels de peroxyde de fer existent rarement à l'état neutre, leurs dissolutions renferment toujours un excès d'acide. Un sel neutre de peroxyde de fer, traité par l'eau, se décompose en un sel très-basique qui se précipite, et en un sel acide qui reste dissous.

Combinaisons du fer avec le soufre.

§ 519. On connaît plusieurs combinaisons du fer avec le soufre.

Protosulfure de fer, FeS. — Le protosulfure de fer s'obtient par la combinaison directe du fer avec le soufre. On chauffe une barre de fer au blanc, dans un feu de forge, et on la plonge dans du soufre fondu. La combinaison se fait avec une grande élévation de température, la barre est rongée, et le sulfure de fer fondu se rend dans le fond du creuset. Mais il est plus simple de préparer ce produit en chauffant dans un creuset un mélange de soufre et de limaille de fer. Le protosulfure de fer se combine facilement avec un excès de fer, et produit des sous-sulfures, que l'on rencontre dans plusieurs opérations métallurgiques.

On obtient ce sulfure hydraté, sous la forme d'une poudre noire, quand on précipite un sel de protoxyde de fer par une dissolution de sulfhydrate alcalin.

Le soufre et le fer se combinent ensemble en présence de l'eau, même à la température ordinaire. On mélange intimement, dans une terrine, de la limaille de fer et de la fleur de soufre, et on les arrose avec un peu d'eau. Bientôt la température s'élève, la couleur de la pâte se fonce, et, au bout de quelques heures, les deux substances se sont combinées. On fait quelquefois cette préparation dans les laboratoires, parce qu'on se sert du produit pour préparer l'hydrogène sulfuré. Lorsqu'on opère sur une masse un peu considérable de matière, la réaction est quelquefois des plus vives, et il y a souvent projection du mélange hors du vase; on ne saurait donc procéder avec trop de soins. Les anciens chimistes pensaient que les volcans étaient dus à des réactions analogues; de là le nom de *volcan de Lémery* donné à cette préparation.

§ 520. *Bisulfure de fer*, FeS². — Le bisulfure de fer, FeS², qui ne correspond à aucun oxyde connu du fer, se rencontre en grande abondance dans la nature. On le trouve sous la forme de cristaux cubiques, brillants, d'un jaune de laiton. Les minéralogistes lui donnent le nom de *pyrite martiale*, ou simplement de *pyrite*. La pyrite est souvent assez dure pour faire feu au briquet. On peut obtenir le même produit dans les laboratoires, en chauffant du protosulfure de fer très-divisé avec la moitié de son poids de soufre, jusqu'à ce que l'excès de soufre se soit volatilisé; on obtient ainsi une poudre jaune.

Sa densité est 4,98. Le bisulfure de fer n'est pas attaqué par les acides étendus, tandis que le protosulfure dégage, dans ce cas, de l'hydrogène sulfuré en abondance. La pyrite de fer, soumise à l'action de la chaleur, abandonne une portion de son soufre qui distille, et il reste un sulfure composé de 100 parties de fer et de 68 parties de soufre, lequel peut être considéré comme un sulfure particulier.

§ 521. *Pyrites magnétiques.* — On trouve dans la nature des sulfures fer, en masses cristallines, d'une couleur de bronze, qui renferment moins de soufre que le bisulfure, ou pyrite ordinaire. Les minéralogistes leur donnent le nom de *pyrites magnétiques*, parce qu'ils agissent sur le barreau aimanté. Leur composition correspond en général à la formule $Fe^7S^8 = 5FeS + Fe^2S^3$.

Combinaisons du fer avec le chlore.

§ 522. On connaît deux combinaisons du fer avec le chlore : elles correspondent au protoxyde et au sesquioxyde.

§ 523. *Protochlorure de fer*, $FeCl$. — Ce composé s'obtient quand on traite la limaille de fer par le chlore, en ayant soin que celui-ci n'arrive pas en excès, sans quoi il se formerait du sesquichlorure. On est plus sûr de l'obtenir pur en chauffant du fer dans un courant de gaz acide chlorhydrique. Le protochlorure de fer forme une masse fondue brune, qui cristallise en refroidissant. On obtient le protochlorure en dissolution dans l'eau, en chauffant de la limaille de fer avec de l'acide chlorhydrique. Cette liqueur, évaporée, donne des cristaux verts qui ont pour formule $FeCl + 6HO$.

§ 524. *Sesquichlorure de fer*, Fe^2Cl^3. — Le sesquichlorure de fer, ou *chloride de fer*, se prépare en chauffant du fer dans un courant de chlore, et volatilisant le produit au milieu de ce gaz. On obtient ainsi de belles paillettes irisées brunes ou d'un vert foncé. Ce chloride se dissout dans l'eau, en donnant une dissolution jaune. On obtient immédiatement cette dissolution en traitant le fer par l'eau régale. Le sesquichlorure de fer se dissout dans l'alcool et dans l'éther. Ces dissolutions, exposées à la lumière solaire, se décolorent et laissent précipiter du protochlorure de fer.

Le sesquichlorure de fer est décomposé par la vapeur d'eau à la chaleur rouge ; de l'acide chlorhydrique se dégage, et il se dépose, sur les parois du tube dans lequel on fait l'expérience, de petites paillettes cristallines miroitantes de sesquioxyde de fer, qui ressemblent beaucoup à l'oxyde de fer spéculaire que l'on rencontre dans les fissures des laves volcaniques. On a supposé que ce minéral était produit par une réaction semblable.

Combinaisons du fer avec le cyanogène.

§ 525. Le fer forme avec le cyanogène plusieurs · combinaisons, remarquables surtout par leurs composés multiples.

Si l'on verse du cyanure de potassium dans la dissolution d'un sel de protoxyde de fer, on obtient un précipité blanc qui est du protocyanure de fer, mais ce précipité retient avec beaucoup de force une partie du réactif qui a servi à le produire. On l'obtient plus pur en traitant le bleu de Prusse par une dissolution d'acide sulfhydrique; il se forme un précipité blanc qui bleuit promptement à l'air.

Le cyanure de fer se combine avec un grand nombre d'autres cyanures métalliques, et produit des cyanures doubles, très-importants par leur emploi dans les arts et par l'usage fréquent qu'on en fait comme réactifs dans les laboratoires. Dans ces combinaisons, le fer a perdu ses propriétés caractéristiques habituelles, car il n'est plus précipité par les réactifs qui le précipitent ordinairement de ses dissolutions salines, ou des clorures. Les propriétés caractéristiques des cyanures simples sont également modifiées dans ces cyanures doubles; et l'on a été conduit à regarder ces combinaisons comme n'étant pas réellement des cyanures doubles, mais des composés du métal avec un corps électronégatif composé, auquel on a donné le nom de *cyanofer,* ou de *ferrocyanogène.*

Cyanure double de fer et de potassium; ou cyanoferrure de potassium,
ou ferrocyanure de potassium, $FeCy + 2KCy$.

§ 526. Le plus important de ces composés est le cyanure double de fer et de potassium, que l'on appelle aussi *cyanoferrure de potassium, ferrocyanure de potassium,* et *prussiate de potasse.* Ce sel se trouve dans le commerce sous forme de beaux cristaux jaunes. Sa formule chimique est

$$FeCy + 2KCy + 3HO.$$

Il renferme 12,8 pour 100 d'eau, qu'il perd facilement par une faible élévation de température. 100 parties d'eau dissolvent à la température ordinaire 25 parties de ce sel, et 50 parties à la température de l'ébullition. Ce cyanure double jouit d'une grande stabilité, il n'est pas décomposé par les alcalis, ni même par les sulfhydrates alcalins. Soumis à l'action de la chaleur, le cyanoferrure de potassium se décompose; de l'azote se dégage. Le résidu, repris par l'eau, donne une dissolution de cyanure de potassium, et il reste une matière noire, qui est un véritable carbure de fer, ayant pour formule FeC^2.

On prépare ce sel dans les arts en fondant du charbon animal avec du carbonate de potasse. Le charbon animal doit être préparé exprès, avec des matières animales ne renfermant pas beaucoup de phosphates. On l'obtient en calcinant de la corne, de la chair desséchée, des peaux, principalement de vieux souliers. Ces matières laissent un résidu charbonneux, très-azoté, que l'on chauffe ensuite avec son poids environ de carbonate de potasse, dans de grandes chaudières en fonte où pénètre la flamme fumeuse d'un fourneau à réverbère. On commence par fondre le carbonate de potasse seul, puis on y projette le charbon animal. Il y a réaction avec une effervescence assez vive ; on agite continuellement la masse avec des ringards en fer. Il se forme du cyanure de potassium et du cyanure de fer. Le fer est fourni par les parois de la chaudière et par les ringards. Lorsque la réaction est terminée, on enlève la matière, et on la traite par l'eau bouillante. On filtre la dissolution chaude, et on l'évapore jusqu'à cristallisation. Les eaux mères, soumises à une nouvelle concentration, donnent encore des cristaux. On purifie ces cristaux en les redissolvant dans l'eau bouillante et laissant refroidir lentement la liqueur.

On a réussi depuis quelques années à préparer le cyanure de potassium par la combinaison directe du carbone avec l'azote, en présence du carbonate de potasse : on utilise maintenant ce procédé en grand pour préparer le prussiate de potasse.

La dissolution de prussiate de potasse, versée dans les dissolutions d'un grand nombre de sels métalliques, donne des précipités, souvent remarquables par leurs belles couleurs, et qui servent de caractères pour distinguer les métaux. Dans ces doubles décompositions, le cyanure de potassium est seul décomposé ; il se change en un cyanure du métal qui existe dans la dissolution réagissante, et ce nouveau cyanure se combine avec le cyanure de fer. Si l'on verse du prussiate de potasse, $FeCy + 2KCy$, dans une dissolution de sulfate de cuivre, $CuO.SO^3$, on obtient un précipité d'un rouge brun caractéristique, qui a pour formule $FeCy + 2CuCy$. Le prussiate, versé dans une dissolution de sulfate de zinc, $ZnO.SO^3$, donne un précipité blanc $FeCy + 2ZnCy$. On a ainsi une série de composés, de formules semblables, qui renferment tous du protocyanure de fer.

Le précipité que l'on obtient avec un sel de plomb a pour formule $FeCy + 2PbCy$. Si l'on traite ce précipité par l'hydrogène sulfuré, il se forme du sulfure de plomb insoluble, et une liqueur acide qui donne des cristaux blancs quand on l'évapore à l'abri de l'air, à côté d'une capsule pleine d'acide sulfurique concentré. Ces cristaux sont formés par un véritable hydracide $FeCy + 2HCy$, que l'on a appelé *acide hydrocyanoferrique*, ou *acide ferrocyanhydrique*. La dissolution de cet acide est sans odeur, et n'a aucune des propriétés de l'acide cyanhydrique. On peut donc regarder les cyanures doubles comme des *cyanoferrures*.

Le prussiate de potasse donne, avec les sels de protoxyde de fer, un précipité blanc, composé en grande partie de protocyanure de fer; mais il retient toujours une certaine quantité de cyanure alcalin. Ce précipité s'altère très-vite à l'air.

Avec les sels de peroxyde de fer, le prussiate de potasse donne un précipité d'un beau bleu. Ce précipité, qui est appelé *bleu de Prusse*, est employé comme matière colorante dans la teinture et dans la peinture à l'huile. On a la réaction suivante entre le perchlorure de fer et le prussiate de potasse :

$$2Fe^2Cl^3 + 3(FeCy + 2KCy) = 6KCl + (3FeCy + 2Fe^2Cy^3).$$

Le bleu de Prusse a pour formule $3FeCy + 2Fe^2Cy^3$.

§ 526 *bis*. Si l'on fait passer un courant de chlore dans une dissolution de prussiate de potasse, et qu'on fasse ensuite bouillir la liqueur, il se forme un précipité vert. Ce précipité, chauffé avec de l'acide chlorhydrique, abandonne une certaine quantité de peroxyde de fer mélangé, et le résidu vert a pour formule $FeCy + Fe^2Cy^3 + 4HO$. C'est un composé semblable à l'oxyde magnétique, si on néglige l'eau combinée.

§ 527. Si l'on arrête le courant de chlore au moment où la dissolution ne précipite plus en bleu les sels de peroxyde de fer, on obtient une liqueur qui donne, par l'évaporation, des cristaux d'un beau rouge. Il est important de ne pas trop prolonger l'action du chlore et d'agiter continuellement la liqueur. On essaye fréquemment la dissolution avec les sels de peroxyde de fer, et on arrête le courant de chlore aussitôt qu'il ne se forme plus de précipité. Il est bon aussi de neutraliser à mesure la liqueur avec un peu de potasse. Ce sel rouge, auquel on donne le nom de *cyanoferride de potassium* ou de *ferricyanure de potassium*, mais que l'on appelle le plus souvent *prussiate rouge de potasse*, a pour formule $3KCy + Fe^2Cy^3$. Il ne renferme pas d'eau de cristallisation. La réaction qui lui donne naissance est la suivante :

$$2(FeCy + 2KCy) + Cl = (3KCy + Fe^2Cy^3) + KCl.$$

Le prussiate rouge est beaucoup moins soluble que le prussiate jaune; il faut 38 parties d'eau froide pour en dissoudre une partie. Les sels de protoxyde de fer donnent, avec le prussiate rouge de potasse, un précipité d'un beau bleu. Ce précipité a pour formule $3FeCy + Fe^2Cy^3$; on a la réaction :

$$(3KCy + Fe^2Cy^5) + 3(FeO.SO^3) = 3(KO.SO^3) + (3FeCy + Fe^2Cy^5).$$

Le prussiate rouge de potasse donne, avec les sels de plomb, un précipité $3PbCy + Fe^2Cy^3$. Ce précipité, traité par l'acide sulfurique, donne un précipité de sulfate de plomb et une combinaison $3HCy + Fe^2Cy^3$, appelée *acide ferricyanhydrique*, qui donne une dissolution rouge. Cette dissolution évaporée abandonne des cristaux d'un jaune brun.

Combinaisons du fer avec le carbone.

§ 528. Le fer se combine avec le carbone, quand il se trouve en présence de cette substance à une très-haute température. Nous avons vu (§ 526) que l'on obtenait un carbure, FeC^2, en décomposant par la chaleur le prussiate de potasse. Par la combinaison directe du fer avec le carbone, on n'obtient jamais des composés aussi riches en carbone. Le produit le plus carburé n'en renferme que 5 pour 100 environ ; sa composition se rapproche de la formule Fe^4C. Ces fers carburés portent le nom de *fontes*. On distingue les fontes en *fontes blanches* et en *fontes grises*.

Le fer, chauffé dans les hauts fourneaux à une très-haute température au contact du charbon, passe à l'état de fonte. Si cette fonte est refroidie brusquement au sortir du fourneau, elle forme des masses métalliques plus blanches que le fer doux, et qui sont dures et cassantes ; c'est la *fonte blanche*. Si cette fonte se refroidit, au contraire, lentement, le carbone qui était en combinaison avec le fer se sépare en cristallisant, et forme une infinité de petites paillettes noires graphiteuses, qui donnent à la masse une couleur gris foncé. Ces petites paillettes de charbon se trouvent disséminées au milieu du fer, qui est en grande partie décarburé. On a alors la *fonte grise* ou *fonte douce*, qui jouit d'une certaine malléabilité, et se laisse travailler à la lime.

Toutes les espèces de fontes n'abandonnent pas avec une égale facilité leur carbone combiné. Lorsque les fontes renferment du phosphore ou du soufre, elles restent à l'état de fontes blanches, même après un refroidissement très-lent. Certaines fontes, qui renferment du manganèse en combinaison, jouissent également de la propriété de ne pas abandonner leur carbone combiné, et présentent, après le refroidissement, une cassure cristalline à très-larges lames brillantes. Ces fontes portent le nom de *fontes lamelleuses;* on les obtient avec des minerais spathiques manganésifères (§ 516).

Lorsqu'on traite une fonte blanche par l'acide chlorhydrique ou par l'acide sulfurique étendu, le métal se dissout avec dégagement de gaz hydrogène; mais il se produit en même temps une huile volatile, d'une odeur nauséabonde, qui résulte de la combinaison du gaz hydrogène avec le carbone à l'état naissant. Si l'on dissout, au contraire, une fonte grise, il se produit bien encore une certaine quantité de cette huile, par la combinaison du gaz hydrogène avec la portion de carbone qui est en combinaison avec le fer, mais le carbone libre reste, sans se dissoudre, sous la forme de petites paillettes cristallines.

La fonte de fer prend, dans quelques circonstances, un état intermédiaire entre la fonte grise et la fonte blanche. La séparation du graphite n'ayant pas lieu dans toute la masse, mais seulement dans quelques parties, la matière présente alors l'aspect d'une fonte blanche plus ou moins tachetée de fonte grise. Ces sortes de fontes sont appelées *fontes truitées.*

§ 528 *bis.* Le fer combiné avec $\frac{1}{100}$ environ de carbone constitue l'*acier.* On prépare ordinairement l'acier en chauffant pendant plusieurs jours des barres de fer au milieu du charbon en poussière. Le produit que l'on obtient ainsi, et qui est appelé *acier de cémentation,* n'est pas homogène; les couches extérieures sont plus carburées que les couches intérieures. Pour le rendre homogène on réunit plusieurs barres ensemble, on les chauffe au blanc, et on les forge en une barre unique. Cette opération, qui doit être répétée plusieurs fois, porte le nom de *corroyage.* Souvent aussi, on fond l'acier de cémentation dans des creusets, et l'on obtient l'*acier fondu,* qui est plus homogène que l'acier corroyé.

L'acier se laisse travailler comme le fer, mais il jouit de la propriété d'acquérir beaucoup de dureté et une grande élasticité par la *trempe,* opération qui consiste à refroidir brusquement l'acier en le plongeant dans de l'eau après l'avoir chauffé à une température plus ou moins élevée. L'acier trempé reprend sa ductilité primitive quand on lui fait subir le *recuit,* c'est-à-dire quand, après l'avoir chauffé, on le laisse refroidir lentement.

Combinaisons du fer avec le silicium.

§ 529. On obtient une combinaison du fer avec le silicium quand on chauffe au feu de forge, dans un creuset brasqué, un mélange de limaille de fer, d'acide silicique et de charbon; il se forme un culot métallique bien fondu, qui jouit d'une certaine malléabilité. Le fer peut se combiner, dans ce cas, avec 9 ou 10 pour 100 de silicium. Les fontes de fer, surtout celles qui sont obtenues à de très-hautes températures dans les hauts fourneaux au coke, renferment ordinairement 1 ou 2 centièmes de silicium.

Métallurgie du fer.

§ 529 *bis*. Les seuls minerais de fer sont les oxydes et le carbonate de fer. Nous avons vu (§ 502) que les oxydes de fer se réduisent facilement quand on les chauffe au milieu d'un courant de gaz hydrogène. Leur réduction a lieu également dans les mêmes circonstances par le gaz oxyde de carbone. On conçoit, d'après cela, que la réduction de l'oxyde de fer dans les minerais ne doit pas présenter de grandes difficultés. Mais le fer métallique réduit se trouve alors intimement mélangé avec la gangue et ses particules ne peuvent pas se réunir. Si la gangue était très-fusible, il suffirait de chauffer le minerai jusqu'à la température à laquelle elle deviendrait liquide. En battant ensuite fortement au marteau cette éponge métallique, les particules de fer se réuniraient, et la gangue serait exprimée sous forme de scorie. Mais, si la gangue était difficilement fusible, elle ne fondrait qu'à la température à laquelle le fer, au contact du charbon, se change en fonte, et l'on n'obtiendrait plus alors du fer ductile, mais de la fonte. Or la gangue ordinaire du minerai de fer est de l'argile ou du quartz, c'est-à-dire deux substances à peu près infusibles. Pour déterminer leur fusion, on s'y prend de deux manières. Si l'on emploie des minerais très-riches, et que l'on cherche à obtenir immédiatement du fer ductile, on chauffe le minerai au contact du charbon; la gangue se combine alors avec une portion de l'oxyde de fer qui est préservé de la réduction, et il se forme un silicate double, très-fusible, d'alumine et de protoxyde de fer. Il n'y a, par conséquent, pas besoin de chauffer à une température très-élevée; le fer ne passe pas à l'état de fonte, et il suffit de battre au marteau le métal spongieux pour l'agréger et exprimer la scorie. Mais on perd nécessairement une portion d'autant plus grande d'oxyde de fer que le minerai renferme plus de gangue. Ce procédé, qui n'est applicable qu'à des minerais très-riches, est employé dans les Pyrénées, sous le nom de *méthode catalane*.

Si l'on veut, au contraire, extraire complétement le fer du minerai, il faut rendre le silicate d'alumine fusible, en lui donnant une base autre que l'oxyde de fer. La seule base qui puisse être employée économiquement est la chaux. Mais, comme le silicate double d'alumine et de chaux est beaucoup moins fusible que le silicate d'alumine et de fer, il faut employer une température très-élevée; le fer passe à l'état de fonte, qui se liquéfie en même temps que le silicate double ou *laitier*. L'opération se fait alors dans de grands fourneaux à cuve appelés *hauts fourneaux*, et qui ont de 10 à 15 mètres de hauteur, et de 3 à 5 mètres de diamètre dans leur plus grande largeur. Ces fourneaux marchent d'une manière continue, souvent pendant plusieurs années; ils sont alimentés par de puissantes machines soufflantes. Le combustible est du charbon de bois ou du coke; on le charge, par couches alternatives, avec le minerai. La fonte de fer et le laitier se rendent, à l'état liquide, dans une cavité en pierres réfractaires, pratiquée à la partie inférieure de la cuve du fourneau, et qu'on nomme le *creuset*. Le laitier, plus léger, reste à la surface, et s'écoule constamment par une ouverture ménagée à la partie supérieure du creuset. Quant à la fonte, on la fait écouler toutes les douze heures ou toutes les vingt-quatre heures, quand le creuset en est rempli : on la reçoit dans des rigoles en sable, qui lui donnent la forme de saumons prismatiques appelés *gueuses* ou *gueusets*. Souvent on emploie directement cette fonte liquide pour mouler des objets divers employés dans l'industrie ou dans les ménages.

Lorsqu'on veut avoir du fer ductile, il faut enlever à la fonte le carbone dont le fer s'est chargé pendant le traitement au haut fourneau. Cette opération, nommée *affinage de la fonte*, se pratique de différentes manières, mais elle consiste toujours essentiellement à chauffer la fonte au contact de l'air, jusqu'à l'amener à un état de liquidité plus ou moins complet. Une portion du fer s'oxyde; l'oxyde réagit sur le carbone et sur le silicium de la fonte; il se forme de l'oxyde de carbone qui se dégage, et de l'acide silicique qui reste combiné avec de l'oxyde de fer pour former des scories. A mesure que le fer se purifie, sa fusibilité devient moindre; l'ouvrier juge, à certains caractères empiriques, le moment où la purification est suffisamment complète; il retire alors la *loupe* pâteuse, il la bat au marteau ou la fait passer entre des cylindres cannelés, qui lui donnent la forme de barres, sous laquelle on trouve le fer dans le commerce.

CHROME

Équivalent = 325,0

§ 530. On obtient le chrôme [1] combiné avec une certaine quantité de carbone, en chauffant au feu de forge, dans un creuset brasqué, un mélange intime de sesquioxyde de chrôme et de 15 à 20 pour 100 de charbon. Le métal carburé reste sous la forme d'un culot agrégé, mais poreux, car il n'a pas atteint la température de sa fusion. Sa densité est de 6,0 environ. Il ne s'oxyde pas à l'air sec, à la température ordinaire; mais, quand on le chauffe au rouge sombre, il se combine facilement avec l'oxygène. Il se dissout dans l'acide chlorhydrique et dans l'acide sulfurique étendu, avec dégagement de gaz hydrogène.

On obtient le chrôme métallique pur, mais sous forme d'une poudre gris foncé, en décomposant par le potassium le sesquioxyde de chrôme violet. Ce métal pulvérulent est très-oxydable. Chauffé au contact de l'air, il prend feu avant le rouge sombre, et se change en oxyde de chrôme vert.

Combinaisons du chrôme avec l'oxygène.

§ 531. Le chrôme forme un grand nombre de combinaisons avec l'oxygène :

1° Le protoxyde, CrO, isomorphe avec le protoxyde de fer, FeO;

2° Le sesquioxyde, Cr^2O^3, isomorphe avec l'alumine et avec le sesquioxyde de fer, Fe^2O^3;

3° Un oxyde, Cr^3O^4, intermédiaire entre les deux premiers, et qui correspond à l'oxyde de fer magnétique, $FeO.Fe^2O^3$; de sorte que sa formule doit être écrite $CrO.Cr^2O^3$;

4° L'acide chrômique, CrO^3, qui correspond à l'acide ferrique, FeO^3, et à l'acide manganique, MnO^3;

5° Un oxyde intermédiaire, CrO^2, mais qui doit être considéré comme une combinaison d'acide chrômique et de protoxyde de chrôme, $CrO.CrO^3$;

6° Enfin, un acide perchrômique, Cr^2O^7, correspondant à l'acide permanganique, Mn^2O^7.

---

[1] Découvert en 1797 par Vauquelin.

Protoxyde de chrôme, CrO.

§ 552. Le protoxyde de chrôme s'obtient en versant de la potasse caustique dans une dissolution bleue de protochlorure de chrôme; il se forme un précipité brun foncé, qui est un hydrate de protoxyde. Mais ce corps a une telle affinité pour l'oxygène, qu'il décompose l'eau aussitôt qu'il est mis en liberté; de l'hydrogène se dégage et l'hydrate de protoxyde se transforme en une poudre couleur de tabac d'Espagne, qui est l'hydrate d'un *oxyde défini*, Cr^3O^4, correspondant à l'oxyde de fer magnétique, et qui doit prendre par conséquent la formule $CrO.Cr^2O^3$. Cette transformation a lieu en très-peu de temps, à la température de l'ébullition de l'eau. L'hydrate d'oxyde de chrôme, $CrO.Cr^2O^3$, chauffé dans un tube fermé, se transforme en oxyde vert, Cr^2O^3, avec dégagement de gaz hydrogène.

Sesquioxyde de chrôme, Cr^2O^3.

§ 553. Le sesquioxyde de chrôme, Cr^2O^3, se prépare par un grand nombre de procédés :

1° En chauffant du chrômate d'oxydule de mercure, $Hg^2O.CrO^3$, de l'oxygène se dégage, le mercure distille, et le sesquioxyde de chrôme reste sous la forme d'une poudre vert foncé :

$$2(Hg^2O.CrO^3) = Cr^2O^3 + 4Hg + 5O ;$$

2° On chauffe dans un creuset un mélange de :

1 partie bichrômate de potasse;
1 $\frac{1}{2}$ » sel ammoniac;
1 » carbonate de potasse.

Il se forme du chlorure de potassium et de l'oxyde de chrôme; l'oxygène, abandonné par l'acide chrômique, s'est combiné avec l'hydrogène de l'ammoniaque :

$$KO.2CrO^3 + KO.CO^2 + 2(AzH^3.HCl) = 2KCl + Cr^2O^3 + 5HO$$
$$+ Az + AzH^3.CO^2.$$

En reprenant par l'eau, on dissout le chlorure de potassium, et le sesquioxyde de chrôme reste à l'état de pureté;

3° On calcine du bichrômate de potasse dans un creuset brasqué; il se forme du carbonate de potasse qu'on enlève par l'eau, et du sesquioxyde de chrôme :

$$2(KO.2CrO^3) + 5C = 2(KO.CO^2) + CO^2 + 2Cr^2O^3 ;$$

4° En chauffant le chrômate de potasse à la chaleur rouge, dans un courant de chlore, il se forme du chlorure de potassium ; l'acide chrômique se décompose en sesquioxyde de chrôme et en oxygène :

$$2(KO.CrO^3) + 2Cl = 2KCl + Cr^2O^3 + 5O.$$

Le sesquioxyde de chrôme, ainsi préparé, se présente sous la forme de lamelles cristallines vertes ;

5° Enfin, on obtient le sesquioxyde de chrôme, sous forme de petits cristaux rhomboédriques, isomorphes avec l'alumine cristallisée naturelle ou corindon, en faisant passer à travers un tube chauffé un liquide volatil rouge, que nous décrirons sous le nom d'*acide chloro-chrômique*, et qui a pour formule CrO^2Cl.

$$2CrO^2Cl = Cr^2O^3 + 2Cl + O.$$

Les cristaux qui se déposent sur les parois du tube prennent souvent un développement de 1 à 2 millimètres. Ils sont très-brillants et d'une couleur verte tellement foncée, qu'ils paraissent presque noirs. Ils sont aussi durs que le corindon, et rayent facilement le verre. Leur densité est de 5,21.

Le sesquioxyde de chrôme est indécomposable par la chaleur. L'hydrogène ne le réduit pas même à la plus haute température de nos fourneaux de laboratoire. Le charbon le décompose au feu de forge, mais seulement lorsqu'il est intimement mélangé avec l'oxyde.

Le sesquioxyde de chrôme colore les fondants en vert ; cet oxyde est employé pour la peinture sur verre et sur porcelaine.

Fortement calciné, il ne se combine que très-difficilement avec les acides, même concentrés. Pour obtenir les sels de cet oxyde, il faut dissoudre son hydrate dans les acides.

Pour préparer l'hydrate de sesquioxyde de chrôme, on précipite une dissolution de sesquichlorure de chrôme par l'ammoniaque ; il se forme un précipité d'un gris bleuâtre, gélatineux, qu'il faut laver à l'eau bouillante. On obtient le sesquichlorure de chrôme, qui sert à cette préparation, en décomposant du bichrômate de potasse par l'acide sulfureux, en présence d'un excès d'acide chlorhydrique. A cet effet, on fait passer un courant de gaz acide sulfureux à travers une dissolution chaude et concentrée de bichrômate de potasse, mêlée d'acide chlorhydrique. La liqueur change bientôt de couleur ; elle devient d'abord brune, et finit par prendre une couleur d'un beau vert-émeraude. La réaction est terminée lorsque la liqueur exhale encore une forte odeur d'acide sulfureux, après avoir été abandonnée à elle-même pendant plusieurs heures dans un flacon bouché.

§ 534. Le sesquioxyde de chrôme peut se combiner avec les bases fortes. On trouve dans la nature une de ces combinaisons, qui est très-importante, car c'est le minerai ordinaire du chrôme. Cette combinaison est formée de sesquioxyde de chrôme et de protoxyde de fer ; sa formule est $FeO.Cr^2O^3$; les minéralogistes lui donnent le nom de *fer chrômé*. Le fer chrômé a été rencontré quelquefois cristallisé. Ses cristaux sont des octaèdres réguliers, présentant, par conséquent, la même forme que l'oxyde de fer magnétique, $FeO.Fe^2O^3$, et que le spinelle, $MgO.Al^2O^3$, qui ont des formules semblables. Le plus souvent, le fer chrômé forme des masses compactes, d'un gris foncé et d'un éclat gras ; ses gisements sont semblables à ceux de l'oxyde de fer magnétique. Les principales mines de fer chrômé sont en Suède, dans l'Oural, et aux États-Unis, dans les environs de Baltimore. On en a exploité en France, dans le département du Var, mais la mine paraît à peu près épuisée.

Acide chrômique, CrO^3.

§ 535. Pour préparer l'acide chrômique, on ajoute à une dissolution de bichrômate de potasse, saturée à la température de 50 à 60°, une fois et demie son volume d'acide sulfurique, que l'on verse successivement et par petites portions. Il se forme du bisulfate de potasse qui reste en dissolution, et la liqueur laisse déposer, pendant le refroidissement, de longues aiguilles rouges d'acide chrômique. Lorsque la dissolution est refroidie, on décante la liqueur acide, et on laisse égoutter les cristaux dans un entonnoir bouché avec de l'amiante ; puis on les étend sur de la porcelaine dégourdie, qui absorbe le reste du liquide. Pour les purifier, on les dissout dans l'eau, on traite la liqueur par une petite quantité de chrômate de baryte, qui se combine avec l'acide sulfurique, et on évapore dans le vide la liqueur filtrée.

L'acide chrômique a une belle couleur rouge à la température ordinaire ; il devient presque noir quand on le chauffe. Il se décompose avant la chaleur rouge en sesquioxyde de chrôme et en oxygène. L'acide chrômique est très-soluble et déliquescent ; il donne une dissolution d'un jaune orangé.

L'acide chrômique est un oxydant très-énergique. Si l'on projette quelques gouttes d'alcool absolu sur de l'acide chrômique, celui-ci est transformé brusquement en sesquioxyde de chrôme, avec un tel dégagement de chaleur, que souvent l'alcool s'enflamme. L'acide sulfurique concentré décompose à chaud l'acide chrômique ; de l'oxygène se dégage, et il se forme du sulfate de sesquioxyde de chrôme. On prépare quelquefois l'oxygène, dans les laboratoires, en chauffant des poids égaux de bichrômate de potasse et d'acide sulfurique concentré. L'acide chlorhydrique transforme l'acide chrômique en sesquichlorure de chrôme, avec dégagement de chlore :

$$2CrO^5 + 6HCl = Cr^2Cl^5 + 6HO + 5Cl.$$

Sels formés par le protoxyde de chrôme.

§ 556. Le protoxyde de chrôme, CrO, est une base puissante; on ne l'a combinée cependant qu'à un très-petit nombre d'acides, vu la difficulté de l'obtenir pure et la facile altérabilité des sels eux-mêmes, qui absorbent promptement l'oxygène à l'air, et se transforment en sels de sesquioxyde. On ne connaît encore que l'acétade de protoxyde de chrôme et le sulfate double de protoxyde de chrôme et de potasse. Pour constater les caractères distinctifs des sels de protoxyde de chrôme, il faut avoir recours au protochlorure de chrôme. Ces combinaisons se reconnaissent aux réactions suivantes :

La potasse caustique donne d'abord un précipité brun foncé d'hydrate de protoxyde, mais qui se transforme immédiatement en hydrate brun clair d'oxyde magnétique, avec dégagement de gaz hydrogène. L'hydrogène sulfuré ne les précipite pas. Les sulfhydrates donnent un précipité noir. Le chlorure de mercure HgCl est réduit à l'état de chlorure Hg^2Cl qui se précipite. Enfin les réactifs oxydants, tels que le chlore, l'acide azotique, etc., changent immédiatement les sels de protoxyde de chrôme en sels de sesquioxyde.

Sels formés par le sesquioxyde de chrôme.

§ 557. Le sesquioxyde de chrôme est une base faible, analogue au sesquioxyde de fer. Les sels formés par cet oxyde peuvent exister sous deux modifications différentes, qui se distinguent par leurs couleurs. La première modification est violette, la seconde est verte. Plusieurs acides produisent les deux modifications; avec d'autres on n'a obtenu jusqu'ici que la modification verte ou la modification violette.

On connaît un sulfate vert et un sulfate violet. L'ammoniaque forme, dans les dissolutions de ces deux sels, des précipités qui se distinguent par leurs nuances. Le précipité donné par le sulfate vert est gris bleuâtre; en se dissolvant dans l'acide sulfurique il produit une liqueur verte. Le précipité fourni par la modification violette est d'un gris verdâtre; il reproduit une dissolution verte quand on le traite par l'acide sulfurique.

La potasse et la soude donnent des précipités gris bleuâtre ou gris verdâtre, qui se dissolvent dans un excès d'alcali, en formant une liqueur verte. La liqueur se décolore par l'ébullition, et l'oxyde hydraté se précipite de nouveau.

Les carbonates alcalins donnent un précipité verdâtre, qui se dissout sensiblement dans un excès de réactif.

L'acide sulfhydrique ne précipite pas les sels de sesquioxyde de chrôme. Les sulfhydrates en précipitent de l'hydrate de sesquioxyde.

Les sels de sesquioxyde de chrôme, de même que les sels de protoxyde, fondus avec du borax, produisent un verre d'une couleur verte caractéristique. Fondus avec les carbonates alcalins, ou mieux avec les azotates, ils forment des chrômates alcalins, qui se reconnaissent aux dissolutions jaunes qu'ils produisent et à leur grande puissance colorante.

Aluns de chrôme.

§ 538. Le sulfate de sesquioxyde de chrôme est isomorphe avec le sulfate d'alumine ; il peut remplacer ce dernier sel dans les aluns. Les aluns de chrôme cristallisables renferment la modification violette du sulfate de chrôme. On connaît trois de ces aluns, qui donnent de beaux cristaux :

L'alun potassique. . . $Cr^2O^3.3SO^3 + KO.SO^3 + 24HO$;
L'alun sodique. . . . $Cr^2O^3.3SO^3 + NaO.SO^3 + 24HO$;
L'alun ammoniacal. . $Cr^2O^3.3SO^3 + (AzH^3.HO).SO^3 + 24HO$.

On prépare l'*alun de chrôme potassique* en chauffant légèrement un mélange de bichrômate de potasse et d'acide sulfurique dissous dans l'eau, avec un corps réducteur, tel que le sucre, l'alcool, etc. ; ou en faisant passer à travers la liqueur un courant d'acide sulfureux. La dissolution abandonne, par l'évaporation spontanée, ou même par refroidissement, si elle est suffisamment concentrée, de gros cristaux d'un rouge violet foncé. Ces cristaux sont des octaèdres réguliers comme l'alun ordinaire. Ils se dissolvent facilement dans l'eau, mais ils sont insolubles dans l'alcool. La dissolution est d'un violet sale. Si on la chauffe jusqu'à 80°, elle devient verte, et ne donne plus de cristaux d'alun par évaporation. La liqueur évaporée laisse alors comme résidu une masse non cristalline, qui est encore un sulfate double de chrôme et de potasse, mais qui ne présente plus aucun des caractères de l'alun de chrôme potassique. Les dissolutions de sulfate de chrôme vert donnent le même produit vert quand on les évapore avec le sulfate de potasse.

Chrômates.

§ 539. L'acide chrômique se combine avec presque toutes les bases ; il forme avec les alcalis des sels qui cristallisent très-bien, et qui sont isomorphes avec les sulfates correspondants. Les chrômates de strontiane, de chaux et de magnésie sont solubles ; les autres chrômates métalliques sont insolubles, ou très-peu solubles.

L'acide chrômique forme avec les alcalis deux séries de sels, les chrômates neutres, et les bichrômates. Les chrômates neutres ont une couleur jaune clair ; les bichrômates sont rouge orangé. Les chrômates solubles se distinguent facilement : d'abord, par leur couleur, qui est très-prononcée, même dans des dissolutions très-étendues ; ensuite, par les couleurs caractéristiques des précipités qu'ils donnent avec divers sels métalliques. Ils précipitent les sels de plomb et de bismuth en jaune, les sels de mercure en rouge clair, les sels d'argent en rouge foncé. Les chrômates, chauffés avec de l'acide chlorhydrique concentré, donnent une dissolution verte de sesquichlorure de chrôme.

Chrômates de potasse.

§ 540. Les combinaisons de l'acide chrômique avec la potasse sont les produits les plus importants du chrôme ; on en emploie de grandes quantités pour la teinture et les toiles peintes. Les chrômates de potasse se préparent directement avec le minerai de chrôme, c'est-à-dire avec le fer chrômé. Le minerai de chrôme, purifié par lavage, renferme toujours une certaine quantité de minéraux quartzeux et alumineux. On chauffe, dans un fourneau à réverbère, le fer chrômé réduit en poudre fine, avec du carbonate de potasse auquel on ajoute quelquefois de l'azotate, et l'on remue constamment la matière pour faciliter l'oxydation. Il se forme du chrômate de potasse, mais, en même temps, une certaine quantité de silicate et d'aluminate de potasse. La matière grillée est traitée par l'eau, qui dissout les sels alcalins solubles. On ajoute à la liqueur de l'acide acétique jusqu'à ce qu'elle prenne une réaction acide ; l'acide silicique se dépose, et le chrômate neutre de potasse se transforme en bichrômate. On sépare facilement ce dernier sel par cristallisation, car il est beaucoup moins soluble que le chrômate neutre. On le purifie par une seconde cristallisation.

Le bichrômate de potasse forme de beaux cristaux rouges. Il fond sans altération avant la chaleur rouge. Une température plus

élevée le décompose en chrômate neutre, en sesquioxyde de chrôme
et en oxygène qui se dégage. Ce sel ne renferme pas d'eau de cristallisation; il est soluble dans 10 parties d'eau froide et dans une
quantité beaucoup moindre d'eau bouillante.

On obtient le chrômate neutre de potasse en ajoutant du carbonate
de potasse à une dissolution de bichrômate de potasse, jusqu'à ce
que celle-ci prenne une couleur jaune clair. En évaporant la liqueur,
on obtient des cristaux jaunes anhydres, présentant exactement la
même forme que le sulfate de potasse. Le chrômate neutre de potasse est très-soluble dans l'eau ; l'eau froide en dissout plus que le
double de son poids ; l'eau chaude en dissout encore davantage. La
dissolution du chrômate neutre de potasse bleuit la teinture rouge
du tournesol.

Bichrômate de chlorure de potassium, ou chlorochrômate de potasse.

§ 541. Si l'on fait bouillir une dissolution de bichrômate de potasse
avec de l'acide chlorhydrique, jusqu'à ce qu'il commence à se dégager du chlore, on obtient une liqueur brune. Cette liqueur en refroidissant laisse déposer de beaux cristaux orangés d'un sel que l'on
peut regarder comme un bichrômate de chlorure de potassium,
$KCl.2CrO^3$. On peut aussi considérer ce corps comme du bichrômate
de potasse dans lequel un des équivalents d'acide chrômique serait
remplacé par 1 éq. d'acide chlorochrômique, CrO^2Cl. Sa formule devrait s'écrire alors $KO.(CrO^3 + CrO^2Cl)$.

Acide chlorochrômique.

§ 542. On peut obtenir en effet un acide chlorochrômique CrO^2Cl
isolé. Pour cela, on commence par fondre dans un creuset de terre
un mélange de 10 parties de sel marin et de 17 parties de bichrômate de potasse. On coule la matière liquide sur une feuille de tôle,
et on concasse la plaque en fragments. On introduit ces fragments
dans une cornue de verre avec 30 parties d'acide sulfurique concentré. La réaction commence immédiatement ; on chauffe légèrement,
à la fin. Un liquide rouge de sang se condense dans le récipient, qui
doit être refroidi par de la glace. Ce liquide a pour densité 1,71 ; il
entre en ébullition vers 120°. Il se décompose au contact de l'eau en
acide chrômique et acide chlorhydrique $CrO^2Cl + HO = CrO^3 + HCl$.
On doit le conserver dans des tubes de verre fermés à la lampe.

Combinaisons du chrôme avec le chlore.

§ 543. Le chrôme forme avec le chlore deux combinaisons : un protochlorure CrCl, qui correspond au protoxyde CrO, et un sesquichlorure Cr^2Cl^5, correspondant au sesquioxyde Cr^2O^5, et pouvant exister sous deux modifications différentes.

On obtient le *protochlorure de chrôme*, CrCl, en faisant passer du gaz hydrogène sur du sesquichlorure de chrôme anhydre, chauffé au rouge dans un tube de porcelaine. La protochlorure de chrôme est blanc. Il se dissout dans l'eau, en donnant une liqueur bleue.

Cette dissolution absorbe promptement l'oxygène de l'air ; le protochlorure se change alors en un oxychlorure de chrôme, Cr^2Cl^2O. La dissolution de protochlorure de chrôme absorbe facilement le deutoxyde d'azote, comme le protochlorure et le sulfate de protoxyde de fer.

§ 544. On prépare le *sesquichlorure de chrôme* anhydre, en chauffant, au milieu d'un courant de chlore sec, un mélange intime de sesquioxyde de chrôme et de charbon. On opère d'ailleurs exactement comme pour préparer le chlorure d'aluminium (§ 490). Le sesquichlorure de chrôme se dépose dans la partie antérieure du tube, sous la forme de paillettes cristallines fleur de pêcher. Le sesquichlorure de chrôme anhydre peut être mis en contact avec l'eau froide sans qu'il s'en dissolve la moindre trace. L'eau bouillante le dissout à la longue, et donne une dissolution verte. Si l'on ajoute à l'eau froide une quantité très-petite de protochlorure de chrôme, CrCl, le sesquichlorure se dissout immédiatement, avec dégagement de chaleur, et donne une dissolution verte, identique avec celle qu'on obtient en dissolvant l'hydrate de sesquioxyde de chrôme dans l'acide chlorhydrique. La plus petite quantité de protochlorure de chrôme, $\frac{1}{10000}$, suffit pour produire cet effet remarquable.

En dissolvant l'hydrate de sesquioxyde de chrôme dans l'acide chlorhydrique, on obtient une dissolution verte qui donne, après évaporation, une masse verte déliquescente. Cette matière, desséchée dans l'air sec, a pour formule $Cr^2Cl^5 + 9HO$. Chauffée, elle dégage de l'eau, de l'acide chlorhydrique, et il reste des oxychlorures.

COBALT

Équivalent $= 362,5$

§ 545. On obtient du cobalt [1] métallique pur en réduisant ses oxydes dans un courant de gaz hydrogène; mais le métal est alors sous forme d'une poudre noire qui est pyrophorique, comme celle que l'oxyde de fer donne dans les mêmes circonstances : il prend feu quand on le projette au contact de l'air. On obtient le métal plus agrégé et moins oxydable, en faisant la réduction par l'hydrogène à une plus haute température, dans un tube de porcelaine chauffé dans un fourneau à réverbère. Les oxydes de cobalt, de même que les oxydes de fer, se réduisent facilement par voie de cémentation au contact du charbon. Si l'on tasse de l'oxyde de cobalt dans un creuset brasqué, et qu'on chauffe celui-ci au feu de forge, absolument comme on le fait pour un essai de fer, on obtient un culot métallique fondu, qui est du cobalt carburé. Cette fonte de cobalt est grise, douée d'un éclat semblable à celui de la fonte de fer ; elle possède peu de malléabilité et se casse sous le choc du marteau. On peut obtenir du cobalt métallique pur et fondu, en employant un procédé qui ne réussit pas pour le fer. On tasse de l'oxalate de cobalt dans un tube de porcelaine fermé par un bout, de manière à en faire entrer la plus grande quantité possible ; on place ce tube, fermé avec un couvercle, dans un creuset de terre, on remplit les intervalles avec de l'argile, puis on chauffe le tout à un violent feu de forge. L'oxalate de cobalt se décompose avec dégagement d'acide carbonique, suivant la réaction :

$$CoO.C^2O^3 = Co + 2CO^2 ;$$

le cobalt métallique reste seul, et si la température est suffisamment élevée, il fond en un culot. Le cobalt ainsi obtenu est d'un gris d'acier; il est susceptible de prendre un beau poli ; sa densité est de 8,5. Le cobalt est magnétique à peu près au même degré que le fer.

Le cobalt s'altère moins facilement à l'air humide que le fer, cependant, à la longue, il se couvre d'une rouille brun-noir. Chauffé au contact de l'air, il se change en oxyde.

---

[1] Le cobalt a été obtenu pour la première fois à l'état métallique par Brandt n 1733.

Le cobalt se dissout dans l'acide chlorhydrique et dans l'acide sulfurique étendu, avec dégagement de gaz hydrogène ; mais la dissolution se fait plus lentement que celle du fer et du zinc.

Combinaisons du cobalt avec l'oxygène.

§ 546. Le cobalt forme deux oxydes bien définis : un protoxyde et un sesquioxyde.

On obtient le *protoxyde de cobalt* hydraté quand on verse de la potasse caustique dans la dissolution d'un sel de cobalt, d'un sulfate ou d'un nitrate, par exemple. Le précipité gélatineux, bleu-lavande, doit être bien lavé à l'eau bouillante pour enlever les dernières traces de potasse, puis calciné à l'abri du contact de l'air. On prépare également ce protoxyde en calcinant le carbonate de cobalt dans un creuset fermé. Le protoxyde de cobalt est une poudre d'un gris de cendre foncé. Chauffé au contact de l'air, il en absorbe l'oxygène et paraît se changer en un oxyde, $CoO + Co^2O^3$, correspondant à l'oxyde de fer magnétique. Le protoxyde de cobalt est une base forte qui forme des sels rouges, isomorphes avec ceux que donnent les autres oxydes métalliques de la même formule.

Le *sesquioxyde de cobalt* s'obtient en faisant passer un courant de chlore à travers de l'eau renfermant de l'hydrate de protoxyde de cobalt en suspension ; la liqueur se colore en rose et le précipité devient noir. Dans cette circonstance, une portion du protoxyde se change en chlorure qui se dissout, et abandonne son oxygène à l'autre portion du protoxyde qui se change en sesquioxyde :

$$3CoO + Cl = Co^2O^3 + CoCl.$$

On peut transformer tout le protoxyde en sesquioxyde, en précipitant par de la potasse le protochlorure dissous, et faisant passer de nouveau du chlore dans la liqueur ; ce qui revient à traiter immédiatement l'hydrate de protoxyde de cobalt par une dissolution d'hypochlorite alcalin.

Sels formés par le protoxyde de cobalt.

§ 547. Les sels de protoxyde de cobalt sont, en général, d'un rouge-groseille ou couleur fleur de pêcher. Leurs dissolutions sont rouge-groseille ; quelques-unes de ces dissolutions, principalement celle du protochlorure, n'est rouge que quand elle est étendue ; si on la concentre, elle devient d'un beau bleu. Ce changement de couleur tient à la déshydratation du sel, ou à une modification isomérique. Il a lieu également quand on élève la température. Les cristaux de chlorure de cobalt sont roses, à froid ; quand on les chauffe légèrement, ils deviennent d'un beau bleu, sans abandonner de l'eau d'une manière visible, car ils redeviennent roses quand on les laisse refroidir. Si l'on trace sur du papier des caractères avec une plume trempée dans une dissolution étendue de chlorure de cobalt, ces caractères ne sont pas apparents après l'évaporation spontanée de l'eau, parce que le chlorure de cobalt est alors dans sa modification rose. Mais, si l'on approche le papier du feu, le chlorure se transforme, par l'élévation de température, en sa modification bleue ; or, comme cette modification a une puissance colorante beaucoup plus grande, les caractères deviennent très-distincts. A mesure que le papier se refroidit, les caractères s'affaiblissent ; ils disparaissent même entièrement si le papier n'a pas été trop chauffé. On peut ainsi les faire paraître et disparaître plusieurs fois de suite.

Cette propriété du chlorure de cobalt lui a donné quelque célébrité comme *encre sympathique.*

Les caractères ne deviennent d'un beau bleu que si le chlorure de cobalt est très-pur. Si la dissolution renferme une petite quantité de nickel, ils deviennent verts ; on peut reconnaître ainsi le degré de pureté de la liqueur.

Les sels de cobalt donnent, avec la potasse et la soude, des précipités bleu-lavande. L'ammoniaque ne précipite pas les dissolutions qui renferment un excès d'acide ; il se forme un sel double ammoniacal, indécomposable par un excès d'ammoniaque.

Les carbonates alcalins donnent un précipité rose de carbonate de cobalt. Les phosphates et arséniates alcalins précipitent les sels de cobalt en couleur fleur de pêcher ; le précipité se dissout facilement dans un excès d'acide. Le prussiate jaune de potasse les précipite en vert sale. Les sels de cobalt, quand ils renferment un excès d'acide, ne sont pas précipités par l'hydrogène sulfuré. Les sulfhydrates alcalins précipitent un sulfure hydraté noir.

Le *sulfate de cobalt* s'obtient en dissolvant l'oxyde de cobalt dans l'acide sulfurique ; il cristallise à la température ordinaire avec 7 équivalents d'eau, $CoO.SO^3 + 7HO$, dans la même forme que le sulfate de fer. Les cristaux, qui se forment entre 20° et 30°, ont pour formule $CoO.SO^3 + 6HO$, et sont isomorphes avec le sulfate de magnésie.

Le *nitrate de cobalt* s'obtient en dissolvant le métal ou l'oxyde dans l'acide azotique. Cet azotate se décompose facilement par la chaleur ; quand on le soumet à une température ménagée, il donne pour résidu de l'oxyde de cobalt, $CoO.Co^2O^3$.

L'oxalate de cobalt se dépose sous forme de petits cristaux roses quand on verse de l'acide oxalique dans la dissolution du sulfate de cobalt. Ce sel est très-peu soluble dans l'eau.

Les carbonates alcalins déterminent, dans les dissolutions des sels de cobalt, un précipité rose pâle d'hydrocarbonate,

$$2(CoO.CO^2) + 5(CoO.HO).$$

Combinaisons du cobalt avec le chlore.

§ 548. Le *chlorure de cobalt* se prépare en dissolvant l'oxyde de cobalt dans l'acide chlorhydrique. Nous avons déjà dit que ce chlorure existait sous deux modifications : à l'état de composé rose et à l'état de composé bleu.

Combinaisons du cobalt avec l'arsenic.

§ 549. On rencontre dans la nature des arséniures de cobalt cristallisés ; mais ordinairement ces minéraux renferment en même temps des arséniures de nickel et de fer. Le cobalt se rencontre aussi en combinaison, à la fois, avec l'arsenic et avec le soufre, à l'état d'arséniosulfure, $CoAs^2 + CoS^2$; les minéralogistes lui donnent le nom de *cobalt gris*.

Smalt, ou bleu d'azur.

§ 550. L'oxyde de cobalt se combine facilement avec les silicates fusibles, et produit des verres d'une très-belle couleur bleue. On l'emploie en grande quantité pour les couleurs sur porcelaine ; c'est une matière colorante très-précieuse, qui peut résister aux plus hautes températures, pourvu qu'il n'y ait pas de matières désoxydantes en présence.

On prépare, dans les arts, un verre bleu renfermant de l'oxyde de cobalt qui, réduit en poudre très-fine, est employé tantôt comme couleur dans les fabriques de papiers peints, tantôt pour azurer le linge ou le papier à écrire. On donne à ce verre le nom de *smalt* ou de *bleu d'azur*.

Bleu de cobalt, ou bleu Thenard.

§ 551. L'oxyde de cobalt entre encore, comme principe colorant, dans une autre couleur employée dans la peinture, dans le *bleu de cobalt* ou *bleu Thenard*. On prépare cette matière colorante de la manière suivante : on précipite une dissolution de sulfate ou de nitrate de cobalt par du phosphate de potasse; d'un autre côté, on précipite une dissolution d'alun par du carbonate de soude. On mélange intimement les deux précipités gélatineux de phosphate de cobalt et d'alumine, dans les proportions d'environ 3 parties de phosphate en volume et de 12 à 15 parties d'alumine. Le mélange desséché est calciné dans un creuset et se transforme en une poudre d'une belle couleur bleue. Il est important toutefois d'éviter que les vapeurs combustibles du foyer ne pénètrent dans le creuset, car elles altéreraient notablement la nuance. On évite cet inconvénient d'une manière certaine, en mettant au fond du creuset une petite quantité d'oxyde de mercure, qui produit une atmosphère de gaz oxygène, et préserve l'oxyde de cobalt de toute réduction.

NICKEL

Équivalent = 362,5

§ 552. Le nickel métallique [1] se prépare comme le cobalt. L'oxyde de nickel, réduit par l'hydrogène à une basse température, donne un métal pulvérulent qui prend feu à l'air. Réduit dans un creuset brasqué au feu de forge, il donne un métal carburé bien fondu. On obtient du nickel métallique pur et fondu quand on chauffe l'oxalate de nickel, en vase clos, à un violent feu de forge.

Le nickel est un métal blanc légèrement grisâtre; il est plus malléable que le cobalt; il se laisse laminer et étirer en fils assez fins. Sa densité est de 8,8 environ. Il est magnétique presque au même degré que le fer; il perd cette propriété lorsqu'il est chauffé vers 400°. Le nickel se conserve assez bien au contact de l'air humide; chauffé à l'air, il se convertit en oxyde. Il se dissout dans l'acide chlorhydrique et dans l'acide sulfurique étendu d'eau, avec dégagement de gaz hydrogène.

Combinaisons du nickel avec l'oxygène.

§ 553. Le nickel forme deux oxydes :
Le *protoxyde de nickel* s'obtient à l'état d'hydrate quand on préci-

---

[1] Reconnu pour un métal particulier, en 1751, par Cronstedt et Bergmann.

pite une dissolution de sulfate de nickel par la potasse caustique; le
précipité, d'un vert-pomme, bien lavé à l'eau bouillante, puis calciné
à l'abri du contact de l'air, donne une poudre d'un gris cendré, qui
est l'oxyde anhydre. On l'obtient également par la calcination de l'hydrocarbonate. Le nitrate de nickel calciné laisse de l'oxyde; mais il
faut que la température soit très-élevée pour que cet oxyde soit du
protoxyde.

Le *sesquioxyde de nickel* se prépare en soumettant à l'action du
chlore le protoxyde hydraté en suspension dans l'eau, ou en le traitant
par un chlorite alcalin. Cet oxyde forme une poudre noire qui se dissout dans l'acide chlorhydrique avec dégagement de chlore.

Sels formés par le protoxyde de nickel.

§ 554. Les sels de nickel sont d'un beau vert quand ils sont hydratés; la plupart deviennent jaunes en perdant leur eau de cristallisation. Leurs dissolutions sont d'un très-beau vert-émeraude. Les alcalis fixes donnent dans les sels de nickel un précipité gélatineux vert
pomme. L'ammoniaque ne précipite pas les dissolutions fortement
acides, et elle donne un précipité partiel avec les dissolutions neutres;
un excès d'ammoniaque redissout le précipité, et la liqueur devient
bleue. Les carbonates de potasse et de soude produisent, dans les dissolutions des sels de nickel, des précipités vert clair d'hydrocarbonate, $NiO.CO^2 + NiO.HO$. Les phosphates et arséniates alcalins donnent des précipités d'un vert pâle. Le prussiate de potasse précipite en
blanc verdâtre. Les dissolutions des sels de nickel ne sont pas trou-
blées par l'hydrogène sulfuré lorsqu'elles renferment un excès d'a-
cide; mais elles sont partiellement précipitées quand elles sont neutres, surtout si l'acide du sel est un acide faible. Les sulfhydrates alcalins donnent un précipité noir de sulfure hydraté.

Le *sulfate de nickel* cristallise facilement; il renferme 7 équivalents
d'eau. On le prépare ordinairement au moyen d'un arséniure de
nickel, appelé *speiss*, qui se dépose au fond des creusets où l'on fabrique le smalt.

Si l'on verse de l'acide oxalique dans une dissolution de sulfate de
nickel, on n'obtient pas immédiatement de précipité; mais il se dépose, au bout de quelque temps, une poudre cristalline d'*oxalate de
nickel*, et il ne reste plus qu'une très-petite quantité de ce métal en
dissolution.

Maillechort, ou argentan.

§ 555. Dans les arts on emploie le nickel pour préparer un alliage qui est susceptible de prendre un beau poli et l'éclat de l'argent. Cet alliage est composé de 100 parties de cuivre, 60 de zinc et 40 de nickel. On lui donne dans le commerce différents noms : *maille-chort, pacfong, argentan, argent allemand*, etc., etc. On en fabrique divers objets d'ornement, principalement pour les voitures et les harnais, des éperons, etc., etc. On a proposé de l'utiliser pour les ustensiles de cuisine; mais cet emploi serait dangereux, car l'alliage est facilement oxydable, principalement au contact des liqueurs acides, et donne des sels très-vénéneux.

ZINC

Équivalent = 406,6

§ 556. Le zinc est employé aujourd'hui pour une foule d'usages. Celui que l'on trouve dans le commerce n'est pas entièrement pur; cependant celui qui est laminé en feuilles minces approche beaucoup de la pureté parfaite, parce qu'il suffit de la présence dans le zinc d'une très-petite quantité de matières étrangères pour dimmuer considérablement sa malléabilité et le rendre impropre au laminage. Le zinc fond à une température de 500° environ, et il entre en ébullition à la chaleur blanche; on peut le purifier par distillation. A cet effet, on place le zinc du commerce dans une cornue de terre, que l'on dispose dans un fourneau à réverbère; et, au-dessous du col ouvert de la cornue, on place une terrine pleine d'eau pour recueillir le métal. Il vaut mieux em-

Fig. 151.

ployer pour cette distillation un autre appareil : un creuset d'argile A (*fig.* 151) est percé d'un trou à son fond; ce creuset repose sur un disque d'argile ou *fromage* B, également percé. On engage hermétiquement, par les deux trous correspondants, un tuyau d'argile *ab*, dont l'extrémité supérieure s'élève jusqu'au haut du creuset. On place dans celui-ci le zinc que l'on veut distiller, on en lute le couvercle, puis on le dispose dans un fourneau, de manière que le tuyau traverse la grille : on place au-dessous une terrine C pleine d'eau. Lorsque la température s'élève dans le fourneau, le zinc fond d'abord, puis il entre en ébullition ; sa vapeur descend par le tuyau et s'y condense ; le métal fondu coule dans la terrine. Ce mode de distillation porte le nom de *distillation per descensum*.

La distillation du zinc ne le débarrasse pas complétement des métaux avec lesquels il est combiné. Comme cette distillation a lieu à une température très-élevée, une petite portion de ces métaux est entraînée avec la vapeur du zinc.

Le zinc a une couleur d'un blanc bleuâtre ; sa cassure fraîche présente de larges lames cristallines, très-brillantes. Cassant à la température ordinaire, il devient malléable à quelques degrés au-dessus de 100°. Chauffé jusqu'à 200°, il devient de nouveau cassant, et même à un tel point, qu'il se laisse piler dans un mortier. L'ignorance dans laquelle on était de ces propriétés remarquables du zinc s'est opposée longtemps à ce que l'emploi de ce métal prit de l'extension dans les arts ; on ne l'utilisait anciennement que pour former des alliages. On le lamine aujourd'hui en feuilles minces que l'on emploie pour couvrir les toits des maisons, et pour confectionner des baignoires et autres vases de grandes dimensions. Il ne faut jamais se servir de ces vases pour conserver des aliments, parce que le zinc s'oxyde facilement au contact de l'air en présence des acides, même les plus faibles, et donne des sels vénéneux.

La densité du zinc varie de 6,86 à 7,20, suivant que le métal a été seulement fondu, ou qu'il a été laminé.

§ 557. Le zinc est un métal très-oxydable : sa surface se ternit promptement à l'air humide, mais l'oxydation n'est que superficielle. Chauffé au contact de l'air, à une température supérieure à celle de son point de fusion, il prend feu et brûle avec une flamme blanche très-brillante. L'éclat de cette flamme est dû à la vapeur de zinc, qui, en brûlant dans l'air, forme de l'oxyde de zinc, composé complétement fixe, dont les particules, chauffées au blanc, communiquent à la flamme un vif éclat. Le zinc se dissout facilement dans l'acide chlorhydrique et dans l'acide sulfurique étendu, avec dégagement de gaz hydrogène. Le métal impur se dissout plus rapidement que celui qui présente une pureté parfaite. Le zinc décompose facilement la vapeur d'eau avec dégagement d'hydrogène, et se change en oxyde. La réaction commence à une température peu supérieure à 100°, lorsque le métal est très-divisé.

Le zinc se dissout aussi, avec dégagement d'hydrogène, dans les dissolutions bouillantes de potasse et de soude, et forme des *zincates alcalins* solubles. Lorsqu'on plonge en même temps une lame de fer dans la liqueur alcaline, la décomposition de l'eau a lieu même

froid. Le zinc seul se dissout; le fer n'agit qu'en formant avec le zinc un couple voltaïque, dans lequel ce dernier métal devient l'élément positif, et acquiert ainsi pour l'oxygène une affinité assez grande pour décomposer l'eau à la température ordinaire, en présence de la potasse. Cette décomposition de l'eau en présence de la potasse se fait surtout très-facilement par les lames de fer zinguées ou galvanisées. Il se dépose souvent sur les parois du vase de petits cristaux très-brillants, qui sont formés par un hydrate d'oxyde de zinc, $ZnO + HO$.

Combinaison du zinc avec l'oxygène.

§ 558. On ne connaît qu'un seul oxyde de zinc : c'est une base très-énergique, dont les sels sont isomorphes avec ceux de magnésie, et avec les sels formés par les protoxydes de fer, de cobalt et de nickel. On obtient cet oxyde en chauffant le métal au contact de l'air jusqu'à ce qu'il s'enflamme. Il se dépose, sur les bords du creuset, une matière floconneuse blanche, dont une portion est entraînée par le courant d'air. Les anciens chimistes lui donnaient le nom de *lana philosophica* ou de *pompholix*. L'oxyde ainsi obtenu renferme toujours des parcelles de métal ; on peut le purifier par lévigation. Quand on veut avoir de l'oxyde de zinc pur, il vaut mieux le préparer en décomposant par la chaleur l'azotate de zinc, ou l'hydrocarbonate que l'on obtient en versant un carbonate alcalin dans la dissolution d'un sel de zinc. Lorsqu'on verse de la potasse caustique dans un sel de zinc, on obtient un précipité blanc d'hydrate d'oxyde de zinc ; mais cet hydrate retient avec beaucoup d'opiniâtreté une certaine quantité d'alcali.

L'oxyde de zinc anhydre est blanc ; chauffé, il prend une nuance jaune qui disparaît pendant le refroidissement.

L'oxyde de zinc, mêlé à des huiles siccatives, donne une couleur blanche qui peut remplacer le blanc de plomb, ou céruse. On fabrique depuis peu de temps ce *blanc de zinc* en grand. Il présente sur le blanc de plomb l'avantage de ne pas noircir par les émanations sulfurées, et son maniement n'expose pas les ouvriers aux mêmes maladies que la céruse.

Sels formés par l'oxyde de zinc.

§ 559. Les sels de zinc sont incolores quand l'acide n'est pas coloré. Leurs dissolutions donnent, avec la potasse, la soude et l'ammoniaque, des précipités blancs qui se dissolvent dans un excès de réactif. Les carbonates alcalins les précipitent en blanc ; il en est de même du prussiate de potasse, des phosphates et des arséniates alcalins. L'hydrogène sulfuré né précipite pas les sels de zinc quand ils renferment un excès d'acide. Les sulfhydrates les précipitent en blanc.

Sulfate de zinc.

§ 560. Le sulfate est le plus important des sels de zinc : on le prépare facilement dans les laboratoires en dissolvant le zinc métallique dans l'acide sulfurique étendu d'eau. Le sulfate de zinc cristallise à la température ordinaire avec 7 équivalents d'eau, dont 6 se dégagent facilement quand on soumet le sel à une température peu supérieure à 100°. Le sulfate de zinc cristallisé se dissout dans deux ou trois fois son poids d'eau, à la température ordinaire. À 100°, sa solubilité est infinie, car, à cette température, il fond dans son eau de cristallisation.

On prépare le sulfate de zinc en grand par le grillage de la blende. La blende est grillée en tas, une partie du soufre se dégage à l'état d'acide sulfureux ; mais une grande partie de la blende se change en sulfate de zinc, si la température ne s'élève pas au delà d'un certain point. La matière grillée est traitée par l'eau, et la dissolution évaporée jusqu'à cristallisation. Pour rendre le sel d'un transport plus facile, on a coutume de le fondre dans son eau de cristallisation, et de verser la liqueur dans des moules, qui lui donnent la forme de briques carrées. Ce sel porte dans le commerce le nom de *vitriol blanc*. On l'emploie dans les fabriques d'indiennes.

Carbonate et hydrocarbonate de zinc.

§ 561. Lorsqu'on verse un carbonate alcalin dans une dissolution de sulfate de zinc, on obtient un précipité, qui n'est pas du carbonate de zinc, mais un hydrocarbonate ($2ZnO.CO^2+3ZnO.HO$). Le carbonate de zinc anhydre se trouve dans la nature ; il constitue un minéral que l'on appelle *calamine*, et qui est très-important, car c'est le minerai ordinaire de zinc. Le plus souvent, la calamine est en masses compactes ; plus rarement, elle présente des cristaux distincts appartenant au système rhomboédrique comme le carbonate de chaux.

Combinaison du zinc avec le soufre.

§ 562. Le zinc en limaille, chauffé avec du soufre en fleur, se change en sulfure, mais il est difficile d'obtenir ainsi une sulfuration complète. Il vaut mieux chauffer un mélange très-intime d'oxyde de zinc et de fleur de soufre ; de l'acide sulfureux se dégage, et il reste du sulfure de zinc ZnS, sous la forme d'une poudre blanc jaunâtre. Le sulfure de zinc se trouve en abondance dans la nature ; il forme un minéral d'un jaune brun, translucide, cristallisé en octaèdres réguliers, ou en cubo-octaèdres. Les minéralogistes lui donnent le nom de *blende*.

Combinaison du zinc avec le chlore.

§ 563. Le zinc est facilement attaqué par le chlore gazeux ; il se change en une matière blanche, butyreuse, très-fusible, et qui ne distille qu'à la chaleur rouge. On obtient ce chlorure en dissolution dans l'eau, en traitant le zinc par l'acide chlorhydrique. La dissolution, évaporée, puis abandonnée au refroidissement, se prend en masse cristalline. Le chlorure de zinc est très-soluble dans l'eau ; il se dissout aussi en grande quantité dans l'alcool. Lorsqu'on concentre, par ébullition, une dissolution de chlorure de zinc dans l'eau, on reconnaît que la température de l'ébullition s'élève continuellement jusqu'à 250°, point où le chlorure de zinc est devenu anhydre, mais en conservant l'état liquide. On peut ensuite le chauffer jusqu'à 400°, sans qu'il donne des vapeurs très-abondantes. Cette propriété permet d'employer la dissolution de chlorure de zinc, à la place de l'huile, pour former des bains dans lesquels on peut chauffer des corps à une température élevée et déterminable.

Métallurgie du zinc.

§ 563 *bis*. Les seuls minerais de zinc sont le carbonate ou *calamine* (§ 561), et le sulfure de zinc ou *blende* (§ 562).

La théorie du traitement métallurgique de la calamine est très-simple. La calamine est soumise à une calcination qui lui fait perdre son acide carbonique et la rend friable. On la réduit en poudre sous des meules verticales ; on mélange cette poudre avec du charbon dans des espèces de cornues en terre, que l'on chauffe à une forte chaleur blanche dans des fours. L'oxyde de zinc est réduit par le charbon ; du gaz oxyde de carbone se dégage, et le zinc métallique vient se condenser dans des allonges adaptées aux cornues. On fait écouler le métal, et on le moule sous forme de plaques.

Pour extraire le zinc de la blende, on grille celle-ci d'une manière aussi complète que possible ; une grande partie du soufre se dégage à l'état d'acide sulfureux, mais une portion se transforme en acide sulfurique ; de sorte que le minerai grillé se compose d'oxyde et de sulfate de zinc. On le réduit par le charbon dans des vases distillatoires, comme la calamine.

Les principaux gisements des minerais de zinc se trouvent à la Vieille-Montagne près d'Aix-la-Chapelle, en Silésie et en Angleterre.

CADMIUM

Équivalent = 696,8

§ 564. Le cadmium [1] est un métal encore plus volatil que le zinc ; il distille à la chaleur rouge. Cette distillation peut se faire dans des cornues de verre peu fusible. Pour obtenir du cadmium pur, on chauffe, dans une cornue, un mélange d'oxyde ou de carbonate de cadmium et de charbon ; le cadmium se sublime et vient se condenser en gouttelettes dans le col de la cornue. Les petites gouttelettes cristallisent souvent en se solidifiant, et il est facile de reconnaître que la forme cristalline du métal appartient au système régulier.

Le cadmium est un métal blanc, plus gris que l'étain. Il jouit d'une malléabilité et d'une ductilité assez grandes ; on peut le réduire en feuilles minces et l'étirer en fils très-fins ; sa densité est 8,7 ; il fond longtemps avant la chaleur rouge. Le cadmium ne s'oxyde pas sensiblement à la température ordinaire ; chauffé, sa vapeur s'enflamme et brûle avec éclat. L'acide chlorhydrique et l'acide sulfurique étendu dissolvent le cadmium, avec dégagement de gaz hydrogène.

§ 565. Le cadmium existe dans la nature à l'état d'oxyde, ou de carbonate, disséminé en petite quantité dans la calamine. La calamine exploitée dans la Silésie est celle qui en renferme le plus. Lorsqu'on traite le minerai pour en extraire le zinc, le cadmium se réduit en même temps ; et, comme il est beaucoup plus volatil que le

[1] Découvert en 1818 par Hermann et Stromeyer.

zinc, il se dégage le premier et vient brûler à l'air avec les premières portions de zinc qui deviennent libres. Il se forme ainsi une poussière, plus ou moins brunâtre, composée d'oxyde de zinc et de 5 ou 6 pour 100 d'oxyde de cadmium. C'est de ce mélange que l'on extrait le cadmium.

Combinaison du cadmium avec l'oxygène.

§ 566. Le seul oxyde connu du cadmium s'obtient, soit en chauffant le métal au contact de l'air, soit en le traitant par l'acide azotique, et décomposant ensuite l'azotate par la chaleur. Cet oxyde forme une poudre brune, qui résiste à la plus haute température sans se volatiliser ni se fondre. Il se combine très-bien avec les acides, et forme des sels, qui sont incolores, quand l'acide n'est pas lui-même coloré. Si l'on verse de la potasse ou de la soude caustique dans un sel de cadmium, on obtient un précipité blanc, qui est de l'oxyde de cadmium hydraté.

Sels formés par l'oxyde de cadmium.

§ 567. Les sels de cadmium sont incolores, la plupart cristallisent facilement. Les alcalis fixes en précipitent de l'hydrate d'oxyde de cadmium gélatineux, qui ne se redissout pas dans un excès de réactif. L'ammoniaque donne le même précipité, mais un excès d'ammoniaque le redissout facilement. Les carbonates alcalins donnent un précipité blanc, qui est un carbonate simple de cadmium, $CdO.CO^2$; ce précipité ne se redissout pas dans un excès de carbonate alcalin, ni même dans le carbonate d'ammoniaque. L'hydrogène sulfuré produit, dans les sels de cadmium, même lorsque leurs dissolutions renferment un assez grand excès d'acide, un précipité d'un très-beau jaune. Les sulfhydrates alcalins font naître le même précipité, qui ne se dissout pas dans un excès de sulfhydrate. Une lame de zinc, plongée dans la dissolution d'un sel de cadmium, précipite le métal sous forme de paillettes cristallines.

Le *sulfate de cadmium* cristallise avec 4 équivalents d'eau.

Combinaison du cadmium avec le soufre.

§ 568. Le *sulfure de cadmium* se rencontre cristallisé dans la nature, mais c'est un minéral assez rare. On l'obtient artificiellement, en faisant passer un courant d'hydrogène sulfuré à travers la dissolution d'un sel de cadmium. Le précipité d'un beau jaune qui se forme est employé dans la peinture. Le sulfure de cadmium peut être préparé également par voie sèche, en chauffant de l'oxyde de cadmium avec du soufre. Ce sulfure n'est pas attaqué par l'acide chlorhydrique étendu, mais il se dissout dans l'acide concentré avec dégagement de gaz hydrogène.

ÉTAIN

Équivalent = 737,5.

§ 569. L'étain du commerce n'est jamais absolument pur; il renferme toujours de petites quantités d'arsenic et de quelques métaux étrangers; cependant, l'étain de Malacca approche de la pureté parfaite. Pour obtenir l'étain chimiquement pur, on attaque le métal du commerce par l'acide azotique, qui le transforme en une poudre blanche insoluble, formée d'acide stannique, et qui oxyde les matières étrangères. On lave l'acide stannique par l'acide chlorhydrique faible, pour enlever plus sûrement les matières étrangères; puis on le réduit à l'état métallique, en le chauffant dans un creuset brasqué.

L'étain est un métal blanc, qui se rapproche de l'argent par son aspect et son éclat. Il est doué d'une certaine saveur et d'une odeur caractéristique, sensible surtout quand on a tenu pendant quelque temps le métal entre les doigts. L'étain est très-malléable; on peut le réduire par le battage en feuilles très-minces; sa malléabilité est encore plus grande à 100° qu'à la température ordinaire; mais il a peu de ténacité, car un fil de 2 millimètres rompt sous une charge de 24 kilogrammes. Lorsqu'on courbe une tige d'étain, on entend un bruit particulier, un craquement que l'on appelle *cri de l'étain*. Ce bruit tient à ce que le métal présente à l'intérieur une texture cristalline. Les parties cristallines frottent les unes sur les autres, quand on courbe la tige; celle-ci s'échauffe notablement à l'endroit où a lieu cette friction intérieure, et, si l'on répète la courbure un certain nombre de fois dans le même point, le dégagement de chaleur devient très-sensible à la main.

L'étain fond à 228°; il produit des vapeurs sensibles à la chaleur blanche, mais ces vapeurs n'ont qu'une faible tension, car le métal n'éprouve qu'une perte de poids très-légère à la température du feu de forge. L'étain a une grande tendance à la cristallisation; on met facilement sa texture cristalline en évidence, en attaquant sa surface par un acide qui enlève la pellicule extérieure. Cette surface du métal paraît alors *moirée*, par suite des réflexions inégales et dans divers sens que la lumière subit sur les tranches des feuillets cristallins mises à nu par l'acide. On peut faire cristalliser l'étain par fusion en fondant dans un vase plusieurs kilogrammes de métal, et laissant ce vase refroidir lentement dans un bain de sable chauffé. Lorsqu'il s'est formé une croûte solide à la surface, on la perce avec un charbon incandescent, et l'on fait écouler le métal resté liquide. On trouve alors sur les parois du vase des cristaux souvent assez gros, mais qui sont rarement terminés d'une manière nette.

La densité de l'étain est 7,29; elle n'augmente pas sensiblement par le martelage du métal.

L'étain ne s'altère pas sensiblement à l'air, à la température ordinaire. A la température de sa fusion, il se recouvre promptement d'une pellicule grise, qui est un mélange de protoxyde d'étain et d'acide stannique. L'oxydation marche plus rapidement à une température plus élevée; à la chaleur blanche, il y a une véritable combustion avec une flamme blanche. L'étain décompose la vapeur d'eau à la chaleur rouge, et se change en acide stannique.

L'acide chlorhydrique concentré dissout l'étain avec dégagement de gaz hydrogène. L'acide sulfurique étendu l'attaque également à chaud avec dégagement de gaz hydrogène, mais l'oxydation du métal ne se fait que très-lentement. L'acide sulfurique, concentré et chaud, attaque énergiquement l'étain; il se dégage de l'acide sulfureux, et le métal se change en sulfate de protoxyde. L'acide azotique oxyde facilement l'étain et le transforme en acide stannique. Si l'acide azotique est concentré, il se dégage du deutoxyde d'azote en abondance. Si l'acide est très-étendu, la transformation de l'étain en acide stannique a lieu sans dégagement de gaz; l'eau et l'acide azotique sont décomposés simultanément, et il se forme de l'azotate d'ammoniaque (§ 115). Lorsque l'acide azotique est au maximum de concentration, c'est-à-dire à l'état de monohydrate, $AzO^5 + HO$, il n'attaque pas l'étain, et ce métal conserve son brillant. Mais, si l'on vient à verser quelques gouttes d'eau dans l'acide, l'attaque se fait avec une violence extrême, et le liquide est souvent projeté hors du vase par le dégagement subit et tumultueux du gaz.

L'eau régale dissout facilement l'étain; si l'acide chlorhydrique domine dans le mélange, il se forme du perchlorure d'étain soluble.

L'étain décompose l'eau en présence des alcalis fixes. Si l'on chauffe ce métal avec une dissolution concentrée de potasse ou de soude, de l'hydrogène se dégage, et il se forme un stannate alcalin.

Combinaisons de l'étain avec l'oxygène.

§ 570. On connait deux combinaisons bien définies de l'étain avec l'oxygène :

Le protoxyde d'étain, SnO;

Le bioxyde d'étain, SnO^2, ou acide stannique.

Ces deux oxydes peuvent se combiner entre eux, et donnent plusieurs oxydes intermédiaires.

Protoxyde d'étain. SnO. — On prépare le protoxyde d'étain en précipitant par le carbonate d'ammoniaque une dissolution de protochlorure d'étain, $SnCl$; l'acide carbonique se dégage, et il se forme un précipité blanc d'hydrate de protoxyde. Si l'on fait bouillir la liqueur avec le précipité, celui-ci abandonne son eau combinée, et se change en une poudre d'un gris noir, qui est du protoxyde anhydre. Le protoxyde, ainsi préparé, est très-avide d'oxygène; il s'oxyde rapidement au contact de l'air, et se change en bioxyde. On obtient cet oxyde plus fortement agrégé, et, par suite, plus stable, en précipitant le protochlorure d'étain par la potasse caustique. L'oxyde se sépare d'abord à l'état d'hydrate qui se combine avec l'excès de potasse pour former un véritable sel, dans lequel il joue le rôle d'acide. Mais, en faisant bouillir la liqueur, cette combinaison se détruit, et l'oxyde se précipite à l'état anhydre, sous forme de petits cristaux noirs qui peuvent être lavés et séchés au contact de l'air, et qui se conservent ensuite indéfiniment sans altération.

Le protoxyde d'étain, chauffé au contact de l'air, prend feu comme de l'amadou, et se change en acide stannique.

Acide stannique, SnO^2.

§ 571. L'acide stannique peut être obtenu sous deux modifications isomériques, qui se distinguent nettement l'une de l'autre par leurs propriétés chimiques. La première modification, à laquelle on donne le nom d'*acide métastannique*, est la poudre blanche qu'on obtient en traitant l'étain par l'acide azotique. La seconde, à laquelle on conserve le nom d'*acide stannique*, se prépare en décomposant le perchlorure d'étain, $SnCl^2$, par l'eau, ou un stannate soluble par un acide.

L'acide métastannique se trouve cristallisé dans la nature. Il forme, au milieu de quelques roches anciennes, de beaux cristaux, très-brillants, ordinairement d'un brun foncé, mais donnant une poudre d'un blanc jaunâtre. On obtient le même corps en oxydant l'étain par l'acide azotique; il se forme une poudre blanche qui est un hydrate, mais que la calcination change en acide métastannique anhydre. L'acide métastannique hydraté, tel qu'il se forme par l'action de l'acide azotique sur l'étain métallique, a pour formule $SnO^2 + 2HO$, quand il a été desséché à l'air. Il perd la moitié de son eau à la température de 100°, et présente alors la composition $SnO^2 + HO$. A une plus haute température, il perd complétement son eau.

L'acide métastannique ne se décompose pas par la chaleur seule; mais il se décompose facilement au contact du charbon et des gaz combustibles; il se change alors en étain métallique. L'acide métastannique est insoluble dans l'eau et dans les acides azotique et sulfurique étendus. L'acide sulfurique concentré le dissout, au contraire, en quantité notable, et la combinaison ne se détruit pas quand on ajoute de l'eau à la liqueur; mais, si l'on fait bouillir, l'acide métastannique se sépare à l'état d'hydrate $SnO^2 + 2HO$. L'acide chlorhydrique le dissout, et le transforme en perchlorure d'étain, $SnCl^2$.

L'acide métastannique forme avec les alcalis des sels cristallisables.

L'*acide stannique* s'obtient en décomposant le perchlorure d'étain par l'eau, ou un stannate soluble par un acide. C'est un précipité blanc, gélatineux, insoluble dans l'eau, mais qui se dissout facilement dans les acides azotique et sulfurique étendus, tandis que l'acide métastannique y est insoluble. L'acide stannique, desséché dans le vide, a pour formule $SnO^2.HO$. Une faible élévation de température le fait passer à la modification métastannique, même sans lui faire perdre d'eau.

Sels formés par le protoxyde d'étain.

§ 572. On ne connait qu'un petit nombre de sels formés par le protoxyde d'étain. On obtient le *sulfate de protoxyde d'étain* en saturant, à chaud, de l'acide sulfurique étendu par l'hydrate de protoxyde d'étain récemment préparé et humide. L'oxyde se dissout, et, par le refroidissement, il se dépose de petites lamelles cristallines de sulfate de protoxyde d'étain, $SnO.SO^3$. Ce sel se dissout facilement, et sans altération, dans l'eau froide; mais la chaleur le décompose dans sa dissolution, et il se précipite un sous-sulfate. Le sulfate de protoxyde d'étain forme, avec les sulfates alcalins, des sulfates doubles, plus stables que le sulfate simple d'étain; on peut les obtenir cristallisés.

Sels formés par les acides stannique et métastannique, jouant le rôle de bases.

§ 573. L'acide métastannique se combine avec les acides concentrés, et l'acide stannique se dissout, même dans les acides étendus. Il se forme ainsi de véritables sels, dans lesquels ces corps jouent le rôle de bases ; mais ces sels ont été trop peu étudiés pour que nous ayons besoin de nous y arrêter.

Combinaisons de l'étain avec le soufre.

§ 574. L'étain forme avec le soufre deux combinaisons : la première, SnS, correspond au protoxyde ; la seconde, SnS^2, correspond à l'acide stannique.

On prépare le *protosulfure d'étain* en chauffant au rouge, dans un creuset de terre, un mélange d'étain en limaille et de soufre. Il est nécessaire de pulvériser le produit de cette première opération et de le chauffer avec une nouvelle quantité de soufre; on obtient ainsi une masse d'un gris foncé, à larges lames cristallines très-brillantes. Le même sulfure se précipite hydraté quand on fait passer un courant de gaz acide sulfhydrique à travers une dissolution de proto-chlorure d'étain. Le précipité est d'un brun foncé, presque noir. L'acide chlorhydrique concentré dissout le protosulfure d'étain avec dégagement d'hydrogène sulfuré ; mais la présence d'un petit excès de cet acide, dans une dissolution étendue d'un sel d'étain, n'empêche pas ce sel d'être précipité complétement par l'hydrogène sulfuré.

Le perchlorure d'étain, $SnCl^2$, donne avec l'hydrogène sulfuré un précipité jaune qui est du *bisulfure d'étain*, SnS^2, hydraté. Si l'on fait passer le gaz sulfhydrique et des vapeurs de perchlorure d'étain anhydre à travers un tube chauffé au rouge sombre, le bisulfure d'étain anhydre se dépose sous forme de lamelles cristallines très-brillantes, d'un jaune d'or. On prépare dans les arts ce même sulfure cristallin par voie sèche ; on l'y emploie, sous le nom d'*or mussif*, pour bronzer le bois. Ce produit s'obtient de la manière suivante : on forme un amalgame de 12 parties d'étain et de 6 parties de mercure ; on pulvérise cet amalgame dans un mortier, et on le mélange avec 7 parties de soufre en fleur, et 6 parties de sel ammoniac. On chauffe le mélange dans un matras à long col, disposé dans un bain de sable dont on élève progressivement la température jusqu'au rouge sombre. Du soufre, du sel ammoniac, du sulfure de mercure, et du protochlorure d'étain, viennent se condenser sur le dôme et dans le col du matras ; l'or mussif reste au fond, sous la forme d'une masse dorée, très-légère, formée par la réunion d'une foule de petites lamelles cristallines. La théorie de cette opération est assez complexe. L'étain très-divisé, chauffé avec le soufre, à une température peu élevée, se change en bisulfure ; mais ce bisulfure est amorphe, et ne présente pas les paillettes dorées qui seules lui donnent son application dans les arts. Si on le chauffe davantage, il abandonne la moitié de son soufre, et passe à l'état de monosulfure. Le sel ammoniac, que l'on ajoute au mélange, empêche cette trop grande élévation de température, parce que, en se volatilisant au-dessous du rouge sombre, il absorbe une quantité notable de chaleur latente; il facilite en même temps la sublimation, et par suite la cristallisation de l'or mussif, qui est entraîné par cette vapeur.

Combinaisons de l'étain avec le chlore.

§ 575. L'étain forme, avec le chlore, deux combinaisons : le protochlorure d'étain, SnCl, qui correspond au protoxyde, et le bichlorure, $SnCl^2$, correspondant à l'acide stannique.

On obtient le *protochlorure d'étain* en dissolvant l'étain dans de l'acide chlorhydrique concentré et bouillant ; la dissolution a lieu avec dégagement de gaz hydrogène. La liqueur donne, après évaporation, des cristaux qui ont pour formule $SnCl + 2HO$. On prépare ce sel en grand, dans les fabriques, pour les usages de la teinture.

Le protochlorure d'étain se dissout sans altération dans une petite quantité d'eau ; mais une grande quantité d'eau le décompose, et en précipite un oxychlorure insoluble $SnCl + SnO$.

Le protochlorure d'étain est très-avide d'oxygène ; il absorbe facilement ce gaz à l'air, et il l'enlève à un grand nombre d'oxydes qu'il fait passer à un degré inférieur d'oxydation, ou même à l'état métallique. Il précipite facilement de leurs dissolutions le mercure et l'argent à l'état métallique ; il ramène au minimum d'oxydation les sels de sesquioxyde de fer, de protoxyde de cuivre CuO.

§ 576. Le *perchlorure*, ou *chloride d'étain*, s'obtient quand on traite l'étain par un excès de chlore. L'affinité de ces deux corps est tellement considérable, que la limaille d'étain prend feu quand on la projette dans un flacon rempli de chlore sec. Pour préparer une certaine quantité de ce perchlorure, on place de l'étain dans une cornue de verre tubulée, munie d'un récipient bien refroidi, et l'on fait arriver un courant de chlore sec par la tubulure. L'étain se combine immédiatement avec le chlore, et si l'on chauffe légèrement la cornue, il passe à la distillation un liquide qui se condense dans le récipient. Ce liquide est ordinairement coloré en jaune par du chlore qu'il renferme en dissolution, on le purifie en l'agitant avec un peu de limaille d'étain ou de protochlorure d'étain, et le distillant de nouveau. On peut également préparer ce corps en chauffant dans une cornue de verre un mélange de 1 partie d'étain en limaille et de 5 parties de chlorure de mercure $HgCl$, ou sublimé corrosif.

Le perchlorure d'étain forme un liquide incolore, d'une densité de 2,28, entrant en ébullition à 120°; la densité de sa vapeur est 9,2. Il répand au contact de l'air des fumées blanches, très-épaisses, qui tiennent à ce que le chlorure anhydre a une tension de vapeur très-notable à la température ordinaire, mais ces vapeurs se combinent immédiatement avec la vapeur d'eau de l'atmosphère pour former un hydrate qui n'a pas de tension sensible, et par suite se précipite. Si l'on verse quelques gouttes d'eau dans le perchlorure anhydre, celui-ci se combine avec l'eau, en dégageant beaucoup de chaleur, et donne naissance à un chloride hydraté qui se dépose en beaux cristaux dont la formule est $SnCl^2 + 5HO$.

On obtient le même perchlorure d'étain hydraté en dissolvant de l'étain dans de l'eau régale renfermant un excès d'acide chlorhydrique, ou en faisant passer du chlore à travers une dissolution de protochlorure d'étain. Le perchlorure d'étain hydraté se dissout dans une petite quantité d'eau, et dans une quantité quelconque de ce liquide lorsque celui-ci est suffisamment acidulé par de l'acide chlorhydrique. Mais l'eau pure, employée en grande quantité, le décompose; de l'acide stannique hydraté se précipite.

Le perchlorure d'étain hydraté se décompose par la chaleur; de l'acide chlorhydrique se dégage, et il reste de l'acide métastannique. Chauffé avec de l'acide phosphorique anhydre, ou avec de l'acide sulfurique concentré, il leur abandonne son eau, et le perchlorure anhydre passe à la distillation.

Le perchlorure d'étain anhydre était appelé par les anciens chimistes *liqueur fumante de Libavius.*

Caractères distinctifs des composés solubles de l'étain.

§ 577. L'étain forme deux séries de composés solubles : 1° ceux qui correspondent au protoxyde SnO, tels que le protochlorure d'étain et les sels solubles formés par le protoxyde; 2° les composés qui correspondent à l'acide stannique, c'est-à-dire le perchlorure d'étain et les combinaisons solubles de l'acide stannique avec les acides. Ces deux séries présentent des réactions différentes, qu'il est nécessaire d'examiner séparément.

Caractères des sels de protoxyde d'étain.

§ 578. Les sels de protoxyde d'étain sont incolores lorsque l'acide est lui-même incolore; ils rougissent toujours fortement la teinture de tournesol. En général, une petite quantité d'eau les dissout; mais ils se décomposent quand on les traite par une grande quantité de ce liquide, il se forme un précipité blanc qui est généralement un sous-sel. On évite cette précipitation en ajoutant à l'eau une certaine quantité d'acide chlorhydrique.

Les alcalis caustiques les précipitent en blanc; un excès du réactif dissout le précipité; mais, si l'on fait bouillir la liqueur, le protoxyde d'étain anhydre se sépare sous forme d'une poudre noire. L'ammoniaque les précipite également en blanc, mais un excès d'ammoniaque ne dissout pas le précipité.

Les carbonates alcalins donnent également des précipités blancs; un excès de carbonate ne redissout pas le précipité. Le précipité blanc devient noir, si l'on porte la liqueur à l'ébullition.

L'hydrogène sulfuré précipite les sels de protoxyde d'étain en brun foncé. Les sulfhydrates alcalins donnent un précipité d'un blanc sale, qui se dissout dans un grand excès de réactif.

Le prussiate de potasse donne un précipité blanc.

Les sels de mercure sont réduits par les sels de protoxyde d'étain; il se forme un précipité gris de mercure métallique très divisé, qui se réunit en globules par la trituration.

Le chlorure d'or donne un précipité pourpre dans les dissolutions de protoxyde d'étain très-étendues. Le précipité est brun quand les dissolutions sont plus concentrées.

Une lame de fer ou de zinc précipite l'étain sous forme de paillettes cristallines grises qui prennent sous le brunissoir la couleur et l'éclat ordinaires de l'étain.

Caractères des composés solubles d'étain, correspondant à l'acide stannique.

§ 579. Les caractères que nous allons indiquer se rapportent tous au perchlorure d'étain, seul composé soluble, correspondant à l'acide stannique, qui ait été étudié.

Le perchlorure d'étain en dissolution a toujours une forte réaction acide; il se décompose par une grande quantité d'eau, et donne un précipité blanc qui est de l'acide stannique hydraté.

La potasse, la soude, l'ammoniaque, donnent un précipité blanc qui se dissout dans un excès de réactif. La liqueur, portée à l'ébullition, ne laisse pas déposer de précipité noir, comme cela a lieu pour les composés du protoxyde.

Les carbonates alcalins donnent un dégagement d'acide carbonique, et un précipité blanc qui ne se dissout pas dans un excès de réactif et ne devient pas noir par l'ébullition.

Le prussiate de potasse donne un précipité blanc qui ne se forme qu'au bout de quelque temps.

L'acide sulfhydrique donne un précipité d'un jaune sale qui n'apparait pas non plus immédiatement. Les sulfhydrates alcalins donnent le même précipité jaune; celui-ci se dissout dans un excès de réactif.

Le chlorure d'or ne produit pas de précipité dans une dissolution de perchlorure d'étain. Cette réaction distingue d'une manière très-nette le perchlorure d'étain des composés du protoxyde d'étain. Le perchlorure d'étain ne précipite pas de ses dissolutions le mercure à l'état métallique.

Le fer et le zinc précipitent de l'étain métallique.

Métallurgie de l'étain.

§ 579 *bis*. Le seul minerai d'étain est le bioxyde (§ 571), qui se trouve en petits filons dans les roches granitiques, ou en cristaux désagrégés au milieu de sables provenant de la destruction de ces roches. Les principaux gisements sont en Saxe, en Bohème, en Angleterre et dans les Indes. Les sables stannifères sont soumis à des préparations mécaniques, consistant principalement en des lavages, et qui ont pour but de séparer les gangues qui présentent une densité beaucoup moindre que le minerai. Le minerai est ensuite fondu dans un petit fourneau à cuve, alimenté par un soufflet, et dans lequel on charge le charbon et le minerai par couches alternatives. L'oxyde d'étain est réduit par le charbon; il se dégage de l'oxyde de carbone, et l'étain métallique, ainsi que les gangues fondues, se rendent dans une cavité pratiquée au devant du fourneau. On enlève les gangues, qui se solidifient promptement, et on puise le métal avec des cuillers pour le mouler en saumons prismatiques.

PLOMB

Équivalent = 1300,0

§ 580. Le plomb du commerce est souvent très-pur; on le reconnaît à la flexibilité et à la grande malléabilité qu'il présente alors. On obtient du plomb chimiquement pur en calcinant, dans un creuset brasqué, de l'oxyde de plomb obtenu par la calcination de l'azotate de plomb cristallisé. Le plomb est un métal gris bleuâtre; fraichement coupé, il brille d'un vif éclat métallique. Sa densité est 11,445.

Le plomb est très-mou, on le coupe facilement au couteau, et il laisse sur le papier des traces d'un gris métallique. Très-malléable à froid, il se laisse réduire en feuilles très-minces par le battage, et étirer en fils déliés. Ces fils sont d'une flexibilité extrême; on peut en faire des nœuds comme avec des fils de chanvre, mais ils ont peu de ténacité; un fil de plomb de 2 millimètres de diamètre se rompt sous une charge de 9 kilogr.

Le plomb fond à la température de 335° environ; il donne à la chaleur rouge des vapeurs sensibles. Sa volatilité n'est cependant pas assez grande pour qu'on puisse le distiller.

Le plomb se ternit promptement au contact de l'air, à la température ordinaire; mais il ne se forme jamais, dans ce cas, qu'une couche superficielle extrêmement mince, que l'on suppose être du suboxyde, Pb^2O. Maintenu en fusion au contact de l'air, le plomb s'oxyde au contraire rapidement. Dans les premiers instants, il se couvre d'une pellicule irisée, qui se transforme bientôt en une poussière pulvérulente jaune. L'oxydation marche rapidement à la chaleur rouge; l'oxyde PbO entre en fusion, et, pour que l'oxydation continue, il est nécessaire de faire écouler l'oxyde fondu.

Le plomb s'oxyde au contact de l'air humide et des vapeurs acides. Les acides les plus faibles, l'acide carbonique, déterminent son oxydation. L'eau distillée joue elle-même, dans ce cas, le rôle d'un acide, par suite de l'affinité de l'eau pour l'oxyde de plomb. Une lame de plomb, plongée, au contact de l'air, dans de l'eau distillée, se recouvre d'une pellicule blanche d'oxyde hydraté, ou d'hydrocarbonate d'oxyde de plomb, qui forme quelquefois des paillettes cristallines visibles à la loupe. L'eau renferme alors elle-même une quantité d'hydrate d'oxyde de plomb assez grande pour noircir par l'hydrogène sulfuré. Il suffit de l'existence dans l'eau d'une petite quantité de sels, principalement de sulfate de chaux, pour que l'oxydation n'ait plus lieu. Cela explique pourquoi nous ne voyons pas cet effet se produire avec nos eaux de sources ou de puits.

Le plomb n'est que très-faiblement attaqué par l'acide chlorhydrique concentré et bouillant. L'acide sulfurique étendu ne l'attaque pas, à moins qu'il n'y ait contact de l'air. L'acide sulfurique concentré attaque le plomb à chaud, il se dégage du gaz acide sulfureux et le métal se change en sulfate. L'acide azotique est le meilleur dissolvant du plomb; il l'attaque à la température ordinaire avec dégagement de vapeurs rutilantes; il se forme de l'azotate de plomb soluble.

Combinaisons du plomb avec l'oxygène.

§ 581. Nous connaissons trois combinaisons définies du plomb avec l'oxygène :

Le suboxyde, Pb^2O ;

Le protoxyde, PbO ;

Le bioxyde, PbO^2, ou acide plombique.

De plus, le protoxyde de plomb et l'acide plombique peuvent se combiner en plusieurs proportions, et forment ainsi plusieurs oxydes intermédiaires qu'on appelle *miniums*.

Suboxyde de plomb, Pb^2O.

§ 582. Le suboxyde de plomb est une poudre noire que l'on obtient en chauffant de l'oxalate de plomb à la température de 300°, dans un bain d'huile ou de métal fusible, jusqu'à ce qu'il ne se dégage plus de gaz. Ce gaz est un mélange d'oxyde de carbone et d'acide carbonique. La réaction est exprimée par l'équation suivante :

$$2(PbO.C^2O^3) = Pb^2O + 3CO^2 + CO.$$

Le suboxyde de plomb, traité par des acides plus énergiques, même étendus, se décompose en protoxyde PbO qui se dissout, et en plomb métallique. Une température supérieure à 400° produit immédiatement la même décomposition : la matière calcinée abandonne du plomb au mercure, et à l'eau sucrée du protoxyde de plomb.

Le suboxyde de plomb, chauffé à l'air, prend feu comme de l'amadou, et il se change en protoxyde de plomb, PbO.

Protoxyde de plomb, PbO.

§ 583. On obtient le protoxyde de plomb, sous forme d'une poudre jaune, par la calcination de l'azotate ou du carbonate de plomb. Cette poudre fond à la chaleur rouge et donne, après le refroidissement, une masse à feuillets cristallins. On donne le nom de *litharge* à l'oxyde de plomb qui a éprouvé la fusion, et celui de *massicot* à l'oxyde pulvérulent. La litharge, fondue dans un creuset de terre, attaque fortement la matière du creuset; elle se combine avec l'acide silicique, et le creuset est percé au bout de quelque temps.

On obtient l'oxyde de plomb hydraté en versant de l'ammoniaque dans une dissolution froide d'un sel de plomb. Le précipité blanc qui se forme alors se dissout facilement dans une dissolution de potasse, de soude et d'ammoniaque. Si l'on évapore la liqueur, l'oxyde de plomb se dépose à l'état anhydre, sous forme de lamelles d'un jaune brun, semblables à celles que présente la litharge.

Le protoxyde de plomb joue, avec les bases puissantes, le rôle d'un véritable acide; ses dissolutions dans les alcalis doivent être considérées comme des dissolutions salines. On a même obtenu cristallisée la combinaison de l'oxyde de plomb avec la chaux. On emploie quelquefois la dissolution de l'oxyde de plomb dans la chaux pour noircir les cheveux. Cette propriété tient à ce que, l'oxyde de plomb réagissant sur le soufre contenu dans la matière organique, il se forme du sulfure de plomb, qui est noir. On utilise la même dissolution dans la fabrication de l'écaille artificielle.

Bioxyde de plomb ou acide plombique, PbO^2.

§ 584. Le bioxyde de plomb, appelé souvent *oxyde puce de plomb* à cause de sa couleur, se prépare en traitant à chaud le minium par l'acide azotique étendu; cet acide dissout le protoxyde de plomb, et laisse l'acide plombique sous forme d'une poudre brune. Il faut renouveler l'acide azotique jusqu'à ce que cet acide ne dissolve plus d'oxyde de plomb; on sèche ensuite l'acide plombique à une température inférieure à 100°.

La chaleur décompose facilement l'acide plombique; il perd alors la moitié de son oxygène, et se change en protoxyde de plomb. L'acide plombique ne se combine pas avec les acides; il abandonne une portion de son oxygène aux acides qui sont susceptibles de se suroxyder; et il forme alors des sels de protoxyde de plomb. Il absorbe énergiquement l'acide sulfureux avec élévation de température, et il se forme du sulfate de protoxyde de plomb. On utilise souvent cette propriété de l'oxyde puce de plomb pour séparer le gaz acide sulfureux qui est mêlé à d'autres gaz.

Le bioxyde de plomb se combine, au contraire, très-bien avec les bases; c'est ce qui lui a fait donner le nom d'*acide plombique*. Il forme plusieurs sels cristallisables.

Oxydes de plomb intermédiaires, miniums.

§ 585. Lorsqu'on chauffe au contact de l'air et à une température ménagée du protoxyde de plomb en poudre fine, ou massicot, celui-ci absorbe de l'oxygène, et se change en une poudre d'un beau rouge orangé, appelé *minium*. Cette matière présente une composition variable, suivant que le grillage a été plus ou moins prolongé. En le continuant jusqu'à ce que le minium n'augmente plus de poids, on trouve que la substance présente une composition qui correspond à la formule $2PbO.PbO^2$. Il est très-probable que le protoxyde de plomb et l'acide plombique peuvent former plusieurs combinaisons définies. Le minium ne doit pas, en effet, être considéré comme un oxyde particulier du plomb; il se comporte dans toutes les réactions chimiques comme une combinaison d'acide plombique et de protoxyde de plomb. Quand on le traite par un acide, par l'acide azotique ou par l'acide acétique, on dissout le protoxyde de plomb, et l'on met l'acide plombique en liberté; c'est par ce procédé que l'on prépare ordinairement l'acide plombique.

On emploie une grande quantité de minium dans la fabrication du cristal. Pour préparer le minium dans les arts, on oxyde du massicot dans un four à réverbère, à une température qui ne doit pas dépasser 500°. On prépare aussi une certaine quantité de minium en décomposant la céruse, ou carbonate de plomb, au contact de l'air. Ce minium a une couleur plus pâle que le minium ordinaire; on lui donne le nom de *mine orange*.

Sels formés par le protoxyde de plomb.

§ 586. Le protoxyde de plomb est le seul oxyde de ce métal qui joue le rôle de base par rapport aux acides. C'est une base énergique, dont les affinités le cèdent à peine à celles de la baryte et de la chaux. Elle se distingue, parmi les bases métalliques, par la tendance à former des sous-sels, qui présentent souvent tous les caractères de combinaisons définies. Quelquefois ces sous-sels sont solubles, et ils bleuissent alors la teinture de tournesol rouge. Les sels de plomb sont vénéneux ; à petites doses, ils produisent des douleurs d'entrailles et des coliques. Les ouvriers qui travaillent le plomb, surtout les peintres en bâtiment qui manient la céruse, sont très-exposés à cette maladie, nommée *coliques saturnines* ou *coliques de plomb*. Le traitement le plus efficace consiste à administrer des boissons renfermant un peu d'acide sulfurique ou du sulfate de soude, afin de faire passer l'oxyde de plomb à l'état de sulfate insoluble.

§ 587. *Sulfate de plomb.* — Le sulfate de plomb est un sel insoluble dans l'eau ; on le prépare facilement en versant un sulfate alcalin dans la dissolution d'un sel de plomb soluble. On obtient une grande quantité de ce produit dans les ateliers de teinture où l'on décompose l'alun par l'acétate de plomb, afin d'obtenir de l'acétate d'alumine en dissolution. Le sulfate de plomb est à peu près complétement insoluble dans l'eau pure ; mais il se dissout notablement dans les liqueurs acides, surtout dans un excès d'acide sulfurique. L'acide chlorhydrique concentré décompose le sulfate de plomb, surtout à la température de l'ébullition, et le transforme en paillettes cristallines de chlorure de plomb. Cette réaction démontre que, dans une liqueur qui renferme un excès d'acide chlorhydrique, le chlorure de plomb est plus insoluble que le sulfate.

Le sulfate de plomb est indécomposable par la chaleur ; c'est le seul sulfate, parmi ceux des métaux de la quatrième classe que nous étudions maintenant, qui jouisse de cette stabilité. Le sulfate de plomb est facilement réduit par le charbon ; les produits de la décomposition varient avec la température et la proportion de charbon. Si l'on met un excès de charbon et si l'on chauffe brusquement, le sulfate de plomb se transforme en protosulfure PbS ; si on élève, au contraire, lentement la température, il se dégage beaucoup d'acide sulfureux, et il se forme du sous-sulfure de plomb Pb^2S. Lorsqu'on ne met que la quantité de charbon strictement nécessaire pour transformer l'acide sulfurique en acide sulfureux, et pour réduire l'oxyde de plomb, on obtient du plomb métallique parfaitement pur. Si l'on n'ajoute que la moitié de cette quantité de charbon, il reste du protoxyde de plomb PbO.

En chauffant ensemble, dans un creuset de terre, 1 éq. sulfate de plomb et 1 éq. protosulfure de plomb, il se dégage de l'acide sulfureux, et il reste 2 éq. plomb métallique :

$$PbO\,SO^3 + PbS = 2SO^2 + 2Pb.$$

Si l'on chauffe un mélange de 2 éq. sulfate de plomb et 1 éq. sulfure de plomb, le soufre se dégage encore complétement à l'état

d'acide sulfureux, mais il reste de l'oxyde de plomb et du plomb métallique :

$$2(PbO.SO^3) + PbS = 3SO^2 + 2PbO + Pb.$$

Ces deux réactions sont utilisées dans le traitement métallurgique
du plomb.

§ 588. *Azotate de plomb*. — On prépare l'azotate de plomb en dissolvant la litharge ou la céruse dans de l'acide azotique en excès. On
peut le préparer également en dissolvant le plomb métallique dans
l'acide azotique, en ayant soin de maintenir cet acide en excès. La
dissolution, saturée à chaud, abandonne par le refroidissement l'azotate de plomb, cristallisé en octaèdres réguliers. Ces cristaux sont
tantôt transparents, tantôt opaques, mais, dans les deux cas, ils sont
anhydres. L'eau froide ne dissout que $\frac{1}{7}$ environ de son poids d'azotate
de plomb ; l'eau chaude en dissout beaucoup plus. L'azotate de plomb
se décompose par la chaleur en acide hypoazotique, qui se dégage, et
en protoxyde de plomb, qui reste. Nous avons vu (§ 138) qu'on utilisait cette décomposition, dans les laboratoires, pour préparer l'acide
hypoazotique.

§ 589. *Silicates de plomb*. — L'oxyde de plomb et l'acide silicique
se combinent en toutes proportions, et forment, après fusion, des
matières vitreuses qui ont une teinte jaune quand la proportion
d'oxyde de plomb est considérable. Les silicates de plomb entrent dans
la constitution du cristal.

§ 590. *Chrômate de plomb*. — On obtient du chrômate de plomb
neutre, $PbO.CrO^3$, sous forme d'une poudre d'un beau jaune, en versant une dissolution d'acétate neutre de plomb dans une dissolution
de chrômate neutre de potasse. Ce sel est employé dans la peinture à
l'huile, sous le nom de *jaune de chrôme* ; on l'utilise également dans
la fabrication des toiles peintes. Le chrômate neutre de plomb se
trouve dans la nature ; il forme de beaux cristaux prismatiques rouges
qui donnent une poussière jaune.

§ 591. *Acétates de plomb*. — L'acétate neutre de plomb est employé dans la teinture en quantités considérables. On le prépare en
traitant la litharge par l'acide acétique ou vinaigre, en ayant soin de
laisser un excès d'acide, sans quoi il se formerait des sous-acétates.
La liqueur, évaporée lentement, donne de gros cristaux qui ont pour
formule $PbO.C^4H^3O^3 + 3HO$. La dissolution de l'acétate de plomb est
parfaitement neutre. Elle absorbe à l'air un peu d'acide carbonique ;
les parois du flacon se recouvrent d'un léger dépôt de carbonate de
plomb, et la dissolution manifeste alors une faible réaction acide. Les
cristaux d'acétate neutre de plomb perdent leur eau dans le vide sec

et par la chaleur. Ils fondent d'abord dans leur eau de cristallisation, qu'ils perdent complétement à une température de 100°, et subissent ensuite la fusion ignée vers 190°. Chauffés davantage, ils perdent une portion de leur acide acétique, et il reste un acétate basique, $3PbO.2C^4H^5O^3$, qui se décompose lui-même à une température plus élevée. L'acétate de plomb a une saveur sucrée qui devient astringente et métallique; il se dissout dans les $\frac{1}{10}$ de son poids d'eau froide.

En faisant bouillir une dissolution d'acétate neutre de plomb avec une quantité de litharge égale à la moitié de celle que l'acétate renferme, on obtient une liqueur qui abandonne, après évaporation, des cristaux d'acétate basique de plomb, dont la formule est $3PbO.2C^4H^5O^3 + HO$. Si l'on fait bouillir la même dissolution avec une quantité d'oxyde de plomb égale à celle que l'acétate neutre renferme, on obtient une liqueur qui donne des cristaux d'un sel encore plus basique, et dont la formule est $3PbO.C^4H^5O^3 + HO$.

Enfin, si l'on fait bouillir la dissolution de ce dernier sel basique avec un excès d'oxyde de plomb, on obtient un composé très-peu soluble qui se dépose presque complétement pendant le refroidissement. Ce composé a pour formule $6PbO.C^4H^5O^3$.

On emploie en médecine, sous le nom d'*extrait de Saturne* ou d'*eau blanche*, une dissolution d'un acétate basique de plomb, que l'on obtient en dissolvant dans $3\frac{1}{2}$ parties d'eau, 2 parties d'acétate neutre de plomb et 1 partie de litharge. On peut considérer cette liqueur comme renfermant un mélange des deux sous-acétates $3PbO.2C^4H^5O^3 + HO$ et $3PbO.C^4H^5O^3 + HO$. Les dissolutions des sous-acétates de plomb ont une réaction alcaline très-prononcée : elles bleuissent énergiquement la teinture rouge du tournesol. L'acide carbonique les décompose; du carbonate de plomb se précipite, et la liqueur renferme de l'acétate neutre mêlé d'une certaine quantité d'acide acétique libre.

§ 502. *Carbonate de plomb.* — Le carbonate de plomb se trouve cristallisé dans la nature; il forme de beaux cristaux transparents et très-réfringents. On prépare ce sel par double décomposition, en versant un carbonate alcalin dans la dissolution d'un sel de plomb soluble. Il se forme un précipité blanc, qui est du carbonate neutre anhydre, à peu près complétement insoluble dans l'eau.

Le carbonate de plomb est employé dans la peinture à l'huile; on lui donne le nom de *céruse* ou de *blanc de plomb*. On le prépare en grand par plusieurs procédés très-différents en apparence, mais revenant tous, en dernière analyse, à décomposer par l'acide carbonique du sous-acétate de plomb produit par des réactions diverses.

— L'un de ces procédés, celui qui est appelé *procédé de Clichy*, parce que c'est à Clichy, près de Paris, qu'il a d'abord été pratiqué, consiste à dissoudre de la litharge dans de l'acide acétique, de manière à obtenir une dissolution d'acétate basique renfermant une grande quantité d'oxyde de plomb, et à la décomposer par l'acide carbonique. L'oxyde de plomb se trouve presque complétement précipité à l'état de carbonate, et la liqueur renferme la totalité de l'acide acétique. On emploie celui-ci pour dissoudre une nouvelle quantité d'oxyde de plomb, et la nouvelle dissolution est soumise une seconde fois à l'action de l'acide carbonique. Le même acide acétique peut donc servir à transformer une quantité indéfinie d'oxyde de plomb en céruse ; mais, dans la réalité, il y a toujours une certaine quantité d'acide acétique perdue dans les diverses manipulations, et il faut en ajouter un peu à chaque nouvelle opération.

En Angleterre, on se contente d'exposer, à un courant de gaz acide carbonique, de la litharge mouillée avec de l'acide acétique ou avec une dissolution d'acétate neutre de plomb. En très-peu de temps, la litharge se change entièrement en carbonate de plomb.

La plus grande partie de la céruse consommée en France se prépare dans le département du Nord, par un procédé qui a d'abord été pratiqué en Hollande, et nommé, pour cette raison, *procédé hollandais*. On roule, sous forme de spirales, des bandes de plomb de 0m12 à 0m15 de largeur, et de 0m6 à 1m0 de longueur ; on place chacun de ces rouleaux Z (*fig.* 152) dans un pot de grès vernissé, muni, à quelques centimètres au-dessus de son fond, de deux petits rebords *b, b*, sur lesquels s'appuie le rouleau de plomb. Chaque pot contient, au fond, une petite quantité de vinaigre de mauvaise qualité, obtenu avec de la bière fermentée, et est recouvert avec un disque de plomb *mn* qui le ferme incomplétement. On dispose un grand nombre de ces pots, sur plusieurs rangées, dans une couche de fumier de cheval. On les recouvre de paille, puis on établit une seconde série de pots au-dessus des premiers. On

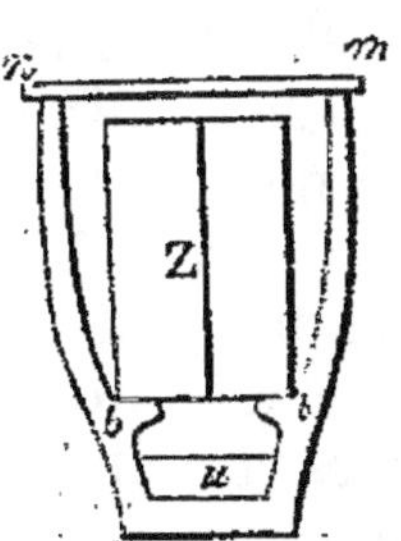

Fig. 152.

remplit encore de fumier les interstices, et ainsi de suite jusqu'à ce que l'on ait disposé 5 ou 6 assises de pots les unes au-dessus des autres. Enfin, on recouvre le tout avec du fumier, que l'on maintient extérieurement au moyen de planches, de manière à permettre à l'air un accès lent dans toute la masse.

Le vinaigre des pots donne des vapeurs d'eau et d'acide acétique. Le plomb, au contact de ces vapeurs, ainsi qu'à celui de l'air, s'oxyde rapidement à sa surface et se couvre de sous-acétate de plomb. D'un autre côté, le fumier, entrant en fermentation, dégage de l'acide carbonique et élève fortement la température du milieu, de sorte que le dégagement des vapeurs acides devient de plus en plus abondant. L'acide carbonique décompose le sous-acétate de plomb et le transforme en carbonate. L'acide acétique devenu libre détermine la formation d'une nouvelle quantité de sous-acétate, qui se change à son tour en carbonate, et ainsi de suite. Au bout de 15 jours, l'opération est terminée, et les disques de plomb qui recouvraient les pots sont changés presque complétement en carbonate. Les rouleaux de plomb sont corrodés plus ou moins profondément ; on les déroule, on les bat pour en détacher le carbonate, puis ils sont chargés dans de nouveaux pots, jusqu'à ce qu'ils aient complétement disparu. La céruse est broyée en poudre fine, purifiée par lévigation, puis placée dans des pots de terre poreux, où elle se dessèche.

Caractères distinctifs des sels de plomb.

§ 595. Les sels neutres formés par le protoxyde de plomb sont incolores lorsque l'acide n'est pas coloré par lui-même ; les sous-sels ont, au contraire, souvent une teinte jaune. Les sels solubles ont une saveur sucrée.

La potasse et la soude caustiques donnent, à froid, des précipités blancs d'hydrate de protoxyde de plomb qui se dissolvent dans un excès de réactif alcalin.

Les carbonates alcalins donnent un précipité blanc de carbonate de plomb qui ne se dissout pas dans un excès du réactif.

L'acide sulfhydrique produit un précipité noir de sulfure de plomb, lors même que la liqueur renferme un grand excès d'acide. Les sulfures alcalins donnent le même précipité ; celui-ci ne se dissout pas dans un excès de liquide précipitant.

Les dissolutions des sels de plomb donnent, avec les sulfates solubles, un précipité blanc, insoluble dans l'eau, que l'on peut confondre au premier abord avec le sulfate de baryte, mais qui se distingue facilement de ce dernier en ce qu'il noircit par l'hydrogène sulfuré.

Le prussiate de potasse précipite en blanc les sels de plomb.

Si l'on verse, dans une dissolution un peu concentrée et chaude d'un sel de plomb, de l'acide chlorhydrique ou un chlorure soluble, on obtient un précipité blanc de chlorure de plomb qui se change, par le refroidissement, en petites lamelles cristallines d'un aspect caractéristique. Si l'on remplace le chlorure par un iodure, on obtient des paillettes jaunes d'or, également caractéristiques.

Le fer, le zinc et l'étain précipitent le plomb, à l'état métallique, de ses dissolutions.

Enfin, les sels de plomb se reconnaissent facilement au chalumeau, en ce que, chauffés avec du carbonate de soude sur un charbon, dans la flamme réduisante, ils donnent un globule de plomb métallique, facile à reconnaître à ses propriétés physiques et chimiques.

Combinaisons du plomb avec le soufre.

§ 594. Le sulfure de plomb PbS, correspondant au protoxyde PbO, se trouve dans la nature sous forme de beaux cristaux cubiques, brillants et d'un gris bleuâtre. Les minéralogistes lui donnent le nom de *galène*. C'est le plus commun de tous les minéraux du plomb; c'est aussi le plus important, car il fournit la presque totalité du plomb du commerce. On obtient ce sulfure directement, en fondant du plomb en grenailles avec du soufre; la combinaison a lieu avec incandescence. Mais il est nécessaire, pour obtenir le sulfure pur, de réduire la matière en poudre et de la chauffer une seconde fois avec du soufre. En faisant passer un courant d'hydrogène sulfuré à travers une dissolution d'un sel de plomb, on obtient un précipité noir qui est du protosulfure de plomb très-divisé.

Le sulfure de plomb fond à la chaleur rouge; si le refroidissement est très-lent, la masse présente, après sa solidification, une texture cristalline dans laquelle il est facile de constater le clivage cubique. Le sulfure de plomb est un peu volatil; on peut le sublimer dans un tube de porcelaine au milieu d'un courant gazeux. Les parois plus froides du tube se recouvrent de petits cristaux cubiques de sulfure, remarquables par leur bel éclat.

Le sulfure de plomb se grille facilement au contact de l'air; les produits sont différents suivant la température et la manière dont l'opération est conduite. Généralement il se forme beaucoup de sulfate de plomb et de l'oxyde; mais on peut obtenir aussi beaucoup de plomb métallique. Nous avons vu, en effet (§ 587), qu'en chauffant 1 éq. sulfate de plomb avec 1 éq. sulfure de plomb, on obtenait 2 éq. plomb métallique et un dégagement d'acide sulfureux. En outre, si l'on chauffe 1 éq. sulfure de plomb avec 2 éq. protoxyde de plomb, il se dégage de l'acide sulfureux, et on obtient 5 éq. plomb métallique :

$$PbS + 2PbO = 3Pb + SO^2;$$

or on conçoit que ces différentes réactions puissent survenir pendant le grillage du sulfure de plomb.

Le sulfure de plomb n'est pas sensiblement attaqué par l'acide sulfurique étendu, ni par l'acide chlorhydrique. L'acide sulfurique concentré et bouillant le change en sulfate de plomb, avec dégagement d'acide sulfureux. L'acide azotique attaque facilement la galène, même quand il est étendu. Lorsque cet acide est mêlé à une quantité suffisante d'eau, le soufre se sépare à l'état libre, et le plomb se dissout à l'état d'azotate. L'acide azotique fumant transforme le sulfure de plomb en sulfate. Enfin l'acide azotique, à un état de concentration moyen, transforme une grande partie du sulfure en sulfate, le reste du sulfure donne du soufre libre et du plomb qui se dissout à l'état d'azotate.

En chauffant 1 éq. de sulfure de plomb avec 1 éq. de plomb métallique, on obtient un *sous-sulfure de plomb*, Pb^2S, que l'on rencontre constamment dans la métallurgie du plomb, où il forme ce qu'on appelle les *mattes plombeuses*. Le sulfure de plomb paraît même pouvoir se combiner avec des quantités de plomb plus considérables.

Combinaison du plomb avec le chlore.

§ 595. Le plomb est facilement attaqué par le chlore ; il ne donne qu'une seule combinaison, le protochlorure de plomb, $PbCl$. On prépare facilement le chlorure de plomb en chauffant de la litharge avec de l'acide chlorhydrique ; la litharge se transforme en une poudre cristalline blanche, formée par de petits cristaux aciculaires, ou par des paillettes minces. Ce chlorure est peu soluble dans l'eau, surtout dans l'eau froide. Le chlorure de plomb fond avant la chaleur rouge, et il se fige en une matière qui présente l'aspect de la corne et se laisse couper au couteau. On peut préparer le chlorure de plomb par double décomposition, en versant une dissolution de sel marin dans une dissolution concentrée d'un sel de plomb.

Le chlorure de plomb et l'oxyde de plomb peuvent se combiner en plusieurs proportions ; ils donnent des oxychlorures, qui cristallisent facilement par fusion. Ces oxychlorures sont d'une belle couleur jaune ; on les utilise dans la peinture sous les noms de *jaune minéral*, de *jaune de Cassel*, de *jaune de Turner*.

Combinaison du plomb avec l'iode.

§ 596. Si l'on verse, dans une dissolution chaude et suffisamment étendue d'un sel de plomb, une dissolution d'iodure de potassium, la liqueur abandonne, par le refroidissement, des paillettes cristallines jaunes d'iodure de plomb PbI, qui présentent l'éclat de l'or.

Alliages.

§ 597. Le plomb forme plusieurs alliages employés dans les arts. Les principaux sont : l'alliage des imprimeurs, composé d'antimoine et de plomb, et les alliages de plomb et d'étain, dont on se sert pour les soudures et la poterie d'étain.

L'alliage employé pour les caractères d'imprimerie correspond à peu près à la formule Pb^2Sb ; il est formé de

Plomb.	76,2
Antimoine.	23,8
	100.0

On y ajoute quelquefois une petite quantité de bismuth.

Le plomb et l'étain s'allient facilement en toutes proportions. La fusibilité de ces alliages varie beaucoup suivant les diverses proportions des deux métaux.

Le plomb pur fond à.	335°
L'alliage Pb^3Sn »	289
» $PbSn$ »	241
» $PbSn^2$ »	196
» $PbSn^3$ »	186
» $PbSn^4$ »	189
» $PbSn^5$ »	194
L'étain pur »	225

Ainsi l'alliage le plus fusible correspond à la formule $PbSn^3$; il fond à une température plus basse que le métal le plus fusible qui entre dans sa constitution. Ces alliages se défont facilement par liquation (§ 267).

Pour la poterie d'étain, on allie à l'étain de 12 à 18 pour 100 de plomb ; celui-ci donne plus de dureté au métal et permet de le travailler plus facilement sur le tour.

La soudure des plombiers est composée de :

Plomb.	2 parties
Étain.	1 »

Cette soudure fond vers 275°.

La soudure des ferblantiers renferme :

Plomb.	1 partie
Étain.	1 »

Métallurgie du plomb.

§ 597 *bis*. Le principal minerai de plomb est le sulfure ou *galène* (§ 594), qui se trouve en filons ou en amas dans les terrains anciens. Les procédés métallurgiques à l'aide desquels on extrait le plomb de la galène se divisent en deux classes.

Dans la première, on fond le minerai avec du fer métallique dans un fourneau à cuve, alimenté par un soufflet, et où l'on charge le minerai par couches alternatives avec le charbon. Le fer enlève le soufre au plomb, forme un sulfure de fer fusible, et met le plomb en liberté. Ces deux matières fondues se rendent dans une cavité pratiquée au bas du fourneau; le sulfure de fer se solidifie promptement; on l'enlève sous forme de disque. Le plomb conserve plus longtemps sa fluidité; on le puise avec des cuillers de fer, et on le moule en disques ou en saumons.

La seconde méthode est fondée sur les deux réactions suivantes, que nous avons déjà indiquées (§ 587 et 594) : si l'on fond ensemble 1 éq. sulfure de plomb et 2 éq. oxyde de plomb, on obtient 3 éq. plomb métallique, et 1 éq. d'acide sulfureux qui se dégage :

$$PbS + 2PbO = 2Pb + SO^2.$$

Si l'on fond ensemble 1 éq. sulfure de plomb et 6 éq. sulfate de plomb, 2 éq. d'acide sulfureux se dégagent, et l'on obtient 2 éq. plomb métallique. La méthode fondée sur ces réactions, et qu'on appelle *méthode par réaction*, consiste à griller la galène dans un fourneau à réverbère, jusqu'à ce qu'il se soit formé une certaine quantité d'oxyde et de sulfate; puis à donner un coup de feu, après avoir mélangé intimement la matière et avoir fermé les portes du fourneau, qui laissaient arriver l'air frais sur le minerai, pendant le grillage. C'est pendant cette seconde période de l'opération que la réaction entre le sulfate et le sulfure a lieu, et que le plomb se sépare.

Il n'existe en France que deux usines à plomb importantes; ce sont celles de Poullaouen en Bretagne, et de Pont-Gibaud en Auvergne; la plus grande partie du plomb s'extrait en Angleterre, en Allemagne et en Espagne.

BISMUTH

Équivalent = 1330,0

§ 598. Le bismuth[1] du commerce n'est jamais absolument pur; mais, comme les métaux étrangers avec lesquels il est allié sont en général plus oxydables que lui, on parvient à le purifier en chauffant le métal pulvérisé avec $\frac{1}{10}$ de son poids de nitre, dans un creuset de terre. Il convient d'élever lentement la température jusqu'à la décomposition de l'azotate. Les métaux étrangers s'oxydent et se combinent avec la potasse ainsi qu'une partie du bismuth, le reste du bismuth forme un culot au fond du creuset.

Pour obtenir du bismuth chimiquement pur, il faut fondre dans un creuset un mélange de sous-azotate de bismuth et de flux noir.

Le bismuth est un métal d'un blanc gris, mais qui présente en même temps une nuance rougeâtre bien prononcée. On reconnaît facilement cette nuance lorsqu'on place un morceau de bismuth à côté d'un échantillon d'un métal blanc gris, tel que le zinc, l'antimoine, etc. Sa densité est 9,9. Il présente une cassure cristalline à larges lames miroitantes; il a très-peu de malléabilité, et cristallise avec une grande facilité par voie de fusion. On l'obtient en beaux cristaux, en fondant dans un *têt* ou capsule en terre quelques kilogrammes de bismuth du commerce purifié par une fusion au nitre, et laissant refroidir très-lentement. A cet effet, on place la capsule sur un bain de sable chauffé, et on la recouvre d'une plaque de tôle sur laquelle on met quelques charbons allumés. Au bout de quelque temps, on perce avec un charbon rouge la croûte solide qui s'est formée à la surface, et l'on fait écouler le métal encore liquide. On détache avec précaution cette croûte, et l'on met en évidence une géode de cristaux très-beaux, ayant souvent plusieurs centimètres de diamètre. Ces cristaux sont des rhomboèdres, ou plutôt des trémies pyramidales, analogues à celles du sel marin (§ 418). Ils présentent des couleurs irisées très-belles, produites par les pellicules très-minces d'oxyde, qui se forment à la surface du métal au moment où il arrive encore chaud au contact de l'air. Ces pellicules donnent lieu aux jeux de couleur des lames minces ou des bulles de savon.

Le bismuth fond à 264°; le bismuth est volatil à une très-haute température; il est cependant difficile de le distiller.

---

[1] Le bismuth était connu des anciens, qui le confondaient souvent avec le plomb et l'étain. Stahl et Dufay montrèrent les premiers que c'est un métal particulier.

Le bismuth ne s'altère pas à l'air sec; au contact de l'air humide, il se recouvre, à la longue, d'une pellicule très-mince d'oxyde. Chauffé à l'air, il brûle avec une petite flamme bleuâtre, en répandant des fumées jaunes. Le bismuth ne décompose l'eau qu'à une très-haute température; il ne la décompose pas à froid, en présence des acides puissants. L'acide chlorhydrique concentré l'attaque difficilement; l'acide sulfurique ne l'attaque que lorsqu'il est concentré et chaud; de l'acide sulfureux se dégage. L'acide azotique attaque très-vivement le bismuth et le dissout complétement.

Combinaisons du bismuth avec l'oxygène.

§ 599. Le bismuth forme deux combinaisons avec l'oxygène :
1° L'oxyde Bi^2O^3;
2° L'oxyde Bi^2O^5 ou acide bismuthique.

On connaît en outre un oxyde intermédiaire BiO^2, mais il convient de le regarder comme une combinaison des deux précédents, et sa formule doit être écrite $Bi^2O^3.Bi^2O^5$.

§ 600. *Oxyde de bismuth*, Bi^2O^3. — L'oxyde de bismuth Bi^2O^3 s'obtient en grillant le métal à l'air, ou mieux en décomposant le sous-azotate de bismuth par la chaleur. Il se présente sous forme d'une poudre jaune clair, fondant à la chaleur rouge et donnant, en se solidifiant, un verre jaune plus foncé. Ce verre perce facilement les creusets de terre. L'oxyde de bismuth est fixe; sa densité est 8,45.

On obtient cet oxyde hydraté, sous forme d'une poudre blanche, en décomposant le sous-azotate de bismuth par un alcali ou par l'ammoniaque. Si l'on fait bouillir cet hydrate avec une dissolution de potasse, il perd son eau et se transforme en une poudre cristalline jaune qui est de l'oxyde anhydre.

§ 601. *Acide bismuthique*, Bi^2O^5. — L'acide bismuthique, Bi^2O^5, se prépare en faisant passer un courant de chlore à travers une dissolution concentrée de potasse, dans laquelle on a mis en suspension de l'oxyde de bismuth très-divisé. On l'obtient également en chauffant longtemps au contact de l'air un mélange de potasse et d'oxyde de bismuth, ou mieux en calcinant un mélange d'oxyde de bismuth, de potasse caustique et de chlorate de potasse. L'acide bismuthique préparé par l'un ou l'autre de ces procédés est toujours mélangé d'une certaine quantité d'oxyde de bismuth; on peut l'en séparer en traitant la matière par de l'acide azotique affaibli, qui dissout l'oxyde de bismuth et qui n'exerce pas d'action à froid sur l'acide bismuthique. L'acide bismuthique est une poudre d'un rouge clair, qui perd facilement une partie de son oxygène à une température peu supérieure à 100°, et se transforme alors en oxyde intermédiaire BiO^2. Les acides concentrés le décomposent également, mais ils le ramènent à l'état d'oxyde Bi^2O^3, qui se combine avec l'acide.

Sels formés par l'oxyde de bismuth.

§ 602. L'oxyde de bismuth est une base faible, qui forme avec plusieurs acides des sels susceptibles de cristalliser. L'eau décompose ces sels en sous-sels qui se précipitent, et en sels très-acides qui entrent en dissolution.

§ 603. *Azotate de bismuth.* — L'azotate de bismuth est le plus important des sels de ce métal; on l'obtient en dissolvant le bismuth dans l'acide azotique. L'évaporation de la liqueur donne de gros cristaux incolores, déliquescents, qui ont pour formule $Bi^2O^3.3AzO^5 + 3HO$. L'azotate de bismuth se dissout, sans décomposition, dans une petite quantité d'eau, surtout lorsqu'on ajoute à celle-ci quelques gouttes d'acide azotique; mais il se décompose si la quantité d'eau est plus grande. Il se forme un précipité blanc, qui est un sous-azotate de bismuth, auquel on donne le nom de *blanc de fard*. Ce corps est employé pour blanchir la peau, mais il a l'inconvénient de noircir par l'hydrogène sulfuré.

Combinaison du bismuth avec le chlore.

§ 604. Le bismuth se combine directement au chlore avec dégagement de chaleur, et même de lumière, quand le métal est très-divisé. Si l'on chauffe le bismuth dans une cornue tubulée, traversée par un courant de chlore, le chlorure de bismuth distille, et se condense sous forme d'une substance blanche, facilement fusible. On obtient le même corps en distillant dans une petite cornue un mélange de 1 partie de bismuth métallique et de 2 parties de chlorure de mercure $HgCl$. Le chlorure de bismuth attire promptement l'humidité de l'air, et se change en un chlorure hydraté qui cristallise. On obtient le même chlorure hydraté en dissolvant le bismuth métallique dans l'eau régale, et évaporant la liqueur. Le chlorure de bismuth, Bi^2Cl^3, se dissout, sans altération, dans de l'eau chargée d'acide chlorhydrique; mais il se décompose par l'eau pure : une portion du chlorure se dissout à la faveur de l'acide chlorhydrique devenu libre, et il reste un précipité blanc d'oxychlorure de bismuth, $Bi^2Cl^3 + 2(Bi^2O^3 + 3HO)$.

Alliages de bismuth.

§ 605. En alliant le bismuth avec le plomb et l'étain, on obtient des alliages très-fusibles dont on se sert pour prendre des empreintes, faire des clichés. L'alliage formé de 1 partie de plomb, 1 partie d'étain et 2 de bismuth fond à 93°,75; celui qui renferme 5 de plomb, 3 d'étain et 8 de bismuth fond vers 98°. En diminuant la proportion de bismuth, on produit des alliages dont le point de fusion varie entre 100 et 200°; on s'en est servi pour fabriquer des plaques ou rondelles fusibles à des degrés de chaleur déterminés, et avec lesquelles on fermait une ouverture ménagée sur les chaudières des machines à vapeur à haute pression. La composition de ces plaques est telle, qu'elles fondaient un peu au-dessus de la température correspondant au maximum de tension que la vapeur ne devait pas dépasser. Lorsque, par suite des mauvaises conditions des soupapes de sûreté ou de leur surcharge, la force élastique de la vapeur dépassait ce maximum, les rondelles fondaient et donnaient issue à la vapeur. Mais on ne tarda pas à reconnaitre que ce moyen de sûreté était illusoire : l'alliage, maintenu pendant longtemps à une température voisine de son point de fusion, éprouvait une espéce de liquation; il s'en séparait un alliage plus fusible, et celui qui restait était beaucoup moins fusible que l'alliage primitif. Cet inconvénient a fait renoncer à l'emploi des rondelles fusibles.

Caractéres distinctifs des combinaisons solubles du bismuth.

§ 606. Nous avons vu que tous les composés du bismuth, solubles dans une très-petite quantité d'eau, se décomposaient quand on les traitait par une quantité d'eau plus grande, et donnaient des précipités blancs de sous-sels; un des caractéres distinctifs des dissolutions de bismuth est donc de se troubler quand on les étend de beaucoup d'eau.

Les alcalis caustiques et les carbonates alcalins donnent des précipités blancs, insolubles dans un excès du réactif alcalin.

L'hydrogène sulfuré et les sulfhydrates précipitent les dissolutions du bismuth en noir ; le précipité ne se redissout pas dans un excès de sulfhydrate.

Le fer, le zinc, le cuivre, précipitent le bismuth sous forme d'une poudre noire qui fond facilement sur un charbon, dans la flamme réduisante du chalumeau, en un globule métallique, très-cassant après le refroidissement, et donnant une poussière d'une nuance rosée caractéristique.

Métallurgie du bismuth.

§ 606 *bis*. Le bismuth existe dans la nature à l'état natif, formant des filets métalliques dans des roches quartzeuses. C'est la Saxe qui produit la totalité du bismuth employé dans les arts. Le procédé d'extraction est très-simple, car il consiste à chauffer le minerai dans des vases clos; le bismuth fond, se sépare de la gangue, et vient se rendre à la partie inférieure des vases.

ANTIMOINE

Équivalent = 751,90

§ 607. L'antimoine [1] du commerce est rarement pur; le plus souvent il renferme de petites quantités de fer, de plomb, d'arsenic et de soufre. On le purifie, dans les laboratoires, en le mélangeant intimement avec $\frac{1}{10}$ de son poids de nitre, et fondant le mélange dans un creuset de terre. L'antimoine se présente alors sous la forme d'un culot métallique, à très-petites lamelles cristallines. La finesse du grain de l'antimoine est un indice de sa pureté.

L'antimoine est un métal d'un blanc d'argent, légèrement bleuâtre, très-brillant. Sa densité est 6,8 environ. Il fond vers 450°. A la chaleur blanche, il donne des vapeurs sensibles. On peut le distiller à cette température dans un courant de gaz hydrogène; mais la distillation est très-lente, car sa vapeur n'a encore qu'une faible tension. L'antimoine cristallise facilement par voie de fusion. La tendance de l'antimoine à la cristallisation se manifeste d'une manière évidente sur les pains d'antimoine que l'on trouve dans le commerce. Leur surface supérieure présente souvent une belle étoile dont les rayons ressemblent à des feuilles de fougère. C'est un métal très-cassant; on le réduit facilement en poudre fine dans un mortier.

L'antimoine ne s'altère pas sensiblement à l'air, à la température ordinaire; mais il s'oxyde promptement quand on le maintient fondu

----

[1] Les minerais d'antimoine étaient connus des anciens; mais c'est Basile Valentin qui fit le premier mention de l'antimoine métallique.

au contact de l'air. Chauffé à une haute température, il brûle avec une flamme blanche, en répandant des fumées abondantes. Si l'on projette, d'une certaine hauteur sur le sol, de l'antimoine fondu et chauffé au rouge, on observe un phénomène de combustion très-brillant, accompagné de fumées blanches épaisses.

L'antimoine en poudre fine se dissout dans l'acide chlorhydrique concentré et bouillant, avec dégagement de gaz hydrogène. Mais il ne décompose pas l'eau en présence de l'acide sulfurique. Il n'est oxydé par l'acide sulfurique que lorsque cet acide est concentré et chaud ; il y a alors production d'acide sulfureux. L'acide azotique l'attaque facilement, même lorsqu'il est étendu ; le métal se change en un précipité blanc insoluble. L'eau régale dissout très-bien l'antimoine, et le change en un chlorure qui se dissout sans altération dans un excès d'acide chlorhydrique.

Combinaisons de l'antimoine avec l'oxygène.

§ 608. On connaît deux combinaisons bien définies de l'antimoine avec l'oxygène. Les quantités d'oxygène que renferment ces oxydes sont entre elles comme 3 est à 5. La combinaison la plus oxygénée, à laquelle on donne la formule Sb^2O^5, joue le rôle d'acide ; on l'appelle *acide antimonique*. L'oxyde le moins oxygéné, qui a pour formule Sb^2O^3, se comporte comme une base faible. Nous lui donnerons le nom de *sesquioxyde d'antimoine*, ou simplement *d'oxyde d'antimoine*.

Quelques chimistes admettent l'existence d'un troisième oxyde SbO^2, qu'ils appellent *acide antimonieux* ; mais il est plus convenable de considérer ce composé comme un antimoniate d'oxyde d'antimoine, $Sb^2O^3.Sb^2O^5$.

§ 609. *Oxyde d'antimoine*, Sb^2O^3. — L'oxyde d'antimoine se forme quand on chauffe l'antimoine dans un creuset imparfaitement fermé ; il se dépose sur les parois du creuset, à une petite distance au-dessus du métal fondu, de petits cristaux prismatiques allongés et très-brillants, auxquels on a donné le nom de *fleurs argentines d'antimoine*. Mais il est difficile d'éviter que l'oxyde, ainsi préparé, ne renferme de l'antimoniate d'oxyde d'antimoine. Le meilleur procédé pour obtenir cet oxyde à l'état de pureté consiste à verser, par petites quantités à la fois, une dissolution de chlorure d'antimoine, Sb^2Cl^3, dans une dissolution bouillante de carbonate de soude. L'oxyde d'antimoine se sépare alors sous forme de petits cristaux.

L'oxyde d'antimoine est d'un blanc grisâtre : il fond à la chaleur rouge et se sublime à une température plus élevée. Il absorbe facilement l'oxygène, quand on le chauffe au contact de l'air, et se transforme en antimoniate d'oxyde d'antimoine. Il est indécomposable par la chaleur seule, mais il est facilement réduit par l'hydrogène ou par le charbon.

L'oxyde d'antimoine, précipité à froid de la dissolution du chlorure par le carbonate de soude, est hydraté ; sa formule est $Sb^2O^3 + HO$. Il se dissout facilement dans les liqueurs alcalines, et forme de véritables sels dans lesquels il joue le rôle d'acide.

Acide antimonique, Sb^2O^5.

§ 610. L'acide antimonique s'obtient en attaquant l'antimoine par l'acide azotique, ou mieux, par l'eau régale dans laquelle on maintient un excès d'acide azotique. Il se forme une poudre blanche insoluble, qui est de l'acide antimonique hydraté, mais qui perd son eau à une température peu élevée, et se change en acide antimonique anhydre. On obtient également de l'acide antimonique hydraté en décomposant par l'eau le perchlorure d'antimoine Sb^2Cl^5.

L'acide antimonique anhydre est une poudre d'un blanc jaunâtre qui se décompose à la chaleur rouge, et donne de l'antimoniate d'oxyde d'antimoine $Sb^2O^3.Sb^2O^5$.

On prépare l'*antimoniate de potasse* en chauffant dans un creuset de terre 1 partie d'antimoine métallique et 4 parties d'azotate de potasse.

§ 611. *Antimoniate d'oxyde d'antimoine*, $Sb^2O^3.Sb^2O^5$. — Lorsqu'on chauffe l'acide antimonique jusqu'à ce qu'il ne se dégage plus d'oxygène, il reste une poudre blanche qui a pour composition SbO^2, mais dont la formule doit être écrite $Sb^2O^3.Sb^2O^5$. Ce produit, appelé quelquefois *acide antimonieux*, se forme également quand on grille l'antimoine au contact de l'air libre.

Sels formés par l'oxyde d'antimoine.

§ 612. L'oxyde d'antimoine, Sb^2O^3, est une base faible ; il forme cependant avec les acides plusieurs sels définis.

On obtient un azotate d'antimoine en traitant l'oxyde d'antimoine à froid par de l'acide azotique fumant. La matière se transforme en paillettes cristallines qui ont pour formule $2Sb^2O^3.AzO^5$. Ce sel est décomposé par l'eau et se transforme en oxyde d'antimoine hydraté.

Combinaisons de l'antimoine avec le soufre.

§ 615. On connaît deux combinaisons de l'antimoine avec le soufre. La première, à laquelle nous donnerons le nom de *sulfure d'antimoine*, a pour formule Sb^2S^3, et correspond à l'oxyde Sb^2O^3. La seconde correspond à l'acide antimonique; elle a pour formule Sb^2S^5; nous lui donnerons le nom d'*acide sulfoantimonique*.

Le sulfure d'antimoine se trouve dans la nature; il forme des filons dans les terrains anciens, et c'est le minerai le plus commun de l'antimoine. Le sulfure d'antimoine est d'un gris foncé, doué d'un éclat métallique très-prononcé. Il fond au-dessous du rouge, et cristallise facilement par refroidissement. On peut préparer ce sulfure par la combinaison directe de l'antimoine avec le soufre; mais il est alors nécessaire de fondre plusieurs fois la matière avec du soufre.

Le sulfure d'antimoine se grille facilement au contact de l'air : pendant ce grillage il ne se forme pas de sulfate, mais seulement de l'oxyde d'antimoine qui se combine avec le sulfure non décomposé, surtout si la température est élevée. Il se forme ainsi des oxysulfures qui fondent et donnent, après le refroidissement, des matières vitreuses brunes, appelées dans le commerce *verre d'antimoine, foie d'antimoine*, ou *crocus*, suivant les proportions des deux matières qui les constituent.

L'acide chlorhydrique concentré dissout facilement le sulfure d'antimoine avec dégagement d'hydrogène sulfuré : on utilise souvent cette réaction, dans les laboratoires, pour préparer l'acide sulfhydrique (§ 110).

Le sulfure d'antimoine, Sb^2S^3, peut être préparé par voie humide, en faisant passer un courant de gaz acide sulfhydrique à travers une dissolution de chlorure d'antimoine, Sb^2Cl^3, dans de l'eau chargée d'acide chlorhydrique. Il se forme un précipité orangé, qui est du *sulfure hydraté*. Ce sulfure se dissout facilement dans les sulfures alcalins; il joue alors le rôle d'un acide. Les acides précipitent de nouveau le sulfure hydraté des dissolutions de sulfosels. Le sulfure d'antimoine hydraté perd facilement son eau par la chaleur, et se change en sulfure gris anhydre.

On emploie, en médecine, le sulfure hydraté, mêlé ou combiné avec de l'oxyde d'antimoine, et souvent avec de l'acide sulfoantimonique, Sb^2S^5; on lui donne alors les noms de *kermès*, de *soufre doré*, etc., etc.

Le kermès se prépare, soit par voie sèche, soit par voie humide.

Pour le préparer par voie sèche, on fait fondre dans un creuset de terre un mélange de 5 parties de sulfure d'antimoine naturel et de 3 parties de carbonate de soude desséché ; on pulvérise la matière fondue, et on la fait bouillir avec une grande quantité d'eau. On filtre rapidement la liqueur chaude, en prenant des précautions pour qu'elle ne se refroidisse pas dans le filtre. La liqueur, qui est presque incolore, ou à peine colorée en jaune, laisse déposer, par le refroidissement, un abondant précipité floconneux brun, qui est le kermès. Ce précipité doit être lavé promptement, desséché à une basse température, et conservé dans des flacons bien bouchés.

On prépare le kermès par voie humide en faisant bouillir 1 partie de sulfure d'antimoine naturel, pulvérisé très-fin, avec 20 ou 25 parties de carbonate de soude desséché et 250 parties d'eau. La liqueur, sensiblement incolore, laisse en refroidissant déposer le kermès.

Si l'on verse de l'acide chlorhydrique dans les eaux mères refroidies qui ont laissé déposer le kermès, on obtient un précipité d'une couleur plus rouge que le kermès, et auquel on a donné le nom de *soufre doré*. Cette dernière substance est un mélange de sulfure d'antimoine, Sb^2S^3, d'acide sulfoantimonique, Sb^2S^5, et d'oxyde d'antimoine, Sb^2O^3.

On obtient l'*acide sulfoantimonique*, Sb^2S^5, en faisant passer un courant d'hydrogène sulfuré à travers une dissolution de perchlorure d'antimoine, Sb^2Cl^5, dans l'acide chlorhydrique étendu. Il se forme un précipité jaune, qui se dissout facilement dans les sulfures alcalins, avec lesquels il forme des sulfosels qui cristallisent souvent très-bien.

Combinaisons de l'antimoine avec le chlore.

§ 614. L'antimoine forme avec le chlore deux combinaisons, Sb^2Cl^3 et Sb^2Cl^5, qui correspondent à l'oxyde d'antimoine, Sb^2O^3, et à l'acide antimonique, Sb^2O^5.

On obtient le chlorure d'antimoine, Sb^2Cl^3, en faisant passer lentement du chlore à travers un tube qui renferme de l'antimoine en excès. Si le chlore arrivait en trop grande quantité, il se formerait du perchlorure, Sb^2Cl^5. On obtient également le sesquichlorure d'antimoine en distillant dans une cornue de verre un mélange intime de 1 partie d'antimoine et de 2 parties de chlorure de mercure $HgCl$. Mais le procédé le plus économique pour préparer ce corps consiste à dissoudre le sulfure d'antimoine naturel dans l'acide chlorhydrique, et à évaporer la liqueur avec un excès d'acide. Dans les laboratoires, on utilise pour cela les résidus de la préparation de l'hydrogène sulfuré.

Le chlorure d'antimoine, Sb^2Cl^3, forme une matière blanche, facilement fusible ; sa consistance butyreuse, à la température ordinaire, lui a fait donner autrefois le nom de *beurre d'antimoine* ; il se volatilise facilement au-dessous du rouge sombre.

Le chlorure d'antimoine, Sb^2Cl^3, est déliquescent à l'air humide. Il se dissout sans altération dans une petite quantité d'eau ; si l'on veut le dissoudre dans des quantités d'eau plus grandes, on y ajoute de l'acide chlorhydrique : si cette eau restait pure, il y aurait décomposition et il se formerait un précipité blanc, insoluble, auquel les anciens chimistes ont donné le nom de *poudre d'Algaroth* ; c'est un oxychlorure d'antimoine, $Sb^2Cl^3.2Sb^2O^3 + HO$. Le meilleur moyen d'empêcher la dissolution de chlorure d'antimoine de se troubler par l'eau consiste à y ajouter une certaine quantité d'acide tartrique.

On emploie le chlorure d'antimoine en chirurgie pour cautériser les plaies. Les armuriers s'en servent pour bronzer les canons de fusil ; ils recouvrent ainsi le fer d'une pellicule très-mince d'antimoine métallique qui le préserve de la rouille.

On prépare le *perchlorure* ou *chlorure d'antimoine*, Sb^2Cl^5, en chauffant de l'antimoine dans un courant de chlore sec ; on emploie le même appareil que pour la préparation du perchlorure d'étain.

Caractères distinctifs des composés solubles de l'antimoine.

§ 615. Les caractères que nous allons indiquer pour reconnaître l'antimoine en dissolution se rapportent au chlorure d'antimoine et à l'*émétique*, qui est un tartrate double d'antimoine et de potasse. Ces caractères suffisent pour distinguer l'antimoine dans tous les cas, parce qu'il est toujours facile de transformer les autres composés de l'antimoine en ces deux produits.

Les dissolutions d'antimoine donnent des précipités blancs avec la potasse et la soude ; ces précipités se redissolvent facilement dans un excès d'alcali. L'ammoniaque donne un précipité blanc, insoluble dans un excès de réactif.

Les carbonates alcalins donnent un précipité blanc d'oxyde hydraté qui ne se dissout pas dans un excès de carbonate. Il se dégage en même temps de l'acide carbonique.

L'hydrogène sulfuré donne un précipité orangé caractéristique. Le sulfhydrate d'ammoniaque donne le même précipité, mais celu-ci se dissout dans un excès de sulfhydrate.

Une lame de fer ou de zinc précipite l'antimoine sous forme d'une poudre noire; on peut fondre cette poudre au chalumeau sur un charbon, et obtenir l'antimoine avec les précipités physiques caractéristiques qui le distinguent de l'étain, métal qui présente avec lui de l'analogie dans ses réactions chimiques.

Métallurgie de l'antimoine.

§ 615 *bis*. Le minerai le plus commun de l'antimoine est le sulfure qui forme des filons dans les terrains anciens. On en trouve des gisements importants en Auvergne. On commence par séparer le sulfure de sa gangue par une simple fusion; le sulfure d'antimoine, facilement fusible, se sépare de la gangue et s'écoule. Ce sulfure est ensuite grillé dans des fours à réverbère, où il se transforme en oxysulfure d'antimoine ou verre d'antimoine. La matière grillée est pulvérisée, puis mêlée avec du charbon imbibé d'une forte dissolution de carbonate de soude. On calcine ce mélange dans des creusets; l'oxyde d'antimoine se réduit à l'état métallique; une portion de sulfure est décomposée par le carbonate de soude et donne encore une certaine quantité de métal. On trouve au fond du creuset un culot d'antimoine, appelé *régule d'antimoine*, surmonté d'une scorie alcaline qui renferme du sulfure et de l'oxyde d'antimoine.

CUIVRE

Équivalent $= 395,6$

§ 616. Le cuivre a été connu de toute antiquité. Il se rencontre quelquefois dans la nature à l'état natif, mais, le plus souvent, il y existe en combinaison avec les métalloïdes : avec l'oxygène, le soufre, l'arsenic. On trouve également quelques sels formés par l'oxyde de cuivre, principalement des carbonates.

On rencontre dans le commerce du cuivre presque pur : les cuivres de Russie ne renferment que quelques traces de fer. Le cuivre natif est souvent cristallisé sous forme de petits octaèdres réguliers; on l'obtient sous la même forme lorsqu'on le précipite lentement de ses dissolutions par les procédés galvaniques. On obtient du cuivre chimiquement pur en réduisant par le gaz hydrogène de l'oxyde de cuivre pur chauffé dans un tube. La réduction a lieu à une température inférieure au rouge, et le métal reste sous forme d'une poudre rouge qui prend sous le brunissoir un bel éclat métallique.

Le cuivre a une couleur rouge caractéristique ; il devient transparent quand il est réduit en pellicule très-mince; il présente alors une belle couleur verte à la lumière transmise. On obtient ces pellicules cuivreuses en réduisant par l'hydrogène, dans un tube de verre chauffé, une petite quantité d'oxyde de cuivre, ou mieux, de chlorure. Dans certaines parties du tube, il se dépose une couche très-mince de cuivre métallique, qui présente la couleur rouge à la lumière réfléchie, et une belle couleur verte à la lumière transmise.

Le cuivre est très-malléable ; on peut le réduire par le battage en feuilles minces, et l'étirer en fils très-fins. Il jouit aussi d'une grande ténacité, car un fil de 2^{mm} de diamètre ne se rompt que sous une charge de 140 kilogr. La densité du cuivre varie entre 8,78 et 8,96, suivant le travail auquel il a été soumis. Le cuivre acquiert par le frottement une odeur désagréable, et il présente une saveur particulière. Il fond à une forte chaleur rouge; à la chaleur blanche, il donne des vapeurs très-sensibles qui brûlent à l'air avec une flamme verte.

A la température ordinaire le cuivre ne s'oxyde pas à l'air sec; mais il s'altère assez promptement à l'air humide, surtout s'il y existe des vapeurs acides; il se couvre d'une matière verte, appelée communément *vert-de-gris*. Une lame de cuivre, mouillée par un acide, puis exposée au contact de l'air, se combine avec l'oxygène de l'air, et donne d'abord un sel neutre, qui se change au bout de quelque temps en sous-sel. Une lame de cuivre s'oxyde également à l'air lorsqu'elle est mouillée par une dissolution ammoniacale. Les dissolutions étendues de sel marin attaquent rapidement le cuivre; les dissolutions concentrées exercent sur lui une action moins énergique. Le cuivre décompose la vapeur d'eau à une forte chaleur blanche; du gaz hydrogène se dégage. L'acide chlorhydrique, en dissolution concentrée, attaque le cuivre très-divisé, avec dégagement de gaz hydrogène; mais il attaque à peine ce métal quand celui-ci est agrégé. Le cuivre ne décompose pas l'eau en présence des acides énergiques; l'acide sulfurique concentré le dissout avec dégagement d'acide sulfureux. Le cuivre se dissout facilement, et à froid, dans l'acide azotique, avec dégagement de deutoxyde d'azote, lors même que l'acide est étendu.

Combinaisons du cuivre avec l'oxygène.

§ 617. Le cuivre forme quatre combinaisons avec l'oxygène :

1° L'oxydule de cuivre, Cu^2O ; [1]

2° Le protoxyde de cuivre, CuO ;

3° Le bioxyde de cuivre, CuO^2 ;

4° L'acide cuivrique, dont la composition n'est pas encore connue.

Les deux premières combinaisons sont basiques, et forment des sels bien définis et cristallisables; la troisième est un oxyde indifférent; enfin la quatrième jouit des propriétés acides.

§ 618. *Oxydule de cuivre*, Cu^2O. — L'oxydule de cuivre se trouve dans la nature; il s'y présente, tantôt sous forme de masses d'un beau rouge, douées quelquefois de l'éclat vitreux, tantôt sous forme de beaux cristaux rouges. On peut l'obtenir artificiellement par plusieurs procédés : 1° en chauffant dans un creuset de terre un mélange de 1 éq. d'oxyde noir de cuivre CuO et de 1 éq. de cuivre métallique en poudre fine; ce mélange s'agrége par fusion à une haute température; 2° en chauffant dans un creuset un mélange de chlorure de cuivre Cu^2Cl avec du carbonate de soude, et en traitant ensuite la matière par l'eau, qui dissout du chlorure de sodium et l'excès de carbonate de soude; l'oxydule de cuivre se sépare sous forme d'une poudre cristalline d'un rouge foncé; 3° en ajoutant à une dissolution d'un sel de cuivre, par exemple de sulfate de cuivre, $CuO.SO^3$, du sucre et de la potasse, jusqu'à ce que l'oxyde de cuivre, qui se précipite d'abord, se redissolve de nouveau; puis en faisant bouillir la liqueur. L'oxydule de cuivre se dépose sous forme de petits cristaux d'un rouge vif.

On obtient l'oxydule de cuivre hydraté, en précipitant par la potasse une dissolution de protochlorure de cuivre; l'hydrate se précipite sous forme d'une poudre jaune qui absorbe promptement l'oxygène de l'air; desséché dans le vide, il a pour formule $4Cu^2O + HO$. L'hydrate d'oxydule de cuivre se dissout dans l'ammoniaque sans colorer la liqueur; mais il absorbe promptement l'oxygène de l'air, et la liqueur prend alors une belle couleur bleue.

Fondu avec une matière vitreuse, l'oxyde de cuivre donne des verres d'un beau rouge. Lorsqu'on le chauffe avec des acides concentrés, il se décompose ordinairement en protoxyde de cuivre, CuO, qui se dissout, et en cuivre métallique qui se sépare.

§ 619. *Protoxyde de cuivre*, CuO. — Lorsqu'on chauffe le cuivre métallique au contact de l'air, sa surface se couvre d'abord d'oxydule Cu^2O, qui se change ensuite en oxyde noir CuO. On prépare souvent l'oxyde de cuivre en grillant, au contact de l'air, de la tournure de

---

[1] On donne souvent le nom de *protoxyde de cuivre* à l'oxydule Cu^2O, et celui de *bioxyde de cuivre* à l'oxyde CuO. Nous n'adoptons pas cette nomenclature, parce qu'elle est en désaccord avec la notation chimique que nous employons.

cuivre, ou mieux, le cuivre très-divisé qui reste après la calcination de l'acétate. On obtient le protoxyde de cuivre plus facilement en décomposant l'azotate par la chaleur; on obtient ainsi l'oxyde sous la forme d'une poudre noire qui condense facilement l'humidité de l'air.

Lorsqu'on verse de la potasse caustique dans la dissolution d'un sel de protoxyde de cuivre, il se forme un précipité bleu-gris, qui est un hydrate de protoxyde. Cet hydrate perd facilement son eau par la chaleur; il suffit de faire bouillir la dissolution dans laquelle on l'a précipité pour qu'il se change en une poudre noire d'oxyde anhydre. L'hydrate de protoxyde de cuivre se dissout dans l'ammoniaque, et donne une dissolution d'un beau bleu légèrement pourpré, qu'on appelle *eau céleste*.

Sels formés par l'oxydule de cuivre Cu^2O.

§ 620. Les sels d'oxydule de cuivre s'obtiennent en dissolvant l'hydrate d'oxydule dans les acides étendus. Lorsque ces acides sont concentrés, l'oxydule se décompose en cuivre métallique qui se sépare, et en protoxyde qui se combine avec les acides.

Les sels solubles d'oxydule de cuivre donnent des dissolutions incolores. Les alcalis les précipitent en jaune orangé; l'ammoniaque les précipite de la même manière, mais un excès de ce réactif redissout le précipité, et donne une liqueur incolore qui bleuit promptement à l'air. L'hydrogène sulfuré précipite ces sels en noir. Le chlorure de cuivre Cu^2Cl convient parfaitement pour étudier ces réactions.

Sels formés par le protoxyde de cuivre CuO.

§ 621. Ces sels s'obtiennent en dissolvant dans les acides le protoxyde de cuivre, ou mieux, son hydrate ou son carbonate. Ils ont une couleur bleue ou verte, lorsqu'ils renferment de l'eau de cristallisation. A l'état anhydre, ils sont d'un blanc sale, quand l'acide est incolore. Leurs dissolutions sont bleues ou vertes. Elles présentent les réactions caractéristiques suivantes :

La potasse et la soude caustiques donnent un précipité bleu-gris d'hydrate de protoxyde, qui se change en un précipité brun par l'ébullition de la liqueur. Le précipité bleu ne se dissout pas dans les liqueurs alcalines faibles, mais il se dissout dans les liqueurs alcalines concentrées et les colore en bleu.

L'ammoniaque donne le même précipité; mais un excès de ce réactif dissout le précipité, et donne une liqueur d'un beau bleu. La dissolution renferme alors un sel double soluble de cuivre et d'ammoniaque; la potasse caustique précipite l'oxyde de cuivre de cette dissolution.

L'hydrogène sulfuré et les sulfhydrates donnent des précipités noirs qui ne se dissolvent pas dans un excès de sulfhydrate.

Le prussiate de potasse forme, dans les sels de protoxyde de cuivre, un précipité brun marron qui prend une nuance pourprée quand le précipité est très-faible. Cette réaction est très-sensible; elle permet de constater la présence, dans une dissolution, des plus petites quantités de cuivre.

Le fer et le zinc précipitent le cuivre métallique sous forme d'une poudre brune qui prend, sous le brunissoir, l'éclat métallique et l'aspect ordinaire du cuivre.

Le protoxyde de cuivre colore en vert le borax et généralement tous les fondants vitreux. Si l'on chauffe le verre dans la partie réduisante de la flamme, il prend une belle couleur rouge, due à ce que le protoxyde de cuivre, CuO, se change alors en oxydule, Cu^2O.

§ 622. *Sulfate de cuivre.* — Le sulfate de cuivre se trouve dans le commerce, où il porte le nom de *vitriol de cuivre* ou de *vitriol bleu*; à cet état, il renferme ordinairement des quantités variables de sulfate de fer. On l'obtient pur en attaquant du cuivre de première qualité par de l'acide sulfurique étendu de la moitié de son poids d'eau; de l'acide sulfureux se dégage, et il se forme du sulfate de cuivre qui ne renferme que quelques traces de sulfate de fer. On évapore à sec, et l'on ajoute, à la fin de l'évaporation, quelques gouttes d'acide azotique qui font passer le fer à l'état de sesquioxyde. En reprenant par l'eau, le fer reste en grande partie à l'état de sous-sulfate anhydre de sesquioxyde. On fait bouillir la liqueur avec un peu d'hydrate, ou de carbonate de protoxyde de cuivre, qui précipite les dernières traces de fer: on soumet ensuite la liqueur à la cristallisation.

Le sulfate de cuivre est soluble dans 4 parties d'eau froide, et dans 2 parties d'eau bouillante. Il cristallise à la température ordinaire sous forme de beaux cristaux bleus qui ont pour formule $CuO.SO^3 + 5HO$.

Le sulfate de cuivre, chauffé, abandonne facilement 4 équivalents d'eau : mais il retient le cinquième avec plus de force. Il se décompose complétement, à une haute température, en oxyde de cuivre qui reste, et en un mélange d'acide sulfureux et d'oxygène qui se dégagent.

Le sulfate de cuivre se prépare dans les fabriques par différents procédés. Une certaine quantité de ce sel est obtenue dans les usines à cuivre. Lorsqu'on soumet au grillage des minerais de cuivre sulfurés ou des mattes cuivreuses, et qu'on arrose ensuite la matière grillée avec de l'eau, on dissout une certaine quantité de sulfates de cuivre et de fer, que l'on sépare par cristallisation. Le sulfate de cuivre ainsi obtenu renferme toujours beaucoup de sulfate de fer.

On prépare de grandes quantités de sulfate de cuivre en utilisant les feuilles de cuivre provenant du doublage des vaisseaux, et qui ont été mises hors de service par l'action corrosive des eaux de la mer. On chauffe ces feuilles au rouge sombre dans un four à réverbère, puis on y projette du soufre, après avoir fermé toutes les ouvertures du fourneau. Énergiquement attaquée par le soufre, la surface de ces feuilles se couvre de sulfure de cuivre, Cu^2S; on les soumet ensuite à un grillage pendant lequel on laisse pénétrer beaucoup d'air dans le fourneau. Une partie du soufre se dégage à l'état d'acide sulfureux; une autre partie se change en acide sulfurique, et il se forme du sous-sulfate de protoxyde de cuivre. On place ensuite les feuilles sulfatisées dans de grandes chaudières remplies d'eau à laquelle on a ajouté une certaine quantité d'acide sulfurique. Du sulfate neutre de protoxyde de cuivre se dissout; on le fait cristalliser par évaporation, lorsque la liqueur en renferme une quantité suffisante. On répète ces opérations jusqu'à ce que les feuilles de cuivre aient entièrement disparu.

§ 623. *Azotate de cuivre.* — On prépare ce sel en dissolvant le cuivre dans l'acide azotique étendu. La liqueur, évaporée, donne de beaux cristaux bleus qui renferment 3 ou 6 éq. d'eau, suivant la température à laquelle la cristallisation a eu lieu. L'azotate de cuivre est employé dans la teinture.

Soumis à l'action de la chaleur, l'azotate de cuivre se change d'abord en sous-azotate vert $4CuO.AzO^5$; il se décompose ensuite complétement à une température plus élevée, et il reste du protoxyde de cuivre.

§ 624. *Carbonates de cuivre.* — Si l'on verse une dissolution de carbonate alcalin dans une dissolution de sulfate de cuivre, on obtient un précipité gélatineux bleu clair, qui se change, au bout de quelque temps, en une poudre verte. La composition du précipité vert est représentée par la formule $2CuO.CO^2 + HO$. Le précipité gélatineux bleu ne paraît en différer qu'en ce qu'il renferme plus d'eau. En faisant bouillir la liqueur avec le précipité, celui-ci se change en une poudre brune qui est du protoxyde de cuivre anhydre. Le carbonate de cuivre vert est employé dans la peinture à l'huile, sous le nom de *vert minéral.*

On trouve dans la nature un hydrocarbonate de cuivre, sous forme de masses concrétionnées vertes. Ces masses sont souvent très-compactes et d'un volume considérable; on en forme alors des objets d'ornement, tels que vases, fûts de colonnes, dessus de tables et de cheminées : ces objets ont une grande valeur dans le commerce. Le poli met en évidence des veines d'une nuance différente. Ces veines sont produites par la structure mamelonnée de la matière, et donnent un très-bel aspect aux surfaces polies. Cet hydrocarbonate est appelé *malachite;* sa formule est $CuO.CO^2 + CuO.HO$. La malachite est assez abondante en Sibérie pour qu'on l'exploite comme minerai de cuivre.

On rencontre dans la nature un autre hydrocarbonate de cuivre qui a pour formule $2CuO.CO^2 + CuO.HO$, et qui forme de beaux cristaux bleus. Cette substance se trouvait en grande abondance dans les mines de Chessy, près de Lyon, où on l'a fondue pendant long-temps comme minerai de cuivre. Réduite en poudre fine, elle prend une couleur d'un bleu clair; on l'emploie à cet état comme matière colorante dans les fabriques de papiers peints, où on lui donne le nom de *bleu de montagne,* ou de *cendres bleues naturelles.* On fabrique en Angleterre, par un procédé tenu secret, des *cendres bleues artificielles* d'une plus belle nuance que le produit naturel.

§ 625. *Arsénite de cuivre.* — L'arsénite de cuivre est employé dans la peinture à l'huile sous le nom de *vert de Scheele.* Pour le préparer, on dissout 3 kil. de carbonate de potasse et 1 kil. d'acide arsénieux dans 14 litres d'eau, et l'on verse cette liqueur, par petites quantités, dans une dissolution bouillante de 3 kil. de sulfate de cuivre dans 40 litres d'eau. On agite continuellement les liqueurs pendant la précipitation. On modifie la nuance de cette couleur en faisant varier les proportions d'acide arsénieux.

§ 626. *Acétates de cuivre.* — En dissolvant le protoxyde de cuivre dans de l'acide acétique, on obtient une liqueur verte qui, convenablement évaporée à chaud, laisse déposer de beaux cristaux verts ayant pour formule $CuO.C^4H^3O^3 + HO$. Ce sel est soluble dans 5 parties d'eau bouillante.

On lui donne, dans le commerce, le nom de *verdet.* On le prépare dans les fabriques en dissolvant dans du vinaigre le sous-acétate de cuivre, dont nous indiquerons tout à l'heure la préparation. Lorsque le sel cristallise à une basse température, les cristaux sont bleus et présentent la formule $CuO.C^4H^3O^3 + 5HO$.

On prépare, dans le midi de la France, un sous-acétate de cuivre en laissant oxyder à l'air des plaques de cuivre mouillées avec du vinaigre ou mises en contact avec du marc de raisin qui éprouve la fermentation acide. Les plaques de cuivre se recouvrent ainsi d'une couche bleu verdâtre, qui a pour formule $CuO.C^4H^3O^3 + CuO.HO + 5HO$.

Combinaisons du cuivre avec le soufre.

§ 627. Le cuivre brûle avec une vive incandescence dans la vapeur de soufre (§ 261); il se forme un sulfure de cuivre Cu^2S qui correspond à l'oxydule Cu^2O. Ce sulfure fond plus facilement que le cuivre métallique; il prend une texture cristalline en refroidissant. On rencontre quelquefois ce sulfure, cristallisé en octaèdres réguliers, dans les fourneaux à cuivre. On le prépare, dans les laboratoires, en chauffant un mélange de 3 parties de soufre et de 8 parties de tournure de cuivre. Il est nécessaire de broyer la matière et de la chauffer de nouveau avec du soufre. Ce sulfure de cuivre existe dans la nature et forme quelquefois de beaux cristaux; il est assez tendre pour qu'on puisse le couper au couteau.

Le sulfure de cuivre CuS, correspondant au protoxyde CuO, ne peut se préparer que par voie humide, en décomposant la dissolution d'un sel de protoxyde de cuivre par l'hydrogène sulfuré ou par un sulfhydrate. La poudre noire que l'on obtient ainsi s'altère promptement à l'air. Dans les analyses, on est obligé de la laver avec de l'eau à laquelle on ajoute un peu d'acide sulfhydrique. Le sulfure de cuivre CuS abandonne facilement, par la chaleur, la moitié de son soufre, et se change en sulfure Cu^2S.

On trouve dans la nature des combinaisons, en proportions très-variées, de sulfure de cuivre Cu^2S et de sulfure de fer Fe^2S^3. On donne à ces minéraux les noms de *pyrite cuivreuse*, de *cuivre pyriteux* et de *cuivre panaché*, suivant leurs caractères minéralogiques extérieurs, caractères qui sont en rapport avec leur composition chimique. Ces minéraux sont très-importants, en ce qu'ils sont les minerais de cuivre les plus communs, et fournissent la plus grande partie de ce métal.

Combinaisons du cuivre avec le chlore.

§ 628. On connaît deux combinaisons du cuivre avec le chlore : la première Cu^2Cl correspond à l'oxydule, la seconde $CuCl$ correspond au protoxyde.

On obtient le *chlorure de cuivre* Cu^2Cl, en faisant bouillir une dissolution de protochlorure de cuivre $CuCl$ avec du cuivre métallique très-divisé. La liqueur change de couleur : de verte elle devient brune, et il se dépose bientôt une poudre cristalline blanche, qui est du chlorure de cuivre Cu^2Cl. On obtient également ce chlorure en décomposant par la chaleur le protochlorure $CuCl$; celui-ci abandonne la moitié de son chlore. On peut réduire le protochlorure de cuivre $CuCl$ à l'état de chlorure Cu^2Cl, en versant du protochlorure d'étain dans une dissolution de protochlorure de cuivre. La décomposition a lieu à froid; on ajoute, à la liqueur, de l'acide chlorhydrique qui empêche la précipitation de l'oxyde d'étain. On obtient le chlorure Cu^2Cl cristallisé en petits tétraèdres, en le dissolvant à chaud dans de l'acide chlorhydrique; le chlorure se dépose pendant le refroidissement de la liqueur.

Le chlorure de cuivre Cu^2Cl fond à la température de 400° environ, et se volatilise à la chaleur rouge. Il est très-peu soluble dans l'eau; mais il se dissout en quantité plus considérable dans l'acide chlorhydrique, et surtout dans l'ammoniaque. Il s'altère promptement à l'air, et se change en une poudre verte qui est une combinaison d'oxyde de cuivre hydraté CuO et de protochlorure $CuCl$. Par suite de l'affinité de ce corps pour l'oxygène, on s'en sert souvent dans les analyses eudiométriques; on l'emploie ordinairement en dissolution dans l'ammoniaque.

Le *chlorure de cuivre* $CuCl$ s'obtient en dissolvant le protoxyde de cuivre CuO dans l'acide chlorhydrique, ou en dissolvant le cuivre métallique dans l'eau régale. Ce chlorure est très-soluble dans l'eau. Il cristallise par le refroidissement d'une dissolution concentrée, sous forme de longues aiguilles d'un bleu verdâtre qui ont pour formule $CuCl + 2HO$.

On prépare ce chlorure à l'état anhydre en chauffant légèrement le cuivre dans un excès de chlore. On obtient ainsi un composé d'un brun jaune, qui dégage du chlore lorsqu'on le chauffe au rouge sombre, et se change en chlorure Cu^2Cl. Ce chlorure se dissout facilement dans l'alcool et lui communique la propriété de brûler avec une belle flamme verte.

ALLIAGES.

Alliages du cuivre et du zinc.

§ 629. Le cuivre pur se prête difficilement au moulage, parce qu'il se remplit souvent de soufflures qui gâtent les pièces coulées. En l'alliant à une certaine quantité de zinc, on obtient un métal qui ne présente pas cet inconvénient, qui est plus dur, et se travaille facilement sur le tour. Le zinc, en se combinant avec le cuivre, en pâlit la couleur. Quand il entre dans l'alliage en certaines proportions, il lui donne une couleur jaune, semblable à celle de l'or. Lorsqu'il entre en proportions plus considérables, la couleur est d'un jaune clair ; enfin, quand le zinc domine, l'alliage devient d'un blanc gris. On donne différents noms à ces divers alliages. Le plus employé dans les arts est le *laiton* ou *cuivre jaune*, composé d'environ $\frac{2}{3}$ de cuivre et $\frac{1}{3}$ de zinc. On connait aussi dans le commerce d'autres alliages, auxquels on donne les noms de *tombac, similor* ou *or de Manheim, chrysocale*, etc., etc. ; ils renferment en outre des proportions plus ou moins considérables d'étain.

On prépare le laiton en fondant directement le cuivre avec le zinc.

On ajoute souvent au laiton de petites quantités de plomb et d'étain, pour rendre l'alliage plus dur et d'un travail plus facile. Le laiton qui ne renferme pas de plomb bouche promptement les petites cavités de la lime ; on dit qu'il *graisse la lime* ; l'addition de 1 ou 2 centièmes de plomb fait disparaître cet inconvénient.

Alliages du cuivre et de l'étain.

§ 630. Le cuivre et l'étain s'allient en un grand nombre de proportions, et forment des alliages qui diffèrent beaucoup par leur aspect et leurs propriétés physiques. L'étain donne beaucoup de dureté au cuivre. Les anciens, avant de connaître le fer et l'acier, fabriquaient leurs armes et leurs instruments tranchants avec de l'*airain*, essentiellement composé de cuivre et d'étain.

Le cuivre et l'étain se combinent cependant difficilement, et leur union n'est jamais bien intime. Il suffit de chauffer leurs alliages successivement et lentement jusqu'à fusion, pour qu'une grande partie de l'étain se sépare par liquation Cette liquation a également lieu lorsque les alliages fondus se solidifient lentement, et c'est un grand obstacle pour le moulage des grosses pièces.

On donne différents noms aux alliages de cuivre et d'étain, suivant leurs compositions et leurs usages : on les appelle *bronze* ou *airain, métal des canons, métal des cloches, métal des miroirs de télescopes*, etc. Tous ces alliages présentent une propriété remarquable : ils sont durs et souvent cassants quand ils ont été refroidis lentement ; ils deviennent, au contraire, malléables quand, après les avoir chauffés au rouge, on les plonge dans l'eau froide. La trempe produit donc sur ces alliages un effet tout à fait opposé à celui qu'elle exerce sur l'acier (§ 528 *bis*).

Lorsqu'on maintient en fusion, au contact de l'air, les alliages de cuivre et d'étain, l'étain s'oxyde plus rapidement que le cuivre, et l'on peut séparer du cuivre pur en prolongeant ce grillage suffisamment longtemps.

Les principaux alliages de cuivre et d'étain sont les suivants :

Le bronze des canons, qui présente en France la composition suivante :

Cuivre.	100	90,09
Étain	11	9,91
	111	100,00

Le métal des cloches, qui renferme

Cuivre.	78
Étain.	22
	100

Le métal des cymbales et des tams-tams, composé de

Cuivre.	80
Étain	20
	100

Le métal des miroirs de télescopes, qui renferme

Cuivre.	67
Étain.	33
	100

Le bronze des médailles varie un peu dans sa composition; il renferme, en général,

Cuivre.	95
Étain	5
Zinc.	Quelques millièmes.

Le bronze employé pour les objets d'ornement renferme ordinairement de plus grandes quantités de zinc.

Métallurgie du cuivre.

§ 630 *bis*. Le cuivre se trouve dans la nature, principalement à l'état de sulfure, mais ce sulfure est rarement isolé; il est ordinairement combiné avec le sulfure de fer, en proportions très-variables et constitue des minerais appelés *pyrites cuivreuses*. On rencontre aussi quelquefois des amas plus ou moins considérables d'oxydule de cuivre Cu^2O, qui donnent un minerai de cuivre très-riche. Le Pérou et le Chili en possèdent des mines très-importantes. Les principaux gisements des minerais cuivreux de l'Europe sont ceux du comté de Cornouailles en Angleterre, du nord de l'Allemagne, de la Suède et de la Russie. On a exploité aussi avec avantage, pendant un certain nombre d'années, un beau gisement d'oxyde et de carbonate de cuivre à Chessy et à Saint-Bel, près de Lyon ; mais cette mine paraît aujourd'hui épuisée.

Les minerais de cuivre oxydés et carbonatés sont d'un traitement métallurgique très-facile. Il suffit de les fondre au contact du charbon, dans des fourneaux à cuve, avec des scories plus ou moins siliceuses. On obtient ainsi du cuivre impur, appelé *cuivre noir*, qui n'a besoin pour fournir du cuivre marchand que d'être soumis à un raffinage.

Les minerais sulfurés exigent un traitement beaucoup plus complexe. On les soumet d'abord à plusieurs grillages préliminaires, afin de transformer une portion considérable des sulfures en oxydes ; puis on fond les minerais grillés dans des fourneaux à cuve, ou dans des fours à réverbère, avec addition de scories et d'autres fondants si le minerai ne renferme pas lui-même une proportion convenable de silicates. Le cuivre a plus d'affinité pour le soufre que le fer ; ce dernier métal, possède, au contraire, une plus grande affinité pour l'oxygène, surtout en présence de l'acide silicique. L'oxyde de cuivre, qui s'est formé pendant le grillage, passe en entier à l'état de sulfure, en enlevant le soufre au sulfure de fer qui restait dans la matière grillée. Il se forme une scorie, qui renferme la plus grande partie du fer de la pyrite cuivreuse, et un sulfure de fer et de cuivre, la *matte cuivreuse*, qui contient la presque totalité du sulfure de cuivre de la pyrite, et une proportion de sulfure de fer beaucoup moindre. Cette matte est, par conséquent, un minerai sulfuré de cuivre, beaucoup plus riche en cuivre que la pyrite primitive. On la soumet à de nouveaux grillages ; puis on la fond avec des scories siliceuses, et souvent avec des minerais de cuivre oxydés, quand on en a à sa disposition. Ce travail donne une nouvelle scorie, renfermant une grande partie du fer de la première matte, et une seconde matte cuivreuse, plus riche encore en cuivre que la première. On répète ces traitements jusqu'à ce que l'on obtienne du cuivre impur, le *cuivre noir*, une dernière matte cuivreuse et des scories. Cette dernière matte cuivreuse est alors soumise à des opérations semblables, ou ajoutée au traitement de la matte précédente, de sorte que le produit définitif est le cuivre noir, que l'on soumet au raffinage.

Le cuivre noir renferme encore un peu de soufre et des métaux étrangers, principalement du fer. On le fond de nouveau, et on dirige sur le métal fondu le vent d'un soufflet ; les matières étrangères, plus oxydables, s'oxydent les premières ; le soufre se dégage à l'état d'acide sulfureux, les oxydes des métaux étrangers, et l'oxydule de cuivre, qui se forme toujours en certaine quantité, se combinent avec les cendres du combustible et forment une scorie. On arrête l'opération lorsque le cuivre est suffisamment purifié.

MERCURE

Équivalent = 1250,0

§ 631. Le mercure est le seul métal liquide à la température ordinaire. Il est à l'état solide aux températures inférieures à — 40°, il forme alors un métal blanc, très-brillant, ressemblant beaucoup à l'argent. Le mercure solide est malléable, il s'aplatit facilement sous le marteau : on peut en frapper des médailles. Il règne quelquefois dans les régions polaires un froid assez considérable pour congeler le mercure. On solidifie le mercure dans un mélange frigorifique d'acide carbonique solide et d'éther (§ 189) ; on peut aussi l'obtenir dans un mélange de glace très-sèche et bien pulvérisée et de chlorure de calcium cristallisé (§ 318).

La densité du mercure solide a été trouvée de 14,4, à une température un peu inférieure à celle de sa congélation. La densité du mercure liquide est de 13,596, à la température de 0°. Le mercure se dilate, en passant de 0° à 100°, d'une fraction 0,018153 de son volume à 0°, ou de $\frac{1}{5508}$ pour chaque degré centigrade. Il bout à la température de 350° du thermomètre à air. La densité de la vapeur de mercure est 6,976. La tension de la vapeur mercurielle est sensible à la température ordinaire, quoiqu'elle soit trop faible pour qu'on puisse la mesurer avec précision. Mais la volatilité du mercure est mise hors de doute par l'action que ce métal exerce, à la température ordinaire et à distance, sur les plaques daguerriennes iodées et impressionnées par la lumière. Les globules de mercure qui se condensent sur les parois supérieures du vide des baromètres mettent également sa volatilité en évidence. A la température de 100°, la ten-

sion de la vapeur mercurielle est d'environ $\frac{1}{2}$ millimètre. En faisant
bouillir du mercure avec de l'eau, dans une cornue de verre, il passe
une quantité notable de mercure à la distillation.

Lorsque le mercure est pur, il n'adhère ni au verre ni à la porcelaine, il y roule librement sans laisser de trace ; il y adhère, au contraire, notablement, lorsqu'il renferme des métaux étrangers, ou
même de l'oxyde de mercure. En roulant lentement sur une plaque
de verre, il ne forme plus de globules sphériques, mais des gouttes
allongées sous forme de larmes, et ridées à leur surface ; ces gouttes
laissent une pellicule grise adhérente au verre ; on dit alors que le
mercure *fait la queue*.

On purifie le mercure par distillation; une partie notable des métaux étrangers est cependant entraînée à la distillation, et l'on ne
peut pas espérer obtenir du mercure pur par cette seule opération.
On place le mercure distillé dans une capsule, on verse par-dessus
de l'acide azotique ordinaire, étendu du double de son volume d'eau,
et l'on chauffe à 50 ou 60°. Il se forme de l'azotate de mercure; cet
azotate et l'acide libre réagissent sur les métaux étrangers, et ceux-
ci se dissolvent dans la liqueur acide. L'oxyde de mercure qui a pu
se former au contact de l'air, pendant la distillation, se dissout lui-
même. On laisse agir l'acide pendant au moins 24 heures, en agitant
de temps en temps la masse. Enfin, on chauffe doucement pour
évaporer l'eau ; l'azotate de mercure reste sous forme d'une croûte
cristalline que l'on enlève, et dont on peut extraire le mercure métallique. On lave rapidement le mercure à grande eau, on le sèche d'a-
bord avec du papier joseph, puis sous une cloche à côté de la chaux
vive.

Le mercure exerce à la longue une action délétère sur l'économie
animale. Les ouvriers qui manient constamment ce métal, ou qui
sont fréquemment exposés à ses vapeurs, sont sujets à des tremble-
ments et à une salivation abondante.

L'acide chlorhydrique concentré n'attaque pas sensiblement le
mercure, même à chaud. L'acide sulfurique étendu ne l'attaque pas
non plus, mais l'acide sulfurique concentré le transforme facilement,
à chaud, en sulfate de mercure, et il se dégage de l'acide sulfureux.

L'acide azotique attaque le mercure, même à froid; quand l'acide
est étendu, il se dégage du deutoxyde d'azote.

Combinaisons du mercure avec l'oxygène.

§ 632. Nous connaissons deux combinaisons du mercure avec l'oxygène : la moins oxygénée, à laquelle nous donnerons le nom d'*oxyde*

noir de mercure ou d'*oxydule de mercure*[1], a pour formule Hg^2O ; la plus oxygénée, celle que nous appellerons *oxyde rouge de mercure* ou *protoxyde de mercure*, correspond à la formule HgO.

L'*oxydule de mercure* Hg^2O est un composé très-peu stable, mais il forme avec les acides des sels bien caractérisés qui cristallisent facilement. On l'obtient en précipitant un de ces sels, l'azotate, par exemple, par la potasse caustique : il se forme un précipité noir qui se décompose spontanément en oxyde rouge et en mercure métallique. Il suffit, en effet, de broyer, pendant quelque temps, cette poudre dans un mortier, pour qu'il s'y forme de petits globules de mercure métallique. Cette décomposition se fait beaucoup plus rapidement à la température de 100°, ou même à la température ordinaire sous l'influence de la lumière solaire.

Le *protoxyde* ou *oxyde rouge de mercure*, HgO, se forme lorsqu'on abandonne au contact de l'air le mercure à une température élevée ; mais ce procédé n'en donne jamais qu'une petite quantité. On le prépare plus facilement en décomposant l'azotate de mercure par une chaleur ménagée. On obtient le même oxyde en calcinant l'azotate d'oxydule $Hg^2O.AzO^5$, ou l'azotate de protoxyde $HgO.AzO^5$; mais l'apparence du produit est un peu différente, suivant la nature de l'azotate qui lui a donné naissance. Ainsi l'azotate $HgO.AzO^5$ en petits cristaux donne de l'oxyde de mercure cristallin, d'un rouge briqueté, tandis que l'azotate $Hg^2O.AzO^5$ donne un oxyde d'un jaune orangé.

En versant de la potasse dans une dissolution d'azotate d'oxyde de mercure, $HgO.AzO^5$, on obtient un précipité jaune d'oxyde de mercure ; ce précipité est anhydre.

Sels formés par l'oxydule de mercure, Hg^2O.

§ 633. L'oxydule de mercure, Hg^2O, forme, avec la plupart des acides, des sels bien définis ; on leur donne souvent le nom de *sels de mercure au minimum*. On obtient l'azotate d'oxydule de mercure en dissolvant à froid le mercure dans l'acide azotique étendu, et ayant soin de maintenir le mercure en excès. On obtient du sulfate d'oxydule de mercure en chauffant du mercure en excès avec de l'acide sulfurique concentré. Plusieurs sels de mercure au minimum se préparent par double décomposition.

L'oxydule de mercure forme souvent plusieurs sels avec le même

[1] On donne ordinairement à l'oxydule de mercure Hg^2O le nom de *protoxyde* et celui de *bioxyde* au protoxyde HgO ; nous n'adoptons pas cette nomenclature, parce qu'elle est en désaccord avec nos formules chimiques.

acide. Les sels neutres sont incolores quand l'acide n'est pas lui-même coloré ; mais les sels basiques sont jaunes. Les sels basiques sont insolubles dans l'eau ; la plupart des sels neutres sont solubles et donnent des dissolutions incolores. Quelques sels d'oxydule de mercure se décomposent, par l'eau, en sels basiques qui se précipitent, et en sels avec excès d'acide qui se dissolvent. Les sels d'oxydule de mercure se reconnaissent aux caractères suivants :

Les alcalis caustiques et l'ammoniaque donnent un précipité noir, insoluble dans un excès de réactif. Ce précipité, légèrement chauffé, met en évidence des globules de mercure métallique. Si on le frotte sur une lame de cuivre bien décapée, celle-ci blanchit en s'alliant avec le mercure devenu libre. Les carbonates alcalins donnent des précipités d'un jaune sale, qui noircissent facilement.

Le prussiate de potasse donne un précipité blanc.

L'hydrogène sulfuré les précipite en noir. Les sulfhydrates alcalins donnent le même précipité, qui ne se dissout pas dans un excès de réactif.

L'acide chlorhydrique et les chlorures donnent un précipité blanc de chlorure de mercure Hg^2Cl, complétement insoluble dans l'eau et dans les acides étendus.

L'iodure de potassium donne un précipité jaune verdâtre, qui se dissout dans un excès de réactif.

Le fer, le zinc, le cuivre, précipitent le mercure de ses dissolutions, à l'état d'amalgame.

Sels de protoxyde de mercure, HgO.

§ 634. Les sels neutres de protoxyde de mercure HgO sont incolores, mais les sels basiques sont jaunes. Leurs dissolutions présentent les réactions suivantes :

La potasse et la soude caustiques, en excès, donnent un précipité jaune de protoxyde. L'ammoniaque donne, en général, des précipités blancs, renfermant de l'ammoniaque ou ses éléments.

Le carbonate de potasse donne un précipité rouge qui ne se dissout pas dans un excès de réactif. Le carbonate d'ammoniaque produit un précipité blanc.

Les phosphates et arséniates alcalins forment des précipités blancs facilement solubles dans un excès d'acide.

L'acide sulfhydrique, versé en petite quantité, produit un précipité blanc, qui renferme à la fois de l'acide sulfhydrique et les éléments du sel mercuriel ; employé en plus grande quantité, il produit un précipité orangé. Mais, si l'on fait digérer la dissolution du sel mercuriel avec un excès d'acide sulfhydrique, le précipité devient noir ; il se compose alors de sulfure de mercure HgS. Les sulfhydrates alcalins donnent également des précipités blancs ou orangés quand on les emploie en petite quantité : mais en excès ils rendent le précipité noir.

Le cyanoferrure de potassium précipite en blanc les dissolutions des sels de protoxyde de mercure ; mais ce précipité se colore en bleu par un séjour prolongé à l'air. Le cyanoferrure de mercure se décompose alors ; il se forme du cyanure simple de mercure qui se dissout, et du bleu de Prusse se sépare.

L'iodure de potassium donne un précipité d'un beau rouge, qui peut se dissoudre et dans un excès de l'iodure alcalin et dans un excès du sel mercuriel. Dans les deux cas, il se forme des iodures doubles solubles.

L'acide chlorhydrique et les dissolutions des chlorures solubles ne précipitent pas les sels de protoxyde de mercure, à moins que ceux-ci ne soient en dissolution très-concentrée. Ce caractère les distingue très-nettement des sels d'oxydule de mercure, qui donnent dans ce cas un précipité blanc Hg^2Cl, quelle que soit leur dilution. Pour reconnaître si une dissolution mercurielle renferme à la fois des sels d'oxydule et des sels de protoxyde de mercure, on y verse de l'acide chlorhydrique. Tout le mercure qui existait à l'état d'oxydule se précipite sous forme de chlorure Hg^2Cl ; le mercure qui se trouvait à l'état de protoxyde reste dissous. Il suffit donc de s'assurer si la dissolution filtrée produit un précipité jaune de protoxyde de mercure par la potasse, ou un précipité rouge avec l'iodure de potassium.

Azotate de protoxyde de mercure.

§ 635. On obtient l'azotate de protoxyde de mercure en dissolvant à chaud du mercure dans un excès d'acide azotique, et faisant bouillir le sel avec de l'acide azotique jusqu'à ce qu'il ne se dégage plus de vapeurs rutilantes. On peut admettre que le sel neutre existe dans la dissolution acide ; mais, si l'on évapore celle-ci, il se dépose, par le refroidissement, des cristaux d'azotate basique, $2AgO.AzO^5 + 2HO$.

Sulfate de protoxyde de mercure.

§ 636. On obtient le sulfate de protoxyde de mercure en faisant chauffer du mercure métallique avec de l'acide sulfurique concentré, employé en excès ; le mercure se change en une poudre cristalline blanche. Mais il faut prolonger l'évaporation avec l'acide sulfurique jusqu'à ce qu'il se dégage des vapeurs abondantes de cet acide, sans quoi le sulfate de protoxyde de mercure se trouverait mêlé à du sulfate d'oxydule. On prépare souvent ce composé dans les fabriques de produits chimiques, parce qu'on s'en sert pour la préparation du chlorure de mercure $HgCl$, ou sublimé corrosif. Il se décompose, quand on le traite par une grande quantité d'eau, en un sel basique jaune $3HgO.SO^3$, employé en médecine sous le nom de *turbith minéral*, et en un sel avec grand excès d'acide, qui cristallise par l'évaporation de la liqueur. Le turbith minéral se décompose lui-même quand on le fait bouillir avec de l'eau, et il ne reste finalement que de l'oxyde de mercure.

Chrômate de protoxyde de mercure. — On obtient ce sel en versant de l'azotate de protoxyde de mercure dans une dissolution de bichrômate de potasse; il se précipite sous la forme d'une poudre rouge brique.

Combinaisons du mercure avec le soufre.

§ 637. Si l'on fait passer un courant d'hydrogène sulfuré à travers la dissolution d'un sel d'oxydule de mercure, on obtient un précipité noir, qui est le *sulfure de mercure* Hg^2S, correspondant à l'oxydule Hg^2O; mais, si l'on élève la température, ce précipité se transforme rapidement, même au milieu de l'eau, en protosulfure HgS, et en mercure métallique.

Si l'on fait passer un courant d'hydrogène sulfuré à travers la dissolution d'un sel de protoxyde de mercure, on obtient d'abord un précipité blanc, qui est une combinaison de protosulfure de mercure avec le sel mercuriel soumis à la réaction. Ainsi le sulfate de protoxyde de mercure, $HgO.SO^3$, se transforme en un composé qui a pour formule $HgO.SO^3 + 2HgS$; l'azotate de protoxyde de mercure, $HgO.AzO^3$, donne la combinaison $HgO.AzO^3 + 2HgS$; le protochlorure de mercure, $HgCl$, donne le produit $HgCl + 2HgS$. Mais, si l'on prolonge le courant de gaz sulfhydrique jusqu'à ce que la liqueur en soit complétement saturée, le précipité devient noir, et il est alors entièrement formé de sulfure de mercure HgS. Chauffé dans une cornue, ce précipité se sublime complétement sans altération, et donne un produit rouge, à texture fibreuse cristalline, et présentant la même composition que le précipité noir; on lui donne le nom de *cinabre*. On obtient la même combinaison en broyant, pendant longtemps, du mercure avec du soufre; il se forme une matière noire que l'on emploie quelquefois en médecine sous le nom d'*éthiops minéral*. Pour obtenir le sulfure de mercure HgS, il est convenable de broyer ensemble 6 parties de mercure et 1 partie de soufre; la matière noire qui en résulte donne du cinabre par sublimation. Le sulfure de mercure HgS se trouve dans la nature, le plus souvent sous forme de masses compactes d'un rouge foncé; quelquefois, cependant, en cristaux transparents d'un beau rouge, qui dérivent d'un rhomboèdre de 71°. C'est le principal minerai du mercure.

Le sulfure de mercure HgS se présente quelquefois avec une couleur rouge, plus belle que celle du cinabre sublimé; il est employé dans la peinture à l'huile et à l'aquarelle sous le nom de *vermillon*. Le plus beau vermillon se prépare par la réaction, sous l'influence de l'eau, des polysulfures alcalins sur le soufre noir de mercure. On triture ensemble pendant 2 ou 3 heures, dans un mortier, 500 parties de mercure et 114 parties de soufre, et l'on y ajoute 75 parties de potasse et 400 parties d'eau. On maintient le tout à une température d'environ 45° en remuant de temps en temps. Le précipité noir rougit rapidement, et, lorsqu'il a atteint la nuance convenable, on le lave rapidement à l'eau chaude. Si l'on prolongeait plus longtemps l'action du sulfure alcalin, la matière brunirait de nouveau. On obtient également du vermillon d'une belle nuance en chauffant, pendant longtemps, à une température moyenne de 50°, du cinabre ordinaire, réduit en poudre impalpable, avec une dissolution de sulfure alcalin. Le changement de couleur que le sulfure de mercure noir éprouve ainsi au contact des sulfures alcalins n'a pas encore été convenablement expliqué.

Le cinabre se grille facilement au contact de l'air; de l'acide sulfureux se dégage, et le mercure métallique distille. Il est facilement décomposé par l'hydrogène, le charbon, et par un grand nombre de métaux. Les acides non oxydants l'attaquent très-difficilement; mais il est facilement attaqué par l'acide azotique concentré, et surtout par l'eau régale.

Combinaisons du mercure avec le chlore.

§ 638. On connaît deux combinaisons du mercure avec le chlore :

Le sous-chlorure Hg^2Cl, appelé *calomel*;

Le protochlorure $HgCl$, communément nommé *sublimé corrosif*.

La plupart des chimistes donnent encore aujourd'hui le nom de *protochlorure de mercure* au calomel Hg^2Cl, et celui de *bichlorure* au sublimé corrosif $HgCl$. Nous n'avons pas conservé ces noms, parce qu'ils sont en contradiction avec les règles de la nomenclature et avec les formules chimiques que l'on s'accorde à donner à ces corps.

Nous croyons devoir insister particulièrement sur cette circonstance, afin de prévenir les méprises, qui pourraient, dans ce cas, avoir beaucoup de gravité, parce qu'il s'agit de substances employées en médecine.

On peut préparer le sous-chlorure Hg^2Cl en versant une dissolution d'azotate d'oxyde de mercure dans une dissolution étendue de sel marin; le chlorure de mercure Hg^2Cl se précipite sous forme d'une poudre blanche. On peut l'obtenir également par la réaction du mercure métallique sur le protochlorure de mercure $HgCl$, ou sublimé corrosif. A cet effet, on mêle 4 parties de sublimé corrosif et 3 parties de mercure, et on les broie longtemps ensemble, tout en maintenant la matière mouillée avec un peu d'alcool, pour éviter les poussières malfaisantes du sublimé corrosif. On chauffe ensuite le mélange au bain de sable, dans une grande fiole. Le calomel se sublime et vient se condenser sur les parois supérieures de la fiole. Comme le produit peut être mélangé de sublimé corrosif, il est essentiel de réduire la matière en poudre fine, et de la laver à l'eau bouillante jusqu'à ce que les eaux de lavage ne précipitent plus par la potasse ou par l'hydrogène sulfuré. Dans les fabriques de produits chimiques, on prépare le calomel en chauffant un mélange de sulfate d'oxydule de mercure $Hg^2O.SO^3$ et de sel marin. Mais, comme la préparation du sulfate d'oxydule de mercure présente quelque difficulté, on remplace ce sel par un mélange de sulfate de protoxyde de mercure $HgO.SO^3$ et de mercure métallique. On prend 16 parties de mercure, et on les divise en deux portions égales; on transforme la première portion en sulfate de protoxyde (§ 636), et l'on y mêle intimement la seconde portion; on broie le mélange avec 3 parties de sel marin, et on le soumet à la distillation.

Le calomel employé dans les pharmacies doit être en poudre très-fine, parce qu'il est alors plus facile de le débarrasser complétement du sublimé corrosif, qui exerce une action très-délétère sur l'économie animale. On l'obtient immédiatement en poudre impalpable, en opérant la distillation dans un vase dont le col, large et court, est engagé dans un vaste récipient où la vapeur de calomel se condense avant de toucher les parois. On se sert ordinairement, comme récipient, d'une fontaine de grès. Le calomel ainsi obtenu doit être lavé à l'eau bouillante jusqu'à ce que les eaux de lavage ne se troublent plus par la potasse ni par l'hydrogène sulfuré.

Le calomel est extrêmement peu soluble dans l'eau; une dissolution de 1 partie d'acide chlorhydrique dans 250,000 parties d'eau est encore très-sensiblement troublée par l'azotate d'oxydule de mercure.

Le calomel est employé en médecine comme vermifuge et purgatif; on l'utilise également dans le traitement des maladies vénériennes.

§ 639. *Protochlorure de mercure*, HgCl, ou *sublimé corrosif*. — On peut préparer le sublimé corrosif en dissolvant le mercure dans une eau régale renfermant un excès d'acide chlorhydrique. On reprend par l'eau bouillante; la plus grande partie du protochlorure de mercure se dépose en cristaux aciculaires, pendant le refroidissement de la liqueur. On prépare ordinairement ce composé en grand, en chauffant au bain de sable, dans une cornue ou dans une grande fiole, un mélange de sulfate de protoxyde de mercure $HgO.SO^3$ et de sel marin; le protochlorure de mercure se sublime sur les parois supérieures du vase distillatoire. Comme les vapeurs du sublimé corrosif sont très-délétères, il est essentiel de faire cette sublimation sous une hotte qui tire bien. Le sulfate de protoxyde de mercure renferme souvent un peu de sulfate d'oxydule qui donne du calomel par sa réaction sur le sel marin. Pour éviter cet inconvénient, on ajoute ordinairement au mélange un peu de peroxyde de manganèse. Le sublimé corrosif fond à une température notablement inférieure à celle à laquelle il distille sous la pression ordinaire de l'atmosphère ; on utilise cette propriété pour donner plus de consistance au produit sublimé. A cet effet on donne un coup de feu à la fin de l'opération, et le sublimé, subissant un commencement de fusion, s'agrége plus fortement. Lorsque les vases distillatoires sont refroidis, on les brise et on en retire des pains de sublimé corrosif.

Le protochlorure de mercure est incolore, sa densité est de 6,5. Il fond à 265° environ, et il bout vers 295° sous la pression ordinaire de l'atmosphère. Sa vapeur est incolore; elle a une densité de 9,42.

Le sublimé corrosif se dissout dans 16 parties d'eau froide et dans 3 parties d'eau bouillante. L'alcool le dissout en plus grande proportion que l'eau : $2\frac{1}{3}$ d'alcool absolu froid et $1\frac{1}{2}$ d'alcool bouillant dissolvent 1 partie de sublimé corrosif. Il est aussi très-soluble dans l'éther, car il se dissout dans 3 parties d'éther à froid.

Le protochlorure de mercure se dissout en grande quantité, surtout à chaud, dans une dissolution d'acide chlorhydrique. La liqueur se prend en masse cristalline par le refroidissement.

Le sublimé corrosif est souvent employé, dans les laboratoires, comme agent de chloruration; ainsi nous avons vu (§ 576) qu'on obtenait du bichlorure d'étain en distillant un mélange de 1 partie d'étain en limaille et de 5 parties de sublimé. Plusieurs substances lui enlèvent aussi, par voie humide, une portion de son chlore, et le font passer à l'état de protochlorure; ces décompositions se font plus facilement sous l'influence de la lumière solaire.

Le sublimé corrosif est quelquefois employé en médecine; mais c'est un médicament dangereux, et qui ne doit être administré qu'avec prudence. On s'en sert avec avantage pour empêcher les bois d'être attaqués par les insectes. On empêche notamment l'établissement des punaises dans les bois de lit en imbibant ceux-ci d'une faible dissolution de sublimé corrosif. On conserve également les objets d'histoire naturelle et les préparations anatomiques en les imprégnant de sublimé corrosif.

De l'ammoniaque versée dans une dissolution de sublimé corrosif donne des précipités blancs, qui rendent la liqueur émulsive, et dont la composition est très-variable. On les confond, depuis longtemps, sous le nom de *précipité blanc*, mais on est parvenu à distinguer parmi eux plusieurs composés définis.

Combinaisons du mercure avec l'iode.

§ 640. Si l'on verse de l'iodure de potassium dans une dissolution de sublimé corrosif, on obtient un précipité rouge de protoiodure de mercure $HgIo$. Le protoiodure de mercure se dissout en grande quantité dans une dissolution chaude d'iodure de potassium; la liqueur, en refroidissant, laisse déposer une partie de ce protoiodure en beaux cristaux rouges. Si l'on chauffe l'iodure rouge de mercure, il change brusquement de couleur et devient d'un jaune clair; si on le chauffe davantage, il fond en un liquide jaune, et se sublime sous forme de cristaux jaunes. Le protoiodure de mercure se présente donc sous deux modifications, qui se distinguent par leur couleur et affectent aussi deux formes cristallines différentes.

On obtient un iodure de mercure Hg^2Io, en versant de l'iodure de potassium dans une dissolution d'azotate d'oxydule de mercure. C'est un précipité vert sale, qui se volatilise sans altération quand on le chauffe rapidement, et qui se décompose, au contraire, en protoiodure de mercure $HgIo$ et en mercure métallique quand on le chauffe lentement.

Combinaison du mercure avec le cyanogène.

§ 641. On ne connaît qu'une seule combinaison du mercure avec le cyanogène; elle correspond au protoxyde HgO. On opère cette combinaison en dissolvant du protoxyde de mercure dans de l'acide cyanhydrique. On emploie pour cela l'acide cyanhydrique dilué, que l'on obtient par la distillation du cyanoferrure de potassium avec de l'acide sulfurique étendu. On prépare ordinairement le cyanure de mercure, dans les laboratoires, en faisant bouillir 2 parties de bleu de Prusse, 1 partie de protoxyde de mercure et 8 parties d'eau. On filtre la dissolution bouillante, et elle abandonne, par le refroidissement, des cristaux prismatiques blancs de cyanure de mercure anhydre, $HgCy$ ou HgC^2Az. Il arrive souvent que la liqueur contient un peu de fer en dissolution ; on la fait bouillir alors avec un peu de protoxyde de mercure, qui précipite l'oxyde de fer. On obtient également du cyanure de mercure en faisant bouillir 2 parties de cyanoferrure de potassium avec 3 parties de sulfate de protoxyde de mercure, dissoutes dans 15 à 20 parties d'eau. La liqueur abandonne, par le refroidissement, des cristaux de cyanure de mercure.

Alliages du mercure, ou amalgames.

§ 642. Le mercure se combine avec un très-grand nombre de métaux, et constitue des alliages appelés *amalgames*, qui sont liquides quand le mercure domine beaucoup, et solides quand le métal avec lequel il est combiné se trouve en proportion considérable. Il suffit de la présence d'une très-petite quantité d'un métal étranger pour altérer profondément la fluidité du mercure et ses autres propriétés physiques.

Le mercure se combine avec le potassium et le sodium, en dégageant de la chaleur ; il forme des amalgames pâteux qui décomposent l'eau. Avec le plomb et l'étain, il produit des amalgames dont la consistance varie selon la proportion de métal combiné. Si l'on chauffe ces amalgames de manière à les rendre parfaitement liquides, et qu'on les abandonne à un refroidissement lent, il s'en sépare des cristaux d'amalgames solides, qui présentent des combinaisons à proportions définies. On rencontre dans la nature un amalgame d'argent cristallisé. Les amalgames se décomposent facilement par la chaleur et abandonnent complétement leur mercure, qui distille.

Le *tain* des glaces est formé d'un amalgame d'étain.

Métallurgie du mercure.

§ 643. Le principal minerai de mercure est le sulfure ou cinabre (§ 637). Les mines d'Almaden, en Espagne, et celles d'Idria, en Illyrie, fournissent la presque totalité du mercure employé dans les arts. On entasse le minerai dans de grandes chambres voûtées, en maçonnerie, et percées d'un grand nombre d'ouvertures pour permettre un accès facile à l'air frais. Ces chambres communiquent avec d'autres chambres disposées les unes à la suite des autres, et qui font l'office de condenseur. On brûle du bois sur une grille placée au-dessous du minerai; le sulfure de mercure prend feu, le soufre se change en acide sulfureux : le mercure isolé se volatilise, se condense dans les chambres et se rend dans un réservoir commun. À Almaden, on remplace les chambres de condensation par plusieurs rangées d'allonges en terre cuite, disposées sur une terrasse inclinée; le mercure se condense dans ces allonges, appelées *aludèles*, et s'écoule dans une rigole qui l'amène au réservoir.

ARGENT

Équivalent = 1350,0

§ 644. L'argent de nos monnaies et de nos objets d'orfévrerie n'est pas pur; il renferme une certaine proportion de cuivre. Pour préparer l'argent pur, on dissout le métal allié dans l'acide azotique, et l'on verse dans la dissolution du sel marin, qui précipite l'argent à l'état de chlorure insoluble, tandis que les autres métaux restent en dissolution. On mêle 100 parties de ce chlorure d'argent desséché avec 70 parties de craie et 4 ou 5 de charbon, et l'on introduit ce mélange dans un creuset d'argile, que l'on porte à une forte chaleur blanche. De l'oxyde de carbone se dégage; il se forme du chlorure de calcium et de l'argent métallique. Après le refroidissement, l'argent forme, au fond du creuset, un culot qui est recouvert d'une scorie de chlorure de calcium.

L'argent se distingue, parmi tous les métaux, par sa belle couleur blanche et par un grand éclat qui ne se ternit pas à l'air, à moins que celui-ci ne renferme des vapeurs sulfurées. La densité de l'argent est de 10,5. L'argent est plus dur que l'or, mais plus mou que le cuivre; l'addition d'une petite quantité de cuivre augmente sa dureté. C'est, après l'or, le métal le plus malléable; on peut le réduire par le battage en feuilles extrêmement minces, et l'étirer à la filière en fils très-fins. Il jouit aussi d'une assez grande ténacité, car un fil de 2 millimètres de diamètre ne se rompt que sous une charge de 85 kilogrammes. L'argent fond à la chaleur blanche; on estime la température de sa fusion à environ 1000° du thermomètre à air. Il donne des vapeurs très-sensibles à la température du feu de forge, et se vaporise promptement quand on le porte à la haute température qu'on obtient entre les deux charbons qui terminent les deux conducteurs d'une forte pile.

L'argent n'absorbe pas l'oxygène à la température ordinaire ; il ne se combine pas non plus d'une manière stable avec l'oxygène a une température élevée. Mais, si l'on maintient pendant longtemps de l'argent très-pur, fondu au contact de l'air, il absorbe une proportion considérable d'oxygène, qu'il abandonne, pendant le refroidissement, au moment de sa solidification. Le gaz, en se dégageant, projette souvent une portion du métal hors du creuset. On démontre cette absorption de l'oxygène par l'expérience suivante : on fond dans un creuset de terre 3 ou 4 kilogrammes d'argent très-pur ; lorsque le métal fondu se trouve à une forte chaleur blanche, on découvre le creuset, et l'on y projette, par petites pincées, une certaine quantité de salpêtre, qui se décompose et maintient une atmosphère d'oxygène dans le creuset. Après l'addition de la dernière portion de salpêtre, on laisse le creuset couvert pendant une demi-heure, en maintenant la haute température ; puis on le saisit avec une tenaille, on le plonge dans la cuve à eau, en amenant au-dessus une cloche pleine d'eau. Le gaz oxygène absorbé se dégage aussitôt et se rassemble dans la cloche. Au moment où l'on plonge le creuset incandescent dans l'eau, il se fait quelquefois une forte détonation ; il est donc indispensable de faire cette expérience avec prudence.

On a reconnu que l'argent pouvait absorber jusqu'à 22 fois son volume d'oxygène. La présence d'une très-petite quantité de métaux étrangers suffit pour lui enlever cette propriété.

L'argent ne s'oxyde pas, à la chaleur rouge, au contact des alcalis caustiques et des azotates alcalins. C'est à cause de cette propriété que l'on se sert de creusets d'argent lorsqu'on a besoin, dans les analyses chimiques, d'attaquer les matières par la potasse caustique ou par le salpêtre, qui attaqueraient, au contraire, fortement les creusets de platine. Mais l'argent s'altère au contact des silicates alcalins fondus ; il se forme de l'oxyde d'argent, qui se dissout dans le silicate et le colore en jaune.

L'argent ne décompose que très-faiblement l'acide chlorhydrique en dissolution ; il n'y a de réaction qu'avec le métal très-divisé et à la température de l'ébullition. L'acide sulfurique étendu n'attaque pas l'argent, mais celui-ci décompose facilement à chaud l'acide sulfurique concentré ; du gaz sulfuré se dégage, et il se forme du sulfate d'argent. L'acide azotique attaque l'argent, même à la température ordinaire ; il se dégage du deutoxyde d'azote, et l'argent se transforme en azotate. L'acide sulfhydrique est décomposé par l'argent, à la température ordinaire ; une lame brillante d'argent noircit promptement dans une dissolution d'acide sulfhydrique ; elle se recouvre d'une pellicule noire de sulfure d'argent. L'argent est attaqué à froid par le chlore, le brôme et l'iode.

Combinaisons de l'argent avec l'oxygène.

§ 645. On connaît aujourd'hui trois combinaisons de l'argent avec l'oxygène :

Le suboxyde, Ag^2O ;

Le protoxyde, AgO.

Et le bioxyde, AgO^2.

Le protoxyde est le seul oxyde d'argent qui présente de l'intérêt.

On obtient le *protoxyde d'argent*, AgO, en versant de la potasse en excès dans une dissolution d'azotate d'argent ; il se forme un précipité brun clair qui est de l'hydrate de protoxyde. Cet hydrate perd facilement son eau dans le vide sec ou à une chaleur modérée, et se transforme en une poudre olive de protoxyde anhydre. Le protoxyde d'argent perd facilement son oxygène par la chaleur ; il se décompose, même à froid, sous l'influence des rayons solaires. Le protoxyde hydraté se dissout en petite quantité dans l'eau ; celle-ci manifeste ensuite une réaction alcaline sur les teintures colorées ; il ne se combine pas avec les alcalis caustiques. Le protoxyde d'argent est une base puissante qui se combine avec les acides même les plus faibles, et neutralise complétement les acides les plus énergiques : ainsi l'azotate d'argent est parfaitement neutre aux réactifs colorés.

Ammoniure d'oxyde d'argent.

§ 646. Si l'on fait digérer de l'oxyde d'argent avec une dissolution concentrée d'ammoniaque caustique, il se forme une poudre noire éminemment explosive. On obtient la même combinaison en versant de la potasse caustique dans un sel d'argent dissous par un excès d'ammoniaque caustique. Ce composé, auquel on donne le nom d'*argent fulminant*, détone très-facilement et ne doit être manié qu'avec la plus grande prudence. Lorsqu'il est sec, il fait explosion si on le frictionne seulement avec une barbe de plume. Il détone sous l'eau lorsqu'on chauffe celle-ci jusqu'à 100°. Les chimistes ne sont pas d'accord sur la composition de l'argent fulminant ; quelques-uns le regardent comme formé par la combinaison directe de l'ammoniaque avec l'oxyde d'argent, et lui donnent la formule $AgO.AzH^3$; d'autres le considèrent comme un amidure d'argent $AgAzH^2$, produit par la réaction $AgO + AzH^3 = AgAzH^2 + HO$; enfin, un grand nombre le regardent comme un simple azoture d'argent, et supposent que la réaction qui lui a donné naissance est exprimée par l'équation $3AgO + AzH^3 = Ag^3Az + 3HO$.

Sels formés par le protoxyde d'argent.

§ 647. Ainsi que nous l'avons déjà dit (§ 645), le protoxyde d'argent est une base puissante qui se combine avec les acides, même les plus faibles, et neutralise parfaitement les acides les plus énergiques sous le rapport de leur action sur les réactifs colorés. Le protoxyde d'argent se comporte, dans quelques circonstances, comme une base plus forte que les alcalis, car il décompose quelques sels alcalins en leur enlevant une portion de leur acide; cette décomposition cependant n'a lieu que quand il peut se former un sel double. Les sels d'argent sont incolores lorsque l'acide n'est pas lui-même coloré. On obtient les sels d'argent solubles en dissolvant le carbonate d'argent dans les acides. Les sels insolubles se préparent par double décomposition, au moyen de l'azotate d'argent qu'on obtient en dissolvant l'argent dans l'acide azotique. Les sels d'argent solubles ont une saveur métallique désagréable; ils sont très-vénéneux. Tous les sels d'argent noircissent à la lumière solaire; ils se décomposent, et de l'argent métallique se sépare. Les sels solubles d'argent présentent les réactions caractéristiques suivantes.

La potasse et la soude donnent des précipités bruns de protoxyde hydraté qui ne se dissolvent pas dans un excès de réactif. L'ammoniaque produit dans les dissolutions neutres le même précipité, mais celui-ci se dissout complétement dans un excès du réactif. Si la dissolution renferme un grand excès d'acide, l'ammoniaque ne la trouble plus, parce qu'il se forme un sel soluble d'argent et d'ammoniaque, indécomposable par un excès d'ammoniaque. Les carbonates de potasse et de soude donnent un précipité blanc sale de carbonate d'argent, qui ne se dissout pas dans un excès de réactif. Le carbonate d'ammoniaque produit le même précipité; celui-ci se dissout dans un excès de carbonate d'ammoniaque et dans l'ammoniaque caustique. L'oxyde et le carbonate d'argent, précipités, se décomposent facilement par la chaleur, et donnent une masse spongieuse d'argent métallique, qui s'agrége par la percussion et présente tous les caractères physiques de l'argent malléable.

L'acide sulfhydrique produit un précipité noir de sulfure d'argent;

les sulfhydrates alcalins donnent le même précipité noir; il ne se dissout pas dans un excès de sulfhydrate.

Le cyanoferrure de potassium donne un précipité blanc; le cyanoferride, ou prussiate rouge, produit un précipité rouge-brun.

L'acide chlorhydrique et les chlorures solubles forment dans les dissolutions d'argent un précipité blanc, qui se réunit facilement par l'agitation en un dépôt cailleboté, surtout si la liqueur renferme un excès d'acide azotique. Ce précipité est insoluble dans un excès d'acide azotique; il se dissout, au contraire, facilement dans l'ammoniaque; si l'on sature l'ammoniaque par un acide, le chlorure d'argent se précipite de nouveau. Ce précipité noircit promptement à la lumière en prenant d'abord une teinte violacée. Il se distingue par là du précipité de sous-chlorure de mercure Hg^2Cl, qui se forme quand on verse un chlorure soluble dans une dissolution d'un sel d'oxydule de mercure, et qui reste blanc pendant fort longtemps. Une lame de zinc ou de fer, mise en contact avec le chlorure humide, le décompose et isole l'argent métallique.

Les iodures solubles forment dans les dissolutions d'argent un précipité blanc jaunâtre d'iodure d'argent, qui se dissout difficilement dans un grand excès d'acide ou dans l'ammoniaque.

L'argent est précipité de ses dissolutions, à l'état métallique, par un grand nombre de métaux, notamment par le fer, le zinc, le cuivre. Le mercure opère la même décomposition; mais l'argent précipité se combine à mesure avec le mercure, jusqu'à ce que celui-ci se soit transformé en un amalgame solide. À partir de ce moment, l'argent qui continue à se déposer forme de longues aiguilles brillantes d'amalgame d'argent, qui remplissent quelquefois toute la dissolution. On donne à cette cristallisation le nom d'*arbre de Diane*. Pour la préparer, on place ordinairement, dans une dissolution d'azotate d'argent, du mercure déjà combiné avec $\frac{1}{6}$ de son poids d'argent.

Azotate d'argent.

§ 648. L'argent se dissout facilement dans l'acide azotique; si l'on évapore la liqueur, l'azotate d'argent cristallise, anhydre, sous forme de larges lames incolores. On prépare ordinairement l'azotate d'argent, dans les laboratoires, avec l'argent de monnaie, qui contient $\frac{1}{10}$ de son poids de cuivre. On dissout cette monnaie dans l'acide azotique, et l'on obtient une dissolution bleue qui renferme, à la fois, de l'azotate d'argent et de l'azotate de cuivre. On évapore cette dissolution à siccité, et l'on chauffe le résidu jusqu'à fusion dans une capsule de porcelaine. La fusion de l'azotate d'argent a lieu au-dessous du rouge sombre; à cette température, l'azotate de cuivre se décompose et se change en protoxyde de cuivre, CuO, qui colore la masse en noir; on maintient la température jusqu'à ce que l'azotate de cuivre soit entièrement décomposé. On reconnaît que ce moment est arrivé, en enlevant une petite quantité de la matière à l'extrémité d'une baguette de verre, la dissolvant dans un peu d'eau, et versant dans la dissolution filtrée un excès d'ammoniaque; si la liqueur ne se colore pas en bleu, on est sûr que tout l'azotate de cuivre a été décomposé. On dissout alors la matière dans l'eau, et l'on sépare l'oxyde de cuivre par filtration.

On peut aussi précipiter au moyen de l'oxyde d'argent l'oxyde de cuivre qui existe dans la liqueur. Après avoir évaporé à sec la dissolution des azotates, pour chasser l'excès d'acide, on reprend par l'eau. On sépare $\frac{1}{5}$ environ de la liqueur, et on la précipite complétement à froid par de la potasse caustique en excès; les oxydes d'argent et de cuivre se déposent; on les lave à l'eau froide, puis on les fait bouillir avec les autres $\frac{4}{5}$ de la liqueur. L'oxyde d'argent précipite complétement l'oxyde de cuivre, et l'azotate d'argent reste seul dans la liqueur; le dépôt se compose de beaucoup d'oxyde de cuivre et de très-peu d'oxyde d'argent.

On prépare souvent aussi l'azotate d'argent au moyen du chlorure d'argent que l'on obtient toujours en grande quantité dans les laboratoires où l'on exécute des analyses minérales. On peut décomposer ce chlorure d'argent par la chaux dans un creuset chauffé à une chaleur blanche, ainsi que nous l'avons dit (§ 644), et obtenir ainsi de l'argent métallique pur, que l'on dissout dans l'acide azotique. Mais, ordinairement, on se contente de plonger une tige de fer au milieu du chlorure d'argent, que l'on a mouillé avec de l'eau acidulée par l'acide chlorhydrique. Le chlorure d'argent se décompose de proche en proche, et, au bout de quelque temps, il ne reste que de l'argent métallique. On lave l'argent avec de l'eau acidulée, puis on le dissout dans l'acide azotique.

L'azotate d'argent se dissout dans son poids d'eau froide et dans la moitié seulement de son poids d'eau bouillante. Il se dissout dans 4 parties d'alcool bouillant. Nous avons dit que l'azotate d'argent fondait sans altération à une température inférieure au rouge sombre; il se solidifie par le refroidissement en une masse cristalline. Il se décompose, si on le chauffe davantage. Au commencement de la décomposition, il ne se dégage que de l'oxygène, et le sel se transforme en *azotite* $AgO.AzO^3$; mais ensuite, il se dégage à la fois de l'oxygène et de l'azote, et il ne reste finalement que de l'argent métallique.

L'azotate d'argent fondu est employé en chirurgie pour cautériser les chairs; on lui donne le nom de *pierre infernale*. On emploie ordinairement la pierre infernale sous forme de petites baguettes fixées à l'extrémité d'un porte-crayon. Pour obtenir ces baguettes, on coule l'azotate d'argent fondu dans une lingotière en fer. Ces baguettes sont ordinairement noires à leur surface : cela tient à ce que la pellicule extérieure d'azotate d'argent a été décomposée par les parois du moule.

On emploie également l'azotate d'argent comme médicament interne, dans certains cas d'épilepsie; mais c'est un médicament dangereux et qui ne doit être administré qu'avec la plus grande prudence. Les personnes qui ont été soumises à ce traitement doivent éviter de s'exposer à l'action de la lumière du jour jusqu'à ce que le sel d'argent, qui s'est distribué dans tout l'organisme, ait pu être évacué. Sans cette précaution, toutes les parties du corps exposées à la lumière bleuissent, par suite de la décomposition du sel d'argent que la lumière opère dans le tissu sous-cutané.

L'azotate d'argent se décompose faiblement sous l'influence de la lumière solaire; mais la décomposition est rapide en présence des matières organiques. Une goutte d'azotate d'argent produit sur la peau une tache brune persistante, qui devient complétement noire au bout de quelque temps, et ne peut plus être enlevée que par une dissolution de cyanure de potassium. On utilise cette propriété de l'azotate d'argent pour marquer le linge d'une manière indélébile. A cet effet, on encolle, avec un peu d'empois rendu alcalin par du carbonate de soude, la partie du linge où l'on veut apposer la marque; puis on écrit avec une dissolution d'azotate d'argent épaissie par un peu de gomme; bientôt, surtout sous l'influence de la lumière, les caractères apparaissent. Les caractères ainsi produits résistent aux blanchissages ordinaires, mais ils peuvent être enlevés au moyen des cyanures alcalins.

Sulfate d'argent.

§ 649. On obtient le sulfate d'argent en chauffant de l'argent métallique avec de l'acide sulfurique concentré ; de l'acide sulfureux se dégage et il se forme une poudre cristalline blanche de sulfate d'argent. On l'obtient également en versant de l'acide sulfurique ou du sulfate de soude dans une dissolution bouillante d'azotate d'argent; le sulfate d'argent se précipite sous forme de petits cristaux prismatiques. Le sulfate d'argent est très-peu soluble dans l'eau, car l'eau chaude en dissout à peine $\frac{1}{100}$.

Carbonate d'argent.

§ 650. On obtient le carbonate d'argent sous forme d'un précipité blanc, en versant du carbonate de soude dans une dissolution d'azotate d'argent. Ce précipité brunit promptement sous l'influence de la lumière solaire; il se décompose facilement par la chaleur.

Combinaison de l'argent avec le soufre.

§ 651. L'argent et le soufre se combinent directement lorsqu'on chauffe un mélange de ces deux corps. L'excès de soufre distille, et, si l'on chauffe jusqu'au rouge, le sulfure d'argent fond et se solidifie en une masse cristalline. Ce sulfure d'argent correspond au protoxyde; il a, par conséquent, pour formule AgS. On le trouve cristallisé dans la nature.

Le même sulfure d'argent se produit, par voie humide, quand on précipite un sel d'argent par l'hydrogène sulfuré, ou par un sulfhydrate alcalin. L'argent décompose l'acide sulfhydrique, même à froid, surtout en présence de l'eau, et sa surface se couvre d'une pellicule noire de sulfure. C'est à cause de cette propriété que l'argent noircit si facilement dans les localités où il y a des émanations sulfurées, et que la vaisselle d'argent devient noire lorsqu'on y chauffe des aliments qui peuvent dégager de l'hydrogène sulfuré, des œufs ou du poisson, par exemple; cela arrive surtout lorsque ces aliments ne sont pas très-frais.

Le sulfure d'argent se combine avec un grand nombre de sulfures métalliques, principalement avec les sulfures électronégatifs, tels que les sulfures d'arsenic et d'antimoine. On trouve dans la nature plusieurs de ces sulfures doubles cristallisés.

Combinaison de l'argent avec le chlore.

§ 652. On ne connaît qu'une seule combinaison de l'argent avec le chlore; elle correspond au protoxyde. On obtient le chlorure d'argent, $AgCl$, en versant de l'acide chlorhydrique ou du sel marin dans une dissolution d'azotate d'argent. Il se forme un précipité blanc qui se rassemble facilement, par l'agitation, en grumeaux caséeux, surtout si la liqueur renferme un excès d'acide azotique. Le chlorure d'argent est à peu près complétement insoluble dans l'eau et dans les dissolutions faibles d'acide azotique; il se dissout, au contraire, sensiblement dans les dissolutions d'acide chlorhydrique ou des chlorures alcalins. L'acide chlorhydrique concentré et bouillant dissout une quantité notable de chlorure d'argent; la liqueur saturée abandonne, par le refroidissement, de petits cristaux octaédriques de ce chlorure. L'ammoniaque dissout facilement, et en grande quantité, le chlorure d'argent; la liqueur, abandonnée à l'air, perd successivement son ammoniaque et laisse déposer des cristaux octaédriques de chlorure d'argent, qui prennent souvent un assez grand développement. En saturant la liqueur ammoniacale avec de l'acide azotique, le chlorure d'argent se dépose de nouveau. Les dissolutions des hyposulfites alcalins dissolvent une grande quantité de ce chlorure.

Le chlorure d'argent fond, à une température d'environ 260°, en un liquide jaune qui, en se solidifiant, donne une matière translucide ressemblant à de la corne, et se laissant couper au couteau. A la chaleur rouge, le chlorure d'argent donne des vapeurs sensibles; il n'est cependant pas assez volatil pour qu'on puisse le distiller. Le chlorure d'argent noircit promptement sous l'influence des rayons solaires. Si le chlorure est en suspension dans l'eau, il se dégage de l'oxygène, et la liqueur renferme, au bout de quelque temps, de l'acide chlorhydrique. Si le chlorure est sec, il se dégage du chlore. Dans les deux cas, en traitant par l'ammoniaque la matière altérée, on dissout du chlorure d'argent incolore, et il reste de l'argent métallique sous forme de poussière noire.

Le chlorure d'argent se rencontre quelquefois cristallisé dans la nature; il forme des cristaux cubiques ou octaédriques, d'un gris de perle lorsqu'ils sont enfermés dans l'intérieur de la roche, et d'un violet plus ou moins foncé quand ils se trouvent à la surface.

Combinaison de l'argent avec le brôme.

§ 653. On obtient un brômure d'argent, $AgBr$, semblable au chlorure, en versant un brômure alcalin dans une dissolution d'azotate d'argent; il se forme un précipité blanc, légèrement jaunâtre, qui est insoluble dans l'eau et dans l'acide azotique, mais qui se dissout facilement dans l'ammoniaque et dans les hyposulfites alcalins. Le chlore décompose facilement le brômure d'argent, et le transforme en chlorure. Le brômure d'argent a été rencontré dans certains minerais d'argent du Mexique.

Combinaison de l'argent avec l'iode.

§ 654. En versant de l'iodure de potassium dans une dissolution d'azotate d'argent, on obtient un précipité blanc jaunâtre d'iodure d'argent, AgIo. Ce précipité est insoluble dans l'eau. L'acide azotique le dissout en petite quantité; l'ammoniaque n'en dissout qu'une quantité assez faible, ce qui permet de le distinguer facilement des chlorure et brômure d'argent. Le chlore le décompose et met l'iode en liberté. L'acide chlorhydrique le change en chlorure. Il fond au-dessous de la chaleur rouge. L'iodure d'argent s'altère moins rapidement par la lumière que le chlorure; il noircit cependant en peu de temps, en prenant d'abord une teinte brune. L'iodure d'argent se dissout en assez forte proportion dans une dissolution d'iodure de potassium; la liqueur abandonne, par évaporation, des cristaux d'un iodure double AgIo+KIo. L'iodure d'argent cristallisé a été rencontré dans plusieurs minerais d'argent.

Alliages d'argent.

§ 655. L'argent est rarement employé à l'état de pureté; il est trop mou, et les objets fabriqués, s'usant promptement à leur surface, perdraient la finesse de leurs contours. On allie ordinairement l'argent à une certaine quantité de cuivre qui augmente beaucoup sa dureté. Il faut que la proportion de cuivre soit considérable pour que l'alliage prenne une teinte jaune prononcée; quand il n'en renferme pas plus de $\frac{1}{8}$, il reste sensiblement blanc. Cependant cette blancheur est moins franche que celle de l'argent pur, et l'on cherche ordinairement à la reproduire sur les objets de luxe par une opération qu'on appelle le *blanchiment*. Cette opération a pour but d'enlever à l'alliage le cuivre qui se trouve immédiatement à la surface de l'objet. A cet effet, on chauffe l'objet au rouge sombre; le cuivre de la couche superficielle s'oxyde, et, en plongeant immédiatement l'objet dans l'eau acidulée par de l'acide azotique ou de l'acide sulfurique, l'oxyde de cuivre formé se dissout. Après ce blanchiment la surface de l'objet est nécessairement mate, parce que les parcelles d'argent y sont, pour ainsi dire, séparées les unes des autres; mais on la rend facilement brillante par le brunissage.

Les alliages d'argent employés pour les monnaies, les objets d'orfévrerie et de bijouterie, sont soumis à un titre légal, réglé par la loi, et garanti par un poinçonnage pour l'orfévrerie et la bijouterie.

La monnaie d'argent de France est au titre de $\frac{900}{1000}$, c'est-à-dire qu'elle doit renfermer 900 d'argent et 100 de cuivre. Mais, comme il serait difficile d'obtenir toujours rigoureusement ce titre par la fusion directe des deux métaux, la loi accorde une *tolérance* d. $\frac{5}{1000}$ au-dessous du titre légal, et de $\frac{5}{1000}$ au-dessus. Ainsi un alliage de 897 argent et 105 cuivre est encore accepté tandis qu'on refuse un alliage de 896 argent et 104 cuivre. Les alliages qui renferment plus de 903 d'argent ne sont pas non plus admis ; il y a avantage à les refondre avec une petite quantité de cuivre, pour les ramener aux limites de la tolérance.

Les médailles d'argent doivent être au titre de $\frac{950}{1000}$; la tolérance est de $\frac{5}{1000}$, comme pour les monnaies.

Le titre pour la vaisselle et l'argenterie ordinaire est de $\frac{950}{1000}$; mais la tolérance est plus forte que pour les monnaies ; elle est de $\frac{5}{1000}$ au-dessous du titre légal. On ne fixe pas la limite supérieure, parce que le fabricant est intéressé à ne pas dépasser le titre légal.

Le titre pour la petite bijouterie d'argent et pour les objets d'ornement est de $\frac{800}{1000}$, avec une tolérance de $\frac{5}{1000}$.

§ 656. On fabrique beaucoup de vases avec des feuilles de cuivre recouvertes sur toute leur surface d'une lamelle d'argent fortement soudée. C'est ce qu'on appelle le *plaqué d'argent*. Le titre ordinaire du plaqué est au $\frac{1}{20}$, c'est-à-dire que la feuille doit se composer de $\frac{19}{20}$ cuivre et $\frac{1}{20}$ argent ; on fabrique cependant des plaqués à un titre moins élevé.

Les objets de plaqué sont aujourd'hui en grande partie remplacés par des objets moulés en cuivre ou en alliages cuivreux, recouverts ensuite d'une couche d'argent par des procédés que nous décrirons bientôt.

Essais des alliages d'argent.

§ 657. Il est important que les titres des alliages d'argent puissent être déterminés rapidement et exactement, afin que la fabrication des monnaies et de l'argenterie reste sous le contrôle efficace du gouvernement. Les essais se font par deux procédés : le premier, et le plus ancien, est la *coupellation* ; le second est le procédé d'analyse *par voie humide*. Ce dernier procédé, beaucoup plus précis, a remplacé la coupellation dans tous les bureaux d'essai de l'État.

Essais par coupellation.

§ 658. L'analyse des alliages d'argent et de cuivre par coupellation est fondée sur la propriété de l'argent de ne pas s'oxyder quand on le maintient fondu au contact de l'air, et de ne donner que des vapeurs presque insensibles. Le cuivre s'oxyde au contraire dans cette circonstance et se change en oxydule Cu^2O; mais, pour que ce métal se sépare de l'alliage, on a reconnu qu'il était nécessaire d'introduire dans celui-ci une certaine quantité de plomb, qui, en s'oxydant, produit

Fig. 133.

de la litharge liquide à cette température, et dans laquelle l'oxydule de cuivre se dissout. Le grillage a lieu dans une *coupelle* (*fig.* 133), c'est-à-dire dans une capsule poreuse et à parois épaisses. Ces coupelles sont fabriquées avec des cendres d'os, humectées d'un peu d'eau; on comprime la pâte dans des moules qui lui donnent la forme dont la figure 134 montre une

Fig. 134.

section verticale. L'oxyde de plomb fondu et tenant les autres oxydes en dissolution s'imbibe dans la coupelle, et il ne reste, à la fin, sur la coupelle, que le globule d'argent affiné. Une coupelle d'os peut absorber environ son poids de litharge.

La quantité de plomb qu'il faut ajouter à un alliage d'argent et de cuivre pour le passer commodément à la coupellation doit être d'autant plus grande que le contenu en cuivre est plus considérable. Il faut en effet que les litharges, après avoir dissous l'oxydule de cuivre qui s'est formé simultanément, conservent assez de fluidité pour s'infiltrer facilement dans la coupelle. Si l'infiltration n'a pas lieu, la litharge recouvre le métal et l'oxydation s'arrête; on dit alors que l'essai est *noyé*.

L'essai par coupellation se fait ordinairement sur un gramme d'alliage. La quantité de plomb que l'on ajoute est différente suivant le titre de l'alliage : pour la monnaie d'argent, on prend 7 grammes de plomb; pour des alliages moins riches en argent, on emploie de 10 à 18 grammes de plomb.

Le fourneau de coupellation est représenté par les figures 135 et 136; la figure 136 en montre une section verticale. La partie la plus importante du fourneau est la *mouffle* A. C'est un berceau demi-cylindrique en terre (*fig.* 137) bouché à l'une de ses extrémités, et disposé dans le fourneau de manière qu'on puisse l'envelopper complétement de combustible; son ouverture correspond exactement à l'ouverture D du fourneau. Les parois latérales de la mouffle sont percées de fentes longitudinales, par lesquelles s'établit un tirage de l'air extérieur qui s'introduit par la porte de la mouffle et s'échappe à travers ces fentes dans le courant d'air du fourneau. La mouffle est donc constamment traversée par un courant d'air très-oxydant. On surmonte ordinairement le réverbère du fourneau d'un tuyau en tôle M (*fig. 135*), qui active le tirage.

On remplit complétement le fourneau de charbon de bois par l'ouverture F, et l'on introduit les coupelles dans la moufle, où on

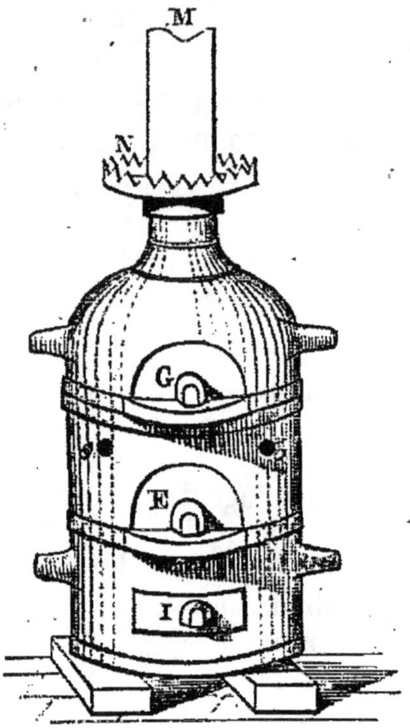

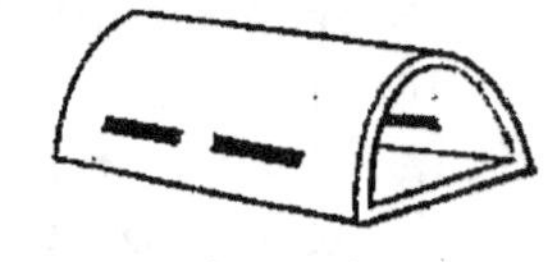

Fig. 135. 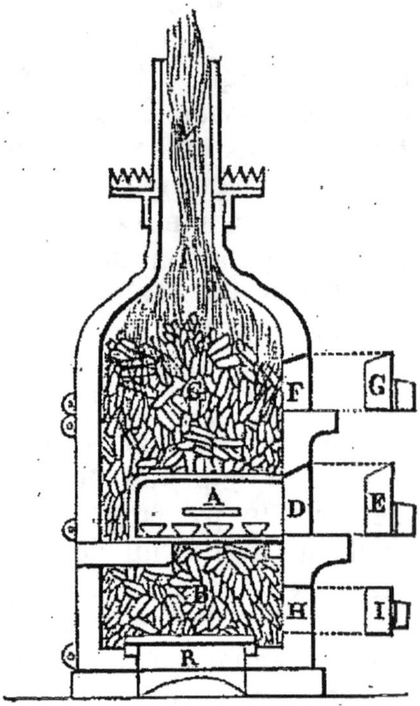   Fig. 136,

les dispose symétriquement quand on a un grand nombre d'essais à faire. Si les coupelles sont fraîches, on les place préalablement sur la plate-forme N pour les dessécher. Quand les coupelles sont dans la moufle, on ferme l'ouverture D avec la porte E, afin d'élever la moufle à une très-haute température, et, quand ce but est atteint, on ouvre l'ouverture D, et l'on place dans chaque coupelle, à l'aide d'une

Fig. 137.

pince, une portion du plomb qui doit être ajouté à chaque essai. Aussitôt que le plomb est fondu, on introduit la *prise d'essai* enveloppée dans le reste du plomb. Les métaux fondent promptement, et l'alliage d'argent se dissout complétement dans le plomb; au bout de quelques minutes l'alliage forme dans chaque coupelle un globule liquide, arrondi. Bientôt il se dégage des vapeurs blanches dues à du plomb métallique qui s'oxyde dans l'air : la surface du globule métallique se couvre d'une pellicule et de gouttelettes d'oxyde fondu qui se meuvent rapidement à sa surface. Ces oxydes s'absorbent à mesure dans la coupelle. Lorsque le cuivre et le plomb se sont complétement transformés en oxydes imbibés dans la coupelle, et que l'argent est affiné, le mouvement que l'on observait à la surface s'arrête, le globule se couvre, pendant un instant très-court, des couleurs des bulles de savon ; puis il devient sombre. Ce phénomène, qui se produit à la fin de l'oxydation, s'appelle l'*éclair*. Il faut alors rapprocher lentement la coupelle de l'ouverture de la moufle, afin que le globule d'argent ne se refroidisse pas trop brusquement. Nous avons vu, en effet (§ 644), que l'argent pur absorbe une certaine quantité d'oxygène à l'air, et que le gaz absorbé se dégage subitement lorsque le métal se refroidit rapidement, et au moment de sa solidification. Or ce dégagement brusque du gaz détermine ordinairement la projection d'une petite quantité de métal ; on dit alors que l'argent *roche*. Il est facile de reconnaître, à l'aspect du bouton refroidi, si ce phénomène s'est présenté, car, si l'argent a roché, on remarque toujours à sa surface une végétation, un petit champignon, à l'endroit où la projection a eu lieu. Il faut rejeter tous les essais qui présentent ce caractère, parce qu'ils accusent nécessairement une quantité d'argent trop faible.

Les essais par coupellation ne sont pas susceptibles d'une grande précision ; ils exigent beaucoup de précautions sans lesquelles l'essayeur peut facilement faire des erreurs de 5 à 6 millièmes en plus ou en moins. Ils sont aujourd'hui généralement remplacés par les essais par voie humide qui permettent une précision de $\frac{1}{2}$ millième.

Essais par voie humide.

§ 659. Les essais des matières d'argent par voie humide se font en précipitant l'argent à l'état de chlorure insoluble, par une dissolution titrée de sel marin. Comme le chlorure d'argent se rassemble facilement par l'agitation, dans une liqueur acidifiée par de l'acide azotique, il est facile de saisir exactement le moment où l'argent est complétement précipité. La dissolution de sel marin que l'on emploie est telle, que 1 décimètre cube de cette liqueur précipite exactement 1 gramme d'argent pur. Pour déterminer le titre d'un alliage, on dissout 1 gramme d'alliage dans 5 ou 6 grammes d'acide azotique, et l'on verse dans la liqueur, avec précaution, la dissolution de sel marin contenue dans une burette graduée, jusqu'à ce que l'addition d'une nouvelle goutte ne produise plus de précipité. Après chaque addition de dissolution salée, lorsqu'on approche du moment de la précipitation complète, on a soin de secouer vivement le flacon qui contient la dissolution d'argent, pour que le précipité se rassemble et que la liqueur s'éclaircisse. Le nombre de centimètres cubes qui ont été versés pour précipiter complétement l'argent donne le titre de l'alliage.

Ce procédé peut être simplifié et amené à une très-grande précision quand on l'applique à la détermination exacte du titre d'un alliage dont on connaît déjà une valeur approchée, par exemple, d'une monnaie ou d'une pièce d'orfévrerie. On emploie alors deux dissolutions de sel marin : l'une qu'on appelle *dissolution normale* et qui est telle, que 1 décilitre précipite exactement 1 gramme d'argent pur ; et l'autre, qui est 10 fois plus étendue, et dont il faut 1 litre pour précipiter 1 gramme d'argent. On nomme celle-ci *liqueur décime*. Enfin, on emploie quelquefois une troisième dissolution titrée, la *liqueur décime d'argent*, qui renferme 1 gramme d'argent dans 1 litre.

Supposons qu'il s'agisse de déterminer le titre d'un alliage de monnaie ; on sait que cet alliage, pour être accepté, doit renfermer au moins $\frac{897}{1000}$ d'argent, et l'on suppose qu'il n'en renferme que   ; à ce dernier titre, 1^{gr},116 de l'alliage renfermerait 1 gramme d'argent. On pèse très-exactement 1^{gr},116 de l'alliage, on le place dans un flacon susceptible d'être bouché à l'émeri, on dissout la matière dans 5 ou 6 grammes d'acide azotique pur, et on verse dans le flacon 1 décilitre de la dissolution normale de sel marin. Il est clair que, si l'alliage est réellement au titre de $\frac{896}{1000}$, l'argent doit être complétement précipité, et la liqueur ne doit pas renfermer un excès de sel marin. Si le titre est plus fort, il reste encore de l'argent dans la liqueur ; s'il est plus faible, l'argent a été complétement précipité, mais il y a dans la liqueur un excès de sel marin. Pour s'en assurer, on bouche le flacon et on l'agite vivement, afin d'éclaircir la liqueur, et lorsque celle-ci est devenue bien claire, on y verse 1 centimètre cube de dissolution salée décime, qui peut précipiter 1 millième d'argent. S'il reste de l'argent dans la liqueur, il se forme un nuage blanc très-sensible ; on agite de nouveau le flacon pour éclaircir la liqueur, puis on y verse un second centimètre cube de dissolution décime. S'il se produit un précipité, on éclaircit de nouveau la liqueur par l'agitation, on verse un troisième centimètre cube de dissolution décime, et ainsi de suite, jusqu'à ce que la liqueur ne se trouble plus. Supposons que 5 centimètres cubes de dissolution décime, ajoutés successivement, aient produit des précipités, mais que le sixième centimètre cube n'ait pas altéré la transparence de la liqueur, on en conclura qu'après la précipitation de 1 gramme d'argent fin par le décimètre cube de dissolution normale de sel marin, la liqueur renfermait encore au moins 4 millièmes d'argent. Le cinquième centimètre cube de dissolution décime ayant produit un trouble, tandis que le sixième n'en a pas donné, il est clair que la liqueur ne renfermait pas plus de 5 millièmes d'argent, et, en adoptant 4 $\frac{1}{2}$ millièmes, on est sûr d'avoir le contenu exact en argent, à $\frac{1}{2}$ millième près. Le titre réel de l'alliage est donc de 896 + 4 $\frac{1}{2}$, c'est-à-dire 900 $\frac{1}{2}$ millièmes.

Si le premier centimètre cube de dissolution salée décime ne donne pas un nouveau précipité dans la dissolution d'argent qui a déjà reçu le décimètre cube de dissolution salée normale, il est clair que l'alliage n'a pas un titre supérieur à $\frac{896}{1000}$, et, par cela seul, il doit être rejeté.

Si l'on veut avoir exactement le titre de l'alliage, il faut avoir recours à la liqueur décime d'argent. On commence par verser un centimètre cube de liqueur décime d'argent, qui précipite le centimètre cube de liqueur salée décime que l'on avait ajouté et qu'il faut neutraliser ; on éclaircit la liqueur par l'agitation, puis on ajoute 1 centimètre cube de liqueur décime d'argent ; s'il produit un trouble, on agite de nouveau le flacon et l'on verse un second centimètre cube de liqueur décime d'argent. On continue ainsi jusqu'à ce que l'addition d'un nouveau centimètre cube de dissolution décime d'argent ne trouble plus la liqueur. Supposons que les trois premiers centimètres cubes aient donné des précipités, et que la liqueur soit restée claire à l'addition du quatrième, il est très-probable que le troisième centimètre cube n'a pas été décomposé en entier, et nous admettrons qu'il n'a servi qu'à moitié, et que les 2 $\frac{1}{2}$ centimètres cubes de dissolution décime d'argent ont suffi pour décomposer le sel marin resté libre après l'addition du décimètre cube de dissolution normale salée. C'est donc 2 $\frac{1}{2}$ millièmes qu'il faut retrancher du titre $\frac{896}{1000}$, et le titre exact sera $\frac{893\frac{1}{2}}{1000}$.

Métallurgie de l'argent.

§ 600. Une grande partie de l'argent s'extrait des *galènes argentifères*, c'est-à-dire du sulfure de plomb, qui renferme fréquemment de petites quantités de sulfure d'argent. L'argent accompagne souvent aussi les minerais cuivreux ; enfin il se trouve à l'état natif, soit seul, soit mêlé à l'or.

Les galènes argentifères sont traitées pour plomb par les procédés que nous avons indiqués (§ 597 *bis*). L'argent passe dans le plomb; pour l'en extraire, on soumet le plomb argentifère à la *coupellation*.

Cette opération est fondée sur la propriété que possède le plomb de s'oxyder quand on le chauffe au contact de l'air, tandis que l'argent ne s'oxyde pas et se concentre indéfiniment dans le plomb qui est resté à l'état métallique. À la fin de ce grillage, lorsque tout le plomb s'est oxydé, l'argent reste isolé. Pour que l'oxydation du plomb marche promptement, il faut enlever l'oxyde de plomb à mesure qu'il se produit. Le fourneau de coupellation est une espèce de four à réverbère dont la sole forme une large capsule peu profonde. Les parois de cette capsule sont couvertes d'une couche épaisse d'argile marneuse, fortement tassée, qui constitue la *coupelle*, et que l'on renouvelle à chaque opération. La voûte du four est mobile; c'est un large couvercle, en tôle boulonnée, que l'on peut enlever à l'aide d'une grue. On dispose le plomb sur la coupelle, on remet le couvercle en place, et on allume le feu. Au bout de quelque temps, le four est porté à la chaleur rouge, le plomb fondu remplit la coupelle, et l'oxydation commence. Pour qu'elle soit plus active, on dirige constamment, sur la surface du bain métallique, le vent de deux soufflets. Comme la température est élevée, l'oxyde de plomb prend l'état liquide; une partie s'imbibe dans la coupelle poreuse, mais on en fait écouler la plus grande partie par une rigole ménagée dans le massif du fourneau. L'opération continue ainsi jusqu'à ce que le plomb soit complétement oxydé; l'argent reste au fond de la coupelle sous forme d'un disque.

L'oxyde de plomb provenant de la coupellation est vendu comme litharge (§ 583), ou transformé en plomb métallique par une nouvelle fusion au contact du charbon.

§ 661. Au Mexique et dans l'Amérique du Sud, où le combustible est rare, on extrait l'argent de ses minerais à froid, par le procédé de *l'amalgamation*. Les minerais consistent en argent métallique, en sulfure d'argent isolé ou combiné aux sulfures d'arsenic et d'antimoine, en chlorure d'argent, etc., etc. Le plus souvent ces minéraux sont en très-petite quantité et disséminés en particules tellement fines, qu'on ne les aperçoit pas au milieu de la gangue.

Les minerais, réduits en poudre fine, sont mis en tas de 500 à 600 quintaux sur des aires dallées en pierre. Ces tas portent le nom de *tourtes*. On humecte la matière avec de l'eau, l'on y ajoute de 2 à 5 pour 100 de sel marin, puis on la fait piétiner par des chevaux ou des mulets, afin de la rendre parfaitement homogène. Après quelques jours, on ajoute de 1 à $1\frac{1}{2}$ pour 100 de *magistral*. Ce magistral consiste en une pyrite cuivreuse grillée, renfermant 8 à 10 pour 100 de cuivre, qui paraît former son principe actif. On fait piétiner de nouveau la matière pour incorporer le magistral, et l'on y verse une première portion de mercure. Lorsque celle-ci a été bien disséminée dans la masse, on prend une petite portion de la matière, et on la lave dans une sébile de bois pour séparer le mercure amalgamé. A l'aspect de ce mercure, on juge de la marche de l'opération, et l'on voit s'il convient d'ajouter de la chaux ou du magistral. Si la surface de l'amalgame est grisâtre, et que le métal se réunisse facilement, l'amalgamation marche bien. Si le mercure est très-divisé, s'il présente une couleur foncée et des taches brunes à sa surface, c'est qu'il y a trop de magistral, et l'on dit que *la tourte a trop chaud*. Si l'opération continuait dans ces conditions, il se perdrait beaucoup de mercure ; on se hâte donc d'ajouter de la chaux, qui décompose une portion du sulfate de cuivre et du chlorure de cuivre produit par la réaction. Si, au contraire, le mercure conserve sa fluidité, les réactions chimiques ne marchent pas, et *la tourte a trop froid* ; il faut la *réchauffer* en ajoutant du magistral.

Après 15 jours environ, la première portion de mercure s'est combinée avec une quantité d'argent assez grande pour être transformée en amalgame pâteux ; on ajoute alors une seconde portion de mercure, et, après que celle-ci a été entièrement incorporée à la masse, on fait la troisième et dernière addition de mercure. On répète d'ailleurs fréquemment l'essai que nous venons de décrire, afin de régler convenablement la marche de l'opération. L'opération entière dure de 2 à 5 mois, suivant la nature du minerai et la température. Lorsqu'on juge qu'elle est terminée, on délaye les matières dans l'eau pour en séparer l'amalgame ; celui-ci est filtré à travers des toiles, et l'amalgame solide qui reste est soumis à la distillation. Le mercure se volatilise, et l'argent reste isolé.

La théorie de cette opération est la suivante : le sel marin et le sulfate de cuivre du magistral se décomposent mutuellement ; il se forme du protochlorure de cuivre, $CuCl$, et du sulfate de soude. L'argent métallique décompose le protochlorure de cuivre, le ramène à l'état de sous-chlorure de cuivre, Cu^2Cl, et se change en chlorure d'argent. Le sous-chlorure de cuivre se dissout dans la dissolution de sel marin, et réagit sur le sulfure d'argent ; il se forme du sulfure de cuivre et du chlorure d'argent. Le mercure agit à son tour sur le chlorure d'argent, qui se dissout dans la solution de sel marin ; il se forme du sous-chlorure de mercure, Hg^2Cl, et l'argent métallique se combine avec le reste du mercure. Il est essentiel dans cette opération, comme dans l'amalgamation de Freiberg, qu'il ne reste pas de protochlorure de cuivre libre, parce que ce chlorure augmenterait la perte de mercure, en abandonnant la moitié de son chlore à ce métal pour le transformer en sous-chlorure Hg^2Cl. L'addition de la chaux a pour but de décomposer le chlorure de cuivre lorsqu'il se trouve en excès, et de paralyser le mauvais effet produit par un excès de magistral. Le sous-chlorure de cuivre, Cu^2Cl, n'exerce d'ailleurs pas d'effet nuisible.

OR

Équivalent $= 1227,8$

§ 662. L'or des monnaies et de nos bijouteries n'est pas pur ; il est allié avec une certaine quantité de cuivre et souvent d'argent, qui lui donnent plus de dureté. Pour préparer l'or pur, on dissout de la monnaie d'or dans l'eau régale, et l'on évapore à sec, à une très-douce chaleur, afin de chasser l'excès d'acide. On reprend par l'eau, et l'on sépare une petite quantité de chlorure d'argent, qui reste souvent précipité ; on verse ensuite dans la liqueur un excès de sulfate de protoxyde de fer, qui précipite l'or à l'état métallique sous forme d'une poudre brune. La réaction qui détermine cette précipitation est exprimée par l'équation suivante :

$$Au^2Cl^3 + 6(FeO.SO^3) = 2Au + 2(Fe^2O^3.3SO^3) + Fe^2Cl^3.$$

On fait digérer le précipité avec de l'acide chlorhydrique faible, et, après l'avoir bien lavé, on le fond dans un creuset de terre avec un peu de borax et de salpêtre.

L'or a une couleur jaune caractéristique ; sa densité est 19,5. Il fond à une forte chaleur blanche, dont la température est évaluée à 1200° du thermomètre à air. À une température très-élevée, il donne des vapeurs sensibles. Un fil d'or se réduit en vapeur quand on le fait traverser par la décharge d'une forte batterie électrique. Si cette volatilisation a lieu au-dessus d'une feuille de papier maintenue à une petite distance, ce papier est coloré en brun pourpré par l'or, très-divisé, qui s'y précipite. Si l'on remplace la feuille de papier par une lame d'argent, celle-ci se dore. Un globule d'or donne aussi des vapeurs très-abondantes quand on le maintient entre les deux charbons qui terminent les conducteurs d'une pile galvanique puissante.

L'or est le plus malléable de tous les métaux (§ 252) ; réduit en feuilles très-minces, il est transparent et laisse passer une lumière d'un beau vert. On peut faire cristalliser l'or par fusion ; il affecte alors la forme de cubes modifiés par d'autres faces du système régulier. L'or natif, que l'on rencontre quelquefois en cristaux très-nets, présente les mêmes formes.

L'or ne se combine directement avec l'oxygène à aucune température. Les acides chlorhydrique, sulfurique et azotique ne l'attaquent pas ; l'eau régale le dissout, au contraire, promptement à l'état de sesquichlorure Au^2Cl^3. L'or est également dissous par l'acide chlorhydrique lorsqu'on ajoute à cet acide un corps capable d'en dégager du chlore, tel que le peroxyde de manganèse, l'acide chromique, etc. Le chlore et le brome attaquent facilement l'or, même à froid ; l'iode n'exerce sur lui qu'une action très-faible.

Le soufre n'attaque directement l'or à aucune température. L'hydrogène sulfuré n'est pas décomposé par ce métal ; mais, si l'on fond l'or avec les polysulfures alcalins, il est fortement attaqué, et il se forme un sulfure double, dans lequel le sulfure d'or Au^2S^3 joue le rôle de sulfacide. L'arsenic se combine avec l'or sous l'influence de la chaleur, et rend ce métal très-cassant.

L'or n'est attaqué ni par les alcalis, ni par les carbonates ou azotates alcalins.

Combinaisons de l'or avec l'oxygène.

§ 663. On connaît deux combinaisons de l'or avec l'oxygène :

1° Un oxydule Au^2O ;

2° Un sesquioxyde Au^2O^3.

Aucun de ces oxydes ne forme des sels avec les oxacides.

On obtient l'oxydule d'or, Au^2O, en décomposant le chlorure Au^2Cl par une dissolution étendue de potasse ; l'oxydule forme une poudre d'un violet foncé, qui se décompose vers 25°, en dégageant de l'oxygène. Les oxacides sont sans action sur ce corps. L'acide chlorhydrique le décompose ; il se forme du sesquichlorure d'or, Au^2Cl^3, et de l'or métallique se sépare.

On prépare le *sesquioxyde d'or* (appelé souvent *acide aurique*, à cause de sa propriété de se combiner avec les bases) en faisant digérer à chaud une dissolution de sesquichlorure d'or avec de la magnésie ; il se forme de l'aurate de magnésie qui reste mêlé avec la magnésie libre. On fait bouillir le dépôt avec de l'acide azotique qui dissout la magnésie, et il reste du sesquioxyde d'or hydraté. On peut aussi obtenir l'acide aurique en saturant exactement une dissolution de sesquichlorure d'or par le carbonate de soude, puis portant la liqueur à l'ébullition. Une grande partie de l'or se précipite à l'état de sesquioxyde; l'autre partie reste en dissolution, mais on peut la précipiter en ajoutant d'abord à la liqueur un excès de potasse caustique, puis y versant de l'acide acétique.

L'acide aurique hydraté forme une poudre jaune ou brune; il perd son eau à une température peu élevée et devient anhydre. Il se décompose vers 250° en or et en oxygène. La lumière solaire le décompose également en peu de temps. Les corps désoxydants le réduisent à l'état métallique; presque tous les acides organiques et l'alcool bouillant produisent cette réaction. L'acide chlorhydrique le dissout et produit du sesquichlorure d'or, Au^2Cl^3. Les oxacides les plus énergiques ne forment pas de combinaisons définies avec le sesquioxyde d'or; celui-ci se dissout, au contraire, facilement à froid dans les dissolutions alcalines; il se produit des aurates alcalins qui peuvent cristalliser par l'évaporation.

Si l'on verse une petite quantité d'ammoniaque dans une dissolution de sesquichlorure d'or, il se précipite une matière fulminante qui renferme, à la fois, de l'oxyde d'or, de l'ammoniaque et du chlore. Si on laisse digérer cette matière avec un excès d'ammoniaque, on obtient une poudre d'un brun clair, qui détone beaucoup plus vivement que la première, et qui est une simple combinaison du sesquioxyde d'or avec l'ammoniaque, $Au^2O^3 + 2AzH^3 + HO$.

Combinaisons de l'or avec le chlore.

§ 664. En dissolvant l'or dans l'eau régale, on obtient une dissolution jaune de *sesquichlorure d'or*, Au^2Cl^3, qui, abandonnée à une évaporation lente dans de l'air sec, laisse déposer des cristaux jaunes d'une combinaison de sesquichlorure d'or et d'acide chlorhydrique. Si l'on évapore cette dissolution pour chasser l'excès d'acide, la matière prend une couleur brune, et il reste une masse cristalline déliquescente, qui se dissout facilement dans l'alcool et dans l'éther. L'éther exerce même, sur le sesquichlorure d'or, une action dissolvante plus énergique que l'eau; car, si l'on agite avec de l'éther une dissolution aqueuse de ce chlorure, l'éther qui surnage ensuite renferme presque tout le chlorure d'or en dissolution. La dissolution du sesquichlorure d'or dans l'éther était anciennement employée en médecine sous le nom d'*or potable*.

On prépare le *chlorure d'or*, Au^2Cl, en chauffant le sesquichlorure d'or, Au^2Cl^3, à une température de 200° environ : du chlore se dégage, et il reste une poudre verdâtre, insoluble dans l'eau.

Pourpre de Cassius.

§ 665. On donne le nom de *pourpre de Cassius* à un précipité renfermant de l'or, de l'étain et de l'oxygène, et qui est employé dans la peinture sur porcelaine et sur verre pour obtenir les couleurs roses et pourprées. Ce précipité se prépare par divers procédés ; il ne présente pas toujours la même composition, et les chimistes ne sont pas encore d'accord sur sa nature. On prépare ordinairement le pourpre de Cassius en versant dans une dissolution suffisamment étendue de sesquichlorure d'or un mélange de protochlorure et de bichlorure d'étain. Lorsque le précipité est faible, il est d'un beau pourpre ; mais il est brun quand il est plus abondant.

Enfin, on prépare encore le pourpre de Cassius en fondant ensemble dans un creuset une partie d'or, $\frac{1}{2}$ partie d'étain et 4 ou 5 parties d'argent. On attaque cet alliage ternaire par de l'acide azotique ; l'argent se dissout, l'or et l'étain restent précipités en combinaison avec de l'oxygène, et forment un pourpre qui produit sur la porcelaine de belles couleurs dont on peut varier la nuance en changeant les proportions relatives d'or et d'étain.

Une dissolution de sesquichlorure d'or forme des taches pourprées sur le linge, sur la peau, et en général sur les tissus organiques. Il est probable que cette coloration est due à de l'oxydule d'or, car les taches ne prennent pas par le frottement l'aspect métallique ; elles l'acquièrent, au contraire, en peu de temps, quand on les expose à la lumière solaire, dans un flacon rempli de gaz hydrogène.

Alliages d'or.

§ 666. L'or n'est presque jamais employé à l'état de pureté ; il est trop mou, et, pour augmenter sa dureté, on l'allie avec une petite quantité de cuivre ou d'argent. Ces alliages sont plus fusibles que l'or pur.

La monnaie d'or de France est au titre de $\frac{900}{1000}$. La loi accorde une tolérance de $\frac{2}{1000}$ au-dessous et de $\frac{2}{1000}$ au-dessus. Les médailles renferment 0,916 d'or ; la tolérance est la même que pour les monnaies. Il y a 3 titres légaux pour la bijouterie : le titre $\frac{750}{1000}$, qui est le plus ordinaire, et les titres de $\frac{840}{1000}$ et de $\frac{920}{1000}$, qui sont peu employés. La tolérance est de $\frac{3}{1000}$ au-dessous du titre légal ; il n'y a pas de limite supérieure.

On donne à la bijouterie et à l'orfévrerie la couleur franche de l'or en dissolvant le cuivre qui se trouve dans la couche superficielle. A cet effet, on chauffe les objets au rouge sombre, et, lorsqu'ils sont refroidis, on les plonge dans une dissolution faible d'acide azotique qui dissout le cuivre. On obtient une couche plus épaisse d'or pur en laissant séjourner les objets pendant environ un quart d'heure dans une pâte formée de salpêtre, de sel marin, d'alun et d'eau. Le chlore, devenu libre par l'action de l'acide sulfurique sur le sel marin et le salpêtre, dissout du cuivre, de l'argent et de l'or ; mais ce dernier métal se dépose de nouveau sur l'objet. On polit ensuite les surfaces au brunissoir. Cette opération s'appelle la *mise en couleur.*

Procédés de dorure et d'argenture.

§ 667. La dorure des objets d'ornement de cuivre ou de bronze se faisait anciennement au moyen d'un amalgame d'or ; depuis quelques années, elle s'exécute principalement par des procédés galvaniques.

L'objet de bronze soumis à la dorure doit subir plusieurs préparations préliminaires. On le chauffe au rouge, puis on le plonge dans de l'acide sufurique étendu pour dissoudre l'oxyde qui s'est formé à la surface : cette opération s'appelle le *dérochage.* Souvent même on le plonge un instant dans de l'acide azotique concentré pour obtenir un décapage plus parfait appelé *ravivage.* On amalgame la surface à l'aide du *gratte-brosse,* c'est-à-dire d'une petite brosse de fils de laiton, que l'on plonge d'abord dans une dissolution d'azotate de mercure, et que l'on presse ensuite sur l'amalgame d'or, dont une partie y reste adhérente. On frotte l'objet avec le gratte-brosse ; on le place sur une grille en fer chauffée par des charbons, et située sous une cheminée qui tire bien, afin d'enlever les vapeurs mercurielles, qui exercent une influence très-nuisible sur la santé des ouvriers. On le nettoie ensuite avec une brosse que l'on plonge dans du vinaigre ; et l'on polit avec de la sanguine les parties qui doivent devenir brillantes. On dore l'argent par des procédés semblables. L'argent doré porte le nom de *vermeil.*

En remplaçant l'amalgame d'or par un amalgame d'argent, et opérant de la même manière que pour la dorure, on peut argenter le cuivre, le bronze et le laiton. On argente ordinairement les échelles en laiton des baromètres, et celles de plusieurs autres instruments, en les frottant, à l'aide d'un bouchon de liége mouillé, avec un mélange intime de 1 partie chlorure d'argent, de 2 parties carbonate de potasse, de 1 partie sel marin, et de $\frac{2}{3}$ partie craie. Le cuivre et le zinc du laiton décomposent le chlorure d'argent, et l'objet se recouvre d'une pellicule très-mince d'argent métallique.

Dorure par immersion ou au trempé.

§ 668. Ce procédé, principalement employé pour dorer les bijoux de cuivre, consiste à plonger les bijoux, parfaitement décapés, dans une dissolution bouillante de chlorure d'or dans un carbonate alcalin. Cette dissolution se prépare de la manière suivante : on dissout 100 grammes d'or laminé dans une eau régale composée de 250 grammes d'acide azotique à 36°, 250 grammes d'acide chlorhydrique concentré et 250 d'eau. D'un autre côté, on chauffe 20 litres d'eau dans une marmite en fonte, dont l'intérieur est doré, parce qu'elle a déjà servi dans les opérations précédentes ; on dissout dans cette eau 3 kilogr. de bicarbonate de potasse. Quand l'or s'est complétement dissous dans l'eau régale, on verse la liqueur dans une capsule de porcelaine, et l'on y projette successivement 3 kilogr. de bicarbonate de potasse ; il se fait une effervescence très-vive, et, quand elle est terminée, on verse le contenu de la capsule dans la marmite en fonte. On fait bouillir la liqueur pendant deux heures, en remplaçant par de l'eau chaude l'eau qui s'évapore. Le bain d'or est alors prêt pour la dorure.

Quand les bijoux de cuivre ont été dérochés et ravivés comme pour la dorure au mercure, on en réunit plusieurs en paquet, au moyen de fils de laiton, et l'on suspend un certain nombre de ces paquets à un crochet de verre. A la droite du bain d'or sont : 1° une terrine renfermant la liqueur à raviver, formée par un mélange d'acides azotique, sulfurique et chlorhydrique; 2° deux terrines pleines d'eau; 3° une terrine renfermant une dissolution d'azotate de mercure; 4° une terrine d'eau. A la gauche du bain d'or sont deux ou trois terrines d'eau. L'ouvrier plonge d'abord des paquets de bijoux dans le liquide acide de ravivage; puis, successivement, dans les deux terrines d'eau, dans la terrine d'azotate de mercure; dans la terrine suivante d'eau, et, enfin, dans le bain à dorer. Quand les objets sont restés dans le bain d'or environ une demi-minute, ils ont fixé tout l'or qu'ils peuvent prendre; on les retire alors, on les lave dans les terrines de gauche, et on les fait sécher dans la sciure de bois chaude.

Les objets dorés sont soumis à la *mise en couleur*. On emploie pour cela un mélange de 6 parties de nitre, 2 parties de sulfate de fer, 1 de sulfate de zinc, dissous dans une petite quantité d'eau bouillante. On plonge les objets dorés dans ce bain, puis on les fait sécher à un feu clair jusqu'à ce que l'enduit salin devienne brun. On les lave ensuite à l'eau.

Dorure galvanique.

§ 669. Les procédés de la dorure galvanique permettent de déposer l'or parfaitement adhérent, et en couche aussi épaisse que l'on veut, sur le cuivre, le laiton, le bronze, l'argent, le platine, le maillechort, le fer, l'acier, l'étain, etc. Ils peuvent servir également, en changeant les dissolutions, à déposer sur le cuivre et sur ses alliages l'argent, le platine, le cobalt, le zinc, etc., etc. Les bains que l'on emploie pour ces procédés galvaniques sont des dissolutions de cyanure de potassium dans lesquelles on a dissous un cyanure du métal que l'on veut déposer. Le même bain peut servir pour ainsi dire in-

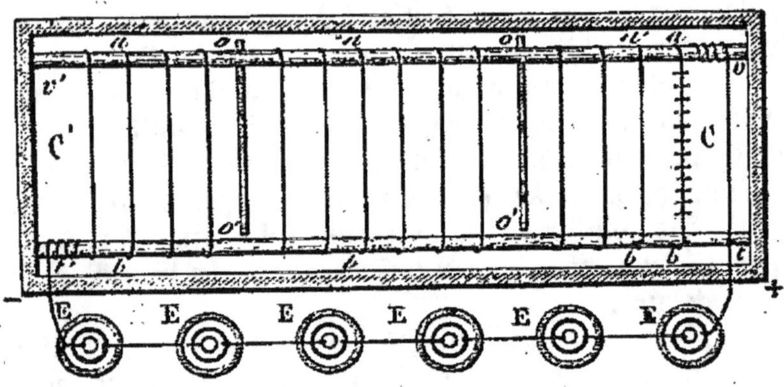

Fig. 138.

définiment, si l'on a soin d'y plonger des lames du métal à précipiter, que l'on a mis en communication avec le pôle positif de la pile. A mesure que le métal de la dissolution se dépose sur les objets qui communiquent avec le pôle négatif, il se dissout une quantité équivalente du métal fixé au pôle positif, et le bain conserve une composition constante si la surface des lames métalliques est à peu près égale à celle des objets à recouvrir. Le bain qui convient le mieux pour la dorure se compose de 100 parties d'eau distillée, 10 parties de cyanure de potassium et 1 partie de cyanure d'or. Ce bain est placé dans une grande cuve en bois CC' (*fig.* 158), mastiquée à l'intérieur. La cuve est traversée par deux tringles métalliques dorées *tt'*, *vv'*, qui plongent dans le liquide; la tringle *tt'* communique avec le pôle négatif de la pile, et la tringle *vv'* avec le pôle positif. Deux grandes lames d'or *oo'*, ou des plaques de cuivre fortement dorées par les procédés galvaniques, sont plongées dans le bain et communiquent avec la tringle *vv'*, et par suite avec le pôle positif de la pile. Des tiges mobiles *ab*, en laiton doré, s'appuient sur les tringles *tt'* et *vv'*; c'est sur ces tiges que l'on accroche les objets à dorer.

La pile est formée par un nombre plus ou moins considérable d'éléments zinc et cuivre, qui plongent dans une dissolution faible d'acide sulfurique. Chaque élément se compose ordinairement d'un seau en bois, mastiqué intérieurement, dans lequel on dispose deux cylindres concentriques, l'un de zinc, l'autre de cuivre, maintenus à distance par des tasseaux en bois. Le cylindre de zinc a été au préalable fortement amalgamé avec du mercure, afin de le protéger contre une dissolution trop rapide. On place dans les seaux une eau acidulée par de l'acide sulfurique, marquant 5° à l'aréomètre de Baumé. Le zinc de chaque élément est mis en communication avec le cuivre de l'élément suivant au moyen d'un gros fil de laiton attaché à la partie supérieure des cylindres. Le cylindre libre de zinc de l'un des deux éléments extrêmes est mis en communication avec la tringle *vv'*, qui forme le pôle positif, et le cylindre de cuivre de l'autre élément extrême communique avec la tringle *tt'*, qui constitue le pôle négatif de la pile.

Les objets qui doivent être dorés sont soumis au dérochage comme pour la dorure au trempé, mais le ravivage n'est pas nécessaire. Le temps de l'immersion varie selon l'épaisseur de la couche que l'on veut déposer. La température du bain doit rester entre 15° et 20°; on est obligé de maintenir cette température artificiellement pendant l'hiver. Pour connaître la quantité d'or que l'on a déposée, il suffit de peser l'objet avant l'immersion et de le peser après. L'épaisseur de la couche augmente proportionnellement avec le temps de l'immersion; il est donc facile de la régler à volonté, à condition toutefois que la pile conservera la même intensité; on peut reconnaître si cette condition est remplie en faisant passer un des fils extrêmes de la pile au-dessus d'une aiguille aimantée qui doit conserver une déviation constante.

Pour dorer le fer, l'acier ou l'étain, on opère de la même manière; mais il faut faire déposer préalablement un peu de cuivre à la surface de l'objet, en le maintenant plongé pendant quelques instants dans un bain formé par 1 partie de cyanure de cuivre et 10 parties de cyanure de potassium dissous dans 100 parties d'eau.

Argenture galvanique.

§ 670. L'argenture galvanique est principalement appliquée sur des objets en maillechort ou en laiton; on fabrique ainsi de la vaisselle et des couverts qui imitent parfaitement l'argenterie et sont d'un très-bon usage. On peut augmenter l'épaisseur de la couche d'argent à volonté. On précipite ordinairement 60 grammes d'argent sur une douzaine de couverts; couche est alors assez épaisse pour résister à un service journalier de 5 ou 6 ans.

Le bain pour l'argenture est formé de 100 parties d'eau distillée, 10 de cyanure de potassium, 1 partie de cyanure d'argent. L'opération se fait exactement de la même manière que celle de la dorure. Les feuilles d'or du bain de dorure (*fig.* 138) sont nécessairement remplacées par des plaques d'argent. Les pièces argentées sont d'un blanc mat au sortir du bain; on leur donne le poli au brunissoir. On les plonge ensuite dans une dissolution de borax, et on les chauffe au rouge sombre dans une moufle. Les pièces, refroidies, sont plongées dans une dissolution faible d'acide sulfurique, puis séchées.

On peut, par des procédés analogues, déposer du platine sur du cuivre ou de l'argent; mais le platine prend très-difficilement de l'adhérence, et on n'a pas encore réussi à obtenir des objets platinés qui ne soient pas facilement attaqués par l'acide azotique. On obtient des bains propres à opérer le zinguage et le plombage, en dissolvant de l'oxyde de zinc et de l'oxyde de plomb dans une dissolution de cyanure de potassium.

Galvanoplastie.

§ 674. On peut, à l'aide d'un courant électrique faible, déposer une couche de cuivre continue et consistante sur un objet donné, et reproduire ainsi, en creux, les reliefs avec une extrême perfection. On détache ensuite la plaque cuivreuse, et l'on s'en sert comme d'un moule pour déterminer, sous l'influence du courant électrique, un second dépôt de cuivre métallique reproduisant l'objet primitif avec une fidélité parfaite. On applique ces procédés à la reproduction des médailles et des planches gravées pour l'impression. On produit le courant électrique au moyen de piles semblables à celles qui sont employées pour la dorure. Le bain est formé par une dissolution saturée de sulfate de cuivre, légèrement acidulée; on y plonge l'objet sur lequel on veut précipiter du cuivre métallique, après l'avoir mis en communication avec le pôle négatif. On termine le pôle positif de la pile par une plaque de cuivre, à peu près de la même dimension que l'objet, et disposée parallèlement, à une petite distance. Pour reproduire une médaille, on commence ordinairement par en prendre le moule en creux, soit avec du plâtre (§ 463), soit avec de l'alliage fusible (§ 605), soit même avec de l'acide stéarique. Ce moule doit être rendu imperméable par une immersion, pendant quelques instants, dans un mélange fondu d'acide stéarique et d'un peu de cire blanche; on en recouvre ensuite l'intérieur avec de la plombagine étendue uniformément à l'aide d'un pinceau. Cette couche a pour but de rendre la surface du moule conducteur de l'électricité. Cela fait, on plonge le moule dans la dissolution de sulfate de cuivre, après l'avoir fixé, à l'aide d'une petite bande de cuivre qui enveloppe son contour et s'attache au fil négatif de la pile. Le cuivre qui se dépose sur le moule peut être amené à une épaisseur aussi considérable que l'on veut, en prolongeant suffisamment le séjour dans le bain; il se détache ensuite très-facilement du moule, qui peut servir à reproduire un nombre indéfini de médailles. Le cuivre qui se précipite ainsi sous l'influence du courant galvanique est en grains cristallins; ces grains sont très-petits quand le courant est faible. Il est facile de se convaincre, par le son que rend le métal quand on le frappe, qu'il n'est jamais aussi compacte que du cuivre fondu ou laminé.

Analyse et essais des alliages d'or.

§ 672. On peut faire l'analyse des alliages d'or et de cuivre en les coupellant avec du plomb, et opérant d'ailleurs exactement de la même manière que pour la coupellation des alliages d'argent et de cuivre. Si l'alliage ne renferme pas d'argent, le poids du bouton de retour représente, à peu près exactement, la quantité d'or pur qui existe dans l'alliage; mais, si l'alliage renferme une certaine proportion d'argent, ce qui arrive fréquemment, l'argent reste allié à l'or à la fin de la coupellation. Cependant, dans cette coupellation directe, il y a des surcharges et des pertes qui s'élèvent quelquefois jusqu'à 3 millièmes.

Pour déterminer exactement la quantité d'or qui se trouve dans un alliage ternaire d'or, d'argent et de cuivre, on le coupelle à une température modérée avec une certaine quantité d'argent et de plomb. On obtient ainsi un alliage d'argent et d'or, que l'on traite par un excès d'acide azotique qui dissout l'argent et laisse l'or à l'état de pureté. Mais, pour que cette analyse donne des résultats exacts et s'exécute facilement, il faut qu'il y ait un certain rapport entre les quantités d'or et d'argent. Si l'argent est en quantité trop faible, l'acide azotique ne l'attaque pas complétement; si, au contraire, l'argent est en quantité trop grande, l'argent et le cuivre se dissolvent entièrement, mais l'or se sépare sous forme pulvérulente, et il est difficile de le recueillir sans perte. L'expérience a montré que les conditions les plus favorables à cette analyse, appelée ordinairement le *départ*, consiste à amener l'alliage à contenir $\frac{1}{4}$ d'or et $\frac{3}{4}$ d'argent. L'attaque de l'alliage est alors complète, bien que l'or séparé conserve la forme de l'alliage primitif et ne se divise pas, si l'on opère avec les soins convenables. L'opération qui a pour but de produire cet alliage a reçu le nom d'*inquartation*.

La proportion de plomb qu'il faut ajouter à l'alliage varie avec le titre de l'alliage.

Pour la monnaie d'or, on emploie 10 parties de plomb pour 1 partie d'alliage.

Supposons que l'on ait à déterminer le titre d'une monnaie d'or, le titre légal de l'alliage, que l'on peut regarder comme son titre approché, est de $\frac{900}{1000}$. On opère ordinairement sur 0gr,500 d'alliage contenant, d'après le titre légal, 0gr,450 d'or ; il faudra donc ajouter pour l'inquartation 1gr,350 d'argent et 5gr de plomb.

Le bouton métallique provenant de la coupellation est aplati au marteau sur un tas d'acier, recuit pendant quelques instants, puis laminé entre des cylindres.

La lame obtenue est roulée en spirale : on en forme une espèce de cornet que l'on soumet à l'action de l'acide azotique dans un petit matras d'essayeur (*fig.* 139) dans lequel on verse 80 grammes d'acide azotique à 22° Baumé, que l'on fait bouillir pendant 20 minutes. On décante ensuite l'acide, et on le remplace par 30 grammes d'acide azotique plus concentré et marquant 32°. On fait bouillir encore pendant 10 minutes ; après quoi, on décante l'acide et on lave, à plusieurs reprises, l'or, qui a conservé la forme du cornet d'alliage. On remplit le matras complétement d'eau, puis, bouchant son ouverture avec le pouce, on le retourne ; le cornet d'or tombe

Fig. 139.

lentement dans la colonne liquide, sans se désagréger ; on le reçoit dans un petit creuset de terre ; on décante l'eau et on porte le creuset au rouge dans la moufle.

Il est essentiel de ne pas attaquer immédiatement l'alliage par de l'acide trop concentré, parce que l'or pourrait se diviser. Quand l'attaque a été faite avec les soins que nous avons indiqués, l'or reste sous une forme spongieuse, brune, très-friable, qui présente à peu près le même volume que l'alliage primitif ; mais il subit un retrait considérable quand on le chauffe dans le petit creuset, il acquiert de la consistance, et prend l'éclat et la couleur de l'or malléable. L'or calciné est pesé exactement, et l'on obtient ainsi le titre de l'alliage, à 1 millième près.

Métallurgie de l'or.

§ 673. L'or se trouve presque toujours à l'état natif : quelquefois il est pur; mais, le plus souvent, il est allié avec des proportions variables d'argent.

L'or natif se trouve ordinairement dans des sables quartzeux désagrégés, qui forment souvent des alluvions très-étendues. Ces sables proviennent de la destruction de roches cristallines dont on trouve encore les analogues dans la contrée. La grande pesanteur spécifique de l'or s'est opposée à ce que ses parcelles fussent entraînées aussi loin que les autres minéraux avec lesquels il était mélangé, et son inaltérabilité par la plupart des agents chimiques l'a conservé à l'état de paillettes métalliques. Les alluvions qui contiennent l'or sont principalement disposées dans des vallées ouvertes au milieu de montagnes primitives dans lesquelles on a trouvé quelquefois les parcelles d'or en place. Les principaux gisements de sables aurifères se trouvent au Brésil, au Mexique, au Chili, en Afrique, dans les monts Ourals et Altaï en Sibérie, enfin en Californie et en Australie, où l'on a découvert récemment des sables aurifères beaucoup plus riches que ceux qui étaient connus jusqu'alors. La quantité d'or que l'on en extrait annuellement s'élève à une valeur de plus de 400 millions de francs. L'or se trouve ordinairement dans les sables, sous la forme de paillettes ou de grains informes et arrondis. Lorsque ces grains ont un volume un peu considérable, on leur donne le nom de *pépites*. Il n'est pas rare de rencontrer des grains de la grosseur d'une noisette; on a trouvé quelquefois des pépites du poids de plusieurs kilogrammes. On a même trouvé dans l'Oural une pépite qui pesait 36 kilogr.

Il existe de l'or en paillettes dans les sables charriés par toutes les rivières qui sortent des terrains primitifs, ou qui roulent leurs eaux sur une grande étendue de ces terrains. En France on connaît plusieurs de ces alluvions aurifères. On trouve de l'or dans les alluvions de l'Ariége dans les Pyrénées, du Gardon dans les Cévennes, de la Garonne, du Rhin près de Strasbourg. L'or y est en trop petite quantité pour qu'on puisse établir des exploitations régulières, mais les habitants se livrent souvent à l'extraction de l'or, quand ils n'ont pas d'autres travaux : on leur donne alors le nom d'*orpailleurs*. Les paillettes d'or disséminées dans les sables de rivière sont ordinairement d'une ténuité extrême : il en faut souvent plus de 20 pour faire un milligramme.

En Sibérie, on regarde comme non exploitables avec avantage les sables qui ne contiennent que 0,000001 d'or ; les sables du Rhin ne renferment moyennement que $\frac{1}{8}$ de cette quantité.

L'or existe aussi, combiné avec le tellure, dans certaines mines de la Transylvanie. On trouve au Brésil un alliage d'or, d'argent et de palladium, sous forme de petits grains cristallins ; on lui donne le nom d'*auro-poudre*. Enfin, il n'existe pas de pyrites, en filons dans les terrains primitifs, qui ne renferment une petite quantité d'or ; et souvent cette quantité est assez considérable pour qu'on puisse l'extraire avec avantage.

Le lavage des sables aurifères se fait par les procédés les plus simples. Souvent il s'exécute dans des sébiles en bois ; d'autres fois on étend le sable sur un plancher incliné, et l'on y fait couler de l'eau. Ce plancher porte une série de petites rainures transversales dans lesquelles les paillettes d'or se rassemblent avec les minéraux les plus lourds. On met de côté ces sables enrichis, et on les traite par amalgamation.

PLATINE

Équivalent = 1232,0

§ 674. Le platine n'a été importé en Europe que vers le milieu du dernier siècle, il était connu depuis longtemps en Amérique sous le nom espagnol de *platina*, qui signifie *petit argent* ; mais il était sans usage parce qu'on ne savait pas le travailler. Le platine du commerce, à l'état d'objets confectionnés, est presque pur ; il ne renferme ordinairement qu'un peu d'iridium qui augmente sa dureté, mais diminue sa malléabilité. Pour obtenir du platine entièrement pur, on dissout le platine du commerce dans l'eau régale : on opère ordinairement dans les laboratoires sur des objets de platine hors de service, par exemple sur de vieux creusets. On filtre la dissolution et on y verse du chlorure de potassium, qui donne un abondant précipité cristallin jaune de chlorure double de platine et de potassium, très-peu soluble dans l'eau, mais ordinairement mêlé d'une petite quantité de chlorure double d'iridium et de potassium. On mélange le précipité avec du carbonate de potasse, et on le chauffe au rouge dans un creuset de terre. Le chlorure de platine abandonne son chlore au potassium du carbonate de potasse, le platine reste isolé ; il se dégage de l'oxygène et de l'acide carbonique. Le chlorure double d'iridium est également décomposé, mais l'iridium reste à l'état d'oxyde. On traite la masse calcinée par de l'eau chaude, qui dissout les sels alcalins ; puis on attaque le résidu par de l'eau régale affaiblie, qui ne dissout que le platine et laisse l'oxyde d'iridium. On verse du sel ammoniac dans la dissolution de chlorure de platine ; il se forme un précipité cristallin jaune de chlorure double de platine et d'ammoniaque $PtCl^2 + AzH^5.HCl$, que l'on calcine au rouge après l'avoir bien lavé ; il reste une masse spongieuse de platine, que l'on appelle *éponge* ou *mousse de platine*.

Pour amener l'éponge de platine à l'état de platine malléable, on l'introduit dans un cylindre en laiton *efgh* (*fig.* 140), s'adaptant par le bas dans une capsule d'acier *abcd*. Un piston d'acier *ik* s'engage dans le cylindre. Lorsque le cylindre est à moitié rempli d'éponge de platine, on introduit le piston et on frappe dessus à coups de marteau, d'abord faiblement, puis plus fort. L'éponge de platine se réduit à un volume beaucoup plus petit, et, au bout de quelque temps, on retire du cylindre un disque de métal assez fortement agrégé. On chauffe ce disque au blanc dans une moufle, et on le frappe à coups de marteau sur une enclume. En répétant ces opérations plusieurs fois, on obtient une plaque de platine parfaitement malléable, et que l'on peut réduire en lame à l'aide du laminoir.

§ 675. Le platine résiste sans se fondre aux plus hautes températures du feu de forge; mais il fond au chalumeau à gaz oxygène et hydrogène, ou entre les charbons qui terminent les conducteurs d'une forte pile; on peut ainsi fondre en quelques instants de petites masses de platine pesant plusieurs grammes. A l'aide du gaz de l'éclairage alimenté par de l'oxygène

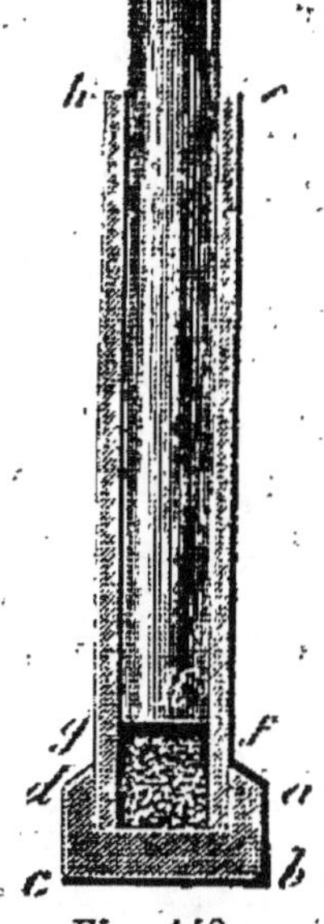

Fig. 140.

pur, on a réussi à fondre des masses de platine de plusieurs kilogrammes. Le platine jouit de la propriété de se laisser forger et souder sur lui-même à la chaleur blanche; nous venons de voir comment on utilisait cette propriété pour transformer l'éponge de platine en platine malléable.

Le platine a une couleur d'un blanc gris, il peut prendre un grand éclat. Il jouit d'une grande malléabilité lorsqu'il est pur, mais il suffit de la présence d'une très-petite quantité de matière étrangère pour altérer profondément cette propriété. La ténacité du platine pur ne le cède guère à celle du fer; mais le platine du commerce, qui renferme toujours de petites quantités d'iridium, présente une ténacité beaucoup moindre, car un fil de 2 millimètres de diamètre se rompt souvent sous une charge de 125 kilogrammes. La densité du platine martelé ou laminé est de 21,5.

Le platine ne s'oxyde à l'air à aucune température. Il n'est attaqué que par un petit nombre d'acides. L'acide chlorhydrique et l'acide sulfurique concentré sont sans action sur lui. L'acide azotique ne l'attaque pas non plus; cependant cet acide peut dissoudre ce métal, lorsque celui-ci est allié à une quantité suffisante d'argent. L'eau régale est le véritable dissolvant du platine.

Le platine est attaqué à la chaleur rouge par la potasse, la soude et surtout la lithine; il n'est pas altéré par les carbonates alcalins. Un mélange d'azotate de potasse et de potasse l'attaque beaucoup plus facilement que la potasse pure. Le platine laminé n'est attaqué qu'à la longue par le soufre, le phosphore et l'arsenic; mais l'éponge de platine se combine assez facilement avec ces métalloïdes, et il en résulte des combinaisons fusibles et très-cassantes. Un mélange de silice et de charbon attaque le platine; c'est la cause la plus ordinaire de destruction des creusets de platine qu'on chauffe fréquemment dans des feux de charbon. La surface des creusets devient rugueuse et le métal cassant. Pour conserver longtemps les creusets de platine, il faut éviter de les chauffer au contact du charbon; on les place dans des creusets de terre au fond desquels on met un peu de chaux vive ou de magnésie.

§ 676. Le platine métallique peut aussi être obtenu sous forme de précipité chimique très-divisé, qu'on appelle *noir de platine*; il jouit alors de propriétés remarquables sur lesquelles nous devons insister. On obtient le noir de platine en réduisant le platine en dissolution par une matière organique facilement combustible. Ordinairement on fait bouillir une dissolution de chlorure de platine $PtCl^2$ avec du carbonate de soude et du sucre; il se forme du chlorure de sodium, le platine se précipite à l'état métallique, et l'oxygène abandonné par la soude décompose une partie du sucre, qu'il transforme en eau et en acide carbonique. Il faut avoir soin d'agiter fréquemment le ballon dans lequel se fait l'opération, pour que le platine précipité ne s'attache pas aux parois. On recueille le précipité sur un filtre et on le sèche entre plusieurs doubles de papier joseph.

On prépare également le noir de platine en dissolvant du proto-chlorure de platine, $PtCl$, dans une dissolution concentrée de potasse, faisant bouillir la liqueur, puis y projetant peu à peu de l'alcool. Il se fait une effervescence très-vive d'acide carbonique, et le platine se précipite. Enfin on prépare quelquefois le noir de platine, en décomposant à chaud le sulfate de platine par l'alcool.

Le platine métallique très-divisé jouit de la propriété de conden-

ser les gaz en très-grandes quantités. Ainsi le noir de platine qui
a séjourné dans une atmosphère de gaz oxygène a condensé plusieurs
centaines de fois son volume de ce gaz et produit des phénomènes de
combustion très-intenses. Si l'on projette, par exemple, une goutte
d'alcool absolu sur du noir de platine ainsi chargé d'oxygène, il y a
inflammation, et toute la matière devient incandescente. Si l'on place
une capsule renfermant du noir de platine sous une cloche remplie
d'air, et dont les parois sont mouillées d'alcool, les vapeurs d'alcool
subissent une oxydation lente qui les transforme en acide acétique.
Les noirs de platine, préparés par les divers procédés que nous venons d'indiquer, ne présentent pas tous cette propriété au même degré; celui que l'on obtient en décomposant le sulfate de platine par
l'alcool est le plus actif.

Cette propriété du noir de platine se retrouve encore, quoique à un
degré moindre, dans l'éponge de platine, et même dans le platine laminé. Ainsi nous avons vu (§ 74) que, si l'on projette un fragment
d'éponge de platine dans une cloche renfermant un mélange détonant
d'oxygène et d'hydrogène, l'explosion a lieu immédiatement; de
même, si l'on projette un courant de gaz hydrogène sur de l'éponge
de platine plongée dans l'air, le jet d'hydrogène prend
feu. On a même construit d'après ce principe des briquets à gaz hydrogène.

Le platine laminé ne présente pas ces propriétés à
la température ordinaire, mais il les manifeste lorsqu'il est chauffé à 200° environ. Si l'on place au-
dessus de la mèche d'une lampe à alcool une spirale en forme de platine (*fig.* 141), qu'on allume cette

Fig. 141.

lampe de façon à chauffer la spirale au rouge, qu'on éteigne la flamme
en soufflant vivement dessus, en évitant toutefois de diriger le courant
d'air sur la spirale, qui serait alors trop fortement refroidie, celle-ci reste indéfiniment incandescente. La
vapeur d'alcool qui se dégage de la mèche brûle
alors au contact de la spirale de platine, et développe
assez de chaleur pour en maintenir l'incandescence.
Cette expérience réussit mieux en ajoutant à l'alcool
un peu d'éther; on lui donne le nom d'*expérience de
la lampe sans flamme de Davy*. De même, si l'on
verse un peu d'éther au fond d'un verre à pied

Fig. 142.

(*fig.* 142) et qu'on y plonge une spirale de fils de
platine, préalablement chauffée au rouge, et attachée à un couvercle
en carton qui bouche incomplétement l'orifice du verre, cette spirale reste incandescente pendant très-longtemps. Les vapeurs d'al-

cool et d'éther n'éprouvent, dans ces expériences, qu'une combustion incomplète; il se forme des substances volatiles, d'une odeur acide et suffocante, qui sont dues à cette combustion incomplète.

Le deutoxyde d'azote et l'ammoniaque, mêlés à du gaz oxygène, se changent, au contact de la mousse de platine, en acide azotique. Les combinaisons de l'azote et de l'oxygène se changent, au contraire, en ammoniaque, au contact de l'éponge de platine dans une atmosphère d'hydrogène. Pour que ces expériences réussissent, il est convenable de chauffer la mousse de platine à une température de 150 à 200°, dans un tube de verre que l'on fait traverser par le mélange gazeux.

L'éponge de platine perd cette propriété au bout de quelque temps; mais, pour la lui rendre, il suffit de la chauffer pendant quelques instants avec de l'acide azotique et de la calciner ensuite au rouge sombre. Le noir de platine cesse également d'être actif après quelque temps; on lui rend ce caractère en le faisant chauffer avec de l'acide azotique, le lavant avec de l'eau et le séchant à une douce chaleur.

Combinaisons du platine avec l'oxygène.

§ 677. Le platine ne se combine directement avec l'oxygène qu'à la chaleur rouge et sous l'influence des alcalis caustiques. On connaît deux oxydes de platine :

Le protoxyde, PtO;

Le bioxyde, PtO^2.

Ces deux oxydes sont des bases faibles; chacun d'eux forme une série de sels avec les acides énergiques. Ils se décomposent facilement par la chaleur et laissent du platine métallique.

On prépare le *protoxyde de platine*, PtO, en décomposant le protochlorure de platine, $PtCl$, par une dissolution de potasse caustique. Il reste une poudre noire, qui est de l'hydrate de protoxyde de platine. Cet hydrate se dissout dans une dissolution concentrée de potasse, qu'il colore en brun. Chauffé, il abandonne d'abord de l'eau, puis son oxygène. L'hydrate de protoxyde de platine se dissout dans les acides et donne des dissolutions d'un brun foncé, qui ne sont pas précipitées par le sel ammoniac.

On obtient le *bioxyde de platine*, PtO^2, en ajoutant à de l'azotate de platine la moitié de la potasse qui serait nécessaire pour décomposer ce sel d'une manière complète; il se forme un précipité brun volumineux, qui est de l'hydrate de bioxyde de platine, $PtO^2 + 2HO$. Si l'on ajoutait une plus grande quantité d'alcali, le précipité renfermerait de la potasse en combinaison. L'hydrate perd son eau à une température modérée et devient noir. Chauffé davantage, il abandonne son oxygène. L'hydrate de bioxyde de platine se dissout dans les acides et donne des dissolutions d'un jaune orangé; l'oxyde calciné ne se dissout pas. L'hydrate se dissout aussi très-facilement dans une dissolution concentrée de potasse caustique; la liqueur, évaporée, laisse déposer des cristaux de platinate de potasse.

Sels formés par le protoxyde de platine.

§ 678. Ces sels présentent peu d'intérêt et ont été très-peu étudiés jusqu'ici. Ils forment des dissolutions brunes qui ne cristallisent pas. La potasse ne les précipite pas quand leurs dissolutions sont suffisamment étendues. Les carbonates alcalins donnent un précipité brun qui reste en suspension dans la liqueur. L'hydrogène sulfuré, et les sulfhydrates, les précipitent en noir.

On n'a obtenu jusqu'ici, à l'état cristallisé, que l'*oxalate de protoxyde de platine*. Pour le préparer, on fait chauffer de l'hydrate de bioxyde de platine avec une dissolution d'acide oxalique; le bioxyde est ramené a l'état de protoxyde qui se dissout dans l'excès d'acide oxalique, et il se dégage de l'acide carbonique. La liqueur, évaporée, laisse déposer de l'oxalate de protoxyde de platine en petites aiguilles d'un rouge cuivreux.

Sels formés par le bioxyde de platine.

§ 679. Les sels de bioxyde de platine sont d'un jaune orangé. La potasse caustique les précipite en brun; le précipité est du platinate de potasse qui se dissout dans un excès de potasse caustique. L'hydrogène sulfuré et les sulfhydrates alcalins donnent des précipités noirs qui se dissolvent dans un grand excès de sulfhydrate. Tous ces sels se décomposent par la chaleur et laissent du platine métallique. Le fer et le zinc décomposent leurs dissolutions et en précipitent du platine métallique sous forme d'une poudre noire. Le chlorure de potassium et le chlorhydrate d'ammoniaque donnent, dans les dissolutions des sels de bioxyde de platine, des précipités cristallins jaunes qui sont des chlorures doubles $PtCl^2 + KCl$, $PtCl^2 + AzH^3.HCl$. Ces chlorures doubles sont très-peu solubles dans l'eau, et à peu près insolubles lorsqu'on ajoute à l'eau une certaine quantité d'alcool. Le

chlorure double ammoniacal donne, par la calcination, de l'éponge
de platine. Le chlorure double de platine et de potassium se décompose par la chaleur en platine métallique et chlorure de potassium ;
la matière, traitée par l'eau, laisse du platine pur.

Le bichlorure de platine est la dissolution de platine exclusivement
employée dans les laboratoires. Cette dissolution présente quelques
réactions particulières qu'il convient d'indiquer ici. La potasse et
l'ammoniaque, leurs carbonates, et en général tous les sels de potasse et d'ammoniaque, précipitent le platine à l'état de chlorures
doubles ; tandis que la soude et les sels de soude ne forment pas de
précipités.

Combinaisons du platine avec le chlore.

§ 680. On connaît deux combinaisons du platine avec le chlore ;
elles correspondent aux deux oxydes. On obtient le *protochlorure*,
PtCl, en chauffant le bichlorure de platine desséché, PtCl², dans un
bain d'huile que l'on porte lentement jusqu'à 200°, et qu'on maintient à cette température tant qu'il se dégage du chlore. Le bichlorure abandonne ainsi la moitié de son chlore et se transforme en
une poudre vert foncé, qui est du protochlorure de platine. On obtient également le protochlorure de platine sous forme d'un précipité gris verdâtre, en faisant passer un courant de gaz acide sulfureux à travers une dissolution de bichlorure de platine ne renfermant
pas un excès d'acide ; il se forme en même temps des acides sulfurique et chlorhydrique. Le protochlorure de platine est insoluble
dans l'eau, mais il se dissout dans l'acide chlorhydrique. Si l'on
ajoute à cette dissolution du sel ammoniac ou du chlorure de potassium, il ne se forme pas de précipité ; mais, en évaporant la liqueur,
on obtient de beaux cristaux de chlorures doubles, dont les formules
sont PtCl + KCl et PtCl + AzH³.HCl.

Le *bichlorure de platine* se prépare en dissolvant le platine dans
l'eau régale : on évapore la liqueur à une chaleur modérée pour
chasser l'excès d'acide, et l'on reprend par l'eau. La dissolution du
bichlorure de platine est d'un jaune légèrement brun ; elle est plus
foncée quand elle renferme un peu de protochlorure de platine. Le
bichlorure de platine ne cristallise pas ; il reste, après l'évaporation,
sous forme d'une masse brune déliquescente ; il se dissout facilement dans l'alcool. Le bichlorure de platine se combine avec un grand
nombre de chlorures métalliques. Le chlorure double de platine et
de potassium, et le chlorure doublé de platine et d'ammoniaque pré-

sentent un intérêt tout particulier dans les analyses chimiques, parce qu'ils sont très-peu solubles dans l'eau et insolubles dans l'alcool. Si l'on dissout ces chlorures doubles dans une grande quantité d'eau chaude, et qu'on abandonne la liqueur à l'évaporation spontanée, les chlorures doubles cristallisent en octaèdres réguliers, très-nets, et d'un jaune orangé. Leurs formules sont $PtCl^2 + KCl$ et $PtCl^2 + AzH^3.HCl$. Le chlorure de sodium forme avec le chlorure de platine un chlorure double analogue; mais ce composé est très-soluble dans l'eau et même dans l'alcool. Sa dissolution évaporée donne de beaux cristaux jaunes qui ont pour formule $PtCl^2 + NaCl + 6HO$.

Extraction du platine.

§ 681. Le platine se trouve à l'état natif dans les sables d'alluvion, semblables à ceux dans lesquels on trouve l'or; les principaux gisements de platine existent en Colombie, dans le Brésil et dans les monts Ourals en Sibérie. Le platine est disséminé en petits grains au milieu de ces sables; on en a cependant trouvé des pépites qui pesaient jusqu'à 10 kilogrammes. Les sables platinifères sont soumis à des lavages qui donnent en dernier résultat un sable riche en platine, mais d'une composition très-complèxe. Ce sable renferme, en effet, outre le platine, les métaux qui accompagnent constamment ce corps, savoir : l'osmium, l'iridium, le palladium, le rhodium, le ruthénium, et, de plus, de l'or, de l'argent, du fer et du cuivre; enfin beaucoup de minéraux lourds, tels que le fer oxydé magnétique, les fers titanés, le fer chrômé, les pyrites, etc.

Lorsque le sable platinifère contient une quantité un peu notable d'or, on extrait préalablement ce métal par l'amalgamation. Le minerai, purifié aussi complétement que possible par les moyens mécaniques, est attaqué, dans les ballons en verre, chauffés au bain de sable, par de l'eau régale renfermant un excès d'acide chlorhydrique; mais on ajoute un peu d'eau, afin qu'il se dissolve le moins possible d'iridium, qui rend le platine cassant. On renouvelle plusieurs fois l'eau régale jusqu'à ce que le platine se soit complétement dissous. On décante la dissolution de platine après qu'elle s'est éclaircie par le repos, et l'on y verse une dissolution concentrée de sel ammoniac, qui précipite le platine presque complétement à l'état de chlorure double de platine et d'ammoniaque.

Le chlorure double de platine et d'ammoniaque est calciné au rouge sombre et donne du platine en éponge. L'éponge de platine est réduite en poussière entre les mains, puis délayée dans l'eau de

manière à former une boue homogène que l'on passe sur un tamis;
les parties trop grossières qui restent sur ce tamis sont pulvérisées de
nouveau, en évitant toutefois d'employer un corps dur, qui donnerait
à certaines parcelles un commencement d'agrégation. Il est essentiel
que l'ouvrier mette beaucoup de propreté dans ces diverses opérations, car il suffit de quelques poussières, ou d'un cheveu, incorporés
dans la boue de platine pour occasionner des défauts très-graves
dans le platine forgé. On lave ordinairement la poudre de platine plusieurs fois, par décantation, pour enlever les poussières étrangères.

La pâte de platine est introduite dans un appareil semblable à
celui de la figure 140, mais de dimensions plus grandes, et l'on veille
à ce qu'il n'y reste pas de bulles d'air emprisonnées. On comprime
d'abord la matière avec un pilon de bois, puis avec un piston métallique. L'eau se sépare du platine; celui-ci prend de plus en plus de
cohésion, et l'on achève de le réunir en le comprimant fortement à
la presse. On chauffe alors le disque de platine à la chaleur blanche
dans un creuset de terre, on le place sur une enclume et on frappe
dessus avec un marteau pesant. On le chauffe de nouveau au blanc
et on achève de le forger.

DES PROPORTIONS SUIVANT LESQUELLES LES CORPS SE COMBINENT.

THÉORIE DES ÉQUIVALENTS CHIMIQUES.

§ 682. Les chimistes ont admis pendant longtemps que les corps pouvaient se combiner, suivant des proportions quelconques, et que le même corps composé ne renfermait pas, nécessairement, ses principes constituants dans des rapports pondéraux identiques. Ce n'est qu'à partir de l'époque, assez récente, où l'usage de la balance s'est introduit dans les laboratoires de chimie, que l'on reconnut la fausseté de cette opinion. Dès lors les chimistes s'occupèrent à l'envi de déterminer la composition des corps; les procédés de l'analyse chimique se perfectionnèrent successivement, et bientôt on reconnut une série de lois remarquables qui régissent les combinaisons chimiques. C'est l'ensemble de ces lois qui constitue, aujourd'hui, la *théorie des équivalents chimiques*. Nous allons les exposer ici, en nous appliquant à les faire sortir des seules données expérimentales, et sans recourir à aucune hypothèse.

§ 683. Si l'on compare les poids respectifs de deux ou de plusieurs corps qui se combinent, au poids du composé résultant, on reconnaît que ce dernier est toujours égal à la somme des poids de ses principes élémentaires. Ainsi l'expérience démontre que, *dans leurs combinaisons, les corps conservent leurs poids respectifs.*

§ 684. *Lorsque deux corps se combinent dans des circonstances quelconques, de manière à former des composés doués de propriétés physiques et chimiques identiques, la combinaison a toujours lieu suivant des proportions invariables.* Si l'un des corps a été employé en excès par rapport à l'autre, la quantité excédante reste libre. C'est au moins ce qui arrive lorsque le composé se sépare, en cristallisant, du fluide dans lequel il s'est formé. Cette loi est appelée *loi des combinaisons en proportions définies.*

§ 685. Deux corps peuvent souvent se combiner en plusieurs proportions et donner naissance à plusieurs composés distincts; dans ce cas, *la loi des combinaisons en proportions définies a lieu pour chacun des composés.*

§ 686. *Lorsque deux corps se combinent en plusieurs proportions, et que l'on rapporte la composition de ces combinaisons définies à un même poids de l'un des corps constituants, on trouve que les quantités pondérales de l'autre corps, dans les divers composés, sont entre elles dans des rapports extrêmement simples; par exemple, comme ceux de quelques-uns des nombres* $1 : \frac{3}{2} : 2 : \frac{5}{2} : 3 : \frac{7}{2} : 4 : 5 : 6 : 7...$

Nous allons citer quelques preuves de l'exactitude de cette loi, en les choisissant d'abord parmi les combinaisons binaires des corps simples.

L'azote forme avec l'oxygène 5 composés définis (§ 121); l'analyse chimique a montré que leur composition, rapportée au poids 100 du composé, est

Protoxyde d'azote.	Azote. . . .	63,63
	Oxygène. . .	36,37
		100,00
Deutoxyde d'azote.	Azote. . . .	46,66
	Oxygène. . .	53,34
		100,00
Acide azoteux.	Azote. . . .	36,84
	Oxygène. . .	63,16
		100,00
Acide hypoazotique.	Azote. . . .	30,43
	Oxygène. . .	69,57
		100,00
Acide azotique.	Azote. . . .	25,93
	Oxygène. . .	74,07
		100,00

Si l'on exprime la composition de ces divers corps, par rapport à un même poids, *d'ailleurs quelconque*, d'azote, on trouve que les quantités pondérales d'oxygène sont entre elles comme les nombres entiers $1 : 2 : 3 : 4 : 5$. Admettons que cette quantité constante d'azote soit représentée par le nombre 175, que nous choisissons ici parce qu'il prendra bientôt une importance spéciale, nous trouverons que les composés de l'azote avec l'oxygène correspondent aux relations pondérales suivantes :

Protoxyde d'azote.	Azote. . . .	175,0
	Oxygène. . .	100,0
		275,0

Deutoxyde d'azote.	Azote. . . .	175,0
	Oxygène. . .	200,0
		375,0

Acide azoteux.	Azote. . . .	175,0
	Oxygène . .	300,0
		475,0

Acide hypoazotique.	Azote. . . .	175,0
	Oxygène. . .	400,0
		575,0

Acide azotique.	Azote. . . .	175,0
	Oxygène. . .	500,0
		675,0

Les proportions multiples de l'oxygène, pour une même quantité pondérale d'azote, sont ici évidentes.

Le manganèse forme avec l'oxygène cinq combinaisons principales (§ 493); leur composition, rapportée au poids 100 du composé, est :

Protoxyde de manganèse . . .	Manganèse. .	77,04
	Oxygène. .	22,96
		100,00

Sesquioxyde de manganèse . .	Manganèse. .	69,68
	Oxygène. . .	30,32
		100,00

Deutoxyde de manganèse. . .	Manganèse. .	63,28
	Oxygène. . .	36,72
		100,00

Acide manganique.	Manganèse. .	53,47
	Oxygène. . .	46,53
		100,00

Acide hypermanganique. . . .	Manganèse. .	49,61
	Oxygène. . .	50,39
		100,00

Si l'on rapporte la composition de ces divers oxydes à un poids quelconque, mais *le même pour tous*, de manganèse, on trouve que les poids d'oxygène sont entre eux comme la série des nombres $1 : \frac{3}{2} : 2 : 5 : \frac{7}{2}$. C'est ce que l'on reconnaît immédiatement dans le tableau suivant, où la quantité constante de manganèse est représentée par le poids 344,7, auquel nous donnerons bientôt une signification précise :

Protoxyde de manganèse. . .	Manganèse. .	344,7
	Oxygène. .	100,0
		444,7
Sesquioxyde de manganèse...	Manganèse. .	344,7
	Oxygène. . .	150,0
		494,7
Deutoxyde de manganèse. . .	Manganèse. .	344,7
	Oxygène. . .	200,0
		544,7
Acide manganique.	Manganèse. .	344,7
	Oxygène. . .	300,0
		644,7
Acide hypermanganique. . .	Manganèse. .	344,7
	Oxygène. . .	350,0
		694,7

Des rapports analogues existent pour les combinaisons binaires de tous les corps simples. L'expérience directe montre donc que, *lorsqu'un corps simple A forme plusieurs combinaisons avec un même corps simple B, et que l'on calcule les compositions de ces diverses combinaisons par un même poids du corps A, les quantités pondérales du corps B sont entre elles dans des rapports rationnels extrêmement simples.* Cette loi est connue sous le nom de *loi des proportions multiples.*

§ 687. Mais il existe, entre les quantités pondérales des corps simples qui, par leurs combinaisons, forment les innombrables composés que nous connaissons aujourd'hui, des relations bien plus remarquables encore que celles que nous venons d'indiquer. Avant de les exprimer sous forme d'une loi générale, nous allons chercher à les faire comprendre par des exemples.

L'hydrogène forme avec l'oxygène deux combinaisons : l'eau et le bioxyde d'hydrogène; les quantités pondérales d'oxygène qu'elles renferment, rapportées à la même quantité d'hydrogène, sont entre elles comme 1 : 2. Si l'on prend pour la quantité constante d'hydrogène le nombre 12,5, les deux combinaisons sont représentées par :

Eau. . . . . Hydrogène. .   12,5
                           Oxygène. . .   100,0

                                           112,5

Bioxyde d'hydrogène. . . . . Hydrogène. .   12,5
                           Oxygène. . .   200,0

                                           212,5

L'hydrogène forme, de même, deux combinaisons avec le soufre : l'acide sulfhydrique et le bisulfure d'hydrogène, qui ont pour composition, en admettant la même quantité 12,5 d'hydrogène :

Acide sulfhydrique. . . . . . Hydrogène. .   12,5
                           Soufre. . . .   200,0

                                           212,5

Bisulfure d'hydrogène. . . . Hydrogène. .   12,5
                           Soufre. . . .   400,0

                                           412,5

On ne connaît qu'une seule combinaison du sélénium avec l'hydrogène : c'est l'acide sélenhydrique ; sa composition peut être représentée par :

Acide sélenhydrique. . . . . Hydrogène. .   12,5
                           Sélénium. . .   491,0

                                           505,5

Enfin, avec le chlore, le brôme et l'iode, l'hydrogène ne forme que des combinaisons uniques : les acides chlorhydrique, brômhydrique et iodhydrique ; ces combinaisons, rapportées au poids 12,5 d'hydrogène, sont formées de :

Acide chlorhydrique. . . . . Hydrogène. .   12,5
                           Chlore. . . .   445,2

                                           455,7

Acide brômhydrique. . . . . Hydrogène. .   12,5
                           Brôme. . . .   978,3

                                           990,8

Acide iodhydrique. . . . . . . Hydrogène. . 12,5
Iode. 1578,2
—————
1590,7

Ainsi le poids 12,5 d'hydrogène se combine avec les poids

d'oxygène.	100	et 2 × 100
de soufre.	200	et 2 × 100
de sélénium.	491	
de chlore.	443,2	
de brôme.	978,3	
d'iode.	1578,2	

§ 688. Examinons maintenant les relations pondérales qui existent dans les combinaisons que les mêmes corps simples forment avec l'oxygène.

Le soufre forme un grand nombre de composés avec l'oxygène ; leurs compositions, rapportées au poids 200 de soufre *qui se combine à 12,5 d'hydrogène* pour former l'acide sulfhydrique, sont :

Acide hyposulfureux.	. . . Soufre. . . .	200,0
	Oxygène. . .	100,0
		—————
		300,0
Acide sulfureux.	Soufre. . . .	200,0
	Oxygène. . .	200,0
		—————
		400,0
Acide hyposulfurique. . . .	Soufre. . . .	200,0
	Oxygène. . .	250,0
		—————
		450,0
Acide sulfurique.	Soufre. . . .	200,0
	Oxygène. . .	300,0
		—————
		500,0

Or nous reconnaissons ici un fait extrêmement remarquable : *la quantité 200 de soufre qui se combine avec 12,5 d'hydrogène pour former de l'acide sulfhydrique se combine, dans l'acide hyposulfureux, avec le poids 100 d'oxygène,* c'est-à-dire précisément *avec la quantité d'oxygène qui forme de l'eau en s'unissant à la même quantité 12,5 d'hydrogène ; et, dans toutes les autres combinaisons du soufre avec l'oxygène, cette même quantité 200 de soufre est combi-*

née avec des quantités d'oxygène qui sont des multiples du poids 100 par les nombres très-simples 2, $\frac{5}{2}$, 3.

§ 689. Le sélénium forme avec l'oxygène deux combinaisons, l'acide sélénieux et l'acide sélénique; leur composition, rapportée au poids 491 de sélénium qui se combine avec le poids 12,5 d'hydrogène pour former l'acide sélenhydrique, est :

Acide sélenieux.	Sélénium. . .	491,0
	Oxygène. . .	200,0
		691,0
Acide sélénique.	Sélénium . .	491,0
	Oxygène. . . .	300,0
		791,0

Ici encore, *le poids 491 de sélénium qui forme de l'acide sélenhydrique avec 12,5 d'hydrogène se combine, pour former les acides sélénieux et sélénique, à des poids d'oxygène qui sont des multiples par 2 et par 3 du poids 100 d'oxygène qui forme de l'eau avec le même poids 12,5 d'hydrogène.*

§ 690. Il convient même de remarquer que le mode de composition des acides sélénieux et sélénique correspond exactement à celui des acides sulfureux et sulfurique, acides qui présentent avec les premiers une analogie complète dans leurs propriétés chimiques. Nous trouvons ici un premier exemple d'une loi très-générale, et d'une grande importance, savoir que *les composés binaires doués des propriétés chimiques semblables présentent un mode de composition identique.*

§ 691. Le chlore forme avec l'oxygène cinq combinaisons principales; leur composition, rapportée au poids 443,2 de chlore qui forme de l'acide chlorhydrique avec 12,5 d'hydrogène, est :

Acide hypochloreux. . . .	Chlore. . . .	443,2
	Oxygène. . .	100,0
		543,2
Acide chloreux.	Chlore. . . .	443,2
	Oxygène. .	300,0
		743,2
Acide hypochlorique. . . .	Chlore. . .	443,2
	Oxygène. . .	400,0
		843,2

Acide chlorique.	Chlore. . . .	443,2
	Oxygène. . .	500,0
		943,2
Acide hyperchlorique. . . .	Chlore. . . .	443,2
	Oxygène. . .	700,0
		1143,2

Le poids 443,2 de chlore qui forme de l'acide chlorhydrique avec le poids 12,5 d'hydrogène est donc combiné, dans l'acide hypochloreux, avec le poids 100 d'oxygène formant de l'eau avec le même poids 12,5 d'hydrogène ; et, dans les autres combinaisons du chlore avec l'oxygène, le même poids 443,2 de chlore est combiné à des multiples du poids 100 d'oxygène par les nombres très-simples, 3, 4, 5 et 7. Nous retrouvons donc ici un fait tout semblable à celui que nous avons signalé pour les combinaisons du soufre et du sélénium avec l'oxygène.

§ 692. Nous ne connaissons jusqu'ici, avec certitude, que deux combinaisons du brôme avec l'oxygène ; leur composition, rapportée au poids 978,0 de brôme qui forme de l'acide brômhydrique avec le poids 12,5 d'hydrogène, est :

Acide hypobrômeux. . . .	Brôme. . . .	978,0
	Oxygène. . .	100,0
		1078,0
Acide brômique.	Brôme. . . .	978,0
	Oxygène. . .	500,0
		1478,0

La quantité pondérale de brôme qui forme de l'acide brômhydrique avec le poids 12,5 d'hydrogène se combine donc avec des quantités d'oxygène qui sont des multiples par 1 et par 5 du poids 100 d'oxygène formant de l'eau avec le même poids 12,5 d'hydrogène. Les acides hypobrômeux et brômique correspondent, par leurs propriétés chimiques, aux acides hypochloreux et chlorique ; ils présentent aussi le même mode de composition que ces derniers acides. C'est un second exemple de la loi générale que nous avons énoncée (§ 690).

§ 693. Les trois combinaisons connues de l'iode avec l'oxygène présentent les compositions suivantes, en les rapportant au poids

1578,2 d'iode qui forme de l'acide iodhydrique avec le poids 12,5 d'hydrogène.

Acide hypoiodique	Iode.	1578,2
	Oxygène.	400,0
		1978,2
Acide iodique.	Iode.	1578,2
	Oxygène.	500,0
		2078,2
Acide hyperiodique.	Iode.	1578,2
	Oxygène.	700,0
		2278,2

Le poids 1578,2 *d'iode qui forme de l'acide iodhydrique avec* 12,5 *d'hydrogène se combine donc, encore, à des quantités pondérales d'oxygène qui sont des multiples par 4, 5 et 7 du poids* 100 *d'oxygène qui forme de l'eau avec* 12,5 *d'hydrogène.* Les acides hypoiodique, iodique et hyperiodique correspondent, par leurs propriétés chimiques, aux acides hypochlorique, chlorique et hyperchlorique; ils leur correspondent également par leur mode de composition.

§ 694. Le chlore forme avec le soufre deux combinaisons, qui présentent les compositions suivantes lorsqu'on les rapporte au poids 443,2 de chlore qui forme de l'acide chlorhydrique avec le poids 12,5 d'hydrogène.

Chlore.	443,2	443,2
Soufre.	200,0	400,0
	643,2	843,2

Nous voyons donc encore, ici, que *le poids* 443,2 *de chlore formant de l'acide chlorhydrique avec* 12,5 *d'hydrogène se combine avec le poids* 200 *de soufre qui forme de l'acide sulfhydrique avec ce même poids* 12,5 *d'hydrogène, ou qu'il se combine avec une quantité double de soufre.*

§ 695. Ainsi, en nous bornant, pour le moment, aux composés binaires que forment entre eux les sept corps simples métalloïdes que nous avons considérés jusqu'ici, nous reconnaissons ce fait très-remarquable, fourni directement par l'analyse chimique : *le poids* *d'un métalloïde qui se combine avec un même poids 12,5 d'hydrogène est aussi celui qui se combine avec le poids 100 d'oxygène formant de l'eau avec ce même poids 12,5 d'hydrogène, et qui se combine avec des multiples de ce poids d'oxygène par des nombres extrêmement simples $\frac{3}{2}$, 2, $\frac{5}{2}$, 3, 4, 5 et 7 pour former toutes les autres combinaisons.* Les deux composés que le chlore forme avec le soufre (§ 694) nous ont montré une relation semblable.

Les quantités pondérales 12,5 d'hydrogène, 100 d'oxygène, 200 de soufre, 491 de sélénium, 443,2 de chlore, 978,3 de brôme, 1578,2 d'iode, présentent donc des propriétés relatives très-remarquables : elles s'*équivalent* pour former des combinaisons binaires analogues. C'est à cause de cela qu'on a désigné ces quantités pondérales équivalentes par les noms de *nombres proportionnels* ou d'*équivalents chimiques.*

§ 696. Les sept corps simples que nous avons considérés jusqu'ici ne sont pas les seuls qui jouissent de cette propriété; elle existe pour tous les corps simples connus. Nous allons encore le montrer pour quelques-uns d'entre eux, afin de bien préciser les idées, et de ne laisser aucun doute sur la généralité de la loi.

Nous avons déjà dit (§ 686) que le poids 175 d'azote formait

du protoxyde d'azote, avec le poids 100 d'oxygène.
du bioxyde d'azote,   »   200   »
de l'acide azoteux,   »   300   »
de l'acide hypoazotique,   »   400   »
de l'acide azotique,   »   500   »

On ne connaît qu'une seule combinaison de l'azote avec l'hydrogène, l'ammoniaque; sa composition rapportée au poids 175 d'azote est

Azote. 175
Hydrogène. . . . . $37,5 = 3 \times 12,5$
———————
212,5

L'azote se combine avec le chlore et avec l'iode; ces combinaisons, rapportées au poids 175 d'azote, renferment

Azote 175,0
Chlore. . . . . $1329,6 = 3 \times 443,2$
———————
1504,6

Azote.   175,0
Iode. . . . .   4754,6 $= 3 \times 1578,2$
                                   —————
                                   4909,6

Le poids 175 d'azote qui forme le protoxyde d'azote avec 100 d'oxygène, c'est-à-dire avec l'équivalent d'oxygène, se combine, pour former les autres combinaisons oxygénées de ce corps, avec des multiples du poids 100 d'oxygène par les nombres 2, 3, 4 et 5; c'est aussi ce poids 175 d'azote qui forme de l'ammoniaque avec 3 équivalents d'hydrogène, du chlorure d'azote avec 3 équivalents de chlore, de l'iodure d'azote avec 3 équivalents d'iode. Nous l'appellerons *équivalent* de l'azote, car il jouit de toutes les propriétés qui nous ont servi à définir précédemment les équivalents des sept corps simples que nous avons pris pour premier exemple.

§ 697. Nous avons décrit (§ 162 et suivants) trois combinaisons bien définies du phosphore avec l'oxygène; si on les rapporte au poids 400 de phosphore, elles présentent les compositions suivantes :

Acide hypophosphoreux. . . . Phosphore. . 400,0
                             Oxygène. . . 100,0
                                          —————
                                          500,0

Acide phosphoreux. . . . . . Phosphore. . 400,0
                             Oxygène. . . 300,0
                                          —————
                                          700,0

Acide phosphorique. . . . . . Phosphore. . 400,0
                             Oxygène. . . 500,0
                                          —————
                                          900,0

Les combinaisons du phosphore avec l'hydrogène renferment, lorsqu'on les rapporte au poids 400 de phosphore :

Phosphure d'hydrog. solide. Phosphore. 400,00 ou 800,0 $= 2 \times 400$
                            Hydrogène.   6,25   12,5
                                       ——————   ——————
                                       406,25   812,5

»   »   liquide. Phosphore. 400,0
                           Hydrogène. 25,0 $= 2 \times 12,5$
                                      —————
                                      425,0

Phosphure d'hydrog. gazeux. Phosphore. 400,0
                             Hydrogène.   37,5 $= 3 \times 12,5$
                                         ———————
                                          457,5

Le phosphore forme deux chlorures, dont la composition, rapportée au poids 400 de phosphore, est :

Phosphore.   400,0
Chlore. . . . . 1329,6 $= 3 \times 443,2$
                                ———————
                                 1729,6

Phosphore.   400,0
Chlore. . . . . 2216,0 $= 5 \times 443,2$
                                ———————
                                 2616,0

Le brôme et l'iode donnent avec le phosphore des combinaisons analogues.

Nous voyons que *le poids 400 de phosphore, lorsque ce corps est combiné avec les autres métalloïdes, en prend des quantités pondérales représentées par les équivalents de ces corps ou qui sont des multiples de ces équivalents.* Ce poids satisfait donc aux mêmes conditions que les équivalents des corps simples que nous avons précédemment fixés, et nous pouvons, au même titre, le prendre pour l'*équivalent du phosphore.*

§ 698. Comme dernier exemple pris parmi les corps simples métalloïdes, nous choisirons le carbone. Ce corps forme avec l'oxygène deux composés gazeux, qui correspondent aux proportions suivantes :

Oxyde de carbone. . . . . . . Carbone. . .   75,0
                             Oxygène. . .   100,0
                                          ———————
                                            175,0

Acide carbonique. . . . . . . Carbone. .   75,0
                             Oxygène. . .   200,0
                                          ———————
                                            275,0

Le carbone forme avec le soufre une seule combinaison, le sulfure de carbone, qui présente les relations pondérales suivantes :

Carbone.   75,0
Soufre. . . . . 400,0 $= 2 \times 200$
                                ———————
                                 475,0

Avec l'azote il forme le cyanogène, dont la composition peut être représentée par

$$
\begin{array}{ll}
\text{Carbone.} & 150,0 = 2 \times 75 \\
\text{Azote.} & 175,0 \\
\hline
& 525,0
\end{array}
$$

Le carbone et l'hydrogène forment un grand nombre de composés, dont nous n'avons étudié que deux, l'hydrogène protocarboné et l'hydrogène bicarboné :

$$
\text{Hydrogène protocarboné.}
\begin{array}{ll}
\text{Carbone.} & 75,0 \\
\text{Hydrogène.} & 25,0 = 2 \times 12,5 \\
\hline
& 100,0
\end{array}
$$

$$
\text{Hydrogène bicarboné.} \ldots
\begin{array}{ll}
\text{Carbone.} & 75,0 \\
\text{Hydrogène.} & 12,5 \\
\hline
& 87,5
\end{array}
$$

On connaît trois combinaisons du carbone avec le chlore; leurs compositions peuvent être représentées de la manière suivante :

$$
\begin{array}{ll}
\text{Carbone.} & 75,0 \\
\text{Chlore.} & 443,2 \\
\hline
& 518,2
\end{array}
$$

$$
\begin{array}{ll}
\text{Carbone.} & 75,0 \\
\text{Chlore.} & 664,8 = \tfrac{3}{2} \times 443,2 \\
\hline
& 739,8
\end{array}
$$

$$
\begin{array}{ll}
\text{Carbone.} & 75,0 \\
\text{Chlore.} & 886,4 = 2 \times 443,2 \\
\hline
& 961,4
\end{array}
$$

Le poids 75,0 de carbone jouit donc des propriétés par lesquelles nous avons fixé les équivalents des autres métalloïdes; *il se combine avec des quantités pondérales de ces métalloïdes, représentées par leurs équivalents chimiques, ou avec des multiples de ces équivalent par les nombres très-simples* $\tfrac{1}{2}$, 1, $\tfrac{3}{2}$, 2. Nous le prendrons pour l'*équi valent* du carbone.

§ 699. Si nous examinons les composés nombreux que les métaux forment avec les métalloïdes, nous arriverons à des conclusions absolument semblables.

Ainsi le potassium forme avec l'oxygène deux combinaisons, dont la composition peut être représentée par :

Protoxyde de potassium. . . .	Potassium .	490,0
	Oxygène. . .	100,0
		590,0
Tritoxyde de potassium. . .	Potassium. .	490,0
	Oxygène. . .	300,0
		790,0

Il forme cinq sulfures bien définis :

Le monosulfure de potassium. .	Potassium. .	490,0
	Soufre. . . .	200,0
		690,0
Le bisulfure.	Potassium. .	490,0
	Soufre. . . .	400,0
		890,0
Le trisulfure.	Potassium. .	490,0
	Soufre. . . .	600,0
		1090,0
Le quadrosulfure.	Potassium. .	490,0
	Soufre. . . .	800,0
		1290,0
Le pentasulfure.	Potassium. .	490,0
	Soufre. .	1000,0
		1490,0

On ne connaît que des combinaisons uniques du potassium avec le chlore, le brôme et l'iode; ce sont :

Le chlorure de potassium	Potassium. .	490,0
	Chlore. . . .	443,2
		933,2

Le brômure de potassium. . . Potassium. . 490,0
Brôme. . . . 978,5
____
1468,5

L'iodure de potassium. . . . . Potassium. . 490,0
Iode. 1578,2
____
2068,2

Ainsi, pour le potassium, comme pour les métalloïdes, *il existe une quantité pondérale telle, que, dans les combinaisons que le potassium forme avec les métalloïdes, cette quantité est combinée avec des poids de métalloïdes représentés par leurs équivalents chimiques, ou par des multiples de ces équivalents par la série des nombres* 2, 3, 4, 5. Ce poids 490 est admis pour l'*équivalent* du potassium.

§ 700. Nous avons dit (§ 686) que le manganèse forme avec l'oxygène 5 combinaisons, dont les compositions sont telles, que, si on les rapporte au même poids 344,7 de manganèse, les quantités d'oxygène sont 100, $\frac{3}{2} \times 100$, 2×100, 3×100 et $\frac{7}{2} \times 100$.

On ne connaît que des combinaisons uniques du manganèse avec le soufre, le chlore, le brôme et l'iode ; leurs compositions sont :

Sulfure de manganèse. . . Manganèse. 344,7
Soufre. . . 200,0
____
544,7

Chlorure de manganèse. . . . Manganèse. 344,7
Chlore. . . 443,2
____
787,9

Brômure de manganèse. . . . Manganèse. 344,7
Brôme. . . 978,3
____
1323,0

Iodure de manganèse. . . . . Manganèse. 344,7
Iode. . . 1578,2
____
1922,9

Le poids 344,7 peut donc être pris pour l'*équivalent* du manganèse.

§ 701. Nous pourrions passer ainsi en revue tous les corps simples, et nous trouverions que, tous, ils se comportent de la même manière dans leurs combinaisons; de sorte que l'on peut admettre comme une loi générale, établie par l'expérience, qu'*il existe, pour chaque corps simple, une quantité pondérale telle, que les combinaisons des corps simples entre eux ont toujours lieu suivant des multiples de ces quantités pondérales individuelles, par des nombres très-simples, tels que* $1,\frac{3}{2},2,\frac{5}{2},3,\frac{7}{2},4,5$... Ce sont ces quantités pondérales que les chimistes ont appelées *nombres proportionnels* ou *équivalents chimiques*. La table suivante renferme les équivalents des corps simples aujourd'hui connus :

Table des équivalents chimiques des corps simples.

		Par rapport à l'oxygène = 100.	Par rapport à l'hydrogène = 1.
Oxygène	O	100,0	8,00
Hydrogène	H	12,5	1,00
Azote	Az	175,0	14,00
Soufre	S	200,0	16,00
Sélénium	Se	491,0	39,28
Tellure	Te	806,5	64,52
Chlore	Cl	443,2	35,45
Brôme	Br	978,3	78,26
Iode	Io	1578,2	125,33
Fluor	Fl	239,8	19,18
Phosphore	Ph	400,0	32,00
Arsenic	As	957,5	75,00
Bore	Bo	136,2	10,88
Silicium	Si	266,7	21,35
Carbone	C	75,0	6,00
Potassium	K	490,0	39,20
Sodium	Na	287,5	23,00
Lithium	Li	80,4	6,43
Baryum	Ba	858,4	68,67
Strontium	Sr	548,0	43,84
Calcium	Ca	250,0	20,00
Magnésium	Mg	150,0	12,00
Aluminium	Al	175,0	14,00
Glucinium	Gl	87,1	6,97
Zirconium	Zr	420,0	33,60
Thorium	Th	743,9	59,51

		Par rapport à l'oxygène = 100.	Par rapport à l'hydrogène = 1.
Yttrium.	Yt.	402,5.	32,20.
Erbium,	Er.	»	»
Terbium.	Tr.	»	»
Cérium.	Ce.	590,8.	47,26.
Lanthane.	La.	588,0.	47,04.
Didyme.	Di.	620,0.	49,60.
Manganèse.	Mn.	544,7.	27,57.
Fer.	Fe.	350,0.	28,00.
Chrôme.	Cr.	325,0.	26,00.
Cobalt.	Co.	362,5.	29,00.
Nickel.	Ni.	362,5.	29,00.
Zinc.	Zn.	406,6.	32,53.
Cadmium.	Cd.	696,8.	55,74.
Étain.	Sn.	737,5.	59,00.
Titane.	Ti.	314,7	25,17.
Plomb.	Pb.	1300,0	104,00.
Bismuth.	Bi.	1330,0.	106,40.
Antimoine.	Sb.	751,9.	60,16.
Uranium.	U.	750,0.	60,00.
Tungstène.	W.	1150,0.	92,00.
Molybdène.	Mo.	599,0.	47,12.
Vanadium.	Vd.	855,8	68,46.
Cuivre.	Cu.	395,6.	31,65.
Mercure.	Hg.	1250,0	100,00.
Argent.	Ag.	1350,0.	108,00.
Or.	Au.	1227,8.	98,22.
Platine.	Pt.	1232,0.	98,56.
Osmium.	Os	1244,2.	99,53.
Iridium.	Ir.	1233,2	98,66.
Palladium.	Pd.	665,2	53,22.
Rhodium.	Rh.	652,1.	52,17.
Ruthénium	Ru	646,0	51,68.

§ 702. La notion des équivalents chimiques fournit un moyen très-simple de représenter les corps composés par des notations qui montrent immédiatement leur composition, et permettent de la calculer facilement en nombres. quand on connaît les valeurs numériques des équivalents des corps simples.

Désignons, en effet, l'équivalent de l'oxygène par O, celui de l'hydrogène par H, de l'azote par Az. du soufre par S, du sélénium par

Se, du chlore, par Cl, du brôme par Br, de l'iode par Io, du phosphore par Ph, du carbone par C, du potassium par K, du manganèse par Mn, etc., etc.; nous pourrions représenter les combinaisons de ces corps avec l'hydrogène par HO, HO^2, HS, HS^2, HSe, AzH^3, HCl, HBr, HIo, Ph^2H, PhII, PhH^3, CH, CH^2. Les combinaisons du soufre avec l'oxygène seront SO, SO^2, $SO^{\frac{5}{2}}$, SO^5; mais on les écrit ordinairement S^2O^3, SO^2, S^2O^5 et SO^5 par des raisons que nous indiquerons bientôt. Les combinaisons de l'azote avec l'oxygène s'écriront AzO, AzO^2, AzO^3, AzO^4 et AzO^5. Les composés de phosphore et de chlore se formuleront $PhCl^3$ et $PhCl^5$, etc., etc.

Ce sont ces notations, appelées *formules chimiques*, que nous avons constamment employées dans le cours de cet ouvrage.

§ 703. La théorie des équivalents chimiques que nous venons de développer pour les combinaisons binaires des corps simples s'applique, également, aux nombreux composés que les corps binaires forment entre eux. Pour le faire voir, nous considérerons les composés formés par les bases avec les acides, c'est-à-dire les sels.

Nous allons montrer que *le nombre qui représente la somme des équivalents des corps simples constituant un corps composé joue, dans les combinaisons de ce corps, un rôle entièrement semblable à celui que les équivalents des corps simples jouent dans les composés binaires, et qu'on peut, au même titre, le prendre pour l'équivalent du corps composé.*

La formule chimique de l'acide sulfurique est SO^5; le nombre qui représente la somme des équivalents constituant l'acide sulfurique est 500, car on a

1 éq. soufre.	200,0
5 éq. oxygène.	500,0
	500,0

Pour l'acide azotique, qui a pour formule AzO^5, la somme des équivalents est 675. La somme des équivalents qui constituent

la potasse KO. . . . . est. .	590,0
la soude NaO.	»	387,2
la baryte BaO.	»	958,0
la chaux CaO.	»	350,0
le protoxyde de fer FeO. . . .	»	450,0
le protoxyde de manganèse MnO.	»	444,7
le protoxyde de plomb PbO. . .	»	1394,5

L'analyse chimique montre que le poids 500 d'acide sulfurique se combine, pour former des sulfates neutres, avec un poids 590 de potasse, un poids 587,2 de soude, un poids 958,0 de baryte, un poids 350,0 de chaux, un poids 450 de protoxyde de fer, etc., etc.; en un mot, *avec des poids d'oxyde métallique représentant la somme des équivalents des corps simples qui les composent.* Ces poids *s'équivalent* donc, sous le rapport de leur combinaison avec l'acide sulfurique, pour former des sulfates neutres. Chacune de ces quantités pondérales de base renferme 1 éq. ou 100 d'oxygène; le poids 500 d'acide sulfurique contient 300 ou 3 éq. d'oxygène. Il en résulte que, *dans tous les sulfates neutres, la quantité d'oxygène de l'acide est le triple de la quantité d'oxygène de la base.* Ce fait, qu'il es facile de constater sur les bases énergiques solubles, a été étendu aux bases faibles et insolubles qui ne saturent pas complétement les acides forts sous le rapport de leur action sur les teintures colorées, et il nous a servi (§ 289 et suivants) pour définir les sels neutres pour ces dernières bases.

De même, si l'on cherche les poids d'acide azotique qui forment des azotates neutres avec les quantités pondérales de bases que nous venons d'indiquer, on trouve que c'est un poids constant, représenté par le nombre 675, *lequel est la somme des équivalents des corps simples qui composent l'acide azotique.* Ces quantités pondérales de base s'*équivalent* donc encore par rapport au poids 675 d'acide azotique, qui représente la somme des équivalents des corps simples qui constituent cet acide, comme elles s'équivalent pour le poids 500 d'acide sulfurique. Il est d'ailleurs évident que, *dans tous les azotates neutres, l'oxygène de l'acide est le quintuple de celui de la base.*

Nous arriverions à des résultats semblables pour tous les acides et pour toutes les bases connues; nous pouvons donc énoncer cette loi : *Si l'on fait la somme des équivalents des corps simples qui constituent les acides et les bases, on obtient des nombres qui représentent les rapports de poids suivant lesquels ces acides et ces bases se combinent pour former des sels neutres.* D'où il résulte que *les formules chimiques par lesquelles les chimistes représentent les acides et les bases expriment, en même temps, leurs équivalents chimiques.*

On en déduit encore que, *dans tous les sels neutres formés par un même acide, il existe un rapport constant entre l'oxygène de l'acide et celui de la base.*

§ 704. Il résulte des relations que nous venons de développer que *l'on peut déterminer, à priori, l'équivalent d'un acide en cherchant le poids de cet acide qui est nécessaire pour former un sel neutre avec 1 équivalent de base dont la valeur numérique est connue.* Ce poids est précisément l'équivalent de l'acide *si cet acide est monobasique*, seul cas que nous puissions considérer dans ces *premiers éléments de chimie*. Si nous appliquons ce mode de détermination aux acides hyposulfureux et hyposulfurique, que nous avions d'abord formulés SO et $SO^{\frac{5}{2}}$, nous voyons qu'il faut écrire leurs formules S^2O^2 et S^2O^5, *car ce sont les sommes numériques, calculées sur ces dernières, qui représentent les poids de ces acides qui se combinent avec 1 éq. de potasse, 1 éq. de soude, etc., etc.*

§ 705. Lorsqu'on plonge une lame de cuivre dans une dissolution, parfaitement neutre, d'azotate d'argent $AgO.AzO^5$, l'argent se précipite complétement, et une quantité correspondante de cuivre se dissout, pour former de l'azotate de cuivre $CuO.AzO^5$. Si l'on détermine les quantités pondérales d'argent précipité et de cuivre dissous, on trouve qu'elles sont entre elles dans le rapport des nombres 1350 et 395,6 qui se combinent avec 100 d'oxygène pour former l'oxyde d'argent AgO et l'oxyde de cuivre CuO.

Si, dans la dissolution d'azotate de cuivre ainsi obtenu, on place du cadmium, le cuivre sera précipité à l'état métallique, et une certaine quantité de cadmium se dissoudra à l'état d'azotate de cadmium $CdO.AzO^5$. L'expérience montre que les quantités pondérales de cuivre précipité et de cadmium dissous sont entre elles comme les nombres 395,6 et 696,8 qui expriment les poids de cuivre et de cadmium formant les oxydes CuO et CdO avec 100 d'oxygène.

Enfin, si dans la dissolution d'azotate de cadmium on plonge une lame de zinc, le cadmium se précipite et une portion de zinc se dissout. Les quantités de cadmium précipité et de zinc dissous sont entre elles comme les nombres 696,8 et 406,6 qui se combinent avec 100 d'oxygène pour former les oxydes de cadmium CdO et de zinc ZnO.

C'est donc avec raison que nous avons pris pour équivalents de l'argent, du cuivre, du cadmium et du zinc les nombres 1350, 395,6, 696,8 et 406,6 ; *ces quantités s'équivalent, en effet, puisqu'elles se remplacent mutuellement pour produire des composés analogues.*

§ 706. Nous avons déjà dit (§ 32) que les formules chimiques des sels s'écrivent en plaçant la formule de l'acide à la suite de la formule de la base, et séparant les deux formules par un point. Ainsi le sulfate neutre de potasse s'écrit $KO.SO^5$; l'azotate de chaux $CaO.AzO^5$, etc., etc. *On prend pour équivalent d'un sel le nombre qui représente la somme des équivalents des corps simples qui constituent ce sel;* par suite, *on regarde la formule chimique du sel comme exprimant aussi son équivalent.* L'expérience montre, en effet, que, dans les combinaisons que les sels forment entre eux pour constituer les sels doubles, les sommes, calculées comme nous venons de le dire, représentent les quantités pondérales suivant lesquelles les sels simples se combinent. Nous en citerons un exemple.

Nous avons vu (§ 487) que le sulfate d'alumine $Al^2O^3.3SO^3$ forme des sels doubles, les *aluns*, avec les sulfates de potasse $KO.SO^3$, de soude $NaO.SO^3$, et d'ammoniaque $(AzH^3.HO).SO^3$. L'équivalent du sulfate d'alumine s'obtient, ainsi que nous l'avons dit (§ 703), en faisant la somme des équivalents de ses principes constituants; il est 2142,0. Si l'on cherche, *par l'expérience*, les quantités pondérales de sulfate de potasse, de sulfate de soude et de sulfate d'ammoniaque qui se combinent avec cette quantité 2142 de sulfate d'alumine, pour former des aluns, on reconnaît que ces quantités sont 1090, 887,2 et 825. Or ces nombres sont précisément ceux que l'on obtient en faisant la somme des équivalents des corps simples qui constituent les sulfates de potasse, de soude et d'ammoniaque.

D'un autre côté, les sulfates de potasse, de soude et d'ammoniaque forment des sulfates doubles, analogues aux aluns, avec les sulfates de sesquioxyde de manganèse $Mn^2O^3.3SO^3$, de sesquioxyde de fer $Fe^2O^3.3SO^3$, de sesquioxyde de chrôme $Cr^2O^3.3SO^3$. Si l'on détermine, *par l'expérience*, les poids de ces derniers sulfates qui se combinent avec 1 équivalent de sulfate de potasse, de sulfate de soude ou de sulfate d'ammoniaque, on trouve que ces poids sont représentés par les nombres que l'on obtient en faisant la somme des équivalents des corps simples qui constituent les sulfates de sesquioxyde de manganèse, de sesquioxyde de fer, de sesquioxyde de chrôme.

§ 707. Les chimistes ont étendu à tous les corps composés la loi de composition que nous venons de reconnaître successivement, comme *établie par l'expérience, et sans introduction d'aucune hypothèse*, sur les composés binaires des corps simples, sur les sels formés par la combinaison d'un composé binaire électronégatif avec un composé binaire électropositif, et sur les combinaisons des sels entre eux, et ils admettent cette loi générale : *L'équivalent d'un corps composé est la somme des équivalents des corps simples qui constituent le corps composé, cette somme étant calculée d'après la formule chimique adoptée pour ce corps.* Par suite, *la formule chimique peut être considérée comme représentant l'équivalent du corps composé.*

§ 708. Les considérations que nous venons de développer ne sont pas les seules sur lesquelles les chimistes s'appuient pour établir les équivalents des corps; souvent ils se fondent sur la loi que nous avons énoncée (§ 690), savoir, que *les composés doués de propriétés chimiques analogues présentent des compositions semblables.* Il y a plus, on a reconnu que les composés, de composition semblable, ont, en général, des formes cristallines identiques, ou, du moins, des formes qui ne diffèrent entre elles que par de petites variations dans leurs angles. Cette loi est connue sous le nom de *loi de l'isomorphisme* (§ 15).

Les corps isomorphes peuvent, dans des circonstances convenables, se remplacer en proportions quelconques, sans qu'il en résulte de changement notable dans la forme cristalline du composé. Ainsi les carbonates de chaux $CaO.CO^2$, de magnésie $MgO.CO^2$, de protoxyde de fer $FeO.CO^2$, de protoxyde de manganèse $MnO.CO^2$, se trouvent cristallisés, dans la nature, en rhomboèdres qui ne présentent que de très-légères différences dans leurs angles; on rencontre également des cristaux rhomboédriques très-peu différents, renfermant à la fois les carbonates de chaux, de magnésie, de fer et de manganèse, en proportions variables à l'infini. Une dissolution mixte de sulfate de fer et de sulfate de cuivre donne des cristaux qui renferment à la fois les deux sulfates en proportions indéfiniment variables, et ces cristaux présentent la même forme cristalline que ceux des sulfates simples qui les composent.

La loi de l'isomorphisme fournit des caractères précieux pour fixer les formules des corps composés.

§ 709. Nous avons exprimé numériquement les équivalents des corps simples par rapport à l'équivalent de l'oxygène, supposé égal à 100 ; mais nous aurions pu choisir comme terme de comparaison tout autre corps simple : l'hydrogène, le chlore, etc., etc. Nous aurions obtenu ainsi d'autres séries de nombres très-différents, par leurs valeurs absolues, de ceux que nous avons adoptés, mais qui auraient toujours présenté entre eux les mêmes rapports.

Posons l'équivalent 12,5 de l'hydrogène égal à l'unité, et calculons les valeurs numériques que prennent alors ceux des autres corps simples métalloïdes. Il est clair que, pour avoir l'équivalent de l'oxygène, dans cette hypothèse, il faudra poser la proportion :

$$12,5 : 100 :: 1,00 : x; \text{ d'où } x = 8,00.$$

On calculera de même les équivalents des autres corps simples. C'est ainsi que l'on a obtenu la troisième colonne du tableau de la page 544. Or, en jetant les yeux sur ce tableau, on est frappé de voir qu'un grand nombre d'équivalents de corps simples, ainsi exprimés, sont représentés par des nombres entiers, ou, en d'autres termes, sont des multiples exacts de celui de l'hydrogène, le plus léger d'entre eux. On a, en effet :

Hydrogène 1,00
Oxygène. 8,00
Azote. 14,00
Soufre. 16,00
Phosphore. 32,00
Arsenic. 75,00
Carbone. 6,00
Calcium. 20,00
Fer. 28,00
Uranium. 60,00
Tungstène. 92,00
Mercure. 100,00
Argent. 108,00

Cette circonstance a déterminé plusieurs chimistes à admettre que *les équivalents des corps simples sont des multiples exacts de l'équivalent de l'hydrogène.* Dans l'état actuel de la science, il est difficile de décider si cette loi est exacte, dans toute sa généralité. D'après la table que nous avons donnée, un très-grand nombre de corps simples feraient exception, mais il convient de remarquer que, pour la plupart d'entre eux, on ne connaît que des valeurs numériques approchées de leurs équivalents, et que, pour décider la question, il faudrait de nouvelles déterminations analytiques, beaucoup plus précises que celles qui ont été faites jusqu'à ce jour.

LOI DES VOLUMES.

§ 710. L'expérience démontre que *lorsque deux gaz élémentaires se combinent, leurs volumes ont entre eux des rapports numériques très-simples; et le volume du composé qui en résulte, considéré à l'état de gaz, présente aussi un rapport très-simple avec la somme des volumes des gaz qui sont entrés dans la combinaison.* Cette loi ne s'applique pas seulement aux substances gazeuses à la température ordinaire, mais encore aux vapeurs, pourvu qu'on les examine à une température assez élevée pour que leurs lois de dilatation et de compressibilité ne s'éloignent pas sensiblement de celles que suivent les gaz permanents.

Nous avons vu, dans le cours de cet ouvrage, un grand nombre de faits qui confirment cette loi. Nous allons cependant y revenir un moment, afin de mieux préciser les idées, et de montrer les rapports intimes qui existent entre les volumes des gaz et leurs équivalents chimiques.

§ 711. 2 volumes d'hydrogène se combinent avec 1 vol. d'oxygène et produisent 2 volumes de gaz aqueux. Comme nous avons admis que l'eau était formée de 1 éq. d'hydrogène et de 1 éq. d'oxygène, il est clair que l'on peut dire que l'équivalent d'oxygène est représenté par 1 vol. de gaz oxygène et que l'équivalent d'hydrogène est représenté par 2 vol. de ce gaz. Quant à l'équivalent du gaz aqueux, il est évidemment représenté par deux volumes, car ces 2 volumes correspondent à l'équivalent en poids du composé, tel que nous l'avons défini (§ 703).

Dans le bioxyde d'hydrogène, on trouve 2 vol de gaz aqueux et 1 vol. d'oxygène, ou 2 vol. d'hydrogène et 2 vol. d'oxygène. Le bioxyde d'hydrogène n'ayant pas pu être observé à l'état gazeux, on ne peut pas dire à quel volume de gaz son équivalent correspond.

§ 712. Les combinaisons de l'azote avec l'oxygène présentent les rapports suivants :

2 vol. azote se combinent avec 1 vol. oxygène et donnent 2 vol. protoxyde d'azote.
2 » » 2 » » 4 » deutoxyde id.
2 » » 3 » » » inconnu d'acide azoteux, parce que ce corps n'a pu être observé à l'état gazeux.
2 » » 4 » » 4 vol. acide hypoazotique.
2 » » 5 » » acide azotique.

Rapprochons ce mode de composition en volumes gazeux de celui en équivalents pondéraux (§ 696); nous voyons que l'équivalent de l'azote correspond à 2 volumes de ce gaz, que l'équivalent du protoxyde d'azote est représenté par 2 volumes, enfin, que les équivalents du deutoxyde d'azote et de l'acide hypoazotique sont représentés par 4 volumes.

2 vol. azote se combinent avec 6 vol. hydrogène et donnent 4 vol. gaz ammoniac.

L'équivalent du gaz ammoniac est donc représenté par 4 volumes.

§ 713. Dans les composés gazeux de l'hydrogène avec le chlore, le brôme et l'iode,

2 vol. hydrog. combinés avec 2 vol. chlore forment   4 vol. gaz acide chlorhyd.
2 » » 2 » gaz brôme » 4 » gaz acide brômhyd
2 » » 2 » gaz iode » 4 » gaz acide iodhydriq.

En rapprochant ce mode de composition de celui en équivalents pondéraux, on voit que, l'équivalent de l'hydrogène étant représenté par 2 volumes, les équivalents des gaz chlore, brôme et iode sont représentés également par 2 volumes, et que les équivalents des gaz chlorhydrique, brômhydrique et iodhydrique correspondent à 4 volumes.

§ 714. Les combinaisons du chlore avec l'oxygène offrent les constitutions suivantes :

2 vol. chlore se combin. avec 1 vol. oxygène pour former 2 vol. gaz hypochloreux;
2   »   »   3   »   3 vol. acide chloreux ;
2   »   »   4   »   4 vol. acide hypochlor.;
2   »   »   5   »   l'acide chlorique;
2   »   »   »   l'acide hyperchlorique;

L'équivalent du gaz hypochloreux est donc représenté par 2 volumes : celui de l'acide chloreux par 3 volumes; et celui de l'acide hypochlorique par 4 volumes. On ne connait pas les volumes de gaz qui correspondent à 1 éq. d'acide chlorique ou d'acide hyperchlorique, parce que ces deux corps n'ont pu être observés à l'état gazeux.

§ 715. En comparant les volumes des gaz composés à ceux de leurs principes gazeux constituants, on est conduit à établir les lois suivantes :

1° *Lorsque deux gaz simples se combinent à volumes égaux, le volume du composé est égal à la somme des volumes des gaz composants.* Exemples : le deutoxyde d'azote, les acides chlorhydrique, brômhydrique et iodhydrique.

2° *Lorsque les gaz composants se combinent dans le rapport de 2 à 1, le volume du gaz composé est les $\frac{2}{3}$ de la somme des volumes des gaz élémentaires, en d'autres termes, les 3 volumes des gaz composants se réduisent à 2.* Exemples : les gaz aqueux, protoxyde d'azote, hypoazotique, hypochloreux et hypochlorique.

Les chimistes sont allés plus loin : ils ont admis, comme conséquence des deux lois précédentes, que :

3° *Lorsque 1 volume d'un gaz composé binaire renfermait $\frac{1}{2}$ volume d'un gaz simple, le volume de l'autre gaz constituant était $\frac{1}{2}$ ou 1.*

Ils se sont même appuyés sur cette loi pour déterminer le volume gazeux d'un corps simple non vaporisable, lorsque l'on connait le volume gazeux d'un composé, et celui de l'autre corps simple constituant. C'est ainsi qu'ils ont déterminé la densité de la vapeur du carbone d'après la composition de l'acide carbonique et celle de l'oxyde de carbone.

§ 716. Mais ces lois ne sont établies que sur un petit nombre de faits, et il est clair qu'il faudra y renoncer, si l'on parvient à trouver des modes de composition qui y fassent exception. Or on connaît aujourd'hui un grand nombre de ces anomalies.

Ainsi le soufre forme avec l'oxygène et avec l'hydrogène 2 composés gazeux, l'acide sulfureux et le gaz sulfhydrique. 1 volume de gaz sulfureux renferme 1 volume d'oxygène; d'après les lois énoncées, il devrait renfermer $\frac{1}{2}$ volume de soufre gazeux. Or, d'après la densité trouvée pour la vapeur de soufre, il n'en renferme que $\frac{1}{6}$ volume. 1 volume de gaz sulfhydrique renferme 1 volume d'hydrogène; il devrait donc contenir $\frac{1}{2}$ volume de soufre gazeux; mais l'expérience montre qu'il n'en contient que $\frac{1}{6}$. Dans ces deux cas, la loi est donc en défaut, à moins que l'on ne démontre que, dans les circonstances où l'on a déterminé la densité de la vapeur de soufre, cette vapeur ne suit pas les lois de dilatation et de compressibilité des gaz permanents, et que la densité qui correspond à l'état gazeux véritable n'est que le $\frac{1}{3}$ de celle que présente la vapeur de soufre dans les circonstances où on l'a examinée.

2 volumes de sous-chlorure de mercure ou calomel Hg^2Cl renferment 2 volumes de vapeur de mercure et 1 volume de chlore; c'est le mode de condensation exprimé par la deuxième loi. Mais 1 volume de protochlorure de mercure de sublimé corrosif $HgCl$ renferme 1 volume de vapeur de mercure et 1 volume de chlore; c'est en opposition avec la première loi.

On a rencontré des modes de condensation encore plus complexes : ainsi 1 volume de gaz hydrogène phosphoré ou arsénié renferme $1\frac{1}{2}$ volume d'hydrogène et $\frac{1}{4}$ de volume de vapeur de phosphore ou d'arsenic; 7 volumes des gaz composants se sont donc condensés en 4. Les chlorures de phosphore et d'arsenic présentent le même mode de condensation.

§ 717. Ainsi, des diverses lois que les chimistes ont cru reconnaître sur la constitution des composés binaires gazeux, une seule, celle qu nous avons énoncée (§ 710), a résisté aux épreuves de l'expérience. Du reste, cette loi ne s'applique pas seulement aux combinaisons des gaz simples entre eux, mais elle s'applique également à celles que forment les gaz composés, soit avec des gaz simples, soit avec d'autres gaz composés; de sorte que son énoncé général est : *Lorsque deux gaz se combinent, leurs volumes ont entre eux des rapports numériques simples; et le volume du composé qui en résulte, considéré à l'état de gaz, présente aussi un rapport simple avec la somme des volumes des gaz qui sont entrés dans la combinaison.* Les combinaisons du gaz ammoniac avec les gaz acides, celle de l'hydrogène phosphoré avec le gaz acide iodhydrique, celle du chlore avec les gaz sulfureux et oxyde de carbone... sont des preuves que l'on peut citer de l'exactitude de cette loi pour les combinaisons des gaz composés.

Loi des chaleurs spécifiques des corps.

§ 718. Des poids égaux des différents corps prennent des quantités de chaleur très-inégales pour élever léur température d'un même nombre de degrés. On s'en assure en comparant les élévations de température que produisent, sur une même masse d'eau, des poids égaux de ces corps, lorsqu'ils se refroidissent d'un même nombre de degrés. On appelle *capacités calorifiques* ou *chaleurs spécifiques* des corps les quantités relatives de chaleur que 1 kilogr. de ces corps prend pour élever sa température de 0° à 100°; et, pour les exprimer numériquement, on adopte pour unité la quantité de chaleur que 1 kilogr. d'eau prend dans les mêmes circonstances.

Si l'on compare les chaleurs spécifiques des corps simples *solides* à leurs équivalents chimiques, déterminés par les considérations que nous avons précédemment exposées, on remarque qu'en général *ces chaleurs spécifiques sont en raison inverse de leurs équivalents chimiques.* On ne rencontre qu'un petit nombre d'exceptions; encore *celles-ci rentrent-elles dans la loi générale, si l'on divise par 2 les équivalents que nous avons adoptés.* Des lois semblables s'observent sur les corps simples *gazeux*, comparés entre eux.

§ 719. Supposons que cette loi des chaleurs spécifiques soit rigoureusement exacte, et admettons les équivalents qu'on en déduit à la place de ceux auxquels nous avons été conduits par les seules considérations chimiques, nous ne trouverons de différences que pour les équivalents de l'hydrogène, de l'azote, du chlore, du brôme, de l'iode, du phosphore, de l'arsenic, du potassium, du sodium et de l'argent. Les équivalents de ces corps, tels qu'ils sont donnés par les chaleurs spécifiques, sont la moitié de ceux que nous avons admis d'après les considérations chimiques.

Si nous adoptons ces équivalents, nous serons obligés de changer les formules des combinaisons de ces corps; ainsi les composés que nous formulions KO, NaO, AgO, KCl, $NaCl$, $AgCl$... prendront les formules K^2O, Na^2O, Ag^2O, K^2Cl^2, Na^2Cl^2, Ag^2Cl^2.... Nous allons chercher à montrer que ce sont, en effet, ces dernières formules qu'il faut adopter, si l'on veut satisfaire, *non-seulement aux lois de combinaisons que nous avons développées* (§ 687 et suivants), *mais encore à la loi de l'isomorphisme* (§ 708).

Nous connaissons deux métaux, le cuivre et le mercure, qui forment chacun deux oxydes basiques, dont les formules

$$Cu^2O,\ CuO,\ Hg^2O,\ HgO$$

sont vérifiées par la constitution des sels neutres qu'ils forment avec les acides puissants. Comparons les sels que forment ces oxydes, ou les composés binaires qui leur correspondent, aux sels analogues ou aux composés binaires correspondants, formés par le potassium, le sodium et l'argent.

On trouve dans la nature, à l'état cristallisé, le sulfure de cuivre, Cu^2S, et le sulfure d'argent; *ces deux minéraux présentent exactement la même forme cristalline.* On y rencontre, en outre, des minéraux *présentant la même forme cristalline, et renfermant à la fois le sulfure de cuivre Cu^2S et le sulfure d'argent en quantités relatives variables à l'infini; de sorte que l'on est conduit à admettre que ces corps peuvent se remplacer en proportions quelconques, sans changer la forme cristalline du composé.* Le sulfure d'argent et le sulfure de cuivre Cu^2S présentent donc tous les caractères de l'isomorphisme (§ 708). On est en droit d'en conclure que le sulfure d'argent doit avoir le même mode de constitution que le sulfure de cuivre Cu^2S, et que la formule du sulfure d'argent doit s'écrire Ag^2S. Mais, si la formule du sulfure d'argent est Ag^2S, celle de l'oxyde d'argent doit être Ag^2O.

Maintenant, l'observation démontre que le sulfate d'argent est isomorphe avec le sulfate de soude anhydre. Pour satisfaire à la loi de l'isomorphisme, il faudra donc écrire la formule du sulfate de soude $Na^2O.SO^3$, si l'on écrit celle du sulfate d'argent $Ag^2O.SO^3$. Mais les composés du potassium sont isomorphes avec ceux du sodium; on ne peut donc pas écrire leurs formules de deux manières différentes; la formule de la potasse doit donc être écrite K^2O.

§ 720. D'après la loi des chaleurs spécifiques, l'équivalent de l'hydrogène doit être 6,25 au lieu de 12,50 que nous avons adopté d'après les seules considérations chimiques; l'équivalent de l'azote doit être 87,5, au lieu de 175,0; l'équivalent du chlore 221,6 au lieu de 443,2; celui du brôme 489,15 au lieu de 978,3; enfin celui de l'iode doit être 789,1, au lieu de 1578,2. Les équivalents de ces corps à l'état gazeux, au lieu d'être représentés par 2 volumes, le seront par

1 volume. Les formules de l'eau et du bioxyde d'hydrogène s'écriront H^2O et H^2O^2, au lieu de HO et HO²; celles des acides chlorhydrique, brômhydrique, iodhydrique et sulfhydrique, etc., s'écriront H^2Cl^2, H^2Br^2, H^2Io^2, H^2S, etc., au lieu de HCl, HBr, HIo, HS, etc., etc.

§ 721. Il est d'ailleurs facile de se convaincre que *ces nouveaux nombres proportionnels, déduits de la loi des chaleurs spécifiques et de celle de l'isomorphisme, satisfont à toutes les lois des combinaisons qui nous ont conduits à la considération des équivalents chimiques, et que rien ne s'oppose à ce que nous les adoptions à la place de ceux que nous avons d'abord choisis.* On reconnaîtra, en effet, avec un peu d'attention, que les considérations développées (§ 687 et suivants) établissent, seulement, *une série de conditions auxquelles les équivalents chimiques doivent satisfaire*, et qu'il existe, le plus souvent, plusieurs nombres, *toujours multiples très-simples les uns des autres*, qui satisfont également bien à ces conditions. La loi des chaleurs spécifiques et celle de l'isomorphisme *déterminent le choix* entre ces nombres également possibles. Seulement les nombres, ainsi fixés, ne peuvent être appelés *équivalents* dans le sens précis que les chimistes ont attaché à ce mot ; nous les appellerons *nombres proportionnels thermiques*.

THÉORIE ATOMIQUE.

§ 722. Les équivalents chimiques expriment les rapports numériques des quantités pondérales suivant lesquelles les corps se combinent. La théorie des équivalents sera toujours exacte, quelle que soit l'idée que l'on adopte sur la constitution moléculaire des corps, parce qu'*elle est l'expression immédiate des faits constatés par l'expérience*. Mais les chimistes ont voulu aller plus loin ; ils ont cherché à remonter à la cause première de ces relations numériques, et à les exprimer sous une forme matérielle. C'est ce qui a donné naissance à la *théorie atomique*.

Dans cette théorie, on admet que les molécules, ou *atomes*, des corps simples se combinent suivant des rapports très-simples ; ainsi 1 atome d'un corps simple A se combine à 1, 2, 3, 4, 5, 7... atomes d'un corps simple B ; ou 2 atomes de A se combinent à 3, à 5, à 7 atomes de B. On explique ainsi la loi des proportions multiples. Dans les composés que l'on regarde comme formés de 1 atome de A et de 1 atome de B, il est clair que les rapports pondéraux des deux corps

simples sont ceux des poids de leurs atomes ; en d'autres termes, ce
sont les rapports de leurs *poids atomiques.*

Les chimistes ont admis une autre hypothèse, mais celle-ci est en
opposition avec les faits aujourd'hui connus ; c'est que *les gaz simples
renferment, sous un volume égal, et dans les mêmes circonstances
de température et de pression, le même nombre d'atomes.* Ainsi, si
1 volume d'oxygène se combine avec 2 volumes d'hydrogène, cela
tient à ce que 1 atome d'oxygène se combine avec 2 atomes d'hydrogène pour former de l'eau, qui, dans la théorie atomique, doit
nécessairement prendre la notation H^2O. 2 volumes d'azote se combinant avec 1, 2, 3, 4, 5 volumes d'oxygène, on dit que 2 atomes
d'azote se combinent à 1, 2, 3, 4, 5 atomes d'oxygène pour donner
des composés qui se formuleront Az^2O, Az^2O^2, Az^2O^3, Az^2O^4 et Az^2O^5.
1 volume de chlore se combine avec 1 volume d'hydrogène pour
former l'acide chlorhydrique ; mais, pour satisfaire aux relations numériques des équivalents, on dira que 2 volumes de chlore se combinent à 2 volumes d'hydrogène, ou que 2 atomes de chlore se combinent avec 2 atomes d'hydrogène pour former 1 atome d'acide
chlorhydrique H^2Cl^2. On dira, de même, que 2 volumes d'azote se
combinent avec 6 volumes d'hydrogène, ou que 2 atomes d'azote se
combinent avec 6 atomes d'hydrogène, pour former 1 atome d'ammoniaque Az^2H^6.

Pour les combinaisons du soufre avec l'hydrogène et avec l'oxygène,
si l'on voulait rester fidèle à l'hypothèse que tous les gaz simples renferment, sous un égal volume, le même nombre d'atomes, on serait
obligé de dire que 1 volume de vapeur de soufre se combine avec
6 volumes d'hydrogène et avec 6 volumes d'oxygène, pour former les
acides sulfhydrique et sulfureux ; ou que 1 atome de soufre se combine avec 6 atomes d'hydrogène et avec 6 atomes d'oxygène, pour
former des composés, qui se formuleront alors SH^6 et SO^6 ; mais les
chimistes qui adoptent la théorie atomique n'ont pu se décider à admettre ces dernières formules, qui ne satisfont pas aux lois de l'isomorphisme ; et, renonçant, pour ce cas, à une de leurs hypothèses
fondamentales, ils les écrivent H^2S et SO^2.

§ 723. En résumé, la théorie atomique repose sur des hypothèses
gratuites ; elle ne renferme d'exact que ce qu'elle emprunte à la
théorie des équivalents, sans présenter d'avantage sur cette dernière.
Pour la faire accorder, à la fois, avec les équivalents chimiques et
avec les lois de l'isomorphisme, il faudrait renoncer aux principes
sur lesquels on l'a basée d'abord, et admettre pour les poids atomiques les nombres proportionnels thermiques que nous avons définis (§ 721). Nous avons adopté, dans cet ouvrage, la notation des équi-

valents chimiques, parce qu'elle est aujourd'hui la plus généralement adoptée, et qu'elle est l'expression directe des faits. Mais, en adoptant celle des nombres proportionnels thermiques, on aurait l'avantage, non-seulement de satisfaire aux relations numériques établies par l'analyse, sans introduire aucune hypothèse, mais encore de représenter par des formules semblables les composés auxquels les lois de l'isomorphisme assignent des constitutions semblables.

FIN

TABLE DES MATIÈRES

PREMIÈRE PARTIE

DES MÉTALLOÏDES

COMBINAISONS DES MÉTALLOÏDES ENTRE EUX.

COMBINAISONS DE L'OXYGÈNE AVEC LES MÉTALLOÏDES

COMBINAISONS DE QUELQUES AUTRES MÉTALLOÏDES ENTRE EUX

DEUXIÈME PARTIE

DES MÉTAUX

ÉTUDE DES MÉTAUX EN PARTICULIER

DES PROPORTIONS SUIVANT LESQUELLES LES CORPS SE COMBINENT

FIN DE LA TABLE DES MATIÈRES

PARIS. — IMP. SIMON RAÇON ET COMP., RUE D'ERFURTH, 1.